Empfehlungen des Arbeitsausschusses „Ufereinfassungen"
Häfen und Wasserstraßen
EAU 1990

Ernst & Sohn

Empfehlungen des Arbeitsausschusses „Ufereinfassungen" Häfen und Wasserstraßen
EAU 1990

Herausgegeben vom
Arbeitsausschuß „Ufereinfassungen"

der Hafenbautechnischen Gesellschaft e.V.
und der Deutschen Gesellschaft
für Erd- und Grundbau e.V.

8. Auflage

Mit 241 Bildern und 48 Tabellen

1990

Ernst & Sohn

Verlag für Architektur
und technische Wissenschaften
Berlin

CIP-Kurztitelaufnahme der Deutschen Bibliothek

Arbeitsausschuss Ufereinfassungen:
Empfehlungen des Arbeitsausschusses „Ufereinfassungen" :
Häfen und Wasserstraßen ; EAU 1990 / hrsg. vom
Arbeitsausschuss „Ufereinfassungen" der Hafenbautechnischen
Gesellschaft e. V. und der Deutschen Gesellschaft für Erd- und
Grundbau e. V. – 8. Aufl. – Berlin : Ernst, Verl. für Architektur
und Technische Wiss., 1990

Engl. Ausg. u. d. T.: Arbeitsausschuss Ufereinfassungen:
Recommendations of the Committee for Waterfront Structures
ISBN 3-433-01210-5

Printed in the Federal Republic of Germany

Vorwort zur 8. erweiterten Auflage
(EAU 1990 – Häfen und Wasserstraßen –)

Sinn und Zweck des Ausschusses zur „Vereinfachung und Vereinheitlichung der Berechnung und Gestaltung von Ufereinfassungen" der Hafenbautechnischen Gesellschaft e.V., Hamburg, und der Deutschen Gesellschaft für Erd- und Grundbau e.V., Essen, seine Arbeitsweise und die herausgegebenen Empfehlungen, deren Veröffentlichung in Technischen Jahresberichten und die bisherigen Auflagen der Sammelveröffentlichungen und deren Übersetzung in die englische, französische und spanische Sprache sowie die Mitgliederbewegungen bis zum Jahre 1985 sind in den Vorworten der bisherigen Auflagen eingehend dargestellt worden.

Um Wiederholungen zu vermeiden, wird insoweit auf die Vorworte zu den bisherigen Auflagen, insbesondere zur 7. erweiterten Auflage, verwiesen.

Die vorliegende 8. Auflage (EAU 1990) enthält gegenüber der vorhergehenden 29 weitere Empfehlungen. Die in der 7. Auflage (EAU 1985) zusammengefaßten 175 Empfehlungen wurden durch Änderungen, Ergänzungen oder Kürzungen dem aktuellen Stand der Technik angepaßt. Die Festlegungen ergeben sich im wesentlichen aus den Technischen Jahresberichten 1984 bis 1989, in denen die Änderungen oder Neufassungen jeweils zur allgemeinen Erörterung bekanntgegeben und nach Einarbeitung von Einsprüchen oder Vorschlägen als gültig verabschiedet wurden. Da sich die „Empfehlungen" nicht mehr nur auf den ursprünglichen Aufgabenbereich der „Ufereinfassungen" beschränken, sondern inzwischen so erweitert sind, daß sie für die bautechnischen Anlagen im Bereich der Häfen und Wasserstraßen insgesamt anwendbar sind, erhält die EAU 1990 zur Verdeutlichung die erweiterte Bezeichnung

> Empfehlungen des Arbeitsausschusses „Ufereinfassungen"
> – Häfen und Wasserstraßen –
> EAU 1990

Als wesentliche Aufgabe wurde die Anpassung der Empfehlungen an das sogenannte „Neue Sicherheitskonzept" in Angriff genommen, welches in den Eurocodes niedergelegt ist, womit die EAU einen wichtigen Beitrag im Rahmen der europäischen Harmonisierung der Regelwerke leisten. Neben der generellen Darstellung in Abschnitt 0.1 enthalten die Empfehlungen die Angaben zum bisherigen und zum neuen Sicherheitskonzept nebeneinander, so daß die optionelle Anwendung beider Konzepte bis auf weiteres möglich ist. Die Abschnitte 8 bis 11, denen noch das bisherige Sicherheitskonzept zugrunde liegt, werden schrittweise angepaßt werden.

Im übrigen werden sich die Arbeiten des Ausschusses auf die Aufgaben im Rahmen der europäischen Harmonisierung, insbesondere der Einfügung der EAU in das Europäische Normungskonzept im Bereich „Verkehr" konzentrieren. Im Zusammenhang damit und darüber hinaus wird der Ausschuß Möglichkeiten der Zusammenfassung oder Kürzung von Empfehlungen in dem Maße untersuchen, wie die Regelungsgegenstände inzwischen durch nationale oder internationale Normen erfaßt sind. Die Änderungen der Aufgabenstellung finden auch im weiteren Arbeitsprogramm in Abschnitt B ihren Niederschlag.

Dabei bleibt auch die Erarbeitung neuer Empfehlungen vorbehalten, soweit und sobald hierzu ein Bedürfnis besteht.

Der Arbeitsausschuß „Ufereinfassungen" hat gegenwärtig folgende Mitglieder:

(seit 1949) o. Professor em. Dr.-Ing. Dr.-Ing. E.h. Erich Lackner, Bremen/Hannover – Vorsitzender – (Ehrenvorsitzender und Ehrenmitglied der HTG, langjähriger Vorsitzender der HTG und Vorstandsmitglied der DGEG)

(seit 1981) Senator E.h. Dipl.-Ing. H. Bobzin, Hamburg (Ehrenmitglied, Vorstandsmitglied der HTG)

(seit 1980) Baudirektor Dipl.-Ing. G. Gerdes, Bremen

(seit 1976) Ministerialrat a.D. Professor Dr.-Ing. M. Hager, Bonn – stellvertretender Vorsitzender – (Ehrenmitglied, langjähriger stellv. Vorsitzender der HTG und Vorstandsmitglied der DGEG)

(seit 1970) Ltd. Baudirektor Dipl.-Ing. K.F. Hofmann, Hamburg

(seit 1983) o. Professor Dr.-Ing. A. Horn, München

(seit 1977) Hafendirektor Dr.-Ing. J. Müller, Duisburg (stellv. Vorsitzender der HTG)

(seit 1989) Ir. M.G. Parent, Rotterdam / Niederlande

(seit 1987) Direktor Dipl.-Ing. S. Roth, Dortmund

(seit 1987) Geschäftsführer Dr.-Ing. H. Salzmann, Hamburg

(seit 1989) Baudirektor Dipl.-Ing. D. Schröder, Bonn (Vorstandsmitglied der HTG)

(seit 1986) Ltd. Baudirektor Professor Dr.-Ing. H. Schulz, Karlsruhe

(seit 1987) Direktor Ir. W. Stevelink, Delft / Niederlande

(seit 1988) Geschäftsführer Dipl.-Ing. H.-P. Stöver, Hamburg

Außerdem waren folgende Ausschußmitglieder bis zu ihrem Ausscheiden an den Arbeiten der EAU 1990 beteiligt:

(1967–1988) Direktor a.D. Ir. W. Bokhoven, Reeuwijk/Niederlande (Ehrenmitglied der HTG)

(1967–1987) Direktor i.R. Dipl.-Ing. F. Brackemann, Schwerte (Ehrenmitglied der HTG)

(1976–1987) Prokurist i.R. Dipl.-Ing. K. Kast, München, verstorben 1987

(1980–1988) Direktor i.R. Dr.-Ing. Dr.-Ing. E.h. W. Krabbe, Hamburg (langj. stellv. Vorsitzender der DGEG), verstorben 1989

(1950–1988) Baudirektor a.D. Dr.-Ing. H. Zweck, Bad Herrenalb (Gründungsmitglied)

Darüber hinaus unterstützt Prokurist i. R. Dr.-Ing. O. Baer, Ottobrunn (Ausschuß-mitglied 1950–1982), den Ausschuß weiterhin bei der Herausgabe der EAU 1990.

Außerdem haben folgende ehemaligen Ausschußmitglieder an früheren Fassungen der EAU mitgewirkt:

(1953–1978) Dr.-Ing. Dr.-Ing. E. h. H. Bay (†), Hamburg

(1950–1960) Direktor i. R. Dr.-Ing. W. Bilfinger (†), Mannheim

(1950–1971) Direktor i. R. Dr.-Ing. habil. H. Blum (†), Dortmund

(1950–1960) Direktor i. R. A. Brilling (†), Hamburg

(1956–1969) Professor Dr. techn. Dr.-Ing. h. c. J. Brinch-Hansen (†), Kopenhagen/Dänemark

(1950–1971) Generaldirektor a. D. Ir. J. P. van Bruggen (†), Rotterdam/Niederlande (Ehrenmitglied der HTG)

(1950–1979) Hafendirektor a. D. Dr.-Ing. G. Finke, Mühlheim (Ehren-mitglied und langjähriger stellvertretender Vorsitzender der HTG)

(1950–1980) Baudirektor a. D. Dr.-Ing. K. Förster (†), Hamburg

(1976–1979) Direktor Dr.-Ing. H. J. Frühauf, Mannheim

(1978–1988) Directeur Ingénieur R. Genevois, Paris/Frankreich

(1950–1960) Civilingenjör Major VVK H. Jansson (†), Bromma/Schwe-den

(1971–1975) Oberingenieur H. Kamp-Nielsen (†), Kopenhagen/Däne-mark

(1976–1979) Direktor Dipl.-Ing. V. Meldner, Frankfurt

(1950–1979) Professor Dr.-Ing. Dr.-Ing. E. h. W. Schenk (†), Hamburg (langjähriger stellvertretender Vorsitzender der HTG und der DGEG)

(1950–1986) o. Professor em. Dr.-Ing. E. h. E. Schulze (†), Aachen

(1950–1960) Oberregierungsbaurat Dipl.-Ing. P. Siedek (†), Köln

(1950–1971) o. Professor em. Dr.-Ing. habil. A. Streck, Hannover

(1950–1976) Direktor i. R. Dipl.-Ing. F. Sülz, Hamburg

(1950–1973) Ltd. Regierungsdirektor Dr.-Ing. D. Wiegmann (†), Bre-men

Der Arbeitsausschuß „Ufereinfassungen" konnte bei seiner 122. Sitzung im Februar 1990 in Bremen auf sein 40jähriges Bestehen zurückblicken.

Mit der EAU 1990 – Häfen und Wasserstraßen – stehen der Fachwelt wie bisher, aber in aktualisierter und ergänzter Fassung, wertvolle Hilfen für Entwurf, Aus-schreibung, Vergabe, technische Bearbeitung, wirtschaftliche Bauausführung, Bau-überwachung und Vertragsabwicklung zur Verfügung, so daß Hafen- und Wasserstraßenbauten nach dem neuesten Stand der Technik und nach einheitlichen Bedingungen hergestellt werden können.

Der Arbeitsausschuß „Ufereinfassungen" dankt allen, die durch ihre Beiträge und Anregungen zum erreichten Stand der vorliegenden Fassung beigetragen haben, und wünscht der EAU 1990 die gleiche Resonanz wie ihren früheren Auflagen.

Bremen,
im Juni 1990   o. Professor em. Dr.-Ing. Dr.-Ing. E. h. E. Lackner

VIII

Inhaltsverzeichnis

XIII

XIV

XVI

Verzeichnis der Empfehlungen E 1–E 204

In der ersten Auflage erschienen[1]):

---

[1]) Es ist jeweils das erste Erscheinen in einer Sammelveröffentlichung angegeben, spätere Überarbeitungen und Ergänzungen sind nicht vermerkt. Das gilt auch für alle weiteren Empfehlungen.

Die 2. Auflage wurde erweitert durch:

Die 5. Auflage wurde erweitert durch:

Die 6. Auflage wurde erweitert durch:

Die 7. Auflage wurde erweitert durch:

XXIII

A   Veröffentlichte Empfehlungen

0   Statische Berechnungen

0.1   Sicherheitskonzept

0.1.1   Allgemeines

Die Empfehlungen des Arbeitsausschusses „Ufereinfassungen", die in über 30jähriger Arbeit des Ausschusses entstanden sind, legen für erdstatische Berechnungen abgeminderte Bodenkennwerte, sogenannte „Rechenwerte" mit dem Vorwort „cal", zugrunde. Die Berechnungsergebnisse mit diesen eingeführten Rechenwerten müssen dann die jeweils erforderlichen globalen Sicherheiten gemäß E 96, Abschn. 1.13.2 a) erfüllen. Dieses bisherige Sicherheitskonzept, in dem auch nach drei Lastfällen (E 18, Abschn. 5.4) unterschieden wird, hat sich im Laufe der Jahre sehr bewährt und wird daher auch in der Fassung der EAU 1990 noch grundsätzlich beibehalten.

Im Rahmen der Verwirklichung des Europäischen Binnenmarktes bis zum Jahre 1992 sollen im Bereich des Bauwesens die sogenannten „Eurocodes (EC)" als einheitliche Richtlinien für generelle Sicherheitsanforderungen an bauliche Anlagen verbindlich eingeführt werden, denen dann alle Normen angepaßt werden müssen. Wesentlich ist für die EAU der EC 7 „Gründungen". Auf die in diesem Eurocode enthaltenen quantitativen Aussagen über Berechnungsverfahren und „Teilsicherheitsbeiwerte" wird jetzt in den EAU bereits teilweise Rücksicht genommen. Im Zusammenhang mit dem neuen Sicherheitskonzept muß vorübergehend auch auf Normen-Entwürfe Bezug genommen werden, wobei sich auch diese zum Teil noch im Anpassungsprozeß befinden.

Hierbei sind vor allem folgende Gesichtspunkte gegenüber den früheren Auflagen der EAU bzw. den Technischen Jahresberichten von Bedeutung:

0.1.1.1   Teilsicherheiten

Das Versagen eines Bauwerks kann durch Überschreiten des Grenzzustands der Tragfähigkeit oder des Grenzzustands der Gebrauchsfähigkeit (zu große Verformungen) eintreten. Der rechnerische Nachweis ausreichender Tragfähigkeit wird in Zukunft über die Methode der Grenzzustände mit Hilfe von Teilsicherheitsbeiwerten geführt, die sowohl für einwirkende Lasten als auch für die im Boden bzw. im Bauteil wirkenden Widerstände angegeben werden.

0.1.1.2   Sicherheitsnachweis

Der Sicherheitsnachweis wird dabei nach folgender Grundgleichung geführt:

$$R_d - S_d \geqq 0$$

$$R_d = \frac{R_k}{\gamma_R}$$

$$S_d = S_k \cdot \gamma_S$$

Darin bedeuten:

R_k = Charakteristische Werte der Widerstände aus dem Boden sowie aus konstruktiven Elementen,

S_k = Charakteristische Werte der Einwirkungen,

R_d = Bemessungswert der Widerstände,

S_d = Bemessungswert der Einwirkungen,

γ_R = Teilsicherheitsbeiwert für widerstehende Größen,

γ_S = Teilsicherheitsbeiwert für einwirkende Größen.

Für die Bodenwiderstände werden beispielsweise die Scherparameter und die Wichten der Böden durch Teilsicherheitsbeiwerte dividiert und die Wichten, sofern sie als Lasten (Einwirkungen) wirken, mit Teilsicherheitsbeiwerten multipliziert. Dabei sind folgende Unterscheidungen zu treffen, die in DIN 4020 (1987) bereits in Anlehnung an EC 7 getroffen worden sind:

0.1.1.3   a) Charakteristischer Wert

Der charakteristische Wert ist der in Berechnungen zu verwendende oder eingeführte Wert einer physikalischen Größe, beispielsweise φ', c', E_s. Er wird mit dem Index k als charakteristischer Wert, beispielsweise c_k, dargestellt.

b) Bemessungswert

Der Bemessungswert des Widerstands ist der Wert einer streuenden physikalischen Größe, der als charakteristischer Wert mit dem Teilsicherheitsbeiwert oder mit additiven Sicherheitselementen verknüpft den Bemessungswert (Index d) ergibt, der für die Grenzzustandsgleichung verwendet wird, zum Beispiel:

Charakteristischer Wert der Kohäsion c_k dividiert durch den Teilsicherheitsbeiwert für Kohäsion γ_c:

$$c_d = \frac{c_k}{\gamma_c} .$$

0.1.1.4   Rechenwerte

Die in den EAU bisher angegebenen Rechenwerte mit dem Vorsatz „cal" sind also nach neuer Definition abgeminderte charakteristische Werte. Als solche sind sie vorläufig in den EAU verblieben.

0.1.1.5   Mindestanforderungen

Die Mindestanforderungen an Umfang und Qualität geotechnischer Untersuchungen, Berechnungen und Überwachungsmaßnahmen werden nach EC 7 nach drei geotechnischen Kategorien abgestuft, die ein geringes (Kategorie 1), ein normales (Kategorie 2) und ein hohes (Kategorie 3) geotechnisches Risiko bezeichnen. Gemäß DIN 1054 (z. Zt. im Entwurf) müssen demnach in aller Regel Ufereinfassungen als schwierige Konstruktionen bei schwierigen Baugrundverhältnissen in die geotechnische Kategorie 3 eingeordnet werden, die zur Bearbeitung stets einen sachverständigen Baugrundfachmann voraussetzt.

0.1.1.6   Grundlagen

Als Grundlagen für das neue Sicherheitskonzept liegen im Entwurf vor:

| EC 1 | Gemeinsame einheitliche Regeln für verschiedene Bauarten und Baustoffe und |
| EC 7 | Gemeinsame Bemessungsregeln in der Geotechnik, Planung und Ausführung. |

Dabei sollen folgende Normen in der für das neue Sicherheitskonzept vorliegenden Fassung berücksichtigt werden:

DIN 1054	Standsicherheitsnachweise im Grundbau,
DIN 4020	Geotechnische Untersuchungen für bautechnische Zwecke,
DIN 4017	Berechnung des Grundbruchwiderstands bei Flachgründungen,
DIN 4084	Böschungs- und Geländebruchberechnungen,
DIN 4019	Verformungen des Baugrunds bei baulichen Anlagen,
DIN 4014	Pfähle.

Außerdem sind noch folgende Eurocodes zu beachten:

EC 2	Betonbauwerke,
EC 3	Stahlbauwerke,
EC 4	Verbundkonstruktionen aus Stahl und Beton,
EC 5	Bauwerke aus Holz,
EC 6	Mauerwerksbauten,
EC 8	Bauwerke in Erdbebengebieten.

0.2   Durchführung statischer Berechnungen von Ufereinfassungen (E 142)

0.2.1   Allgemeines

Die statische Berechnung ist auch bei Ufereinfassungen ein wesentlicher Bestandteil des Entwurfs und hat den Nachweis zu erbringen, daß die angreifenden Lasten vom Bauwerk und seinen Teilen im Rahmen der jeweils zulässigen Verformungen und der geforderten Sicherheiten aufgenommen und in den tragfähigen Baugrund ausreichend sicher abgeleitet werden können. Um diese rechnerischen Nachweise einfach und möglichst zutreffend führen zu können, sollen Ufereinfassungen – bei Wahrung der Forderungen nach entsprechender Wirtschaftlichkeit und einfacher Bauausführung – auch einfach und übersichtlich ausgebildet werden. Je

3

ungleichmäßiger der Baugrund ist, um so mehr sind statisch bestimmte Ausführungen anzustreben, damit Zusatzbeanspruchungen aus ungleichen Stützensenkungen und dergleichen, die nicht einwandfrei überblickbar sind, weitgehend vermieden werden. Bei gutem Baugrund können aber auch hochgradig statisch unbestimmte Systeme angewendet werden und wirtschaftlichste Lösungen darstellen. Hierunter fallen beispielsweise auch Kaimauerecken auf räumlichen Pfahlrosten und dergleichen. Vor allem bei solchen Bauwerken führen elektronische Berechnungen mit erprobten Programmen zu einer entscheidenden Verminderung der Ingenieurarbeit bei gleichzeitig optimaler Bauwerkgestaltung und Materialausnutzung.

0.2.2 Berechnungsaufbau

Jeder Berechnung einer Ufereinfassung muß eine zeichnerische Darstellung des Bauwerks mit allen wichtigen geplanten Bauwerkabmessungen einschließlich der rechnungsmäßigen Sohlentiefe und den Belastungen, aber auch mit den Bodenschichten und den zugehörigen charakteristischen Bodenkennwerten und allen maßgebenden freien Wasserständen, bezogen auf SKN oder NN oder ein örtliches Pegelnull sowie die zugehörigen Grundwasserstände vorangestellt werden.

Es folgt dann eine kurze Beschreibung des Bauwerks insbesondere mit allen Angaben, die aus der Zeichnung nicht klar erkenntlich sind, und allen Daten hinsichtlich der Bauzeiten und der Art der Baudurchführung mit den maßgebenden Bauzuständen. Weiter werden alle Lastangaben, Bodenkennwerte, Wasserstände und Baustoffe genau aufgeführt, die maßgebenden Lastfälle 1, 2 und – wenn in Frage kommend – auch 3 mit den zugehörigen Belastungen angeschrieben und die dabei jeweils zulässigen Spannungen und geforderten bzw. einzuführenden Sicherheitsbeiwerte genannt. Bei Anwendung des neuen Sicherheitskonzepts nach Abschn. 0.1 sind die verwendeten Teilsicherheitsbeiwerte für Einwirkungen und Widerstände anzugeben. Anschließend wird der vorgesehene Gang der Berechnung schriftlich festgelegt und begründet. Sollten einzelne vorgesehene Wege nicht zum Ziel führen, muß der Berechnungsgang später im nötigen Umfang angepaßt werden. Schließlich ist das verwendete Schrifttum zu zitieren und sind sonstige verwendete Berechnungshilfsmittel zu benennen.

Bei der eigentlichen statischen Berechnung mit anschließender Bemessung ist zu beachten, daß es im Grund- und Wasserbau viel mehr auf zutreffende Bodenaufschlüsse, Scherparameter, Lastansätze, die Erfassung auch hydrodynamischer Einflüsse und nichtkonsolidierter Zustände und ein günstiges Tragsystem ankommt als auf eine übertrieben genaue zahlenmäßige Berechnung. Man muß sich im klaren darüber sein, daß Grundbauberechnungen stets einen Näherungscharakter aufweisen. In der Praxis liegen die häufigsten Fehler der Berechnungen bereits in den Grundlagen und Lastansätzen, oft auch in mangelhaften Rechenmodellen.

0.2.3   Weitere Hinweise für den Aufsteller

Der Aufsteller der statischen Berechnung eines Bauwerks gehört zur Gruppe der Entwurfsbearbeiter. Er ist daher für die ausreichende Richtigkeit seiner Berechnung selbst zuständig und voll verantwortlich, auch wenn die Berechnung später von einem „Prüfingenieur für Baustatik" ordnungsgemäß geprüft wird. Dies gilt in jedem Fall für prüfpflichtige Bauvorhaben. Eine interne Prüfung der Berechnung von der Aufstellerseite wird daher mindestens in allen schwierigen Fällen dringend empfohlen.

Namen und Berufsbezeichnungen des Aufstellers und eines internen Prüfers sind anzugeben. Ein eventuell eingeschaltetes Recheninstitut ist zu benennen.

0.2.4   Hinweise für den Prüfingenieur für Baustatik

In schwierigen Fällen sollte frühzeitig eine Abstimmung über die Grundlagen des Entwurfs und der Berechnung zwischen dem Prüfingenieur und dem Aufsteller stattfinden.

Ist eine Berechnung sorgfältig und gut aufgestellt, sollten zusätzliche Wünsche vom Prüfingenieur an den Aufsteller auf das absolut erforderliche Mindestmaß begrenzt werden. Umgekehrt sollte der Prüfingenieur nicht zögern, eine neue Berechnung zu fordern, wenn die vorgelegte nicht einwandfrei oder nicht prüfbar ist.

0.3   Anwendung elektronischer Berechnungen bei Ufereinfassungen (E 143)

0.3.1   Vorbemerkungen

Elektronische Berechnungen erleichtern bei richtiger Anwendung die statischen Untersuchungen auch von Ufereinfassungen. Dies gilt sowohl für die Durchführung einfacher, jedoch wiederholt auftretender gleichartiger Berechnungen als auch für die statische Untersuchung schwieriger oder umfangreicher Systeme.

Bei richtiger Anwendung liegen die Vorteile neben der Entlastung von manueller Arbeit vor allem im Zeitgewinn. Dieser ermöglicht die Untersuchung mehrerer Varianten, wodurch eine günstige konstruktive und wirtschaftliche Lösung gefunden werden kann. Dabei sollten die verwendeten Programme und Rechenanlagen auf die jeweiligen Anforderungen der zu untersuchenden Konstruktionen abgestimmt sein.

0.3.2   Probleme bei Ufereinfassungen

0.3.2.1   Statische und dynamische Probleme

Die besonderen Verhältnisse bei Ufereinfassungen, wie beispielsweise geometrisch und statisch bzw. dynamisch unübersichtliche Systeme oder eine Vielzahl der Lastfälle bergen – wie Beispiele der Praxis zeigen – die Gefahr in sich, daß vorhandene Programme nicht richtig angewendet werden. Im Hinblick darauf, daß die Erfassung der Randbedingungen im Grund- und

Wasserbau ohnehin schwierig ist, können die Wahl besonders komplizierter Ausbildungen, das Berücksichtigen auch untergeordneter Lastfälle in großer Zahl, das Anfertigen von Zusatzberechnungen infolge nachträglicher Systemänderungen und dergleichen zu einem unbefriedigenden Ergebnis führen. Dies gilt besonders dann, wenn dabei die erforderliche Übersichtlichkeit verlorengeht.

0.3.2.2   Rechnereinsatz, Datenverarbeitungsprobleme

Kleinrechner werden vor allem zu einfachen Berechnungen verwendet, wie zur Berechnung von Spundwänden, Gurten, Holmen, Gleitkreisen, Koordinaten und dergleichen. Erwähnenswerte Probleme treten dabei nicht auf.

Größere, vor allem räumliche Systeme, wie Pfahl- und Trägerroste, Konstruktionen mit stark wechselnden Abmessungen, Probleme der Scheiben- und Plattentheorie und dergleichen, lassen sich nur auf ausreichend leistungsfähigen EDV-Anlagen ausreichend genau und schnell berechnen.

Die volle Ausnutzung ergibt sich bei Verwendung „integrierter Programme". Bei diesen wird durch systematisches Aneinanderreihen von Einzelprogrammen die Gesamtarbeit mit Lastaufstellung, Eingabe der Geometrie, Schnittkraftermittlung, Überlagerung von Lastfällen, Bemessung, Kontrollen und graphischer Darstellung der Ergebnisse (in Sonderfällen sogar mit dem Zeichnen von Bewehrungsplänen) möglichst in einem Programmablauf durchgeführt. Bei den komplexen Problemen schwieriger Ufereinfassungen ist ein solcher Einsatz aber nur selten realisierbar und zweckmäßig.

Bei schwierigen bodenmechanischen Problemen, Versagen von tragenden Bauteilen und in ähnlichen Fällen, die mit den üblichen vereinfachenden Annahmen der Statik nicht mehr zu berechnen sind, können Großrechenanlagen gute Dienste leisten. Dabei kann auch mit nicht linearen Stoffgesetzen und Fließbedingungen gearbeitet werden.

0.3.3   Anleitung für das Aufstellen und Prüfen elektronischer Berechnungen

Vorweg wird auf die „Vorläufigen Richtlinien für das Aufstellen und Prüfen elektronischer Standsicherheitsberechnungen", eingeführt durch Erlaß des Bayerischen Staats-Min. des Inneren vom 4. 1. 1966, abgedruckt im Betonkalender 1969/I, S. 657, hingewiesen.

Für Ufereinfassungen im besonderen gelten vor allem die folgenden Hinweise.

0.3.3.1   Hinweise für den Aufsteller

(1) Berechnungsführung

Eine zweckmäßige und übersichtliche Berechnungsführung setzt vor allem folgendes voraus:

a) Die Ufereinfassungen sollten so einfach wie möglich gehalten werden. Komplexe Systeme können unter Umständen in mehrere kleinere aufge-

6

löst werden, sofern dabei die Schnittgrößen noch ausreichend zutreffend ermittelt werden können. An den Bereichsrändern müssen dann aber wegen der idealisierten Randbedingungen Unschärfen hingenommen und durch konstruktive Maßnahmen unschädlich gemacht werden.

b) Die Möglichkeiten der elektronischen Berechnung sollten nicht zu unnötig oft wechselnden Bauwerksabmessungen führen, da Kosteneinsparungen am Material häufig durch erhöhte Entwurfs- und Herstellkosten verlorengehen.

c) Die Zahl der Lastfälle sollte soweit wie möglich eingeschränkt werden, beispielsweise auch durch vorheriges Zusammenfassen von Belastungen in der jeweils ungünstigsten Kombination für maßgebende Querschnitte oder Bereiche.

d) Die Beeinflussung der Ergebnisse durch nicht eindeutig definierbare Randbedingungen oder Eingabedaten mit Wahrscheinlichkeitswerten – beispielsweise nachgiebiger Stützung durch den Untergrund – sollten durch Variation der Randbedingungen berücksichtigt werden.

e) Die Anwendung elektronischer Berechnungsmethoden setzt Erfahrung voraus, welche eine kritische Beurteilung der Ergebnisse ermöglicht. Deshalb sollten – mindestens in schwierigeren Fällen der Entwurfsbearbeitung – bereits beim Aufstellen der Berechnungen die Berechnungswege, die Berechnungsdurchführung und die Ergebnisse sowie die Kontrollen ständig mit besonders erfahrenen Ingenieuren abgestimmt und von letzteren ständig geprüft werden. Zusätzlich sollte die Größenordnung der Ergebnisse durch unabhängige überschlägliche Berechnungen abgeschätzt werden.

(2) Fehlerquellen und rechtzeitige Kontrollen

a) Die elektronische Bearbeitungsfolge ist im wesentlichen vom verwendeten Rechenprogramm abhängig. Zur Bearbeitung wird der zu untersuchende Bauteil durch ein mechanisch gleichwertiges berechenbares Modell ersetzt. Dabei treten sogenannte Idealisierungsfehler auf. Bei der Berechnung mit der Finite-Elemente-Methode (FEM) können sich durch die Einteilung des Berechnungsmodells in Elemente und durch die gewählten Randbedingungen auch Diskretisierungsfehler einstellen.

b) Weitere Fehlerquellen liegen erfahrungsgemäß in der Wahl der Stoffgesetze und bei sonstigen Eingabedaten. Letztere sollten vorzugsweise graphisch kontrolliert werden. Maschinenfehler während des Rechenablaufs bzw. beim Ausdruck der Ergebnisse sind selten.

c) Eine im Programm eingebaute automatische Fehlersuche beschränkt sich im allgemeinen auf die sogenannte Plausibilitätskontrolle, welche beispielsweise die Widerspruchsfreiheit der Systemgeometrie mit der geometrischen Zuordnung der Belastungsgrößen vergleicht (es können nur vorhandene Stäbe belastet werden) oder auf unwahrscheinliche Zahlenwerte von Eingabe- oder Ergebnisgrößen hinweist.

d) Es ist daher zweckmäßig, elektronische Berechnungen ständig zu kontrollieren. Zur Absicherung der Berechnung kommen „Gesamt-Kontrollen" und „Teil-Kontrollen" in Frage. Bei „Gesamt-Kontrollen" werden alle Bearbeitungsschritte – unabhängig von der Aufstellberechnung – zahlenmäßig überprüft. „Teil-Kontrollen" sind weniger umfassend, und die Ergebnisse von Aufstellung und Kontrolle sind nicht völlig unabhängig voneinander.

e) Gesamt-Kontrollen sind vor allem beim Aufstellen und späteren Anwenden schwieriger Programme erforderlich.

In Sonderfällen können bei Problemen mit bekannter Lösung Vergleichsrechnungen Aufschluß über die Genauigkeit der numerisch gefundenen Werte geben. Dieses ist vor allem zweckmäßig, wenn bei der FEM der Einfluß von Diskretisierungsfehlern abgeschätzt werden muß. Außerdem kann durch Messungen an Modellen die Berechnung überprüft werden.

Auch an ausgeführten Bauwerken sollten Messungen zur nachträglichen Kontrolle der Berechnungen durchgeführt werden.

f) Teil-Kontrollen können durch einen zweiten Bearbeiter durchgeführt werden und sollten umfassen:
- Vergleich der Eingabewerte mit den entsprechenden gespeicherten Daten über Bildschirm oder Datenausdruck.
- Kontrolle der Geometrie, besonders bei räumlichen Systemen über Darstellung am Bildschirm oder automatische Strukturaufzeichnung (Strukturplot).
- Prüfung der Randbedingungen durch Kontrolle der errechneten Verformungsgrößen bzw. vorgegebenen Vorzeichen von Kräften (beispielsweise Ausschluß von Zugkräften bei Drucklagern oder elastischer Bettung auf dem Untergrund).
- Stichprobenartige Überprüfung der Gleichgewichts- und Verträglichkeitsbedingung durch konventionelles Nachrechnen an einzelnen charakteristischen Punkten.
- Automatischer Ausdruck der Resultierenden der errechneten Stützreaktionen in vorgegebener Richtung und Vergleich mit den entsprechenden, aus den Belastungen abgeleiteten Größen.
- Grafisches Auftragen der Ergebnisse, wobei Fehler im allgemeinen leichter erkannt werden können als durch numerisches Überprüfen der Ergebnisse.

(3) Folgerungen für den Aufsteller
Um auch bei schwierigen elektronischen Berechnungen zu richtigen Ergebnissen zu gelangen, wird empfohlen:
a) Beachtung der allgemeinen Hinweise für eine zweckmäßige Berechnungsführung nach Abschn. 0.3.3.1 (1) und Durchführung von Kontrollen nach Abschn. 0.3.3.1 (2).

8

b) Rechtzeitiges Einschalten und kritisches Abstimmen der Berechnung mit dem zuständigen Prüfingenieur für Baustatik.

c) Kritische Beurteilung der Berechnungsergebnisse bereits durch den Aufsteller mit ergänzenden konstruktiven Hinweisen.

d) Die Berechnung sollte nicht nur die Benennung des Programms, sondern auch die Namen und Berufsbezeichnungen des Aufstellers und des internen Prüfers sowie die Benennung eines eventuell eingeschalteten Recheninstituts, wieder mit Angabe des Bearbeiters und des internen Prüfers, enthalten.

e) In die einzureichende statische Berechnung sollte nur aufgenommen werden, was für die Gesamtbeurteilung der Ergebnisse und für die Prüfung unmittelbar erforderlich ist. Dazu gehören vor allem:
- die vom Programmverfasser herausgegebene Programmbeschreibung, aus der sowohl die Generalannahmen als auch die Rechenmethode selbst und ihre Anwendungsgrenzen hervorgehen,
- das idealisierte System mit Kontrollen,
- die Eingabedaten mit Kontrollen, wenn möglich mit Computergrafik und Foto- bzw. Strukturplot,
- die Berechnungsergebnisse, übersichtlich grafisch aufgetragen,
- die automatischen oder sonstigen Gleichgewichts- und Verträglichkeits- sowie etwa durchgeführte Gesamt-Kontrollen,
- die Formänderungs- und sonstigen Teil-Kontrollen sowie Kontinuitätstests,
- die Zusammenstellung der Bemessungsdaten,
- die Zusammenstellung der erforderlichen Bewehrungsquerschnitte, Stahlbedarfsflächen und wichtiger Schubspannungsflächen zum Festlegen der Aufbiegung und
- die Kritik der Ergebnisse.

0.3.3.2   Hinweise für den Prüfingenieur für Baustatik

Durch die Lieferung der statischen Berechnung entsprechend Abschn. 0.3.3.1 (3) erhält und behält der Prüfingenieur für Baustatik den nötigen Überblick über die Berechnung des Bauwerks einschließlich seiner Beanspruchungen. Durch Prüfung der Grundlagen sowie der Lastansätze, Eingabedaten usw. sowie durch den Vergleich der Ergebnisse der Berechnungen und ihrer Kontrollen und vor allem anhand der graphischen Auftragungen kann er die Richtigkeit der Berechnungen mit einem vertretbaren Aufwand an Zeit und Kosten auch dann überprüfen, wenn fallweise auf eine elektronische Gegenrechnung verzichtet wird.

Darüber hinaus soll der Prüfingenieur durch Vergleichsrechnungen an vereinfachten Systemen weitere Kontrollen vornehmen, insbesondere wenn die Ergebnisse der Berechnung in Teilen oder insgesamt nicht plausibel erscheinen oder sonst zu Bedenken Anlaß geben.

Im übrigen gelten die Hinweise in E 142, Abschn. 0.2.4.

9

1 Bodenaufschlüsse, Bodenuntersuchungen und Bodenkennwerte

1.1 Mittlere Bodenkennwerte für Vorentwürfe (E 9)

1.1.1 Die im folgenden mit dem Nebenzeichen cal versehenen Werte sind Rechenwerte, also abgeminderte charakteristische Werte (vgl. E 96, Abschn. 1.13). Sie können ohne weitere Abminderungen in den statischen Berechnungen nach dem bisherigen Sicherheitskonzept der EAU für Vorentwürfe verwendet werden. Es handelt sich dabei um mittlere Werte eines größeren Bereichs, wobei die später nach der Auswertung der jeweiligen Bodenuntersuchungen für das betreffende Bauwerk, beispielsweise nach E 96 gefundenen sowohl darüber- als auch darunterliegen können.

1.1.2 Rechenwerte (abgeminderte charakteristische Werte) (Tabelle E 9-1)

Bodenart	Wichte		Endfestigkeit		Anfangsfestigkeit[1])	Steifemodul
	des feuchten Bodens $\mathrm{cal}\,\gamma$	des Bodens unter Auftrieb $\mathrm{cal}\,\gamma'$	Innerer Reibungswinkel $\mathrm{cal}\,\varphi'$	Kohäsion $\mathrm{cal}\,c'$	Kohäsion des undränierten Bodens $\mathrm{cal}\,c_u$	$\mathrm{cal}\,E_s$
	$\mathrm{kN/m^3}$	$\mathrm{kN/m^3}$	in°	$\mathrm{kN/m^2}$	$\mathrm{kN/m^2}$	$\mathrm{MN/m^2}$
Nichtbindige Böden						
Sand, locker, rund	18	10	30	–	–	20– 50
Sand, locker, eckig	18	10	32,5	–	–	40– 80
Sand, mitteldicht, rund	19	11	32,5	–	–	50–100
Sand, mitteldicht, eckig	19	11	35	–	–	80–150
Kies ohne Sand	16	10	37,5	–	–	100–200
Naturschotter, scharfkantig	18	11	40	–	–	150–300
Sand, dicht, eckig	19	11	37,5	–	–	150–250
Bindige Böden	(Erfahrungswerte aus dem norddeutschen Raum für ungestörte Proben)					
Ton, halbfest	19	9	25	25	50–100	5 – 10
Ton, schwer knetbar, steif	18	8	20	20	25– 50	2,5– 5
Ton, leicht knetbar, weich	17	7	17,5	10	10– 25	1 – 2,5
Geschiebemergel, fest	22	12	30	25	200–700	30 –100
Lehm, halbfest	21	11	27,5	10	50–100	5 – 20
Lehm, weich	19	9	27,5	–	10– 25	4 – 8
Schluff	18	8	27,5	–	10– 50	3 – 10

Rechenwerte (abgeminderte charakteristische Werte) (Tabelle E 9-1)

Bodenart	Wichte		Endfestigkeit		Anfangs-festigkeit[1]	Steife-modul
	des feuchten Bodens $\mathrm{cal}\,\gamma$	des Bodens unter Auftrieb $\mathrm{cal}\,\gamma'$	Innerer Rei-bungs-winkel $\mathrm{cal}\,\varphi'$	Ko-häsion $\mathrm{cal}\,c'$	Kohäsion des undrä-nierten Bodens $\mathrm{cal}\,c_u$	$\mathrm{cal}\,E_s$
	kN/m^3	kN/m^3	in °	kN/m^2	kN/m^2	MN/m^2
Klei, org., tonarm, weich	17	7	20	10	10– 25	2 – 5
Klei, stark org., tonreich, weich, Darg	14	4	15	15	10– 20	0,5– 3
Torf	11	1	15	5	–	0,4– 1
Torf unter mäßiger Vorbelastung	13	3	15	10	–	0,8– 2

$\mathrm{cal}\,\varphi'$ = Rechenwert des inneren Reibungswinkels bei bindigen und bei nichtbindigen Böden,
$\mathrm{cal}\,c'$ = Rechenwert der Kohäsion entsprechend $\mathrm{cal}\,\varphi'$,
$\mathrm{cal}\,c_u$ = Rechenwert der Scherfestigkeit aus unentwässerten Versuchen bei wassergesättigten bindigen Böden.

[1] Der zugehörige innere Reibungswinkel ist mit $\mathrm{cal}\,\varphi'_u = 0$ anzunehmen.

1.1.3   Ohne Nachweis ist für gewachsenen Sand lockere Lagerung anzunehmen. Mitteldichte Lagerung ist außer bei geologisch älteren Ablagerungen nur nach Verdichten durch Rütteln oder Stampfen zu erwarten. Für Kiessande gelten die gleichen Werte wie für Sand. Die Wichte für Schotter ist ein grober Mittelwert und hängt von der Gesteinsart ab.

1.1.4   Die Reibungswinkel $\mathrm{cal}\,\varphi'$ und die Kohäsionswerte $\mathrm{cal}\,c'$ für bindige Böden sind grobe Mittelwerte für die Berechnung der Endstandsicherheit (konsolidierter Zustand = Endfestigkeit). Bei weichen bis steifen Ton- und Kleischichten größerer Mächtigkeit, die beim Bau der Ufereinfassung zusätzlich durch Hinterfüllung, Bauwerke usw. belastet werden, ist bei der Erddruckermittlung der Einfluß des Porenwasserüberdrucks zu berücksichtigen (Anfangsfestigkeit). Auch beim Erdwiderstand kann fallweise die Anfangsfestigkeit maßgebend sein.

1.1.5   Da Drucksondierungen in lockeren Böden in vielen Fällen wirtschaftlich und schnell ausgeführt werden können, ist es häufig zu vertreten, solche schon für Vorentwürfe vorzunehmen. Dadurch wird über die dabei festgestellte ungefähre Lagerungsdichte von Sand die richtige Zuordnung in der Tabelle E 9-1, Abschn. 1.1.2 ermöglicht. Bezüglich der Auswertung für die Scherfestigkeiten sowie die Steifemodulen wird auf DIN 4020, DIN 4094, E 96 und auf [1] und [2] verwiesen.

11

1.2 Bodenkennwerte für Ausführungsentwürfe (E 54)

Den Ausführungsentwürfen sind grundsätzlich die von einer Versuchsanstalt ermittelten Bodenkennwerte zugrunde zu legen (vgl. auch DIN 4020, E 88, E 89, E 92 und E 96, Abschn. 1.9, 1.10, 1.11 und 1.13). Darauf sollte nur verzichtet werden, wenn bei gleichmäßigen und aufgeschlossenen Baugrundverhältnissen und gut erprobten und etwa gleichbleibenden Uferkonstruktionen auch beim jeweiligen Entwurfsbearbeiter ausreichende örtliche Erfahrungen und Kenntnisse vorliegen. Bei nichtbindigen Böden empfiehlt es sich, die Lagerungsdichte durch Feldversuche festzustellen. Bei bindigen Böden sollte nur bei untergeordneten Bauwerken auf die Einschaltung einer Versuchsanstalt verzichtet werden. Das Benutzen mittlerer Bodenwerte nach E 9, Abschn. 1.1 kann hier im allgemeinen nicht vertreten werden.

Hinweise zur Abfassung von Berichten und Gutachten über Baugrunduntersuchungen für Ufereinfassungen bei schwierigen Verhältnissen bringt E 150, Abschn. 1.4.

1.3 Anordnung und Tiefe von Bohrungen und von Sondierungen (E 1)

1.3.1 Allgemeines

Die Baugrunderkundung wird nach DIN 4020: Geotechnische Untersuchungen für bautechnische Zwecke (Entwurf 1987) durchgeführt.

Der Baugrundaufschluß wird häufig mit einer orientierenden Erkundung durch eine oder mehrere Druck- oder Rammsondierungen begonnen. Sie ermöglichen die erste grobe Beurteilung der Bodenarten. Anhand der Ergebnisse solcher Sondierungen kann das Hauptbohrprogramm festgelegt werden und wenn nötig ein weiteres Sondierprogramm.

1.3.2 Hauptbohrungen

Die Hauptbohrungen, die etwa in der Uferkante liegen, werden bis zur doppelten Höhe des Geländesprungs oder bis zum Antreffen einer bekannten geologischen Schicht geführt. Normaler Bohrlochabstand ist 50 m. Bei stark geschichteten, vor allem bei gebänderten Böden werden zweckmäßig Schlauchkernbohrungen ausgeführt, auch zur Gewinnung weitgehend ungestörter Bodenproben. In einzelnen Hauptbohrungen können anschließend Piezometerrohre und Porenwasserdruckmeßinstrumente installiert werden.

1.3.3 Zwischenbohrungen

Die Zwischenbohrungen werden je nach Befund der Hauptbohrungen oder der vorgezogenen Sondierungen ebenfalls bis zur doppelten Höhe des Geländesprungs oder bis zu einer Tiefe geführt, in der aufgrund der Hauptbohrungen oder Sondierungen eine bekannte, einheitliche Bodenschicht angetroffen wird. Normaler Bohrlochabstand = 50 m.

1.3.4 Sondierungen

Sondierungen werden im allgemeinen nach dem Schema von Bild E 1-1 angesetzt.

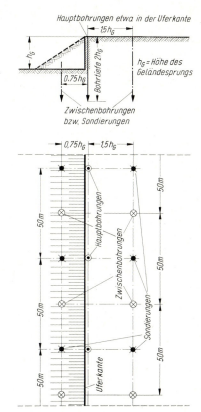

Bild E 1-1. Beispiel für die Anordnung der Bohrungen und der Sondierungen für Ufereinfassungen

Die weiteren Sondierungen werden im allgemeinen bis zur doppelten Höhe des Geländesprungs, mindestens aber ausreichend tief in eine bekannte tragfähige geologische Schicht geführt. Bezüglich der Geräte und der Durchführung der Sondierungen sowie ihrer Anwendung wird auf DIN 4094, Teil 1 und Teil 2 besonders hingewiesen.

Die unteren Enden der Drucksonden sollen, wenn irgend möglich, so ausgebildet sein, daß dort auch die örtliche Mantelreibung und der jeweilige Porenwasserdruck gemessen werden können.

Bei weichen bindigen Böden sind in jedem Fall Flügelsondierungen nach DIN 4096 zur Bestimmung der undränierten Scherfestigkeit (τ_{FS} bzw. c_u) auszuführen.

1.4 Abfassung von Berichten und Gutachten über Baugrunduntersuchungen für Ufereinfassungen bei schwierigen Verhältnissen (E 150)

1.4.1 Allgemeines

Die nachstehenden Hinweise gelten nur für Ufereinfassungen bei schwierigen Verhältnissen nach geotechnischer Kategorie 3, wie z. B. Großbaumaßnahmen, technisch komplizierten oder besonders empfindlichen Konstruktionen, neuartigen Bauweisen und schlechten Baugrundverhältnissen. Sie gelten sinngemäß aber auch für die Untersuchung von Hinterfüllungsböden.

Die mit den Baugrunduntersuchungen Beauftragten sollen bereits bei Festlegen der erforderlichen Schürfe, Bohrungen und Sondierungen und bei der generellen Festlegung des Untersuchungsprogramms eingeschaltet werden. Dabei soll stets eine Ortsbesichtigung vorausgehen. Die Aufschlußarbeiten sollen – wenn möglich – von den mit den Baugrunduntersuchungen Beauftragten überwacht werden.

Für die Überwachung der Bodenaufschlußarbeiten und die Durchführung von Feld- und Laborversuchen sind beispielsweise in der Bundesrepublik Deutschland die im „Verzeichnis der Institute für Erd- und Grundbau" genannten Institutionen besonders geeignet. Dieses Verzeichnis wird vom Institut für Bautechnik, Berlin, herausgegeben.

Mit der Erstellung des Baugrund- und Gründungsgutachtens soll stets ein besonders erfahrener Baugrundsachverständiger beauftragt werden.

1.4.2 Umfang der Ausarbeitungen

Zu unterscheiden ist zwischen dem Baugrunduntersuchungsbericht sowie dem Baugrund- und Gründungsgutachten, die entweder getrennt oder vereint abgefaßt werden können. Sie sollen folgende Angaben enthalten:

1.4.2.1 Baugrunduntersuchungsbericht

Der Baugrunduntersuchungsbericht soll vor allem umfassen:

(1) Angaben zu den allgemeinen geologischen Verhältnissen,

(2) die Ergebnisse der Bodenaufschlüsse, wie Schürfe und Probebohrungen sowie die der Felduntersuchungen, wie Sondierungen, besonders auch in den Bohrlöchern, Probebelastungen und dergleichen,

(3) die Ergebnisse der Laboruntersuchungen,

(4) die Ergebnisse von Modellversuchen und

(5) die Zusammenstellung der Untersuchungsergebnisse.

1.4.2.2 Baugrund- und Gründungsgutachten

Das Baugrund- und Gründungsgutachten soll vor allem umfassen:

(1) Die Beurteilung des Baugrunds und die Festlegung der Rechenwerte durch einen besonders erfahrenen Baugrund- und Gründungssachverständigen unter Berücksichtigung der Bauwerks- und Gründungsverhältnisse und fallweise auch der zu wählenden Berechnungsverfahren.

(2) Angaben zur Erdbebengefahr.

(3) Generelle Gründungsvorschläge mit den zugehörigen Ergebnissen einer erdstatischen Überschlagsberechnung, soweit entsprechend der Aufgabenstellung erforderlich.

(4) Generelle Vorschläge zur Bauausführung aus geotechnischer Sicht.

1.4.3   Aufgabenstellung sowie Unterlagen und Angaben zum geplanten Bauwerk

Im Bericht sollen entsprechend der Aufgabenstellung alle vorgelegten Unterlagen, wie Lageplan, Bauwerkszeichnungen, Schichtenverzeichnisse von Bohrungen und sonstigen Bodenaufschlüssen und dergleichen, mit Angabe des Aufstellers, des Aufstelldatums usw. vollständig aufgeführt werden.

Aufgrund der zur Verfügung gestellten Unterlagen wird das geplante Bauwerk im Bericht allgemein beschrieben, wobei alle für die Baugrunderkundung und die Bodenuntersuchungen wichtigen Angaben, wie z. B. die generelle Lage und die Hauptabmessungen des Bauwerks, das vorgesehene statische System und die maßgebenden Belastungen im bereits bekannten Umfang anzugeben sind. Sofern es sich nicht um eine allgemeine Gründungsbeurteilung als Grundlage für eine Vorplanung zur Bebauung eines Gebiets handelt, sollten dem Bericht außerdem anhand der gelieferten Unterlagen ein Grundriß mit Lageskizze und kennzeichnende Schnitte sowie ein überschläglicher Lastenplan beigegeben werden.

1.4.4   Wiedergabe der Ergebnisse der Bodenaufschlüsse und der Felduntersuchungen im Baugrunduntersuchungsbericht

Im Baugrunduntersuchungsbericht ist die genaue Lage der ausgeführten Bodenaufschlüsse und der Felduntersuchungen in einem maßstäblichen Plan, der auch geplante Bauwerksumrisse enthält, einzutragen. Dabei sollen auch Bezugsmaße auf unveränderliche Festpunkte oder Bezugslinien angegeben werden. Der Zeitpunkt der Ausführung der einschlägigen Arbeiten und besondere Feststellungen bei der Bohrüberwachung sind zu vermerken.

Die angewandten Aufschluß- und Sondierverfahren sind im Baugrunduntersuchungsbericht zu erläutern.

Die Bodenaufschlüsse sind nach folgenden DIN (mit Kurzbezeichnungen) durchzuführen und aufzutragen:

- Aufschluß durch Schürfe, Bohrungen und Entnahme von Proben DIN 4021,
- Schichtenverzeichnis DIN 4022, Teil 1, 2 und 3,
- Zeichnerische Darstellung der Ergebnisse DIN 4023.

Soweit im Auftrag gefordert und möglich, sollen auch Angaben für bautechnische Zwecke und Methoden zum Erkennen von Bodengruppen nach DIN 18 196 in den Baugrunduntersuchungsbericht aufgenommen werden. Sofern dem Baugrunduntersuchungsbericht nicht die vollständig ausgefüllten Schichtenverzeichnisse der Bohrungen beigefügt werden, ist mindestens anzugeben, wo diese eingesehen werden können. Letzteres gilt auch für die entnommenen Bodenproben. Bei weitgehend kontinuierlicher Entnahme von gekernten Bodenproben sollten auch Farbfotos dieser Proben beigefügt werden. Die Farbfotos können jedoch die genaue Ansprache und Beurteilung der Bodenproben nicht ersetzen. Bei den Feldversuchen sind folgende Normblätter zu berücksichtigen:

- Allgemein DIN 4020,
- Ramm- und Drucksondiergeräte (Geräte): DIN 4094, Teil 1,
- Ramm- und Drucksondiergeräte (Anwendung): DIN 4094, Teil 2,
- Flügelsondierung: DIN 4096,
- Plattendruckversuch: DIN 18 134.

Bei Sondierungen in der Nähe von oder in Bohrungen empfiehlt es sich, die Ergebnisse der Sondierungen neben den Bohrprofilen darzustellen. Gleiche Größen sollen im gesamten Bericht im gleichen Maßstab aufgetragen werden. Die Höhenangaben, bezogen auf NN oder allgemein auf Seehöhe, z. B. auch auf SKN = Seekartennull, sind Höhenangaben, bezogen auf „Bauwerksnull", stets vorzuziehen.

1.4.5   Wiedergabe der Ergebnisse der Laboruntersuchungen im Baugrunduntersuchungsbericht

Im Baugrunduntersuchungsbericht sollen die Ergebnisse der Laboruntersuchungen, geordnet nach den gesuchten Bodenkennwerten, angegeben werden. Dabei sind die angewandten Versuchsarten ausreichend genau zu beschreiben. Neben jedem Einzelergebnis sind Proben-Nummer, Aufschluß-Nummer, Bodenangaben mit Kurzzeichen sowie Entnahmetiefe der Bodenprobe zu benennen. Sofern die Verfahren zur Bestimmung der Bodenkennwerte genormt sind, genügt jedoch neben der normgerechten Angabe der Ergebnisse der Hinweis auf die Vorschriften, nach denen die Untersuchungen vorgenommen worden sind. Zu beachten sind die folgenden DIN (mit Kurzbezeichnungen):

- Korndichte: DIN 18 124,
- Korngrößenverteilung: DIN 18 123,
- Dichte des Bodens: DIN 18 125, Teil 1 und Teil 2,
- lockerste und dichteste Lagerung: DIN 18 126,
- Wassergehalt: DIN 18 121, Teil 1,
- Glühverlust: DIN 18 128,
- Zustandsgrenzen: DIN 18 122, Teil 1 und 2,
- Proctordichte: DIN 18 127,
- Wasserdurchlässigkeit: DIN 18 130,
- Scherparameter: DIN 18 136, DIN 18 137, Teil 1 und Teil 2 sowie E 88, E 89 und E 92, Abschn. 1.9, 1.10 und 1.11,
- Bodengruppen: DIN 18 196, 18 300 und 18 311.

Bei den Kompressions- und den Scherversuchen ist eine genaue Beschreibung der verwendeten Versuchsgeräte, des Einbauverfahrens und der Versuchsdurchführung erforderlich, da diese Angaben für die Beurteilung der Ergebnisse von ausschlaggebender Bedeutung sind.

Die Ergebnisse von Kompressionsversuchen sind als Druck- und Zeitsetzungslinien auf Formblättern darzustellen. Die einzelnen Meßwerte sind so zu kennzeichnen, daß die gewählten Last- und Zeitstufen aus den Diagrammen abgelesen werden können. Zusätzlich sind die geostatische Vorbelastung, die mittleren Steifemoduln für die verschiedenen Laststufen und die bezogenen Setzungen sowie die Konsolidierungszeiten anzugeben. Auch die Ergebnisse der Scherversuche sollen stets in Diagrammform angegeben werden. Dabei ist nach Bruch- und Gleitwerten gemäß E 131, Abschn. 1.12 zu unterscheiden.

Auf den Formblättern mit Ergebnissen von Kompressions- oder von Scherversuchen sollen auch alle wichtigen Angaben über die untersuchten Bodenproben, wie z. B. die Probengüte, wichtige Bodenkennwerte vor dem Einbau und Vorkonsolidierungszeiten, in Kurzform eingetragen werden, um eine schnelle Übersicht und eine kritische Beurteilung der Versuchsergebnisse zu ermöglichen.

1.4.6   Zusammenstellung der Untersuchungsergebnisse
          im Baugrunduntersuchungsbericht

Es empfiehlt sich, die Ergebnisse der Laboruntersuchungen, in Tabellen geordnet nach den untersuchten Bodenarten mit Numerierung der Bodenproben und unter Angabe der Entnahmestellen und -tiefen, zusammenzustellen. Zusätzlich sollen für die Auswertung von den Korngrößenverteilungen Kornverteilungsbänder und die wichtigsten Bodenkennwerte in Tabellen oder in Diagrammen – geordnet nach Bodenarten und -schichten – dem Baugrunduntersuchungsbericht beigegeben werden.

Soweit möglich sollten aus den Versuchswerten mit statistischen Methoden Mittelwerte und Streuungen (vgl. DIN 55302, Teil 1) sowie Grundwerte gemäß E 96, Abschn. 1.13.1.1 bestimmt und angegeben werden. Für die Mittelwerte der Scherparameter können bei umfangreichen Untersuchungen auch die Korrelationskoeffizienten berechnet und angegeben werden. In jedem Fall sind vom Baugrundsachverständigen die charakteristischen Kennwerte und bei Anwendung des neuen Sicherheitskonzepts auch die Teilsicherheitsbeiwerte anzugeben.

1.4.7   Baugrund- und Gründungsgutachten mit Beurteilung
          des Baugrunds, Festlegen der charakteristischen Werte
          und der Bemessungswerte mit Hinweisen zu den Gründungs-
          möglichkeiten

Die im Baugrunduntersuchungsbericht zusammengestellten Ergebnisse bilden die Grundlagen für das vom Baugrundsachverständigen aufzustellende Baugrund- und Gründungsgutachten. Es umfaßt stets die Beurtei-

lung des Baugrunds sowohl in statisch-konstruktiver als auch in erdbau-
technischer Hinsicht mit einer zusammenfassenden Beschreibung des geologischen Aufbaus, der Eigenschaften der festgestellten Bodenschichten
und deren bodenphysikalischen Kennzahlen. Dazu gehören vor allem
auch Angaben über die Kornverteilungen, die Lagerungsdichte der nichtbindigen Böden, die Zustandsform der bindigen Böden und die Beurteilung der im Baugrunduntersuchungsbericht nach E 96, Abschn. 1.13.1.1
ermittelten charakteristischen Werte der Scherparameter und die Beurteilung der in den Versuchen ermittelten Steifezahlen. Im Baugrund- und
Gründungsgutachten werden auch die für die erdstatischen Berechnungen
maßgebenden Bemessungswerte der Bodenkennziffern, wie beispielsweise
die Wichten und Steifemoduln und insbesondere auch die aus den charakteristischen Werten mit den Teilsicherheitsbeiwerten nach E 96, Abschn.
1.13.1.2 ermittelten Bemessungswerte der Scherparameter festgelegt. Dabei sind die für die Erddruck- und Erdwiderstandsermittlung maßgebenden Hinweise nach E 131, Abschn. 1.12 unter Beachtung des Zusammen-
wirkens von Bauwerk und Boden und fallweise auch die zu wählenden
Berechnungsverfahren zu berücksichtigen. Soweit erforderlich, stimmt der
Baugrundsachverständige diese Werte vorher mit dem Bauherrn, dem
Entwurfsbearbeiter, der bauausführenden Firma und der zuständigen
Bauaufsichtsbehörde bzw. dem Prüfingenieur für Baustatik ab.
Wenn im Auftrag gefordert und möglich, sollte in das Baugrund- und
Gründungsgutachten auch eine Stellungnahme zu den Angaben über die
Bodengruppen nach DIN 18 196 aufgenommen werden.
In Erdbebengebieten gehört es zur Aufgabe des Baugrundsachverständi-
gen, auch die anzusetzenden Erschütterungszahlen vorzuschlagen, gegebe-
nenfalls unter Hinzuziehung eines für das betreffende Gebiet Sachkundi-
gen.

1.5 Untersuchung der Lagerungsdichte von nichtbindigen Ufermauer-Hinterfüllungen (E 71)

1.5.1 Untersuchungsmethoden

Eine festgelegte Proctordichte kann – je nach der Kornverteilung des
Bodens – ganz verschiedene Lagerungsdichten bedeuten.
Aus diesem Grunde ist es erforderlich, die erreichte Verdichtung einer
Hinterfüllung aus nichtbindigem Boden stets durch Ermittlung seiner
Lagerungsdichte D nach DIN 18 126 – und nicht des Verdichtungsgrades
nach Proctor D_{pr} (DIN 18 127) – an Bodenproben zu überprüfen.

$$D = \frac{\max n - n}{\max n - \min n},$$

$\max n$ = Porenanteil bei lockerster Lagerung im trockenen Zustand,
$\min n$ = Porenanteil bei dichtester Lagerung,
n = Porenanteil des verdichteten Bodens.

Zwischen der Lagerungsdichte D und dem Verdichtungsgrad D_{pr} nach Proctor besteht folgender Zusammenhang:

$$D = A + B \cdot D_{pr}$$

mit $\quad A = \dfrac{\max n - 1}{\max n - \min n}$ $\qquad \varrho_d$ = Trockendichte,

$\qquad B = \dfrac{1 - n_{pr}}{\max n - \min n}$ $\qquad \varrho_{pr}$ = Trockendichte bei optimalem Wassergehalt im Proctorversuch,

$D_{pr} = \dfrac{\varrho_d}{\varrho_{pr}} = \dfrac{1 - n}{1 - n_{pr}}$ $\qquad n \qquad$ Porenzahl,

$\qquad\qquad\qquad\qquad\qquad\qquad n_{pr} \quad$ Porenzahl bei optimalem Wassergehalt im Proctorversuch.

Hiervon kann fallweise bei der Überprüfung der im Bauwerk erreichten Lagerungsdichte Gebrauch gemacht werden.

Mit Hilfe von Druck- und Rammsonden kann die Lagerungsdichte sowohl über als auch unter Wasser überschläglich festgestellt werden, wenn die Sonden für die betrachteten Verhältnisse geeicht sind. Dieses gilt auch für elektrische und radiometrische Sonden, die aber nur unter Wasser zu benutzen sind.

1.5.2   Nachprüfung

Ein Nachprüfen der Verdichtung von Hinterfüllungen ist notwendig und besonders wichtig, wenn an diese besondere Anforderungen gestellt werden, die sich beispielsweise aus der Bemessung der Ufermauer, der Anordnung flach gegründeter Kranbahnen, der Gründung sonstiger Bauwerke, dem Einbau von Pollern, Verkehrsanlagen usw. ergeben können. Gleiches gilt, wenn Anker beziehungsweise sonstige Bauteile oder Anlagen durch zu starke Setzungen oder Sackungen gefährdet werden können. Die Verdichtung der Schüttlagen ist dann laufend durch Entnahme von Proben oder durch Sondierungen zu prüfen, insbesondere auch unmittelbar im Bereich von Kunstbauten, wo die Verdichtung im allgemeinen schwierig ist. Der Umfang der Untersuchungen ist im einzelnen so festzulegen, daß eine durchgehend gleichmäßige, ausreichende Verdichtung nachgewiesen werden kann. Für gespülte Sandhinterfüllungen wird auf E 175, Abschn. 1.6 verwiesen.

Sackungen nichtbindiger Böden treten vor allem auf, wenn durch ansteigendes Grundwasser oder bei Bauwerksüberflutungen die scheinbare Kohäsion in erdfeucht eingebrachtem Boden verschwindet. Dabei kann auch hochgradig verdichteter Sand noch um rd. 1% der Schichtdicke sacken. Das Sackmaß von sehr locker gelagertem, gleichförmigen Feinsand kann bis zu rd. 8% der Schichtdicke betragen (s. auch E 168, Abschn. 7.9). Bei dynamischen Beanspruchungen und bei Erdbeben sind die Sackmaße noch größer.

1.6 Lagerungsdichte von aufgespülten, nichtbindigen Böden (E 175)

1.6.1 Allgemeines

Diese Empfehlung ist im wesentlichen eine Ergänzung zu den Empfehlungen E 81, Abschn. 7.4, und E 73, Abschn. 7.5.

Die Nutzbarkeit eines Hafengeländes wird weitgehend von der Lagerungsdichte der obersten 1,5 bis 2 m des aufgespülten Bodens bestimmt. Letztere ist vor allem von folgenden Faktoren abhängig:

- Kornzusammensetzung, insbesondere Schluffgehalt des Spülmaterials,
- Art der Gewinnung und weiterer Verarbeitung des Spülmaterials,
- Formgebung und Einrichtung des Spülfelds,
- Ort und Art des Spülwasserabflusses.

Beim Aufspülen über Wasser wird ohne zusätzliche Maßnahmen im allgemeinen eine größere Lagerungsdichte erzielt als unter Wasser. Dabei ist es wichtig, den Schluffgehalt des Spülsands zu begrenzen. Der Gehalt an Feinteilen mit einem Korndurchmesser $< 0,06$ mm soll höchstens 10% betragen. Er kann durch bestimmte Maßnahmen bei der Ausführung der Spülarbeiten verringert werden, beispielsweise durch:

- richtige Schutenbeladung (E 81, Abschn. 7.4),
- richtige Formgebung und Einrichtung des Spülfelds,
- richtige Art des Spülvorgangs.

1.6.2 Einfluß des Aufspülmaterials

Der Wahl des Aufspülmaterials sind im allgemeinen durch wirtschaftliche und technische Forderungen Grenzen gesetzt. Da die Kornzusammensetzung und der Schluffgehalt des Materials während der Ausführung nicht gleich bleiben, ist auch die Lagerungsdichte der Aufspülung unterschiedlich.

Daher sind die in Abschn. 1.6.4, Tabelle E 175-2 abhängig von der Sandart und der Lagerungsdichte angegebenen Sondierwiderstände, die aus umfangreichen niederländischen Drucksondierungen in Spülfeldern gewonnen worden sind, und dazu die korrespondierenden Schlagzahlen von Rammsondierungen nur als grobe Richtwerte anzusehen.

Bei Aufspülungen unter Wasser werden im allgemeinen etwa folgende Lagerungsdichten D erzielt:

Feinsand mit verschiedenen Ungleichförmigkeitsgraden mit einer mittleren Korngröße $d_{50} < 0,15$ mm:

$$D = 0,35 \text{ bis } 0,65.$$

Mittelsand mit verschiedenen Ungleichförmigkeitsgraden mit einer mittleren Korngröße $d_{50} = 0,25$ bis $0,50$ mm:

$$D = 0,17 \text{ bis } 0,35.$$

1.6.3 Erforderliche Lagerungsdichte

Die erforderliche Lagerungsdichte D hängt von der Nutzung des jeweiligen Hafengeländes ab und sollte etwa folgende Werte erreichen:

Nutzungsart	D	
	Feinsand $d_{50} < 0,15$ mm	Mittelsand $d_{50} = 0,25$ bis $0,50$ mm
Lagerflächen	0,35–0,45	0,17–0,35
Verkehrsflächen	0,45–0,56	0,26–0,45
Bauwerksflächen	0,56–0,75	0,45–0,65

Tabelle E 175-1. Lagerungsdichten D

Bei diesen Werten soll bei Standsicherheitsuntersuchungen, Tragfähigkeitsberechnungen und Verflüssigungsfragen auch in Betracht gezogen werden, daß der innere Reibungswinkel φ'_k des Feinsands kleiner sein kann als φ'_k des Mittelsands, auch wenn die Lagerungsdichte D des Feinsands höher ist als die des Mittelsands.

1.6.4 Überprüfung der Lagerungsdichte

Die in der Aufspülung erzielte Lagerungsdichte kann an der Geländeoberfläche durch die gebräuchlichen Versuche zur Dichtebestimmung an ungestört entnommenen Proben und durch Ersatzmethoden sowie durch Plat-

Nutzungsart		Lager-flächen	Verkehrs-flächen	Bauwerks-flächen
Lagerungsdichte D	Feinsand	0,35– 0,45	0,45– 0,56	0,56– 0,75
	Mittelsand	0,17– 0,35	0,26– 0,45	0,45– 0,65
Drucksonde q_c in MN/m^2	Feinsand	2 – 5	5 –10	10 –15
	Mittelsand	3 – 6	6 –10	>15
Schwere Rammsonde SRS 15, n_{10}	Feinsand	2 – 5	5 –10	10 –15
	Mittelsand	3 – 6	6 –15	>15
Leichte Rammsonde LRS 10, n_{10}	Feinsand	6 –15	15 –30	30 –45
	Mittelsand	9 –18	18 –45	>45
Leichte Rammsonde LRS 5, n_{10}	Feinsand	4 –10	10 –20	20 –30
	Mittelsand	6 –12	12 –30	>30

Tabelle E 175-2. Beziehung zwischen der Lagerungsdichte D, dem Spitzendruck q_c der Drucksonde nach niederländischen Untersuchungen an aufgespülten Sanden und Rammsondenwiderständen, bei denen die Werte für Feinsand vor allem für ungleichförmige Böden und die für Mittelsand vor allem für gleichförmige Böden gelten.

tendruckversuche oder mit einer radiometrischen Einstichsonde ermittelt werden. In größeren Tiefen kann sie durch Druck- oder Rammsondierungen nach DIN 4094, Teil 1 oder mit einer radiometrischen Tiefensonde festgestellt werden. Für die üblichen Korngrößen von aufgespülten Sanden ist die Drucksonde besonders gut geeignet. Daneben kommt im allgemeinen für Erkundungstiefen von wenigen Metern die leichte, bei großen Tiefen und hoher Lagerungsdichte die schwere Rammsonde in Betracht. Die Werte nach Tab. E 175-2 gelten aber erst ab der kritischen Tiefe, also etwa ab 1,0 m unter dem Ansatzpunkt der Sonde.

1.6.5   Ergänzende Hinweise

Wenn die beim Aufspülen erzielte Lagerungsdichte den Anforderungen nicht genügt, muß der Boden entsprechend dem Verwendungszweck nachverdichtet werden.

Neben der Lagerungsdichte ist auch die Wasserdurchlässigkeit der oberflächennahen Schichten für die Nutzungsmöglichkeit eines Hafengeländes von Bedeutung.

1.7   Lagerungsdichte von verklappten, nichtbindigen Böden (E 178)

1.7.1   Allgemeines

Diese Empfehlung ist im wesentlichen eine Ergänzung zu den Empfehlungen E 81, Abschn. 7.4 und E 73, Abschn. 7.5 sowie zu E 175, Abschn. 1.6. Das Verklappen nichtbindiger Böden führt im allgemeinen zu einer mehr oder weniger großen Entmischung des Materials und dadurch zu stark wechselnden Lagerungsdichten.

Verklappter nichtbindiger Boden kann durch Grund-, Gelände- oder Böschungsbruch gestört werden. Einigermaßen stabil sind Böschungen mit einer Neigung 1:5 oder flacher.

1.7.2   Einflüsse auf die erreichbare Lagerungsdichte

Die Lagerungsdichte von verklappten, nichtbindigen Böden ist vor allem von folgenden Faktoren abhängig:

a) Kornzusammensetzung und Schluffgehalt des verklappten Materials. Im allgemeinen ergibt ein ungleichförmiger Kornaufbau eine höhere Lagerungsdichte als ein gleichförmiger. Der Schluffgehalt soll 10% nicht übersteigen.

b) Wassertiefe. Mit zunehmender Wassertiefe verstärkt sich vor allem bei nichtbindigen Böden mit einer Ungleichförmigkeitszahl $U > 5$ das Entmischen, was zu einer geänderten Kornverteilung führt.

c) Strömung des Wassers im Verklappbereich. Je stärker die Strömung ist, um so größer ist die Entmischung und um so ungleichmäßiger setzt sich der Boden ab.

22

d) Art des Verklappens.

e) Die Lagerungsdichte wächst mit der Überlagerungshöhe.

Gearbeitet wird mit:

- Klappschuten mit Bodenklappen,
- Spaltklappschuten mit auseinanderklappbaren Schiffshälften

Mit Spaltklappschuten wird im allgemeinen eine etwas höhere Lagerungsdichte erreicht.

1.7.3 Erzielbare Lagerungsdichte

Die obengenannten Faktoren begründen, warum die Lagerungsdichte von verklappten, nichtbindigen Böden sehr unterschiedlich sein kann. Bei einer Überlagerungshöhe von 8 bis 10 m kann aber mit einer mindestens mitteldichten Lagerung gerechnet werden. Bei geringeren Überlagerungshöhen liegt im allgemeinen nur eine lockere Lagerung vor.

In der Fachliteratur sind bisher keine zuverlässigen Werte für erreichte Lagerungsdichten enthalten. Dabei ist die Lagerungsdichte oft nur indirekt festgestellt worden. Dichtewerte, die durch direkte Dichtemessungen (radiometrische Sonde) gefunden wurden, stehen nicht zur Verfügung. Hinzu kommt, daß heute durch die Anwendung von Spaltklappschuten höhere Lagerungsdichten erreicht werden im Vergleich zu den Klappschuten mit Bodenklappen, so daß viele in der Fachliteratur publizierte Werte für Lagerungsdichten nicht mehr repräsentativ sind.

Bezüglich des Verklappens in schlickhaltigem strömenden Wasser wird vor allem auf E 109, Abschn. 7.10 verwiesen.

1.7.4 Überprüfung der Lagerungsdichte

Die Lagerungsdichte kann durch Druck- oder Rammsondierungen nach DIN 4094, Teil 1, oder mit einer radiometrischen Tiefensonde festgestellt werden. Im übrigen wird auf E 175, Abschn. 1.6.4 und 1.6.5 sinngemäß verwiesen.

1.8 Einfluß des Einrüttelns auf die Kennwerte nichtbindiger Böden (E 48)

Werden nichtbindige Böden durch Einrütteln hochgradig verdichtet, kann eine Lagerungsdichte D von im Mittel 0,85 auch großräumig erreicht werden.

Die dann anzusetzenden Bodenkennwerte werden vorzugsweise durch Versuche ermittelt.

Stehen Versuchswerte nicht zur Verfügung, können die Kennwerte nach E 9, Abschn. 1.1 für mitteldichte Lagerung mit den Zuschlägen

$+5°$ für den rechnungsmäßigen inneren Reibungswinkel $cal\, \varphi'$ bzw. φ'_d und

$+7\%$ für die Wichte

zugrunde gelegt werden.

Von dieser Bodenverbesserung kann beispielsweise bei Vertiefungen und Verstärkungen von Ufermauern durch Verdichten mit Tiefenrüttlern Gebrauch gemacht werden.

Ist der vorhandene nichtbindige Untergrund durch Kalk oder dergleichen verkittet, darf die Rüttelverdichtung nicht angewendet werden. Bindige Böden lassen sich durch Einrütteln nicht verdichten.

1.9 Ermittlung der Scherfestigkeit c_u aus undränierten Versuchen an wassergesättigten bindigen Bodenproben (E 88)

Die Scherfestigkeit c_u wird im allgemeinen mit Hilfe von Scherversuchen an Proben mit konstantem Wassergehalt ermittelt (nicht entwässerter Scherversuch).

Diese Versuche können im Feld oder in einem Laboratorium an ungestört entnommenen Bodenproben vorgenommen werden. Voraussetzung für zutreffende Ergebnisse ist, daß beim Versuch kein Porenwasser aufgenommen oder abgegeben wird. Der Bruch des Bodens muß also verhältnismäßig schnell erfolgen, wobei die Schergeschwindigkeit vorwiegend von der Durchlässigkeit und den Entwässerungsmöglichkeiten abhängt.

Wegen der großen Streuungen und der erforderlichen Sorgfalt sollten solche Versuche stets in hinreichender Anzahl und in Verbindung mit Baugrundsachverständigen ausgeführt werden.

Im übrigen wird auf DIN 4094, DIN 4096, DIN 18 134, DIN 18 136 und DIN 18 137 verwiesen.

1.9.1 Feldversuche

Feldversuche ergeben nur bei wassergesättigten Böden zutreffende c_u-Werte.

1.9.1.1 Flügelsonden

Die Flügelsonde nach DIN 4096 ist für steinfreie weiche bindige Böden geeignet. Sie kann entweder direkt in den Boden gepreßt oder von der Bohrlochsohle aus eingebracht werden. Erfahrungsgemäß gibt die Flügelsonde zuverlässige Werte für normal konsolidierte und auch noch für leicht überkonsolidierte Böden.

Der gemessene τ_{FS}-Wert ist nicht immer identisch mit c_u.

Er muß, abhängig von der Plastizitätszahl I_p abgemindert werden.

$$c_u = \mu \cdot \tau_{FS}$$

Nach [141] sind folgende μ-Werte zu verwenden:

I_p	0	30	60	90	120
μ	1,0	0,8	0,65	0,58	0,50

Tabelle E 88-1. μ-Werte

Zwischen der undränierten Scherfestigkeit c_u und dem Drucksondierwert q_c bestehen beispielsweise folgende Beziehungen:

In Ton: $\qquad\qquad\qquad\qquad\qquad c_u \approx \dfrac{1}{14} \cdot q_c,$

In überkonsolidiertem Ton: $\qquad\quad c_u \approx \dfrac{1}{20} \cdot q_c,$

In weichem Ton: $\qquad\qquad\qquad c_u \approx \dfrac{1}{12} \cdot q_c.$

1.9.1.2 Plattendruckversuche

Die c_u-Werte können im Feld auch mit Hilfe schnell durchgeführter Druckversuche mit Platten von mindestens 30 cm Durchmesser ermittelt werden.

Zur Kontrolle sind verschieden große Platten zu verwenden.

Der jeweilige c_u-Wert ergibt sich für wassergesättigten Boden nach der Gleichung für die Tragfähigkeit von auf der Erdoberfläche aufgesetzten Platten zu:

$c_u = {}^1\!/_6 \, p_{Bruch}$
p_{Bruch} = mittlere Sohlnormalspannung beim Bruch des Bodens.

Ergibt sich aus der Drucksetzungslinie des Versuchs kein ausgeprägter Bruchpunkt, wird p_{Bruch} einer Setzung = $^1\!/_{10}$ des Plattendurchmessers zugeordnet.

Die Plattendruckversuche liefern aber nur zutreffende Werte, wenn sie auf der Geländeoberfläche bzw. auf einer Schürf- oder Baugrubensohle ausgeführt werden, wobei eine Fläche von mindestens dreifachem Plattendurchmesser zur Verfügung stehen muß.

1.9.1.3 Pressiometerversuche und Drucksondierungen

Die c_u-Werte können im Feld auch durch Pressiometerversuche oder Drucksondierungen festgestellt werden. Für die endgültige Festlegung sind aber Labors mit entsprechender Erfahrung einzuschalten.

1.9.2 Laborversuche

1.9.2.1 Zylinderdruck- und Dreiaxialversuche

Im Labor kann der c_u-Wert bei wassergesättigtem Boden durch den Zylinderdruckversuch nach DIN 18 136 ermittelt werden (Bild E 88-1).

Zuverlässiger als Zylinderdruckversuche sind jedoch Dreiaxialversuche nach DIN 18 137, Teil 2 an unkonsolidierten, nicht entwässerten Bodenproben (Bild E 88-1) (UU-Versuch = unkonsolidierter, unentwässerter Scherversuch).

Obige Versuche ergeben jedoch oft zu niedrige Scherfestigkeiten, also

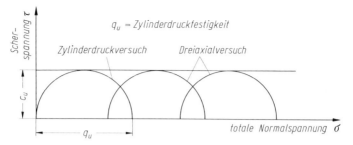

Bild E 88-1. Ermittlung von c_u aus Zylinderdruck- bzw. Dreiaxialversuchen

untere Grenzwerte, weil die Proben unvermeidlich mehr oder weniger gestört sind und auch nicht unter den im Boden vorhandenen Spannungen untersucht werden.

Direkte Scherversuche sind zur Bestimmung von c_u nicht zu empfehlen.

1.9.2.2 Flügelsondenversuche

Falls die ungestörten Bodenproben für Zylinderdruck- oder Dreiaxialversuche zu weich sind, können die c_u-Werte mittels einer Labor-Flügelsonde an den im Stutzen verbleibenden ungestörten Proben mit natürlichem Wassergehalt ermittelt werden.

1.9.3 Auswertung

Da auch bei äußerlich gleichförmigen Böden die c_u-Werte gleicher Tiefe streuen und sich mit der Tiefe ändern, müssen jeweils mehrere Proben aus verschiedenen Tiefen untersucht werden. Trägt man diese für wechselnde Tiefen ermittelten c_u-Werte abhängig von der Tiefe auf, ergibt sich ein

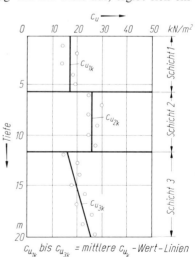

Bild E 88-2. Ermittlung der charakteristischen Werte c_{uk}

$c_{u_{1k}}$ bis $c_{u_{3k}}$ = mittlere c_{u_k}-Wert-Linien

26

Punktstreifen. Der für die jeweilige Tiefe maßgebende charakteristische c_{uk}-Wert kann dann einer vorsichtig eingetragenen, mittleren c_u-Wert-Linie entnommen werden (Bild E 88-2). Bei Auswertung der Versuche ist zu beachten, daß unter Umständen vorhandene faserige pflanzliche Einlagerungen die Ergebnisse stark beeinflussen können.

Beim Auswerten wird zweckmäßig auch die Abhängigkeit der Scherfestigkeit c_u vom Wassergehalt w der Probe aufgetragen. Diese Abhängigkeit ergibt bei normal konsolidierten Böden annähernd eine Gerade, wenn w in linearem und c_u in logarithmischem Maßstab aufgetragen werden.

Die nach dieser Empfehlung ermittelten charakteristischen c_{uk}-Werte werden in den Berechnungen nach den Empfehlungen durch den Teilsicherheitsbeiwert dividiert, dessen Größe in E 96, Abschn. 1.13.1.2, festgelegt ist, um den Bemessungswert c_{ud} zu erhalten.

1.10   Ermittlung der wirksamen Scherparameter φ' und c' (E 89)

Die wirksamen Scherparameter φ' und c' eines bindigen Bodens, die für die Berechnung der Endstandsicherheit benötigt werden, werden an ungestörten Bodenproben im Dreiaxialgerät, gegebenenfalls auch im Kastenschergerät (direkter Scherversuch) nach DIN 18137, Teil 1 und 2, ermittelt. Die bei der Auswertung gewonnene Schergerade gibt die Scherfestigkeiten abhängig von den wirksamen, d. h. von Korn zu Korn wirkenden Normalspannungen σ' an. Dies bedeutet für die Versuche, daß entweder die Proben so langsam abgeschert werden, daß hierbei keine Porenwasserdrücke auftreten (D-Versuch = konsolidierter, entwässerter Scherversuch) oder die beim Abscheren auftretenden Porenwasserdrücke u gemessen werden (CU-Versuch = konsolidierter, unentwässerter Scherversuch). Beide Versuchsformen liefern für die Baupraxis im großen und ganzen etwa gleiche Ergebnisse, wenn die Proben völlig wassergesättigt

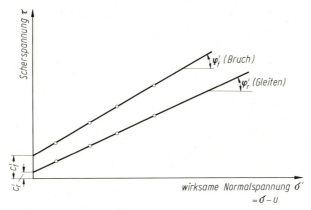

Bild E 89-1. Schergerade für Bruch und für Gleiten

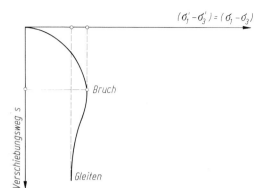

Bild E 89-2. Druck-Verformungs-Diagramm für den konsolidierten entwässerten Versuch

sind. Im Kastenschergerät kann im allgemeinen nur der D-Versuch ausgeführt werden. Auch bei einwandfreier Durchführung der dreiaxialen und der direkten Scherversuche können die hierbei ermittelten φ'- und c'-Werte voneinander abweichen. Die Ergebnisse des Dreiaxialversuches sind in der Regel als zuverlässiger zu betrachten.

Beim Abscheren ist eine konstante Verschiebegeschwindigkeit einzuhalten, damit die Scherparameter sowohl für den Bruch als auch für das anschließende Gleiten ermittelt werden können (Bilder E 89-1 und -2).

Die Genauigkeit der Versuchsergebnisse hängt von der Konstruktion des Gerätes und von der Versuchsdurchführung ab.

1.10.1 Dreiaxiale Versuche

Zur detaillierten Versuchsdurchführung und zum Geräteeinsatz wird auf DIN 18 137, Teil 2 verwiesen. Zusammengefaßt ist im übrigen folgendes von besonderer Bedeutung.

1.10.1.1 Konsolidierter, entwässerter Scherversuch (D-Versuch)

Dieser Versuch hat gegenüber dem konsolidierten, nicht entwässerten Versuch nach Abschn. 1.10.1.2 den Vorteil, daß die verhältnismäßig schwierigen Porenwasserdruckmessungen entfallen. Dafür wird aber eine längere Abscherzeit benötigt. Der Versuch ist auch für Tonböden geeignet, doch ist er nur für schluffige Sande und Schluffe zu empfehlen, da hier die Abscherzeiten noch verhältnismäßig kurz sind.

Die Scherversuche sind an mindestens drei Bodenproben auszuführen, die unter verschiedenen, allseitigen Drücken konsolidiert sind. Nach der Konsolidierung werden die Proben gewöhnlich durch Steigern der senkrechten Last bei konstantem Seitendruck mit konstanter Abschergeschwindigkeit nach DIN 18 137, Teil 2 abgeschert.

Da wegen der langsamen Schergeschwindigkeit keine Porenwasserdrücke in der Bodenprobe auftreten, sind die gemessenen gleich den wirksamen Spannungen.

Für jeden Versuch wird der MOHRsche Spannungskreis für das Kriterium max $(\sigma_1' - \sigma_3')$ = max $(\sigma_1 - \sigma_3)$ aufgetragen. Die Tangente an mehrere MOHRsche Spannungskreise für die wirksamen Spannungen ergibt den inneren Reibungswinkel φ' und die Kohäsion c' (Bild E 89-3).

Auf das Zeichnen der Kreise kann verzichtet werden, wenn die Versuchsergebnisse nach Bild E 89-4 aufgetragen werden. Die wirksamen Scherparameter ergeben sich dann aus den Beziehungen:

$$\sin\varphi' = \tan\alpha'; \quad c' = \frac{b'}{\cos\varphi'}.$$

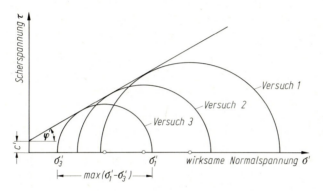

Bild E 89-3. Scherdiagramm mit MOHRschen Kreisen bei wirksamen Spannungen

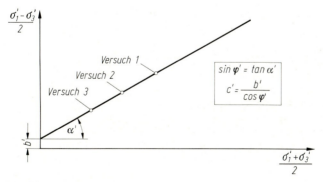

Bild E 89-4. Vereinfachte Darstellung des Scherdiagramms

1.10.1.2 Konsolidierter, unentwässerter Versuch mit Porenwasserdruckmessung (CU-Versuch)

Die Abscherzeiten können viel kürzer als beim entwässerten Versuch gewählt werden. Deshalb ist dieser Versuch besonders für wassergesättigten Ton- und Schluffboden geeignet.

Die Scherversuche sind wie beim D-Versuch an mindestens drei Bodenproben durchzuführen, die unter verschiedener Auflast konsolidiert sind. Nach dem Konsolidieren der Proben werden diese durch Steigern der senkrechten Last abgeschert. Bei Versuchen mit konstantem Vorschub genügt bei wassergesättigten schwach bindigen Proben eine Abschergeschwindigkeit von 0,1% der Probenhöhe je Minute, um den Porenwasserdruck richtig messen zu können. Bei nicht wassergesättigten Proben ist vor dem Abscheren eine Sättigung durch Gegendruck herbeizuführen. Die Dauer des Abscherens hängt vom Eintreten des Bruchs ab. Bei tonigen Böden und Tonen sollte jedoch eine Abschergeschwindigkeit von 0,01 bis 0,02% der Probenhöhe je Minute gewählt werden

Während des Versuchs werden die Stauchung (Längenänderung der Probe), der senkrechte und der waagerechte Druck und der Porenwasserdruck gemessen.

1.10.2 Direkter Scherversuch

Zuverlässige Ergebnisse können mit dem bisher üblichen Kastenschergerät nur erzielt werden, wenn:

1.10.2.1 die Scherkraft so eingeleitet wird, daß die Scherspannungen möglichst gleichförmig über die Gleitfläche verteilt sind.

1.10.2.2 Die Schergeschwindigkeiten sind nach DIN 18137 zu wählen. Da nicht entwässerte Versuche und Porenwasserdruckmessungen nicht möglich sind, können zuverlässige Ergebnisse mit dem üblichen Rahmenschergerät nur erzielt werden, wenn die Schergeschwindigkeit so gewählt wird, daß kein nennenswerter Porenwasserüberdruck auftritt.

Die Scherparameter φ' und c' können in diesen Geräten daher nur durch konsolidierte, entwässerte Versuche (D-Versuch) bestimmt werden, die hier beschrieben werden. Die Schergeschwindigkeit, bei der kein Porenwasserdruck auftritt, ist für jeden Boden verschieden und zudem von den Abmessungen der Probe und den Entwässerungsbedingungen im Gerät abhängig. Beim Abscheren mit konstantem Vorschub sind beispielsweise bei einer Probenhöhe von 2,5 cm und oberer und unterer Entwässerung etwa folgender Vorschub zu wählen:

schwach bindige Böden	$v = 0{,}10$ mm/min $= 6$ mm/h,
stark bindige Böden	$v = 0{,}03$ mm/min $= 1{,}8$ mm/h.

1.10.3 Anwendung der Ergebnisse

Die Scherversuche nach dieser Empfehlung führen vor allem bei weichen bindigen Böden zu Scherparametern, insbesondere φ'-Werten, die zum

Teil weit über denen liegen, die sich aus den häufig durchgeführten Versuchen an konsolidierten Proben mit schnellerer Abschergeschwindigkeit ergeben. Da bei diesen Böden aber auch die Verträglichkeiten der Verformungsgrößen der Bodenschichten untereinander und mit dem Bauwerk eine besondere Rolle spielen und am Bauwerk häufig auch teilkonsolidierte Zustände des umgebenden Bodens berücksichtigt werden müssen, sind die in den Versuchen nach dieser Empfehlung gewonnenen φ'- und c'-Werte in den Berechnungen nach den „Empfehlungen" mit Sicherheitsbeiwerten zu versehen, deren Größen sich nach E 96, Abschn. 1.13.1.2 richten.

Wann die Bruchscherfestigkeit τ_f zugrunde gelegt werden darf bzw. wann mit der Gleitscherfestigkeit τ_r oder mit einem Zwischenwert von τ_f und τ_r bzw. einer noch geringeren Scherfestigkeit als τ_r gerechnet werden muß, ist in E 131, Abschn. 1.12 festgelegt.

1.11 Ermittlung des inneren Reibungswinkels φ' für nichtbindige Böden (E 92)

1.11.1 Allgemeines

Der innere Reibungswinkel φ' darf gewöhnlich nicht gleich dem Böschungswinkel gesetzt werden. Letzterer entspricht dem inneren Reibungswinkel φ' nur bei völlig trockenen oder ganz unter Wasser liegenden Schüttungen in lockerster Lagerung. Bei Abgrabungen kann der Böschungswinkel wegen vorhandener Verkittungen der Körner größer als der innere Reibungswinkel φ' sein. Außerdem können sich kapillare Spannungen (scheinbare Kohäsion) und Gefügewiderstände auswirken. Der innere Reibungswinkel φ' von Sand und Kies wird außer durch Kornrauhigkeit, Kornform, Korngröße und Kornverteilung insbesondere durch die Lagerungsdichte sowie durch Spannungsgröße, Spannungszustand und Formänderungszustand beeinflußt.

Wenn alles andere gleich ist, besteht kein nennenswerter Unterschied im inneren Reibungswinkel φ' über und unter Wasser.

Bei nichtbindigen Böden, Sand und Kies kommt ein nicht oder nur teilweise konsolidierter Zustand bei statischer Beanspruchung in der Praxis im allgemeinen nicht vor, so daß mit dem dränierten Zustand gerechnet werden darf.

Eine echte Kohäsion c' ist bei nicht verkittetem Sand und Kies nicht vorhanden. Wenn bei Versuchen eine Kohäsion c' gefunden wird, handelt es sich um eine scheinbare Kohäsion c_k infolge Kapillarspannungen und/ oder um einen Gefügewiderstand (E 3, Abschn. 2.2). Daher sind die Versuche entweder vollkommen trocken oder vollkommen wassergesättigt durchzuführen.

1.11.2 Untersuchungsverfahren

Da sich die Berechnungen von langgestreckten Ufereinfassungen auf einen ebenen Verformungszustand beziehen, müßte auch der innere Reibungswinkel φ' für die gleichen Verformungsbedingungen (e b e n e r Scherversuch) ermittelt werden. Da dies allgemein noch nicht möglich ist, muß man sich bis auf weiteres mit dem Reibungswinkel φ' aus den Standardversuchen (Dreiaxialversuch oder direkter Scherversuch) begnügen bzw. muß fallweise von dem theoretischen Zusammenhang nach [142] Gebrauch machen, wonach der Reibungswinkel im ebenen Verformungszustand $^9/_8$ des Reibungswinkels im dreiaxialen Scherversuch beträgt.

Der bessere dieser Standardversuche ist der Dreiaxialversuch. Bei diesem sind die auf die Probe wirkenden räumlichen Spannungen bekannt, und es werden störende Randeinflüsse – wie sie beim Kastenscherversuch auftreten – weitgehend vermieden. Der Unterschied in den Ergebnissen ist aber nicht groß.

Bei beiden Versuchen müssen die Probenabmessungen möglichst groß gewählt werden.

Die Ergebnisse des Dreiaxialversuchs werden zweckmäßig entsprechend Bild E 89-4 von E 89, Abschn. 1.10 dargestellt.

Feldversuche für eine zuverlässige Bestimmung von φ' gibt es bisher nicht. Der innere Reibungswinkel φ' hängt stark von der Anfangsporenzahl e_A ab. Laborversuche mit den gewöhnlich nur verfügbaren gestörten Proben sollten deshalb möglichst mit zwei oder drei verschiedenen Porenzahlen e_A durchgeführt werden. Werden ausnahmsweise Versuche mit nur einer Porenzahl e_A ausgeführt, kann φ' bei Sand für verschiedene Lagerungsdichten am Bauwerk mit folgender Gleichung a n g e n ä h e r t berechnet werden:

$$e_A \cdot \tan\varphi' = \text{const},$$

wenn – wie üblich – mit einer geraden Scherlinie gearbeitet und $c' = 0$ gesetzt wird.

Zur möglichst genauen Bestimmung der Konstanten muß e_A etwa der mittleren Lagerungsdichte am Bauwerk entsprechen. Obige Gleichung läßt sich aber auf ein Bauwerk nur anwenden, wenn die im Baugrund vorhandenen Werte von e_A bestimmt werden können.

1.11.3 Auswertung

Bisher ausgeführte Versuche haben gezeigt, daß der innere Reibungswinkel φ' für den ebenen Verformungszustand bei dichter Lagerung größer ist als der Reibungswinkel des dreiaxialen Versuchs (zentralsymmetrischer Verformungszustand). Außerdem rechnet man in der Praxis in Bereichen mit kleineren Spannungen, wie sie bei Ufereinfassungen in der Regel vorkommen, zur Vereinfachung für Sand und Kies im allgemeinen mit $c' = 0$. Will man diese beiden Umstände berücksichtigen, kann der gemessene dreiaxiale Reibungswinkel φ'_k bei dicht gelagerten Böden für die Berechnung von l a n g g e s t r e c k t e n U f e r e i n f a s s u n g e n im Einvernehmen mit der Versuchsanstalt bis zu 10% erhöht werden.

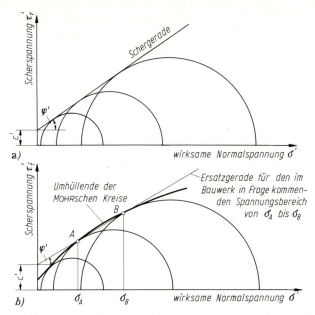

Bild E92-1. Scherdiagramm mit MOHRschen Spannungskreisen für nichtbindige Böden
a) bei kleinerer Lagerungsdichte;
b) bei größerer Lagerungsdichte (übertrieben dargestellt)

Alle Angaben beziehen sich auf den Bruchwinkel, der im allgemeinen in den Berechnungen verwendet werden darf (E 89, Abschn. 1.10.3, 2. Absatz).

Die ermittelten Scherparameter werden in den Berechnungen nach den „Empfehlungen" mit einem Sicherheitsbeiwert versehen, dessen Größe in E 96, Abschn. 1.13.1.2 festgelegt ist.

1.12   Scherparameter des Bruch- bzw. des Gleitzustands bei Anwendung der EAU (E 131)

1.12.1   Allgemeines

Sowohl bei bindigen als auch bei nichtbindigen Böden ergeben sich unter einer Scherbeanspruchung mit konstanter Normalspannung Scherspannungen, die vom Verschiebungsweg abhängig sind. Sowohl bei dicht gelagerten, nichtbindigen als auch bei mindestens steifen bzw. allgemein bei überkonsolidierten, bindigen Böden tritt vor dem Erreichen einer konstanten Scherspannung im kritischen Grenzzustand (DIN 18137, Teil 1) zunächst eine größere Scherspannung im Bruchzustand auf (Bild E 131-1). Dieser Maximalwert der Scherspannung wird nach DIN 18137, Teil 1,

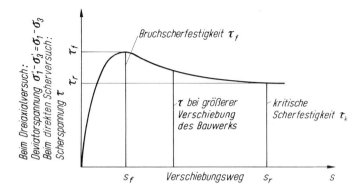

Bild E 131-1. Spannungs-Verschiebungs-Diagramm für dicht gelagerte, nichtbindige Böden und für mindestens steife bzw. allgemein für überkonsolidierte Böden (unmaßstäblich dargestellt)

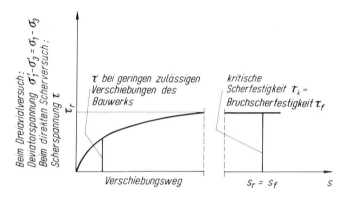

Bild E 131-2. Spannungs-Verschiebungs-Diagramm für locker gelagerte, nichtbindige bzw. weiche bindige Böden (unmaßstäblich dargestellt)

Grenzzustand größter Scherfestigkeit τ_f, die Scherspannung im kritischen Grenzzustand kritische Scherfestigkeit τ_k genannt (Bild E 131-1).

Im Dreiaxialversuch gilt sinngemäß das gleiche für die Deviatorspannung $\sigma_1' - \sigma_3' = \sigma_1 - \sigma_3$ (Bild E 131-1).

Für lockere, nichtbindige oder weiche, bindige Böden ergeben sich Spannungs-Verschiebungsdiagramme entsprechend Bild E 131-2.

1.12.2 Scherparameter im Bruch- und im Gleitzustand

Werden für die Ermittlung der Schergeraden die Scherspannungen im Bruchzustand verwendet, ergibt sich der Bruchwinkel, bei den Werten für den Gleitzustand der Gleitwinkel (E 89, Abschn. 1.10, Bild E 89-1).

34

Der Bruchwinkel wird bei allen Böden mit φ'_f, der Gleitwinkel mit φ'_r bezeichnet.

Die wirksame Kohäsion im Bruchzustand wird mit c'_f und die im Gleitzustand mit c'_r bezeichnet. Letztere ist häufig vernachlässigbar klein.

1.12.3 **Hinweise auf die Anwendung der Scherparameter für den Bruchzustand φ'_f und c'_f bzw. für den Gleitzustand φ'_r und c'_r in den Berechnungen nach den EAU**

Die hier genannten Scherparameter φ'_f, c'_f sowie φ'_r und c'_r sind charakteristische Werte entsprechend E 96, Abschn. 1.13.1.1.

1.12.3.1 **Anwendung der Scherparameter bei der Ermittlung des Erddrucks**

Hier darf stets mit φ'_f und c'_f gearbeitet werden, jedoch sind die nach E 96, Abschn. 1.13.1.2 geforderten Abminderungen zu berücksichtigen.

1.12.3.2 **Anwendung der Scherparameter bei der Ermittlung des Erdwiderstands**

Das unter Abschn. 1.12.3.1 Gesagte gilt auch für den Erdwiderstand nichtbindiger Böden. Bei verformungsempfindlichen Bauwerken ist zu beachten, daß die Verschiebungswege zur Mobilisierung des Erdwiderstands sehr groß sein können, so daß gegebenenfalls mit Teilerdwiderständen nach E 174, Abschn. 2.11 zu rechnen ist.

Bei bindigen Böden ist besonders zu berücksichtigen, daß infolge des progressiven Bruchs in den Gleitflächen die Verformungswerte nicht überall gleich groß und auch nicht genau genug erfaßbar sind. Wenn bei mindestens steifen bzw. allgemein bei überkonsolidierten bindigen Böden große Bewegungen zu erwarten sind, die aber dem Bauwerk noch zugemutet werden können, darf nur mit einem τ zwischen τ_f und τ_r und im Grenzfall nur mit τ_r gearbeitet werden (Bild E 131-1). Auch in diesem Fall sind die nach E 96, Abschn. 1.13.1.2 geforderten Abminderungen zu berücksichtigen.

Bei weichen bindigen Böden sollte, wenn das Bauwerk nur geringe Bewegungen vertragen kann, selbst die Gleitscherfestigkeit τ_r nicht voll ausgenutzt werden (Bild E 131-2), siehe hierzu auch DIN 4085.

1.13 Sicherheitsbeiwerte bei Anwendung der EAU (E 96)

1.13.1 **Teilsicherheitsbeiwerte für die Scherparameter nach E 88, E 89 und E 92, Abschn. 1.9, 1.10 und 1.11**

1.13.1.1 **Festlegung des charakteristischen Werts (bisher Grundwert) eines Scherparameters**

Nach DIN 1055, Teil 2, Ziff. 4.2 sind im Grundsatz die für die Lastannahmen erforderlichen Bodenkenngrößen unmittelbar aufgrund bodenmechanischer Untersuchungen festzulegen und anzugeben. Zur Berücksichtigung der Heterogenität des Baugrunds in Verbindung mit den Ungenauigkeiten bei Probennahme und Versuchsdurchführung sind die in den Versuchen ermittelten Werte aber mit angemessenen Abschlägen zu versehen, bevor sie als charakteristische Werte (mit dem Index k) für die Festlegung der Bemessungswerte (mit dem Index d) in die Berechnung eingehen (vgl. DIN 4020 und EC 7).

Ein charakteristischer Wert (in den bisherigen Auflagen der EAU als Grundwert bezeichnet) ist danach ein herabgesetzter arithmetischer Mittelwert der gesuchten Größe aus n Versuchen. Er ist ein wahrscheinlicher Wert, der aus einer Stichprobe von mindestens drei Versuchen bestimmt wird. Der durch eine solche Stichprobe gewonnene Wert kann bei einer Verteilung nach GAUSS (Normalverteilung) nach den Verfahren der Wahrscheinlichkeitsrechnung[1] [3] und [4] ermittelt werden. Er ist dann derjenige Mittelwert der betrachteten Größe – im vorliegenden Fall der Scherparameter – der vom unbekannten Mittelwert der Grundgesamtheit aus unendlich vielen Versuchen mit einer gewählten Wahrscheinlichkeit W in % über- bzw. bei einer Fraktile $(100-W)$ in % nicht unterschritten wird. Er ergibt sich als das arithmetische Mittel der Versuchswerte, geteilt durch einen der Fraktile und der Versuchsanzahl entsprechenden statistischen Beiwert (Verfahren 1).

Hierbei kann eine Wahrscheinlichkeit $W = 90\%$ und damit eine Fraktile von 10% zugrunde gelegt werden.

Dieser statistische Beiwert hat nichts zu tun mit den Reduktionswerten zur Bestimmung der cal-Werte bzw. den Teilsicherheitsbeiwerten für die Scherparameter nach Abschn. 1.13.1.2.

Wenn Scherparameter in größerer Anzahl ermittelt worden sind, kann der charakteristische Wert auch – auf der ungünstigen Seite unter dem Mittelwert liegend – geschätzt werden (Verfahren 2).

Bei nur drei ermittelten Werten, die aus drei entfernt voneinander entnommenen Proben der untersuchten Bodenschicht gewonnen worden sind, kann, wenn sie nicht stark voneinander abweichen, auch so verfahren werden, daß der niedrigste Wert als charakteristischer Wert gewählt wird (Verfahren 3). Weichen die Scherparameter stark voneinander ab, ist das Versuchsprogramm entsprechend zu erweitern.

Die charakteristischen Werte c_{uk}, c_k' und φ_k' werden in der Regel von der Versuchsanstalt festgelegt und als solche benannt.

1.13.1.2 Rechenwerte und Bemessungswerte für die Scherparameter
a) Rechenwerte für die Scherparameter nach den bisherigen Rechenverfahren der EAU:

Wenn die charakteristischen Werte für c_{uk} (bei $\varphi_{uk} = 0$), c_k' und φ_k' nach Abschn. 1.9, 1.10 und 1.11 ermittelt worden sind, soll wegen der Ungenau-

---

[1] Begriffe s. DIN 55302.

igkeiten in den Laborversuchen und wegen möglicher Unstetigkeiten im Aufbau des Baugrunds – bei ihrer Anwendung in den Berechnungen nach den Empfehlungen, wenn nicht nach dem neuen Sicherheitskonzept (vgl. Abschnitt 0.1.1.3) gearbeitet wird, in der Regel mit folgenden reduzierten Scherparametern $\operatorname{cal} c_u$, $\operatorname{cal} c'$ und $\operatorname{cal} \varphi'$ gerechnet werden (Rechenwerte):

$$\operatorname{cal} c_u = \frac{c_u}{1,3}, \quad \operatorname{cal} c' = \frac{c'}{1,3}, \quad \operatorname{cal} \tan \varphi' = \frac{\tan \varphi'}{1,1}.$$

Abweichungen von diesen Abminderungen können gegebenenfalls im Einvernehmen zwischen Entwurfsbearbeiter, Versuchsanstalt und Bauaufsichtsbehörde vorgenommen werden.

Die Abminderungen mit 1/1,3 bzw. 1/1,1 sind nicht identisch mit den reziproken Werten der Teilsicherheitsbeiwerte γ nach dem neuen Sicherheitskonzept.

b) Bemessungswerte für die Scherparameter nach dem neuen Sicherheitskonzept:

Wenn die Werte für c_{uk} (bei $\varphi_{uk} = 0$), c'_k und φ'_k nach Abschn. 1.9, 1.10 und 1.11 ermittelt worden sind, sind sie durch die Teilsicherheitsbeiwerte zu dividieren; der jeweilige Quotient ist dann der Bemessungswert. Folgende Teilsicherheitsbeiwerte gelten vorläufig:

$$\gamma_{cu} = 1,8; \quad c_{ud} = \frac{c_{uk}}{\gamma_{cu}},$$

$$\gamma_{c'} = 1,8; \quad c'_d = \frac{c'_k}{\gamma_{c'}},$$

$$\gamma_{\varphi'} = 1,2; \quad \varphi'_d = \frac{\varphi'_k}{\gamma_{\varphi'}}.$$

Die endgültige Festlegung wird in DIN 1054 vorgenommen werden.

1.13.2 **Sicherheitsbeiwerte in den Berechnungsverfahren**

a) Für die bisherigen Berechnungsverfahren nach EAU (bisheriges Sicherheitskonzept):

Die Abminderungsbeiwerte nach Abschn. 1.13.1.2 a) decken nicht die Ungenauigkeiten in den Berechnungsverfahren und in den Lastansätzen ab. Deswegen werden in den einzelnen Berechnungsverfahren der EAU beispielsweise folgende Sicherheitsbeiwerte berücksichtigt:

(1) Beim Erddruck und Erdwiderstand bei Beachtung des tatsächlichen Konsolidierungszustandes und der Bedingung $\Sigma V = 0$, mit Ausnahme von Abschn. 1.13.2a)(5) $\qquad \eta = 1,0$.
Bei weichen bindigen Böden muß gegebenenfalls für den Erdwiderstand eine größere Sicherheit angesetzt werden, damit die auftretenden Bewegungen in tragbaren Grenzen bleiben.

(2) Beim Wasserüberdruck unter Berücksichtigung von E 19, E 52, E 58, E 65 und E 114, Abschn. 4.2, 2.8, 4.1, 4.3 und 2.10: $\eta = 1,0.$

(3) Sicherheit gegen hydraulischen Grundbruch nach E 115, Abschn. 3.2: $\eta = 1,5.$

(4) Bei Stahlspundwänden, die nach E 77, Abschn. 8.2.2 berechnet werden, sind bei den zul Spannungen nach E 20, Abschn. 8.2.6 folgende Sicherheiten gegen Erreichen der Streckgrenze vorhanden:
bei Lastfall 1 $\eta = 1,7,$
bei Lastfall 2 $\eta = 1,5,$
bei Lastfall 3 $\eta = 1,3.$

(5) Standsicherheit in der tiefen Gleitfuge und gegen Aufbruch des Verankerungsbodens nach E 10, Abschn. 8.4.10 und 8.4.11: $\eta = 1,5.$

(6) Gleitsicherheit in der Gründungsfuge bei Schwimmkästen nach E 79, Abschn. 10.5 und bei Druckluftsenkkästen nach E 87, Abschn. 10.6:
bei Ansatz des aktiven Erddrucks unter $\delta_a = + \frac{2}{3}\varphi'$
bei Ansatz von Erdruhedruck $\eta = 1,5,$
nach DIN 1054, Abschn. 4.1.3.3

$\eta = 1,0.$

(7) Standsicherheit von Zellenfangedämmen nach E 100, Abschn. 8.3.1.3: $\eta = 1,5.$

(8) Sicherheit von Ankerpfählen gegen Erreichen der Grenzzuglast gemäß E 26, Abschn. 9.1.3 für Lastfall 1 bei folgenden Pfahlneigungen und mindestens zwei Probebelastungen:

2:1 $\eta = 2,0,$
1:1 $\eta = 1,75,$
1:2 $\eta = 1,5.$

Bei den Lastfällen 2 und 3 sind in Übereinstimmung mit DIN 1054 bei mindestens zwei Probebelastungen zum Teil geringere Sicherheiten zulässig, jedoch darf $\eta = 1,5$ nicht unterschritten werden.
Eine Ausnahme hiervon kann nur bei einer von den sonstigen Bauwerken völlig unabhängigen Gründung von Abreißpollern in Kauf genommen werden, wenn die Pollerzüge nach E 12, Abschn. 5.12 angesetzt und die Pfähle beim Rammen einwandfrei fest geworden sind. Dann genügt sowohl für die Druck- als auch für die Zugpfähle: $\eta = 1,25.$

(9) Sicherheit von Druckpfählen allgemein nach DIN 1054, in Verbindung mit Ankerpfählen aber auch nach Abschn. 1.13.2 a)(8), letzter Absatz.

(10) Sicherheit im Arbeitsvermögen bei Elastomere-Fenderungen nach E 128, Abschn. 13.3: $\eta = 2{,}0$.

(11) Die zulässigen Spannungen und Sicherheiten bei Erdbebeneinwirkungen richten sich nach E 124, Abschn. 2.14.6.

(12) Die Sicherheiten bei Verpreßankern nach DIN 4125 richten sich nach den dort genannten Festlegungen.

(13) Sicherheit gegen Grundbruch nach DIN 4017.

(14) Sicherheit gegen Grundbruch von hohen Pfahlrosten nach E 170, Abschn. 3.4:

bei Lastfall 1	erf $\eta = 1{,}4$,
bei Lastfall 2	erf $\eta = 1{,}3$,
bei Lastfall 3	erf $\eta = 1{,}2$.

(15) Lastsicherheitsfaktor bei Wellenangriff auf Pfähle nach E 159, Abschn. 5.10:

bei normalen Sicherheitsanforderungen	$\eta_L = 1{,}0$,
bei hohen Sicherheitsanforderungen	$\eta_L = 1{,}5$,
bei hohen Sicherheitsanforderungen und häufig auftretender Bemessungswelle	$\eta_L = 2{,}0$.

b) Nach dem neuen Sicherheitskonzept

Nach dem neuen Sicherheitskonzept werden alle Sicherheiten in noch festzulegenden Teilsicherheitsbeiwerten berücksichtigt (vgl. Abschnitt 0.1.1.2 b)), wobei die Grenzzustandsgleichung zu erfüllen ist.

1.14 Beurteilung des Baugrunds für das Einbringen von Spundbohlen und Pfählen (E 154)

1.14.1 Allgemeines

Für die Beurteilung des Baugrunds für das Einbringen von Spundbohlen und Pfählen spielen zunächst Baustoff, Form, Größe, Länge und Einbauneigung der Spundbohlen und Pfähle eine entscheidende Rolle. Wesentliche Hinweise sind zu finden in:
E 16, Abschn. 9.3 – E 21, Abschn. 8.1.3 – E 22, Abschn. 8.1.1 – E 34, Abschn. 8.1.7 – E 104, Abschn. 8.1.18 – E 105, Abschn. 8.1.19 – E 118, Abschn. 8.1.17.
Wegen der großen Bedeutung sei besonders auf die Forderung hingewiesen, daß für die Wahl des Rammguts (Baustoff, Profil) neben statischen Erfordernissen und wirtschaftlichen Gesichtspunkten auch die Beanspruchungen aus dem Einbringen beim jeweiligen Baugrund zu beachten sind.

1.14.2   Bericht und Gutachten über den Baugrund
Für den Einbau von Spundbohlen und Pfählen sollen Bodenaufschlüsse
sowie Feld- und Laboruntersuchungen Auskunft geben über:
- Schichtung des Baugrunds,
- Korngröße, Kornverteilung, Ungleichförmigkeitszahl,
- Kornform,
- Vorhandene Einschlüsse, wie Steine > 63 mm, Blöcke, alte Auffüllungen, Baumstämme oder sonstige Hindernisse und deren Tiefenlage,
- Scherparameter φ_k', c_k' und c_{uk},
- Porenanteil, Porenzahl,
- Wichte über und unter Wasser,
- Lagerungsdichte,
- Verdichtungsfähigkeit des Bodens beim Einbringen des Rammguts,
- Verkittung rolliger Böden, Verokerung oder Versteinerung,
- Vorbelastung und Schwelleigenschaften bindiger Böden,
- Höhe des Grundwasserspiegels beim Einbringen,
- Artesisch gespanntes Grundwasser in gewissen Schichten,
- Wasserdurchlässigkeit des Bodens,
- Grad der Wassersättigung bei bindigen Böden, vor allem bei Schluffen,
- Ramm- und Drucksondierergebnisse, Ergebnisse von Standard Penetration Tests,
- Sondierergebnisse mit der überschweren Rammsonde SR 200.

Die im Bericht über den Baugrund angegebenen Scherparameter haben
nur eine bedingte Aussagefähigkeit über das Verhalten des Baugrunds
beim Einbringen von Spundbohlen und Pfählen. Beispielsweise kann ein
felsartiger Kalkmergel aufgrund seiner Klüftigkeit verhältnismäßig niedrige Scherparameter besitzen, aber als rammtechnisch schwerer Boden zu
betrachten sein.
Rammsondierungen geben die Schlagzahl für 10 cm Eindringung an. Bei
einer Schlagzahl über 50 mit der schweren Rammsonde oder mit der
Standardsonde muß mit zunehmend schwererer Rammung gerechnet werden. Genauere Angaben siehe [5] und [6]. Bei nicht homogenen Böden
und beim Auftreffen der Rammsonde auf größere Einschlüsse können die
Ergebnisse stark streuen und zu falschen Rückschlüssen führen.
Drucksondierungen geben bei gleichförmigen Fein- und Mittelsanden in
mindestens 5,0 m Tiefe eine gute Auskunft über die Lagerungsdichte.

Spitzendruck MN/m^2	Lagerungsdichte	
unter 7,5	locker	($D < 0,3$)
7,5 bis 15	mitteldicht	($D = 0,3$ bis $0,7$)
über 15	dicht	($D > 0,7$)

Tabelle E 154-1. Lagerungsdichten

Weiteres siehe DIN 4094 Teil 2.

Erfahrungsgemäß geben Drucksondierungen eine gewisse Auskunft über:

- die Rammfähigkeit des Bodens,
- die erforderliche bzw. mögliche Länge des Einbauelements und
- die Tragfähigkeit von Pfählen.

1.14.3 Kennzeichnende Beurteilung einiger Bodenarten

1.14.3.1 Einbauverfahren: Rammen

Leichte Rammung ist zu erwarten bei weichen, breiigen Böden, wie Moor, Torf, Schlick, Klei usw. Außerdem sind auch locker gelagerte Mittel- und Grobsande sowie Kiese ohne Steineinschlüsse im allgemeinen einer leichten Rammung zuzuordnen, es sei denn, daß verkittete Schichten eingelagert sind.

Mittelschwere Rammung stellt sich bei mitteldicht gelagerten Mittel- und Grobsanden ein sowie bei feinkiesigen Böden und bei steifem Ton und Lehm.

Schwere bis schwerste Rammung ist in den meisten Fällen zu erwarten bei dicht gelagerten Mittel- und Grobkiesen, dicht gelagerten feinsandigen und schluffigen Böden, eingelagerten verkitteten Schichten, harten Tonen, Geröll und Moräneschichten, Geschiebemergel, verwittertem und weichem bis mittelhartem Fels. Erdfeuchte oder trockene Böden rufen einen größeren Eindringwiderstand hervor als unter Auftrieb stehende. Gleiches gilt für nicht wassergesättigte bindige Böden, vor allem für Schluffe.

1.14.3.2 Einbauverfahren: Vibrieren

Beim erfolgreichen Vibrieren wird der Baugrund in einen pseudoflüssigen Zustand versetzt. Spitzenwiderstand und Mantelreibung werden stark verringert. Eine große Eindringgeschwindigkeit wird beim Einrütteln mittels einer am Kopf des Elements angesetzten Rüttelramme erreicht.

Besonders geeignet für das Vibrieren sind Kiese und Sande mit runder Kornform sowie breiige weiche Bodenschichten mit geringer Plastizität. Kiese und Sande mit kantiger Kornform oder stark bindige Böden sind wesentlich weniger geeignet. Besonders kritisch sind trockene Böden.

Böden, die sich beim Vibrieren nur wenig umlagern, aber zum Federn und Mitschwingen neigen, vermindern das Vibrationsergebnis. Hierzu gehören beispielsweise trockene Feinsande, steife Mergel- und Tonböden. Wird ein Baugrund aus rolligem Boden durch die Vibration verdichtet, was besonders bei engen Abständen der Einbauelemente, also vor allem bei den Bohlen von Spundwänden auftreten kann, vergrößert sich der Eindringwiderstand so stark, daß die Eindringgeschwindigkeit zu Null werden kann. In solchen Fällen sollte die Vibration abgebrochen werden, sofern nicht zu Hilfsmitteln nach Abschn. 1.14.3.5 gegriffen werden kann.

Von bemerkenswertem Einfluß ist auch die Form der Einbauelemente.

Massive Elemente oder Hohlprofile, bei denen sich am Pfahlfuß ein Pfropfen bildet, eignen sich nicht zum Vibrieren, da der Spitzenwiderstand zu groß ist, es sei denn, er wird beim Hohlprofil durch Bohrung oder dergleichen abgebaut. Profile mit großer Breite neigen stark zum Flattern, besonders dann, wenn das Element nur an einer Klemmbacke angeschlossen wird.

1.14.3.3 Einbauverfahren: Einpressen

Bei bindigen Böden können schlanke Profile im allgemeinen hydraulisch eingepreßt werden. Steht nichtbindiger Boden an, lassen sich die Profile bei lockerer Lagerung oder bei einer entsprechenden Auflockerung des Baugrunds ebenfalls einpressen.

Voraussetzung für das Einpressen ist, daß im Boden keine Hindernisse vorhanden sind bzw. diese vor dem Einbau beseitigt werden.

1.14.3.4 Einbringen mittels Tiefenrüttlern

Hier wird auf E 105, Abschn. 8.1.19 verwiesen.

1.14.3.5 Hilfsmittel

Besonders bei feinsandigen Böden kann der Energieaufwand durch Spülen verringert bzw. das Einbringen überhaupt erst ermöglicht werden. Dies gilt sowohl für das Rammen als auch für das Vibrieren.

Weitere Hilfsmittel können Lockerungsbohrungen oder örtlicher Bodenersatz mittels vorgezogener Großbohrungen und dergleichen sein.

Bei felsartigen Böden kann durch gezielte Sprengungen der Boden so einbaufähig gemacht werden, daß bei entsprechender Profilwahl die Solltiefe erreicht werden kann.

1.14.4 Einbaugeräte, Einbauelemente, Einbauverfahren

Einbaugeräte, Einbauelemente und Einbauverfahren sind auf den zu durchfahrenden Baugrund abzustimmen. Nicht jeder Pfahl bzw. jedes Spundwandprofil paßt in jeden Boden und nicht jeder Bär bringt bei jedem Boden ein Optimum an Leistung.

Langsam schlagende Freiballbäre oder Explosionsbäre sind für bindige und nichtbindige Böden geeignet. Der Schnellschlaghammer und der Vibrationsbär beanspruchen das Rammelement schonend, können aber im allgemeinen nur bei nichtbindigen Böden mit runder Kornform besonders wirkungsvoll eingesetzt werden.

Beim Einrammen in felsartigen Boden, auch bei vorhergehenden Lockerungssprengungen, sind Schnellschlaghämmer oder schwere Rammbäre mit klein gewählter Fallhöhe vorzuziehen.

Unterbrechungen beim Einbringen des Rammguts, beispielsweise zwischen dem Vorrammen und dem Nachrammen, können – je nach Bodenart und Wassersättigung sowie Zeitdauer der Unterbrechung – das Weiterrammen erleichtern oder erschweren. Im allgemeinen läßt sich durch vorgezogene Versuche die jeweilige Tendenz erkennen.

Die Beurteilung des Baugrunds für das Einbringen von Spundbohlen und Pfählen setzt besondere Kenntnisse über das Einbringen und entsprechende Erfahrungen voraus. Informationen über Baustellen mit vergleichbaren Verhältnissen, insbesondere bezüglich des Baugrunds, können sehr nützlich sein.

1.14.5 **Erprobung des Einbauverfahrens und des Tragverhaltens bei schwierigen Verhältnissen**

Bestehen bei großen Bauvorhaben Bedenken, daß bei Spundbohlen die statisch erforderliche Tiefe nicht mit einem ordnungsgemäßen Zustand der Wand erreicht werden kann oder bei Pfählen die vorgesehene Pfahllänge zur Aufnahme der Gebrauchslast nicht ausreicht, sollten die vorgesehenen Einbauverfahren erprobt und Probebelastungen durchgeführt werden. Dabei ist ein Mindest-Erprobungsumfang erforderlich, um eine zutreffende Auskunft zu erhalten.

2 Erddruck und Erdwiderstand

2.1 Kohäsion in bindigen Böden (E 2)

Die Kohäsion in bindigen Böden darf in der statischen Berechnung bei Erddruck und Erdwiderstand berücksichtigt werden, wenn folgende Voraussetzungen erfüllt sind:

2.1.1 Der Boden muß in seiner Lage ungestört (gewachsen) sein. Bei Hinterfüllungen mit bindigem Material muß der Boden hohlraumfrei verdichtet sein.

2.1.2 Der Boden muß dauernd gegen Austrocknen und Frost geschützt sein.

2.1.3 Der Boden darf beim Durchkneten nicht breiig werden.
Treffen die unter Abschn. 2.1.1 und 2.1.2 genannten Forderungen nicht oder nur teilweise zu, darf die Kohäsion nur aufgrund besonderer Untersuchungen berücksichtigt werden.

2.1.4 Untersuchungen der Anfangsstandsicherheit eines Bauwerks können mit der Kohäsion des undränierten Bodens c_u vorgenommen werden. Ist der jeweilige Porenwasserdruck und damit die wirksame Normalspannung σ' ($\sigma' = \sigma - u$) bekannt, kann die jeweilige Scherfestigkeit τ auch mit dem Ansatz

$$\tau = c' + \sigma' \cdot \tan \varphi'$$

berechnet werden.

2.2 Scheinbare Kohäsion im Sand (E 3)

Die scheinbare Kohäsion c_K im Sand, die ihre Ursachen in der Oberflächenspannung des Porenzwickelwassers hat, ist in ihrem entlastenden Einfluß so gering, daß ihre Berücksichtigung keinen nennenswerten wirtschaftlichen Nutzen bringen würde. Sie ist in die Berechnung nicht einzusetzen, sondern nur als innere Reserve für die Standsicherheit anzusprechen (vgl. E 92, Abschn. 1.11.1).

2.3 Ansatz der Wandreibungswinkel bei Spundwandbauwerken (E 4)

Im Abschn. 8.2.4 behandelt.

2.4 Ermittlung des Erddrucks nach dem CULMANN-Verfahren (E 171)

2.4.1 Lösung bei einheitlichem Boden ohne Kohäsion
(Bild E 171-1)
Beim CULMANN-Verfahren wird der Erddruck mit Hilfe der „CULMANNschen Erddrucklinie" ermittelt. Wenn die Erddrucklast nach dem neuen Sicherheitskonzept (vgl. Abschnitt 0.1) die Sicherheit bereits enthalten

soll, ist mit dem Bemessungswert φ'_d, sonst mit dem charakteristischen Wert φ'_k zu arbeiten. Um diese zu erhalten, wird das COULOMB-Dreieck um den Winkel $90° - \varphi'$ gegen die Lotrechte gedreht, wobei die Eigenlast G in die Böschungslinie fällt. Wird nun an den Anfang der Eigenlast G eine Parallele zur „Stellungslinie" (Bild E 171-1) angetragen, ist deren Schnittpunkt mit der zugehörigen Gleitlinie ein Punkt der CULMANNschen Erddrucklinie (Bild E 171-1).

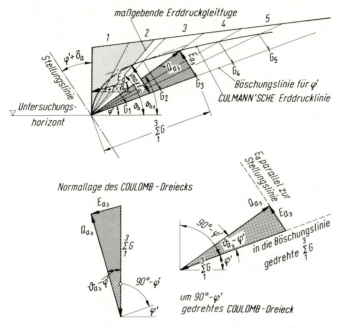

Bild E 171-1. Systemskizze zur Ermittlung des Erddrucks nach CULMANN bei einheitlichem Boden ohne Kohäsion

Der Abstand dieses Schnittpunkts von der Böschungslinie in Richtung der Stellungslinie gemessen ist der jeweilige Erddruck für den untersuchten Gleitkeil beim gewählten Wandreibungswinkel δ_a. Dies wird nun für verschiedene Gleitfugen wiederholt. Das Maximum der CULMANNschen Erddrucklinie stellt den gesuchten maßgebenden Erddruck dar.

Dieser kann bei einheitlichem Boden für jede beliebige Gestalt der Geländeoberfläche und dort vorhandene Auflasten ermittelt werden. Auch ein jeweils vorhandener Grundwasserspiegel wird durch entsprechenden Ansatz der Gleitkeillasten mit γ bzw. γ' berücksichtigt. Gleiches gilt auch für eventuelle sonstige Änderungen der Wichte, wenn nur φ' und δ_a gleich bleiben. Die Erddruckverteilung für eine Wand wird dann abschnittsweise, oben beginnend, ermittelt und am besten in Stufen aufgetragen.

2.4.2   Lösung bei einheitlichem Boden mit Kohäsion
(Bild E 171-2)

Im Fall mit Kohäsion wirkt in der Gleitfuge mit der Länge l neben der Bodenreaktionskraft Q auch die Kohäsionskraft $C' = c' \cdot l$ (c'_d oder c'_k analog zu Abschn. 2.4.1). Im COULOMB-Krafteck wird C' vor der Eigenlast G angesetzt. Beim CULMANN-Verfahren wird auch C', um den Winkel $90° - \varphi'$ gedreht, an der Böschungslinie der Eigenlast G vorgesetzt. Die Parallele zur Stellungslinie wird durch den Anfangspunkt von C' geführt und mit der zugehörigen Gleitlinie zum Schnitt gebracht, womit der nun zugehörige Punkt der CULMANNschen Erddrucklinie gefunden wird. Nach Untersuchung mehrerer Gleitfugen ergibt sich der maßgebende Erddruck als maximaler Abstand der CULMANNschen Erddrucklinie, von der Verbindungslinie der Anfangspunkte von C' in Richtung der Stellungslinie gemessen (Bild E 171-2).

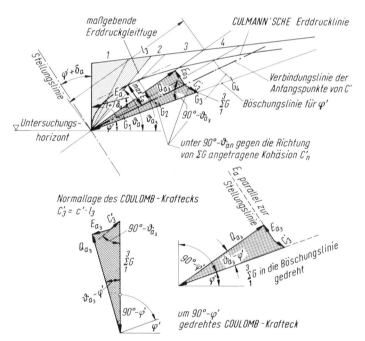

Bild E 171-2. Systemskizze zur Ermittlung des Erddrucks nach CULMANN bei einheitlichem Boden mit Kohäsion

2.4.3 Lösung bei geschichtetem Boden

2.4.3.1 Theoretisch genaue Lösung (Bild E 171-3)

Bei geschichtetem Boden ändert sich an den Schichtgrenzen auch die jeweilige maßgebende Gleitflächenneigung ϑ_a.

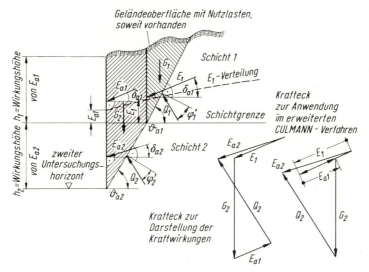

Bild E 171-3. Systemskizze zur Ermittlung des Erddrucks nach dem CULMANN-Verfahren bei geschichtetem Boden ohne Kohäsion

Dabei kann das CULMANN-Verfahren mit der in Bild E 171-3 dargestellten Erweiterung angewendet werden. In der obersten Schicht ist zunächst der Ansatz nach Abschn. 2.4.1 zutreffend. Der maximale Erddruck E_1 wird nun nicht nur für die Wand, sondern auch für verschiedene gedachte lotrechte Wandebenen im Erdreich hinter der Wand ermittelt. Der dabei jeweils festgestellte größte Erddruck E_1 wird dann von der Schichtgrenze aus lotrecht aufgetragen, wobei sich die E_1-Verteilungslinie ergibt. Anschließend kann das CULMANN-Verfahren für die zweite Schicht angewendet werden, wobei die unter δ_a geneigte Erddruckkraft E_1, aus der E_1-Verteilung der oberen Schicht entnommen, in das Krafteck für die zweite Schicht mit eingeht. So können beliebig viele Schichten nacheinander erfaßt werden.

Ist in den Schichten auch Kohäsion wirksam, kann sie nach Abschn. 2.4.2 mit berücksichtigt werden.

2.4.3.2 Näherungslösungen

Liegen viele unterschiedliche Schichten vor, kann auch mit einer ebenen Gleitfläche gearbeitet werden, deren Neigung aus dem gewichteten Mittel der Scherfestigkeiten bestimmt wird. Hierzu wird vor allem auf [7], Abschn. 1.12 hingewiesen.

Bei Berücksichtigung mehrerer Bodenschichten ist nach [8] eine numerische Lösung zweckmäßig.

Die Horizontalkomponente E_{ah} des Erddrucks ergibt sich bei n Schichten zu:

$$E_{ah} = \sum_{1}^{n} \Delta E_{ah_i} = \sum_{1}^{n} \left\{ \frac{[G_i \cdot \sin(\vartheta - \varphi_i') - c_i' \cdot l_i \cdot \cos\varphi_i'] \cdot \cos\delta_{ai}}{\cos(\vartheta - \varphi_i' - \delta_{ai})} \right\}.$$

Der Größtwert von E_{ah} wird durch Variation von ϑ und der zugeordneten Größen G_i und l_i bestimmt.

Die vertikale Erddruckkomponente E_{av} ergibt sich aus:

$$E_{av} = \sum_{1}^{n} (\Delta E_{ah_i} \cdot \tan\delta_{ai}) \quad \text{und}$$

der Gesamterddruck aus:

$$E_a = \sqrt{E_{ah}^2 + E_{av}^2}$$

In Bild E 171-3 bedeuten:

E_1 = jeweiliger maximaler aktiver Erddruck auf lotrechte Bezugsebenen, die von der Geländeoberkante bis zur Schichtgrenze reichen (durch CULMANN-Verfahren ermittelt)

E_{a1} = maximaler aktiver Erddruck auf die Wand von der Geländeoberkante bis zur Schichtgrenze

E_{a2} = maximaler aktiver Erddruck auf die Wand im Bereich von h_2 (durch erweitertes CULMANN-Verfahren ermittelt)

$\vartheta_{a1}/\vartheta_{a2}$ = Neigungswinkel der maßgebenden Erddruckgleitfugen.

2.4.4 Abschließender Hinweis

Sowohl das CULMANN-Verfahren nach Abschn. 2.4.1 als auch das erweiterte nach Abschn. 2.4.2 ist bei ebenen Schichtgrenzen neben der graphischen Lösung auch einer elektronischen Berechnung gut zugänglich. Auch auf die Möglichkeit einer analytischen Lösung, beispielsweise nach [9] wird hingewiesen.

2.5 Erddruck auf Spundwände vor Pfahlrostmauern (E 45)
Im Abschn. 11.3 behandelt.

2.6 Ermittlung des Erddrucks bei einer gepflasterten steilen Böschung eines teilgeböschten Uferausbaus (E 198)

Ein Fall im Sinne der vorliegenden Empfehlung mit steiler Böschung liegt vor, wenn die Böschungsneigung β größer ist als der wirksame Winkel der inneren Reibung φ'_k des anstehenden Bodens. Die Standsicherheit der Böschung ist dann nur gewährleistet, wenn der Boden eine ausreichende, dauernd wirkende Kohäsion c'_k hat und gegen Oberflächenerosion geschützt ist. Die Berechnung der Sicherheit gegen Böschungsbruch kann dann beispielsweise nach DIN 4084 vorgenommen werden.

Sonst benötigt die Böschung eine Befestigung, beispielsweise eine Pflasterung, die in sich kraftschlüssig ist und mit der Uferwand verbunden sein muß. Die Sicherheit der Böschungsbefestigung ist dann stets nachzuweisen. Diese Befestigung muß so bemessen sein, daß die Resultierende der angreifenden Lasten in allen Querschnitten im Kern der Böschungsbefestigung liegt. Der Erddruck für den Böschungsbereich herunter bis zur Oberkante des Stützbalkens für die Böschungsbefestigung (Erddruckbezugslinie) kann bei nicht überwiegender Kohäsion

$$\frac{c'_k}{\gamma \cdot h} \leqq 0,1$$

nach E 171, Abschn. 2.4 berechnet werden, wobei die Eigenlast der Böschungsbefestigung unberücksichtigt bleibt.

Dabei muß neben dem wirksamen Erddruck auch ein eventuell vorhandener Wasserüberdruck berücksichtigt werden. Dieser ist in Bild E 198–1 a) für eine dichte Pflasterung dargestellt. Bei durchlässiger Pflasterung ist er etwas geringer. Die Lastansätze für eine Böschungsbefestigung sind in Bild E 198-1 b) dargestellt. Die Reaktionskraft R zwischen der Böschungsbefestigung und der Uferwand ergibt sich aus dem Krafteck nach Bild E 198-1 c).

Die Resultierende R muß in der Berechnung der Uferwand und ihrer Verankerungen voll berücksichtigt werden. Von der Erddruckbezugslinie (gedachte Schichtgrenze) nach unten kann im Fall

$$\frac{c'_k}{\gamma \cdot h} \leqq 0,1$$

der Erddruck E_{au} sinngemäß nach Bild E 171-3 ermittelt werden. Dabei ist zu beachten, daß der Erddruck E_{au} und die Eigenlast der Böschungsbefestigung bereits in der Reaktionskraft R enthalten sind und von der Uferwand einschließlich Verankerung unmittelbar abgetragen werden. In den Lasten der lotrechten Untersuchungsstreifen unter der Böschungsbefestigung ist dann der darauf entfallende Lastanteil von E_{au} stützend anzusetzen, während die anteilige Eigenlast der Böschungsbefestigung entfällt.

Näherungsweise kann die Erddrucklast E_{au} unterhalb der Erddruckbezugslinie von Bild E 198-1 auch mit einer um die fiktive Höhe

$$\Delta h = \frac{1}{2} \cdot h_B \cdot \left(1 - \frac{\tan \varphi'_k}{\tan \beta} \right)$$

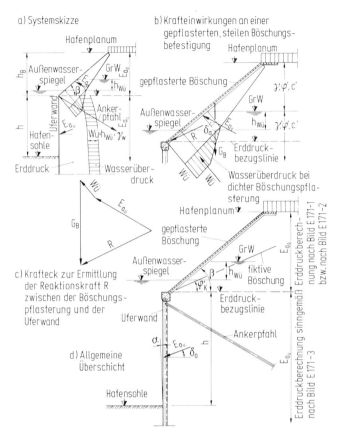

Bild E 198-1. Teilgeböschter Uferausbau mit einer gepflasterten steilen Böschung

über die Erddruckbezugslinie hinausragenden Wand mit einer gleichzeitig unter dem fiktiven Winkel φ'_k geneigten fiktiven Böschung ermittelt werden (Bild E 198-2).
Im Fall überwiegender Kohäsion

$$\frac{c'_k}{\gamma \cdot h} > 0,1$$

führt die Berechnung mit geraden Gleitfugen entsprechend Bild E 171-2 bzw. E 171-3 zu einer zu kleinen Erddrucklast E_a. In einem solchen Fall wird empfohlen, den Erddruck entsprechend DIN 4085, Beiblatt 1, Bild 5, sowohl für den Teil oberhalb als auch unterhalb der Erddruckbezugslinie mit gekrümmten Gleitlinien zu ermitteln.

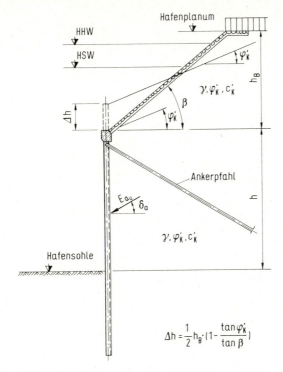

$$\Delta h = \frac{1}{2} h_B \cdot (1 - \frac{\tan \varphi'_k}{\tan \beta})$$

Bild E 198-2. Näherungsansatz zur Ermittlung von E_{au}

2.7 Ermittlung des Erddrucks bei wassergesättigten, nicht- bzw. teilkonsolidierten, weichen bindigen Böden (E 130)

2.7.1 Allgemeines

Wesentlich für die Größe des Erddrucks ist die Größe der Scherfestigkeit, die beim Bruch in der maßgebenden Gleitfuge auftritt. Sie wird ausgedrückt durch die Schergleichung:

$$\tau_r = c'_r + \sigma' \cdot \tan \varphi'_r.$$

Darin bedeuten:

τ_r = Gleitscherfestigkeit (Restscherfestigkeit) [kN/m²],
c'_r = wirksame Kohäsion im Gleitzustand [kN/m²],
φ'_r = Gleitwinkel = wirksamer innerer Reibungswinkel im Gleitzustand [Grad],
σ = totale Normalspannung [kN/m²],
σ' = wirksame Normalspannung [kN/m²],

Δu = neutrale Überspannung [kN/m²] aus σ

= Porenwasserüberdruckspannung, abhängig vom Grad der Konsolidierung für den nichtkonsolidierten Zustand nach Abschn. 2.7.2.

Die Werte für c_r' und φ_r' werden an ungestört entnommenen Bodenproben nach E 89, Abschn. 1.10 als charakteristische Größen ermittelt.

2.7.2 Erddruckermittlung für den Fall einer plötzlich aufgebrachten zusätzlichen Belastung

2.7.2.1 Berechnung mit totalen Spannungen

Da $\Delta\sigma = \Delta u$ ist, wird $\tau_u = c_u$.

c_u = Scherfestigkeit aus unentwässerten Versuchen an wassergesättigten, bindigen Bodenproben (DIN 18137, Teil 1, Abschn. 2.2.2).

Die Scherfestigkeit c_u wird an ungestört entnommenen Bodenproben oder durch Feldversuche nach E 88, Abschn. 1.9 als charakteristischer Wert ermittelt. In die statischen Berechnungen wird der reduzierte Rechnungswert $\mathrm{cal}\,c_u$ nach E 96, Abschn. 1.13.1.2 eingesetzt. Bei einer lotrechten Wand ist dann in einem betrachteten Horizont mit der totalen Erdlastspannung σ die waagerechte Komponente der gesamten Erddruckspannung:

$$e_{ah} = \sigma \cdot K_a - 2\,c_u \cdot \sqrt{K_a}.$$

Da $\varphi_u = 0$ ist, wird $K_a = 1$ und damit

$$e_{ah} = \sigma - 2\,c_u.$$

Dieser einfache Ansatz ist aber nicht anwendbar, wenn der Boden nicht wassergesättigt ist und wenn für das betreffende Bauvorhaben keine c_u-Werte durch Versuche ermittelt worden sind. In solchen Fällen kann der Erddruck nach Abschn. 2.7.2.2 ermittelt werden.

2.7.2.2 Erddruckermittlung mit den wirksamen Spannungen

Ist c_u nicht bekannt, muß mit den wirksamen Scherspannungen gerechnet werden, die sich aus der allgemeinen Schergleichung

$$\tau_r = c_r' + \sigma' \cdot \tan\varphi_r'$$

errechnen (Bild E 130-1).

Die neutrale Überspannung $\Delta u = \sigma - \sigma'$ erzeugt keine Scherfestigkeitszunahme. Sie wirkt jeweils normal zur Gleitfuge und pflanzt sich in der dort vorhandenen Größe durch den Gleitkörper zur Stützwand fort. Die dabei auftretende waagerechte Komponente der gesamten Erddruckverteilung ist am Beispiel nach Bild E 130-2 für den Fall dargestellt, daß die gleichmäßig verteilte Auflast Δp landseitig unbegrenzt ausgedehnt ist, also ein

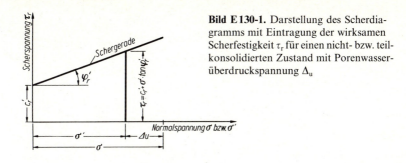

Bild E130-1. Darstellung des Scherdiagramms mit Eintragung der wirksamen Scherfestigkeit τ_r für einen nicht- bzw. teilkonsolidierten Zustand mit Porenwasserüberdruckspannung Δ_u

ebener Spannungs- und Verformungszustand vorliegt. In der weichen bindigen Schicht ergibt sich jede Erddruckordinate aus dem Erddruck infolge der jeweiligen wirksamen Spannung σ' und der Kohäsion c_r', vermehrt um die dort herrschende neutrale Überspannung $\Delta u = \Delta p$, wobei Δp die Zusatzbelastung auf der bisherigen Geländeoberfläche bedeutet.

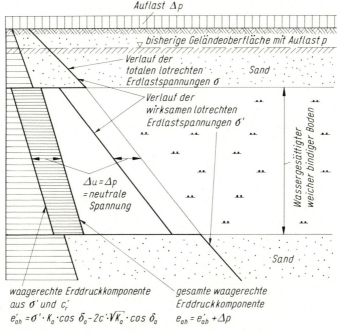

Bild E130-2. Beispiel für die Ermittlung der waagerechten Komponente der Erddruckverteilung für den Anfangszustand

Danach ist in der für Δp nichtkonsolidierten bindigen Schicht für den Anfangszustand:

$$e_{ah} = \sigma'_r \cdot K_a \cdot \cos\delta_a - 2 \cdot c'_r \cdot \sqrt{K_a} \cdot \cos\delta_a + \Delta p.$$

Liegt das Bauwerk teilweise im Grundwasser, ist der Verlauf der totalen lotrechten Erdlastspannungen σ unter Berücksichtigung des Bodenauftriebs zu ermitteln. Unterschiedliche Spiegelhöhen zwischen Außenwasser und Grundwasser erzeugen einen Wasserüberdruck, der zusätzlich zu berücksichtigen ist.

In schwierigen Fällen, zum Beispiel mit schrägen Schichten, ungleichmäßiger Geländeoberfläche, ungleichmäßigen Auflasten und dergleichen, kann mit einem erweiterten CULMANN-Verfahren gearbeitet werden. Hierbei ist zu beachten, daß die Auflasten, für die der Boden im betrachteten Gleitfugenabschnitt nicht konsolidiert ist, in der Gleitfuge keine zusätzliche Scherkraft auslösen, sondern nur eine zur Gleitfuge normale Stützkraft im Porenwasser erzeugen.

Ist der Boden nicht wassergesättigt oder liegt kein ebener Verformungszustand vor oder ist seit dem Aufbringen der Last ein gewisser Zeitraum verstrichen, ist der Zusatzerddruck aus Δp kleiner als Δp. Er kann dann nur durch genauere Untersuchungen und Berechnungen zutreffend ermittelt werden. Sein unterer Grenzwert liegt beim Zusatzerddruck für den voll konsolidierten Zustand.

2.8   Auswirkung artesischen Grundwassers unter Gewässersohlen auf Erddruck und Erdwiderstand (E 52)

Wird die Gewässersohle von einer wenig d u r c h l ä s s i g e n, b i n d i g e n Deckschicht gebildet, die auf einer grundwasserführenden nichtbindigen Schicht liegt, und treten freie Niedrigwasserspiegel auf, die unter dem gleichzeitigen Standrohrspiegel des Grundwassers liegen, müssen die Auswirkungen dieses artesischen Wassers im Entwurf berücksichtigt werden. Der artesisch wirkende Spiegelunterschied belastet die Deckschicht von unten und vermindert dadurch ihre wirksame Eigenlast. Dabei verringert sich der Erdwiderstand nicht nur in der Deckschicht, sondern infolge Verminderung der Auflast auch im nichtbindigen Boden. Gleichzeitig wird die Sicherheit gegen Geländebruch und gegen Grundbruch herabgesetzt. Bei einem Höhenunterschied $h_{wü}$ zwischen dem Standrohrspiegel im Grundwasser und dem freien Wasserspiegel ergibt sich bei der Wichte γ_w des Wassers ein artesischer Überdruck $= h_{wü} \cdot \gamma_w$.

2.8.1   Einfluß auf den Erdwiderstand

Ist unter einer Deckschicht mit der Dicke d_s und der Wichte unter Auftrieb γ' ein artesischer Überdruck wirksam (Bild E 52-1), errechnet sich der Erdwiderstand wie folgt:

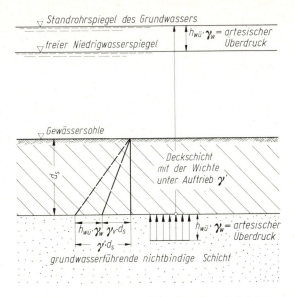

Bild E 52-1. Artesischer Druck im Grundwasser bei überwiegender Eigenlast aus der Deckschicht

2.8.1.1   Fall mit überwiegender Eigenlast aus der Deckschicht

$(\gamma' \cdot d_s > h_{wü} \cdot \gamma_w)$ (Bild E 52-1)

(1) Unter der Voraussetzung eines geradlinigen Abfalles des artesischen Überdrucks in der Deckschicht wird der aus der Bodenreibung hergeleitete Erdwiderstand in der Deckschicht mit der verminderten Wichte $\gamma_v = \gamma' - h_{wü} \cdot \gamma_w / d_s$ beispielsweise nach KREY [10] errechnet.

(2) Der Erdwiderstand in der Deckschicht infolge Kohäsion wird durch den artesischen Druck nicht vermindert.

(3) Für den Erdwiderstand unter der Deckschicht wirkt als Auflast $\gamma_v \cdot d_s$.

2.8.1.2   Fall mit überwiegendem artesischem Druck

$(\gamma' \cdot d_s < h_{wü} \cdot \gamma_w)$

Dieser Fall kann z. B. in Tidegebieten eintreten. Bei Niedrigwasser löst sich dann die Deckschicht vom nichtbindigen Untergrund und beginnt entsprechend dem Grundwasserzustrom langsam aufzuschwimmen. Beim anschließenden Hochwasser wird sie wieder auf ihre Unterlage gedrückt. Dieser Vorgang ist bei dicken Deckschichten im allgemeinen ungefährlich. Wird die Deckschicht aber durch Baggerungen oder dergleichen geschwächt, können beulenartige Durchbrüche des Grundwassers eintreten, die zu örtlichen Störungen in der Umgebung des Durchbruchs, aber auch zu einer Entlastung des artesischen Drucks führen.

Ähnliche Verhältnisse können auch bei umspundeten Baugruben eintreten. Es gelten dann folgende Berechnungsgrundsätze:

(1) Erdwiderstand aus Bodenreibung darf in der Deckschicht nicht angesetzt werden.

(2) Erdwiderstand in der Deckschicht infolge der Kohäsion c' des dränierten Bodens darf nur angesetzt werden, wenn Sohlenaufbrüche nicht auftreten können (z. B. durch konstruktive Gegenmaßnahmen, wie Auflasten). Im anderen Fall ist er zu vermindern. Mit der Kohäsion des undränierten (nicht entwässerten) Bodens c_u darf nur ausnahmsweise gerechnet werden.

(3) Erdwiderstand unter der Deckschicht ist für eine in Unterkante Deckschicht liegende unbelastete freie Oberfläche zu berechnen. Eine Verminderung infolge von Strömungsdruck muß nur bei größeren Druckunterschieden vorgenommen werden, also in Fällen, in denen auch sonst Strömungsdruck berücksichtigt werden müßte.

Auf E 114, Abschn. 2.10 wird in diesem Zusammenhang hingewiesen.

2.8.2   Geltungsbereich

Die unter Abschn. 2.8.1 behandelten Ansätze des Erdwiderstands gelten sowohl für die Spundwandberechnung als auch für Geländebruch- und Grundbruchuntersuchungen.

2.8.3   Einfluß auf den Erddruck

Der Einfluß des artesischen Drucks auf den Erddruck ist im allgemeinen so gering, daß er vernachlässigt werden kann.

2.8.4   Einfluß auf den Wasserüberdruck

Im durchlässigen Untergrund kann der Wasserüberdruck gleich Null gesetzt werden. Darüber wird er in üblicher Weise angesetzt, wenn der freie Grundwasserspiegel nicht wesentlich vom artesischen Druckspiegel abweicht. Sonst sind besondere Untersuchungen erforderlich (E 19, Abschn. 4.2).

2.9   Ansatz von Erddruck und Wasserüberdruck und Ausbildungshinweise für Ufereinfassungen mit Bodenersatz und verunreinigter oder gestörter Baggergrubensohle (E 110)

2.9.1   Allgemeines

Wenn Ufereinfassungen mit Bodenersatz nach E 109, Abschn. 7.10 ausgeführt werden, müssen – insbesondere bei schlickhaltigem Wasser – die Auswirkungen von Verunreinigungen der Baggergrubensohle und nicht konsolidierte Zustände in dieser und in der hinteren Baggergrubenböschung im vorhandenen weichen Boden bei Entwurf, Berechnung und

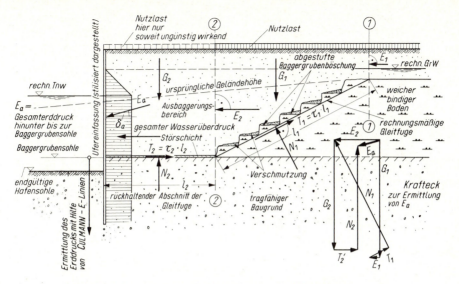

Bild E 110-1. Ermittlung des Erddrucks E_a auf die Ufereinfassung

Bemessung der Ufereinfassung sorgfältig berücksichtigt werden, wobei im Hinblick auf die Konsolidierung der Störschicht auch der Zeitfaktor in die Überlegungen eingeht.

2.9.2 Berechnungsansätze zur Ermittlung des Erddrucks

Neben der üblichen Berechnung des Bauwerks für die verbesserten Bodenverhältnisse und den Geländebruchuntersuchungen nach DIN 4084 müssen die Rand- und Störeinflüsse aus der durch das Baggern vorgegebenen Gleitfuge nach Bild E 110-1 zusätzlich berücksichtigt werden.

Für den auf das Bauwerk bis hinunter zur Baggergrubensohle wirkenden Erddruck E_a sind dabei vor allem maßgebend:

(1) Länge und – sofern vorhanden – Neigung des rückhaltend wirkenden Abschnitts l_2 der durch die Baggergrubensohle vorgegebenen Gleitfuge,

(2) Dicke, Material, Konsolidierungsgrad und wirksame Bodenauflast der Störschicht auf l_2,

(3) eine eventuelle Verdübelung des Abschnitts l_2 durch Pfähle und dergleichen,

(4) Dicke des hinten anschließenden, weichen bindigen Bodens, seine Bodeneigenschaften sowie Ausführung und Neigung der Baggergrubenböschung,

(5) Sandauflast und Nutzlast, vor allem auf der Baggergrubenböschung,

(6) Eigenschaften des Einfüllbodens.

Der Ansatz der auf die Bezugsebenen ①–① und ②–② und auf die Ufereinfassung wirkenden Kräfte E geht in Erweiterung von E 10, Abschn. 8.4.10 aus Bild E 110-1 hervor, auf welchem auch das Krafteck zur Ermittlung von E_a dargestellt ist. Verteilung und Angriff des Erddrucks E_a hinunter bis zur Baggergrubensohle richten sich nach dem statischen System und der Bauart der Ufereinfassung.

Der Erddruck und seine Verteilung unterhalb der Baggergrubensohle können z. B. mit Hilfe von CULMANN-E-Linien ermittelt werden. Hierbei sind die Scherkräfte im Abschnitt l_2 einschließlich etwaiger Verdübelungen mit zu berücksichtigen.

Die jeweils wirksame Scherspannung τ_2 in der Störschicht des Abschnitts l_2 kann für alle Bauzustände, den Zeitpunkt der Ausbaggerung der Hafensohle und auch für etwaige spätere Hafen-Sohlenvertiefungen für das in Frage kommende Störschichtmaterial in einer Bodenversuchsanstalt – abhängig von der Auflast auf und dem Porenwasserdruck in der Störschicht – ermittelt und eingesetzt werden. Bei Schlickablagerungen kann τ_2 mit der Formel

$$\tau = (\sigma - u) \cdot \tan\varphi' \approx \sigma' \cdot \tan 20°$$

errechnet werden. σ' bedeutet darin die an der Untersuchungsstelle zum Untersuchungszeitpunkt wirksame, also von Korn zu Korn – und nicht durch Porenwasserdruck – übertragene lotrechte Auflastspannung. Die Endscherfestigkeit nach voller Konsolidierung beträgt dann

$$\tau_2 = \sigma'_A \cdot \tan 20°,$$

wobei σ'_A die wirksame Auflastspannung des untersuchten Bereichs des Abschnitts l_2 bei voller Konsolidierung ($u = 0$) darstellt.

Für die Erfassung einer Verdübelung des Abschnitts l_2 durch Pfähle sind besondere Berechnungen erforderlich [11].

Bei einer ordnungsgemäß ausgeführten Baggerung der Böschung im weichen Boden in größeren Stufen geht die vorgegebene Gleitfuge durch die hinteren Stufenkanten und läuft somit im ungestörten Boden (Bild E 110-1). In diesem Fall muß wegen der Mächtigkeit des gewachsenen, weichen bindigen Bodens und der dabei auftretenden langen Konsolidierungsdauer $\tau_1 = c_u$ gesetzt werden. Weist der weiche bindige Boden Schichten verschiedener Anfangsscherfestigkeiten auf, müssen diese verschiedenen c_u-Werte berücksichtigt werden. Die c_u-Werte werden im Rahmen der Bodenuntersuchungen für das Bauwerk nach E 88, Abschn. 1.9 als charakteristische Werte ermittelt.

Sollte die Baggergrubenböschung im weichen Boden sehr stark gestört, in kleinen Stufen ausgeführt oder ungewöhnlich verschmutzt sein, muß an Stelle der c_u-Werte des gewachsenen Bodens mit den schlechteren c_u-Werten der gestörten Gleitschicht gerechnet werden, die dann in zusätzlichen Laborversuchen ermittelt werden müssen.

Wegen der nur langsamen Konsolidierung des weichen bindigen Bodens unterhalb der Baggergrubenböschung lohnt sich hier die Berücksichtigung der mit der Zeit besser werdenden c-Werte im allgemeinen nur, wenn der weiche Boden mit engstehenden Sanddräns entwässert wird. Hierbei kann dann auch die durch die Setzungen hervorgerufene günstig wirkende Abflachung der Baggergrubenböschung mit erfaßt werden.

2.9.3   Berechnungsansätze zur Ermittlung des Wasserüberdrucks

Der gesamte Niveauunterschied zwischen dem rechnungsmäßigen Grundwasserspiegel im Bereich der Bezugslinie ①–① (Bild E 110-1) bis zum gleichzeitig auftretenden tiefsten rechnungsmäßigen Außenwasserspiegel ist zu berücksichtigen. Dauernd wirksame Rückstauentwässerungen hinter der Ufereinfassung können zu einer Absenkung des rechnungsmäßigen Grundwasserspiegels im Einzugsbereich und damit zu einer Verminderung der gesamten Niveaudifferenz führen.

Der gesamte Wasserüberdruck kann in der üblichen angenäherten Form als Trapez angesetzt werden (Bild E 110-1). Er kann, unter Verwendung eines Potential-Strömungsnetzes, aber auch genauer berechnet werden, wobei in den Untersuchungsfugen mit dem jeweils vorhandenen, aus dem Strömungsnetz hergeleiteten Porenwasserdruck gearbeitet wird (E 113, Abschn. 4.8 und E 114, Abschn. 2.10).

2.9.4   Hinweise für den Entwurf der Ufereinfassung

2.9.4.1   Untersuchungen an Ausführungsbeispielen haben ergeben, daß im rückhaltenden Abschnitt l_2 der Gleitfuge bis zu rd. 20 cm dicke Störschichten während der üblichen Bauzeit bis zum Ausbaggern der Hafensohle – auch bei nur einseitiger Entwässerung – für ihre Auflastspannung bereits voll konsolidiert sind. Bei größeren Störschichtdicken muß τ_2 in der Schicht für die verschiedenen Bauzustände in der jeweils ungünstigst vorhandenen Größe angesetzt werden. Dies kann zu ganz bestimmten zeitlichen Abständen gewisser Baumaßnahmen, z. B. der Aus- oder Tiefbaggerung der Hafensohle und dergleichen, führen.

2.9.4.2   Verankerungskräfte werden am besten über Pfähle oder sonstige Tragglieder durch die Baggergrubensohle hindurch voll in den tragfähigen Baugrund abgeleitet. Oberhalb der Baggergrubensohle eingeleitete Stützkräfte belasten den Gleitkörper zusätzlich.

2.9.4.3   Abgesehen von den statischen Aufgaben soll der Abschnitt l_2, wenn möglich, so lang gewählt werden, daß alle Bauwerkspfähle darin untergebracht werden können und so ihre Biegebeanspruchungen bei einwandfrei eingebrachtem Sand so klein wie möglich bleiben.

2.9.4.4   Sind bei starkem Schlickfall trotz aller Sorgfalt der Ausführung des Bodenersatzes nach E 109, Abschn. 7.10 dickere, weiche bindige Störschichten und/oder sehr locker gelagerte Sandzonen, die zu starken Pfahldurchbiegungen und damit zu Beanspruchungen bis in den Streckbereich führen können, nicht zu vermeiden, oder werden solche bei der Kontrolle der Sandeinfüllung nach E 109, Abschn. 7.10.6 nachträglich festgestellt, dürfen – zur Verhinderung von Sprödbrüchen – nur Pfähle aus doppelt beruhigtem Stahl, vorzugsweise aus St 37-3 bzw. aus St 52-3, verwendet werden (E 67, Abschn. 8.1.8.1 und E 99, Abschn. 8.1.24.2).

2.9.4.5 Werden im Standsicherheitsnachweis Gründungspfähle zum Verdübeln der Gleitfuge im Abschnitt l_2 mit herangezogen [11], darf beim Spannungsnachweis für diese Pfähle die maximale Hauptspannung aus Axialkraft-, Querkraft- und Biegebeanspruchung 85% der Streckgrenze nirgends überschreiten.

In der Verdübelungsberechnung dürfen nur Pfahldurchbiegungen berücksichtigt werden, die mit den sonstigen Bewegungen des Bauwerks und seiner Teile in Einklang stehen, also nur solche von wenigen Zentimetern. Daher kann im nachgiebigen, weichen bindigen Boden der Baggergrubenböschung (Bild E 110-1) eine wirkungsvolle Verdübelung nicht erreicht werden.

Pfähle, bei denen aus Setzungen des Untergrunds oder des Einfüllbodens von vornherein mit möglichen Beanspruchungen bis zur Streckgrenze gerechnet werden muß, dürfen zum Verdübeln nicht herangezogen werden.

2.9.4.6 Will man vermeiden, daß die Störschicht im rückhaltenden Abschnitt l_2 der Gleitfuge und die Baggergrubenböschung im weichen bindigen Boden zu vergrößerten Bauwerksabmessungen führen, müssen neben einer möglichst sauberen Baggergrubensohle vor allem ein ausreichend langer Abschnitt l_2 und/oder eine entsprechend flache Neigung der Baggergrubenböschung angestrebt werden (vgl. hierzu die Auswirkungen im Krafteck in Bild E 110-1).

Bei zu erwartender geringer Störschichtdicke kann eine auf den gesäuberten Abschnitt l_2 aufgebrachte Schotterschüttung zu einer wesentlichen Verbesserung des Scherwiderstands in diesem Bereich der Gleitfuge führen.

Wenn ausreichend Zeit zur Verfügung steht, können auch enggestellte Sanddräns, die im weichen bindigen Boden bis hinter das Ende der Baggergrubenböschung ausgeführt werden, zu einer Entlastung des Bauwerks führen.

Auch eine vorübergehende Verminderung der Nutzlast über der Baggergrubenböschung und/oder ein vorübergehendes Absenken des Grundwasserspiegels bis hinter die Bezugsebene ①–① können zur Überwindung ungünstiger Anfangszustände mit benutzt werden.

2.9.4.7 Will man bei Bodenersatz in Kleigeländen auf den rückhaltenden Abschnitt l_2 verzichten, darf – wenn Zusatzbeanspruchungen auf das Bauwerk vermieden werden sollen – bei sonst guter und sorgfältiger Ausführung des Bodenersatzes die Baggergrubenböschung nur etwa die Neigung 1:4 aufweisen. Da es aber auch auf die c_u-Werte in der Baggergrubenböschung und den wirksamen Wasserüberdruck ankommt, ist stets ein rechnerischer Nachweis zu führen.

2.9.4.8 Bei schlickhaltigem Wasser kommen für die Bauwerksentwässerung nur einwandfreie, doppelt gesicherte Rückstauentwässerungen in Frage. Leistungsfähige Dränagen im hinteren Teil des Ersatzbodens, die zu den Rückstauverschlüssen geführt werden, können den Erfolg der Entwässerung wesentlich verbessern.

2.9.4.9 Fragen im Zusammenhang mit Bodenersatz auf der Erdwiderstandsseite sind in E 164, Abschn. 2.12 behandelt.

2.10 Einfluß des strömenden Grundwassers auf Wasserüberdruck, Erddruck und Erdwiderstand (E 114)

2.10.1 Allgemeines

Wird ein Bauwerk umströmt, übt das strömende Grundwasser einen von Stelle zu Stelle verschieden großen und verschieden gerichteten Strömungsdruck auf die Bodenmassen der Erdkeile des Erddrucks und Erdwiderstands aus und verändert damit die Größe dieser Kräfte.

Mit Hilfe eines Strömungsnetzes nach E 113, Abschn. 4.8.7 (Bild E 113-2) können die Gesamtauswirkungen der Grundwasserströmung auf E_a und E_p ermittelt werden. Hierzu werden alle auf die Gleitkörperbegrenzungen wirkenden Wasserdrücke bestimmt und im Coulomb-Krafteck für den Erddruck (Bild E 114-1 a) und den Erdwiderstand (Bild E 114-1 b) berücksichtigt. Diese Bilder geben einen allgemeinen Überblick über die dabei anzusetzenden Kräfte. G_a und G_p sind darin die Eigenlasten der Gleitkeile für den Boden ohne Auftrieb, vermehrt um die Eigenlast der Porenwasserfüllung. W_1 ist die jeweilige freie Wasserauflast auf den Gleitkörpern, W_2 der Inhalt der im Gleitkörperbereich unmittelbar auf das Bauwerk wirkenden Wasserdruckfläche, W_3 der Inhalt der in der Gleitfuge wirkenden Wasserdruckfläche, ermittelt nach dem Strömungsnetz (E 113, Abschn. 4.8.7, Bild E 113-2). Q_a und Q_p sind die unter cal φ' bzw. φ'_d – wenn mit dem neuen Sicherheitskonzept gearbeitet wird – zur Gleitflächennormalen wirkenden Bodenreaktionen und E_a bzw. E_p der unter dem Wandreibungswinkel δ_a bzw. δ_p zur Wandnormalen wirkende gesamte Erddruck bzw. Erdwiderstand unter Berücksichtigung der gesamten Strömungseinflüsse. Bei diesem Ansatz ist der Wasserüberdruck als Inhalt der Differenzfläche zwischen den von innen und von außen unmittelbar auf das Bauwerk wirkenden Wasserdruckflächen zu berücksichtigen. Das Ergebnis ist um so zutreffender, je besser das Strömungsnetz mit den Verhältnissen in der Natur übereinstimmt.

Da die Lösung nach Bild E 114-1 wohl die Gesamtwerte von E_a und E_p, nicht aber deren Verteilung liefert, empfiehlt sich in der praktischen Anwendung eine getrennte Berücksichtigung der waagerechten und der lotrechten Strömungsdruckeinflüsse. Hierbei werden die waagerechten

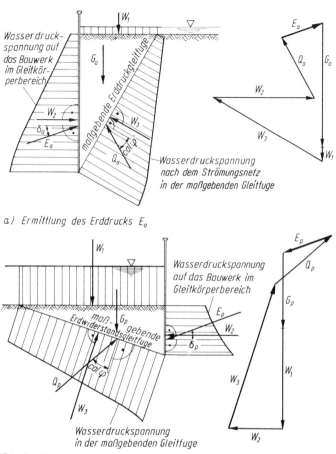

a) Ermittlung des Erddrucks E_a

b) Ermittlung des Erdwiderstands E_p

Bild E 114-1. Ermittlung des Erddrucks E_a und des Erdwiderstands E_p unter Berücksichtigung des Einflusses strömenden Grundwassers

Einflüsse dem Wasserüberdruck zugeschlagen. Hierzu wird der Wasserüberdruck auf die jeweilige Gleitfuge für den Erddruck bzw. den Erdwiderstand bezogen (Bild E 114-2). Die lotrechten Strömungsdruckeinflüsse werden den lotrechten Bodenspannungen aus der Eigenlast des Bodens vermindert um den Auftrieb zugeschlagen oder angenähert in einer veränderten, wirksamen Wichte berücksichtigt. Diese Berechnungsansätze werden im folgenden näher behandelt.

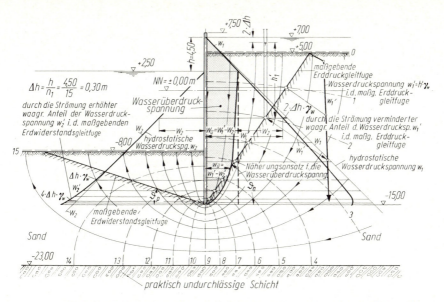

Bild E 114-2. Ermittlung der auf ein Spundwandbauwerk wirkenden Wasserüberdruckspannungen mit dem Strömungsnetz nach E 113, Abschn. 4.8.7

2.10.2 Ermittlung des rechnungsmäßigen Wasserüberdrucks

Zur Erläuterung der Berechnung wird das Strömungsnetz nach E 113, Abschn. 4.8.7, Bild E 113-2 herangezogen und der Berechnungsgang in Bild E 114-2 gezeigt. Danach wird zunächst die Wasserdruckverteilung in den Gleitfugen für den Erddruck und den Erdwiderstand benötigt. Sie ist in Bild E 114-2 nur für die maßgebende Erddruckgleitfuge dargestellt. Sie wird jeweils für die Schnittpunkte der Äquipotentiallinien mit der untersuchten Gleitfuge ermittelt. Die Wasserdruckspannung entspricht jeweils dem Produkt aus der Wichte des Wassers und der Höhe der Wassersäule, die sich in dem am Untersuchungspunkt angesetzten Standrohr einstellt (Bild E 114-2, rechte Seite). Werden die so gewonnenen Wasserdruckspannungen in den betrachteten Schnittpunkten von einer lotrechten Bezugslinie aus waagerecht aufgetragen, ergibt sich die waagerechte Projektion der in der untersuchten Gleitfuge wirkenden Wasserdruckspannungen. Durch Überlagerung der von außen und innen wirkenden waagerechten Wasserdruckspannungsflächen ergibt sich dann die waagerecht wirkende Wasserüberdruckspannungsfläche auf das Bauwerk, worin die Strömungsdruckeinflüsse bereits enthalten sind.

Eine gute Näherungslösung kann auch mit einem Rechenansatz sinngemäß nach Abschn. 2.10.3.2 gefunden werden. Dabei wird hier vergleichsweise damit gerechnet, daß durch den Strömungswiderstand im Grundwasser die Wichte γ_w des Wassers auf der Landseite um $\Delta\gamma_w$ verringert und auf der Wasserseite um $\Delta\gamma_w$ vergrößert wird. Diese Werte errechnen sich mit umgekehrten Vorzeichen mit den gleichen Formeln wie die $\Delta\gamma'$-Werte nach Abschn. 2.10.3.2. Sie führen zu einer Verminderung der hydrostatischen Wasserdurckverteilung auf der Landseite und einer entsprechenden Vergrößerung auf der Wasserseite. Die Differenz der so veränderten Wasserdruckflächen liefert dann gut zutreffend den auf die umströmte Spundwand wirkenden Wasserüberdruck.

In den meisten Fällen kann aber auf eine verfeinerte Berechnung des Wasserüberdrucks verzichtet werden, wenn der Wasserüberdruck nach E 19, Abschn. 4.2 bzw. bei vorwiegend waagerechter Anströmung nach E 65, Abschn. 4.3 angesetzt wird. Bei größeren Wasserüberdrücken kann der Einfluß jedoch erheblich sein.

2.10.3   Ermittlung der Einflüsse auf Erddruck und Erdwiderstand bei vorwiegend lotrechter Durchströmung

2.10.3.1   Berechnung unter Benutzung des Strömungsnetzes

Zur Erläuterung der Berechnung wird wieder das Strömungsnetz nach E 113, Abschn. 4.8.7, Bild E 113-2 herangezogen.

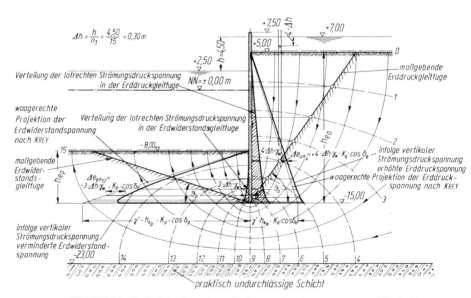

Bild E 114-3. Einfluß der lotrechten Strömungsdruckspannungen auf die Erddruck- und die Erdwiderstandsspannungen bei vorwiegend lotrechter Strömung, ermittelt mit dem Strömungsnetz nach E 113, Abschn. 4.8.7

64

Der Berechnungsgang ist in Bild E 114-3 im einzelnen dargestellt. Hierin ist beachtet, daß der Abfall der jeweiligen Standrohrspiegelhöhe je Netzfeld dadurch zustande kommt, daß ein diesem Spiegelabfall entsprechender lotrechter Strömungsdruck in den Erdkörper übertragen worden ist. Diese Einflüsse addieren sich in Bild E 114-3 auf der Erddruckseite nach unten und vermindern sich auf der Erdwiderstandseite nach oben. Auch bei dieser Untersuchung werden die Ordinaten der Einfachheit halber wieder auf die Schnittpunkte der Äquipotentiallinien mit den maßgebenden Gleitfugen bezogen. Ist Δh die Standrohrspiegeldifferenz der Äquipotentiallinien im Strömungsnetz und n die Anzahl der Felder ab der zugehörigen Rand-Äquipotentiallinie, ergibt sich nach KREY auf der Erddruckseite – für die lotrechte Zusatzspannung $n \cdot \Delta h \cdot \gamma_w$, bei $\gamma_w = 10$ kN/m³ – die Vergrößerung der waagerechten Komponente der Erddruckspannung um:

$$\Delta e_{ahn} = + n \cdot \Delta h \cdot \gamma_w \cdot K_a \cdot \cos \delta_a$$

und auf der Erdwiderstandsseite eine entsprechende Verminderung der waagerechten Komponente der Erdwiderstandsspannung um:

$$\Delta e_{phn} = - n \cdot \Delta h \cdot \gamma_w \cdot K_p \cdot \cos \delta_p.$$

Dem verminderten Wasserdruck steht dabei auf der Erddruckseite eine Erddruckvergrößerung – bei Sandboden etwa um ein Drittel der Wasserdruckverminderung – gegenüber. Auf der Erdwiderstandsseite wirkt sich wegen des wesentlich größeren K_p-Wertes der von unten angreifende Strömungsdruck stark vermindernd auf den Erdwiderstand aus. Da der größte Teil der Verminderung aber in der Nähe des unteren Spundwandendes liegt, ist in der Regel auch hier der Einfluß auf das Gesamtbauwerk nicht entscheidend. Bei größeren Wasserspiegelunterschieden muß dieses aber rechnerisch überprüft werden.

Der Einfluß der waagerechten Komponente des Strömungsdrucks auf den Erddruck bzw. Erdwiderstand wird berücksichtigt, indem der Wasserüberdruck nach Abschn. 2.10.2, Bild E 114-2 unter Ansatz des Wasserdrucks auf die maßgebende Erddruck- bzw. Erdwiderstandsgleitfuge ermittelt wird.

2.10.3.2 Näherungsrechnung unter Ansatz geänderter wirksamer Wichte des Bodens auf der Erddruck- und auf der Erdwiderstandseite

Angenähert läßt sich bei Umströmung einer Spundwand die Vergrößerung des Erddruckes bzw. die Verringerung des Erdwiderstandes infolge der senkrechten Komponenten der Strömungsdrücke durch entsprechende Änderungen der Wichte des Bodens erfassen.

Die Vergrößerung $\Delta \gamma'$ der Wichte auf der Erddruckseite und seine Verringerung auf der Erdwiderstandseite können nach BENT HANSEN, veröffentlicht in [12], angenähert aus folgenden Gleichungen bestimmt werden:

auf der Erddruckseite: $\Delta\gamma' = \dfrac{0{,}7 \cdot h}{h_1 + \sqrt{h_1 \cdot t}} \cdot \gamma_w$,

auf der Erdwiderstandseite: $\Delta\gamma' = -\dfrac{0{,}7 \cdot h}{t + \sqrt{h_1 \cdot t}} \cdot \gamma_w$.

In den obigen Gleichungen und in Bild E 114-4 bedeuten:

h = Wasserspiegel-Höhenunterschied [m],

h_1 = durchströmte Bodenhöhe auf der Landseite der Spundwand bis zum Spundwandfußpunkt [m],

t = Rammtiefe [m],

γ' = Wichte des Bodens unter Auftrieb [kN/m³],

γ_w = Wichte des Wassers [kN/m³].

Im übrigen gilt das unter Abschn. 2.10.3.1 generell Gesagte sinngemäß.

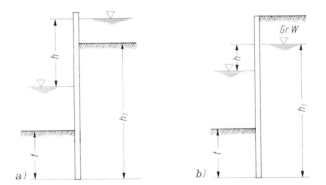

Bild E 114-4. Maßangaben für die angenäherte Ermittlung der durch den Strömungsdruck veränderten wirksamen Wichte des Bodens vor und hinter einem Spundwandbauwerk

2.11 Bestimmung des Verschiebungswegs für die Mobilisierung von Teil-Erdwiderständen in nichtbindigen Böden (E 174)

2.11.1 Allgemeines

Zur Mobilisierung des vollen Erdwiderstands sind im allgemeinen erhebliche Verschiebungswege erforderlich. Sie sind hauptsächlich abhängig von der Einbindetiefe der drückenden Wandfläche und von der Lagerungsdichte des Bodens sowie vom Verhältnis der Wandhöhe h zur Wandbreite b.

Auf der Grundlage von großmaßstäblichen Modellversuchen [13], [14] und [15] ist die Abschätzung des erforderlichen Verschiebungswegs für vorgegebene Wandlasten bzw. die des mobilisierten Teil-Erdwiderstands bei einem vorgegebenen Verschiebungsweg möglich.

Die Ausführungen nach dieser Empfehlung beschränken sich zunächst auf räumliche Probleme, können aber näherungsweise auch auf den Erdwiderstand von Wänden übertragen werden.

2.11.2 Rechnungsansatz

Nach [13] gilt für eine Parallelverschiebung (Bild E 174-1) die Beziehung:

$$E_{p(s)} = w_e \cdot E_p.$$

Darin bedeuten:

E_p = Erdwiderstand nach DIN 4085 [MN/m],
$E_{p(s)}$ = mobilisierter Teil-Erdwiderstand, abhängig vom Verschiebungsweg s [MN/m],
w_e = Wegbeiwert; $w_e = f(s/s_B)$ [1],
s = Verschiebungsweg [mm],
s_B = erforderlicher Verschiebungsweg zur Mobilisierung von E_p (Bruchverschiebung) [mm],
D = Lagerungsdichte nach E 71, Abschn. 1.5 [1],
h = Wandhöhe oder Einbindetiefe der Wand [m],
b = Wandbreite [m].

Die Beziehung zwischen der Bruchverschiebung s_B und der Wandhöhe h einerseits sowie der Lagerungsdichte D andererseits ist in DIN 4085, Beiblatt 1 nach [13] und [14] für gedrungene Wände ($h/b < 3,33$) (Bild E 174-2) übernommen worden zu:

$$s_B = 100 \cdot (1 - 0,6\,D) \cdot \sqrt{h^3}.$$

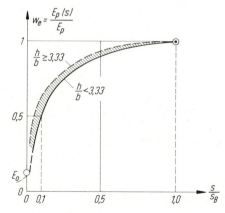

Bild E 174-1. Erdwiderstand $E_{p(s)}$ abhängig vom Verschiebungsweg s

67

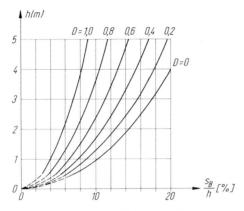

Bild E 174-2. Bruchverschiebung s_B abhängig von der Wandhöhe bzw. Einbindetiefe h und der Lagerungsdichte D für $h/b < 3{,}33$

Für schmale Druckwände ($h/b \geqq 3{,}33$) gilt nach [15]:

$$s_B = 40 \cdot \frac{1}{1 + 0{,}5\,D} \cdot \frac{h^2}{\sqrt{b}} \cdot$$

2.11.3 Rechnungsgang

Für $h/b < 3{,}33$, den am häufigsten vorkommenden Fall mit gedrungenen Wänden, läßt sich mit Hilfe der Bilder E 174-1 und E 174-2 der zur Druckwandbelastung gehörige Verschiebungsweg s bzw. der zum zulässigen Verschiebungsweg gehörige mobilisierte Teil-Erdwiderstand $E_{p(s)}$ unmittelbar bestimmen:
Aus Bild E 174-2 ergibt sich mit der Wandhöhe bzw. Einbindetiefe h abhängig von D der Wert s_B/h und daraus die Bruchverformung s_B. Aus Bild E 174-1 kann dann bei vorgegebener Wanddruckkraft $E_{p(s)}$ der Wert s/s_B und somit die zu erwartende Verschiebung s oder bei vorgegebenem zulässigen Verschiebungsweg s der mobilisierte Teil-Erdwiderstand

$$E_{p(s)} = w_e \cdot E_p$$

ermittelt werden.
E_p ist dabei nach DIN 4085 zu berechnen.

2.12 Maßnahmen zur Erhöhung des Erdwiderstands vor Ufereinfassungen (E 164)

2.12.1 Allgemeines

Eine Erhöhung des Erdwiderstands muß im allgemeinen unter Wasser ausgeführt werden. Hierfür kommen beispielsweise folgende Maßnahmen in Frage:

68

(1) Ersatz von anstehendem weichen bindigen Boden durch nichtbindiges Material.

(2) Verdichten von anstehendem, oder bei Bodenersatz eingebrachtem, locker gelagertem, nichtbindigem Boden gegebenenfalls unter zusätzlicher Auflast.

(3) Dränierung von weichen bindigen Böden.

(4) Aufbringen einer Schüttung.

(5) Verfestigung des anstehenden Bodens.

(6) Kombination von Maßnahmen nach (1) bis (5).

Die jeweilige Maßnahme soll möglichst so gewählt werden, daß spätere Vertiefungen oder Vorbauten der Ufereinfassung nicht oder möglichst wenig behindert werden.

Im einzelnen sei auf folgendes hingewiesen.

2.12.2   Bodenersatz

Beim Ersatz von weichem bindigem Baugrund durch nichtbindiges Material ist, soweit die Baumaßnahme selbst betroffen ist, E 109, Abschn. 7.10 zu beachten. Bei der Ermittlung des Erdwiderstands ist eine eventuelle Ablagerung von Störschichten in der Grenzfuge zu berücksichtigen. Hierzu gelten die entsprechenden Ausführungen in E 110, Abschn. 2.9 sinngemäß.

Wenn das eingebrachte nichtbindige Material durch Tiefenrüttler verdichtet werden soll, müssen die Verdichtungskerne die Baggergrubensohle zur Verdübelung wirksam durchdringen.

Der Umfang des Bodenersatzes vor der Ufereinfassung wird in der Regel nach erdstatischen Gesichtspunkten festgelegt. Um den Erdwiderstand, der sich mit eingebrachtem Ersatzboden maximal erreichen läßt, voll ausnutzen zu können, ist es erforderlich, den gesamten Bereich des Erdwiderstandsgleitkörpers in diese Baumaßnahme einzubeziehen.

2.12.3   Bodenverdichtung

Hierfür kommt vor allem eine Verdichtung mit Tiefenrüttlern in Frage. Diese Verdichtung ist aber nur bei nichtbindigem Boden möglich. Der gegenseitige Abstand der Rüttelpunkte (Rasterweite) richtet sich nach dem anstehenden Baugrund und der angestrebten mittleren Lagerungsdichte. Die Rasterweite muß um so enger gewählt werden, je größer die Verbesserung der vorhandenen Lagerungsdichte sein soll und je feinkörniger der anstehende oder eingefüllte Boden ist. Als Anhaltspunkt für die Rasterweite kann ein Mittelwert von 1,80 m dienen.

Die Tiefenverdichtung soll den gesamten Bereich des Erdwiderstandsgleitkörpers vor dem Bauwerk erfassen und dabei die vom theoretischen Spundwandfußpunkt ausgehende, maßgebende Erdwiderstandsgleitfuge um ein ausreichendes Maß durchdringen. In Zweifelsfällen ist durch Untersuchen verschiedener Gleitfugen, beispielsweise nach CULMANN, nachzuweisen, daß der Umfang der gewählten Verdichtungsmaßnahme ausreichend ist.

Diese Art der Bodenverdichtung kann auch zur nachträglichen Verstärkung einer Ufereinfassung herangezogen werden. Vorsicht in der Ausführung ist aber bei besonders locker gelagerten feinkörnigeren, nichtbindigen Böden, auch bei feineren Sanden erforderlich, damit das Bauwerk nicht durch weiträumige Bodenverflüssigung gefährdet wird. Umgekehrt kann in Erdbebengebieten die Gefährdung durch Bodenverflüssigung mit Bodenverdichtung vor der Errichtung des Bauwerks wirkungsvoll ausgeschaltet werden.

2.12.4 Dränagen

Hierzu kommen vor allem Dränagen nach E 93, Abschn. 7.8 in Frage. Sie führen zu einem Abbau des Porenwasserdrucks aus Auflast und der waagerechten Belastung des stützenden Bodens durch die Ufereinfassung. Ziel ist, daß letztlich der Boden die Erdwiderstandsbeanspruchungen in konsolidiertem Zustand aufnehmen kann. Eine gezielte Entwicklung bis zu diesem Zustand ist aber erforderlich und sorgfältig zu planen. Gleiches gilt für den Umfang der Arbeiten und die zeitliche Abwicklung.

2.12.5 Bodenauflast

Unter besonderen Verhältnissen, beispielsweise zur Sanierung einer vorhandenen Ufereinfassung, kann es zweckmäßig sein, die Stützung des Bauwerks durch Aufbringen einer Schüttung mit hoher Wichte und hohem Reibungswinkel zu verbessern. Als Material kommen geeignete Metallhüttenschlacken, Hochofenschlacke oder Natursteine in Frage. Entsprechend unterschiedlich ist die Wichte des Materials unter Auftrieb. Bei Metallhüttenschlacken können Werte von $\gamma' = 18 \, kN/m^3$ erreicht werden. Der Winkel der inneren Reibung darf hierbei – wie bei Naturschotter nach E 9, Abschn. 1.1 – mit $\varphi'_k = 42,5°$ angenommen werden.

Bei anstehendem weichem Baugrund muß durch eine geeignete Kornzusammensetzung des Schüttmaterials oder durch Einschalten einer Filterlage zwischen Schüttung und anstehendem Baugrund dafür gesorgt werden, daß das Schüttmaterial nicht versinkt.

Das einzubauende Material ist ständig auf bedingungsgemäße Beschaffenheit zu kontrollieren. Dies gilt insbesondere für die Wichte.

Bezüglich des erforderlichen Umfangs der Baumaßnahme gelten die Ausführungen unter Abschn. 2.12.2 und 2.12.3 sinngemäß.

2.12.6 Bodenverfestigung

Stehen im Erdwiderstandsbereich gut durchlässige, nichtbindige Böden an (beispielsweise Kies, Kiessand oder Grobsand), kann durch Injektion mit Zement eine Verfestigung des Bodens erreicht werden. Bei weniger durchlässigen, nichtbindigen Böden können unter erhöhten Kosten zwar noch Verfestigungen mit Chemikalien vorgenommen werden. Zu beachten ist dabei, daß bei stärker salzhaltigem Grundwasser beispielsweise mit Wasserglas nicht verfestigt werden kann, da dann der Abbindeprozeß nicht stattfindet.

Voraussetzung für alle Arten von Injektionen ist eine ausreichende Auflast, die bei Fehlen einer ausreichenden Deckschicht vorweg aufgebracht werden muß.

Die erforderlichen Abmessungen des Verfestigungsbereichs können sinngemäß nach Abschn. 2.12.2 und 2.12.3 bestimmt werden. Dabei sind aber auch das nachträgliche Einbringen beispielsweise von Rammelementen, erforderliche spätere Ausbaggerungen für Hafenvertiefungen und dergleichen zu berücksichtigen. Anpassungen hierfür sind aber auch über den Grad der Verfestigungen möglich.

Eine Erfolgskontrolle von Verfestigungen durch Kernbohrungen und deren Auswertung ist stets erforderlich.

2.12.7 Kombinierte Verfahren

Die Verfahren nach Abschn. 2.12.2 bis 2.12.6 lassen sich zum Teil auch kombinieren.

2.13 Erdwiderstand vor im Boden frei aufgelagerten Spundwänden in weichen bindigen Böden bei schneller Belastung auf der Landseite (E 190)

2.13.1 Allgemeines

Für die Ermittlung des Erdwiderstands vor einer Spundwand bei schnell aufgebrachter zusätzlicher Belastung auf der Landseite gelten die gleichen Grundsätze wie bei der Ermittlung des Erddrucks für diesen Lastfall (E 130, Abschn. 2.7.2). Der Erdwiderstand kann dabei mit totalen Spannungen bei Verwendung der Scherparameter aus dem nicht entwässerten Versuch (c_u, φ_u) oder mit wirksamen Spannungen bei Verwendung der Scherparameter aus dem entwässerten Versuch (c', φ') berechnet oder graphisch bestimmt werden.

2.13.2 Verfahren nach DIN 4085

Bei einer schnell aufgebrachten Zusatzbelastung auf der aktiven Seite der Spundwand wird ein um den Betrag ΔE_p erhöhter Auflagerdruck der Wand erzeugt. ΔE_p ist der Auflagerdruck der Wand auf den passiven Erddruckgleitkeil (Erdwiderstandsgleitkeil) infolge schnell aufgebrachter Zusatzbelastung Δp unter Beachtung des waagrechten Gleichgewichts aus dieser Zusatzbelastung (Bild E 190-1 b).

Bei Berechnung mit c_u und φ_u (in der Regel ist $\varphi_u = 0$) kann die Berechnung nach DIN 4085, Abschn. 5.10.2 (Bild E 190-1 a) als geschlossene Lösung durchgeführt werden.

Für den Fall, daß nur Schwerparameter aus entwässerten Versuchen (c' und φ') bekannt sind, kann der Erdwiderstand nach DIN 4085, Abschn. 5.10.3 berechnet werden.

Hierbei wird der insgesamt zur Verfügung stehende passive Erddruck (Erdwiderstand) $E_{p(t=\infty)}$ zum Zeitpunkt $t = 0$ (Zeitpunkt der Aufbringung der Zusatzbelastung) um den gleichförmig verteilt angenommenen Porenwasserüberdruck $\Delta u_2 = -\Delta e_p$ vermindert. Erst mit dem Abbau des Porenwasserüberdrucks wird wieder der wirksame Erdwiderstand maßgebend (Bild E 190-1 c).

Der insgesamt zur Verfügung stehende Erdwiderstand $E_{p(t=\infty)}$ wird zum Zeitpunkt $t = 0$ dabei zweckmäßig so ermittelt, daß eine gleichmäßige Verteilung von Δu_2 (Bild E 190-1 b) angenommen und die Spundwand als statisch bestimmtes System (Balken auf 2 Stützen) betrachtet wird. Die Größe von Δu_2 wird mit Hilfe $\Sigma M = 0$ um A bestimmt. Dabei muß die Rammtiefe der Wand zunächst angenommen und dann iterativ bestimmt werden.

Der zur Verfügung stehende Erdwiderstand $E_{p(t=0)}$ bei schnell aufgebrachter Zusatzlast ist dann im Zeitpunkt $t = 0$ gleich dem Erdwiderstand für den auskonsolidierten Zustand, berechnet mit φ' und c', abzüglich $\Delta u_2 \cdot d$:

$$E_{p(t=0)} = E_{p(t=\infty)} - \Delta u_2 \cdot d$$

Für den Zeitpunkt $t = \infty$ (nach dem Abklingen des Porenwasserüberdrucks) ist $\Delta u_2 = 0$, und der Erdwiderstand erreicht wieder den Wert für den voll auskonsolidierten Zustand.

2.13.3   Graphisches Verfahren

Wenn nur φ' und c' bekannt sind, läßt sich der für die Aufnahme einer schnellen landseitigen Zusatzbelastung verfügbare Erdwiderstand ΔE_p unter Vorgabe einer Gleitfuge, die bei $\delta_p = 0$ unter $\vartheta_p = 45° - \varphi'/2$ geneigt ist, graphisch bestimmen (Bild E 190-2).

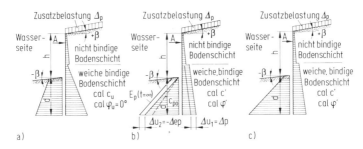

Bild E 190-1. Erddrücke auf eine Spundwand nach DIN 4085, bei nichtkonsolidiertem, weichem bindigen Boden infolge schnell aufgebrachter, unbegrenzt ausgedehnter Geländeauflast
a) Ansatz mit Bodenkenngrößen von nicht entwässerten Bodenproben
b) Ansatz mit Bodenkenngrößen von entwässerten Bodenproben
c) Ansatz nach der Konsolidierung

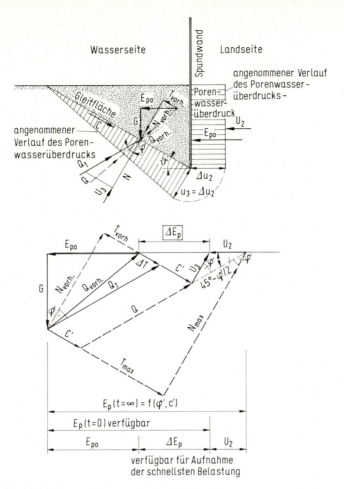

Bild E 190-2. Ermittlung des verfügbaren Erdwiderstands bei nicht konsolidiertem, weichem bindigen Boden infolge schnell aufgebrachter zusätzlicher Belastung landseitig der Spundwand

Dabei wird vom Grundgedanken ausgegangen, daß aus vorangegangener Belastung der Teilerdwiderstand E_{p0} bereits mobilisiert ist, insgesamt aber der maximale Erdwiderstand $E_{p(t=\infty)}$ aus wirksamen Parametern φ' und c' nach Auskonsolidierung zur Verfügung steht. Im Zeitpunkt der schnellen zusätzlichen Lastaufbringung, durch die der Porenwasserdruck U_2 (Bild E 190-2) erzeugt wird, muß stets genügend Reserve zwischen E_{p0} und E_p vorhanden sein. E_{p0} wird dabei aus der Gleichgewichtsbedingung ΣH oder $\Sigma M = 0$ um den Ankerpunkt ermittelt.

Zunächst wird aus dem Gewicht des Gleitkörpers G und dem bereits ausgenutzten Erdwiderstand E_{p0} an der Gleitfuge die resultierende vorhandene Gleitflächenkraft $Q_{vorh.}$ ermittelt (Bild E 190-2). Mit der Richtung (φ' gegen die Normale) der mobilisierbaren Gleitflächenkraft Q_1 ergibt sich die mobilisierbare Reibungskraft ΔT. Die schnelle Zusatzbelastung kann nur noch durch die Kohäsionskraft C und ΔT aufgenommen werden, wobei in der Gleitfuge der Porenwasserdruck $U_3 = U_2$ erzeugt wird. Hieraus ergibt sich im Krafteck der verfügbare Erdwiderstand ΔE_p für die Aufnahme der schnellen Belastung.

Wie aus Bild E 190-2 ersichtlich, wird mit diesem graphischen Verfahren praktisch dasselbe erreicht wie mit dem Verfahren nach DIN 4085: Der maximale Erdwiderstand E_p aus den Scherparametern φ' und c' wird um den Betrag U_2 vermindert. Bei $\varphi' = 30°$ ist genau $u_3 = u_2$. Bei abweichendem φ' ergeben sich geringe Unterschiede.

2.13.4 Schlußbemerkung

Da die Erdwiderstandsberechnung mit wirksamen Scherparametern von der Unsicherheit über den Ansatz des Porenwasserüberdrucks, der in Wirklichkeit stark von der Lagerungsart der Spundwand im Boden abhängt, beeinflußt wird, ist die Berechnung mit den aus „nicht entwässerten Versuchen" ermittelten Scherparametern c_u und φ_u vorzuziehen.

2.14 Auswirkungen von Erdbeben auf die Ausbildung und Bemessung von Ufereinfassungen (E 124)

2.14.1 Allgemeines

2.14.1.1 In Erdbebenzonen müssen auch bei der Errichtung von Ufereinfassungen die Auswirkungen der im betreffenden Gebiet in Frage kommenden Beben sorgfältig berücksichtigt werden.

In fast allen Ländern, in denen mit Erdbeben gerechnet werden muß, bestehen vor allem für Hochbauten Vorschriften, Richtlinien bzw. Empfehlungen, in denen die bei der Ausbildung und Berechnung einzuhaltenden Forderungen mehr oder weniger detailliert festgelegt sind. Bezüglich der Bundesrepublik Deutschland wird hierzu auf DIN 4149 und [16] verwiesen.

2.14.1.2 Die Intensität der in den verschiedenen Gebieten zu erwartenden Erdbeben wird in den Vorschriften usw. im allgemeinen durch die Größe der auftretenden waagerechten Erdbebenbeschleunigung a_h ausgedrückt. Eine eventuell gleichzeitig wirksame lotrecht gerichtete Beschleunigung a_v ist im allgemeinen – im Vergleich zur Fallbeschleunigung g – vernachlässigbar klein.

2.14.1.3 Die Beschleunigung a_h wirkt sich nicht nur auf die Bauwerke als solche, sondern unmittelbar auch auf den angreifenden Erddruck, den möglichen Erdwiderstand, die Sicherheit gegen Grund-, Gelände- oder Böschungsbruch sowie fallweise auch auf die Scherfestigkeit der die Gründung umgebenden Bodenmassen aus, die in ungünstigen Fällen vorübergehend ganz verschwinden kann.

2.14.1.4 Die Anforderungen, die an die Genauigkeit der Berechnungen gestellt werden müssen, sind entsprechend höher, wenn ein Schaden zur Gefährdung von Menschenleben führen kann bzw. wenn durch Erdbebenschäden für die Allgemeinheit wichtige Versorgungseinrichtungen oder dergleichen zerstört werden können.

2.14.1.5 Die bei Erdbeben auftretenden statisch-kinetischen Probleme werden beim eigentlichen Bauwerk in der Regel in der Weise erfaßt, daß gleichzeitig mit den sonstigen Belastungen zusätzlich waagerechte Kräfte:

$$\Delta H = \pm\, k_h \cdot V,$$

die jeweils im Schwerpunkt der beschleunigten Massen angreifen, angesetzt werden.

Hierin sind:

$k_h = a_h/g$ = Erschütterungszahl = Verhältnis der waagerechten Erdbebenbeschleunigung zur Fallbeschleunigung;

V = Eigenlast des betrachteten Bauteils oder Gleitkörpers.

Die Größe von k_h ist abhängig von der Stärke des Bebens, der Entfernung vom Epizentrum und vom anstehenden Baugrund. Die beiden erstgenannten Faktoren sind in den meisten Ländern durch Einteilung der gefährdeten Gebiete in Erdbebenzonen mit entsprechenden Werten für k_h berücksichtigt (DIN 4149 und [16]). In Zweifelsfällen ist gegebenenfalls unter Einschaltung erfahrener Erdbebenfachleute zwischen diesen, dem Ingenieur, dem Bauherrn und der Bauaufsichtsbehörde eine Übereinkunft über die anzuwendende Größe von k_h herbeizuführen.

2.14.1.6 Bei hohen schlanken Bauwerken mit Resonanzgefahr, wenn also die Eigenschwingungs- und die Erdbebenperioden nahe beieinanderliegen, müssen in der Berechnung auch die dynamischen Auswirkungen des Bebens berücksichtigt werden. Dies ist bei Ufereinfassungen im allgemeinen aber nicht erforderlich.

2.14.1.7 Die Ausbildung und Bemessung von erdbebensicheren Ufereinfassungen muß daher vor allem so vorgenommen werden, daß auch die während eines Bebens auftretenden zusätzlichen waagerechten Kräfte bei verminderten Erdwiderständen sicher aufgenommen werden können.

2.14.2 Erdbebenauswirkungen auf den Baugrund

2.14.2.1 Bei Ufereinfassungen in Erdbebengebieten müssen auch die Bodenverhältnisse im tieferen Untergrund besonders beachtet werden. So sind z. B. die Erschütterungen eines Bebens dort am heftigsten, wo lockere, relativ dünne Ablagerungen auf festem Gestein ruhen (siehe in [7]).

2.14.2.2 Die nachhaltigsten Auswirkungen eines Erdbebens treten ein, wenn der Untergrund – insbesondere der Gründungsboden – durch das Beben verflüssigt wird, das heißt, seine Scherfestigkeit größtenteils oder auch völlig verliert. Dieses tritt ein, wenn locker gelagerter, feinkörniger, nicht- oder schwachbindiger, wassergesättigter und wenig durchlässiger Boden (z.B. lockerer Feinsand oder Grobschluff) in eine dichtere Lagerung übergeht (Setzungsfließen, Verflüssigung, Liquefaction). Dieser Zustand hält so lange an, bis das dabei auftretende überschüssige Porenwasser abgeflossen ist. Die Verflüssigung tritt um so eher ein, je geringer der Überlagerungsdruck in der betrachteten Tiefe ist und je größer die Intensität und die Dauer der Erschütterungen sind.

2.14.2.3 Zum sicheren Erkennen der Gefahr von Verflüssigung fehlen in der Literatur zur Zeit noch einheitlich zutreffende Aussagen. In Zweifelsfällen sollte daher das Verhalten des verflüssigungsgefährdet erscheinenden Bodens in Versuchen unter Beanspruchungen, die denen der zu erwartenden Erdbeben entsprechen, getestet werden.

2.14.2.4 Zur Verflüssigung neigende Bodenschichten im Bereich geplanter Ufereinfassungen in Erdbebengebieten sollten vor dem Errichten der Ufereinfassung ausreichend gut verdichtet werden.

2.14.2.5 Stärker bindige Böden neigen nicht zur Verflüssigung.

2.14.2.6 Durch Erdbebenerschütterungen kann die Scherfestigkeit des Bodens mehr oder weniger reduziert, die Verformung aber bedeutend vergrößert werden [143].

2.14.3 Statische Erfassung der Erdbebenauswirkungen auf Erddruck und Erdwiderstand

2.14.3.1 Auch der Einfluß von Erdbeben auf Erddruck und Erdwiderstand wird im allgemeinen nach Coulomb ermittelt, wobei aber die durch das Beben erzeugten Zusatzkräfte ΔH nach Abschn. 2.14.1.5 zusätzlich berücksichtigt werden müssen. Hierzu dürfen die Eigenlasten der Erdkeile nicht mehr lotrecht, sondern müssen unter einem bestimmten, von der Lotrechten abweichenden Winkel angesetzt werden. In den Berechnungen nach Krey wird dies am besten dadurch berücksichtigt, daß die Neigung der Erddruck- bzw. Erdwiderstandsbezugsfläche und die Neigung der Geländeoberfläche auf die neue Kraftrichtung bezogen werden [7]. Dabei ergeben sich fiktive Neigungswinkeländerungen für die Bezugsfläche ($\pm \Delta\alpha$) und für die Geländeoberfläche ($\pm \Delta\beta$).

$$k_h = |\tan\Delta\alpha| \text{ bzw. } = |\tan\Delta\beta| \text{ (Bild E 124-1).}$$

Der Erddruck bzw. der Erdwiderstand werden dann an dem um den Winkel $\Delta\alpha$ bzw. $\Delta\beta$ gedreht gedachten System (Bezugsfläche und Geländeoberfläche) errechnet.

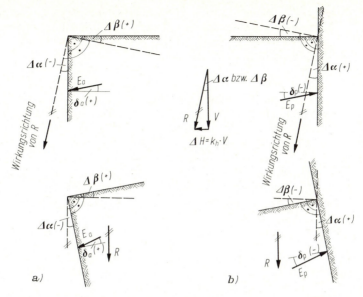

Bild E 124-1. Ermittlung der fiktiven Winkel $\Delta\alpha$ und $\Delta\beta$ und Darstellung der um die Winkel $\Delta\alpha$ bzw. $\Delta\beta$ gedrehten Systeme (mit Vorzeichen nach KREY)
a) zur Berechnung des Erddrucks;
b) zur Berechnung des Erdwiderstands

Sinngemäß nach Bild E 124-1 kann dies allgemein dadurch geschehen, daß bei der Berechnung des Erddrucks bzw. des Erdwiderstands mit einer Wandneigung $\alpha \pm \Delta\alpha$ und der Geländeneigung $\beta \pm \Delta\beta$ gearbeitet wird.

2.14.3.2 Bei der Ermittlung des Erddrucks unterhalb des Wasserspiegels muß beachtet werden, daß die M a s s e des Bodens und die Masse des in den Poren des Bodens eingeschlossenen Wassers beschleunigt werden, die Verminderung der Wichte des Bodens unter Wasser aber erhalten bleibt und das Porenwasser sich selbst nach unten abträgt. Um dieses zu berücksichtigen, wird zweckmäßig im Bereich unterhalb des Grundwasserspiegels mit einer

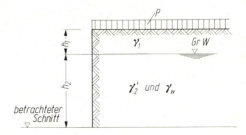

Bild E 124-2.
Skizze für den Berechnungs-ansatz zur Ermittlung von k_h'

77

größeren Erschütterungsziffer – der sogenannten scheinbaren Erschütterungsziffer k'_h – gerechnet.

Im betrachteten Schnitt nach Bild E 124-2 sind:

$$\Sigma p_v = p + h_1 \cdot \gamma_1 + h_2 \cdot \gamma'_2 \text{ und}$$
$$\Sigma p_h = k_h \cdot [p + h_1 \cdot \gamma_1 + h_2 \cdot (\gamma'_2 + \gamma_w)].$$

Die scheinbare Erschütterungsziffer für die Ermittlung des Erddrucks unterhalb des Wasserspiegels ergibt sich somit zu:

$$k'_h = \frac{\Sigma p_h}{\Sigma p_v} = \frac{p + h_1 \cdot \gamma_1 + h_2 \cdot (\gamma'_2 + \gamma_w)}{p + h_1 \cdot \gamma_1 + h_2 \cdot \gamma'_2} \cdot k_h.$$

Für die Erdwiderstandseite kann sinngemäß verfahren werden.

Für den Sonderfall: Grundwasserstand in Geländeoberfläche und Fehlen der Geländeauflast ergibt sich mit $\gamma_w = 10$ kN/m³ für die Erddruckseite:

$$k'_h = \frac{\gamma' + 10}{\gamma'} \cdot k_h = \frac{\gamma_r}{\gamma_r - 10} \cdot k_h \approx 2\,k_h.$$

Hierbei bedeuten:

γ' = Wichte des Bodens unter Auftrieb,
γ_r = Wichte des wassergesättigten Bodens.

Der so für die Erddruckseite ermittelte und ungünstig angesetzte Wert für k'_h wird üblicherweise zur Vereinfachung auch in Fällen mit tieferem Grundwasserstand und auch bei vorhandenen Verkehrslasten der weiteren Berechnung zugrunde gelegt.

2.14.3.3 Mit den unter Anwendung von k_h und k'_h ermittelten Erddruckbeiwerten K_{ah} ergibt sich nach Bild E 124-3 in Höhe des Grundwasserspiegels rechnerisch ein Sprung in der Erddruckbelastung. Falls auf eine genauere Ermittlung des – abhängig vom jeweiligen Verhältnis der aus der Erdbebenbeschleunigung ermittelten waagerechten Kraft zur wirksamen lotrechten Kraft – mit der Tiefe sich ändernden Wertes von k'_h – und der Änderung auch des Wertes von K_{ah} – verzichtet wird, kann der Erddruck vereinfacht gemäß Bild E 124-3 angesetzt werden.

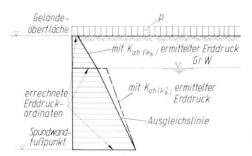

Bild E 124-3.
Vereinfachter Erddruckansatz

2.14.3.4 In schwierigen Fällen, in denen Erddruck und Erdwiderstand nicht mit Tafelwerten berechnet werden können, ist es möglich, die Einflüsse sowohl der waagerechten als auch eventueller lotrechter Erdbebenbeschleunigungen auf Erddruck und Erdwiderstand mit einem erweiterten CULMANN-Verfahren zu ermitteln. In den Kraftecken müssen dann auch die auf die Untersuchungskeile jeweils wirkenden Kräfte aus den Erdbebenbeschleunigungen mit berücksichtigt werden. Eine so verfeinerte Berechnung wird auch schon bei größeren waagerechten Beschleunigungen allein empfohlen, vor allem, wenn der Boden zum Teil unter dem Grundwasserspiegel liegt.

2.14.4 **Ansatz des Wasserüberdrucks**

Der Wasserüberdruck darf im Erdbebenfall bei Ufereinfassungen näherungsweise wie im Normalfall, d. h. entsprechend E 19, Abschn. 4.2 und E 65, Abschn. 4.3 angesetzt werden, denn die statisch-kinetischen Auswirkungen des Erdbebens auf das Porenwasser sind bereits in der Erddruckermittlung nach Abschn. 2.14.3.2 mit berücksichtigt. Es muß aber beachtet werden, daß die maßgebende Erddruckgleitfuge im Erdbebenfall unter einem flacheren Winkel gegen die Horizontale als im Normalfall verläuft. Bezogen auf die Gleitfuge kann dabei ein erhöhter Wasserüberdruck wirksam werden.

2.14.5 **Verkehrslasten**

2.14.5.1 Da ein gleichzeitiges Auftreten von Erdbeben, voller Verkehrslast und voller Windlast unwahrscheinlich ist, genügt es, die aus dem Beben kommenden vergrößerten Lasten nur mit den Einflüssen aus der halben Verkehrslast und der halben Windlast zu kombinieren (vgl. auch DIN 4149, Erläuterungen und [16]). Auch die aus Wind herrührenden Kranradlasten und der Anteil des Pollerzugs aus Wind dürfen daher entsprechend reduziert werden. Die aus der Fahr- und Drehbewegung von Kranen herrührenden Lasten brauchen mit den Erdbebeneinflüssen nicht überlagert zu werden.

2.14.5.2 Nicht abgemindert werden dürfen jedoch Lasten, die mit großer Wahrscheinlichkeit über einen längeren Zeitraum in gleicher Größe einwirken, wie z. B. Lasten aus Tank- oder Silofüllungen und aus Schüttungen von Massengütern.

2.14.6 **Zulässige Spannungen und geforderte Sicherheiten**

Wenn bei der Bauwerksbemessung die Zusatzkräfte infolge von Erdbeben berücksichtigt werden, dürfen die sonst zulässigen Spannungen erhöht bzw. die geforderten Sicherheiten abgemindert werden, wobei im Fall der Berechnung nach dem bisherigen Vorgehen der EAU mit den Werten aus Tabelle E 124-1 gerechnet werden darf. Für die Anwendung des neuen Sicherheitskonzepts liegen geeignete Werte noch nicht vor.

Bauteil bzw. Nachweis	Spannungserhöhung gegenüber dem Lastfall 1 in %	Sicherheitsbeiwert
Stahlspundwand nach EAU	50	–
Beton bzw. Stahlbeton nach DIN 1045	50	$\gamma/1{,}5^1)$
Verankerungsglieder nach EAU	15	–
Bodenpressungen nach DIN 1054	50	–
Grundbruchsicherheit nach DIN 4017, bezogen auf die Lasten	–	1,2
Geländebruch- und Böschungsbruchsicherheit nach DIN 4084, bezogen auf die Lasten	–	1,1
Gleitsicherheit nach DIN 1054, bezogen auf die Lasten	–	1,1
Standsicherheit in der tiefen Gleitfuge nach EAU	–	1,1
Sicherheit gegen Erreichen der Grenzlast von 1:1 geneigten Ankerpfählen nach DIN 1054[2])	–	1,3
Sicherheit gegen Erreichen der Grenzlast von Druckpfählen nach DIN 1054[2])	–	1,3

[1]) γ nach DIN 1045, Abschn. 17.2.2.
[2]) Bei mindestens zwei Probebelastungen.

Tabelle E 124-1. Zulässige Spannungen und geforderte Sicherheiten

2.14.7 Hinweise auf die Berücksichtigung der Erdbebeneinflüsse bei verschiedenen Ufereinfassungen

Unter Berücksichtigung obiger Ausführungen und der sonstigen Empfehlungen der EAU ist es auch in Erdbebengebieten möglich, Ufereinfassungen systematisch und ausreichend standsicher zu berechnen und zu gestalten. Ergänzende Hinweise für bestimmte Bauarten wie für Spundwandbauwerke (E 125, Abschn. 8.2.18), Ufermauern in Blockbauweise (E 126, Abschn. 10.8) und Pfahlrostmauern (E 127, Abschn. 11.8), sind in den angegebenen Empfehlungen gebracht.

3   Geländebruch, Grundbruch und Gleiten

3.1   Einschlägige Normen

Die einschlägigen deutschen Normen (DIN), insbesondere die DIN 1054 mit Beiblatt, DIN 4017, Teil 1 und 2, DIN 4084 mit Beiblatt 1 sowie DIN 19 702, sind zu beachten. Im Hinblick auf die technische Entwicklung wird auf zwischenzeitlich erstellte Normenentwürfe verwiesen, deren Anwendung im Bedarfsfall besonders zu vereinbaren ist.

Die Titel der Normen sind im Kapitel C, Abschn. 3.1, angegeben.

Für den Nachweis der Standsicherheit von Verankerungen für die tiefe Gleitfuge und der Sicherheit gegen Aufbruch des Verankerungsbodens wird auf E 10, Abschnitte 8.4.10 und 8.4.11 verwiesen.

3.2   Sicherheit gegen hydraulischen Grundbruch (E 115)

Beim hydraulischen Grundbruch wird ein Bodenkörper vor einem Bauwerksfuß durch die auf ihn von unten nach oben wirkende Strömungskraft des Grundwassers nach oben gehoben. Dieser Bruchzustand tritt ein, wenn der senkrechte Anteil W_{St} dieser Strömungskraft gleich oder größer ist als die Eigenlast G_{Br} des unter Auftrieb stehenden Bodenkörpers, der zwischen dem Bauwerk und der dem Nachweis zugrunde gelegten rechnerischen Bruchfuge liegt.

Alle in Frage kommenden hydraulischen Grundbruchfugen gehen vom Bauwerksfuß aus. Die durch Proberechnungen zu bestimmende Fuge mit der kleinsten Sicherheit ist für die Beurteilung maßgebend.

Für die geforderte Sicherheit gilt bei breiten Baugruben mit großer Längenausdehnung:

$$\text{erf}\,\eta = \frac{G_{Br}}{W_{St}} \geqq 1{,}5.$$

Sie ist vor allem nachzuweisen, wenn durch die Art der Abstützung des Bauwerks kein nennenswerter Erdwiderstand vor dem Bauwerksfuß mobilisiert wird. Wird der Erdwiderstand als Fußstützung eines Bauwerks in Anspruch genommen, ist zu prüfen, ob er nach E 114, Abschn. 2.10 zu ermitteln ist.

W_{St} kann mit Hilfe eines Strömungsnetzes nach E 113, Abschn. 4.8.7, Bild E 113-2 oder, wenn ein geeignetes Computerprogramm zur Verfügung steht, nach E 113, Abschn. 4.8.6 ermittelt werden. W_{St} ergibt sich als Produkt aus dem Volumen des hydraulischen Grundbruchkörpers mal der Wichte des Wassers γ_w und dem mittleren Strömungsgefälle in diesem Körper in der Lotrechten gemessen.

Der gleiche Wert für W_{St} ergibt sich, wenn entsprechend Bild E 115-1 vorgegangen wird. Dabei wird in der Bruchfuge die an der jeweils betrachteten Stelle gegenüber dem Unterwasserspiegel noch nicht abgebaute

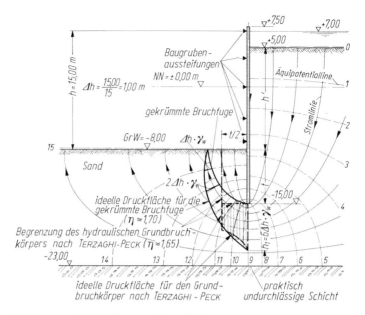

Bild E 115-1. Sicherheit gegen hydraulischen Grundbruch einer Baugrubensohle, ermittelt mit dem Strömungsnetz nach E 113, Abschn. 4.8.7

Standrohrspiegeldifferenz $n \cdot \Delta h$ multipliziert mit γ_w als ideelle Druckfläche aufgetragen. W_{St} ist dann die lotrechte Teilkraft des Inhalts dieser Druckfläche.

Die weitere Auswertung ist auf Bild E 115-1 für ein Beispiel mit breiter Baugrube von größerer Längenausdehnung angedeutet. Dort ist die Sicherheit sowohl für eine beliebig gewählte gekrümmte Bruchfuge als auch für den Ansatz nach TERZAGHI-PECK [17, S. 241] angegeben. Bei letzterem wird ein rechteckiger Bruchkörper zugrunde gelegt, dessen Breite gleich der halben Einbindetiefe t des Bauwerksfußes gesetzt wird.

Bei dem Verfahren von DAVIDENKOFF [18] wird zum Unterschied vom Verfahren von TERZAGHI-PECK [17] nur ein unendlich schmales Bodenprisma wasserseitig neben der Spundwand betrachtet und daran ein Vergleich der Eigenlast mit der Strömungskraft vorgenommen. Die Berechnung ist dadurch sehr ungünstig geführt.

Das wirksame Potential am Spundwandfußpunkt kann dabei mit einem Strömungsnetz nach E 113, Abschn. 4.8.7, nach Abschn. 4.8.6 oder sonst mittels brauchbarer Formeln oder Diagramme festgestellt werden.

Für das vorwiegend lotrecht umströmte Spundwandbauwerk liefert folgende, von SCHULTZE erweiterte Formel von KASTNER [19] gut zutreffende Ergebnisse:

$$h_r = \frac{h}{1 + \sqrt[3]{\dfrac{h'}{t} + 1}} \ [\text{m}].$$

Hierin bedeuten:

h_r = Differenz der Standrohrspiegelhöhe am Spundwandfußpunkt gegenüber der Unterwasserspiegelhöhe [m],

h' = durchströmte Bodenhöhe auf der Landseite der Spundwand bis zur Gewässersohle [m],

t = Rammtiefe der Spundwand [m].

Im Gegensatz zu der vorstehenden Formel liefert eine Berechnung von h_r aus der Abwicklung des Strömungsweges entlang der Spundwand ein zu ungenaues Ergebnis, z. B. in Bild E 115-2 mit einem Fehler $\approx 2\Delta h$. Die Ursache für diesen Fehler liegt nach Bild E 115-2 im ungleichmäßigen Abbau der Standrohrspiegelhöhen entlang der Spundwand.

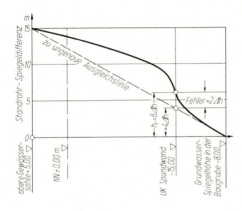

Bild E 115-2. Abfall der Standrohrspiegelhöhe entlang der Spundwand entsprechend dem Strömungsnetz nach Bild E 115-1

Die Gefahr eines bevorstehenden hydraulischen Grundbruchs in einer Baugrube deutet sich durch stärkere Quellbildungen vor dem Spundwandfuß an. In solchen Fällen sollte die Baugrube sofort mindestens teilweise geflutet werden. Anschließend können Sanierungsmaßnahmen etwa entsprechend E 116, Abschn. 3.3, fünfter Absatz vorgenommen werden, wenn man es nicht vorzieht, mit örtlicher Bodenauflast in der Baugrube oder mit Entlastung des Strömungsdrucks von unten durch eine geeignete Grundwasserabsenkung zu arbeiten.

3.3 Erosionsgrundbruch, sein Entstehen und seine Verhinderung (E 116)

Die Gefahr eines Erosionsgrundbruchs ist dann gegeben, wenn durch eine Grundwasserströmung – eventuell unterstützt durch Suffosion – Boden an einer Gewässer- oder Baugrubensohle oder dergleichen auszuspülen beginnt. Durch rückschreitende Erosion bildet sich dabei im Boden in Verbindung mit dem dort ständig anwachsenden hydraulischen Gefälle ein Kanal etwa in Form einer Röhre (piping). Erreicht dieser Kanal freies Oberwasser, schießt dieses durch den vorerst noch kleinen Kanal und erodiert dessen Wandungen. Nach kurzer Zeit sind große Bodenmengen ausgespült, und es tritt der Erosionsgrundbruch ein, der zum Einsturz des umströmten Bauwerks führen kann.

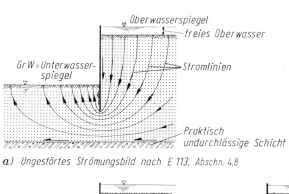

a) Ungestörtes Strömungsbild nach E 113, Abschn. 4.8

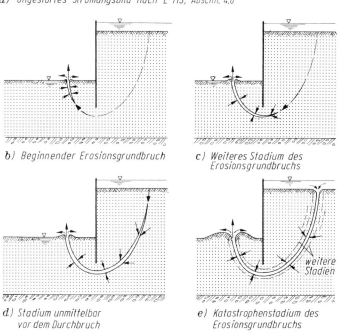

b) Beginnender Erosionsgrundbruch

c) Weiteres Stadium des Erosionsgrundbruchs

d) Stadium unmittelbar vor dem Durchbruch

e) Katastrophenstadium des Erosionsgrundbruchs

Bild E 116-1. Entwicklung eines Erosionsgrundbruchs

In sinngemäß gleicher Weise geht auch ein Böschungserosionsbruch vor sich.

Das Entstehen eines Erosionsgrundbruchs in homogenem nichtbindigem Boden ist unter Benutzung des Strömungsbildes nach E 113, Abschn. 4.8.7, Bild E 113-2 in Bild E 116-1 dargestellt.

Durch eine vorhandene Störung im Untergrund kann örtlich Boden ausgespült werden, wie beispielsweise in vorhandenen Lockerzonen oder – bei schwach bindigen Bodenschichten – in eingelagerten Sandadern. Hierdurch entsteht eine Stelle mit größerer Durchlässigkeit, die das örtliche Strömungsbild ändert und einen vermehrten Grundwasserzustrom anzieht. Dadurch wird die Erosion zusätzlich verstärkt, und es beginnt ein schlauchartiger Hohlraum sich primär in Richtung der örtlich endenden Stromlinie zu verlängern und auszuweiten. Weil der Hohlraum das Strömungsbild beeinflußt, ist die Richtung aber nicht genau vorhersagbar. Außerdem ist diese Erosion dreidimensional, wodurch eine unregelmäßige Form des Hohlraums entstehen kann. Bild E 116-1 zeigt daher nur eine stark vereinfachte Darstellung des Erosionsvorgangs. Darin bringt Bild E 116-1 b) das Anfangsstadium.

Bei nicht homogenem Boden bildet sich der Erosionskanal entlang eines Weges mit geringstem Widerstand aus, wie beispielsweise in vorhandenen Lockerzonen. In diesem Stadium kann er noch durch ausreichend dick aufgebrachte Stufen- oder Mischkiesfilter bzw. durch aufgelegte geotextile Filter mit Schotterauflast, die ein weiteres Bodenausspülen verhindern, unter Kontrolle gebracht werden. Einen weiteren Fortschritt zeigt Bild E 116-1 c), während Bild E 116-1 d) das Stadium unmittelbar vor dem Durchbruch darstellt. Bild E 116-1 e) zeigt das bereits akut ablaufende Katastrophen-Stadium.

Ein möglicher Erosionsgrundbruch kündigt sich zuerst durch Quellbildung auf der Unterwasserseite bzw. der Baugrubensohle an, bei der Bodenkörner mit hochgerissen werden. In diesem Stadium kann er noch durch einen ausreichend dick aufgebrachten Stufen- oder Mischkiesfilter, der die weitere Bodenausspülung verhindert, unter Kontrolle gebracht werden.

Wenn bereits ein fortgeschrittenes Stadium eingetreten und die Gefahr des Durchbruchs zur Oberwassersohle wahrscheinlich ist, muß aber für einen sofortigen Ausgleich zwischen Ober- und Unterwasserspiegel durch Ziehen von Wehröffnungen, Fluten der Baugrube oder dergleichen gesorgt werden. Erst anschließend können Sanierungsmaßnahmen, wie der Einbau eines kräftigen Filters auf der Unterwasserseite, das Verpressen der erodierten Röhren von dort aus, die Tiefeneinrüttlung des Bodens im Gefahrenbereich, eine Grundwasserabsenkung oder ein dichtes Abdecken der Oberwassersohle weit über den Gefahrenbereich hinaus vorgenommen werden.

Die Gefahr eines Erosionsgrundbruchs ist im allgemeinen rechnerisch nicht zu erfassen, und es lassen sich wegen der Verschiedenheit der Konstruktionen und der Randbedingungen auch statistisch keine detaillierten Aussagen machen. Sie ist um so größer, je größer unter sonst gleichen Verhältnissen der Spiegelunterschied zwischen Oberwasser und Unterwasser ist und je lockerer und feinkörniger nichtbindiger oder schwach bindiger Boden, besonders bei eingelagerten Sandlinsen oder -adern, ansteht. In stärker bindigem Boden liegt im allgemeinen keine Gefahr eines Erosionsgrundbruchs vor.

Ist kein freies Oberwasser vorhanden, kann eine Röhrenbildung von der Unterwasserseite her ebenfalls beginnen. Es kommt dann aber im allgemeinen zu keiner Katastrophe, weil sich der erodierte Schlauch im Untergrund totläuft, bzw. weil keine ausreichenden freien Wassermengen für eine katastrophale Erosionswirkung zur Verfügung stehen, wenn nicht zufällig eine außerordentlich stark wasserführende Schicht erreicht wird. Wenn Verhältnisse vorliegen, die einen Erosionsgrundbruch möglich erscheinen lassen, sind auf der Baustelle von vornherein Vorkehrungen zu dessen Verhinderung einzuplanen, um im Bedarfsfall sofort entsprechende Gegenmaßnahmen treffen zu können.

3.4 Nachweis der Sicherheit gegen Grundbruch von hohen Pfahlrosten (E 170)

3.4.1 Allgemeines

Der Nachweis der Sicherheit gegen Grundbruch von hohen Pfahlrosten kann vereinfacht in Anlehnung an das Lamellenverfahren nach DIN 4084 (1981; bisheriges Sicherheitskonzept) oder DIN 4084 (in Vorbereitung; neues Sicherheitskonzept) geführt werden.

Ein Tragfähigkeitsnachweis kann auch nach E DIN 4017 (1988), nach dem neuen Sicherheitskonzept (vgl. Abschn. 0.1) mit Hilfe des dort angegebenen Gleitflächenbildes vorgenommen werden.

3.4.2 Unterlagen

Für den Grundbruchnachweis müssen vorliegen:

(1) Angaben über die Ausbildung und Abmessungen des Pfahlrosts, maßgebende Belastungen und Schnittkräfte, ungünstigste Wasserstände und Verkehrslasten.

(2) Bodenmechanische Kenngrößen des Baugrunds, insbesondere die Wichten (γ, γ') und die Scherparameter (φ', c') der anstehenden Bodenarten, die bei bindigen Böden auch für die Anfangsstandsicherheit (φ_u, c_u) zu ermitteln sind. Bei bindigen Böden sind gegebenenfalls auch zeitabhängige Einflüsse von Auflasten bzw. Abbaggerungen auf die Scherfestigkeiten zu berücksichtigen.

3.4.3 Ansatz der Lasten

Es sind folgende Lasten in ungünstigster Kombination zu berücksichtigen:

(1) Lasten in oder auf dem Gleitkörper, insbesondere Einzellasten aus

Spundwänden und Pfählen, Erddruck, Wasserüberdruck, Verkehrslasten und sonstige äußere Lasten. Vereinfachend dürfen Erddruck und Wasserüberdruck oberhalb der Hafensohle durch die Schnittkräfte der Uferspundwand in Höhe der Hafensohle ersetzt werden. Der unterhalb der Hafensohle auf den Gleitkörper wirkende Wasserüberdruck darf vereinfacht entsprechend dem Unterschied zwischen Außen- und Grundwasserstand als horizontal wirkende Streckenlast bis Unterkante Gleitkörper, bei kleinem Wasserüberdruck nur bis Unterkante Spundwand wirkend, angesetzt werden.

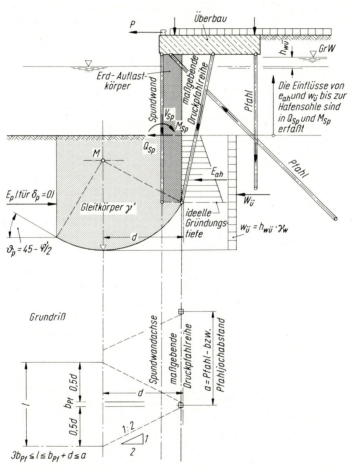

Bild E 170-1. Prinzipskizze für die Ermittlung der Sicherheit gegen Grundbruch eines hohen Pfahlrosts

(2) Eigenlast des Gleitkörpers und Erdauflast auf diesem unter Berücksichtigung des Grundwasserspiegels (Wichte γ und γ').

(3) Einzellasten der in der Pfahljochebene stehenden Pfahlreihen dürfen gemäß Bild E 170-1 auf eine Ersatzlänge l verteilt werden. Sie entspricht mindestens der dreifachen Pfahlbreite b_{Pf} und maximal der Summe aus Pfahlbreite und dem Horizontalabstand d der Pfahlfußhinterkante vom Tiefstpunkt des maßgebenden Gleitkörpers, jedoch nicht mehr als dem tatsächlichen Pfahl- bzw. Pfahljochabstand a (Bild E 170-1).

(4) Der Erdwiderstand darf bis zu seiner Größe für $\delta_p = 0$ berücksichtigt werden. In besonderen Fällen muß dabei überlegt werden, ob der für die Mobilisierung des Erdwiderstands erforderliche Verschiebungsweg nicht bereits die Nutzung des Bauwerks beeinträchtigt. Außerdem muß der stützende Erdkörper dauernd vorhanden sein. Eventuelle spätere Hafenvertiefungen müssen daher vorweg berücksichtigt werden.

(5) Auswirkungen von Erdbebeneinflüssen werden nach E 124, Abschn. 2.14 erfaßt.

(6) Die günstige Wirkung tiefer geführter stabilisierender Wände oder Schürzen darf in Rechnung gestellt werden.

3.4.4   Nachweis in Anlehnung an das Lamellenverfahren nach DIN 4084 (1981)

Der Nachweis wird entweder nach dem bisherigen Sicherheitskonzept mit Rechenwerten („cal") und einem globalen Sicherheitsfaktor oder nach dem neuen Sicherheitskonzept mit Teilsicherheitsbeiwerten geführt (Abschn. 0.1.1 und E 96, Abschn. 1.13).

Die Untersuchung wird im allgemeinen mit tiefliegenden Gleitkreisen mit anschließender Tangente für den Erdwiderstandsbereich vorgenommen (Bild E 170-1), sofern nicht die Bodenschichtung andere Gleitlinien vorgibt.

Die ungünstigste Gleitlinie ist durch Probieren mit ausreichend vielen Gleitlinien zu ermitteln. Sie verläuft im allgemeinen durch den erdseitigen Rand des Fußquerschnitts der maßgebenden schrägen Druckpfahlreihe (Bild E 170-1).

Die Berechnung wird nach DIN 4084, Abschn. 11.2 durchgeführt, wobei aber zur Rechnungsvereinfachung die Sicherheit η im Nenner von Gl.(2) ohne weitere Iteration gleich erfη gesetzt werden kann. Die vertikalen Komponenten von Lasten aus Pfählen oder aus der Spundwand werden unter Berücksichtigung der Horizontalkraft-Ansatzhöhe den Lamellengewichten zugeschlagen. Die horizontalen äußeren Lasten (Bild E 170-1), die Horizontalkomponenten von Pfahllasten und die Schnittkräfte der Spundwand in Höhe der Hafensohle werden entsprechend ihrem Wirkungssinn als äußere Momente M um den Mittelpunkt des Gleitkreises be- oder entlastend wirkend berücksichtigt.

Bei Anwendung des bisherigen Sicherheitskonzepts muß die so errechnete Sicherheit $\eta \geq$ erfη nach folgender Tabelle sein:

Lastfall	erf η
1	1,4
2	1,3
3	1,2

Tabelle E 170-1. Erforderliche
Sicherheiten η

Wegen der größeren Unsicherheiten bei der Kohäsion sind, wenn der
charakteristische Wert der Kohäsion $\geqq 20$ kN/m² ist, sowohl die c'- als
auch die c_u-Werte mit dem Faktor 0,75 verkleinert in die Berechnungen
einzusetzen.

3.4.5 Nachweis nach DIN 4084 (in Vorbereitung)

Der Nachweis nach DIN 4084 nach dem neuen Sicherheitskonzept hat
unter Vorgabe der Teilsicherheitsbeiwerte für die Einwirkungen und Widerstände die Grenzzustandsgleichung zu erfüllen. Dieser Nachweis ersetzt im Laufe der kommenden Jahre den Nachweis nach DIN 4084 (1981).

4 Wasserstände, Wasserüberdruck, Entwässerungen

In den unter diesem Abschnitt enthaltenen Empfehlungen sind die bisherigen Angaben zu den Lastfällen nach E 18, Abschn. 5.4 beibehalten, da diese auch bei Anwendung des neuen Sicherheitskonzepts (Abschn. 0.1) von Bedeutung sind. Auf E 18, Abschn. 5.4.4, letzter Absatz wird hingewiesen.

4.1 Mittlerer Grundwasserstand in Tidegebieten (E 58)

In Tidegebieten stellt sich im allgemeinen bereits in geringer Entfernung hinter der Uferlinie ein mittlerer Grundwasserspiegel ein, der bei Entwürfen etwa 0,3 m über Tidehalbwasser angesetzt werden kann. Bei stärkerem Grundwasserzustrom vom Lande her liegt der mittlere Spiegel höher. Wird gleichzeitig das Abströmen durch ein langgestrecktes Uferbauwerk stark behindert, kann er beachtlich ansteigen. Schwachdurchlässige Bodenschichten können zu hochliegenden Schichtwasserspiegeln führen.

4.2 Wasserüberdruck in Richtung Wasserseite (E 19)

Die Größe des Wasserüberdrucks richtet sich nach den Außenwasserspiegelschwankungen, der Lage des Bauwerks, dem Grundwasserzustrom, der Durchlässigkeit des Gründungsbodens, der Durchlässigkeit des Bauwerkes und der Leistungsfähigkeit von etwa vorhandenen Entwässerungen der Hinterfüllung.

Der Wasserüberdruck $w_{\ddot{u}}$ ergibt sich bei einer Höhendifferenz $h_{w\ddot{u}}$ zwischen dem maßgebenden Außenwasser- und dem zugehörigen Grundwasserspiegel bei der Wichte γ_w des Wassers zu:

$$w_{\ddot{u}} = h_{w\ddot{u}} \cdot \gamma_w.$$

Der Wasserüberdruck kann bei durchlässigem Boden und unbehinderter Fußumströmung – wenn ein langgestrecktes Uferbauwerk, also ein ebener Strömungsfall und kein nennenswerter Welleneinfluß vorliegen – nach Bild E 19-1 angesetzt und den Lastfällen 1 und 2 zugeordnet werden. In Bild E 19-1 bedeutet „rechnungsmäßig" den „in die Rechnung einzusetzenden" Wasserstand (E 113, Abschn. 4.8 und E 114, Abschn. 2.10).

Bei starkem waagerechtem Wasserzustrom ist der Wasserüberdruck entsprechend zu erhöhen, desgleichen wenn eine Ufereinfassung hinterspült wird oder stärkere Wellen vor dem Bauwerk auftreten. Bei Überflutung des Ufers, bei geschichteten Böden, bei stark durchlässigen Spundwandschlössern und bei artesisch gespanntem Grundwasser sind besondere Untersuchungen erforderlich (E 52, Abschn. 2.8.4).

Die entlastende Wirkung von Entwässerungseinrichtungen nach E 32, Abschn. 4.5, E 51, Abschn. 4.4, E 53, Abschn. 4.7 und E 75, Abschn. 4.6 darf nach DIN 19702 nur in Ansatz gebracht werden, wenn ihre Wirksamkeit dauernd überwachbar ist und die Entwässerungseinrichtung

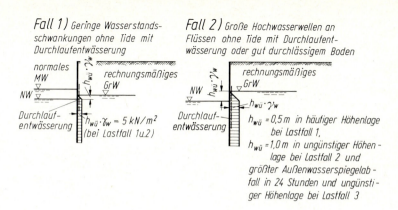

Fall 1) *Geringe Wasserstands-schwankungen ohne Tide mit Durchlaufentwässerung*

normales MW

NW

Durchlauf-entwässerung

$h_{w\ddot{u}} \cdot \gamma_w$

rechnungsmäßiges GrW

$h_{w\ddot{u}} \cdot \gamma_w = 5\ kN/m^2$ (bei Lastfall 1 u.2)

Fall 2) *Große Hochwasserwellen an Flüssen ohne Tide mit Durchlaufent-wässerung oder gut durchlässigem Boden*

NW

Durchlauf-entwässerung

$h_{w\ddot{u}} \cdot \gamma_w$

rechnungsmäßiges GrW

$h_{w\ddot{u}} \cdot \gamma_w$

$h_{w\ddot{u}} = 0,5\ m$ in häufiger Höhenlage bei Lastfall 1,

$h_{w\ddot{u}} = 1,0\ m$ in ungünstiger Höhen-lage bei Lastfall 2 und größter Außenwasserspiegelab-fall in 24 Stunden und ungünsti-ger Höhenlage bei Lastfall 3

Fall 3) *Große Wasserstandsschwankungen im Tidegebiet ohne Entwässerung*

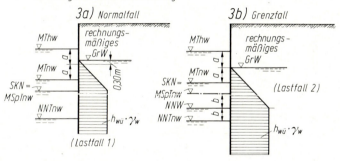

3a) *Normalfall*

MThw

MTnw

SKN = MSpTnw

NNTnw

rechnungs-mäßiges GrW

a

a

0,30 m

$h_{w\ddot{u}} \cdot \gamma_w$

(Lastfall 1)

3b) *Grenzfall*

MThw

MTnw

SKN = MSpTnw

NNW

NNTnw

rechnungs-mäßiges GrW

a

a

b

b

(Lastfall 2)

$h_{w\ddot{u}} \cdot \gamma_w$

Fall 4) *Große Wasserstandsschwankungen im Tidegebiet, Entwässerung mit Rückstauverschlüssen*

MThw

Rückstauverschluß

MTnw

SKN = MSpTnw

rechnungs-mäß. NNW

NNTnw

rechnungsmäßiges GrW

0,30 m

UK Rückstauverschluß

(Lastfall 2)

b

b

$h_{w\ddot{u}} \cdot \gamma_w$

(Lastfall 1 berücksichtigt $h_{w\ddot{u}} \cdot \gamma_w = 10\ kN/m^2$ Wasserüberdruck beim Außenwasserstand in Höhe von SKN)

Bild E 19-1. Wasserüberdruck auf Ufereinfassungen bei durchlässigem Boden

91

jederzeit wieder herstellbar ist. Andernfalls ist das Versagen der Entwässerungseinrichtung als Lastfall 3 nach E 18, Abschn. 5.4.3 zu berücksichtigen.

4.3   Wasserüberdruck auf Spundwände vor überbauten Böschungen im Tidegebiet (E 65)

4.3.1   Allgemeines

Bei überbauten Böschungen ist ein teilweiser Wasserausgleich mit vorwiegend waagerechter Fließbewegung möglich. An der Böschungsoberfläche tritt kein Wasserüberdruck auf. Im dahinterliegenden Erdreich ist ein Wasserüberdruck gegenüber dem freien Außenwasserspiegel vorhanden, der von der Lage des betrachteten Punktes, den Bodenverhältnissen, der Größe und Häufigkeit der Wasserstandsschwankungen und dem Zustrom vom Lande her abhängt. Er ist eine Teilkraft des Strömungsdrucks, der beim Durchfließen des davorliegenden Erdkörpers auftritt.
Der Wasserüberdruck ist jeweils auf die maßgebliche Erddruckgleitfuge zu beziehen. Hierzu ist die Kenntnis des Grundwasserspiegelverlaufs erforderlich.

4.3.2   Näherungsansatz

Unter der Heranziehung von E 19, Abschn. 4.2 und E 58, Abschn. 4.1 kann nach Erfahrungen im norddeutschen Tidegebiet bei etwa gleichmäßigem Sanduntergrund ohne nennenswerten Grundwasserzustrom vom

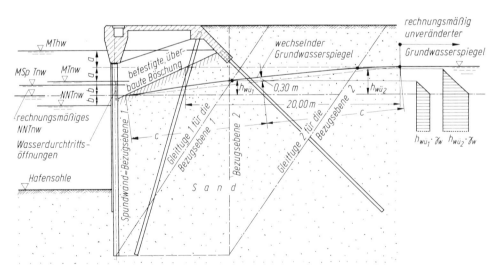

Bild E 65-1. Ansatz des Wasserüberdrucks bei einer überbauten Böschung für Lastfall 2

92

Lande her der in Bild E 65-1 dargestellte Näherungsansatz gewählt werden. Er ist für Lastfall 2 angegeben, kann aber bei den anderen Lastfällen sinngemäß angewendet werden.

4.4 Ausbildung von Durchlaufentwässerungen bei Spundwandbauwerken (E 51)

Durchlaufentwässerungen dürfen nur in schlickfreiem Wasser und bei ungefährlich niedrigem Eisengehalt des Grundwassers angewendet werden. Im anderen Fall würden sie rasch verschlicken oder verockern. Bei der Gefahr eines starken Muschelbewuchses sollten Durchlaufentwässerungen möglichst nicht angewendet werden.

Die Durchlaufentwässerungen müssen unter Mittelwasser liegen, damit sie nicht zuwachsen. Sie werden zweckmäßig mit Mischkiesfiltern nach E 32, Abschn. 4.5 ausgeführt.

Für den Wasserdurchtritt werden in die Spundwandstege 1,5 cm breite und etwa 15 cm hohe Schlitze eingebrannt (Bild E 51-1). Die Enden der Schlitze sind auszurunden, wenn die Spundwand aus Schiff- und/oder Umschlagbetrieb stoßartig beansprucht wird. Im übrigen wird auf E 19, Abschn. 4.2, letzter Absatz hingewiesen. Im Gegensatz zu Rundlöchern können sich diese Schlitze durch Kies nicht zusetzen. Durchlaufentwässerungen sind wesentlich billiger als solche mit Rückstauverschlüssen (E 32). Sie bewirken in Tidegebieten erfahrungsgemäß aber nur eine geringe Ver-

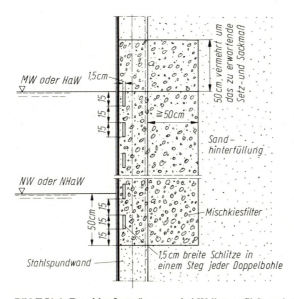

Bild E 51-1. Durchlaufentwässerung bei Wellenprofil-Spundwänden

minderung des Wasserüberdrucks, da während der Hochwasserstunden durch die Entwässerungsschlitze zuviel Wasser hinter die Spundwand fließt.

Durchlaufentwässerungen werden vor allem in Fällen ohne Tide bei raschem Abfall des freien Wasserspiegels, bei starkem Grundwasser- oder bei Hangwasserzustrom sowie bei Bauwerksüberflutungen wirksam.

Treten fallweise sehr hohe Außenwasserstände, aber keine Überflutungen ein, sollten Durchlaufentwässerungen nicht angewendet werden, da sonst die Gefahr besteht, daß das durchdringende Wasser auf der Binnenseite Schäden an unterirdischen Anlagen, aber auch sonstige Schäden durch Sackungen nichtbindigen Bodens hervorrufen kann. Auch bei Kaispundwänden, die gleichzeitig Hochwasserschutzaufgaben erfüllen müssen, sind Durchlaufentwässerungen zu vermeiden.

Wenn eine Durchlaufentwässerung nicht häufig genug durch Grundwassermeßbrunnen überprüft und nicht jederzeit ausgebessert werden kann, muß die Spundwand auch für völliges Versagen der Entwässerung berechnet werden. Hierbei kann die Spundwand nach E 18, Abschn. 5.4.3 für Lastfall 3 bemessen werden.

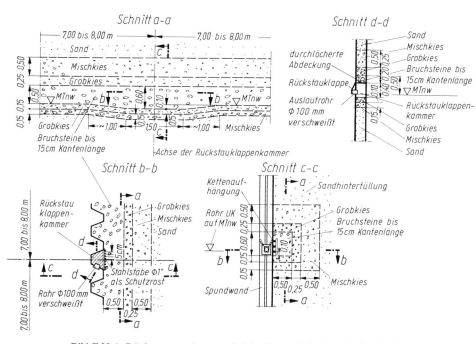

Bild E 32-1. Rückstauentwässerung bei Stahlspundwänden mit Bruchsteindränage

94

4.5 Ausbildung von Spundwandentwässerungen mit Rückstauverschlüssen im Tidegebiet (E 32)

4.5.1 Allgemeines

Wirksame Entwässerungen sind nur in nichtbindigen Böden möglich. Soll eine Entwässerung in schlickhaltigem Hafenwasser auf die Dauer wirksam bleiben und bei größerem Tidehub den Wasserüberdruck herabsetzen, muß sie mit Sammelsträngen und mit betriebssicheren Rückstauverschlüssen ausgerüstet werden, die den Wasseraustritt aus dem Sammler in das Hafenwasser gestatten, den Rückstrom schlickhaltigen Wassers aber verhindern.

Dabei kommen einfache Rückstauentwässerungen, besser aber Sonderausführungen mit Entwässerungskammern in Frage.

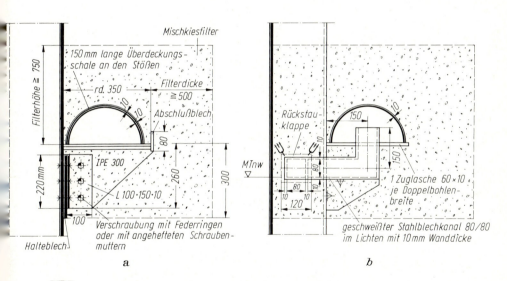

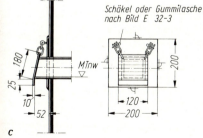

Bild E 32-2. Rückstauentwässerung bei Stahlspundwänden mit Sammler aus Tonnenblechen
a) Stützkonsolen im Abstand von 4 Doppelbohlenbreiten
b) Abläufe mit Rückstauklappen im Abstand von je 10 Doppelbohlenbreiten
c) Rückstauklappe

95

4.5.2 Rückstauverschlüsse

Rückstauverschlüsse müssen so angeordnet werden, daß sie bei mittlerem Tideniedrigwasser (MTnw) noch zugänglich sind und ohne Schwierigkeiten bei den regelmäßigen Bauwerksbesichtigungen überprüft und stets leicht ausgebessert werden können. Die Überprüfung soll mindestens zweimal im Jahr vorgenommen werden und darüber hinaus vor jeder Baggerung und bei besonderer Veranlassung, wenn zum Beispiel das Ufer durch den Umschlag von schweren Lasten überlastet sein könnte, vor allem aber auch nach schwerem Wellengang.

Die Rückstauverschlüsse müssen so betriebssicher wie irgend möglich ausgebildet werden. Abgesehen von Sonderausführungen, wie Kugelverschlüsse und dergleichen, haben sich bei ruhigem Außenwasser auch einfache Klappen mit Ketten- oder Gummiaufhängungen bewährt.

Der übliche Achsabstand einfacher Rückstauverschlüsse beträgt 7 bis 8 m.

Weitere Einzelheiten siehe Bilder E 32-1, -2 und -3.

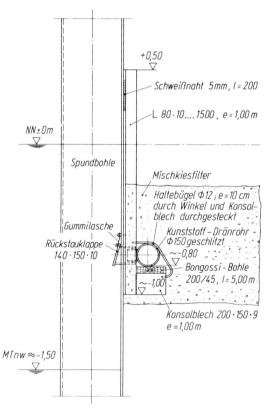

Bild E 32-3. Ausgeführtes Beispiel einer Rückstauentwässerung einer Stahlspundwand mit Gurt bei einem Kunststoff-Dränrohr als Sammler (die Anschlüsse sind jeweils den statischen Erfordernissen anzupassen)

96

4.5.3   Sammler

Als Sammler kommen einfache Bruchsteindränagen (Bild E 32-1) oder Tonnenbleche (Bild E 32-2) sowie Kunststoffdränrohre (Bild E 32-3), letztere auch bei Entwässerungen mit Entwässerungskammern, in Frage. Die Lösung nach Bild E 32-3 läßt sich, da ein großer Teil vorgefertigt werden kann, leicht einbauen.

4.5.4   Kiesfilter

Jeder Sammler muß gegen den zu entwässernden Boden durch einen sorgfältig aufgebauten Kiesfilter abgeschirmt werden. Der Filter muß einerseits das Wasser gut durchlassen, andererseits aber das Auswaschen des dahinterliegenden Bodens verhindern. Zu diesem Zweck muß der Filterkies so abgestuft werden, daß der Durchmesser des nächstgrößeren Kornes nur drei- bis viermal so groß ist wie der des Korns, das zurückgehalten werden soll. Die Anzahl der Kornstufen richtet sich daher nach den Korngrößen des den Filter umgebenden Bodens und nach der Ausbildung des Dränagestrangs, der häufig auch als Kiesrigole ausgebildet wird. Der Filter kann in Lagen aufgebaut oder als Mischkiesfilter ausgebildet werden. Auch die Verbindung beider Formen ist oft zweckmäßig. Im Mischkiesfilter baut sich bei richtigem Korngemenge durch Auswaschen des Feinkorns selbsttätig ein Filter auf. Da bei Uferwänden große Filterkiesmengen benötigt werden, werden zweckmäßig die im Betonbau üblichen Kornstufen benutzt. Um bei Mischkiesfiltern ausreichende Durchlässigkeit aufrechtzuerhalten, muß das feinste Filterkorn als Sperrkorn reichlich beigegeben werden. Dabei empfehlen sich folgende Mengenverhältnisse:

Korngruppe 31,5–63 mm = 1,00 m³,
Korngruppe 8 –16 mm = 0,35 m³,
Korngruppe 1 – 4 mm = 0,28 m³.

Solch ein Filter sichert gegen Mittelsand mit einer mittleren Korngröße von 0,5 mm. Wird mit Seesand, der häufig eine mittlere Korngröße von etwa 0,15 mm aufweist, hinterfüllt, muß noch eine Lage Mittelsand zwischen Hinterfüllung und Filter eingeschaltet werden. Seitliche und obere Filterschichten müssen mindestens 25 cm dick, entsprechende Mischkiesschichten mindestens 50 cm dick ausgeführt werden. Im übrigen muß bei der Wahl der Filterabmessungen das zu erwartende Sack- oder Setzmaß des Filters selbst und vor allem das des umgebenden Bodens berücksichtigt werden. In allen Zweifelsfällen sind dicke Mischkiesfilter Lagenfiltern vorzuziehen.

Im übrigen wird auf E 19, Abschn. 4.2, letzter Absatz hingewiesen.

4.6 Ausbildung von Rückstauentwässerungen bei Ufermauern im Tidegebiet (E 75)

Bei Rückstauentwässerungen von Ufermauern oder Ufermauerüberbauten aus Beton oder Stahlbeton haben sich Kugelventilverschlüsse bewährt (Bild E 75-1). Um die Korrosionsschäden zu verringern, werden die Ku-

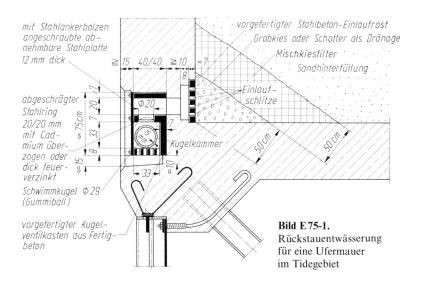

Bild E 75-1. Rückstauentwässerung für eine Ufermauer im Tidegebiet

gelventilkästen am besten aus Stahlbeton hergestellt und vorgefertigt in die Schalung eingesetzt und einbetoniert. Zum Schutz gegen Zerstörungen durch den Schiffsbetrieb müssen sie mindestens 15 cm hinter Ufermauervorderflucht liegen. Um die Anlage überprüfen, reinigen und die Kugel auswechseln zu können, erhält der Kasten wasserseitig eine abnehmbare Stahlplatte mit Gummiunterlage zur Dichtung. Die Platte wird mit einbetonierten Stahlankerbolzen angeschraubt, deren wasserseitiges Ende – ebenso wie die zugehörige Schraubenmutter – mit geeigneter Beschichtung überzogen oder dick feuerverzinkt ist. Damit die Kontrollen praktisch jederzeit ausgeführt werden können, muß die Kugelkammer mit ihrer Sohle in Höhe von MTnw oder darüber angeordnet werden.

Der Abstand der Ausläufe richtet sich nach der anfallenden Wassermenge (vgl. E 32, Abschn. 4.5). Für die Dränage mit Filter vor dem landseitigen Stahlbeton-Einlaufrost ist auch die Durchlässigkeit der Hinterfüllung wichtig. Bei geringem Wasseranfall und gut durchlässiger Hinterfüllung wird sie örtlich und sonst durchlaufend ausgebildet. Der Aufbau des Mischkiesfilters richtet sich nach E 32, Abschn. 4.5.4.

Im übrigen wird auf E 19, Abschn. 4.2, letzter Absatz hingewiesen.

4.7 Entlastung artesischen Drucks unter Hafensohlen (E 53)

4.7.1 Allgemeines

Die Entlastung wird am besten mittels ausreichend leistungsfähiger Überlaufbrunnen vorgenommen. Ihre Wirksamkeit ist unabhängig vom Einsatz maschineller Anlagen und ihrer Energieversorgung. Der Auslauf der Brunnen wird bei Neubauten stets unter NNTnw gelegt. Da die Überlaufbrunnen zur Förderung des Wassers einen Druckunterschied benötigen, verbleibt unter der Deckschicht auch bei leistungsfähigen, engstehenden Brunnen in günstiger Lage noch ein artesischer Restdruck. Dieser ist in Berechnungen nach E 52, Abschn. 2.8 mit 10 kN/m² zu berücksichtigen.

4.7.2 Berechnung

Die Auslegung der Entlastungsbrunnen ist stets durch eine Absenkungsberechnung zu überprüfen. Diese muß von der Voraussetzung ausgehen, daß ein Rest-Überdruck von 10 kN/m² erst am Rande des Erdwiderstandsgleitkeils wirksam werden darf. Innerhalb des Gleitkeils ist der Restdruck dann entsprechend kleiner, was zu einer erwünschten Reserve führt.

Liegt, zum Beispiel bei Umbauten, der Auslauf ausnahmsweise über NNTnw, muß mit einer 1,00 m über dem Auslauf liegenden Restdruckspiegelhöhe gerechnet werden.

4.7.3 Ausbildung

Die Überlaufbrunnen werden am besten in Stahlkastenpfählen, die in die vordere Begrenzungsspundwand oder dergleichen eingeschaltet werden, untergebracht. Sie können so ohne Schwierigkeiten und in sicherer Lage eingebracht werden und befinden sich für die Entlastung an günstigster Stelle.

In Tidegebieten liegt der Hafenwasserspiegel bei Hochwasser im allgemeinen über dem artesischen Druckspiegel des Grundwassers. Bei einfachen Überlaufbrunnen strömt dann Hafenwasser in die Brunnen und in den Untergrund ein. Dieses führt bei schlickhaltigem Wasser zu einer raschen Verschlickung der Überlaufbrunnen, weil die Spülkraft in der jeweiligen Sohle des Brunnens bei Ebbe nicht ausreicht, um eine Schlickablagerung wieder abzubauen. Überlaufbrunnen müssen daher in solchen Fällen mit einwandfreien Rückstauverschlüssen ausgerüstet werden. Hierfür haben sich Kugelverschlüsse gut bewährt. Sie müssen zwecks Überprüfung des Brunnens leicht abgenommen und wieder dichtschließend aufgesetzt werden können.

Darüber hinaus erhalten die Brunnen im Filterbereich zweckmäßig einen Einsatz, der das in den Brunnen fließende Grundwasser durch einen schmalen Schlitz zwischen Einsatzrohr und Brunnensohle zwingt. So können etwaige Ablagerungen mit größtmöglicher Räumkraft wieder abgetragen werden (Bild E 53-1). Baggerschlitze in der Sohlendeckschicht reichen bei schlickhaltigem Wasser zu einer dauernden Entlastung des artesischen

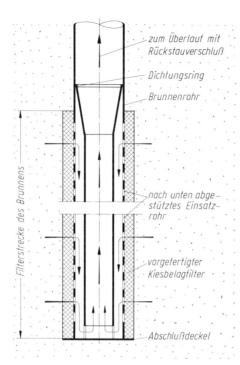

zum Überlauf mit
Rückstauverschluß

Dichtungsring

Brunnenrohr

nach unten abge-
stütztes Einsatz-
rohr

vorgefertigter
Kiesbelagfilter

Abschlußdeckel

Filterstrecke des Brunnens

Bild E 53-1. Einlauf in einen
Überlaufbrunnen

Druckes nicht aus. Sie setzen sich, ähnlich wie nicht mit Rückstauverschlüssen versehene Brunnen, wieder zu.

4.7.4   Filter

Um eine optimale Leistung zu erreichen, werden die Filter der Entlastungsbrunnen in eine möglichst durchlässige Schicht geführt. Es müssen
beste, weitgehend gegen Korrosion und Verockerung gesicherte Filter
verwendet werden. Die Brunnen müssen von einem erfahrenen Fachunter-
nehmen einwandfrei eingebracht werden.

4.7.5   Überprüfung

Die Wirksamkeit der Anlage muß durch Beobachtungsbrunnen, die hinter
der Ufermauer liegen und bis unter die Deckschicht reichen, genügend oft
überprüft werden.
Wird die geforderte Entlastung nicht mehr erreicht, sind die Brunnen zu
säubern und notfalls zusätzliche Brunnen einzubauen. Es müssen daher
ausreichend viele Stahlkastenpfähle angeordnet werden, die von der Kaifläche aus zugänglich sind.
Im übrigen wird auf E 19, Abschn. 4.2, letzter Absatz hingewiesen.

100

4.7.6 Reichweite

Die Reichweite einer Entlastungsanlage ist im allgemeinen so gering, daß schädliche Einflüsse in größerer Entfernung mindestens in Tidegebieten nicht eintreten. In besonderen Fällen ist jedoch auch die Fernwirkung zu untersuchen. Bei schädlichen Auswirkungen muß die Entlastung unterbleiben.

4.8 Entwurf von Grundwasser-Strömungsnetzen (E 113)

4.8.1 Allgemeines

Um Kaimauern und andere Wasserbauten und deren Teile, die im strömenden Grundwasser liegen, richtig planen und verfeinert berechnen und bemessen zu können, muß der Entwurfsbearbeiter mit den wesentlichen Eigenschaften des strömenden Grundwassers und mit dem jeweils auftretenden Strömungsbild ausreichend vertraut sein. Nur dann kann er Gefahren erkennen und vermeiden und umgekehrt durch genauere Lastansätze zu technisch und wirtschaftlich optimalen Lösungen kommen. Hierbei sind in der praktischen Anwendung nur einige wenige grundlegende Erkenntnisse zu beachten.

In einem ausreichend gleichmäßigen, nicht zu grobkörnigen Baugrund folgt die Grundwasserströmung dem bekannten DARCYschen Gesetz

$$v = k \cdot i.$$

Das heißt, die auf den Gesamtquerschnitt eines Stromfadens bezogene sogenannte Filtergeschwindigkeit v [m/s] ist gleich dem Durchlässigkeitsbeiwert k [m/s] multipliziert mit dem hydraulischen Gefälle i. Das letztere ist jeweils der Standrohrspiegelunterschied, geteilt durch die zugehörige (fiktive) Weglänge des betrachteten Wasserteilchens.

Bei sehr grobem Material gilt das DARCYsche Gesetz nicht mehr, da i hier eine quadratische Funktion von v ist.

Bei sehr wenig durchlässigen Tonböden wird ein Teil von i – der sogenannte kritische hydraulische Gradient i_0 – benötigt, um das in den freien Poren haftende Wasser überhaupt in Bewegung zu setzen. Für die Strömung als solche ist dann nur noch die Differenz $i - i_0$ wirksam. Dies beeinflußt aber nur die durchströmende Wassermenge, nicht aber das Strömungsbild mit seinen sonstigen Auswirkungen. Größere Fehler können sich aber einstellen, wenn bei einem an sich einheitlich erscheinenden Boden die waagerechte Durchlässigkeit wesentlich größer als die lotrechte ist.

Wichtig für die Beherrschbarkeit der Probleme ist auch das Zutreffen der Kontinuitätsbedingung. Sie ist erfüllt, wenn in ein betrachtetes Bodenelement pro Zeiteinheit gleich viel Wasser ein- wie ausströmt. Sie setzt ein stabiles Korngerüst und die Unzusammendrückbarkeit des Porenwassers voraus. Sie würde z. B. durch Kornumlagerungen mit Veränderung des Porenvolumens, durch eine örtliche Erwärmung des Grundwassers oder durch Gasbläschen im Porenwasser, die sich je nach den Druckverhältnissen ausdehnen oder verkleinern würden, gestört.

4.8.2   Voraussetzungen für die Ermittlung von Strömungsnetzen

Sind das DARCYsche Gesetz und die Kontinuitätsbedingung erfüllt, folgt die Grundwasserströmung der bekannten LAPLACEschen Differentialgleichung. Ihre Lösung sind zwei Kurvenscharen, die sich unter rechten Winkeln schneiden und deren Netzweiten ein konstantes Verhältnis aufweisen (Bild E 113-2). In diesem „Strömungsnetz" stellt die eine Kurvenschar die „Stromlinien" und die andere die „Äquipotentiallinien" dar. Die Stromlinien sind die Bahnen der Wasserteilchen, während die Äquipotentiallinien solche gleicher Standrohrspiegelhöhen sind (Bild E 113-2). Sie werden auch als Niveaulinien bezeichnet. Das Strömungsbild muß sich im übrigen nach den jeweiligen Randbedingungen richten.

4.8.3   Festlegen der Randbedingungen für ein Strömungsnetz

Der Rand eines Strömungsnetzes kann eine Rand-Strom- oder eine Rand-Äquipotential-Linie und, wenn das Grundwasser frei in die Luft austritt, eine freie Sickerlinie sein. Die für das Strömungsnetz maßgebenden Randbedingungen sind die Rand-Strom- und die Rand-Äquipotential-Linien. Sie sind durch das Bauwerk und die örtlichen Verhältnisse (Wasserstände und Bodenverhältnisse) festgelegt.

Bei jeder Untersuchung müssen die Randbedingungen richtig erkannt und berücksichtigt werden, was fallweise mit erheblichen Schwierigkeiten verbunden sein kann. In solchen Fällen müssen die Randbedingungen versuchsweise vorgeschätzt und unter Umständen mehrmals korrigiert werden, bis alle Widersprüche, die bei der anschließenden Konstruktion des Strömungsnetzes offenbar werden können, mit genügender Genauigkeit ausgeräumt sind.

Rand-Stromlinien können sein: Die Grenze einer undurchlässigen Bodenschicht, die Grenzflächen eines undurchlässigen Bauwerks, ein freier Grundwasserspiegel, wenn er einen gekrümmt abfallenden Verlauf zeigt (Sickerlinie) usw. (Bild E 113-1).

Rand-Äquipotential-Linien können sein: Ein waagerechter Grundwasserspiegel, eine Gewässersohle, eine Eintrittsböschung usw.

Zur Verdeutlichung zeigt Bild E 113-1 die Randbedingungen für einige kennzeichnende Ausführungsbeispiele. Für gekrümmt abfallende Grundwasserspiegel sind in der Literatur verhältnismäßig einfache und gut überschaubare Verfahren angegeben, mit deren Hilfe eine näherungsweise Berechnung bzw. Konstruktion von Sickerlinien möglich ist.

4.8.4   Zeichnen eines Strömungsnetzes

Liegen die Randbedingungen fest, kann das Strömungsnetz zeichnerisch ermittelt werden. Hierbei muß so lange probiert werden, bis im gesamten Netz neben den Randbedingungen die Forderungen nach nur rechten

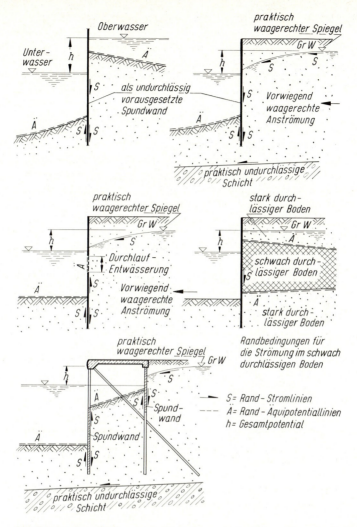

Bild E113-1. Randbedingungen für Strömungsnetze kennzeichnender Beispiele mit Umströmung des Spundwandfußes

Schnittwinkeln der Stromlinien und der Äquipotential-Linien und nach einem konstanten Netzweitenverhältnis ausreichend genau erfüllt sind, wobei es im allgemeinen vorteilhaft ist, von vornherein ein Quadratnetz anzustreben. Diese Aufgabe kann von einem erfahrenen Ingenieur, der ein im Prinzip zutreffendes Strömungsbild von vornherein klar vor Augen

103

hat, in verhältnismäßig kurzer Zeit genau genug gelöst werden. Für Anfänger ist die graphische Lösung allerdings sehr zeitraubend. Einige Einzelheiten für die Ermittlung eines Strömungsnetzes sind in Abschn. 4.8.7 an Hand eines einfachen Beispiels (Bild E 113-2) angegeben, das unter anderem bei Stauanlagen oder Baugrubenumschließungen in freien Gewässern in Frage kommt.

4.8.5 Modellversuche zur Ermittlung von Strömungsnetzen

Um die Arbeit zu vereinfachen, wird seit langem auch mit Modellversuchen gearbeitet. In den letzten Jahren hat sich hierbei die elektrische Methode wegen ihrer Einfachheit, Billigkeit und raschen Durchführbarkeit durchgesetzt. Diese Lösung ist möglich, weil auch ein ebenes elektrisches Stromfeld durch die LAPLACEsche Differentialgleichung charakterisiert wird. Das Modell wird aus elektrisch leitendem Papier so geschnitten, daß die Modellränder entweder genau definierte Rand-Strom- oder Rand-Äquipotential-Linien sind. Soweit dies nicht möglich ist, sollen die Ränder möglichst genau geschätzten Strom- oder Äquipotential-Linien folgend gewählt werden. Rand-Stromlinien im Inneren des Modells werden durch Trennschnitte im Papier, durch die der Strom nicht fließen kann, berücksichtigt. Nach dieser Vorbereitung wird das Modell an der oberstromseitigen Rand-Äquipotential-Linie mit elektrischem Strom schwacher Spannung gespeist, der auf der Unterstromseite über die Rand-Äquipotential-Linie(n) mit einer niedriger gewählten Spannung wieder abfließt. Je nach der gewünschten Anzahl der Netzfelder wird die Spannungsdifferenz zwischen der Oberstrom- und der Unterstromlinie dann geteilt und die Spannung für die einzelnen Äquipotential-Linien festgelegt. Anschließend können mit einem Voltmeter und einem Abtaststift für die festgelegten Spannungshöhen die Linien gleicher Spannung – die den Äquipotential-Linien im Strömungsnetz entsprechen – schnell gefunden werden. Die Stromlinien können dann leicht von Hand aus eingezeichnet werden.

In Fällen mit gekrümmt abfallendem Grundwasserspiegel (Bild E 113-1), dessen Lage erst gefunden werden muß, vgl. Abschn. 4.8.3, sind allerdings auch beim elektrischen Verfahren mehrere Probierlösungen mit zunächst jeweils geschätztem Grundwasserspiegel erforderlich. Die Lösung ist richtig, wenn die betrachteten Punkte des Grundwasserspiegels den aus dem Strömungsnetz errechneten zugehörigen Standrohrspiegelhöhen entsprechen.

Mit elektrischen Modellen können auch Fälle mit unterschiedlicher Durchlässigkeit von Bodenschichten erfaßt werden.

4.8.6 Elektronische Verfahren

Heute ist es möglich, Probleme der Grundwasserströmung elektronisch zu lösen, beispielsweise mit automatisch schaltenden Analogiemodellen oder mit einem Digitalcomputer. Bei einem Analogiemodell wird das Strömungsbild mit Hilfe eines elektrischen Widerstandsnetzes gewonnen.

Die Widerstände müssen dabei mit den Wasserdurchlässigkeiten des Bodens korrespondieren. Auf diese Weise können inhomogene Situationen simuliert werden. Der Grundwasserspiegel wird für zeitabhängige Fälle durch eine Reihe von Widerständen und Kondensatoren, die automatisch ein- oder ausgeschaltet werden, simuliert. Ein derartiges Analogiemodell kann nur von einem Sachverständigen benutzt werden, der das Modell aufbauen und bedienen kann.

Einfacher ist es, ein digitales Computerprogramm zu benutzen. Ein solches Programm wird mit Hilfe eines Algorithmus, der die Grundwasserströmung erfaßt, aufgestellt. Dem Benutzer sollen dabei Anleitungen zur Verfügung stehen, aus denen er entnehmen kann, wie sein Fall schematisiert werden muß.

Es gibt verschiedene Algorithmen: Das finite Differenzverfahren, das finite Elementenverfahren und das analytische Funktionsverfahren. Bei diesen Verfahren wird das Strömungsgebiet in Teilgebiete (Elemente) zerlegt. In diesen Elementen wird jeweils ein Vorgang definiert, der mit der Grundwasserströmung übereinstimmt.

Der digitale Computer ist besonders geeignet, sehr viele Elemente zu einem Strömungsbild zusammenzutragen. Für einen Benutzer des Programms sind alle dabei auftretenden numerischen Probleme bereits gelöst. Kenntnisse des Wesens des Lösungsvorgangs sind aber erforderlich, um beurteilen zu können, wie genau das ermittelte Ergebnis ist und ob oder wie es noch verbessert werden kann.

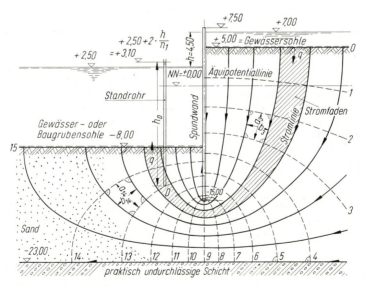

Bild E 113-2. Beispiel für ein Grundwasser-Strömungsnetz

105

Darstellung und Auswertung an Hand
eines einfachen Beispiels

Bild E 113-2 zeigt das Beispiel eines Strömungsnetzes und bringt Hinweise
zu seiner Auswertung.
Hierbei sei auf folgende Zusammenhänge hingewiesen:

h = gesamter Wasserspiegelhöhenunterschied = Gesamtpotential = 4,50 m,

n_1 = Anzahl der gleichen Standrohrspiegelhöhenunterschiede = Anzahl der Netzfelder = 15,

$$\Delta h = \frac{h}{n_1} = \frac{4{,}50}{15} = 0{,}30 \text{ m} = \text{Standrohrspiegelunterschied je Netzfeld,}$$

i = hydraulisches Gefälle; es wechselt und beträgt z. B.

$$i_3 = \frac{\Delta h}{a_3} \quad \text{oder} \quad i_{14} = \frac{\Delta h}{a_{14}},$$

q = Wassermenge je s je Stromfaden = $k \cdot \Delta h \cdot \dfrac{b}{a}$.
Sie ist in allen Stromfäden gleich groß.

Bei einem Quadratnetz ist: $q = k \cdot \Delta h$,

n_2 = Anzahl der Stromfäden = 8,

Q = Gesamtwassermenge je s = $n_2 \cdot q = n_2 . k \cdot \Delta h \cdot \dfrac{b}{a}$.

Bei einem Quadratnetz ist: $Q = n_2 \cdot k \cdot \Delta h$,

h_D = Höhe der Wassersäule im Standrohr über Punkt D = Wasserdruckspannung im Punkt D bei $\gamma_w = 10 \text{ kN/m}^3$.

Einzelheiten zur Ermittlung der Wasserüberdruckspannungen können aus
E 114, Abschn. 2.10, Bild E 114-2 entnommen werden.
Diese einfache Ermittlung der Wasserdruckspannung für jeden beliebigen
Punkt des Strömungsnetzes ist möglich, weil bei der sehr niedrigen Filtergeschwindigkeit des Grundwassers das Geschwindigkeitsglied $v^2/2\,g$ der
Energiegleichung nach BERNOULLI vernachlässigt werden kann.

4.9 Vorübergehende Sicherung von Ufereinfassungen durch Grundwasserabsenkung (E 166)

4.9.1 Allgemeines

Abhängig von der Absenktiefe des Grundwassers im Erdreich hinter einer
Ufereinfassung, vom Aufbau des Erdreichs und von der Zeitdauer der
Absenkung, kann die Standsicherheit einer Ufereinfassung durch Grundwasserabsenkung unter bestimmten Voraussetzungen wesentlich erhöht
werden. Vorweg ist aber zu untersuchen und sicherzustellen, daß das
Bauwerk selbst oder sonstige Bauwerke im Einflußbereich der Grundwas-

serabsenkung durch die geplante Absenkung nicht gefährdet werden. Hierzu sei vor allem auch auf eine mögliche Erhöhung der negativen Mantelreibung bei Pfahlgründungen besonders hingewiesen.

Die Erhöhung der Standsicherheit ist zurückzuführen auf:

- die Verminderung des Wasserüberdrucks, wobei sogar eine stützende Wirkung von der Wasserseite her erreicht werden kann, und
- die Erhöhung des wirksamen Gewichts des Erdwiderstandgleitkörpers durch Verminderung des Strömungsdrucks von unten beziehungsweise umgekehrt durch einen Strömungsdruck und eine Wasserauflast von oben.

Diesen positiven Einflüssen stehen negativ gegenüber:

- die Erhöhung des Erddrucks auf das Bauwerk infolge Erhöhung des Bodengewichts durch Wegfall des Auftriebs im abgesenkten Bereich und
- fallweise eine Erhöhung des Erddrucks durch von oben nach unten wirkenden Strömungsdruck.

4.9.2 Fall mit einheitlich durchlässigem Boden

Ist der Boden im Bauwerksbereich einheitlich durchlässig, ergeben sich rechnerisch keine Schwierigkeiten. Der Wasserüberdruck wird der Absenkung Δh entsprechend vermindert. Der Zusatzerddruck hinter dem Bauwerk steigt am ursprünglichen Grundwasserspiegel mit Null beginnend bis zum abgesenkten Spiegel geradlinig auf den Wert

$$\Delta e_{\mathrm{ah}} = \Delta h \cdot (\gamma - \gamma') \cdot K_{\mathrm{a}} \cdot \cos\delta_{\mathrm{a}}$$

an und setzt sich, wenn keine vertikale Grundwasserströmung vorliegt und einheitlicher Boden ansteht, in dieser Größe konstant bleibend nach unten fort. Im anderen Fall sind hier noch die Vergrößerung des Raumgewichts aus dem Strömungsdruck und eine eventuelle Änderung von K_{a} zu berücksichtigen.

Auf der Erdwiderstandsseite wird im allgemeinen keine Veränderung berücksichtigt, obwohl hier die günstige Veränderung des Raumgewichts in die Untersuchung eingebracht werden könnte.

4.9.3 Fall mit hoch anstehendem weichem bindigem Boden

Steht ab Geländeoberkante auf großer Tiefe wenig durchlässiger weicher Boden an, der von gut durchlässigem, nichtbindigem Boden unterlagert wird (Bild E 166-1), ist der Boden für das Zusatzgewicht aus dem entfallenden Auftrieb für die Absenktiefe Δh zunächst nicht konsolidiert. Da in diesem Stadium für die Zusatzlast der Erddruckbeiwert $K_{\mathrm{a}} = 1$ ist und bei bindigem Boden $\gamma - \gamma' = \gamma_{\mathrm{w}}$ ist, ist dann in Höhe des abgesenkten Grundwasserspiegels, der bei voller Absenkung und ohne nennenswerte Wasserzufuhr von oben dem Standrohrspiegel des Grundwassers der unteren durchlässigen Schicht entspricht, der Zusatzerddruck zu Beginn der Konsolidierung $\Delta e_{ah} = \Delta h \cdot \gamma_w \cdot 1$. Der verminderte Wasserüberdruck wird daher im Anfangsstadium voll durch den vergrößerten Erddruck im weichen Boden kompensiert. Mit zunehmender Konsolidierung sinkt aber auch hier der Zusatzerddruck auf den Wert

$$\Delta e_{ah} = \Delta h \cdot \gamma_w \cdot K_a \cdot \cos \delta_a$$

ab.

Auf der Erdwiderstandsseite wirkt sich eine durch die Grundwasserabsenkung bedingte Vergrößerung der Wasserauflast, vermehrt um Strömungsdruck, vor allem im unten liegenden, nichtbindigen Boden günstig aus (Bild E 166-1). Im darüber liegenden bindigen Boden muß auch der Konsolidierungszustand entsprechend berücksichtigt werden.

4.9.4   Fall nach Abschn. 4.9.3, aber mit oberer starker Wasserzufuhr

Ist abweichend von Bild E 166-1 über dem weichen bindigen Boden hinter

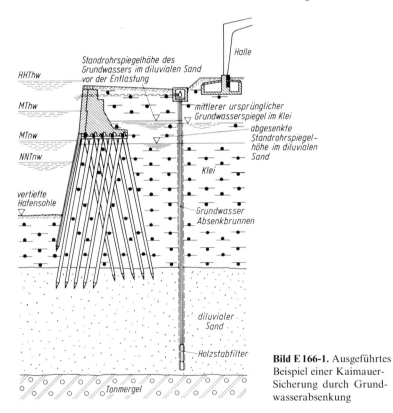

Bild E 166-1. Ausgeführtes Beispiel einer Kaimauer-Sicherung durch Grundwasserabsenkung

der Ufereinfassung eine stark wasserführende nichtbindige Schicht vorhanden, tritt bei der Grundwasserabsenkung im darunterliegenden einheitlichen bindigen Boden eine vorwiegend vertikale Potentialströmung zur unteren durchlässigen Schicht hin ein. Dabei ist für den Wasserdruck in Oberkante der bindigen Schicht der Standrohrspiegel des Wassers in der obenliegenden, stark durchlässigen Schicht und für den Wasserdruck in Unterkante der bindigen Schicht die der Grundwasserabsenkung entsprechende Standrohrspiegelhöhe des Grundwassers in der unteren nichtbindigen Schicht maßgebend. Die Veränderungen von Erddruck und Erdwiderstand richten sich nach den jeweiligen Strömungsverhältnissen bzw. der Wasserauflast, wobei auch hier die Konsolidierungszustände sinngemäß nach Abschn. 4.9.3 berücksichtigt werden müssen.

4.9.5   Folgerungen für die Bauwerksicherung

Der Erfolg einer Sicherung durch Grundwasserabsenkung ist im Endzustand stets gegeben, im Anfangszustand aber stark abhängig von den Bodenverhältnissen. Bei Anwendung müssen daher auch der Anfangszustand und die Zwischenzustände sorgfältig überlegt und berücksichtigt werden. Dann kann das Verfahren mit Erfolg bei überlasteten Ufereinfassungen und vor allem zum Ausgleich einer Vertiefung der Hafensohle vor einer Ufereinfassung angewendet werden. Dadurch kann die letztlich erforderliche, im allgemeinen aber wesentlich teurere endgültige Verstärkung des Bauwerks zu einem späteren, wirtschaftlich günstigeren Zeitpunkt vorgenommen werden.

4.10   Hochwasserschutzwände in Seehäfen (E 165)

4.10.1   Allgemeines

Hochwasserschutzwände haben im allgemeinen die Aufgabe, Hafengelände gegen Überflutung zu schützen. Sie werden aber auch angewendet, wenn ein Hochwasserschutz mit Erddeichen nicht möglich ist.
Die besonderen zusätzlichen Anforderungen an derartige Wände werden in folgenden Abschnitten erläutert.

4.10.2   Maßgebende Wasserstände

4.10.2.1   Maßgebende Wasserstände für Hochwasser
(1) Außenwasserstand
Der maßgebende Außenwasserstand richtet sich nach dem rechnungsmäßigen HHThw zuzüglich eines Wellenzuschlags entsprechend den örtlichen Gegebenheiten.
Wegen des größeren Wellenauflaufs an Wänden wird die Krone von Hochwasserschutzwänden fallweise höher als bei Deichen gelegt, es sei denn, daß ein kurzzeitiges Überlaufen der Wände in Kauf genommen werden kann. In jedem Fall ist durch konstruktive Maßnahmen zu berücksichti-

gen, daß mindestens geringe Wassermengen schadlos überschlagen können.

(2) Zugehöriger Binnenwasserstand
Der zugehörige Binnenwasserstand ist allgemein in der Geländeoberkante anzusetzen, sofern nicht andere mögliche Wasserstände – wie beispielsweise bei Böschungen – ungünstiger sind (Bild E 165-1).

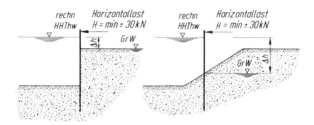

Bild E 165-1. Maßgebende Wasserstände bei Hochwasser

Bei den Wasserständen nach Abschn. 4.10.2.1 (1) und (2) kann die Wand für die zulässigen Spannungen nach Lastfall 3 bemessen werden, sofern eine Sonderbeanspruchung gemäß Abschn. 4.10.5 berücksichtigt wird.

4.10.2.2 Maßgebende Wasserstände für Niedrigwasser
(1) Außenwasserstände
Als Regelniedrigwasser ist im Lastfall 1 das mittlere Tideniedrigwasser (MTnw) zu berücksichtigen.

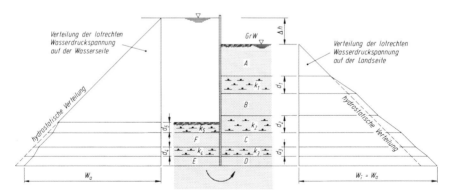

Bild E 165-2. Beispiel für den Abbau von Δh (A, B, C, D, E, F sind stark durchlässige Schichten)

Außergewöhnlich niedrige Außenwasserstände, die nur einmal im Jahr auftreten, sind dem Lastfall 2 zuzuordnen.

Das niedrigste jemals gemessene Niedrigwasser (NNTnw) bzw. ein in Zukunft noch zu erwartender niedrigerer Außenwasserstand ist in Lastfall 3 einzustufen.

(2) Zugehörige Binnenwasserstände

Im allgemeinen ist der Binnenwasserstand in OK Gelände anzusetzen (Bild E 165-2), sofern nicht ein niedrigerer Wasserstand durch genauere strömungstechnische Untersuchungen zugelassen werden kann oder durch bauliche Maßnahmen, beispielsweise Dränagen, dauerhaft sichergestellt wird. Bei Ausfall der Dränage muß jedoch noch eine ausreichende Standsicherheit vorhanden sein. Im Einzelfall kann der maßgebende Binnenwasserstand – bei genauer Kenntnis der örtlichen Gegebenheiten – auch anhand der Beobachtungen von Grundwasserpegeln bestimmt werden.

4.10.3   Wasserüberdruck- und Raumgewichtsansätze bei der Bemessung von HWS-Wänden

4.10.3.1   Ansätze bei nahezu homogenen Böden

Der Verlauf der Wasserüberdruckordinaten kann mit Hilfe eines Potentialströmungsnetzes nach E 113, Abschn. 4.8 oder in Anlehnung an E 114, Abschn. 2.10.2 ermittelt werden. Die Veränderung des wirksamen Raumgewichts durch das fließende Grundwasser kann nach E 114, Abschn. 2.10.3.2 berücksichtigt werden.

4.10.3.2   Ansätze bei geschichteten Böden

Üblicherweise treten waagrechte oder nur wenig geneigte Schichtgrenzen auf, so daß die nachfolgenden Ausführungen hierauf beschränkt bleiben. Der Abbau des Wasserdrucks infolge von Strömung findet fast gänzlich in den Schichten mit geringer Durchlässigkeit statt, wenn keine wesentlichen Störungen vorliegen und die Aufbruchsicherheit gewährleistet ist. Der Strömungswiderstand in den relativ durchlässigen Schichten kann dabei vernachlässigt werden.

Bei etwa waagerechten Schichten mit stark differierender Durchlässigkeit darf zur Ermittlung der Wasserdruckordinaten eine reine Vertikalströmung angesetzt werden.

Der anteilige Abbau von Δh in den wenig durchlässigen Schichten Δw_i ist proportional der jeweiligen Schichtdicke d_i und umgekehrt proportional der Durchlässigkeit k_i [m/s].

$$\Delta w_i = \Delta h \cdot \gamma_w \cdot \frac{d_i}{k_i} \cdot \frac{1}{\sum \dfrac{d_i}{k_i}} \cdot$$

Unter den obigen Voraussetzungen verändert sich das wirksame Raumgewicht des durchströmten Bodens praktisch nur in den wenig durchlässigen Schichten, und zwar um den Betrag:

$$|\Delta\gamma_i| = \Delta h \cdot \gamma_w \cdot \frac{1}{k_i} \cdot \frac{1}{\sum \dfrac{d_i}{k_i}} \cdot$$

Als Vorzeichenfestlegung für $\Delta\gamma_i$ gilt:
Strömung von oben nach unten: $+$
Strömung von unten nach oben: $-$.

Tritt infolge der Wanddurchbiegung zwischen der Wand und einer wenig durchlässigen Schicht ein Spalt auf, wird diese Schicht als voll durchlässig betrachtet.

Besonders zu beachten ist die Entlastung von γ, wenn auf der Landseite die oberste wenig durchlässige Schicht sehr nahe oder ganz an der landseitigen Geländeoberfläche liegt. Dabei kann $\Delta\gamma_i$ gleich dem γ_i werden, was zu einem Aufschwimmen der obersten Schicht führt. Diese darf dann nur in Höhe des Erdwiderstands aus Kohäsion zur Stützung der HWS-Wand herangezogen werden, sollte zur Erhöhung der Sicherheit aber besser ganz vernachlässigt werden. Umgekehrt würde dabei aber auch die wirksame Wasserdruckbelastung von außen durch einen erhöhten landseitigen Wasserdruck vermindert werden.

4.10.4   Mindesteinbindetiefe der HWS-Wand

Die Mindesteinbindetiefe der HWS-Wand ergibt sich aus der statischen Berechnung und dem erforderlichen Nachweis der Geländebruchsicherheit. Außerdem ist zu beachten, daß:

● das Baugrund- sowie das Ausführungsrisiko in bezug auf mögliche Undichtheiten (Schloßschäden) zu berücksichtigen sind, wobei schon eine Fehlstelle in der HWS-Wand zum Versagen des ganzen Bauwerks führen kann und

● eine Eignungsprüfung für den Bemessungslastfall Hochwasser nicht möglich ist.

Daher sollte im Hochwasserlastfall der Strömungsweg im Boden folgende Werte nicht unterschreiten:

● das 4fache der Wasserspiegeldifferenz Δh bei einem Binnenwasserstand in Geländeoberkante und relativ durchlässigem Bodenaufbau und bei Spaltbildung infolge von Wanddurchbiegung.

● das 3fache der Wasserspiegeldifferenz Δh bei einem Binnenwasserstand in Geländeoberkante und vorhandenen undurchlässigen Schichten.

4.10.5   Sonderbeanspruchung einer HWS-Wand

Abgesehen von den üblichen Nutzlasten sind Lasten aus Stoß von treibenden Gegenständen bei Hochwasser und aus dem Anprall von Landfahrzeugen mit mindestens 30 kN zu berücksichtigen (s. Bild E 165-1). Bei gefährdeter Lage mit ungünstigen Strömungs- und Windverhältnissen beziehungsweise guter Zugänglichkeit ist die Anprallast aber wesentlich höher anzusetzen. Eine Verteilung der Lasten durch geeignete konstruktive Maßnahmen ist zulässig, wenn dadurch die Funktionsfähigkeit der HWS-Wand nicht beeinträchtigt wird.

Bei Sonderbeanspruchungen werden die Spannungen nach Lastfall 3 zugelassen.

4.10.6 Konstruktive Maßnahmen, Anforderungen

4.10.6.1. Flächensicherung auf der Landseite der HWS-Wand

Zur Vermeidung von landseitigen Auskolkungen im Hochwasserfall, die durch überschlagendes Wasser hervorgerufen werden können, ist eine Flächensicherung vorzusehen. Ihre Breite sollte mindestens der freien landseitigen Wandhöhe entsprechen.

4.10.6.2 Verteidigungsstraße

Die Anordnung einer HWS-Verteidigungsstraße mit Asphalt-Fahrbahn, nahe an der HWS-Wand, wird empfohlen. Sie sollte mindestens 2,50 m breit sein und kann gleichzeitig der Flächensicherung nach Abschn. 4.10.6.1 dienen.

4.10.6.3 Entspannungsfilter

Unmittelbar an der HWS-Wand soll landseitig ein etwa 30 bis 50 cm breiter Streifen als Entspannungsfilter ausgebildet werden, damit sich unter der Verteidigungsstraße kein größerer Sohlenwasserdruck aufbauen kann.

4.10.6.4 Dichtheit der Spundwand

Der von Wasser und Luft umgebene Bereich der Spundwand erhält im allgemeinen eine künstliche Schloßdichtung nach E 117, Abschn. 8.1.26.

4.10.7 Hinweis für HWS-Wände in Böschungen

Bei der Anordnung und Bemessung von HWS-Wänden in oder in der Nähe von Böschungen sind im allgemeinen die Niedrigwasserstände im Außenwasser maßgebend.

Mit der Erhöhung der Lasten aus binnenseitigem Wasserüberdruck und erhöhtem Raumgewicht auch aus Strömungsdruck geht außen eine Verminderung des Erdwiderstands Hand in Hand. Die veränderten Wasserstände führen häufig auch zu einer Verminderung der Sicherheit gegen Geländebruch.

Ist eine Außenböschung durch Packlagen oder gleichwertige Maßnahmen gegen Auskolkung geschützt, können geringere Sicherheiten gegen Gelände- bzw. Böschungsbruch als nach DIN 4084 erforderlich, zugelassen werden. Aber auch dann muß $\eta \geq 1,2$ sein und regelmäßige Kontrollen dieser Böschungen sollten veranlaßt werden.

4.10.8 Leitungen im Bereich von HWS-Wänden

4.10.8.1 Allgemeines

Leitungen im Bereich von HWS-Wänden können aus mehreren Gründen Schwachstellen darstellen. Hierzu seien vor allem erwähnt:

- undichte Flüssigkeitsleitungen vermindern durch Ausspülungen den sonst vorhandenen Sickerweg im Boden,
- Aufgrabungen zum Auswechseln schadhafter Leitungen vermindern die stützende Wirkung des Erdwiderstands und verkürzen ebenfalls den Sickerweg,
- außer Betrieb genommene Leitungen können unkontrollierte Hohlräume hinterlassen.

4.10.8.2 Leitungen parallel zu einer HWS-Wand

Leitungen parallel zu einer HWS-Wand sollen in einem hinreichend breiten Schutzstreifen beiderseits der HWS-Wand nicht angeordnet werden. Vorhandene Leitungen sollten verlegt oder außer Betrieb genommen werden. Dabei entstandene oder verbleibende Hohlräume müssen sicher verfüllt werden.

Noch im Schutzstreifen verbleibenden Leitungen ist wie folgt Rechnung zu tragen:

- wegen denkbarer Leitungsarbeiten ist bei der Bestimmung des Erdwiderstands und insbesondere der Sickerwege ein bis Unterkante Rohrleitung reichender Aushubgraben zu berücksichtigen,
- ein Grabenverbau ist für den in der Wandberechnung angesetzten Erdwiderstand zu bemessen,
- Leitungen, die Flüssigkeiten führen, müssen beim Eintritt in den und beim Austritt aus dem Schutzstreifen durch geeignete Absperrvorrichtungen verschließbar gemacht werden,
- Leitungsarbeiten in der sturmflutgefährdeten Jahreszeit sind möglichst zu vermeiden.

4.10.8.3 Leitungskreuzungen mit einer HWS-Wand

Leitungsführungen durch eine HWS-Wand sind stets potentielle Schwachstellen und daher möglichst zu vermeiden. Daher sollen:

- die Leitungen möglichst über die HWS-Wand geführt werden, insbesondere Hochdruck- oder Hochspannungsleitungen,
- Einzelleitungen im Erdreich außerhalb des Schutzstreifens zusammengefaßt und als Gesamtleitung oder Leitungsbündel durch die HWS-Wand geführt werden, und
- Leitungskreuzungen etwa rechtwinklig ausgeführt werden.

Dem zu erwartenden unterschiedlichen Setzungsverhalten von Leitungen und einer HWS-Wand ist durch konstruktive Maßnahmen Rechnung zu tragen (flexible Durchführungen, Rohrgelenke). Starre Durchführungen sind nicht zulässig.

Die Ausbildung einer Leitungskreuzung hängt im einzelnen von der Art der Mediumleitung ab.

- Kabelkreuzungen
  Informatikkabel und E-Kabel dürfen nicht direkt durchgeführt, sondern müssen im Schutz eines Mantelrohrs verlegt werden. Die Kabel sind in geeigneter Weise gegen das Mantelrohr abzudichten.

- Druckleitungskreuzungen
  Druckleitungen (Gas, Wasser, ...) sind im gesamten Schutzstreifen durch ein Mantelrohr derart zu sichern, daß sie bei einem Bruch des Mediumrohrs ausgewechselt werden können, ohne daß im Schutzstreifen Aufgrabungen erforderlich werden. Das Mantelrohr sollte dem Betriebsdruck mit gleicher Sicherheit standhalten wie das Mediumrohr. Dies gilt ebenso für die Abdichtung zum Mediumrohr.

- Kanal- oder Sielkreuzungen
  Besteht die Gefahr, daß im Hochwasserfall durch Kanäle oder Siele Wasser in den Polder gedrückt wird, sind geeignete doppelte Absperrmöglichkeiten vorzusehen. Hierzu wird entweder je ein Schacht mit Schieber oder Schütz beidseitig der HWS-Wand angeordnet, oder beide Bauwerke und ein Teil der HWS-Wand werden zu einem Bauwerk mit doppelter Schieber- oder Schützensicherung zusammengefaßt. Bei geringer Gefährdung kann einer der beiden Verschlüsse auch als Rückstauklappe ausgeführt werden.

- Innerhalb des Schutzstreifens sollen Kanäle bzw. Siele mit den Lasten nach Lastfall 3 berechnet, aber nur für die zulässigen Spannungen nach Lastfall 2 bemessen werden. Ihre Widerstandsfähigkeit gegen Sandschliff, Korrosion und sonstige chemische Angriffe ist besonders zu beachten.

- Deichscharte
  Deichscharte werden in Verbindung mit der HWS-Wand sinngemäß nach den bewährten Ausbildungsgrundsätzen der Scharte von Seedeichen ausgeführt. Auch hier gelten die vorgenannten Lastfallanwendungen.

- Außer Betrieb gesetzte Leitungen
  Innerhalb des Schutzstreifens sollen außer Betrieb gesetzte Leitungen ausgebaut werden. Ist dies nicht möglich, sind die Leitungshohlräume sicher zu verfüllen.

5 Schiffsabmessungen und Belastungen der Ufereinfassungen

5.1 Übliche Schiffsabmessungen (E 39)

Bei Vorentwürfen und bei der Berechnung und Bemessung von Fenderungen und Dalben kann mit folgenden mittleren Schiffsabmessungen gerechnet werden:

5.1.1 Seeschiffe

5.1.1.1 Fahrgastschiffe (Tabelle E 39-1.1)

Inhalt	Trag-fähigkeit	Wasser-verdrän-gung G	Länge über alles	Länge zwischen den Loten	Breite	Tiefgang
BRT	dwt	kN	m	m	m	m
80 000	–	750 000	315	295	35,5	11,5
70 000	–	650 000	315	295	34,0	11,0
60 000	–	550 000	310	290	32,5	10,5
50 000	–	450 000	300	280	31,0	10,5
40 000	–	350 000	265	245	29,5	10,0
30 000	–	300 000	230	210	28,0	10,0

5.1.1.2 Massengutfrachter (Tabelle E 39-1.2)
(Öl, Erz, Kohle, Getreide und dergleichen)

–	450 000	5 240 000	424	404	68,5	25,0
–	420 000	4 900 000	418	398	67,0	24,5
–	380 000	4 450 000	407	386	64,5	24,0
–	365 000	4 280 000	343	328	63,5	23,0
–	340 000	4 000 000	398	378	62,5	23,0
–	300 000	3 560 000	385	364	59,5	22,0
–	275 000	3 260 000	376	355	57,5	21,5
–	250 000	3 000 000	367	346	55,5	21,0
–	225 000	2 700 000	356	336	53,5	20,5
–	200 000	2 400 000	345	326	51,0	19,5
–	175 000	2 120 000	330	315	48,5	18,5
–	150 000	1 800 000	315	300	46,0	16,5
–	125 000	1 550 000	295	280	43,5	16,0
–	100 000	1 250 000	280	265	41,0	15,0
–	85 000	1 050 000	265	255	38,0	14,0
–	65 000	850 000	255	245	33,5	13,0
–	45 000	600 000	230	220	29,0	11,5
–	35 000	450 000	210	200	27,0	11,0
–	25 000	300 000	190	180	24,5	10,5
–	15 000	200 000	165	155	21,5	9,5

Die in der Tabelle gebrachten Daten streuen – je nach den Gegebenheiten der Bauwerft und dem Fahrtgebiet.

5.1.1.3 Stückgutfrachter (Bauart als Volldecker) (Tabelle E 39-1.3)

Inhalt	Trag-fähigkeit	Wasser-verdrän-gung G	Länge über alles	Länge zwischen den Loten	Breite	Tiefgang
BRT	dwt	kN	m	m	m	m
10 000	15 000	200 000	165	155	21,5	9,5
7 500	11 000	150 000	150	140	20,0	9,0
5 000	7 500	100 000	135	125	17,5	8,0
4 000	6 000	80 000	120	110	16,0	7,5
3 000	4 500	60 000	105	100	14,5	7,0
2 000	3 000	40 000	95	90	13,0	6,0
1 500	2 200	30 000	90	85	12,0	5,5
1 000	1 500	20 000	75	70	10,5	4,5
500	700	10 000	60	55	8,5	3,5

Bei den Stückgutfrachtern zeichnet sich ein Trend zu größeren Einheiten nicht ab. Im Bedarfsfall können die Maßangaben nach Abschn. 5.1.1.2 sinngemäß verwendet werden.

5.1.1.4 Fischereifahrzeuge (Tabelle E 39-1.4)

2500	–	28 000	90	80	14,0	5,9
2000	–	25 000	85	75	13,0	5,6
1500	–	21 000	80	70	12,0	5,3
1000	–	17 500	75	65	11,0	5,0
800	–	15 500	70	60	10,5	4,8
600	–	12 000	65	55	10,0	4,5
400	–	8 000	55	45	8,5	4,0
200	–	4 000	40	35	7,0	3,5

5.1.1.5 Containerschiffe (Tabelle E 39-1.5)

Trag-fähigkeit	Wasser-verdrän-gung G	Länge über alles	Länge zwischen den Loten	Breite	Tief-gang	Con-tainer-Anzahl	Gene-ration
dwt	kN	m	m	m	m	etwa	
55 000	770 000	275	260	39,4	12,5	3900	4.
50 000	735 000	290	275	32,4	13,0	2800	3.
42 000	610 000	285	270	32,3	12,0	2380	3.
36 000	510 000	270	255	31,8	11,7	2000	3.
30 000	415 000	228	214	31,0	11,3	1670	2.
25 000	340 000	212	198	30,0	10,7	1380	2.
20 000	270 000	198	184	28,7	10,0	1100	2.
15 000	200 000	180	166	26,5	9,0	810	1.
10 000	135 000	159	144	23,5	8,0	530	1.
7 000	96 000	143	128	19,0	6,5	316	1.

5.1.1.6 Autotransportschiffe (Tabelle E 39-1.6)

Trag-fähigkeit	Wasser-verdrän-gung G	Länge über alles	Länge zwischen den Loten	Breite	Tief-gang	Anzahl PKW
dwt	kN	m	m	m	m	etwa
28 000	450 000	198	183	32,3	11,8	6200
26 300	420 000	213	198	32,3	10,5	6000
17 900	330 000	195	180	32,2	9,7	5600

Es wird darauf hingewiesen, daß Autotransportschiffe wegen ihrer hohen Aufbauten sehr windempfindlich sind.

5.1.2 Fluß-See-Schiffe (Tabelle E 39-2)

Inhalt	Trag-fähigkeit	Wasser-verdrän-gung G	Länge über alles	Breite	Tief-gang	Bemerkungen
BRT	dwt	kN	m	m	m	
999	2300	37 000	91	13,5	4,0	Ro/Ro-Schiff
999	3000	36 000	98	11,4	4,3	Volldecker
499	1550	24 000	80	11,3	3,6	Freidecker
299	1100	15 000	72	9,5	2,9	Freidecker

Länge, Breite und Tiefgang der Frachtschiffe aller Art hängen von der Bauart der Schiffe und dem Ursprungsland ab. Die Abmessungen streuen im allgemeinen bis zu 5%, äußerstenfalls bis zu 10%.

In BRT (englisch GRT) – Bruttoregistertonnen – wird der innere Schiffsraum bis zum Vermessungsdeck einschließlich der Deckaufbauten gemessen, und zwar in Einheiten von 100 cubic feet oder 2,83 m³. Das Vermessungsdeck ist bei Schiffen mit weniger als drei Decks das obere Deck, bei Schiffen mit drei und mehr Decks das zweite Deck von unten.

Bei Schiffsneubauten und bis 1994 bei allen Seeschiffen tritt bei der Angabe des Schiffsraums an die Stelle von BRT die Angabe der Bruttoraumzahl „BRZ" als dimensionslose Größe. Da der Zahlenwert der BRZ im allgemeinen nur wenig von der Größe des Schiffsraums in BRT abweicht, kann mit hinreichender Genauigkeit der Wert in der ersten Spalte auch für BRZ genommen werden.

In dwt (deadweight tons) wird die Tragfähigkeit angegeben, nämlich das Gewicht von Proviant, Vorräten, Frischwasser, Besatzung, Reserve an Kesselwasser, Treibstoff, Ladung und Fahrgästen, gemessen in englischen Tonnen (long tons) zu 2240 lbs = 1016 kg.

5.1.3 Binnenschiffe (Tabelle E 39-3)

Abweichend von Abschn. 5.1.2 gilt für die Abmessungen der Binnenschiffe folgende Tabelle:

Schiffsbenennung	Trag-fähig-keit	Wasser-verdrän-gung G	Länge	Breite	Tief-gang
	t	kN	m	m	m
Motorgüterschiffe:					
Großes Rheinschiff	4500	52000	110,0	11,4	4,5
2600-Tonnen-Klasse	2600	29500	110,0	11,4	2,7
Rheinschiff	2000	23850	95,0	11,4	2,7
Europaschiff	1350	16500	80,0	9,5	2,5
Dortmund-Ems-Kanal-Schiff	1000	12350	67,0	8,2	2,5
Kempenaar	600	7650	50,0	6,6	2,5
Peniche	300	4050	38,5	5,0	2,2
Schubleichter:					
Europa II a	2940	32750	76,5	11,4	4,0
	1520	18850			2,5
Europa II	2520	28350	76,5	11,4	3,5
	1660	19900			2,5
Europa I	1880	21100	70,0	9,5	3,5
	1240	14800			2,5
Trägerschiffsleichter:					
Seabee	860	10200	29,7	10,7	3,2
Lash	376	4880	18,8	9,5	2,7
Schubverbände:					
mit 1 Leichter Europa II a	2940	35200[1])	110,0	11,4	4,0
	1520	21300[1])			2,5
mit 2 Leichtern Europa II a	5880	67950[1])	185,0	11,4	4,0
			110,0	22,8	4,0
	3040	40150[1])			2,5
mit 4 Leichtern Europa II a	11760	136390[2])	185,0	22,8	4,0
	6080	80790[2])			2,5

[1]) Schubboot 1480 kW; ca. 2450 kN Wasserverdrängung.
[2]) Schubboot 2963–3333 kW; ca. 5390 kN Wasserverdrängung.

5.1.4 Wasserverdrängung

Die Wasserverdrängung wird als das Produkt aus Länge zwischen den Loten, Breite, Tiefgang, Völligkeitsgrad und Wichte γ_w des Wassers gefunden. Der Völligkeitsgrad wechselt bei Seeschiffen etwa zwischen 0,60 und 0,80, bei Binnenschiffen etwa zwischen 0,80 und 0,90 und bei Schubleichtern zwischen 0,90 und 0,93.

119

5.2 Ansatz des Anlegedrucks von Schiffen an Ufermauern (E 38)

In der Entwurfsbearbeitung brauchen keine Havariestöße, sondern nur die üblichen Anlegedrücke berücksichtigt zu werden. Die Größe dieser Anlegedrücke richtet sich nach den Schiffsabmessungen, der Anlegegeschwindigkeit, der Fenderung und der Elastizität von Schiffswand und Bauwerk.

Um den Ufermauern eine ausreichende Festigkeit gegen normale Anlegedrücke zu geben, andererseits aber unnötig dicke Abmessungen zu vermeiden, wird empfohlen, die Vorderwand so zu bemessen, daß an jeder Stelle eines Baublockes jeweils eine Einzeldrucklast in der Größe der maßgebenden Trossenzuglast, und zwar bei Kaimauern in Seehäfen nach E 12, Abschn. 5.12.2 (Tabelle E 12-1), in Binnenhäfen nach E 13, Abschn. 6.14.2 mit 100 kN angreifen kann, ohne daß die Gesamtbeanspruchungen die zulässigen Grenzen übersteigen.

Diese Einzelkraft kann auf eine quadratische Fläche mit 0,50 m Seitenlänge verteilt werden. Bei Uferspundwänden ohne massive Aufbauten brauchen nur die Gurte und die Gurtbolzen für diese Druckkraft bemessen zu werden.

Die Anlegedrücke bei Dalben sind in E 128, Abschn. 13.3 behandelt.

5.3 Anlegegeschwindigkeiten von Schiffen quer zum Liegeplatz (E 40)

Beim Anfahren von Schiffen mit Schlepperhilfe quer zu einem Liegeplatz wird empfohlen, bei der Bemessung entsprechender Fenderkonstruktion folgende Anlegegeschwindigkeiten zu berücksichtigen:

Lage	Anfahrt	Anlegegeschwindigkeit quer zum Liegeplatz (m/s)			
		bis 1000 dwt	bis 5000 dwt	bis 10000 dwt	größere Schiffe
		entsprechend etwa			
		15000 kN	65000 kN	130000 kN	
		Wasserverdrängung			
starker Wind und Seegang	schwierig	0,75	0,55	0,40	0,30
starker Wind und Seegang	günstig	0,60	0,45	0,30	0,20
mäßiger Wind und Seegang	mäßig	0,45	0,35	0,20	0,15
geschützt	schwierig	0,25	0,20	0,15	0,10
gechützt	günstig	0,20	0,15	0,10	0,10

Tabelle E 40-1. Anlegegeschwindigkeiten quer zum Liegeplatz

120

5.4 Lastfälle (E 18)

Für die statische Berechnung und die Zuordnung der zulässigen Spannungen werden im Grundsätzlichen folgende Lastfälle unterschieden:

5.4.1 Lastfall 1

Belastungen aus Erddruck (bei nichtkonsolidierten, bindigen Böden getrennt für den Anfangs- und Endzustand) und aus Wasserüberdruck bei häufig auftretenden ungünstigen Außen- und Innenwasserständen (vgl. E 19, Abschn. 4.2). Erddruckeinflüsse aus den normalen Nutzlasten, aus Kranbahnen und Pfahllasten. Unmittelbar einwirkende Auflasten aus Eigengewicht und normaler Nutzlast.

Die für Lastfall 1 zugelassenen Spannungen dürfen nur angewendet werden, wenn der Baugrund sorgfältig untersucht ist und einwandfreie Schichtenverzeichnisse nach DIN 4022 vorliegen.

5.4.2 Lastfall 2

Wie Lastfall 1, jedoch mit begrenzter Kolkbildung durch Strömung oder Schiffsschrauben, soweit gleichzeitig möglich, mit außergewöhnlichem Wasserüberdruck (vgl. E 19, Abschn. 4.2), mit Wasserüberdruck nach Überflutung der Ufereinfassung, mit dem Sogeinfluß vorbeifahrender Schiffe, mit Belastung und Erddruck aus außergewöhnlichen örtlichen Auflasten, mit Lasten aus Trossenzug an Pollern, Nischenpollern oder Haltekreuzen und aus Schiffsstoß, bei Vernachlässigung der abschirmenden Wirkung vorhandener Pfähle und bei vorübergehenden ungünstigen Belastungen während der Bauzustände. Für die Anwendung der für den Lastfall 2 zugelassenen Spannungen sind neben einwandfreien Bodenaufschlüssen auch Bodenuntersuchungen in einer Versuchsanstalt erforderlich.

5.4.3 Lastfall 3

Wie Lastfall 2, jedoch unter Berücksichtigung außerplanmäßiger Auflasten auf größerer Fläche oder des Umstands, daß Einrichtungen, die im allgemeinen das Bauwerk entlasten oder stützen, unter ungünstigen Umständen ausfallen können. Erwähnt seien hier z. B. der restlose Ausfall einer Entwässerung, eine ungewöhnlich große Abflachung einer Unterwasserböschung vor einem Spundwandfuß, eine ungewöhnliche Kolkbildung durch Strömung oder Schiffsschrauben, eine üblicherweise nicht zu erwartende Überflutung des Ufers oder ein besonderer Grundwasseranstieg infolge einer Eisversetzung mit anschließendem raschen Abfall des Außenwassers nach dem Eisabgang, Platzen eines starken Wasserrohrs hinter einer Ufereinfassung, ein nicht planmäßiger Umschlag ungewöhnlich schwerer Güter (z. B. Lokomotiven, Schrott und dergleichen). Auch das Zusammenwirken mehrerer solcher ungünstigen Einflüsse ist – sofern möglich und wahrscheinlich – zu berücksichtigen.

5.4.4   Auswahl der Lastfälle

Von den Lastfällen 1 bis 3 muß derjenige der Bemessung zugrunde gelegt werden, der die größten Bauwerksabmessungen erfordert. Liegen einwandfreie bodenphysikalische Untersuchungen nicht vor, dürfen bei der Berechnung nach Lastfall 2 nur die Spannungen für Lastfall 1 und bei der Berechnung nach Lastfall 3 nur die Spannungen für Lastfall 2 zugelassen werden.

Der Lastfall 3 ist nur fallweise nach sorgfältiger Prüfung der örtlichen Verhältnisse anzuwenden.

Die Auswirkungen des neuen Sicherheitskonzepts auf die Lasten und die dann zulässigen Spannungen können erst später in den EAU in allen betroffenen Empfehlungen behandelt werden.

5.5   Lotrechte Nutzlasten (E 5)

5.5.1   Allgemeines

Lotrechte Nutzlasten im Sinne dieser Empfehlung sind die Auflasten aus Lagergut und die Belastungen durch die Landverkehrsmittel. Die Lasteinflüsse schienen- oder straßengebundener ortsveränderlicher Krane müssen gesondert berücksichtigt werden, sofern sie sich auf das Uferbauwerk auswirken. Letzteres ist bei Ufereinfassungen in Binnenhäfen im allgemeinen nur an solchen Uferstrecken der Fall, die ausdrücklich für Schwerlastverladung mit ortsveränderlichen Kranen vorgesehen sind. In Seehäfen werden neben den schienengebundenen Kaikranen zunehmend Mobilkrane für den allgemeinen Umschlag – also nicht nur für Schwerlasten – eingesetzt.

Für die Belastungen auf dem Verkehrsband sind drei verschiedene Grundfälle (Tabelle E 5-1 a), b) und c)) zu unterscheiden:

Im Grundfall 1 werden die Tragglieder der Bauwerke unmittelbar durch die Verkehrsmittel befahren und/oder durch die Stapellasten belastet, wie dieses häufig bei Pierbrücken und ähnlichen Bauwerken der Fall ist (Tabelle E 5-1 a)).

Im Grundfall 2 belasten die Verkehrsmittel und die Stapellasten eine mehr oder weniger hohe Bettungsschicht, die die Lasten entsprechend verteilt an die Tragglieder des Uferbauwerks weitergibt. Diese Ausbildungsform wird beispielsweise bei überbauten Böschungen mit lastverteilender Bettungsschicht auf der Pierplatte angewendet (Tabelle E 5-1 b)).

Im Grundfall 3 belasten die Verkehrsmittel und die Stapellasten nur den Erdkörper hinter der Ufereinfassung, die aus den Nutzlasten demnach nur mittelbar über einen erhöhten Erddruck zusätzlich belastet wird. Kennzeichnend hierfür sind reine Uferspundwände oder teilgeböschte Ufer (Tabelle E 5-1 c))

Zwischen den drei Grundfällen gibt es auch Übergangsfälle, die entsprechend eingeschaltet werden können, wie z. B. Pfahlrostmauern mit kurzer Rostplatte.

Grundfall	Verkehrslasten				Lagerflächen außerhalb des Verkehrsbandes
	Eisenbahn	Straßen			
		Fahrzeug	straßengebundene Krane	Fußgängerverkehr	
a) GRF1	Ausgabe v. 1. 1. 83 (DS 804) Vorschrift für Eisenbahnbrücken und sonstige Ingenieurbauwerke (VEI)	Lastannahmen nach DIN 1072 (Straßen- und Wegbrücken – Lastannahmen)	Gabelstaplerlasten nach DIN 1055 Pratzenlasten von 400 kN für Mobilkrane	5 KN/m²	Lasten nach der tatsächlich zu erwartenden Nutzung entsprechend Abschn. 5.5.6.
	Schwingfaktor: Die 1,0 überschreitenden Anteile können auf die Hälfte verringert werden.				
b) GRF2	Wie 1, jedoch weitere Abminderung des Schwingfaktors bis 1,0 bei Bettungshöhe h = 1,00 m. Bei Bettungshöhe h = 1,50 m gleichmäßig verteilte Flächenlast				
	52 kN/m²	33,3 kN/m²			
c) GRF3	Lasten wie bei GRF2 mit einer Bettungshöhe von mehr als 1,50 m				

Tabelle E 5-1. Lotrechte Nutzlasten

Wegen einer möglichen Nutzungsänderung der Flächen auf und hinter dem Bauwerk sollten die Nutzlastansätze realistisch gewählt werden, wie sie im Normalfall zu erwarten sind. Dabei ist davon auszugehen, daß die Sicherheit der Bauwerke durch sorgfältige Bodenaufschlüsse, genaue Erfassung der Bodeneigenschaften, gute Kenntnis der Beanspruchungen durch Erddruck und Wasserüberdruck sowie Stützung durch Erdwiderstand und einwandfreie statische Berechnung und Gestaltung klar erfaßt werden kann. Es besteht demnach keine Veranlassung, die Nutzlasten höher als für den Normalfall anzusetzen, sofern gewisse Minimalgrößen nicht unterschritten werden. Da die Nutzlasten im Grundfall 2 und vor allem im Grundfall 3 nur den kleineren Teil der Gesamtbelastung ausmachen, können dabei örtliche Nutzlaststeigerungen im allgemeinen im Rahmen erhöhter zulässiger Spannungen aufgenommen werden, ohne daß das gesamte Uferbauwerk für solche besonderen Lasten nach den üblicherweise zulässigen Spannungen bemessen werden müßte. Je höher die Eigenlasten und je besser die Möglichkeiten zur Lastausbreitung sind, um so geringer sind die örtlichen Zusatzbeanspruchungen eines Bauwerks aus Nutzlaststeigerungen.

Im Fall der Anwendung des neuen Sicherheitskonzepts sind für die einwirkenden Lasten Teilsicherheitsbeiwerte $\gamma_S = 1{,}0$ (vgl. Abschn. 0.1.1.1) einzusetzen.

Bezüglich der Zuordnung der jeweiligen Lasten zu den Lastfällen 1, 2 und 3 wird auf E 18, Abschn. 5.4 verwiesen.

5.5.2 Grundfall 1

Die Tragglieder des Uferbauwerks werden bei Verkehrslasten der Eisenbahn entsprechend dem Lastbild UIC[1] 71 der Vorschrift für Eisenbahnbrücken und sonstige Ingenieurbauwerke (VEI), Ausgabe vom 1.1.1983 (DS 804) bemessen. Für den Straßenverkehr sind die Lastannahmen nach DIN 1072 anzusetzen. Dabei ist im allgemeinen von der Brückenklasse 60/30 auszugehen. In den angegebenen Schwingfaktoren (DS 804) bzw. Schwingbeiwerten (DIN 1072), mit denen die Verkehrslasten der Hauptspur zu vervielfachen sind, können im allgemeinen wegen der langsamen Befahrung die 1,0 überschreitenden Anteile auf die Hälfte verringert werden. Bei Pierbrücken in Seehäfen sind Lasten aus Gabelstaplern gemäß DIN 1055 und Pratzendrücke für Mobilkrane von 400 kN anzusetzen, sofern in Sonderfällen nicht höhere Ansätze erforderlich sind.

Außerhalb des Verkehrsbands sind die tatsächlich zu erwartenden Auflasten aus Lagergut anzusetzen, wegen späterer möglicher Nutzungsänderungen aber mindestens 20 kN/m² (vgl. Abschn. 5.5.6). Wenn durch die Art der Anlage nur reiner Fußgänger- oder leichter PKW-Verkehr möglich bzw. zu erwarten ist, genügt eine Nutzlast von 5 kN/m².

5.5.3 Grundfall 2

Im wesentlichen wie Grundfall 1. Die Schwingfaktoren bzw. -beiwerte können jedoch je nach Bettungshöhe linear weiter abgemindert und

---

[1] UIC = Union Internationale des Chemins de Fer.

schließlich ganz außer acht gelassen werden, wenn die Bettungshöhe mindestens 1,00 m – bei eingepflasterten Gleisen ab Schienenoberkante, bei Straßenverkehr ab Straßenoberkante gerechnet – beträgt. Es ist aber eine feldweise Belastung zu berücksichtigen.

Ist die Bettungshöhe mindestens 1,50 m, kann die gesamte Verkehrslast durch eine gleichmäßig verteilte Flächenlast von 40 kN/m^2 oder durch die tatsächlich zu erwartenden Nutzlasten, jedoch nicht weniger als durch 20 kN/m^2 ersetzt werden. Bei reinem Fußgänger- oder leichtem PKW-Verkehr genügt eine Nutzlast von 5 kN/m^2.

5.5.4 Grundfall 3

Lasten wie bei Grundfall 2 mit einer Bettungshöhe von mehr als 1,50 m.

5.5.5 Lastansätze unmittelbar hinter dem Kopf der Ufereinfassung

Bei Betrieb mit schweren straßengebundenen Kranen oder ähnlich schweren Fahrzeugen und schweren Baugeräten, wie Raupenbagger und dergleichen, die knapp hinter der Vorderkante des Uferbauwerks entlangfahren, ist für die Bemessung der obersten Teile des Uferbauwerks einschließlich einer etwaigen oberen Verankerung anzusetzen:

a) Nutzlast = 60 kN/m^2 von Hinterkante Wandkopf landeinwärts auf 1,50 m Breite oder

b) Nutzlast = 40 kN/m^2 von Hinterkante Wandkopf landeinwärts auf 3,50 m Breite.

In a) und b) sind Einflüsse aus einer Pratzenlast $P = 400$ kN erfaßt, sofern der Abstand zwischen Achse Uferbauwerk und Achse Pratze mindestens 2 m beträgt.

5.5.6 Lastansätze außerhalb des Verkehrsbandes

Außerhalb des Verkehrsbandes werden in Anlehnung an [140] folgende Nutzlasten zugrunde gelegt, wobei für die Containerlasten eine Anpassung an die heutigen Erfordernisse vorgenommen wurde, da häufig 20′-Container ein Gesamtgewicht von 30 t aufzuweisen. Weiterhin wurden die Angaben für Papier und Stahl auf Werte angehoben, die der üblichen Betriebspraxis entsprechen

• Leichter Verkehr (PKW)	5 kN/m^2
• Allgemeiner Verkehr (LKW)	10 kN/m^2
• Stückgut	20 kN/m^2
• Container:	
– leer, in 4 Lagen gestapelt	15 kN/m^2
– gefüllt, in 2 Lagen gestapelt	35 kN/m^2
– gefüllt, in 4 Lagen gestapelt	55 kN/m^2
• Ro-Ro-Belastung	30–50 kN/m^2
• Mehrzweckanlagen	50 kN/m^2
• Offshore Nachschubbasen	50–150 kN/m^2

- Papier $\quad$ 55–90 kN/m^2
- Holzprodukte $\quad$ 70 kN/m^2
- Stahl $\quad$ 70–100 kN/m^2
- Kohle $\quad$ 200 kN/m^2
- Erz $\quad$ 300 kN/m^2

5.6 Wellendruck auf senkrechte Uferwände (E 135)

5.6.1 Allgemeines

Der Wellendruck bzw. die Wellenbewegung auf der Vorderseite einer Ufereinfassung ist in Rechnung zu stellen:

- bei Blockmauern im Sohlen- und im Fugenwasserdruck,
- bei überbauten Böschungen mit nicht hinterfüllter Vorderwand beim Ansatz des wirksamen Wasserüberdrucks von beiden Seiten der Wand,
- bei nicht hinterfüllten Spundwänden,
- bei den Beanspruchungen im Bauzustand,
- bei hinterfüllten Bauwerken allgemein auch wegen des abgesenkten Außenwasserspiegels im Wellental,
- bei der Beurteilung und Beseitigung der Kolkgefahr vor einer Uferwand.

Außerdem werden die Uferwände über Trossenzüge, Schiffstöße und Fenderdrücke aus der Schiffsbewegung durch Wellen unmittelbar belastet.

Außer für die Ermittlung des Wellendrucks ist die Wellenhöhe wichtig für das Festlegen der Kaimaueroberkante und der Hafensohle und die Wellenrichtung auch für die Hafenplanung und die Bauausführung.

Beim Ansatz des Wellendrucks auf senkrechte Uferwände sind drei Belastungsfälle zu unterscheiden, und zwar:

(1) Die Wand wird durch Wellen belastet, die am Bauwerk ganz oder teilweise reflektiert werden.

(2) Die Wand wird durch am Bauwerk brechende Wellen belastet.

(3) Die Wand wird durch Wellen belastet, die bereits vor dem Bauwerk gebrochen sind.

Welcher dieser drei Belastungsfälle maßgebend ist, hängt von der Wassertiefe, vom Seegang und von den morphologischen und topographischen Verhältnissen im Bereich des geplanten Bauwerks ab.

Hierfür sind die gemessenen oder in Verbindung mit einer Windanalyse aus einer Wellenvorhersage ermittelten Seegangdaten nach statistischen Verfahren und unter Berücksichtigung der Flachwassereinflüsse im Hinblick auf die Wahrscheinlichkeit ihres Auftretens auszuwerten.

5.6.2 Ermittlung der Wellenlasten für am Bauwerk reflektierte Wellen

Ein Bauwerk mit senkrechter oder annähernd senkrechter Vorderwand in einer Wassertiefe, die so groß ist, daß die höchsten ankommenden Wellen nicht brechen, wird durch den infolge Reflexion auf der Wasserseite erhöhten Wasserüberdruck beim Wellenberg bzw. von der Landseite her durch erhöhten Wasserüberdruck beim Wellental beansprucht.

Durch Überlagerung der ankommenden Wellen mit den zurücklaufenden bilden sich stehende Wellen. Die Belastung kann daher als quasi statisch aufgefaßt werden, obwohl sie periodisch ist, was bei der Bemessung berücksichtigt werden muß. Ihre Periode ist gleich derjenigen der Welle, die dem Entwurf zugrunde gelegt wird. Die Wellenhöhe wird dabei verdoppelt, wenn die Wellen rechtwinklig auf eine senkrechte oder annähernd senkrechte Wand zulaufen und keine Verluste auftreten (Reflexionskoeffizient $\varkappa = 1,0$). Sie ist auch in dieser Größe in die Berechnungen zu übernehmen.

Eine Abminderung bei schrägem Wellenangriff oder infolge von Teilreflexion ($\varkappa < 1,0$) bei entsprechender Ausführung der Kontaktfläche – zum Beispiel mit Perforation – kann nur aufgrund von Modellversuchen in ausreichend großem Maßstab empfohlen werden. Im übrigen wird auf E 136, Abschn. 5.7.3.2 hingewiesen.

Für die Berechnung bei senkrechtem Wellenangriff wird das Verfahren von SAINFLOU [20] nach Bild E 135-1 empfohlen. Dieses Verfahren liefert nach neueren Untersuchungen bei steilen Wellen allerdings zu große Belastungen. Nähere Angaben und genauere Bemessungsverfahren sind in CERC [21] angegeben.

In Bild E 135-1 bedeuten:

H = Höhe der anlaufenden Welle [m],

L = Länge der anlaufenden Welle [m],

h = Wasserspiegelanhebung bei Wellenbewegung = Höhendifferenz zwischen dem Ruhewasserspiegel und der mittleren Spiegelhöhe im Reflexionsbereich vor der Wand

$$= \frac{\pi \cdot H^2}{L} \cdot \coth \frac{2 \cdot \pi \cdot d}{L} \, [\text{m}],$$

Δh = Differenzhöhe zwischen dem Ruhewasserspiegel vor der Wand und dem Grundwasser- bzw. rückwärtigen Hafenwasserspiegel [m],

d_s = Wassertiefe beim Grundwasser- bzw. rückwärtigen Hafenwasserspiegel [m],

γ = Wichte des Wassers [kN/m³],

p_1 = Druckerhöhung (Wellenberg) bzw. -verringerung (Wellental) am Fußpunkt des Bauwerks infolge Wellenwirkung

$$= \gamma \cdot H / \cosh \frac{2 \cdot \pi \cdot d}{L} \, [\text{kN/m}^2],$$

p_0 = maximale Wasserüberdruckordinate in Höhe des landseitigen Wasserspiegels entsprechend Bild E 135-1 c)

$$p_0 = (p_1 + \gamma \cdot d) \cdot \frac{H + h - \Delta h}{H + h + d} \, [\text{kN/m}^2],$$

p_x = Wasserüberdruckordinate in Höhe des Wellentales entsprechend Bild E 135-1 d) =

$$= \gamma \cdot (H - h + \Delta h) \, [\text{kN/m}^2].$$

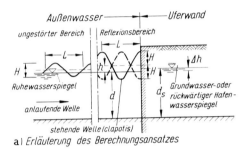

a) Erläuterung des Berechnungsansatzes

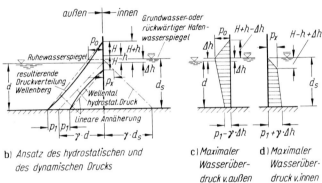

b) Ansatz des hydrostatischen und des dynamischen Drucks

c) Maximaler Wasserüberdruck v. außen

d) Maximaler Wasserüberdruck v. innen

Bild E 135-1. Dynamische Druckverteilung an einer lotrechten Wand bei totaler Reflexion der Wellen in Anlehnung an SAINFLOU [20] sowie Wasserüberdrücke bei Wellenberg und Wellental

In Wirklichkeit tritt ein Fall mit rein stehenden Wellen nie auf. Auch wenn die Wellen nicht brechen, verursacht die Unregelmäßigkeit der Wellen gewisse dynamische Wellenstoßbelastungen. In vielen Fällen ist der Impuls dieser Wellenstöße aber gegenüber den vorstehenden Lastansätzen vernachlässigbar.

5.6.3   Wellenlasten bei brechenden Wellen

An einem Bauwerk brechende Wellen können Aufschlagdrücke von 10 000 kN/m² und mehr ausüben. Diese Druckspitzen sind allerdings örtlich begrenzt und wirken nur mit sehr kurzer Dauer (1/100 s bis 1/1000 s).

Es gibt allerdings bisher weder eine vertrauenswürdige Berechnungsart noch eine empirische Formel, um diese Belastungen zu bestimmen. Durch die Anordnung des Bauwerks sollte deshalb – wenn irgend möglich – vermieden werden, daß hohe Wellen unmittelbar an diesem brechen. Sollte es nicht möglich sein, das Bauwerk so anzuordnen, daß brechende Wellen nicht den Bemessungsfall darstellen, sind für die endgültige Bemessung des Bauwerks und seiner Teile Modelluntersuchungen in möglichst großem

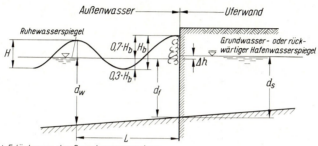

a) *Erläuterung des Berechnungsansatzes*

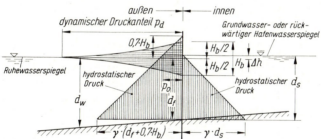

b) *Ansatz des hydrostatischen und des dynamischen Wasserdrucks*

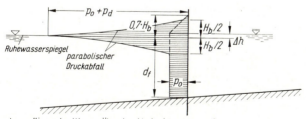

c) *resultierende Wasserüberdruckbelastung von außen*

Bild E 135-2. Wellenangriff und dynamische und hydrostatische Wasserdruckverteilung und resultierender Wasserüberdruck an einer lotrechten Wand im Augenblick des Brechens der Welle, sinngemäß nach MINIKIN [22]

Maßstab dringend zu empfehlen, um die Ergebnisse nach den im folgenden beschriebenen Rechnungsansätzen zu überprüfen.

Für Vorentwürfe am gebräuchlichsten ist bisher das Berechnungsverfahren nach Bild E 135-2, sinngemäß nach MINIKIN [22].

Der Gesamtwasserdruck wird nach Bild E 135-2 b) aus der Überlagerung einer hydrostatischen und einer aus dem Wellenstoß herrührenden dynamischen Wasserdruckverteilung zusammengesetzt. Die näherungsweise Annahme des maximalen dynamischen Wasserdrucks in Höhe des Ruhewasserspiegels mit parabolischem Druckabfall gegen Null im Bereich der Wellenhöhe kommt den Meßergebnissen in der Natur und an großen Modellen noch am nächsten.

In Bild E 135-2 bedeuten:

H_b = Wellenhöhe im Augenblick des Brechens [m],

d_w = Wassertiefe, eine volle Wellenlänge vom Bauwerk entfernt [m],

d_f = Wassertiefe am Bauwerksfuß [m],

d_s = Wassertiefe beim Grundwasser- bzw. rückwärtigen Hafenwasserspiegel [m],

L = Wellenlänge entsprechend d_w [m],

Δh = Differenzhöhe zwischen dem Ruhewasserspiegel vor der Wand und dem Grundwasser- bzw. rückwärtigen Hafenwasserspiegel [m],

p_0 = hydrostatische Druckordinate in Höhe des landseitigen Grundwasser- bzw. Hafenwasserspiegels

$= \gamma \cdot (0{,}7 \cdot H_b - \Delta h)$ [kN/m²],

p_d = größter dynamischer Wasserdruck in Höhe des Ruhewasserspiegels =

$$= \text{rd. } 100 \cdot \gamma \cdot \frac{H_b}{L} \cdot \frac{d_t}{d_w} \cdot (d_w + d_f) \ [\text{kN/m}^2].$$

Für die Bestimmung der in den Bildern E 135-2 b) und c) angegebenen Wasserdruckordinaten sowie der resultierenden Kräfte und Momente als Funktionen der Wellenparameter werden die Diagramme in CERC [21] empfohlen.

Für den nach außen gerichteten Wasserüberdruck beim Wellental gilt Abschn. 5.6.2 sinngemäß.

5.6.4   Wellenlasten bei bereits gebrochenen Wellen

Eine näherungsweise Ermittlung der Angriffskräfte der bereits gebrochenen Welle ist nach CERC [21] möglich. Es wird angenommen, daß die gebrochene Welle mit der gleichen Höhe und Geschwindigkeit, die sie beim Brechen hatte, weiterläuft. Das bedeutet, daß sich im Moment des Brechens die Bewegung der Wasserteilchen von einer schwingenden in eine translatorische ändert (Bild E 135-3).

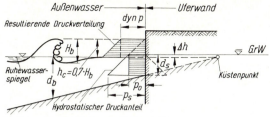

a) *Uferwand seewärts des Küstenpunktes*

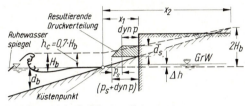

b) *Uferwand landwärts des Küstenpunktes*

Bild E 135-3. Resultierende dynamische und hydrostatische Druckverteilung an einer lotrechten Wand bei bereits gebrochenen Wellen, sinngemäß nach CERC [21]

In Bild E 135-3 a) bedeuten:

H_b = Wellenhöhe im Augenblick des Brechens [m],
d_b = Wassertiefe am Brechpunkt [m],
h_c = $0,7 \cdot H_b$ [m],
Δh = Differenzhöhe zwischen dem Ruhewasserspiegel und dem Grundwasserspiegel [m].

Die Drücke errechnen sich nach folgenden Formeln:

$$\mathrm{dyn}\,p \approx 1/2 \cdot \gamma \cdot d_b \ [\mathrm{kN/m^2}],$$
$$p_s = \gamma \cdot (d_s + h_c - \Delta h) \ [\mathrm{kN/m^2}],$$
$$p_0 = \gamma \cdot (h_c - \Delta h) \ [\mathrm{kN/m^2}].$$

Die zu Bild E 135-3 b) gehörenden Formeln lauten:

$$\bar{d}_s = h_c \cdot \left(1 - \frac{x_1}{x_2}\right) \ [\mathrm{m}],$$

$$\mathrm{dyn}\,p = 1/2 \cdot \gamma \cdot d_b \cdot \left(1 - \frac{x_1}{x_2}\right)^2 \ [\mathrm{kN/m^2}],$$

$$p_s = \gamma \cdot \bar{d}_s = \gamma \cdot h_c \cdot \left(1 - \frac{x_1}{x_2}\right) \ [\mathrm{kN/m^2}].$$

Berechnungsbeispiele sind in CERC [21] angegeben.

131

5.6.5　Zusätzliche Lasten im
　　　　Zusammenhang mit Wellendruck

Hat das Bauwerk auf der Wasserseite keinen dichten Abschluß, z. B. in Form einer Spundwand, sondern steht es auf einer durchlässigen Bettung, muß gleichzeitig mit dem Wasserdruck auf die Wandflächen auch ein zusätzlicher Sohlenwasserdruck aus den Welleneinflüssen berücksichtigt werden. Entsprechend ist auch bei größeren Blockfugen zu verfahren.

5.7　Ermittlung der Bemessungswelle für See- und Hafenbauwerke (E 136)

5.7.1　Allgemeines

Zur Bemessung von See- und Hafenbauwerken muß der Seegang im Planungsgebiet statistisch analysiert werden. Dabei müssen die Wellenhöhen, -perioden, -längen und -richtungen unter Berücksichtigung der Windverhältnisse sowie der Tide und der Strömungen nach ihren jahreszeitlichen Häufigkeiten untersucht werden. Für das Festlegen der Bemessungswelle ist zusätzlich das Schadenrisiko für das Bauwerk sorgfältig zu überlegen.

Eine umfassende Darstellung des Erkenntnisstandes hierzu ist im Rahmen dieser Empfehlungen nicht möglich. Das Einschalten eines im Küsteningenieurwesen tätigen, erfahrenen Instituts oder Ingenieurbüros zur Untersuchung der Wellenverhältnisse im Planungsgebiet und gegebenenfalls zur Durchführung oder Betreuung hydrographischer Untersuchungen in der Natur und zur Durchführung von hydraulischen Modellversuchen wird dringend empfohlen.

5.7.2　Darstellung des Seegangs und statistische Verhältnisse

5.7.2.1　Definitionen

Es werden unter anderem folgende Arten des Seegangs unterschieden:
- Windsee = kurzkämmige, vom Wind ständig beeinflußte Wellen großer Steilheit,
- Dünung = langkämmige, aus dem Windfeld herausgewanderte Wellen mit geringerer Steilheit,
- Tiefwasserwellen = Wellen, bei denen das Verhältnis Wassertiefe d/Wellenlänge $L \geqq 0,5$ ist,
- Wellen im Übergangsbereich = Wellen, bei denen $d/L < 0,5$ und $> 0,04$ ist,
- Flachwasserwellen = Wellen, bei denen $d/L \leqq 0,04$ ist,
- Brechende Wellen = Wellen, die sich überschlagen. Sie werden unterschieden in Reflexionsbrecher, Sturzbrecher und Schwallbrecher.

Im übrigen wird auf Abschn. 5.7.2.4 und 5.7.2.7 verwiesen.

5.7.2.2   Beschreibung des Seegangs

Der Seegang läßt sich in zwei Formen erfassen:

(1) Durch Darstellung mit kennzeichnenden Wellenparametern (Wellenhöhen und -perioden), die entsprechend Abschn. 5.7.2.5 als arithmetische Mittelwerte definiert werden.

(2) Durch Darstellung als Wellenspektrum, unter dem der Energiegehalt des Seegangs als Funktion der Wellenfrequenz zu verstehen ist. Ein solches Spektrum kann aufgestellt werden ohne Berücksichtigung der Wellenangriffsrichtung (eindimensionales Spektrum) oder für jede Himmelsrichtung getrennt (Richtungsspektrum).

Im Ingenieurbau wird vorwiegend die Darstellung nach (1) verwendet. Darüber hinaus werden, insbesondere bei der Untersuchung der Standsicherheit von See- und Hafenbauwerken im hydraulischen Modellversuch, auch spektrale, energetische Darstellungen nach (2) angewendet, da sie umfassender sind.

5.7.2.3   Ermittlung des vom Bauwerk unbeeinflußten Seegangs

Er wird ermittelt durch:

(1) Direkte Messungen über einen möglichst langen Zeitraum. Die Messungen werden im allgemeinen intermittierend, zum Beispiel in 3- oder 6stündigen Abständen, durchgeführt.

(2) Ermittlung der kennzeichnenden Größen nach einem Wellenvorhersageverfahren.

Gebräuchliche Verfahren für die praktische Wellenvorhersage werden in CERC [21] angegeben.

Diese Verfahren erbringen Aussagen über die kennzeichnenden Wellenhöhen. Weitere Verfahren siehe [23] und [24].

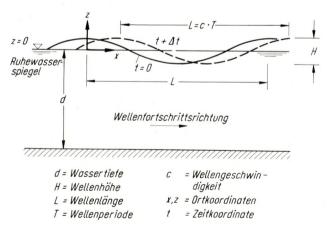

d = Wassertiefe c = Wellengeschwindigkeit
H = Wellenhöhe
L = Wellenlänge x,z = Ortskoordinaten
T = Wellenperiode t = Zeitkoordinate

Bild E 136-1. Fortschreitende Schwerewelle, Bezeichnungen

5.7.2.4   Wichtige Bezeichnungen in der Wellentheorie
Die wichtigsten Bezeichnungen sind in Bild E 136-1 erklärt.

5.7.2.5   Darstellung des Seegangs als
Wellenhöhen-Häufigkeitsverteilung
In der Ingenieurpraxis wird der Seegang zweckmäßig in Form einer Häufigkeitsverteilung der Wellenhöhen dargestellt (Bild E 136-2), die auch die für die Bemessung üblichen definierten Wellenhöhen H zeigt.

n = prozentuale Häufigkeit der Wellenhöhen H im Beobachtungszeitraum.

Die in Bild E 136-2 eingetragenen Wellenhöhen H sind wie folgt definiert:

H_m = arithmetischer Mittelwert aller Wellenhöhen einer Seegangaufzeichnung [m],

H_d = häufigste Wellenhöhe [m],

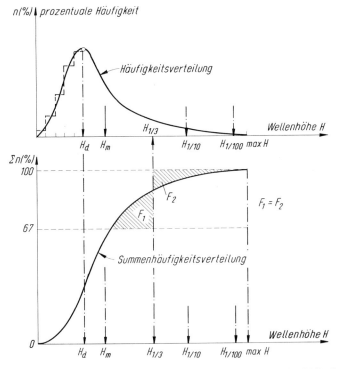

Bild E 136-2. Häufigkeits- und Summenhäufigkeitsverteilung der Wellenhöhen in %, in Anlehnung an [25]

$H_{1/3}$ = kennzeichnende Wellenhöhe =
= arithmetischer Mittelwert der 33% höchsten Wellen,
$H_{1/10}$ = arithmetischer Mittelwert der 10% höchsten Wellen,
$H_{1/100}$ = arithmetischer Mittelwert der 1% höchsten Wellen,
max H = maximale Wellenhöhe [m].

Zur praktischen Auswertung von Seegangsmessungen können auch Verfahren der Kurzzeit- und der Langzeitstatistik herangezogen werden. Die Häufigkeitsverteilung der Wellenhöhen (Bild E 136-2 oben) sollte hierfür zweckmäßig auf geeignetem Funktionspapier so dargestellt werden, daß die Meßwerte auf einer Geraden liegen. Durch Extrapolation kann dann – je nach dem Untersuchungsfall – beispielsweise die höchste von 1000 Wellen bzw. die höchste Welle in 50 oder 100 Jahren gefunden werden.

Von den Verfahren zur Auswertung von Wellenaufzeichnungen wird das Nulldurchgangsverfahren nach [24] empfohlen (Bild E 136-3).

Die Messungen eines unregelmäßigen Seegangs werden häufig über eine FOURIER-Analyse elektronisch ausgewertet, mit deren Hilfe sich dann ein Spektrum der Energiedichte zeichnen läßt (vgl. Abschn. 5.7.2.2 (2)).

5.7.2.6   Statistische Verhältnisse im Seegang

Aus der in Bild E 136-2 dargestellten Häufigkeitsverteilung ergeben sich nach [24] annähernd:

H_m = $0{,}63 \cdot H_{1/3}$,
$H_{1/10}$ = $1{,}27 \cdot H_{1/3}$,
$H_{1/100}$ = $1{,}67 \cdot H_{1/3}$.

Zur Erfassung der größten Wellenhöhe kann bei hohen Risikoanforderungen, auch bei langandauernden Stürmen, mit

$$\max H = 2 \cdot H_{1/3}$$

gerechnet werden.

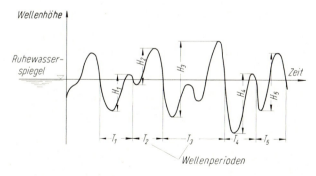

Bild E 136-3. Seegangsauswertung nach dem Nulldurchgangsverfahren [24]

5.7.2.7 Wellentheorien

Beim Einlaufen der Wellen aus dem tiefen in flaches Wasser sind morphologisch/topographische und bauwerksbedingte Einflüsse wirksam, die bei der Ermittlung der Wellenkennwerte im Planungsgebiet berücksichtigt werden müssen.

Die Theorien zur Darstellung regelmäßiger Wellen lassen sich nach [27] generell in folgende zwei Klassen einteilen:

- Theorien für Wellen mit kleiner Amplitude,
- Theorien für lange Wellen.

Weiteres über Wellentheorien und physikalische Beziehungen siehe [24], [27] und [28].

Quantitativ sind die Anwendungsbereiche verschiedener Theorien in Bild E 136-4 angegeben.

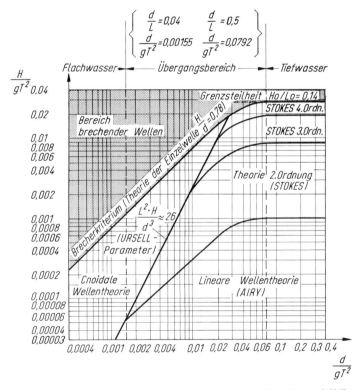

Bild E 136-4. Anwendungsbereiche verschiedener Wellentheorien nach [27] und [21], in doppelt logarithmischem Maßstab dargestellt

5.7.3 Ermittlung der Bemessungswelle

Zur Erfassung der statistischen Verhältnisse für die Bemessungswelle von Bauwerken kann eine Idealisierung des Seegangs durch regelmäßige Wellen vorgenommen werden. Für die Idealisierung sind die in Abschn. 5.7.2.5 definierten Wellenkennwerte geeignet. Fallweise ist es bei Dauerfestigkeitsuntersuchungen mit Modellen aber möglich und besser, die tatsächliche Häufigkeitsverteilung im betrachteten Zeitraum anzusetzen.

5.7.3.1 Wellenvorhersage

Die für die Wellenvorhersage wichtigsten Einflüsse sind:

● Windstärke, -richtung und -dauer,
● Windfeldausdehnung,
● wirksame Streichlänge,
● Wassertiefe.

In der Auswertung sind der Tief- und der Flachwasserbereich zu unterscheiden. Für beide Fälle liegen Diagramme vor [21]. Eine kritische Analyse der verschiedenen Vorhersageverfahren findet sich in [24] und [29]. Die Auswahl eines geeigneten Verfahrens ist von Fall zu Fall anhand der örtlichen Gegebenheiten vorzunehmen und durch eine Wellennachrechnung abzusichern. Wenn möglich, sollten aber auch Wellenmessungen durchgeführt werden.

Die Wellenvorhersage ist für einen bestimmten Zeitraum vorzunehmen; z. B. Bestimmung des Maximums für 1 Jahr oder für mehrere Jahre (häufig 50 oder 100 Jahre). Der gewählte Zeitraum braucht dabei nicht mit der Lebensdauer des Bauwerks nach E 46, Abschn. 14.1 übereinzustimmen, darf diesen Wert aber nicht unterschreiten.

5.7.3.2 Umformung des Seegangs beim Einlaufen in flaches Wasser und beim Auftreffen auf Bauwerke

(1) Shoalingeffekt
Durch Grundberührung der Welle wird die Wellengeschwindigkeit und damit die Wellenlänge verringert. Die Wellenhöhe wird jedoch – nach einer örtlichen, geringfügigen Verkleinerung – aus Gründen des Energiegleichgewichts nach der Küste zu ständig vergrößert. Dieser Vorgang wird als Shoalingeffekt bezeichnet.
Der Shoaling-Faktor kann hinreichend genau nach der linearen Wellentheorie (z. B. nach [28]) errechnet werden.

(2) Bodenreibung und -durchströmung
Durch Reibungsverluste und Sickererscheinungen des Wassers an der Sohle wird die Wellenhöhe verringert. Diese Verluste sind in die Verfahren zur Wellenvorhersage teilweise aufgenommen worden. Einzelheiten siehe [23].

(3) Refraktion und Diffraktion
Refraktion tritt bei ansteigender Sohle auf, wenn die Wellen nicht

rechtwinklig zu den Tiefenlinien anlaufen. Dabei haben die Wellenfronten die Tendenz, sich parallel zur Küstenlinie einzustellen. Die Wellenenergie wird dabei verändert. Näheres hierzu siehe beispielsweise [28].

Diffraktion tritt auf, wenn Wellen auf Hindernisse (Inseln, Landzungen oder Bauwerke) treffen. Die Wellen laufen dabei in den Wellenschatten hinein, wobei die Wellenhöhe im allgemeinen verringert wird. An bestimmten Stellen außerhalb des Wellenschattens können aber auch Erhöhungen stattfinden.

Die bisherigen Berechnungsverfahren gelten nur für stark vereinfachte Randbedingungen und bauen im allgemeinen auf der linearen Wellentheorie auf. Diagramme zur Erfassung des Diffraktionseinflusses siehe [21].

(4) Bauwerkbedingte Reflexionen

Nichtbrechende Wellen der Höhe H werden am Ufer und an Bauwerken reflektiert. Die Reflexion wird durch den Reflexionskoeffizienten $\varkappa_R = H_R/H$ beschrieben. Dabei ist H_R = Höhe der reflektierten Welle. Der Reflexionskoeffizient $\varkappa_R$ ist in starkem Maße von der Wellensteilheit abhängig und dabei mit den im Wellenspektrum enthaltenen Wellen veränderlich.

Eine senkrechte Wand wirft eine normal dazu anlaufende Welle nahezu in voller Höhe zurück, so daß sich eine stehende Welle mit theoretisch doppelter Höhe der einfallenden Welle bildet.

Bei einer Wandneigung 1:1 liegt $\varkappa_R$ zwischen 0,7 und 1,0, bei der Neigung 1:4 bei 0,2, kann aber je nach Wellensteilheit bis auf 0,7 ansteigen. Weitere Angaben sind in [29] enthalten.

Der Reflexionsbeiwert wird auch durch die Art der Kontaktfläche zwischen Welle und Bauwerk mitbeeinflußt, z. B. durch Perforation. Er ist außerdem abhängig von der Richtung des Wellenangriffs.

Bezüglich der als Mach-Reflexion bezeichneten Aufsteilung der Wellen bei schrägem Wellenangriff wird auf [30] und [31] verwiesen.

(5) Brechende Wellen

Die Höhe der in flachem Wasser einlaufenden Tiefwasserwellen wird durch die Brecherbedingungen (Index b) begrenzt. Nach der Theorie der Einzelwelle ist:

$$H_b/d_b = 0{,}78 \text{ (Brechkriterium)}.$$

Dieser Wert kann aber nicht für ansteigende Deichvorländer und Sandstrände angewendet werden [32].

Für die Ingenieurpraxis sollte jedoch angenommen werden:

$$H_b/d_b = 1{,}0.$$

Auf ansteigenden Watten können aber auch Werte $H_b/d_b > 1$ auftreten [33].

Das Verhältnis der Brecherhöhe H_b zur Wassertiefe d_b ist nicht konstant.

Es ist eine Funktion der Strandneigung α und der Steilheit der Tiefwasserwelle H_0/L_0. Beide Einflüsse bestimmen auch die Form des Brechens als Reflexionsbrecher (surging/collapsing breaker), Sturzbrecher (plunging breaker) oder Schwallbrecher (spilling breaker). Nähere Einzelheiten können [34] entnommen werden. Mit den folgenden Bezeichnungen gelten die nachstehenden Beziehungen:

α = Neigungswinkel der Sohle,

$\dfrac{H}{L_0}$ = Wellensteilheit,

H = jeweilige Wellenhöhe,

L_0 = Länge der einfallenden Tiefwasserwelle,

$\xi = \dfrac{\tan\alpha}{\sqrt{H/L_0}}$ = Brecherbeiwert.

Die kritische Neigung der Sohle ist bei gegebenen H und L_0 näherungsweise dann vorhanden, wenn sich ein Brecherbeiwert $\xi = 2,3 = \text{krit}\,\xi$ errechnet.

Mit Hilfe von ξ läßt sich auch der Brechertyp in Anlehnung an die Nomenklatur von GALVIN [35] angeben. ξ kann definiert werden für die Tiefwasserwellenhöhe H_0 (ξ_0) oder für die Wellenhöhe am Brechpunkt H_b (ξ_b), (s. Tabelle E 136-1):

Bezeichnung der Brecher	ξ_0	ξ_b
Reflexionsbrecher	> 3,3	> 2,0
Sturzbrecher	0,5 bis 3,3	0,4 bis 2,0
Schwallbrecher	< 0,5	< 0,4

Tabelle E 136-1. Definierung der Brechertypen

Diese Werte beruhen auf Untersuchungen von BATTJES [34] mit Sohlenneigungen von 1:5 bis 1:20, wobei aber berücksichtigt werden muß, daß Unterwasserstrände häufig noch wesentlich flacher sind.

Schaumkronenbrecher (white capping) treten nur im tiefen Wasser der freien See auf und sind daher für Ufereinfassungen ohne Bedeutung.

Die Art des Brechens kann nach [36] auch durch die Brecherkennzahl $\beta = L_H/L_B$ beschrieben werden. Darin bedeuten:

L_H = Abstand des Brechpunkts vom Punkt, an dem die brandende Welle die Hälfte ihrer Höhe verloren hat,

L_B = Wellenlänge beim Erreichen des Brechpunkts.

Große Brecherkennzahlen ($\beta > 1$ bis 100 und mehr) treten bei Flächenbrandungen mit Schwallbrechern auf, kleine Brecherkennzahlen ($\beta < 1$) bei Linienbrandungen mit Sturzbrechern. Letztere führen zu hohen Energiebelastungen der Ufereinfassungen.

Bei Deich- und Deckwerkböschungen treten durchweg sehr kleine Brecherkennzahlen auf ($\beta < 0,1$). Die wesentlichen Brecherformen sind dann Sturzbrecher an flachen und Reflexionsbrecher an steilen Böschungen. Sturzbrecher erzeugen auf den Böschungen große Druckbeanspruchungen. Reflexionsbrecher führen zu einem besonders hohen Wellenauflauf, mit der Böschungsneigung zunehmend. Weiteres siehe [36] und [37]. Die Brecherhöhe läßt sich – abhängig von ζ – annähernd nach Tabelle E 136-2 bestimmen:

ξ_0	H_b/d_b
< 0,3	$0,8 \pm 0,1$
0,3 bis 0,5	$0,9 \pm 0,1$
0,5 bis 0,7	$1,0 \pm 0,1$
0,7 bis 2,2	$1,1 \pm 0,2$

Tabelle E 136-2. Bestimmung der Brecherhöhen

5.7.4 Schadenrisiko

Bauwerke, die gegen Überlastung weitgehend unempfindlich sind, können entsprechend dem zugelassenen Risiko gegen Überfluten oder Zerstören für eine geringere Wellenhöhe als $\max H$ bemessen werden.

Abhängig vom zulässigen Risiko für das zu erstellende Bauwerk wird als Bemessungsgrundlage die Höhe der Bemessungswelle H_{Bem} festgelegt. Die Tabelle E 136-3 bringt einige Beispiele:

Bauwerk	$H_{Bem}/H_{1/3}$
Wellenbrecher	1,0 bis 1,5
Geböschte Molen	1,6
Senkrechte Molen	1,8
Kaimauern mit Speichern	1,9
Baugrubenumschließungen	1,5 bis 2,0

Tabelle E 136-3. Festlegung der Bemessungswellenhöhen

Bei hohen Sicherheitsanforderungen sollte in jedem Falle das Verhältnis der Bemessungswellenhöhe H_{Bem} zur kennzeichnenden Wellenhöhe $H_{1/3}$ mit 2,0 angesetzt werden.

Bezüglich des Bemessungszeitraums wird auf Abschn. 5.7.3.1 verwiesen. Für Bohrplattformen wird hinsichtlich der Überschreitungswahrscheinlichkeit im allgemeinen ein Bemessungszeitraum von 50 Jahren angesetzt.

5.8 Lasten aus Schwall- und Sunkwellen infolge Wasserein- bzw. -ableitung (E 185)

5.8.1 Allgemeines

Schwall- und Sunkwellen entstehen in Gewässern durch vorübergehende oder vorübergehend verstärkte Wasserein- bzw. -ableitung. Schwall- und Sunkwellen treten jedoch nur bei im Verhältnis zur sekundlichen Einleitungs- bzw. Ableitungsmenge kleinen benetzten Gewässerquerschnitten wesentlich in Erscheinung. Der Berücksichtigung von Schwall- und Sunkwellen und ihrer Wirkungen auf Ufereinfassungen kommt daher im allgemeinen nur in Schiffahrtskanälen größere Bedeutung zu. In diesen Fällen sind die Wirkungen der Wasserstandsänderungen auf Böschungen, Gewässerauskleidungen, Uferdeckwerke und andere Anlagen zu berücksichtigen.

5.8.2 Ermittlung der Wellenwerte

Schwall- und Sunkwellen sind Flachwasserwellen im Bereich

$$\frac{d}{L} < 0,04$$

(vgl. E 136, Abschn. 5.7.2.1). Die Wellenlänge hängt von der Dauer der Wasserein- bzw. -ableitung ab. Die Wellenfortschrittsgeschwindigkeit kann überschläglich mit

$$c = \sqrt{g \cdot (d \pm 1,5\,H)} \quad \left[\frac{m}{s}\right] \quad \begin{cases} +\ \text{für Schwall} \\ -\ \text{für Sunk} \end{cases}$$

angesetzt werden.

Darin sind:

g = Erdbeschleunigung $\left[\dfrac{m}{s^2}\right]$,

d = Wassertiefe [m],

H = Anhebung bei Schwall bzw. Absenkung bei Sunk gegenüber dem Ruhewasserspiegel [m].

Bei kleinem Verhältnis $\dfrac{H}{d}$ kann

$c = \sqrt{g \cdot d}$ gesetzt werden.

Die Wasserspiegelanhebung beziehungsweise -absenkung ergibt sich überschläglich zu

$$H = \pm \frac{Q}{c \cdot B}$$

worin

Q = sekundliche Wassereinleitungs- bzw. -ableitungsmenge $\left[\dfrac{m^3}{s}\right]$

und

B = mittlere Wasserspiegelbreite [m] sind.

Die Wellenhöhe kann sich durch Reflexionen oder nachfolgende Schwall- oder Sunkwellen vergrößern oder verkleinern. Besonders bei gleichmäßigen Kanalquerschnitten und glatter Kanalauskleidung ist die Wellendämpfung gering, so daß die Wellen vor allem bei kurzen Haltungen mehrmals hin- und herlaufen können.

In Schiffahrtskanälen ist die häufigste Ursache der Schwall- und Sunkerscheinungen die Ein- bzw. Ableitung von Schleusungswasser. Zur Vermeidung extremer Schwall- und Sunkerscheinungen wird die Schleusungswassermenge in der Regel auf 70 bis höchstens 90 m³/s begrenzt.

Die Schwall- und Sunkwellen sind gegebenenfalls mit anderen gleichzeitig möglichen Wasserspiegelschwankungen, beispielsweise aus Windstau oder Schiffswellen zu überlagern.

5.8.3 Lastansätze

Bei den Lastannahmen für Ufereinfassungen ist die hydrostatische Last aus der Höhe der Schwall- oder Sunkwelle und ihrer möglichen Überlagerung in der jeweils ungünstigsten Zusammensetzung zu berücksichtigen.

Wegen der langperiodischen Gestalt der Schwall- und Sunkwellen ist bei durchlässigen Deckwerten der daraus herrührende Einfluß auf das Strömungsgefälle des Grundwassers gleichfalls zu überprüfen.

Dynamische Wirkungen der Schwall- und Sunkwellen können wegen der meist geringen Strömungsgeschwindigkeiten, die bei diesen Wellen auftreten, vernachlässigt werden.

5.9 Auswirkungen von Wellen aus Schiffsbewegungen (E 186)

5.9.1 Allgemeines

Vom fahrenden Schiff gehen stets Wellen verschiedener Art aus, die je nach den örtlichen Gegebenheiten zu unterschiedlichen Beanspruchungen der Ufereinfassungen führen.

Außerdem entsteht vor dem fahrenden Schiff durch die Wasserverdrängung ein Wasseraufstau, die sogenannte Stauwelle, und infolge der Rückströmung unter und neben dem Schiff eine Wasserspiegelabsenkung, die den Aufstau im allgemeinen um ein Mehrfaches überschreitet. Stauwelle und Absenkung treten in begrenztem Fahrwasser besonders deutlich in Erscheinung und sind als hydrostatische Lasten auf Ufereinfassungen zu berücksichtigen.

5.9.2   Wellengrößen

Die Bugwellen breiten sich vom Schiffsbug unter einem bestimmten Winkel α aus. Die Ausbreitungsrichtung ist für Schiffswellen unter Tiefwasserbedingungen wegen der Beziehungen zwischen Wellen- und Wellengruppengeschwindigkeit unabhängig von der Fahrgeschwindigkeit und liegt etwa 19° zur Fahrtrichtung. Die Wellenkammrichtung ist zur Ausbreitungsrichtung etwa unter 35° geneigt, wobei die Wellenkämme etwa unter 54° gegen die Fahrtrichtung geneigt sind.

Im folgenden werden nachstehende Formelzeichen verwendet:

d = Wassertiefe [m],
L = Wellenlänge [m],
g = Erdbeschleunigung [m/s²],
v_s = Relativgeschwindigkeit des Schiffes gegenüber dem Gewässer [m/s],
L_H = Länge der Heckwelle [m],
L_B = Länge der Bugwelle [m],
H_1 = Höhe der Einzelwelle über dem Ruhewasserspiegel [m],
c = Fortschrittsgeschwindigkeit der Stauwelle [m/s].

Bei Verhältnissen $d/L < 0{,}5$ wird die Richtung der Bugwellen von der Fahrgeschwindigkeit abhängig und erreicht unter Flachwasserbedingungen

$$\left(\frac{d}{L} \leq 0{,}04\right) \text{ den Wert } \sin \alpha = \frac{\sqrt{g \cdot d}}{v_s}.$$

Die Heckwellen haben die Fortschrittsrichtung des Schiffs. Ihre Wellenkämme verlaufen daher rechtwinklig zur Fahrtrichtung. Die Wellenlänge der Heckwellen kann entsprechend der Fahrgeschwindigkeit zu etwa

$$L_H = v_s^2 \cdot \frac{2 \cdot \pi}{g}$$

angesetzt werden. Die Wellenlänge der Bugwelle ist

$$L_B = 2/3\ L_H.$$

Die Wellenhöhen sind von Schiffsform und Fahrtgeschwindigkeit abhängig und überschreiten im allgemeinen nicht 0,6 m.

Die Stauwelle kann als sogenannte „Einzelwelle", das heißt als Welle mit nur einem Scheitel der Höhe H_1 über dem Ruhewasserspiegel aufgefaßt werden. Sie eilt mit der Fortschrittsgeschwindigkeit

$$c = \sqrt{g \cdot (d + H_1)}$$

im allgemeinen dem Schiff voraus, so daß durch fortlaufend neuen Aufstau eine sehr langgezogene Stauwelle von mehreren 100 m bis 1 km entsteht. Die Stauhöhe ist im allgemeinen gering und überschreitet selten 0,2 m.

Bei im Vergleich zur Wasserspiegelbreite verhältnismäßig großer Wassertiefe, also bei Verhältnissen, wie sie in Schiffahrtskanälen vorliegen, ist anstelle der Wassertiefe der hydraulische Radius F_w/U_w zu setzen. Da gleichzeitig H_1/d klein ist, geht die Gleichung der Wellenfortschrittsgeschwindigkeit über in

$$c = \sqrt{g \cdot \frac{F_w}{U_w}}.$$

F_w = benetzter Gewässerquerschnitt [m^2],
U_w = benetzter Umfang (Sohle und Böschungen) des Gewässers [m].

Die Wasserspiegelabsenkung korrespondiert mit der Rückströmung unter und neben dem eingetauchten Schiffskörper und ist in Form und Größe von der Schiffsform, dem Schiffsantrieb, der Fahrgeschwindigkeit des Schiffs und den Fahrwasserbedingungen abhängig (Verhältnis n des benetzten Gewässerquerschnitts zum eingetauchten Hauptspantquerschnitt des Schiffs, Ufernähe und -form). Die Absenkung überschreitet selten 0,8 m.

5.9.3   Lastansätze

Die Bug- und Heckwellen sind besonders in ihren Auswirkungen auf Böschungen und Uferdeckwerke in begrenztem Fahrwasser zu berücksichtigen. Die maßgebenden Lasten ergeben sich dabei aus der Druckzu- und -abnahme der Wellenhöhe und der Wellenbrechung beim Übergang in den Flachwasserbereich an der Böschung, und zwar abhängig von der Wellenlaufrichtung. Stauwelle und Wasserspiegelabsenkung sind in ihrer Wirkung auf Ufereinfassungen mit der hydrostatischen Druckänderung zu berücksichtigen. Bei möglichen Reflexionen, beispielsweise in kurzen Abzweigungen mit senkrechtem Abschluß (Schleusenvorhäfen), können die Stau- oder Absenkungshöhe sich bis zum doppelten Wert vergrößern. Genauere Werte können in Modellversuchen ermittelt werden. Der Zeitverlauf des Aufstaus bzw. der Absenkung ist gegebenenfalls bei durchlässigen Ufereinfassungen mit seinem Einfluß auf die Grundwasserbewegung zu berücksichtigen. Auf die möglichen Auswirkungen auf selbsttätig arbeitende Verschlüsse, beispielsweise von Deichsielen (Auf- und Zuschlagen der Tore infolge der plötzlichen Druckänderungen) sowie auf Schleusentore wird hingewiesen.

Bezüglich der Wasserspiegelabsenkung aus Schiffsverkehr bei Kanaluferwänden wird auf E 106, Abschn. 6.5.3 verwiesen.

Weitere Einzelheiten sowie Wellenwerte für bestimmte Fälle können beispielsweise [123], [124] und [125] entnommen werden.

5.10 Wellendruck auf Pfahlbauwerke (E 159)

5.10.1 Allgemeines

Bei der Berechnung von Pfahlbauwerken sind die aus der Wellenbewegung herrührenden Lasten sowohl hinsichtlich der Belastung des Einzelpfahls als auch des gesamten Pfahlbauwerks zu berücksichtigen. Die Überbauten sollten möglichst oberhalb des Kamms der Bemessungswelle angeordnet werden. Andernfalls können große Horizontal- und Vertikallasten aus dem unmittelbaren Wellenangriff auf die Überbauten einwirken, deren Ermittlung nicht Gegenstand dieser Empfehlung ist. Die Höhe des Kamms der Bemessungswelle ist unter Berücksichtigung des gleichzeitig auftretenden höchsten Ruhewasserspiegels, gegebenenfalls auch des Windstaus, des Gezeiteneinflusses und des Anhebens und des Aufsteilens der Wellen im Flachwasser zu ermitteln.

Hinsichtlich der Berechnungsverfahren sind das Überlagerungsverfahren nach MORISON, O'BRIEN, JOHNSON und SCHAAF für schlanke Bauteile [38] und Verfahren auf der Grundlage der Diffraktionstheorie für breitere Bauwerke [39] zu unterscheiden.

Gegenstand dieser Empfehlung ist das Überlagerungsverfahren nach MORISON [21], welches für nichtbrechende Wellen gilt. Für brechende Wellen wird unter Abschn. 5.10.5 in Ermangelung genauer Rechenansätze ein Behelfsverfahren vorgeschlagen.

Das Verfahren nach MORISON liefert brauchbare Werte, wenn für den Einzelpfahl

$$\frac{D}{L} \leq 0,05 \text{ ist.}$$

Darin sind:

D = Pfahldurchmesser oder bei nicht kreisförmigen Pfählen charakteristische Breite des Bauteils (Breite quer zur Anströmrichtung) [m].

L = Länge der Bemessungswelle [m] nach E 136, Abschn. 5.7 in Verbindung mit Tabelle E 159-1, Nr. 3.

Die meisten Pfahlbauwerke erfüllen dieses Kriterium.

Für die Ermittlung der Wellenlasten wird auf [42] und [21] verwiesen, in denen Tabellen und Diagramme für die Rechendurchführung enthalten sind. Die Diagramme in [21] bauen auf der Stromfunktion-Theorie auf und sind für Wellen unterschiedlicher Steilheiten bis an die Grenze zum Brechen hin anwendbar, während die Diagramme in [42] nur unter den Voraussetzungen der linearen Wellentheorie gültig sind.

5.10.2 Berechnungsverfahren nach MORISON [38]

Die Wellenlast auf einen Einzelpfahl setzt sich aus den Anteilen

    Strömungsdruckkraft und

    Beschleunigungskraft (Trägheitskraft)

zusammen, die getrennt bestimmt und phasengerecht überlagert werden müssen.

Die horizontale Gesamtlast je Längeneinheit ergibt sich nach [41], [43] und [21] für einen vertikalen Pfahl zu:

$$p = p_D + p_M = C_D \cdot \frac{1}{2} \cdot \frac{\gamma_w}{g} \cdot D \cdot u \cdot |u| + C_M \cdot \frac{\gamma_w}{g} \cdot F \cdot \frac{\partial u}{\partial t}.$$

Für einen Pfahl mit Kreisquerschnitt ist danach:

$$p = C_D \cdot \frac{1}{2} \cdot \frac{\gamma_w}{g} \cdot D \cdot u \cdot |u| + C_M \cdot \frac{\gamma_w}{g} \cdot \frac{D^2 \cdot \pi}{4} \cdot \frac{\partial u}{\partial t}.$$

In diesen Formeln bedeuten:

p_D	= Strömungsdruckkraft infolge des Strömungswiderstands je Längeneinheit des Pfahls [kN/m],
p_M	= Trägheitskraft infolge der instationären Wellenbewegung je Längeneinheit des Pfahls [kN/m],
p	= Gesamtlast je Längeneinheit des Pfahls [kN/m],
C_D	= Widerstandsbeiwert des Strömungsdrucks [1],
C_M	= Widerstandsbeiwert der Strömungsbeschleunigung [1],
g	= Erdbeschleunigung [m/s²],
γ_w	= Wichte des Wassers (z.B. 10,06 kN/m³ bei Nordseewasser),
u	= Horizontale Komponente der Geschwindigkeit der Wasserteilchen am betrachteten Pfahlort [m/s],
$\frac{\partial u}{\partial t} \approx \frac{du}{dt}$	= Horizontale Komponente der Beschleunigung der Wasserteilchen am betrachteten Pfahlort [m/s²],
D	= Pfahldurchmesser oder (bei nicht kreisförmigen Pfählen) charakteristische Breite des Bauteils [m],
F	= Querschnittsfläche des umströmten Pfahles im betrachteten Bereich in Strömungsrichtung [m²].

Die in die MORISON-Formel eingehende Geschwindigkeit und Beschleunigung der Wasserteilchen werden aus den Wellengleichungen errechnet. Diesen können unterschiedliche Wellentheorien zugrunde liegen, deren Anwendungsbereiche, abhängig von Wellenhöhe, Wellenperiode und Wassertiefe aus E 136, Bild E 136-4, Abschn. 5.7.2.7 ersehen werden können. Für die lineare Wellentheorie sind die zur Berechnung der Geschwindigkeit und der Beschleunigung erforderlichen Beziehungen in Tabelle E 159-1 zusammengestellt. Für die Anwendung von Theorien höherer Ordnung wird auf [21] und [44] verwiesen.

	Flachwasser $\frac{d}{L} < \frac{1}{25}$	Übergangsbereich $\frac{1}{25} < \frac{d}{L} < \frac{1}{2}$	Tiefwasser $\frac{d}{L} > \frac{1}{2}$
1. Profil der freien Oberfläche	Allgemeine Gleichung $\eta = \frac{H}{2} \cdot \cos\vartheta$		
2. Wellengeschwindigkeit	$c = \frac{L}{T} = \frac{g}{\omega} kd = \sqrt{gd}$	$c = \frac{L}{T} = \frac{g}{\omega} \tan h\,(kd) = \sqrt{\frac{g}{k} \tan h\,(kd)}$	$c = \frac{L}{T} = \frac{g}{\omega} = \sqrt{\frac{g}{k}}$
3. Wellenlänge	$L = c \cdot T = \frac{g}{\omega} kdT = \sqrt{gd} \cdot T$	$L = c \cdot T = \frac{g}{\omega} \tan h\,(kd) \cdot T = \sqrt{\frac{g}{k} \tan h\,(kd)} \cdot T$	$L = c \cdot T = \frac{g}{\omega} \cdot T = \sqrt{\frac{g}{k}} \cdot T$
4. Geschwindigkeit der Wasserteilchen a) horizontal	$u = \frac{H}{2} \cdot \sqrt{\frac{g}{d}} \cdot \cos\vartheta$	$u = \frac{H}{2} \cdot \omega \cdot \frac{\cosh[k(z+d)]}{\sin h\,(kd)} \cdot \cos\vartheta$	$u = \frac{H}{2} \cdot \omega \cdot e^{kz} \cdot \cos\vartheta$
b) vertikal	$w = \frac{H}{2} \cdot \omega \cdot \left(1 + \frac{z}{d}\right) \sin\vartheta$	$w = \frac{H}{2} \cdot \omega \cdot \frac{\sin h[k(z+d)]}{\sin h\,(kd)} \cdot \sin\vartheta$	$w = \frac{H}{2} \cdot \omega \cdot e^{kz} \cdot \sin\vartheta$
5. Beschleunigung der Wasserteilchen a) horizontal	$\frac{\partial u}{\partial t} = \frac{H}{2} \cdot \omega \cdot \sqrt{\frac{g}{d}} \cdot \sin\vartheta$	$\frac{\partial u}{\partial t} = \frac{H}{2} \cdot \omega^2 \cdot \frac{\cosh[k(z+d)]}{\sin h\,(kd)} \cdot \sin\vartheta$	$\frac{\partial u}{\partial t} = \frac{H}{2} \cdot \omega^2 \cdot e^{kz} \cdot \sin\vartheta$
b) vertikal	$\frac{\partial w}{\partial t} = -\frac{H}{2} \cdot \omega^2 \cdot \left(1 + \frac{z}{d}\right) \cos\vartheta$	$\frac{\partial w}{\partial t} = \frac{H}{2} \cdot \omega^2 \cdot \frac{\sin h[k(z+d)]}{\sin h\,(kd)} \cdot \cos\vartheta$	$\frac{\partial w}{\partial t} = \frac{H}{2} \cdot \omega^2 \cdot e^{kz} \cdot \cos\vartheta$

Tabelle E 159-1. Lineare Wellentheorie. Physikalische Beziehungen [28] u. [46]

In den Gleichungen der Tabelle E 159-1 bedeuten:

$$\vartheta = \frac{2\pi \cdot x}{L} - \frac{2\pi \cdot t}{T} = kx - \omega t \text{ (Phasenwinkel)},$$

$$k = \frac{2\pi}{L}; \; \omega = \frac{2\pi}{T}, \; c = \frac{\omega}{k},$$

t = Zeitdauer [s],
T = Wellenperiode [s],
c = Wellengeschwindigkeit [m/s],
k = Wellenzahl [1/m],
ω = Wellenkreisfrequenz [1/s].

Im übrigen siehe Bild E 159-1.

5.10.3   Ermittlung der Wellenlasten an einem senkrechten Einzelpfahl

Da die Geschwindigkeiten und entsprechend die Beschleunigungen der Wasserteilchen unter anderem eine Funktion des Abstands des betrachteten Orts vom Ruhewasserspiegel sind, muß, um das Wellenlastbild [kN/m] über die gesamte Wassertiefe zu erhalten, die Berechnung entsprechend Bild E 159-1 abschnittsweise für verschiedene Werte von z durchgeführt werden.

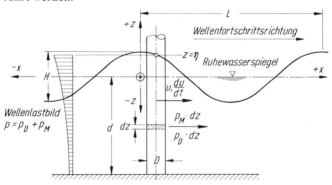

Bild E 159-1. Wellenangriff auf einen lotrechten Pfahl

Der Koordinatennullpunkt liegt in Höhe des Ruhewasserspiegels, kann sonst aber beliebig gewählt werden.

z = Ordinate des untersuchten Punkts ($z = 0$ = Ruhewasserspiegel),
x = Abszisse des untersuchten Punkts,
η = Zeitlich veränderliche Höhe des Wasserspiegels, bezogen auf den Ruhewasserspiegel (Wasserspiegelauslenkung) [m],
d = Wassertiefe unter dem Ruhewasserspiegel [m],

148

D = Pfahldurchmesser [m],
H = Wellenhöhe [m],
L = Wellenlänge [m].

Hinsichtlich der Maximalbelastung ist zu beachten, daß max p_D und max p_M phasenverschoben auftreten. Die Berechnung ist also für unterschiedliche Phasenwinkel ϑ durchzuführen und die Maximalbelastung durch eine phasengerechte Überlagerung der Komponenten aus Strömungswiderstand und Strömungsbeschleunigung zu ermitteln. So ist beispielsweise bei Anwendung der linearen Wellentheorie die Beschleunigungskraft um 90° ($\pi/2$) phasenverschoben gegenüber der Strömungsdruckkraft, die phasengleich zum Wellenprofil liegt (Bild E 159-2).

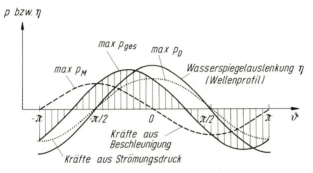

Bild E 159-2. Veränderung der Kräfte aus Strömungsdruck und Beschleunigung über eine Wellenperiode

5.10.4 Beiwerte C_D und C_M

5.10.4.1 Widerstandsbeiwert für den Strömungsdruck C_D

Der Widerstandsbeiwert für den Strömungsdruck C_D wird aus Messungen ermittelt. C_D ist abhängig von der Form des umströmten Körpers, der REYNOLDSschen Zahl Re, der Oberflächenrauhigkeit des Pfahls und dem Ausgangsturbulenzgrad der Strömung [42], [43] und [47]. Entscheidend für die Strömungsdruckkraft ist die Lage des Ablösungspunkts der Grenzschicht. Bei Pfählen, an denen der Ablösungspunkt durch Ecken oder Abreißkanten vorgegeben ist, ist der C_D-Wert praktisch konstant über Re (Bild E 159-3).

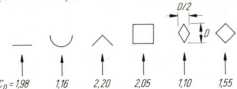

Bild E 159-3. C_D-Werte von Pfahlquerschnitten mit stabilen Ablösepunkten [41]

Bei Pfählen ohne stabilen Ablösungspunkt, beispielsweise bei Kreiszylinderpfählen, muß unterschieden werden zwischen einem unterkritischen Bereich der REYNOLDSschen Zahl mit einer laminaren Grenzschicht und einem überkritischen Bereich mit turbulenter Grenzschicht.

Einige Meßergebnisse über den C_D-Wert für Kreiszylinderpfähle und eine für die Berechnung empfohlene Linie sind in Bild E 159-4 dargestellt.

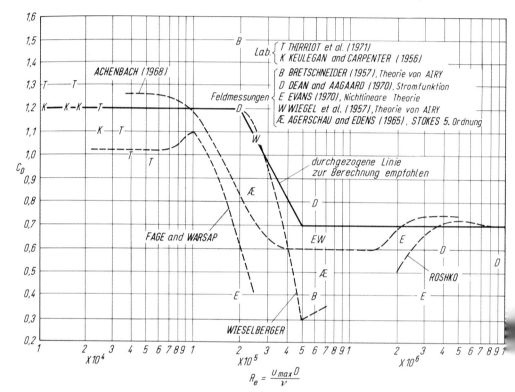

Bild E 159-4. C_D-Werte für Kreiszylinderpfähle abhängig von der REYNOLDSschen Zahl (aus [21])

Die REYNOLDSsche Zahl ist:

$$\mathrm{Re} = \frac{\max u \cdot D}{v}.$$

Darin sind:

$\max u$ = maximale Horizontalkomponente der Teilchengeschwindigkeit [m/s],

150

D = Pfahldurchmesser [m],

v = kinematische Zähigkeit [m²/s]

      ($v = 1{,}0 \cdot 10^{-6}$ m²/s für Wasser bei 20 °C).

In der Natur sind im allgemeinen hohe REYNOLDssche Zahlen vorhanden, und es wird bei glatten Oberflächen empfohlen, einen Wert von $C_D = 0{,}7$ anzunehmen [21] und [42].

Bei rauhen Oberflächen ist mit größeren C_D-Werten zu rechnen, vgl. z. B. [48].

5.10.4.2   Widerstandsbeiwert C_M für die Strömungsbeschleunigung

Mit der Potentialströmungstheorie erhält man für den Kreiszylinderpfahl den Wert $C_M = 2{,}0$, während aufgrund von Versuchen für den Kreisquerschnitt auch C_M-Werte bis 2,5 festgestellt worden sind [49].

Im Normalfall kann mit dem theoretischen Wert $C_M = 2{,}0$ gearbeitet werden. Im übrigen wird auf [21] und [48] hingewiesen.

5.10.5   Kräfte aus brechenden Wellen

Zur Zeit existiert noch kein brauchbarer Rechenansatz, nach dem die Kräfte aus brechenden Wellen zutreffend ermittelt werden können. Man behilft sich daher für diesen Wellenbereich ebenfalls mit der MORISON-Formel, jedoch unter der Annahme, daß die Welle als Wasserpaket mit hoher Geschwindigkeit ohne Beschleunigung auf den Pfahl wirkt. Dabei wird der Trägheitsbeiwert $C_M = 0$ gesetzt, während der Strömungsdruckbeiwert auf $C_D = 1{,}75$ erhöht wird. [21]

5.10.6   Wellenbelastung bei Pfahlgruppen

Bei der Ermittlung der Wellenbelastung von Pfahlgruppen ist der für den jeweiligen Pfahlstandort maßgebende Phasenwinkel ϑ zu berücksichtigen.

Mit den Bezeichnungen nach Bild E 159-5 ergibt sich die horizontale Gesamtbelastung für ein Pfahlbauwerk aus N Pfählen zu:

$$\text{ges } P = \sum_{n=1}^{N} P_n\,(\vartheta_n).$$

Bild E 159-5. Angaben für eine Pfahlgruppe (im Grundriß) (nach [21])

151

Darin sind:

N = Anzahl der Pfähle

$P_n(\vartheta_n)$ = Wellenlast eines Einzelpfahls n unter Berücksichtigung des Phasenwinkels $\vartheta = k \cdot x_n - \omega \cdot t$ [kN]

x_n = Abstand des Pfahls n von der y-z-Ebene [m].

Es muß beachtet werden, daß bei Pfählen, die dichter als etwa vier Pfahldurchmesser zusammenstehen, eine Erhöhung der Belastung für die in Wellenrichtung nebeneinanderstehenden Pfähle und eine Abminderung der Belastung bei hintereinanderliegenden Pfählen eintritt.
Für diesen Fall werden die in Tabelle E 159-2 zusammengestellten Korrekturfaktoren für die Belastung vorgeschlagen [49]:

$\dfrac{\text{Pfahlmittenabstand } e}{\text{Pfahldurchmesser } D}$	2	3	4
Für Pfähle in Reihen parallel zum Wellenkamm	1,5	1,25	1,0
Für Pfähle in Reihen senkrecht zum Wellenkamm	0,7*)	0,8*)	1,0

*) Abminderung gilt nicht für den vordersten, dem Wellenangriff direkt ausgesetzten Pfahl.

Tabelle E 159-2. Multiplikator bei kleinen Pfahlabständen

5.10.7   Geneigte Pfähle

Bei geneigten Pfählen ist zusätzlich zu beachten, daß der Phasenwinkel ϑ für die Ortskoordinaten x_0, y_0, z_0 der einzelnen Pfahlabschnitte ds verschieden ist.
Damit ist der Druck auf den Pfahl am betrachteten Ort mit den Koordinaten x_0, y_0 und z_0 nach Bild E 159-6 zu ermitteln.

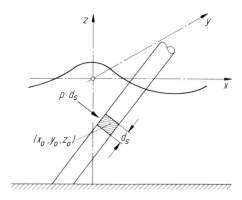

Bild E 159-6. Zur Berechnung der Wellenkräfte auf einen geneigten Pfahl [21]

Die örtliche Kraft infolge Strömung und Beschleunigung der Wasserteilchen $p \cdot \mathrm{d}s$ auf das Pfahlelement $\mathrm{d}s$ ($p = f[x_0, y_0, z_0]$) kann nach [21] der Horizontalkraft auf einen senkrechten Ersatzpfahl an der Stelle (x_0, y_0, z_0) gleichgesetzt werden. Bei größerer Pfahlneigung ist aber zu überprüfen, ob die Belastungsermittlung unter Berücksichtigung der senkrecht zur Pfahlachse wirkenden Komponenten der resultierenden Geschwindigkeit

$$v = \sqrt{u^2 + w^2}$$

und der resultierenden Beschleunigung

$$\frac{\partial v}{\partial t} = \sqrt{\left(\frac{\partial u}{\partial t}\right)^2 + \left(\frac{\partial w}{\partial t}\right)^2}$$

ungünstigere Werte liefert.

5.10.8 Sicherheitsanforderungen

Die Bemessung von Pfahlbauwerken gegen Wellenangriff ist stark abhängig von der Wahl der Bemessungswelle (E 136, Abschn. 5.7 in Verbindung mit Tabelle E 159-1, Nr. 3). Von Einfluß sind weiter die verwendete Wellentheorie und die dieser zugeordneten Beiwerte C_D und C_M.

Das gilt insbesondere für Pfahlbauwerke in flachem Wasser. Zur Berücksichtigung derartiger Unsicherheiten wird empfohlen, die errechneten Lasten mit Lastsicherheitsfaktoren zu multiplizieren [21].

Bei normalen Sicherheitsanforderungen, zuverlässiger Kenntnis der möglichen Wellenerscheinungen und der zugehörigen Wellentheorie kann der Lastsicherheitsfaktor $\eta_L = 1$ gesetzt werden. Bei hohen Sicherheitsanforderungen (z. B. Plattform mit Betriebsräumen oder Unterkünften) ist ein Lastsicherheitsfaktor $\eta_L = 1,5$ anzusetzen [21].

Bei hohen Sicherheitsanforderungen und häufigem Auftreten der Bemessungswelle wird ein Sicherheitsfaktor $\eta_L = 2$ empfohlen.

Inwieweit erhöhte Spannungen bei Extremereignissen zugelassen werden können, ist von Fall zu Fall unter Berücksichtigung des Schadenrisikos zu beurteilen.

Kritische Schwingungen können bei Pfahlkonstruktionen gelegentlich auftreten, besonders wenn Ablösewirbel quer zur Anströmrichtung wirken. In solchen Fällen sind besondere Untersuchungen erforderlich.

5.11   Windlasten auf vertäute Schiffe und deren Einflüsse auf die Bemessung von Vertäu- und Fendereinrichtungen (E 153)

5.11.1 Allgemeines

Diese Empfehlung gilt als Ergänzung zu den Vorschlägen und Hinweisen, die sich mit der Planung, dem Entwurf und der Bemessung von Fender- und Vertäueinrichtungen befassen, insbesondere zu:
E 12, Abschn. 5.12, E 111, Abschn. 13.2 und E 128, Abschn. 13.3.

Die Belastungen für Vertäueinrichtungen – wie Poller oder Sliphaken mit den zugehörigen Verankerungen, Gründungen, Stützbauwerken usw. –, die sich nach dieser Empfehlung ergeben, ersetzen die Lastgrößen nach E 12, Abschn. 5.12 nur dann, wenn die Einflüsse aus Dünung, Wellen und Strömung am Schiffsliegeplatz vernachlässigt werden können. Sonst müssen letztere besonders nachgewiesen und zusätzlich berücksichtigt werden.

E 38, Abschn. 5.2 wird von dieser Empfehlung nicht berührt. Bei der Ermittlung der dort behandelten „normalen Anlegedrücke" bleibt daher der Bezug auf E 12, Abschn. 5.12.2 ohne Einschränkung gültig.

5.11.2   Maßgebende Windgeschwindigkeit

Sofern für den Bereich des Schiffsliegeplatzes keine anderen, spezifischen Angaben über die Windverhältnisse vorliegen, sind bei verhältnismäßig geschützter Lage als maßgebende Windgeschwindigkeiten v für alle Windrichtungen die Werte nach DIN 1055, Teil 4, Abschn. 4.3 anzusetzen. In ungeschützten Küstenbereichen ist aber mit erhöhten Windgeschwindigkeiten zu rechnen.

Sind die maximalen Böengeschwindigkeiten (Spitzenwerte max v am Ort aus langjährigen Messungen) bekannt, kann als maßgebende Windgeschwindigkeit berücksichtigt werden:

$$v = \frac{\max v}{1{,}10}.$$

Diese Ausgangsgröße kann nach Windrichtungen differenziert werden, sofern hierüber genaue Daten zur Verfügung stehen.

5.11.3   Windlasten auf das vertäute Schiff
Kräfteschema:

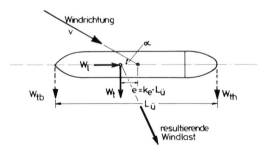

Bild E 153-1. Ansatz der Windlasten auf das vertäute Schiff

Die angegebenen Lasten sind charakteristische Lasten im Sinne des neuen Sicherheitskonzepts. Sie müssen bei Anwendung dieses Konzepts mit Teilsicherheitsbeiwerten multipliziert werden, um die Bemessungslasten zu erhalten.

Windlastkomponenten:

$$W_t = (1 + 3,1 \cdot \sin\alpha) \cdot k_t \cdot H \cdot L_ü \cdot v^2$$
$$W_l = (1 + 3,1 \cdot \sin\alpha) \cdot k_l \cdot H \cdot L_ü \cdot v^2.$$

Ersatzlasten für $W_t = W_{tb} + W_{th}$:

$$W_{tb} = W_t \cdot (0,50 + k_e)$$
$$W_{th} = W_t \cdot (0,50 - k_e).$$

Darin bedeuten:

H = größte Freibordhöhe des Schiffs (in Ballast bzw. leer) [m],

$L_ü$ = Länge über alles [m],

v = maßgebende Windgeschwindigkeit, [m/s],

W_i = Windlastkomponenten [kN],

k_t und k_l = Windlastkoeffizienten $\left[\dfrac{kN \cdot s^2}{m^4}\right]$,

k_e = Exzentrizitätskoeffizient [1]

Die Last- bzw. Exzentrizitätskoeffizienten können nach internationalen Erfahrungen gemäß den Tabellen E 153-1 und -2 angesetzt werden.

	Schiffe bis zu 50 000 dwt		
α^0	$k_t \left[\dfrac{kN \cdot s^2}{m^4}\right]$	k_e [1]	$k_l \left[\dfrac{kN \cdot s^2}{m^4}\right]$
0	0	0	$9,1 \cdot 10^{-5}$
30	$12,1 \cdot 10^{-5}$	0,14	$3,0 \cdot 10^{-5}$
60	$16,1 \cdot 10^{-5}$	0,08	$2,0 \cdot 10^{-5}$
90	$18,1 \cdot 10^{-5}$	0	0
120	$15,1 \cdot 10^{-5}$	$-0,07$	$-2,0 \cdot 10^{-5}$
150	$12,1 \cdot 10^{-5}$	$-0,15$	$-4,1 \cdot 10^{-5}$
180	0	0	$-8,1 \cdot 10^{-5}$

Tabelle E 153-1. Last- und Exzentrizitätskoeffizienten für Schiffe bis 50 000 dwt

α^0	$k_t \left[\dfrac{kN \cdot s^2}{m^4}\right]$	k_e [1]	$k_1 \left[\dfrac{kN \cdot s^2}{m^4}\right]$
0	0	0	$9,1 \cdot 10^{-5}$
30	$11,1 \cdot 10^{-5}$	0,13	$3,0 \cdot 10^{-5}$
60	$14,1 \cdot 10^{-5}$	0,07	$2,0 \cdot 10^{-5}$
90	$16,1 \cdot 10^{-5}$	0	0
120	$14,1 \cdot 10^{-5}$	$-0,08$	$-2,0 \cdot 10^{-5}$
150	$11,1 \cdot 10^{-5}$	$-0,16$	$-4,0 \cdot 10^{-5}$
180	0	0	$-8,1 \cdot 10^{-5}$

Tabelle E 153-2. Last- und Exzentrizitätskoeffizienten für Schiffe über 50 000 dwt

5.11.4   Ermittlung der Belastung von Vertäu- und Fendereinrichtungen

Grundlage für die Berechnung der Lasten, die auf die einzelnen Vertäu- und Fendereinrichtungen einwirken, bilden:

- der Lageplan für die Bauwerke des Schiffsliegeplatzes mit Eintragung unterschiedlicher Schiffsgrößen, sofern diese für die Bemessung einzelner Bauwerke maßgebend sein können,

- Querschnittszeichnungen für den Schiffsliegeplatz mit Eintragung der extremen Deckslagen für verschiedene Schiffsgrößen, sofern diese für die Bemessung einzelner Bauwerke von Bedeutung sein können,

- detaillierte Vertäupläne für die am Liegeplatz abzufertigenden Schiffstypen und -größen, unter Berücksichtigung der Lage der Winden und Klüsen auf dem Schiff. Die Vertäupläne müssen Angaben über Anzahl, Art und Abmessungen der Trossen enthalten, die zum jeweiligen Vertäupunkt geführt werden.

Für die Ermittlung der Vertäu- und Fenderkräfte ist ein statisches Berechnungssystem einzuführen, das durch das Schiff, die Trossen und die Vertäu- bzw. Fenderbauwerke gebildet wird. Die Elastizität der Trossen, die von Material, Querschnitt und Länge abhängig ist, ist ebenso zu berücksichtigen wie die Neigung der Trossen in horizontaler und vertikaler Richtung bei variablen Belastungs- und Wasserstandsverhältnissen. Bei allen Stütz- und Lagerpunkten des statischen Systems ist die Elastizität der Vertäu- und Fenderbauwerke zu erfassen. Verankerte Spundwände und Bauwerke mit Schrägpfahlgründung können dabei als starre Elemente betrachtet werden. Besondere Beachtung verdient der Umstand, daß sich das statische System verändern kann, wenn bei bestimmten Lastsituationen einzelne Leinen lose fallen oder Fender unbelastet bleiben. Alle unter Zugrundelegung der Windlasten nach Abschn. 5.11.3 ermittelten Vertäu-

und Fenderlasten sind zur Abdeckung von dynamischen und anderen nicht erfaßbaren Einflüssen um 25% zu erhöhen und in dieser Größe bei der Bemessung der Bauwerke und Bauteile anzusetzen.

Die windabschirmende Wirkung von Bauwerken und Anlagen darf in angemessener Weise berücksichtigt werden.

5.11.5 Zulässige Spannungen

Für die Bemessung der Bauwerke unter Berücksichtigung der auf das Schiff einwirkenden Windlasten sind die zulässigen Spannungen nach Lastfall 2 maßgebend.

5.12 Anordnung und Belastung von Pollern für Seeschiffe (E 12)

5.12.1 Anordnung

Mit Rücksicht auf möglichst einfache und klare statische Verhältnisse wird bei Ufermauern und Pfahlrostmauern aus Beton oder Stahlbeton der Pollerabstand gleich der normalen Blocklänge von rd. 30 m gewählt (vgl. E 17, Abschn. 10.1.5). Der Poller wird im allgemeinen in Blockmitte gesetzt. Sollen je Baublock 2 Poller stehen, werden sie symmetrisch zur Blockachse in den äußeren Viertelspunkten angeordnet. Bei kürzeren Blocklängen ist sinngemäß zu verfahren. Der Abstand der Poller von der Uferlinie ist in E 6, Abschn. 6.1.2 angegeben.

Die Poller können als einfache Poller oder als Doppelpoller ausgebildet werden. Sie können gleichzeitig mehrere Trossen aufnehmen. Es wird empfohlen, die Poller mit Sollbruchstellen anzuschließen. Der geschwächte Querschnitt wird für die Streckgrenze bemessen.

5.12.2 Belastung

Da die aufgelegten Trossen im allgemeinen nicht gleichzeitig voll gespannt sind und sich die Trossenkräfte in ihrer Wirkung zum Teil gegenseitig aufheben, können – unabhängig von der Anzahl der aufgelegten Trossen – sowohl bei Einzel- als auch bei Doppelpollern nach Tabelle E 12-1 folgende Pollerzugkräfte als Bemessungswerte angesetzt werden:

Wasserverdrängung kN	Pollerzugkraft kN
bis 20 000	100
bis 100 000	300
bis 200 000	600
bis 500 000	800
bis 1 000 000	1000
bis 2 000 000	1500
> 2 000 000	2000

Tabelle E 12-1. Festlegung der Pollerzugkräfte

157

Bei Ufermauern oder Großschiffsliegeplätze mit starker Strömung sind, beginnend mit den Schiffen von 500 000 kN Wasserverdrängung, die obigen Tafelwerte der Pollerzüge um 25% zu erhöhen.

Hauptpoller an den Enden der einzelnen Großschiffsliegeplätze an Strombauwerken werden für Schiffe bis zu 1 000 000 kN Wasserverdrängung mit 2500 kN und bei größeren Schiffen mit dem doppelten Wert der Tabelle E 12-1 bemessen.

Auch bei Anwendung des neuen Sicherheitskonzepts sind die angegebenen Lasten bereits Bemessungswerte.

5.12.3 Richtung der Pollerzugkraft

Die Pollerzugkraft kann nach der Wasserseite hin in jedem beliebigen Winkel wirken. Eine Pollerzugkraft zur Landseite hin wird nicht angesetzt, es sei denn, daß der Poller auch für eine dahinterliegende Ufereinfassung benötigt wird oder daß er als Eckpoller besondere Aufgaben zu erfüllen hat. Bei der Berechnung des Uferbauwerks wird die Pollerzugkraft üblicherweise waagerecht wirkend angesetzt.

Bei der Berechnung des Pollers selbst und seiner Anschlüsse an das Uferbauwerk sind auch nach oben gerichtete Schrägneigungen der Pollerzugkraft bis zu 30° gegen die Waagerechte zu berücksichtigen.

5.13 Anordnung, Ausbildung und Belastung von leichten Festmacheeinrichtungen für Schiffe an senkrechten Ufereinfassungen (E 13)

Im Abschn. 6.14 behandelt.

5.14 Anordnung, Ausbildung und Belastungen von Pollern für Schiffe in Binnenhäfen (E 102)

5.14.1 Anordnung und Ausbildung

In Binnenhäfen sollen Schiffe mit 3 Trossen, sogenannten Drähten, am Ufer festgemacht werden, und zwar mit dem Vorausdraht, dem Laufdraht und dem Achterdraht. Hierfür sind am Ufer ausreichend Poller vorzusehen. Dazu werden Poller zweckmäßig neben den Steigeleitern (E 13, Abschn. 6.14.1) und bei geböschten Ufern neben den Treppen (E 49, Abschn. 12.1.3) angeordnet, und zwar beidseitig, damit die Treppen von den Trossen nicht überspannt werden. Das Fundament kann unter der Treppe hindurch gemeinsam für beide Poller ausgeführt werden.

Poller müssen in Höhe des Hafengeländes angeordnet werden, wobei sie mit der Oberkante über HHW hinausreichen sollen (Bild E 102-1).

Neben den Pollern in Oberkante des Ufers müssen in Flußhäfen – entsprechend den örtlichen Wasserstandsschwankungen – weitere Poller in verschiedenen Höhenlagen (vgl. E 13, Abschn. 6.14.1) angeordnet werden. Nur dann können bei jedem Wasserstand und jeder Freibordhöhe die Schiffe vom Schiffspersonal ohne Schwierigkeiten festgemacht werden.

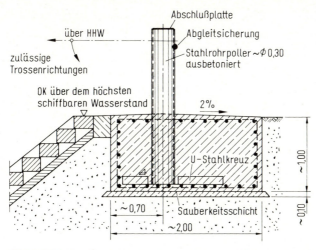

Bild E 102-1. Quadratisches Fundament für einen Poller mit 100 kN Trossenzug

5.14.2 Belastung

Die auftretenden Trossenzugkräfte sind in erster Linie von der Schiffsgröße, der Geschwindigkeit und dem Abstand vorbeifahrender Schiffe, der Fließgeschwindigkeit des Wassers am Liegeplatz und vom Quotienten des Wasserquerschnitts zu dem eingetauchten Schiffsquerschnitt abhängig.

Für die Belastung sind üblicherweise das Europa-Motorgüterschiff und der Europa-Schubleichter II oder II a zugrunde zu legen. Mit Rücksicht auf die unbemannten, in Lage und Befestigung nicht ständig gewarteten Schubleichter muß mit einer Belastung von 100 kN je Poller gerechnet werden (E 13).

5.14.3 Richtung der Trossenzugkräfte

Trossenzugkräfte können nur von der Wasserseite her auftreten. Sie laufen meist in einem spitzen Winkel und nur selten senkrecht zum Ufer. Rechnerisch muß aber jeder mögliche Winkel zur Längs- und Höhenrichtung des Ufers berücksichtigt werden.

5.14.4 Berechnung

Die Standsicherheitsnachweise sind für die einseitig angreifende Bemessungstrossenzugkraft in ungünstiger Beanspruchungsrichtung zu führen, wobei – je nach den örtlichen Verhältnissen – Bodenreibung, Seitenreibung und Erdwiderstand vor dem Fundament (für $\delta_p = 0$) und vor einer etwa vorhandenen Pfahlgründung angesetzt werden dürfen. Die Standsicherheitsnachweise können auch durch Probebelastungen erbracht werden.

159

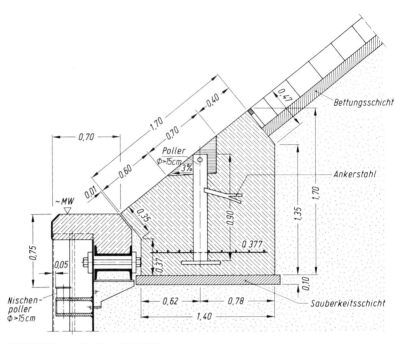

Bild E 102-2. Poller für 100 kN Trossenzug

Werden die Poller unmittelbar hinter oder in einer festen Uferkonstruktion gegründet (Bild E 102-2), muß die Bemessungstrossenzugkraft von der Uferkonstruktion zusätzlich zu den sonstigen Beanspruchungen mit Spannungen nach Lastfall 2 (E 20, Abschn. 8.2.6) aufgenommen werden können.

Der Durchmesser der Poller soll größer als 15 cm sein. Wenn der Poller nicht hinreichend über HSW hinausreicht, ist durch eine Quersprosse das Abgleiten der Trosse zu verhindern.

5.15 Maß- und Lastangaben für übliche Stückgutkrane und für Containerkrane in Seehäfen (E 84)

5.15.1   Übliche Stückguthafenkrane

5.15.1.1 Allgemeines

Die üblichen Stückguthafenkrane werden in Deutschland überwiegend als Vollportal-Wippdrehkrane über 1, 2 oder 3 Eisenbahngleise, zuweilen aber auch als Halbportalkrane gebaut. Die Tragfähigkeit bewegt sich zwischen 4 und 45 t bei einer Ausladung von 20 bis 45 m.

Die Drehachse des Kranaufbaus soll im Interesse einer guten Ausnutzung der ab Drehmitte zählenden Ausladung möglichst nahe der wasserseitigen Kranschiene liegen. Jedoch ist zu beachten, daß zur Vermeidung von Kollisionen zwischen Kran und krängendem Schiff weder die Kranführerkanzel noch das rückwärtige Gegengewicht über eine Ebene herausragen, die, ausgehend von der Kaikante, nach oben zum Land hin ca. um 5° geneigt ist.

Der Abstand der wasserseitigen Kranschiene von Ufermauervorderkante richtet sich nach E 6, Abschn. 6.1. Der Eckstand beträgt bei den kleinen Kranen etwa 6 m. Im Minimum sollten 5,5 m nicht unterschritten werden, da sich sonst zu hohe Ecklasten ergeben und die Krane mit einem zu hohen Zentralballast ausgestattet werden müssen. Die Länge über Puffer beträgt, abhängig von der Krangröße, rd. 7 bis 22 m. Ergibt sich eine zu hohe Radlast, können durch Vergrößerung der Radzahl geringere Radlasten erreicht werden. Es gibt heute jedoch auch Stückgutumschlaganlagen, deren Kranbahnen für besonders hohe Radlasten gebaut werden.

Stückguthafenkrane werden in der Regel in die Hubklasse H 2 und in die Beanspruchungsgruppe B 4 oder B 5 nach DIN 15018, Teil 1 eingestuft. Außerdem wird auf die F. E. M. 1001 hingewiesen [154]. Bei der Berechnung der Kranbahn sind die lotrechten Radlasten aus Eigenlast, Nutzlast, Massenkräften und aus Windlasten anzusetzen (DIN 15018, Teil 1). Lotrechte Massenkräfte aus der Fahrbewegung oder aus dem Anheben oder Absetzen der Nutzlast sind durch Ansatz eines Schwingbeiwerts zu berücksichtigen, der bei Hubklasse H 2 etwa 1,2 beträgt. Die Gründung der Kranbahn kann ohne Berücksichtigung eines solchen Schwingbeiwerts bemessen werden. Alle Kranausleger sind um 360° schwenkbar. Entsprechend ändert sich die jeweilige Ecklast. Bei erhöhten Windlasten und Kran außer Betrieb kann für die Bemessung der Ufermauern und der Kranbahnen notfalls mit Lastfall 3 gerechnet werden.

Bei der Bearbeitung der Vorentwürfe von Ufermauern und von Kranbahnen können für den Betriebsfall die in den Tabellen E 84-1 und -2 angegebenen Ecklasten verwendet werden. Als Horizontalkräfte je Rad sind dabei mit Schwingbeiwert zu berücksichtigen:

In Schienenrichtung je $\frac{1}{7}$ der Radlasten der abgebremsten Räder, quer zur Schienenrichtung aus Massenwirkungen und Schräglauf sowie aus Wind je $\frac{1}{10}$ der Radlast. Bei sehr schweren Wippkranen ist die horizontale Querkraft aus Massenwirkungen und Schräglauf in Vorentwurfsberechnungen jedoch nicht mit $\frac{1}{10}$, sondern mit $\frac{1}{8}$ der Radlast anzusetzen. Bei Kranen in Betrieb, bei denen der Betriebswind wesentlich über dem Wert nach DIN 15018 liegt, sind gegebenenfalls noch größere Werte anzunehmen. Es darf aber berücksichtigt werden, wenn gleichzeitig in entgegengesetzter Richtung wirkende Horizontalkräfte aus Seitenstoß auf den gleichen Bauteil wirken. Die endgültigen Bauwerksberechnungen sind stets mit den von der Kranlieferfirma angegebenen lotrechten und waagerechten Eck- bzw. Radlasten durchzuführen.

Kran - Ecklasten in kN (ohne Wind - und Massenkräfte)

Tragfähigkeit-Ausladung → Portal-Ecklasten / Ausleg-Stellung	5t·20m E_I	E_II	E_III	E_IV	5t·25m E_I	E_II	E_III	E_IV	5t·30m E_I	E_II	E_III	E_IV	5t·35m E_I	E_II	E_III	E_IV	8t·25m E_I	E_II	E_III	E_IV	8t·30m E_I	E_II	E_III	E_IV	8t·35m E_I	E_II	E_III	E_IV	12t·30m E_I	E_II	E_III	E_IV	12t·35m E_I	E_II	E_III	E_IV
A	280	280	92	92	326	326	110	110	405	405	135	135	448	448	149	149	487	487	162	162	577	577	192	192	648	648	216	216	758	758	252	252	878	878	293	293
B	318	186	54	186	370	218	66	218	459	270	81	270	507	298	89	298	552	325	97	325	654	385	115	385	734	432	129	432	859	505	152	505	995	585	176	585

Kran - Ecklasten in Stellung C und E entsprechend Stellung A, in Stellung D entsprechend Stellung B

Ausleg-Stellung	5t·20m E_I	E_II	E_III	E_IV	5t·25m E_I	E_II	E_III	E_IV	5t·30m E_I	E_II	E_III	E_IV	5t·35m E_I	E_II	E_III	E_IV	8t·25m E_I	E_II	E_III	E_IV	8t·30m E_I	E_II	E_III	E_IV	8t·35m E_I	E_II	E_III	E_IV	12t·30m E_I	E_II	E_III	E_IV	12t·35m E_I	E_II	E_III	E_IV
A	188	188	164	164	206	206	242	242	270	270	282	282	299	299	313	313	325	325	341	341	385	385	403	403	432	432	453	453	506	506	529	529	586	586	613	613
B	251	61	101	291	270	76	178	371	354	105	198	448	392	116	220	503	425	126	234	547	502	157	280	648	567	168	318	727	663	196	371	850	768	228	430	985
C	235	25	196	422					331	31	221	521	366	34	246	577	398	37	267	628	472	44	316	743	529	49	355	835	619	58	415	975	717	67	481	1130
D	175	0	162	367	200	7	247	441	259	8	288	549	287	9	318	608	312	11	346	661	369	12	412	783	415	12	464	879	484	14	538	1027	562	17	624	1190
E	55	55	297	297	71	71	377	377	91	91	462	462	101	101	511	511	109	109	556	556	129	129	659	659	145	145	739	739	169	169	865	865	197	197	1002	1002

Kran - Ecklasten in Stellung C und E entsprechend Stellung A, in Stellung D entsprechend Stellung B

Ausleg-Stellung	5t·20m E_I	E_II	E_III	E_IV	...	8t·25m E_I	8t·30m E_I	8t·35m E_I	12t·30m E_I	12t·35m E_I
A	474	474	298	298		898	1063	1193	817	946
B	394	208	226	515		740	878	979	631	731
C	330	226	273	444		622	737	827	562	652
D	265	273	304	613		498	591	663	493	571
E	185	443	443	494		345	409	459	307	356
A	327	327	284	284		524	621	699	619	718
B	262	172	466	259		404	479	540	458	531
C	236	229	268	608		360	427	482	418	484
D	210	198	493	475		315	374	422	378	437
E	144	378	378	494		195	232	263	218	252
A	226	343	343	405		398	472	529		
B	169	205	538	652		295	351	391		
C	155	208	549	666		271	320	357		
D	141	219	553	670		243	287	323		
E	84	414	414	494		140	166	186		

Diese Werte erhöhen sich durch Wind- und Massenkräfte um je etwa 10%

Tabelle E 84-1. Kran-Ecklast-Tabelle für leichtere Stückgutkrane (charakteristische Werte)

Maximale Kran-Ecklasten in kN (einschl. Wind- und Massenkräften)			
Tragfähigkeit Ausladung	Ausleger= stellung	Kran in Betrieb	Kran außer Betrieb
30t × 40m 10,50	I	2300	
	II	2900	2000
28t × 40m 8,85	I	2600	
	II	3200	2300
32t × 40m 6,00	I	3000	
	II	3300	2600

Tabelle E 84-2. Kran-Ecklast-Tabelle für schwere Stückgutkrane unterschiedlicher Spurweiten

5.15.1.2 Vollportalkrane

Das Portal leichter Hafenkrane mit kleinen Tragfähigkeiten hat entweder vier oder drei Stützen (Tabelle E 84-1), von denen jede ein bis vier Laufräder besitzt. Die Anzahl der Laufräder ist jeweils von der zulässigen Radlast abhängig. Stückgut-Schwerlastkrane (Tabelle E 84-2) weisen mindestens sechs Räder je Stütze auf. Bei geraden Uferstrecken beträgt der Mittenabstand der Kranschienen mindestens 5,5 m, im allgemeinen aber 6, 10 bzw. 14,5 m, je nachdem ob das Portal 1, 2 oder 3 Gleise überspannt. Die Maße 10 m bzw. 14,5 m ergeben sich aus dem theoretischen Mindestmaß von 5,5 m für ein Gleis, zu dem dann ein- bzw. zweimal der Gleisabstand von 4,5 m hinzuzufügen ist.

5.15.1.3 Halbportalkrane

Das Portal dieser Krane hat nur zwei Stützen, die auf der wasserseitigen Kranschiene laufen. Landseitig stützt es sich über einen Sporn auf eine hochliegende Kranbahn ab, wodurch die freie Zufahrt zu jeder Stelle der Kaifläche möglich wird. Für die Anzahl der Laufräder unter den beiden Stützen und dem Sporn gelten die Ausführungen nach Abschn. 5.15.1.2.

5.15.1.4 Lastangaben für Stückgut-Hafenkrane

(Tabellen E 84-1 und -2)

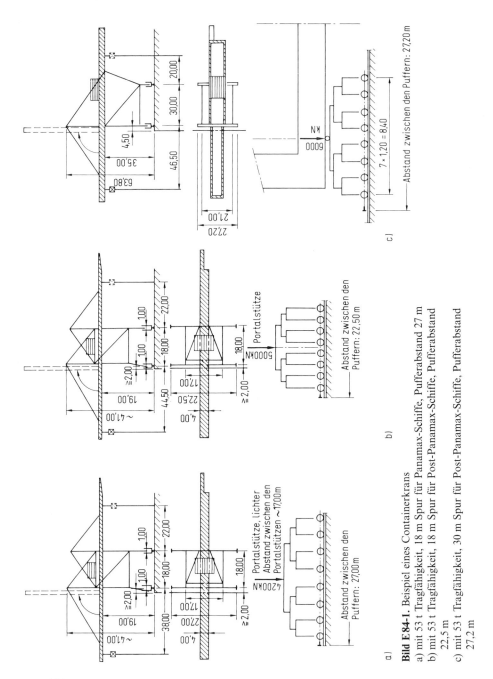

Bild E84-1. Beispiel eines Containerkrans

a) mit 53 t Tragfähigkeit, 18 m Spur für Panamax-Schiffe, Pufferabstand 27 m
b) mit 53 t Tragfähigkeit, 18 m Spur für Post-Panamax-Schiffe, Pufferabstand 22,5 m
c) mit 53 t Tragfähigkeit, 30 m Spur für Post-Panamax-Schiffe, Pufferabstand 27,2 m

164

5.15.2 Containerkrane

Die eigentlichen Containerkrane werden als Vollportalkrane mit Kragarmen und Laufkatze (Verladebrücken) ausgebildet, deren Stützen in der Regel acht bis zehn Laufräder aufweisen. Die Kranschienen bestehender Container-Umschlaganlagen haben im allgemeinen einen Mittenabstand von 15,24 m (50′) oder von 18,0 m. Für neue Anlagen wird häufig eine Spurweite von 30,48 m (100′) gewählt. Der lichte Stützenabstand = Freiraum zwischen den Ecken in Längsrichtung der Kranbahn beträgt 17 m bis 18,5 m bei einem Maß über den Puffern von etwa 27 m (Bild E 84-1). Wird es, bedingt durch Umschlag von 20′ Containern, erforderlich, ein kleineres Maß über den Puffern anzuwenden, ist ein kleinster Eckabstand bis zu 12 m möglich. Das Maß über den Puffern beträgt dann 22,5 m. Der Eckabstand ist hierbei nicht gleich dem Portalstützenabstand. Für die Tragfähigkeit der Krane werden 45 t bis 55 t einschließlich Spreader gewählt. Die maximale Ecklast wird insbesondere von der Bauart und der Ausladung beeinflußt. Die bisher übliche Ausladung von 38 m bis 41 m entsprechend den Schiffsbreiten der Panamax-Schiffe reicht für die neuerdings in Fahrt gekommenen sogenannten Post-Panamax-Schiffe, die wegen ihrer Breite den Panamakanal nicht mehr passieren können, nicht aus. Für diesen Schiffstyp sind Ausladungen von mindestens 44,5 m erforderlich. Die maximalen Ecklasten für Containerkrane in Betrieb schwanken für Panamax-Schiffe zwischen 4000 kN und 4500 kN, für Post-Panamax-Schiffe zwischen 5000 kN und 6000 kN.

5.16 Eisstoß und Eisdruck auf Ufereinfassungen, Fenderungen und Dalben im Küstenbereich (E 177)

5.16.1 Allgemeines (siehe auch [107], [148])

Lasten auf wasserbauliche Anlagen durch Einwirkungen von Eis können auf verschiedene Weise entstehen:

a) als Eisstoß durch auftreffende Eisschollen, die von der Strömung oder durch Wind bewegt werden,

b) als Eisdruck, der durch nachschiebendes Eis auf eine am Bauwerk anliegende Eisdecke oder durch die Schiffahrt wirkt,

c) als Eisdruck, der von einer geschlossenen Eisdecke infolge Temperaturdehnungen auf das Bauwerk wirkt,

d) als Eisauflasten bei Eisbildung am Bauwerk oder als Auf- oder Hublasten bei Wasserspiegelschwankungen.

Die Größe möglicher Lasteinwirkungen hängt unter anderem ab von:

- Form, Größe, Oberflächenbeschaffenheit und Elastizität des Hindernisses, auf das die Eismasse auftrifft,
- Größe, Form und Fortschrittsgeschwindigkeit der Eismassen,
- Art des Eises und der Eisbildung,
- Salzgehalt des Eises und die davon abhängige Eisfestigkeit,
- Auftreffwinkel,

- maßgebende Festigkeit des Eises (Druck-, Biege- und Scherfestigkeit),
- Belastungsgeschwindigkeit,
- Eistemperatur.

Soweit möglich empfiehlt es sich, die maßgebenden Lastwerte für Ufereinfassungen einschließlich Pfahlbauwerken mit den Ansätzen für ausgeführte Anlagen, die sich bewährt haben, oder mit Eisdruckmessungen vor Ort zu überprüfen.

5.16.2   Eislasten auf Ufereinfassungen

Für die Ermittlung der waagerechten Eislasten auf Flächenbauwerke kann im norddeutschen Küstenraum im allgemeinen von der Annahme einer Eisdicke von 50 cm und einer Eisdruckfestigkeit $\sigma_0 = 1,5$ MN/m² bei Temperaturen um den Gefrierpunkt ausgegangen werden. Hieraus ergibt sich der Ansatz:

a) 250 kN/m als mittlere waagerecht wirkende Linienlast in der jeweils ungünstigen Höhenlage der in Betracht kommenden Wasserstände, wobei vorausgesetzt wird, daß die aus der Eisdruckfestigkeit errechnete maximale Last von 750 kN/m im Mittel nur auf $\frac{1}{3}$ der Bauwerkslänge wirksam wird (Kontaktbeiwert $k = 0,33$).

b) 1,5 MN/m² als örtliche Flächenlast.

c) 100 kN/m als mittlere waagerecht wirkende Linienlast in der jeweils ungünstigsten Höhenlage der in Betracht kommenden Wasserstände bei Buhnen und Uferdeckwerken im Tidegebiet, wenn infolge von Wasserspiegelschwankungen eine gebrochene Eisdecke entsteht.

Das gleichzeitige Wirken von Eiseinflüssen mit Wellenlasten und/oder Schiffsstoß ist nicht anzunehmen.

5.16.3   Eislasten auf Pfähle von Pfahlbauwerken
oder auf Einzelpfähle

5.16.3.1   Grundlagen für die Eislastermittlung

Die auf Pfähle wirkenden Eislasten hängen von der Form, der Neigung und Anordnung der Pfähle sowie von der für den Bruch des Eises maßgebenden Druck-, Biege- oder Scherfestigkeit des Eises ab. Ferner ist die Größe der Belastung abhängig von der Belastungsart, ob vorwiegend ruhend oder Stoßbelastung durch aufprallende Eisschollen.

Bei Nordsee-Eis (Wattenmeereis) kann im allgemeinen davon ausgegangen werden, daß die mittlere Druckfestigkeit den Wert $\sigma_0 = 1,5$ MN/m² nicht überschreitet, bei Ostsee-Eis $\sigma_0 = 1,8$ MN/m² und bei Süßwassereis $\sigma_0 = 2,5$ MN/m². Die Werte gelten für eine spezifische Dehnungsgeschwindigkeit $\dot{\varepsilon} = 0,003 \ s^{-1}$, bei der die Eisdruckfestigkeit nach Versuchen [108] ihren Größtwert erreicht.

Soweit keine genaueren Eisfestigkeitsuntersuchungen vorliegen, können die Biegezugfestigkeit σ_B mit etwa $\frac{1}{3} \sigma_0$ und die Scherfestigkeit τ mit etwa $\frac{1}{6} \sigma_0$ angenommen werden. Für die Eisdicken h gelten für die deutsche Nord- und Ostseeküste Richtwerte gemäß Tabelle E 177-1.

Nordsee	h (cm)	Ostsee	h (cm)
Helgoland	30–50	Nord-Ostsee-Kanal	60
Wilhelmshaven	40	Flensburg (Außenförde)	32
Leuchtturm „Hohe Weg"	60	Flensburg (Innenförde)	40
Büsum	45	Schleimünde	35
Meldorf (Hafen)	60	Kappeln	50
Tönning	80	Eckernförde	50
Husum	37	Kiel (Hafen)	55
Hafen Wittdün	60	Lübecker Bucht	50

Tabelle E 177-1. Gemessene Eisdicken als Richtwerte für Bemessungen

Die nachstehende Ansätze gelten für schlanke, bis zu 2 m breite Bauteile bei ebenem Eis. Im Falle des Auftretens von Preßeisrücken sind die im folgenden aufgeführten Eislasten zu verdoppeln.

5.16.3.2 Eislast auf lotrechte Pfähle

Die waagerechte Eislast aus der Wirkung von Treibeis ergibt sich auf der Grundlage der Untersuchungen nach [108], unabhängig von der Querschnittsform des Pfahls zu:

$$P_p = 0{,}36 \, \sigma_0 \cdot d^{0,5} \cdot h^{1,1}.$$

Darin sind:

σ_0 = Eisdruckfestigkeit in MN/m^2 bei der spezifischen Dehnungsgeschwindigkeit $\dot{\varepsilon} = 0{,}003 \, s^{-1}$.

d = Breite des Einzelpfahls [cm],

h = Dicke des Eises [cm],

P_p = Eislast [kN].

Sofern der Fall der beginnenden Eisbewegung bei fest anliegendem Eis zu berücksichtigen ist, werden folgende Lastansätze maßgebend:

bei rundem oder halbrundem Pfahl:

$$P_i = 0{,}33 \, \sigma_0 \cdot d^{0,5} \cdot h^{1,1} \; [\text{kN}],$$

bei rechteckigem Pfahl:

$$P_i = 0{,}39 \, \sigma_0 \cdot d^{0,68} \cdot h^{1,1} \; [\text{kN}],$$

oder bei keilförmiger Pfahlausbildung:

$$P_i = 0{,}29 \, \sigma_0 \cdot d^{0,68} \cdot h^{1,1} \; [\text{kN}].$$

5.16.3.3 Eislast auf geneigte Pfähle

Bei geneigten Pfählen kann das Brechen der Eisschollen durch Abscheren oder Biegen früher als das Zerdrücken des Eises eintreten. Nach [109] ist die jeweils kleinere Eislast maßgebend. Bei Pfählen mit einer Neigung steiler als 6:1 ($\beta \geq$ ca. 80°) ist die Eislast nach Abschn. 5.16.3.2 zu berechnen.

Beim Scherbuch beträgt die waagerechte Eislast:

$$P_s = c_{fs} \cdot \tau \cdot k \cdot \tan\beta \cdot d \cdot h \text{ [kN]}.$$

Darin sind:

P_s = waagerechte Last beim Scherbruch [kN],

τ = Scherfestigkeit [MN/m²],

c_{fs} = Formbeiwert nach Tabelle E 177-2 [1],

k = Kontaktbeiwert, im allgemeinen etwa 0,75 [1],

β = Neigungswinkel des Pfahls gegen die Waagerechte [°],

d = Pfahlbreite [cm],

h = Eisdicke [cm].

Beim Biegebruch beträgt die waagerechte Eislast:

$$P_b = c_{fb}\, \sigma_B \tan\beta\, d\, h \text{ [kN]}.$$

Darin sind:

P_b = waagerechte Eislast beim Biegebruch [kN],

σ_B = Biegezugfestigkeit [MN/m²],

c_{fb} = Formbeiwert nach Tabelle E 177-3 [1].

Schneidenwinkel 2α [°]	Formbeiwert c_{fs}
45	0,29
60	0,22
75	0,18
80	0,17 (= Rundpfahl)
90	0,16
105	0,14
120	0,13
180	0,11 (= Rechteckpfahl)

Tabelle E 177-2. Formbeiwert c_{fs} für Rundpfahl, Rechteckpfahl oder keilförmige Schneide mit 2α = Schneidenwinkel, in der Horizontalebene gemessen.

Schneidenwinkel 2α [°]	Formbeiwert c_{fb}				
	bei Neigungswinkel β [°]				
	45	60	65	70	75
45	0,019	0,024	0,028	0,037	0,079
60	0,017	0,020	0,022	0,026	0,038
75–120	0,017	0,019	0,020	0,021	0,027

Tabelle E 177-3. Formbeiwert c_{fb} für Rundpfahl, Rechteckpfahl oder keilförmige Schneide mit 2α = Schneidenwinkel, in der Horizontalebene gemessen.

5.16.3.4 Waagerechte Eislast auf Pfahlgruppen

Die Eislast auf Pfahlgruppen ergibt sich aus der Summe der Eislasten auf die Einzelpfähle. Im allgemeinen genügt der Ansatz der Summe der Eislasten, welche auf die dem Eisgang zugekehrten Pfähle wirken.

5.16.4 Eisauflast

Die Eisauflast ist entsprechend den örtlichen Verhältnissen anzusetzen. Ohne näheren Nachweis kann eine Mindesteisauflast von 0,9 kN/m² als ausreichend angesehen werden [110]. Neben der Eisauflast kommt der Ansatz der üblichen Schneelast mit 0,75 kN/m² in Betracht. Dagegen brauchen Verkehrslasten, die bei stärkerer Eisbildung nicht wirken, in der Regel nicht gleichzeitig angesetzt zu werden.

5.16.5 Vertikallasten bei steigendem oder fallendem Wasserspiegel

Auf eingefrorene Bauwerke oder Pfähle wirken bei steigendem oder fallendem Wasserspiegel vertikale Zusatzkräfte aus ein- bzw. austauchendem Eis. Für Überschlagsrechnungen kann seitlich am Bauwerk anhaftendes Eis mit einer Streifenbreite $b = 5$ m und der Eisdicke h und das unter dem Baukörper etwa vorhandene Eis mit seinem vollen Volumen berücksichtigt werden. Das so ermittelte Eisvolumen V_E liefert mit der Wichte des Eises $\gamma_E = $ ca. 9 kN/m³ bei sinkendem Wasserspiegel die vertikal nach unten wirkende Last $P = V_E \cdot \gamma_E$ und mit der Differenz der Wichten von Wasser und Eis $\Delta \gamma_E = 1$ kN/m³ die vertikal nach oben wirkende Last $P = V_E \cdot \Delta \gamma_E$.

5.16.6 Ergänzende Hinweise

Die obengenannten Empfehlungen für Eislasten auf Bauwerke sind grobe Annahmen, die für deutsche Verhältnisse gelten, also nicht für arktische Gebiete.

Eisbildung und Eislasten sind auch sehr stark von Windrichtung, Strömung und Scherzonenausbildung im Eis abhängig. Dies ist beispielsweise bei der Anordnung von Hafeneinfahrten und bei der Ausrichtung von Hafenbecken besonders zu berücksichtigen.

Bei engen Hafenbecken können aus Temperaturänderungen im Eis erhebliche Eislasten aus Verspannung auftreten. In Anlehnung an [111] kann mit Rücksicht auf die im norddeutschen Küstenraum im allgemeinen nicht sehr niedrigen Eistemperaturen davon ausgegangen werden, daß der thermische Eisdruck 400 kN/m² nicht überschreitet.

Im Einzelfall, wenn es auf eine genauere Festlegung der Eislasten ankommt, sollten Fachleute zu Rate gezogen und gegebenenfalls auch Modellversuche ausgeführt werden.

Falls die Eislasten bei Dalben die Lasten aus Schiffstoß oder Pollerzug wesentlich überschreiten, sollte geprüft werden, ob solche Dalben für die höheren Eislasten zu bemessen sind oder ob selten auftretende Überbeanspruchungen aus Wirtschaftlichkeitsgründen hingenommen werden können.

6 Querschnittsgestaltung und Ausrüstung von Ufereinfassungen

6.1 Querschnittsgrundmaße von Ufereinfassungen in Seehäfen (E 6)

6.1.1 Gehstreifen, Leinpfad

Der Gehstreifen vor der wasserseitigen Kranschiene, der Leinpfad, wird benötigt für das Aufstellen der Poller, das Auflagern des Landgangs (Gangway), als Weg und Arbeitsraum für die Leinenverholer, als Zuweg zu den Schiffsliegeplätzen und zur Aufnahme des wasserseitigen Teils des Kranfußes. Es kommt ihm demnach im Hafenbetrieb eine besondere Bedeutung zu. Bei der Wahl seiner Breite müssen die entsprechenden Unfallverhütungsvorschriften berücksichtigt werden.

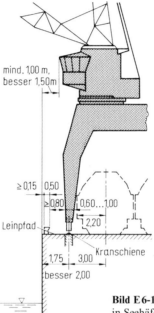

Bild E 6-1. Querschnittsgrundmaße von Ufereinfassungen in Seehäfen (die Versorgungskanäle sind nicht dargestellt)

Mit der aus diesen Gründen zu fordernden größeren Breite rückt der Kran von der Uferkante ab, was zwar eine größere Ausladung erfordert und den Umschlagbetrieb verteuert, aber auch dem Umstand Rechnung trägt, daß heute in steigendem Maße Schiffe anlegen, deren Aufbauten über den Schiffsrumpf hinausragen und damit die Hafenkrane gefährden, vor allem, wenn noch eine Krängung des Schiffes hinzukommt. Aus diesem Grund muß die äußere Begrenzung des drehbaren Krangehäuses in jeder Stellung

170

mindestens 1,00 m, besser jedoch 1,50 m hinter der Lotrechten durch Vorderkante Uferwand liegen. Allenfalls kann dieses Maß von Vorderkante Reibeholz, Reibepfahl oder Fenderung ab gerechnet werden (Bild E 6-1).

Kaikanten mit Anlege- und Umschlagbetrieb sollten nicht mit einem Geländer ausgerüstet werden, weil durch solche Geländer nur eine zusätzliche Verunsicherung eintreten würde. Jedoch sind solche Kaikanten mit einem geeigneten Gleitschutz entsprechend E 94, Abschn. 8.4.6 zu versehen. Die nicht dem Anlege- und Umschlagbetrieb dienenden Kaikanten sollten aber mit einem Geländer ausgerüstet werden.

6.1.2 Kantenpoller

Bei Kantenpollern, die unmittelbar an der Uferkante angeordnet waren, sind Schwierigkeiten beim Auflegen und Abheben der dicken Hanftrossen aufgetreten, wenn die Schiffe dicht an der Uferwand lagen. Poller müssen daher mit ihrer Vorderkante mindestens 0,15 m hinter der Kaimauervorderkante liegen. Die Pollerkopfbreite wird zweckmäßig mit 0,50 m berücksichtigt. Das Kranlaufwerk neuzeitlicher Hafenkrane kann etwa 0,60 m bis 1,00 m breit angesetzt werden (Bild E 6-1).

6.1.3 Übrige Ausrüstung

Für die Anlage neuer Häfen und den Umbau bestehender Anlagen werden unter Berücksichtigung aller in Betracht kommenden Einflüsse die in Bild E 6-1 eingetragenen Maße empfohlen. Das Abstandmaß 1,75 m zwischen Kranschiene und Uferkante ist dabei als Mindestmaß aufzufassen. Es wird besser mit 2,00 m festgesetzt, vor allem, wenn die beiden wasserseitigen Kranlaufwerke miteinander verbunden sind und so der freie Durchgang zwischen den Laufwerken unmöglich ist.

Da die Deutsche Bundesbahn die Einhaltung des Sicherheitsmaßes gegenüber dem Kran auch bei unabhängigen vorderen Kranlaufwerken fordert, muß die Achse des ersten Gleises mindestens 3,00 m hinter der vorderen Kranlaufschiene liegen.

6.2 Oberkante der Ufereinfassungen in Seehäfen (E 122)

6.2.1 Allgemeines

Bestimmend für die Oberkante der Ufereinfassungen ist die Höhenlage der Betriebsebene des Hafens. Beim Festlegen der Höhenlage sind folgende Haupteinflußgrößen zu beachten:

(1) Wasserstände und deren Schwankungen, insbesondere auch Höhen und Häufigkeiten von möglichen Sturmfluten, Windstau, Gezeitenwellen, Auswirkung eines evtl. Oberwasserzuflusses und weitere Einflüsse nach Abschn. 6.2.2.2 (1),

(2) mittlere Höhe des Grundwasserspiegels mit Häufigkeit und Größe der Spiegelschwankungen,

(3) Schiffahrtsbetrieb, Hafeneinrichtungen und Umschlagvorgänge,

(4) Geländebeschaffenheit, Untergrund, Aufhöhungsmaterial und Nutzlasten,

(5) konstruktive Möglichkeiten für die Ufereinfassungen und

(6) ein eventueller Massenausgleich.

Je nach den Anforderungen an den Hafen in betrieblicher, wirtschaftlicher und ausführungsmäßiger Hinsicht müssen die Gewichte dieser Hauptein-flußgrößen als Entscheidungshilfen variiert werden, um das erreichbare Optimum zu erhalten.

6.2.2   Höhen und Häufigkeit der Hafenwasserstände

Hierbei ist grundsätzlich zu unterscheiden zwischen Dockhäfen und offe-nen Häfen mit oder ohne Tide.

6.2.2.1   Dockhäfen

Bei hochwassersicheren Dockhäfen wird die Betriebsebene des Hafens so hoch über dem amtlich festgesetzten Mittleren Betriebswasserstand angeordnet, wie es erforderlich ist:

(1) gegen Überfluten des Hafengeländes beim höchsten vorgesehenen Be-triebswasserstand,

(2) für eine genügend hohe Lage des Hafengeländes über dem höchsten zum Mittleren Betriebswasserstand gehörenden Grundwasser-stand im Hafengelände und

(3) für einen zweckmäßigen Umschlag von Stückgut und Massengut.

Eine Höhe des Planums von im allgemeinen 2,00 bis 2,50 m, mindestens aber von 1,50 m, über dem Mittleren Betriebswasserstand ist dabei zu beachten.

6.2.2.2   Offene Häfen

(1) Voruntersuchungen

Der statistisch ermittelte sogenannte Gewöhnliche Wasserstand – in Tidegebieten auch Mittelwasser genannte Wert – kann nicht von vornherein als maßgebend für die Wahl einer geeigneten Hafenbetriebs-ebene angenommen werden. Wesentlicher sind vielmehr Höhe und Häufig-keit des Hochwassers.

Bei der Planung sind daher so weit wie möglich Häufigkeitslinien für Überschreitungen des Mittleren Hochwasserstands heranzuziehen. Hierbei sind neben den Gezeiten im einzelnen noch folgende Einflüsse zu beachten:

● Windstau im Hafenbecken,

● Schwingungsbewegungen des Hafenwassers durch atmosphärische Ein-flüsse (Seiches),

● Wellenauflauf entlang des Ufers (Macheffekt),

- Resonanz des Wasserspiegels im Hafenbecken,
- säkuläre Hebungen des Wasserspiegels und
- langfristige Küstenhebungen bzw. -senkungen.

Soweit die obigen Einflüsse nicht in den Häufigkeitslinien mit erfaßt sind, müssen diese Kurven korrigiert werden.

Liegen keine oder nur wenige Wasserstandsmessungen vor, müssen noch während der Entwurfsarbeiten möglichst viele Messungen an Ort und Stelle durchgeführt und in Verbindung gebracht werden zu bekannten Häufigkeitslinien von Hochwasserständen in nächstgelegenen Gebieten.

(2) Wahl der optimalen Geländehöhe

Anhand der Häufigkeitslinien der Wasserstände ist das Risiko einer Überflutung des Hafengeländes bei extrem hohen Wasserständen festzustellen und in seinen Auswirkungen zahlenmäßig zu erfassen. Die Kosten für ein Höherlegen des Hafenplanums mit aufwendigeren Ufereinfassungen und erhöhten Massenbewegungen müssen hierbei den zu erwartenden Schadenkosten bei Überflutungen gegenübergestellt werden. Dabei muß eine gewisse Rangfolge der Überflutungsempfindlichkeit bei den ortsüblichen Hafeninstallationen wie Hochbauten, mechanischen und elektrischen Betriebsanlagen und bei den Lager- bzw. den reinen Umschlaggütern verschiedenster Art beachtet werden. Die optimale Höhenlage des Hafenplanums kann auf mathematischem Wege gefunden werden, wenn beispielsweise nach [50] und [51] vorgegangen wird. Bei diesen Verfahren werden die Kosten einer größeren Sicherheit gegen Überfluten – also einer höheren Geländelage – gegen die finanziellen Schäden im Falle eines Überflutens abgewogen.

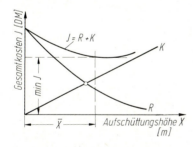

Bild E 122-1. Abhängigkeit der Gesamt kosten J von der Aufschüttungshöhe X

In Bild E 122-1 bedeuten:

$\bar{X}$ = die zum Gesamtkostenminimum führende Aufschüttungshöhe über einer Vergleichsfläche in m,

R = kapitalisierte Kosten der Prämie für eine Katastrophenschädenversicherung,

K = Investitionskosten für die Aufschüttung. (Angenommen wird dabei, daß die Aufschüttungskosten proportional mit der Aufschüttungshöhe X zunehmen.)

173

Wenn für die Gesamtschäden durch Überfluten – einschließlich der Produktionsverluste und der Wiederherstellungskosten – das Symbol W eingesetzt wird, ergibt sich für die jährliche Katastrophenschädenerwartung das Produkt von W mit der Wahrscheinlichkeit einer Überflutung pro Jahr. Diese Katastrophenschädenerwartung ist die jährlich fällige Versicherungsprämie für die Deckung aller Schäden. Die kapitalisierte Jahresprämie R ist ebenfalls in Bild E 122-1 dargestellt.

Die Gesamtkosten J bestehen also aus den Investitionskosten K für die Aufschüttung und den kapitalisierten Kosten R der Prämie für eine Katastrophenschädenversicherung.

Aus Bild E 122-1 ergibt sich, daß für eine optimale Höhe $\bar{X}$ der kleinste Wert von $R + K$ maßgebend ist. Wenn man davon ausgeht, daß die Überschreitungschancen von Sturmflutwasserständen im betrachteten Bereich eine exponentielle Verteilung haben und die Katastrophenschädenerwartung W und der Zinssatz konstant bleiben, kann die optimale Höhe $\bar{X}$ des aufzuschüttenden Geländes mit folgender Formel berechnet werden:

$$\bar{X} = a_{10} \cdot \log \left(\frac{230 \cdot p_0}{\delta \cdot a_{10}} \cdot \frac{W}{k} \right).$$

Hierin bedeuten:

a_{10} = Chancendezimierungshöhe in m = Differenz zwischen zwei Sturmflutwasserständen, bei denen die Häufigkeit sich wie 1:10 verhält,

p_0 = Überschreitungschance der Vergleichsfläche pro Jahr für $\bar{X}$ (z. B. 0,01 = 1 × pro Jahrhundert),

δ = Jahreszinssatz (in %, nicht dezimal geschrieben),

W = Katastrophenschädenerwartung im Fall einer Überflutung (in DM),

k = die Kosten je Meter Aufschüttungshöhe über der Vergleichsfläche (in DM/m).

6.2.2.3 Auswirkungen von Höhe und Veränderungen des Grundwasserspiegels im Gelände

Die mittlere Höhe des Grundwasserspiegels und seine örtlichen Änderungen nach Jahreszeit, Häufigkeit und Größe müssen berücksichtigt werden, insbesondere im Hinblick auf zu erstellende Rohrleitungen, Kabel, Straßen, Eisenbahnen, Geländenutzlasten usw., in Verbindung mit den Untergrundverhältnissen. Hierbei muß wegen der nötigen Vorflut auch der Verlauf des Grundwasserspiegels zum Hafenwasser hin beachtet werden.

6.2.2.4 Umschlagvorgänge

Hierbei ist zu unterscheiden zwischen:

(1) Stückgut- und Containerumschlag

Generell muß ein hochwasserfreies Gelände angestrebt werden. Ausnahmen sollten nur in besonderen Fällen zugelassen werden.

(2) Massengutumschlag

Wegen der Verschiedenheit der Umschlagverfahren und Lagerungsarten sowie der Empfindlichkeit der Güter und Anfälligkeit der Geräte kann eine allgemeine Richtlinie hier nicht gegeben werden. Als wesentliche Einflußfaktoren sind hier übergeordnete Hafenbelange, wie die Verkehrslage und -stetigkeit im Massengutumschlag und vor allem auch die Untergrundverhältnisse zu beachten.

(3) Spezialumschlagausrüstungen

Bei Schiffen mit Seitenpforten für den truck-to-truck-Umschlag, Heck- bzw. Bugklappen für den roll-on/roll-off-Umschlag oder anderen Spezialausrüstungen muß die Oberkante der Ufereinfassung je nach Schiffstyp und fester oder beweglicher Übergangsrampe gewählt werden. Die Höhe der Ufereinfassung muß hier aber nicht gleichbedeutend mit der allgemeinen Geländehöhe sein.

(4) Umschlag mit Bordgeschirr

Um auch bei tiefliegendem Schiff noch ausreichende Arbeitshöhe unter dem Kranhaken zu haben, sind die Kaihöhen im allgemeinen niedriger als beim Umschlag mit Kaikranen zu wählen.

6.2.2.5 Geländebeschaffenheit, Untergrund und Art des Aufhöhungsmaterials

Neben der geologischen und geomorphologischen Beschaffenheit des Geländes sind folgende Faktoren für die Wahl der Höhenlage des Hafenplanums mitbestimmend:

- Grundbautechnische Gegebenheiten und ihre Einflüsse auf Planung, Entwurf und Bauausführung der Ufereinfassungen und auf die Gründungsmöglichkeiten von Hoch- und Tiefbauten,
- bodenmechanische Eigenschaften des Untergrundes, insbesondere im Hinblick auf eine Geländeaufhöhung und spätere Nutzlasten,
- mittlerer Grundwasserstand und dessen Schwankungen im Hinblick auf Leitungsverlegungen, Verkehrswege, Bauwerke usw. und
- Beanspruchungen aus Verkehrslasten und Stapellasten für Stückgut oder Massengut.

6.2.2.6 Konstruktive Möglichkeiten für Ufereinfassungen

Die Höhe des Hafenplanums über dem maßgebenden Wasserstand und die erforderliche Wassertiefe für das größte, voll abgeladen in Frage kommende Schiff beim niedrigsten Arbeitswasserstand ergeben den zu überwindenden Geländesprung. Seine Höhe beeinflußt die Wahl der konstruktiven Lösung für die Ufereinfassung in technischer und wirtschaftlicher Hinsicht weitgehend.

Während Kaimauern für Stückgut – einschließlich Containerumschlag – nach Abschn. 6.2.2.4 (1) trotz höherer Baukosten im allgemeinen hochwasserfrei ausgeführt werden, kann nach Abschn. 6.2.2.4 (2) die Oberkante bei Massengutumschlag, fallweise aber auch bei Industrieanlagen, tiefer gelegt werden. Üblicherweise werden hier geböschte Ufer oder aufgeständerte Spundwandvorsetze angewendet, deren Oberkante nur wenig über MThw gelegt wird.

6.2.2.7 Eventueller Massenausgleich

Bei der Planung sollte generell ein Massenausgleich angestrebt werden, d. h. die zu baggernden Bodenmengen sollten – wenn die Qualität dieses zuläßt und die sonstigen Bedingungen dadurch nicht zu ungünstig beeinflußt werden – möglichst den Massen der Geländeaufhöhung entsprechen.

6.3 Querschnittsgrundmaße von Ufereinfassungen in Binnenhäfen (E 74)

6.3.1 Gehstreifen

Bei Ufereinfassungen in Binnenhäfen ist möglichst nahe der Uferkante ein profilfreier Gehstreifen erforderlich, damit die Schiffsbesatzungen und das Hafenbetriebspersonal von und an Bord gehen können. Am besten liegt der Gehstreifen wasserseitig der Kranschiene (Bild E 74-1). Dies ist aber aus konstruktiven Gründen nicht immer möglich. Bei Spundwandufern wird aus statischen Gründen die Kranschiene häufig senkrecht über der Spundwandachse angebracht. Bei dieser Lösung läßt sich ein Gehstreifen wasserseitig der Kranschiene jedoch nicht anlegen, da aus hafenbetrieblichen Gründen die wasserseitige Auskragung des Betonholms so gering wie möglich gehalten werden muß. Umgekehrt dürfen die Kranportale keinesfalls über die Uferkante hinausragen. Der Gehstreifen ist in diesem Fall hinter der Kranschiene anzuordnen (Bild E 74-2). Dies ist nicht erforderlich, wenn der Wandkopf nach Bild E 74-1 ausgeführt wird.

6.3.2 Festmacheeinrichtungen

An der Wasserseite der Ufereinfassungen sind ausreichende Festmacheeinrichtungen für die Schiffe anzuordnen (E 13, Abschn. 6.14).

6.3.3 Übrige Ausrüstung

Wenn die wasserseitige Kranschiene nahe der Uferkante liegen muß, ist bei Ufereinfassungen nach Bild E 74-1 bei 0,60 m Portalbeinbreite die Schienenachse mindestens 1,10 m hinter der Uferkante anzuordnen, bei größerer Portalbeinbreite entsprechend weiter. Diese Ausbildung läßt einen noch ausreichenden 0,80 m breiten Gehstreifen wasserseitig vom Kranportal zu, der lediglich durch Steigeleitern und Kantenpoller eingeengt und durch Treppen in der Ufermauer unterbrochen werden darf. Im Bereich der 0,80 m breiten Nischen der Bedienungstreppen ist noch ausreichend Wanddicke vorhanden, um die Kranschiene auflagern und befestigen zu können (E 85, Abschn. 6.26).

In der Betonkonstruktion der Kranbahn sind in ausreichender Zahl Festmachevorrichtungen anzuordnen, die von der Betriebsebene aus bedien-

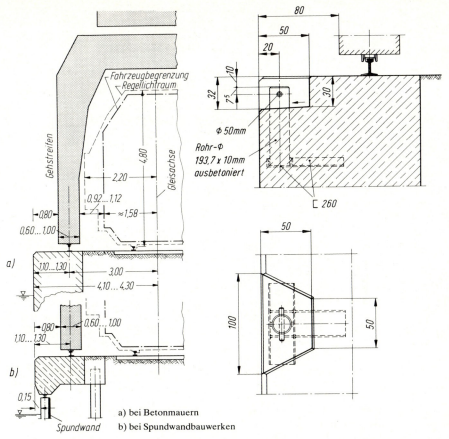

a) bei Betonmauern
b) bei Spundwandbauwerken

Bild E74-1. Querschnittsgrundmaße bei Ufereinfassungen in Binnenhäfen mit wasserseitigem Gehstreifen

bar sein müssen. Aussparungen im Gehstreifen sind durch Warnanstriche zu kennzeichnen.

Bei einer Ausführung nach Bild E 74-2 muß im wasserseitigen 0,40 bis 0,60 m breiten Teil des Stahlbetonholmes auch die Steigeleiter untergebracht werden, was bei flachen Profilen nur im Schutz von Fenderleisten möglich ist.

177

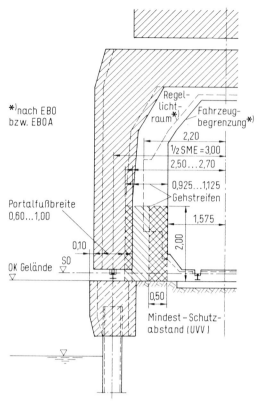

Bild E 74-2. Querschnittsgrundmaße bei Spundwandbauwerken in Binnenhäfen (Kranschiene in Spundwandachse), Maße in m

6.4   Ausbildung der Ufer von Umschlaghäfen an Binnenkanälen (E 82)[1])

In Umschlaghäfen an Binnenkanälen mit geringen Wasserstandsschwankungen empfiehlt es sich, die Ufer lotrecht auszubauen. Diese Ausbildung führt bei verhältnismäßig niedrigen Anlagekosten zu den günstigsten Bedingungen für den Hafen- und Umschlagbetrieb sowie zu den niedrigsten Unterhaltungskosten.

Oberkante Hafenplanum sollte mit Rücksicht auf die Einbauten und den Hafenbetrieb im allgemeinen nicht weniger als 2,00 m über dem normalen Kanalwasserstand angeordnet werden.

---

[1]) Siehe auch „Empfehlungen und Berichte des Technischen Ausschusses Binnenhäfen" [45]. Bezugsquelle: Geschäftsstelle des Bundesverbands öffentlicher Binnenhäfen e. V., Postfach 99, D-4040 Neuss.

6.5 Spundwandufer an Kanälen für Binnenschiffe (E 106)

6.5.1 Allgemeines

In Fällen, in denen Kanäle in räumlich beengtem Gelände neu angelegt oder erweitert werden müssen, sind Ufereinfassungen aus verankerten Stahlspundwänden häufig die technisch beste und, einschließlich der verminderten Grunderwerbs- und Unterhaltungskosten, auch die wirtschaftlich zweckmäßigste Lösung. Dies gilt vor allem für Dichtungsstrecken. Zur Ergänzung der abdichtenden Wirkung können die Spundwandschlösser nach E 117, Abschn. 8.1.26 gedichtet werden.

Bild E 106-1 zeigt ein kennzeichnendes Ausführungsbeispiel.

6.5.2 Berechnung

Die Berechnung und Bemessung des Bauwerks und seiner Teile wird nach den einschlägigen Empfehlungen durchgeführt. Besonders wird auf E 19, Abschn. 4.2 und E 18, Abschn. 5.4 hingewiesen. Bei den lotrechten Nutzlasten wird abweichend von E 5, Abschn. 5.5 eine gleichmäßig verteilte Geländenutzlast von 10 kN/m² angesetzt (Bild E 106-1).

Hingewiesen wird auch auf E 41, Abschn. 8.2.10 und auf E 55, Abschn. 8.2.8.

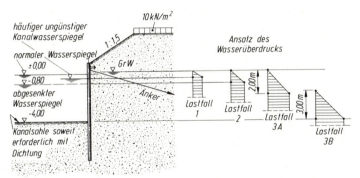

Bild E 106-1. Querschnitt für das Spundwandufer der Normalstrecke eines Binnenschiffahrtskanals mit den wichtigsten Lastansätzen

6.5.3 Lastansätze

Im Lastfall 1 ist mit dem Wasserüberdruck zu rechnen, der sich bei häufig auftretenden ungünstigen Kanal- und Grundwasserständen ergibt. Oft wird der Grundwasserspiegel in Höhe von Oberkante Spundwand angesetzt.

Bei einem zur Spundwand hin abfallenden Grundwasserspiegel wird der Wasserüberdruck auf die für die Spundwandberechnung maßgebende Erddruckgleitfuge bezogen (E 65, Abschn. 4.3, Bild E 65-1 und E 114, Abschn. 2.10, Bild E 114-2).

179

Im Lastfall 2 wird eine Absenkung des Kanalwasserspiegels vor der Spundwand um 0,80 m durch vorbeifahrende Schiffe berücksichtigt.

Im Lastfall 3 sind folgende Belastungen anzusetzen:

(1) In Kanalbereichen, in denen der Kanal planmäßig entleert wird (z. B. zwischen zwei Sperrtoren), ist der Kanalwasserspiegel in Höhe Kanalsohle und der Grundwasserspiegel entsprechend den örtlichen Gegebenheiten anzusetzen.

(2) In den übrigen Bereichen (Normalstrecken) braucht ein völliges Leerlaufen des Kanals bei gleichzeitig unabgesenktem Grundwasserspiegel nicht berücksichtigt zu werden.

Sind die örtlichen Verhältnisse ausnahmsweise so, daß bei einer ernstlichen Beschädigung des Kanals ein rascher und starker Abfall des Kanalwasserspiegels zu erwarten ist, müssen die beiden folgenden Belastungsfälle untersucht werden:

a) Der Kanalwasserspiegel liegt 2,00 m tiefer als der Grundwasserspiegel.

b) Der Kanalwasserspiegel wird in Höhe Kanalsohle und der Grundwasserspiegel 3,00 m höher angesetzt.

(3) Bei Ufereinfassungen, die einen Bruch oder Einsturz von Brücken, Verladeanlagen usw. nach sich ziehen können, ist die Spundwand für den Lastfall „leergelaufener Kanal" zu bemessen oder durch konstruktive Maßnahmen besonders zu sichern.

In den statischen Untersuchungen kann die planmäßige Kanalsohle als Rechnungssohle angesetzt werden. Eine Tieferbaggerung bis zu 0,30 m unter Sollsohle ist bei Beachtung der EAU und voller Einspannung der Wand im Boden fallweise ohne besondere Berechnung vertretbar (E 37, Abschn. 6.9). Keinesfalls gilt dies für unverankerte Wände und verankerte Wände mit freier Fußauflagerung. Sind in Ausnahmefällen größere Abweichungen zu erwarten und besteht starke Kolkgefahr durch Schiffsschrauben, ist die Berechnungssohle mindestens 0,50 m unter der Sollsohle anzusetzen.

6.5.4   Einbindetiefe

Steht bei zu dichtenden Dammstrecken in erreichbarer Tiefe wasserundurchlässiger Boden an, wird die Uferspundwand so weit nach unten verlängert, daß sie dicht in die undurchlässige Schicht einbindet. Hierdurch kann die Sohlendichtung eingespart werden.

6.6   Teilgeböschter Uferausbau in Binnenhäfen mit großen Wasserstandsschwankungen (E 119)

6.6.1   Gründe für den teilgeböschten Ausbau

Das Anlegen, Festmachen, Liegen und Ablegen unbemannter Fahrzeuge muß bei jedem Wasserstand ohne Benutzung von Ankern möglich sein, ebenso das gefahrlose Betreten durch das Hafen- und Betriebspersonal, was wegen der Wasserstandsschwankungen nur in senkrechten Uferbereichen möglich ist. Vollgeböschte Ufer sind als Liegeplatz und auch als Umschlagplatz fallweise nur sehr bedingt brauchbar.

An den Umschlagplätzen für feste Güter und an den Liegeplätzen für Schubleichter sind jetzt – mindestens für die vorherrschenden Wasserstandsbereiche – senkrechte Ufer und außerdem eine waagerechte Hafensohle zu fordern. Da aber im oberen Bereich des Ufers eine senkrechte Ausbildung nicht notwendig und häufig auch nicht erwünscht ist, bietet sich in Binnenhäfen mit großen Wasserstandsschwankungen das teilgeböschte Ufer an. Es besteht aus einer senkrechten Uferwand für den unteren Teil und einer sich anschließenden oberen Böschung (Bilder E 119-1 und -2 als Beispiele).

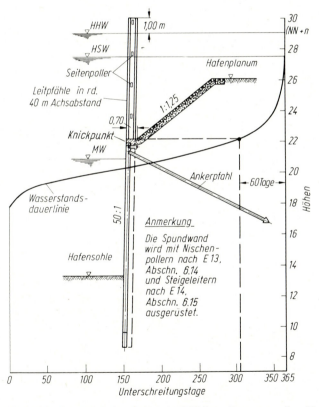

Bild E 119-1. Teilgeböschtes Ufer bei Schiffsliegeplätzen, vor allem für Schubleichter bei nicht hochwasserfreiem Hafenplanum

6.6.2 Entwurfsgrundsätze

Bei der Planung eines teilgeböschten Ufers ist das richtige Festlegen der Höhe des Knickpunkts, dem Übergang von der senkrechten Ufereinfassung zur geböschten, besonders wichtig. Er muß in jedem Fall über dem langjährigen MW liegen.

Bei Ufern kann im allgemeinen eine Überstauungsdauer des Knickpunkts von etwa 60 Tagen im langjährigen Mittel in Kauf genommen werden. Dies entspricht beispielsweise am Niederrhein einer Höhenlage des Knickpunktes von etwa 1 m über MW (Bild E 119-1).

Bei Ufern mit höher gelegenem Hafenplanum ist die Spundwandoberkante so zu wählen, daß die Böschungshöhe auf maximal 6 m begrenzt wird (Bild E 119-2).

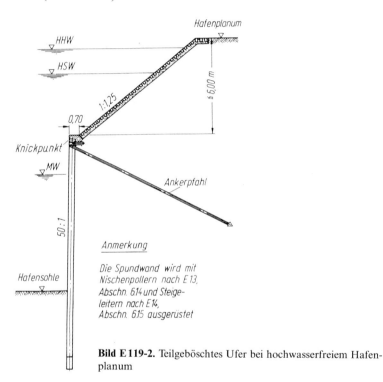

Bild E 119-2. Teilgeböschtes Ufer bei hochwasserfreiem Hafenplanum

Innerhalb eines Hafenbeckens soll stets eine einheitliche Höhenlage des Knickpunktes gewählt werden.

An Liege- und an Koppelplätzen ohne Umschlagbetrieb für unbemannte Fahrzeuge in Flußhäfen mit stark wechselnden Wasserständen sind zur Markierung, zum sicheren Festmachen und zum Schutz der Böschung im senkrechten Uferabschnitt Leitpfähle im Abstand von etwa 40 m zweckmäßig. Sie werden ohne wasserseitigen Überstand 1,00 m über HHW hinausragend ausgebildet (Bild E 119-1).

Der senkrechte Uferabschnitt wird im allgemeinen als einfach verankerte, im Boden eingespannte Spundwand ausgeführt.

Den oberen Abschluß soll ein 0,70 m breiter Stahl- oder Stahlbetonholm bilden (Bilder E 119-1 und -2), der ausreicht, um auch im Bereich der Leiternischen als sicher begehbare Berme genutzt werden zu können. Bei dieser Breite besteht – bei ordnungsgemäßer Wartung der Fahrzeuge – andererseits noch keine Gefahr, daß sich Schiffe oder Leichter bei fallenden Wasserständen aufsetzen.

Im Bereich von Leitpfählen ist die Berme hinter diesen durchlaufend auszubilden.

Die wasserseitige Kante des Stahlbetonholms ist nach E 94, Abschn. 8.4.6 durch ein Stahlblech gegen Beschädigungen zu schützen.

Die Böschung soll wegen der erforderlichen guten Begehbarkeit der Treppen nicht steiler als 1 : 1,25 sein. Angewendet werden hauptsächlich Neigungen von 1 : 1,25 bis 1 : 1,5.

Poller werden beim teilgeböschten Ufer nach E 14, Abschn. 6.15 und E 13, Abschn. 6.14 sowie nach E 102, Abschn. 5.14 ausgeführt.

6.7 Gestaltung von Uferflächen in Binnenhäfen nach betrieblichen Gesichtspunkten (E 158)

6.7.1 Anforderungen

Die Anforderungen an die Gestaltung der Uferflächen ergeben sich vorwiegend aus Schiffahrts- und Umschlagbedingungen, aber, was den oberen Abschluß anbelangt, teilweise auch aus dem Eisenbahn- und Straßenbetrieb.

Um einen einwandfreien Schiffahrtsbetrieb zu gewährleisten, müssen die Schiffe sicher und leicht am Ufer fest- und losgemacht werden und ruhig liegen können, so daß auch Einflüsse aus vorbeifahrenden Schiffen oder Schiffsverbänden ohne nachteilige Wirkungen bleiben und bei Wasserstandswechseln die Festmachedrähte oder -leinen gut gefiert werden können. Die Ufereinfassung soll beim Anlegen der Schiffe auch als Leiteinrichtung dienen und die Möglichkeit bieten, durch das Auslegen von Drähten zusätzlich zur Motorkraft die Fahrt des Schiffs zu vermindern und zu stoppen. Für den Personenverkehr zwischen Land und Schiff muß ein direkter Übergang oder ein sicheres Auslegen eines Landstegs möglich sein.

Die neueren Schiffstypen, beispielsweise schiebende Selbstfahrer und Schubleichter, stellen verhältnismäßig große zu bewegende Massen dar und sind außerdem kastenförmig mit eckigen Begrenzungen. Deshalb ergibt sich verstärkt die Forderung nach möglichst ebenen Vorderflächen der Ufereinfassungen.

Für den Umschlagbetrieb sind die Voraussetzungen zu schaffen, das Schiff schnell und sicher be- und entladen zu können. Dabei soll das Schiff möglichst wenig Bewegungen ausführen. Andererseits muß es aber im Bedarfsfall einfach zu verholen sein. Wirtschaftliche und betriebliche Gesichtspunkte bestimmen den Uferquerschnitt. Für den Kranführer ist die Übersichtlichkeit sehr wichtig. Es sind als Umschlagufer neben senkrechten durchaus auch teilgeböschte Ufer zu empfehlen. Bei der Lage der Kranbahn an der Böschungsoberkante ist aber eine größere Weite des Kranauslegers nötig. Bei geböschten Ufern ist die sichere Führung der Schiffe nur in Verbindung mit Festmachedalben in ausreichend engem Abstand gewährleistet.

Bei der Gestaltung von Umschlagstellen für aggressive Stoffe ist besonders auf eine glatte Uferfläche und fallweise auf deren besonderen Schutz gegen Korrosion zu achten.

6.7.2 Planungsgrundsätze

Wegen der großen Länge der Schiffe und der Schiffsverbände, aber auch wegen der besseren Leitfähigkeit für die Schiffe sind lange gerade Uferstrecken anzustreben. Falls Richtungsänderungen nicht zu vermeiden sind, sollten sie in Form von Knicken (Polygon) und nicht kontinuierlich (Kreisbogen) angelegt werden. Der Abstand der Knickpunkte ist so zu wählen, daß die Zwischengeraden den Schiffs- oder Verbandslängen angepaßt sind.

Die Form der Schiffe und deren Betrieb zwingen zu möglichst glatten Uferwänden ohne herausragende Einrichtungen und Nischen, in welche die Schiffe stoßen können. Die Vorderfläche kann geböscht, teilgeböscht, geneigt oder senkrecht sein. In der Längsrichtung soll sie aber möglichst glatt sein. Das gilt insbesondere für die Wasserwechselzone, damit sich die Schiffe schadlos am Ufer bewegen können.

6.7.3 Angewendete Uferflächen

(1) Böschungen

Böschungen sind in sich möglichst eben zu gestalten. Zwischenpodeste sind wenn möglich zu vermeiden. Treppen sollen senkrecht zur Uferlinie angelegt werden. Poller und Halteringe dürfen nicht über die Böschungsfläche hinausragen. Sind bei hohen Uferböschungen Zwischenbermen unvermeidlich, dürfen sie nicht im Bereich häufigen Wasserstandwechsels, sondern müssen darüber, in der Hochwasserzone, angeordnet werden. Entsprechend ist auch der Knickpunkt beim Übergang vom geböschten zum senkrechten Ufer zu legen (vgl. E 119, Abschn. 6.6.2).

(2) Senkrechte massive Ufer

Senkrechte oder wenig geneigte Ufereinfassungen in Massivbauweise eignen sich vor allem für in trockener Baugrube neu zu errichtende Uferanlagen. Sie bieten eine glatte Vorderfläche. Beim Bau im oder am Wasser können beispielsweise auch Schlitz- oder Bohrpfähle angewendet werden. Allerdings genügt nach Freilegung deren Vorderflächengestaltung im allgemeinen nicht den betrieblichen Anforderungen. Maßnahmen zur Herstellung einer glatten Fläche im Schiffsberührungsbereich – sinngemäß nach E 176, Abschn. 8.4.18 – sind dann erforderlich.

(3) Spundwand

Die Spundwandbauweise stellt für eine Ufereinfassung eine bewährte und wirtschaftliche Lösung dar, jedoch ist bei einem Bohlensystemmaß in der Größenordnung von einem halben Meter und bei einer Öffnungsweite der Spundwandtäler von mehr als 0,7 m fallweise bereits die Grenze der Abweichungen in Wellenform von der glatten Fläche erreicht. Bei besonderen Beanspruchungen aus dem Schiffahrtbetrieb kann es sogar notwendig werden, anstelle der Wellenform eine glatte Oberfläche zu fordern (siehe E 176, Abschn. 8.4.18).

6.8   Solltiefe der Hafensohle vor Ufermauern (E 36)

6.8.1   Seehäfen

Die Solltiefe ist die Wassertiefe unter einer bestimmten Bezugshöhe, deren Einhaltung angestrebt wird.

Beim Festlegen der Solltiefe der Hafensohle vor Ufermauern müssen folgende Faktoren berücksichtigt werden:

(1) Der Tiefgang des größten anlegenden, voll abgeladenen Schiffs, wobei auch der Salzgehalt des Hafenwassers berücksichtigt werden muß.

(2) Der Schutzraum zwischen Schiffsboden und Solltiefe, der im allgemeinen eine Mindesthöhe von 0,50 m aufweisen soll, aber bei Gefahr von starken Sohlenveränderungen durch Schiffsschrauben oder Querstrahlruder um bis zu 1,50 m, mindestens aber um 1,00 m vergrößert wird.

Die Wassertiefe rechnet dabei vom Niedrigwasser (NW) und in Tidegebieten vom mittleren Springtideniedrigwasser = MSpTnw = Seekartennull = SKN. Für NW und MSpTnw sind – wenn möglich – die eventuell vorhersehbaren Änderungen in der Höhenlage zu berücksichtigen. Wird MSpTnw häufiger merkbar unterschritten, muß ein noch niedrigerer rechnungsmäßiger Niedrigwasserspiegel zugrunde gelegt werden.

Auch bei felsigem Untergrund und ähnlichen Gefahren oder bei einer Anlage für besonders empfindliche Schiffe sowie Schiffe mit gefährlicher Ladung sind, wenn Ausweichmöglichkeiten mit größerer Hafentiefe fehlen, an Stelle von NW und MSpTnw noch niedrigere Wasserstände bis NNW bzw. NNTnw anzusetzen.

Die vorstehend genannte Solltiefe muß auch auf einer Mindestbreite vorhanden sein, um die Standsicherheit der Ufermauer zu gewährleisten. Sowohl die Solltiefe beziehungsweise das Einhalten des Grenzwerts der

Entwurfstiefe nach Bild E 37-1 (Abschn. 6.9) als auch die Mindestbreite müssen nach dem Herstellen der Kaimauer und auch später im Betrieb regelmäßig durch Loten kontrolliert werden.

6.8.2   Binnenhäfen

In Binnenhäfen an Flüssen soll die Solltiefe des Hafens mindestens 0,30 m unter der Sollsohle der anschließenden Wasserstraße liegen. Wenn die Uferstrecke für Schutzhafenzwecke in Anspruch genommen wird oder wenn die Gefahr starker Sohlenveränderungen durch Schiffsschrauben besteht, muß der Schutzraum unter Umständen bis zu 1,50 m, mindestens aber 1,00 m betragen.

6.9   Spielraum für Baggerungen vor Ufermauern (E 37)

Soll vor Ufermauern wegen Schlick-, Sand-, Kies- oder Geröllablagerungen gebaggert werden, muß die Baggerung bis unter die nach E 36, Abschn. 6.8 festgelegte, planmäßige Solltiefe der Hafensohle ausgeführt werden (Bild E 37-1).

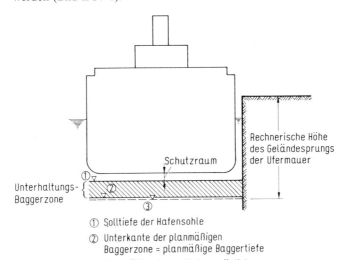

Bild E 37-1. Ermittlung des Spielraums für Baggerungen vor einer Ufermauer

Die Baggertiefe unter der Solltiefe der Hafensohle = Höhe der Unterhaltungsbaggerzone, wird durch die folgenden Faktoren bestimmt, wobei auch auf E 139, Abschn. 7.3 verwiesen wird:

(1) Umfang des Schlickfalls, des Sandtriebs, der Kies- oder Geröllablagerungen je Baggerperiode.

(2) Tiefe unter der Solltiefe der Hafensohle, bis zu welcher der Boden entfernt oder gestört werden darf.

(3) Kosten jeder Störung im Umschlagbetrieb, verursacht durch Baggerarbeiten.

(4) Ständiges oder nur zeitweises Vorhalten der erforderlichen Baggergeräte.

(5) Kosten der Baggerarbeiten in bezug auf die Höhe der Unterhaltungsbaggerzone.

(6) Mehrkosten einer Ufermauer mit tieferer Hafensohle.

Wegen der Wichtigkeit aller Faktoren (1) bis (6) muß der Spielraum für Baggerungen vor Ufermauern sorgfältig festgelegt werden. Einerseits kann ein zu kleiner Spielraum hohe Kosten für die Unterhaltungsbaggerungen und mehr Betriebsstörungen zur Folge haben, andererseits verursacht ein größerer Spielraum höhere Baukosten. Auf jeden Fall soll für Eimerkettenbaggerung der Spielraum mit der Wassertiefe zunehmen. Eine spätere Vergrößerung der Baggertoleranz um bis zu 0,30 m und eine entsprechende Vergrößerung der Entwurfstiefe ist bei Beachtung der Empfehlungen im allgemeinen ohne besondere Berechnung vertretbar. Es ist zweckmäßig, die Hafensohle erst durch mindestens zwei mit Zeitabstand ausgeführte Baggerschnitte zu erreichen. Der Zeitabstand hierfür wird bestimmt, nachdem die Ufermauer erneut eingemessen ist.

Nur zur allgemeinen Orientierung werden in Tabelle E 37-1 für verschiedene Wassertiefen die Höhen der Unterhaltungsbaggerzonen unter der Solltiefe der Hafensohle mit den zugehörigen Mindesttoleranzen angegeben:

Wassertiefe m	Höhe der Unter- haltungsbagger- zone m	Mindest- toleranz m	Rechnerische Gesamt- tiefe unter der Solltiefe der Hafensohle m
6	0,3	0,2	0,5
10	0,5	0,3	0,8
15	0,8	0,3	1,1

Tabelle E 37-1. Unterhaltungsbaggertiefen und zugehörige Mindesttoleranzen

Um die Anlandungen aus Schlickfall oder Sandtrieb unmittelbar vor der Ufermauer zu beschränken, kann es in bestimmten Fällen, beispielsweise in Tidegebieten, günstig sein, im mittleren Teil des Hafenbeckens eine größere Tiefe zu unterhalten (Bild E 37-2).

Vor jeder Baggerung, bei der die rechnerische Gesamttiefe unter der Solltiefe der Hafensohle voll ausgenutzt werden darf, muß der Zustand der Ufermauer – vor allem bei einer vorhandenen Entwässerung – überprüft und, soweit erforderlich, in Ordnung gebracht werden. Außerdem ist das Verhalten der Mauer vor, während und nach dem Baggern zu beobachten.

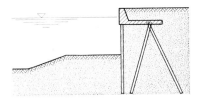

Bild E 37-2. Vertiefte Baggerung im mittleren Teil des Hafenbeckens

6.10 **Verstärkung von Kaimauern zur Vertiefung der Hafensohle in Seehäfen (E 200)**

6.10.1 Allgemeines

Die Entwicklung der Schiffsabmessungen hat zur Folge, daß zuweilen eine Vertiefung der Hafensohle vor bestehenden Kaimauern erforderlich wird. Hinzu treten dann oft auch größere Kran- und Nutzlasten. Die Möglichkeit, die Hafensohle in derartigen Fällen zu vertiefen, hängt ab von:

a) der Konstruktionsart der Kaimauer,

b) der Verformung der Mauer seit ihrer Herstellung,

c) dem baulichen Zustand der Kaimauer,

d) dem Maß der erforderlichen Vertiefung, besonders in bezug auf die Entwurfstiefe der Hafensohle,

e) der Möglichkeit, die zugelassenen Nutzlasten hinter der Kaimauer zu verringern,

f) der zu erwartenden Lebensdauer der Kaimauer nach eventueller Verstärkung,

g) der Verfügbarkeit der früher durchgeführten statischen Berechnungen mit allen dazugehörigen Belastungen, rechnerischen Bodenwerten und Wasserständen und der Konstruktionszeichnungen,

h) den Kosten einer Verstärkung im Vergleich zu den Kosten anderer Lösungen (z. B. Neubau anderswo).

Für a) und b) wird insbesondere auf E 193, Abschn. 15.1 hingewiesen. In bezug auf g) kann es nützlich sein, neue Bodenuntersuchungen durchzuführen, um z. B. das Konsolidierungsmaß der bindigen Böden festzustellen und die rechnerischen Bodenwerte zu prüfen und zu ermäßigen oder zu erhöhen.

Mit den neuen Belastungen, Wasserständen, Bodenwerten und der vergrößerten rechnungsmäßigen Tiefe kann dann eine statische Berechnung für den Entwurf einer verstärkten Kaimauer durchgeführt werden.

Wenn keine alten Berechnungen und Konstruktionszeichnungen mehr vorhanden sind, wird empfohlen, die Folgen einer erforderlichen Sohlenvertiefung mit einer Verringerung der Nutzlasten zu verbinden. Das Verformungsverhalten einer solchen Kaimauer spielt in diesem Fall eine wichtige Rolle und ist daher besonders zu berücksichtigen.

6.10.2   Ausbildung von Kaimauerverstärkungen

Für die Verstärkung von Kaimauern zur Vertiefung der Hafensohle stehen, abhängig von den unter Abschn. 6.10.1 genannten Faktoren a) bis h), folgende Maßnahmen zur Verfügung:

6.10.2.1   Maßnahmen zur Erhöhung des Erdwiderstands

Hierzu wird auf E 164, Abschn. 2.12 hingewiesen:

a) Ersatz von weichem, bindigem Boden durch nichtbindiges Material mit hoher Wichte und Scherfestigkeit vor der Kaimauer (Bild E 200-1).

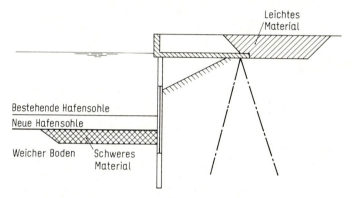

Bild E 200-1. Bodenersatz vor und/oder hinter dem Bauwerk

Der Übergang muß filterstabil ausgeführt sein. Die Baumaßnahmen sind dabei mit besonders strengen Forderungen zu kontrollieren, gegebenenfalls durch Nachmessungen, um ein wasserseitiges Ausweichen der Mauer während der Ausbaggerung zu verhindern bzw. zu begrenzen. Im allgemeinen wird dann die Kaimauer durch teilweises Abbaggern der Hinterfüllung entlastet.

Mit Setzungen des Bodens unmittelbar vor der Mauer wird besonders dann zu rechnen sein, wenn dort früher keine „Vorbelastung" stattgefunden hat.

b) Bodenverdichtung bei nichtbindigem Boden (Bild E 200-2)

c) Bodenverfestigung bei durchlässigem, nichtbindigem Boden durch Chemikal- oder Zementinjektionen (Bild E 200-2).

6.10.2.2   Maßnahmen zur Verringerung des aktiven Erddrucks

a) Herstellung einer Stahlbetonrostplatte auf Pfählen (Bild E 200-3).

b) Ersatz der Hinterfüllung durch ein leichteres Material; hierzu wird auf E 187, Abschn. 7.14 hingewiesen (Bild E 200-1).

c) Verfestigung einer gut durchlässigen nichtbindigen Hinterfüllung durch Chemikal- oder Zementinjektionen (Bild E 200-2).

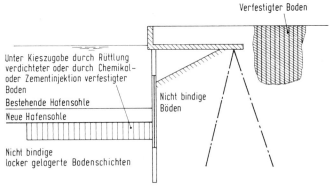

Verfestigter Boden

Unter Kieszugabe durch Rüttlung verdichteter oder durch Chemikal- oder Zementinjektion verfestigter Boden

Bestehende Hafensohle

Neue Hafensohle

Nicht bindige Böden

Nicht bindige locker gelagerte Bodenschichten

Bild E 200-2. Bodenverfestigung oder Bodenverdichtung vor und/oder hinter dem Bauwerk

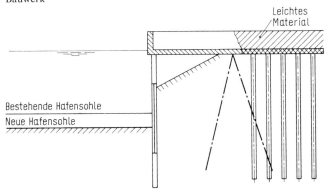

Leichtes Material

Bestehende Hafensohle

Neue Hafensohle

Bild E 200-3. Sicherung durch eine Entlastungskonstruktion auf Pfählen

6.10.2.3   Maßnahmen an der Kaimauer

a) Anwendung von Zusatzankern, schräg oder horizontal (Bild E 200-4).

b) Tieferrammen und Aufstocken der vorhandenen Ufereinfassung (Bild E 200-5).

c) Einrammen einer neuen Spundwand unmittelbar vor der Kaimauer. Die Spundwand kann dann auf verschiedene Weise verankert werden:

- durch einen neuen Überbau auf Pfählen über der bestehenden Rostplatte (Bild E 200-6),
- durch Schrägankerpfähle oder Horizontalanker (Bild E 200-7).

d) Vorbau mit elastischer Stahlbetonrostplatte auf Pfählen, sofern genügend Raum vorhanden ist. Hier wird besonders auf E 157, Abschn. 11.5 (Bild E 157-1) hingewiesen. Als zusätzlicher Vorteil entsteht auf diese Weise eine größere Kaifläche, was dem Güterumschlag zugute kommt (Bild E 200-8).

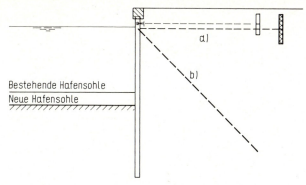

Bild E 200-4. Anwendung von Zusatzankern horizontal (a) oder schräg (b)

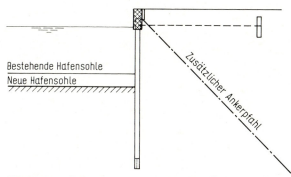

Bild E 200-5. Tieferrammen und Aufstocken der vorhandenen Ufereinfassung und Zusatzverankerung

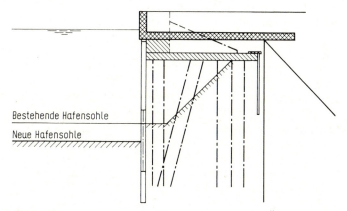

Bild E 200-6. Vorbau einer Spundwand und eines neuen Überbauwerks

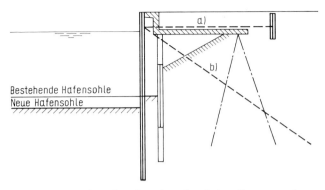

Bild E 200-7. Vorbau einer Spundwand und einer Zusatzverankerung (a) oder (b)

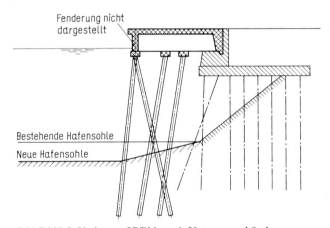

Bild E 200-8. Vorbau auf Pfählen mit Unterwasserböschung

6.11 Umgestaltung von Ufereinfassungen in Binnenhäfen (E 201)

6.11.1 Allgemeines

Es gilt generell zunächst sinngemäß alles was in E 200, Abschn. 6.10 zu Kaimauerverstärkungen in Seehäfen ausgesagt worden ist. Jedoch sind die Gründe für die Umgestaltung von Ufereinfassungen in Binnenhäfen häufig andere. Meistens ist die Erosion der Flußsohle der Anlaß für eine Tieferlegung der Hafensohle in seitlichen Stichbecken. An Kanälen und staugeregelten Flüssen kann auch der Ausbau für eine größere Abladetiefe eine Vertiefung erfordern. Im Einzelfall kann eine Vergrößerung der Kran- und Nutzlasten zu einer Umgestaltung führen.

6.11.2 Anlaß für die Umgestaltung

Bei geböschten Ufern führt eine Senkung der Flußsohle zu einer Verringerung der Hafenbeckenbreite und des Wasserquerschnitts. Daraus, wie auch aus der zunehmenden Länge der Kranausleger, ergibt sich die Notwendigkeit für einen teilgeböschten oder senkrechten Ausbau. Hafensohlenvertiefungen oder höhere Verkehrslasten führen zu höheren Belastungen einzelner Bauteile, die dann nicht mehr ausreichend bemessen sind. So z. B. der Querschnitt von Ufermauern oder Spundwänden wegen Überschreitung des zulässigen Widerstandsmomentes oder die Gründungstiefe der Ufereinfassung oder die Verankerung. Höhere Auflasten können bei Uferböschungen die Standsicherheit gefährden, indem die Sicherheit des Gleitkreises überschritten wird.

6.11.3 Möglichkeiten der Umgestaltung

Generell besteht die Möglichkeit, eine neue Ufereinfassung vor der alten oder anstelle der alten zu errichten. Oftmals genügt es aber bereits, gewisse Teile des Ufers zu erneuern oder zu verstärken bzw. andere konstruktive Maßnahmen auszuführen. So kann z. B. eine Spundwand tiefer gerammt und oben eine neue Konstruktion aufgeständert werden. Erhöhte Ankerkräfte können durch zusätzliche Anker aufgenommen werden. Bei nichtbindigen Böden führt eine Verdichtung der Hafensohle zu einer Erhöhung des Erdwiderstands. Die Standsicherheit einer Böschung kann durch Einbringen von Rammelementen durch Vernadelung mit dem Untergrund verbessert werden.

6.11.4 Ausführungsbeispiele

In den Bildern E 201-1 bis E 201-6 sind typische Beispiele für Umgestaltungen von Ufereinfassungen in Binnenhäfen dargestellt.
Uferausbau durch Ersatz eines geböschten Ufers durch ein teilgeböschtes Ufer (Bild E 201-1)

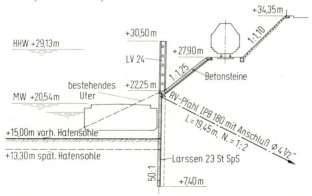

Bild E 201-1. Uferausbau durch Ersatz eines geböschten Ufers durch ein teilgeböschtes Ufer

193

Uferausbau durch Tieferrammen und Aufstocken der vorhandenen Ufer-
spundwand (Bild E 201-2)
Uferausbau durch Zusatzverankerung einer vorerst verbleibenden Spund-
wand (Bild E 201-3)
Uferausbau durch Vorrammen einer neuen Spundwand (Bild E 201-4)
Uferausbau durch Einrütteln von nichtbindigem Boden zur Erhöhung des
Erdwiderstands vor der Spundwand (Bild E 201-5)
Uferausbau durch Böschungsvernadelung (Bild E 201-6)

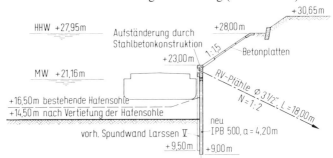

Bild E 201-2. Uferausbau durch Tieferrammen und Aufstockung der vorhandenen
Uferspundwand

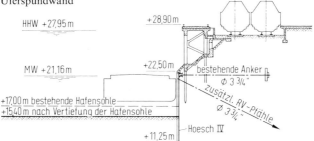

Bild E 201-3. Uferausbau durch Zusatzverankerung einer verbleibenden Spundwand

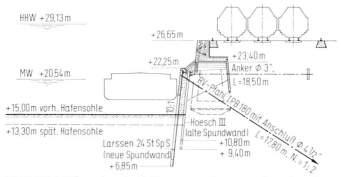

Bild E 201-4. Uferausbau durch Vorrammen einer neuen Spundwand

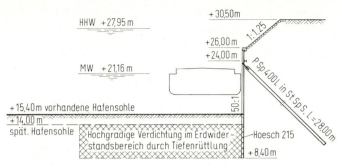

Bild E 201-5. Uferausbau durch Einrütteln des nichtbindigen Bodens im Erdwiderstandsbereich vor der Spundwand

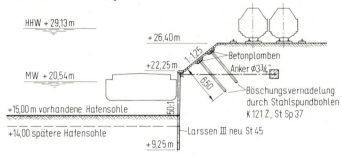

Bild E 201-6. Uferausbau mit Böschungssicherung durch Vernadelung

6.12 Anordnung und Belastung von Pollern für Seeschiffe (E 12)

Im Abschn. 5.12 behandelt.

6.13 Ausrüstung von Großschiffsliegeplätzen mit Sliphaken (E 70)

Um auch bei schweren Stahltrossen ein einfaches Festmachen und rasches Lösen der Trossen zu gewährleisten, werden an Stelle von Pollern schwere Sliphaken, das sind Zughaken mit Auslösevorrichtungen, angewendet. Bild E 70-1 zeigt das Beispiel eines Sliphakens von 1250 kN Größtlast. Er kann mit mehreren Trossen belegt werden und gibt sie sowohl bei Vollast als auch bei geringer Belastung durch das Betätigen eines Handgriffs mit kleiner Zugkraft frei.

Die Sliphaken werden mit einem Kardangelenk an einem Sliphakenstuhl befestigt. Die Anzahl der Sliphaken richtet sich nach dem jeweils zu berücksichtigenden Trossenzug gemäß E 12, Abschn. 5.12 und nach den gleichzeitig zu bedienenden Haupt-Trossenrichtungen. Die Schwenkbereiche sind so zu wählen, daß bei allen in Frage kommenden Betriebsfällen jegliches Klemmen der Haken vermieden wird. Sliphaken eignen sich

195

daher vor allem zum Festmachen von Großschiffen an besonderen Liegeplätzen, bei denen die Schwenkbereiche – gemäß dem Vertäuplan – eindeutig festgelegt werden können.

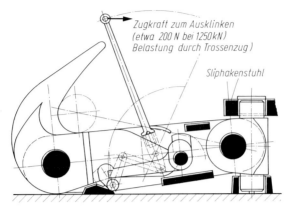

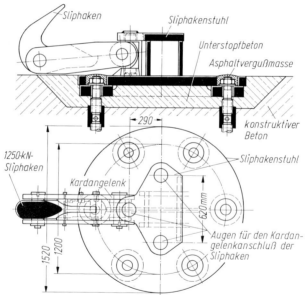

Bild E 70-1. Sliphakenstuhl mit drei 1250-kN-Sliphaken (DBP 1 119 174, 1 130 373
und 1 146 455)

6.14 Anordnung, Ausbildung und Belastung von leichten Festmacheeinrichtungen für Schiffe an senkrechten Ufereinfassungen (E 13)

Diese Empfehlung ist soweit den „Richtlinien für die Ausrüstung der Schleusen von Binnenschiffahrtsstraßen" [52] mit 1. Änderungen gemäß Verkehrsblatt 22/1984 angepaßt, als deren Grundsätze auf Ufereinfassungen übertragen werden konnten.

Unter diese Empfehlung fallen Poller, Nischenpoller, Haltekreuze, Haltebügel, Festmacheringe und dergleichen. Dafür wird zusammenfassend das Wort „Poller" gebraucht.

6.14.1 Anordnung

Poller dienen zum Festmachen und Verholen von Schiffen. Die Poller in unterschiedlichen Höhen liegen jeweils in einer Reihe lotrecht übereinander. Die Lage der Reihen richtet sich nach der Lage der Steigeleitern. Neben jeder Steigeleiter wird links und rechts im Achsabstand von etwa 0,85 bis 1,00 m zur Leiterachse je eine Pollerreihe angeordnet, in der Mitte zwischen den Leitern eine weitere. Bei einem Leiterabstand von rd. 30 m ist der Achsabstand der Pollerreihe rd. 15 m. Bei Stahlspundwänden wird das genaue Achsmaß durch den Schloßabstand der Bohlen, bei Massivwänden durch die Blocklänge bestimmt.

Die unterste Poller wird etwa 1,50 m über NNW, im Tidegebiet über MSpTnw angeordnet. Der lotrechte Abstand zwischen diesem und der Oberkante der Uferwand wird durch weitere Poller im Abstand von 1,30 bis 1,50 m (im Grenzfall bis 2,00 m) unterteilt.

Bei Uferbauten aus Stahlbeton werden die Poller in Nischen angeordnet, deren Gehäuse, mit Anschlußankern versehen, einbetoniert werden. Bei Stahlspundwänden können die Poller angeschraubt oder angeschweißt werden. Die Vorderkante des Pollerzapfens soll 5 cm hinter der Vorderkante der Uferwand liegen. Damit die Schiffstrossen leicht aufgelegt und wieder abgenommen werden können, ist seitlich, hinter und über dem Pollerzapfen ein entsprechender Abstand zu halten. Um eine Beschädigung der Trossen und der Uferkonstruktion zu vermeiden, sind die Übergangskanten zur Flucht der Uferwand abzurunden.

Über die Anordnung von Pollern bei Treppen siehe E 24, Abschn. 6.16.5.

6.14.2 Bemessung

Leichte Poller werden üblicherweise für einen Trossenzug von 50 kN bemessen, bei Verkehr mit Europa-Motorgüterschiffen, Europa-Schubleichtern, noch größeren Binnenschiffen oder flußgängigen Seeschiffen aber für 100 kN.

Die Poller sollen so gestaltet werden, daß bei einer Beanspruchung bis zum Bruch nur der leicht auswechselbar anzuordnende Zapfen ersetzt werden muß.

6.15 Anordnung, Ausbildung und Belastung von Steigeleitern (E 14)

6.15.1 Anordnung

Steigeleitern dienen vor allem als Zugang zu den Festmacheeinrichtungen und für Notfälle, um ins Wasser gestürzten Personen das Anlandkommen zu ermöglichen. Sie sind nicht für den allgemeinen Verkehr bestimmt. Die Steigeleitern werden in etwa 30 m Abstand angeordnet, so daß auf jeden Normalblock der Ufermauer eine Leiter entfällt. Die Lage der Leiter im Normalblock richtet sich nach der Pollerlage, da die Benutzung der Leitern nicht durch Trossen behindert werden darf. Im allgemeinen empfiehlt es sich, die Leitern im Bereich der Blockfugen anzuordnen. Bei geringeren Blocklängen gemäß E 17, Abschn. 10.1.5 ist sinngemäß zu verfahren.

Beidseitig neben jeder Leiter sollen Festmacheeinrichtungen angeordnet werden (E 102, Abschn. 5.14.1).

6.15.2 Ausbildung

Um das Ersteigen der Leiter vom Wasser aus auch bei NNW noch zu ermöglichen, muß die Leiter bis 1,00 m unter NNW geführt werden. Damit dabei die Leitern leicht montiert und ausgewechselt werden können, wird die unterste Leiterhalterung als Steckvorrichtung ausgebildet, in die die Leiterwangen von oben eingeschoben werden können. Der Übergang der Leiter zum Ufergelände muß so ausgebildet werden, daß ohne Gefahr ein- und ausgestiegen werden kann. Gleichzeitig darf jedoch der Verkehr auf dem Uferbauwerk nicht gefährdet werden. Diese Doppelaufgabe wird am besten in der Weise gelöst, daß der Kantenschutz über die Leiter muldenförmig um 15 cm nach hinten gezogen wird. Außerdem wird mindestens bei hochwasserfreien Ufereinfassungen ein Haltebügel von 40 mm Durchmesser, der 30 cm über Oberkante Uferfläche reicht, in 45 cm Achsabstand hinter der Uferflucht angeordnet. Die oberste Sprosse liegt 15 cm unter der Oberkante der Ufermauer. Sollten die Haltebügel beim Umschlag hinderlich sein, sind geeignete andere Ausstieghilfen vorzusehen. Eine bewährte Konstruktion dieser Art zeigt Bild E 14-1.

Die Leitersprossen liegen mit ihrer Achse etwa 10 cm hinter Vorderkante Uferbauwerk und bestehen aus Quadratstahl 30/30 mm, der hochkant eingebaut wird. Dadurch wird die Rutschgefahr bei Vereisung oder Verschmutzung vermindert. Die Sprossen werden mit 300 mm Achsabstand in Leiterwangen befestigt, deren lichtes Maß 450 mm beträgt. Bei Stahlspundwänden wird das lichte Maß durch die Form der Spundbohlen bestimmt.

Leitern dürfen nur lotrecht bzw. leicht geneigt, jedoch nicht überhängend geführt werden. Aus diesem Grund richtet sich bei Beton- oder Stahlbetonüberbauten über Uferspundwänden die Lage der Leitern im Überbau nach der Sprossenlage im Spundwandbereich, was zu tieferen Leiternischen führen kann.

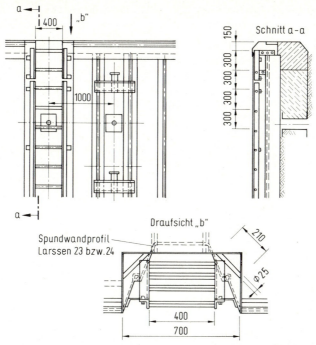

Bild E 14-1. Ausstieghilfe bei Steigeleiter in Spundwandnische

6.15.3 Bemessung

Die Leiterwangen werden an einbetonierte oder an der Spundwand befestigte, kräftig bemessene Konsolen so angeschlossen, daß die Leiter bei Beschädigung leicht ausgewechselt werden kann. Um den Leitern ausreichende Festigkeit zu geben, wird jede Wange für eine Belastung von 1 kN/m sowohl in waagerechter als auch unabhängig davon in lotrechter Richtung bemessen. Die Wangenabmessungen müssen daher dem Konsolabstand angepaßt werden bzw. umgekehrt. Die Leiterkonsolen sind verhältnismäßig stärker auszubilden als die Wangen, damit sich Beschädigungen im allgemeinen allein auf die Leiter beschränken. Bei Gefährdung durch Eisgang sind die Leitern möglichst stark zu bemessen, sofern nicht der laufende Ersatz abgängiger Leitern in Kauf genommen wird.

6.15.4 Leiternische

Die Leiternische wird bei Ufermauern aus Beton- oder Stahlbeton 75 cm breit und mindestens 30 cm tief ausgeführt. Bei 10 cm Abstand der Sprossenachsen von Vorderkante Ufermauer verbleibt so eine ausreichende Auftrittstiefe von 20 cm.

6.16 Anordnung und Ausbildung von Treppen in Seehäfen (E 24)

6.16.1 Anordnung

Treppen werden in Seehäfen nur noch angewendet, wenn der öffentliche Verkehr es erfordert. Sie werden dann am Anfang oder am Ende der Ufereinfassung angeordnet. Besonders lange Mauern erhalten bei Bedarf Zwischentreppen in höchstens 1000 m Abstand. Die Treppen müssen auch von Personen, die mit den Verhältnissen in Häfen nicht vertraut sind, ohne Gefahr benutzt werden können. Die obere Ausmündung der Treppe ist so zu legen, daß der Personen- und der Hafenumschlagverkehr sich möglichst wenig stören. Der Treppenzugang muß übersichtlich sein und die reibungslose Abwicklung des Personenverkehrs gestatten. Das untere Treppenende muß so angeordnet werden, daß die Schiffe leicht und sicher anlegen können und daß der Verkehr zwischen Schiff und Treppe gefahrlos ist.

6.16.2 Ausbildung

Treppen sollen 1,50 m breit sein, so daß sie bei Seeschiffsmauern noch vor der wasserseitigen Kranbahn enden und die Befestigung der im Abstand von 1,75 m von der Uferkante liegenden Kranschiene nicht behindern. Die Treppensteigung ist nach der bekannten Gleichung $2\,h + b = 63$ bis 64 cm zu wählen. Betonstufen erhalten einen rauhen Hartbetonüberzug, die Trittkanten einen Kantenschutz aus Stahl. Auch Granitstufen haben sich bewährt.

6.16.3 Podeste

Bei großem Tidehub liegen die Podeste jeweils 0,75 m über MTnw, Tmw und MThw. Je nach der Höhe des Bauwerks können weitere Podeste erforderlich sein. Der Höhenunterschied der Podeste darf 3,00 m nicht überschreiten. Die Podestlänge soll 1,50 m betragen.

6.16.4 Geländer

Die Treppenwandung wird mit einem Handlauf ausgerüstet, der mit der Oberkante 1,10 m über der vorderen Stufenkante liegt. Sofern der sonstige Hafenbetrieb es gestattet, werden die Treppen mit einem 1,10 m hohen Geländer umgeben, das auch abnehmbar ausgeführt werden kann. Die Hauptgefahrenquelle liegt an der Treppen-Querwand neben dem untersten Treppenpodest. Häufig werden die Treppen auch durch 0,30 m hoch reichende Holzstreichbalken oder gleichwertige Abweiser eingefaßt. Die Streichbalken liegen nicht unmittelbar, sondern mit einem Zwischenraum von 5 cm zur Oberkante Uferbauwerk auf. Ihre Abmessungen betragen im allgemeinen 20/25 cm. Sie werden an den Enden so abgerundet, daß die Trossen nicht hinterhaken können. Außerdem werden die Kanten zur Schonung der Trossen gebrochen.

6.16.5 Haltekreuze

Die Uferwand neben dem untersten Treppenpodest wird mit Haltekreuzen ausgerüstet (E 13, Abschn. 6.14). Außerdem wird knapp unter jedem

Podest ein Nischenpoller bzw. Haltekreuz angeordnet. Nischenpoller werden bei massiven Kaimauern bzw. Kaimauerteilen, Haltekreuze im allgemeinen bei Spundwandbauwerken angewendet.

6.16.6 Treppen in Spundwandbauwerken

Sie werden häufig aus Stahl hergestellt. Die Spundwand wird so gerammt, daß eine ausreichend große Nische entsteht, in die die Treppe eingesetzt wird.

Die Treppe ist in geeigneter Weise (Reibepfähle) gegen Unterfahren zu schützen.

6.17 Ausrüstung von Ufereinfassungen in Seehäfen mit Ver- und Entsorgungsanlagen (E 173)

6.17.1 Allgemeines

Die Versorgungsanlagen dienen dazu, vorhandene öffentliche Einrichtungen und Installationen, aber auch im Hafen ansässige Betriebe sowie die festmachenden Schiffe und dergleichen mit den notwendigen Stoffen, Energien usw. zu versorgen. Die Entsorgungsanlagen dienen der Ableitung des anfallenden Wassers.

Bei der Planung obiger Anlagen in Hafengebieten ist zu berücksichtigen, daß sie auch in unmittelbarer Nähe und zum Teil in den Ufereinfassungen selbst angeordnet werden müssen.

Für alle Leitungen sind in unter der Erde befindlichen Baukörpern, wie Kranbahnbalken und dergleichen, ausreichende Durchbrüche vorzusehen. Deshalb muß, um unnötige Kosten zu vermeiden, schon bei der Planung aller Baukörper rechtzeitig eine Abstimmung aller Beteiligten stattfinden. Für eventuelle spätere Erweiterungen sind Reservedurchbrüche anzuordnen.

Zu den Versorgungsanlagen gehören:

- Wasserversorgungsanlagen,
- Elektrische Energieversorgungsanlagen,
- Fernmelde- und Fernsteuerungsanlagen,
- Sonstige Anlagen

und zu den Entsorgungsanlagen:

- Reinwasser-Entwässerung,
- Schmutzwasser-Entwässerung,
- Benzin- und Ölabscheider.

6.17.2 Wasserversorgungsanlagen

Die Wasserversorgungsanlagen dienen der Versorgung mit Trink- und Brauchwasser und stehen im Brandfall auch für Löschzwecke zur Verfügung.

6.17.2.1 Trink- und Brauchwasserversorgung (Bild E 173-1)

Für das Trink- und das Brauchwasserversorgungsnetz im Hafen werden aus Sicherheitsgründen für einen Hafenabschnitt mindestens zwei voneinander unabhängige Einspeisungen verlangt, wobei die Leitungen als Ringnetze angelegt werden.

In Abständen von ca. 100 m werden Hydranten angeordnet. An Kaimauern und in befestigten Kran- und Gleisbereichen werden Unterflurhydranten gesetzt, damit der Betrieb nicht behindert wird. Die Hydranten sind so anzuordnen, daß auch bei aufgesetztem Standrohr keine Quetschgefahr durch schienengebundene Krane und Fahrzeuge besteht.

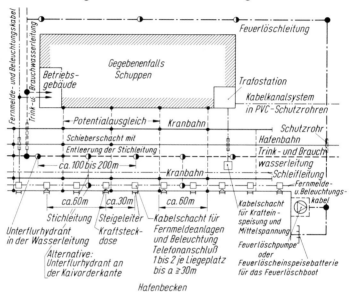

Bild E 173-1. Versorgungsanlagen in Kaiflächen

Bei Verwendung von Unterflurhydranten ist besonders zu beachten, daß die Anschlußkupplung vor Verschmutzung, auch bei einer eventuellen Überflutung der Kaianlage, geschützt wird. Durch einen zusätzlichen Absperrschieber sollte der Hydrant von der Versorgungsleitung trennbar sein. Die Hydranten müssen stets zugänglich sein. Sie sind in Bereichen anzuordnen, in denen eine Lagerung von Gütern aus betrieblichen Gründen nicht möglich ist.

Die Rohrleitungen werden bei mitteleuropäischen Verhältnissen im allgemeinen mit einer Erddeckung von 1,5 bis 1,8 m verlegt. Aus Gründen der Frostsicherheit sollen sie von der Kaimauervorderfläche einen Abstand von mindestens 1,5 m haben. In Belastungsbereichen mit Gleisen der Hafenbahn werden die Leitungen in Schutzrohren verlegt.

Bei Kaimauern mit Betonüberbauten können die Leitungen in die Betonkonstruktion eingelegt werden, wobei ein unterschiedliches Verformungsverhalten der einzelnen Baublöcke sowie das unterschiedliche Setzungsverhalten von tief- oder flachgegründeten Bauwerken zu beachten ist. Bei der Trinkwasserversorgung müssen Kreuzungen mit Gleisen in Kauf genommen werden. Wenn Ringleitungen landseitig des Überbaus verlegt werden, sind zwischen Ringleitung und den an der Kaivorderkante liegenden Hydranten entwässerbare Stichleitungen anzuordnen. Nicht ständig durchströmte Stichleitungen sind bezüglich der Trinkwasserhygiene als nachteilig anzusehen.

Zur Vermeidung großer Aufbrüche von Betriebsflächen im Fall eines Rohrbruchs werden die Leitungen möglichst nicht unter bewehrten Betonflächen, sondern unter gepflasterten Leitungsstreifen verlegt.

6.17.2.2 Löschwasserversorgung (Bild E 173-1)

Wegen der hohen Brandlasten in den Häfen empfiehlt es sich häufig, das Trink- und das Brauchwasserversorgungsnetz durch ein unabhängiges Löschwasserversorgungsnetz zu ergänzen. Das Löschwasser wird dabei mittels Pumpen unmittelbar dem Hafenbecken entnommen. Die zugehörigen Pumpenräume können in Kammern der Kaimauern unter Flur angeordnet werden, so daß sie den Umschlag nicht behindern.

An besonderen Anschlußstellen ist es ferner möglich, das Löschwassersorgungsnetz über die Pumpen der feuerwehreigenen Feuerlöschboote einzuspeisen.

Bei Spundwandkaimauern können die Pumpensaugrohre in den Spundwandtälern angeordnet werden, wobei das Löschwasser über mobile Einsatzpumpen der Feuerwehr entnommen werden kann. Diese Saugrohre sind dabei ausreichend gegen Schiffsstoß geschützt. Gleiches ist auch bei Betonüberbauten in ausgesparten Schlitzen möglich.

Für die Leitungsnetze gelten hier im übrigen die gleichen Anforderungen wie bei der Trink- und Brauchwasserversorgung. Aus Gründen der Hygiene müssen beide Netzsysteme unabhängig voneinander angelegt werden.

6.17.3 Elektrische Energieversorgungsanlagen (Bild E 173-1)

Die elektrischen Energieversorgungsanlagen dienen der Versorgung der Verwaltungsgebäude, Hafenbetriebe, Krananlagen, der Beleuchtungsanlagen von Gleisflächen, Straßen, Betriebsflächen, Plätzen, Kais, Anlegern und Dalben usw. mit elektrischer Energie.

Im Hoch- und im Niederspannungsversorgungsnetz des Hafens werden, abgesehen von provisorischen Bauzuständen, nur Kabel eingesetzt. Diese werden im Boden mit einer Erddeckung von ca. 0,8 bis 1,0 m, in Kaimauern und Betriebsflächen in einem Kunststoffrohrsystem mit überfahrbaren Betonziehschächten verlegt. Solche Rohrsysteme haben den Vorteil, daß die Kabelanlagen ohne Unterbrechung des Hafenbetriebs verstärkt oder erweitert werden können.

Im Kaimauerkopf werden Kraftsteckdosen im allgemeinen in rd. 60 m Abstand angeordnet. Sie müssen überfahrbar und mit einem Entwässerungsrohr versehen sein. Diese Steckdosen dienen unter anderem dem Stromanschluß für Schweißmaschinen zur Ausführung kleinerer Reparaturen an Schiffen und Kranen sowie als Anschluß für eine Notbeleuchtung.

Für die Versorgung der Krananlagen müssen in den Kaibereichen Schleifleitungskanäle, Kabelablagerinnen und Kraneinspeiseschächte angeordnet werden. Die Entwässerung und Belüftung dieser Anlagen ist besonders wichtig. Bei Kaimauern mit Betonüberbauten können diese Anlagen in die Betonkonstruktion mit einbezogen werden.

Es wird besonders darauf hingewiesen, daß die elektrischen Versorgungsnetze mit Potentialausgleichanlagen versehen werden müssen, damit verhindert wird, daß an Kranschienen, Spundwänden oder sonstigen leitfähigen Teilen im Bereich der Kaimauer durch Fehler in der elektrischen Anlage eines Krans unzulässig hohe Berührungsspannungen auftreten. Solche Potentialausgleichanlagen sollten etwa alle 60 m angeordnet werden.

Bei in den Kaimauerüberbau einbezogenen Kranbahnen werden die Potentialausgleichleitungen aus Kostengründen üblicherweise ohne Schutzrohr bei der Herstellung des Überbaus mit einbetoniert. Die Verlegung im Schutzrohr ist aber in Bereichen, in denen unterschiedliche Setzungen zu erwarten sind, vorzunehmen.

6.17.4   Fernmelde- und Fernsteueranlagen (Bild E 173-1)

Die Fernmelde- und Fernsteueranlagen können von der Post, der Hafenverwaltung, der Hafenbetriebsgesellschaft, der Hafeneisenbahn und vom Zoll betrieben werden.

Neben dem üblichen Fernmeldenetz der Post kann ein Schiffstelefonanschlußsystem vorgesehen werden. Dieses besteht aus einem parallel zu den Kaimauern verlegten Kabelrohrsystem. In einem Kabelschacht wird dann jeweils eine Telefonanschlußdose angeordnet. Pro Schiffsliegeplatz werden mindestens 2 derartige Anschlüsse hergestellt. Häufig werden die Anschlüsse aber auch im normalen Steigeleiterabstand (ca. 30 m) angeordnet.

6.17.5   Sonstige Anlagen

Hierzu zählen alle nicht unter Abschn. 6.17.2 bis 6.17.4 genannten Versorgungsanlagen, wie sie beispielsweise an Werftkaimauern erforderlich sind. Hierzu seien genannt: Gas-, Sauerstoff-, Preßluft- und Azetylenleitungen, ferner Dampf- und Kondensatleitungen in Kanälen. Bei der Anordnung und Verlegung sind die einschlägigen Vorschriften, insbesondere die Sicherheitsbestimmungen, einzuhalten.

6.17.6 Entsorgungsanlagen

6.17.6.1 Reinwasser-Entwässerung

Das im Kaimauerbereich und auch landseitig davon anfallende Regenwasser wird unmittelbar durch die Kaimauer in den Hafen geleitet. Hierzu sind die Kai- und Betriebsflächen mit einem Entwässerungssystem auszurüsten, bestehend aus Einläufen, Quer- und Längskanälen und einem Sammelkanal mit Auslauf in den Hafen. Die Einzugsgebiete richten sich nach den örtlichen Gegebenheiten. Es ist anzustreben, möglichst wenige Ausläufe in der Ufereinfassung anzuordnen, zumal sie wegen der erforderlichen Schieberschächte recht aufwendig sind.

Andererseits können solche Ausläufe infolge Schiffsanprall so beschädigt werden, daß die Entwässerung nicht mehr ordnungsgemäß funktioniert. Die Ausläufe sind mit Schiebern und Rückstauverschlüssen auszurüsten, um zu verhindern, daß bei Sturmfluten das Hafenwasser in die Entwässerungskanäle drückt und die binnenseitige Entwässerung beeinträchtigt oder gar unmöglich macht.

Durch Schließen des Schiebers kann auch verhindert werden, daß auf der Betriebsfläche ausgelaufene gefährliche oder giftige Stoffe in den Hafen gelangen. Diese können dann im Entwässerungssystem aufgefangen und daraus abgesaugt werden, wobei das Hafenwasser vor einer gefährlichen Verschmutzung bewahrt wird.

6.17.6.2 Schmutzwasser-Entwässerung

Das im Hafengebiet anfallende Schmutzwasser wird in einem besonderen Schmutzwasser-Entwässerungssystem in die städtische Kanalisation geleitet. Eine Einleitung in das Hafenwasser ist nicht statthaft. In der Ufereinfassung liegt daher nur in Ausnahmefällen eine Schmutzwasserleitung.

6.17.6.3 Benzin- und Ölabscheider

Benzin- und Ölabscheider werden überall dort angeordnet, wo sie auch bei Anlagen außerhalb des Hafengebiets gefordert werden.

6.18 Fenderungen für Großschiffsliegeplätze an Ufermauern (E 60)

6.18.1 Aufgaben

Um Großschiffen ein gefahrloses Anlegen auch an Ufermauern zu ermöglichen, die durch Windverhältnisse, starke Strömung, schlechte Anfahrbedingungen usw. ungünstig liegen, müssen diese Mauern mit Fendern ausgerüstet werden. Sie dämpfen den Schiffsstoß beim Anlegen und vermeiden Beschädigungen an Schiff und Bauwerk während der Liegezeit.

6.18.2 Ausführung

Die Fenderung kann aus Stahl, Holz, Buschwerk, Tauwerk, Elastomere und dergleichen hergestellt werden, wobei die Ausbildungsgrundsätze für das betreffende Material sehr genau beachtet werden müssen. Bekannt sind unter anderem: Streichbalken, Reibehölzer, Reibepfähle, Fenderwände mit Abfederung durch Pfähle, Elastomere-Puffer bzw. Pufferfedern, Busch-, Tauwerks-, Holz- oder Elastomere-Hängefender, Gewichtsfender, Torsionsfender, Schwimmfender und dergleichen.

Große Fender werden im allgemeinen bei normaler Blocklänge (30 m) in Blockmitte angeordnet, kleinere in den Viertelspunkten. Bei kürzeren Blocklängen gemäß E 17, Abschn. 10.1.5 ist sinngemäß zu verfahren.

6.18.3 Wirtschaftlichkeit

Die Fenderungen erfordern zum Teil erhebliche Unterhaltungskosten. Es empfiehlt sich daher, bei jeder Ufermauer sorgfältig zu prüfen, ob und in welchem Maße Schiff oder Bauwerk tatsächlich gefährdet sind. Da jedes Schiff Fender für den Bedarfsfall griffbereit vorhalten muß, wird man, wenn ebene Kontaktflächen für diese Fender ausreichend vorhanden sind, häufig auf eine dem Verschleiß ausgesetzte Bauwerkfenderung verzichten können. Dies setzt jedoch im allgemeinen eine nahezu lotrechte Ufermauerflucht voraus, damit keine schädliche Schiffsberührung unter Wasser eintreten kann.

6.19   Buschhängefender für Großschiffsliegeplätze an Ufermauern (E 61)ˈ

6.19.1 Abmessungen

Als Fenderungen für Großschiffsliegeplätze, an Stromufern, bei denen größere Wellen vorwiegend rechtwinklig zum Ufer anlaufen, kommen auch Buschhängefender in Frage. Die Fenderabmessungen werden den anlegenden größten Schiffen angepaßt. Sofern nicht besondere Umstände größere Abmessungen erfordern, werden in Tabelle E 61-1 folgende Fendermaße gewählt:

Schiffsgröße dwt	Fenderlänge m	Fenderdurchmesser m
bis 10 000	3,0	1,5
bis 20 000	3,0	2,0
bis 50 000	4,0	2,5

Tabelle E 61-1. Fenderabmessungen

6.19.2 Ausführung

Buschhängefender werden aus bereits etwas ausgetrocknetem, aber noch schmiegsamem Busch hergestellt und mittels Drahtseilen – meistens in waagerechter Lage mit Achse etwa in Tidehalbwasserhöhe – aufgehängt. Im Bedarfsfall können sie aber auch in gestaffelten Höhenlagen angebracht werden.

Buschhängefender sind im allgemeinen bald nach ihrem Einbau schwerer als Wasser und schwimmen dann nicht mehr. Dies gilt vor allem bei schlickhaltigem Wasser.

Bild E 61-1 zeigt ein kennzeichnendes Ausführungsbeispiel, siehe Seiten 208 und 209.

Wesentlich für einen möglichst langen Bestand ist ein aus zwei Teilen zusammengesetzter besonders kräftiger Holzkern. Er besteht aus dem inneren Kettenkern und dem äußeren Sicherungskern. Zunächst wird der Kettenkern hergestellt und durch Drahtseile – $\emptyset$ 18 mm mit 12 Windungen – in der Mitte und an den Enden fest geschnürt, so daß die Seile in die Rundhölzer einschneiden. Um den Kettenkern herum wird der äußere Sicherungskern gebaut, der ebenfalls besonders fest geschnürt werden muß (Zugkraft $\geq$ 250 kN bei jeder Windung aufgebracht). Dieser doppelte Kern verhindert ein Verschieben der Kette bis an die Buschwalzen. Besondere Bedeutung kommt auch einer richtigen Konstruktion der unteren Aufhängeschäkel zu. Normale Schraubschäkel sind hierfür ungeeignet; vielmehr muß eine Spezialanfertigung mit besonderer Sicherung verwendet werden (Bild E 61-1).

Das Sicherungsseil, das ebenfalls durch den Kettenkern geführt wird, wofür die Abschlußteller eine zentrale Bohrung erhalten, soll eine Überlänge von etwa 1 m aufweisen.

Der Buschring, bestehend aus 6 sorgfältig mit Drahtseilen verschnürten Eichenbuschwalzen, stellt das eigentliche Fenderelement dar. Ist Eichenbusch nicht in den erforderlichen Mengen greifbar, kann auch eine Mischung aus Eiche mit anderen geeigneten Hölzern verwendet werden. So hat sich beispielsweise folgende Zusammensetzung bewährt: 40% Eiche + 30% Hasel + 20% Esche + 10% Weiß- und Rotbuche. Eine Beimischung von Erle ist nicht statthaft.

Kann der Fender durch längslaufende starke Wellen beansprucht werden, ist das Buschwerk auch in Längsrichtung zu sichern, so daß es sich nicht verschieben kann. Ist der Erfolg einer solchen Sicherung zweifelhaft, sind Buschhängefender wegen des Risikos eines zu großen Unterhaltungsaufwandes unzweckmäßig.

6.19.3 Wirtschaftlichkeit

Infolge von Schiffsbetrieb, Eis- und Wellengang usw. sind Buschhängefender einem natürlichen Verschleiß unterworfen. Obgleich sie höhere Investitions- und Unterhaltungskosten erfordern als Elastomerefender, kommt ihr Einsatz vor allem in Ländern in Betracht, in denen geeignetes Rohmaterial zur Verfügung steht und Devisen eingespart werden sollen.

6.20 Fenderungen in Binnenhäfen (E 47)

Um den unmittelbaren Kontakt zwischen Schiff und Uferbauwerk zu vermeiden, wurden früher die Ufermauern und Kranbühnen zum Schutz mit Reibehölzern bzw. Reibepfählen ausgerüstet. Diese Fenderungen haben sich insbesondere in Flußhäfen mit starken Wasserspiegelschwankungen nicht bewährt. Schadhafte Fender konnten bei hohen Wasserständen zeitweise nicht festgestellt werden und bildeten Gefahrenquellen für die Schiffahrt. Umfangreiche Wartungs- und Instandsetzungsarbeiten waren daher ständig erforderlich.

Ansicht

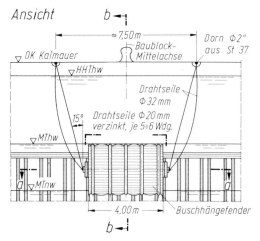

Schnitt a–a

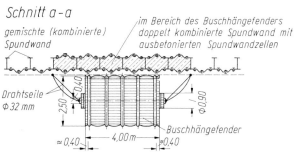

Äußerer Sicherungskern

Kettenkern

Schnitt c–c (vergrößert)

Schnitt d–d (vergrößert)

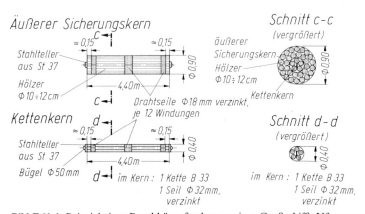

Bild E 61-1. Beispiel eines Buschhängefenders an einer Großschiffs-Ufermauer

Schnitt b-b

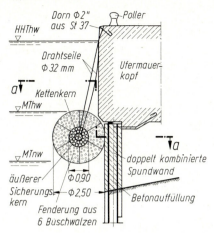

HHThw

Dorn Φ2"
aus St 37 —— Poller

Drahtseile
Φ32 mm

Ufermauer-
kopf

Kettenkern

MThw

a

äußerer
Sicherungs-
kern

MTnw

Φ0,90

Φ2,50

Fenderung aus
6 Buschwalzen

doppelt kombinierte
Spundwand

Betonauffüllung

a

Stahlteller aus St 37 (Maße in mm)

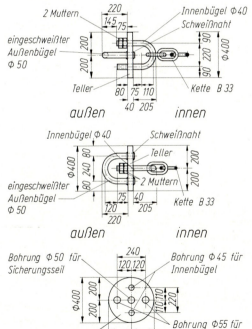

2 Muttern

220
145 75

Innenbügel Φ40
Schweißnaht

eingeschweißter
Außenbügel
Φ50

200 200

200 200

Φ400

90 220 90

Teller

80 75 110
40 205

Kette B 33

außen   innen

Innenbügel Φ40

Schweißnaht

Teller

Φ400

80 240 80

80

2 Muttern

200 200

eingeschweißter
Außenbügel
Φ50

75 40
120
205
220

Kette B 33

außen   innen

Bohrung Φ50 für
Sicherungsseil

240
120 120

Bohrung Φ45 für
Innenbügel

Φ400

200 200

110 110

220

Teller

200 200

Bohrung Φ55 für
Außenbügel

Bild E 61-1. Fortsetzung

209

Moderne Binnenschiffe haben eine glatte Außenhaut und kein Bergholz mehr. Die Manövrierfähigkeit von Schiffen und Schiffsverbänden ist gegenüber früher stark verbessert. Beim Anlegen der Fahrzeuge werden nun vom Schiffspersonal 1 m lange Reibehölzer an einer kurzen Drahtschlaufe zwischen Ufer- und Bordwand gehalten. Beim Liegen der Schiffe werden diese Reibehölzer zwischen Schiff und Ufer aufgehängt. Erfahrungsgemäß reichen diese Maßnahmen zum Schutz des Schiffskörpers und der Uferkonstruktionen aus. Es wird empfohlen, in Binnenhäfen mit lotrechten Ufereinfassungen von der Ausrüstung mit Reibepfählen, Reibehölzern oder anderen Fenderungen abzusehen. Lediglich bei Pierkonstruktionen und bei Sondereinrichtungen im Hafen, beispielsweise an Treppen, vorstehenden Steigeleitern usw., ist eine Sicherung durch Fender erforderlich.

In besonders gefährdeten Uferabschnitten erhalten Stahlspundwände eine Panzerung nach E 176, Abschn. 8.4.18.

6.21 Elastomere-Fenderungen und Elastomere-Fenderelemente für Seehäfen (E 141)

6.21.1 Allgemeines

6.21.1.1 Elastomere-Elemente werden in vielen Häfen zur Abfenderung der Schiffsstöße bzw. zur Aufnahme der Anlegedrücke an Liegeplätzen verwendet. Da ihr Material seewasser-, öl- und alterungsbeständig hergestellt werden kann (E 62, Abschn. 6.22) und auch bei gelegentlicher Überlastung nicht zerstört wird, haben sie eine lange Lebensdauer. Ihre Verwendung ist daher trotz verhältnismäßig hoher Anschaffungskosten im allgemeinen wirtschaftlich.

6.21.1.2 Für Fenderzwecke werden von der Industrie Elastomere-Elemente in verschiedenen Formen, Größen und spezifischer Wirkungscharakteristik hergestellt, so daß es möglich ist, jede einschlägige Aufgabe – von der einfachen Fenderung für die Kleinschiffahrt bis zu Fender-Konstruktionen für Großtanker und Massengutfrachter – zu lösen. Auf die Sonderbeanspruchung der Fenderungen in Fährbetten, Schleusen, Trockendocks und dergleichen wird besonders hingewiesen.

6.21.1.3 Elastomere werden entweder allein als Material für Fender benutzt, an denen die Schiffe unmittelbar anlegen, oder sie dienen als passend gestaltete Puffer hinter Fenderpfählen, Fenderwänden oder Fenderschürzen. Gelegentlich werden auch beide Anwendungsarten kombiniert. Hierbei können mit den im Handel erhältlichen Elastomeren und den aus ihnen hergestellten Elementen jeweils diejenigen Federkonstanten erreicht werden, die für den betreffenden Fall am günstigsten sind (E 111, Abschn. 13.2).

6.21.2 Elastomere-Fender

6.21.2.1 In verschiedenen Seehäfen werden gebrauchte Autoreifen – meist mit Gummiabfällen gefüllt – als Fender flach vor Ufermauern gehängt. Sie wirken polsterartig. Ein nennenswertes Arbeitsvermögen besitzen sie nicht.

6.21.2.2 Häufiger werden mehrere ausgestopfte Lkw-Reifen – meist 5 bis 12 Stück – über einen Stahldorn gezogen, der an den Enden je eine aufgeschweißte Rohrhülse zum Anlegen der Fang- und Halteseile erhält. Mit diesen wird der Fender drehbar vor die Kaimauer gehängt. Die Reifen werden mit kreuzweise angeordneten Elastomereplatten ausgelegt und dadurch gegen den Stahldorn abgestützt. Die dann noch verbleibenden Resträume werden mit Elastomere-Füllmaterial versehen (Bild E 141-1). Solche Fender – gelegentlich auch in einfacherer Ausführung mit Holzdorn – sind preisgünstig. Sie haben sich, wenn die Anforderungen an die aufzunehmende Anfahrenergie gering blieben, im allgemeinen bewährt, obwohl das Arbeitsvermögen und damit der auftretende Anlegedruck nicht zuverlässig angegeben werden können. Deshalb wurde hier von der Wiedergabe kennzeichnender Kraft-Weg- bzw. Arbeitsvermögen-Weg-Kurven abgesehen.

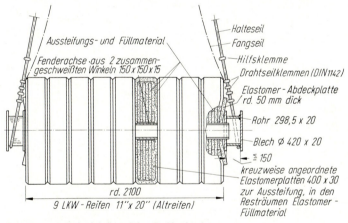

Bild E 141-1. Beispiel eines Lkw-Reifenfenders

6.21.2.3 Nicht zu verwechseln mit diesen Behelfslösungen sind die genau bemessenen, einwandfrei auf einer Achse drehbar gelagerten Fender aus meist sehr großen Spezialreifen, die entweder mit Gummiabfällen ausgestopft oder mit Luftfüllung kompressibel wirken. Fender dieser Ausführung werden an exponierten Stellen – etwa den Einfahrten in Schleusen oder Trockendocks sowie bei engen Hafeneinfahrten auch im Tidebereich – waagerecht und/oder lotrecht zur Führung der Schiffe – die hier stets vorsichtig navigieren müssen – mit Erfolg angewendet.

6.21.2.4 Häufig werden dickwandige Rohre aus Elastomeren verwendet (Bild E 141-2). Diese können verschiedenste Durchmesser von 0,125 m bis über 2 m erhalten. Sie besitzen je nach Verwendungsart variable Federcharakteristiken. Rohre mit kleineren Durchmessern werden mit Seilen, Ketten oder Stangen waagerecht oder lotrecht, gegebenenfalls auch schräg angeordnet. Im letztgenannten Fall werden sie vorwiegend als „Girlande" – vor eine Kaimauer, einen Molenkopf oder dergleichen – gehängt.

Großrohrfender werden in der Regel waagerecht liegend eingebaut (Bild E 141-3). Wegen der sonst auftretenden Durchbiegung und der Einreißgefahr bei Beanspruchungen dürfen sie nicht mit Seilen oder Ketten direkt an die Kaimauer gehängt werden. Sie werden auf starre Stahlrohre oder

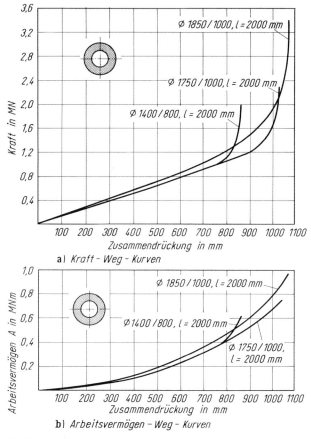

Bild E 141-2. Beispiele für die Kraft-Weg- und die Arbeitsvermögen-Weg-Kurven von großen Rundfendern

Stahlrohr-Fachwerkträger und dergleichen gezogen. Letztere werden dann mit Ketten oder Stahlseilen an die Kaimauer gehängt oder auf Stahlkonsolen, die neben den Fendern angeordnet werden, gelagert (Bild E 141-3).

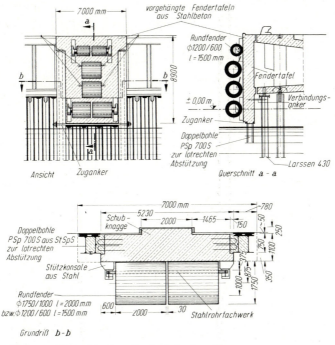

Bild E141-3. Beispiele einer Großrohrfenderanlage

6.21.2.5 Außer Rundrohren werden – allerdings nur bei kleineren Abmessungen – viereckige Rohre verwendet, die sowohl runde als auch polygonale Innenöffnungen aufweisen können. Sie werden in der Regel aber nur als Puffer nach Abschn. 6.21.3.1 verwendet.

6.21.2.6 Um die Arbeitskennlinie günstiger zu gestalten, wurden weitere Spezialformen entwickelt unter Verwendung von besonderen Einlagen, beispielsweise von einvulkanisierten Geweben, Federstählen oder Stahlplatten. Solche Bauteile müssen beim Einvulkanisieren metallisch blank gestrahlt und völlig trocken sein. Diese häufig in Trapezform hergestellten Fender haben Bauhöhen von 0,2 bis etwa 1,3 m. Sie werden mit Dübeln und Schrauben an der Kaimauer befestigt (Bild E 141-4).

6.21.2.7 Bezüglich der Abmessungen und Eigenschaften sowie der Kraft- und Arbeitskurven der verschiedenen Elastomere-Fenderelemente wird auf die

213

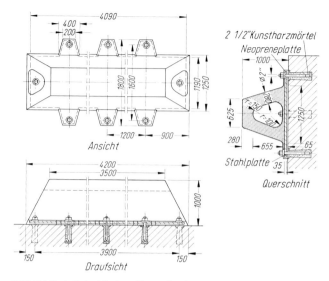

Bild E 141-4. Beispiel eines Trapezfenders

Druckschriften der Lieferfirmen verwiesen. Es muß jedoch besonders darauf geachtet werden, daß die dort genannten Kurven nur zutreffen, wenn die Fender nicht seitlich ausknicken können und wenn bei Dauerbelastung nicht zu große Kriechbewegungen auftreten (E 62, Abschn. 6.22).

6.21 2.8 Bei der Bemessung einer Kaimauer oder einer Pieranlage usw. sowie der Fender-Halterungen sind nicht nur die Anlegedrücke allein zu berücksichtigen. Durch waagerechte und lotrechte Bewegungen der Schiffe beim An- oder Ablegen, den Lösch- und Ladevorgängen, bei Dünung oder Wasserstandschwankungen usw. können – falls diese Bewegungen nicht durch Abrollen geeigneter Rundfender aufgenommen werden – Reibungskräfte in lotrechter und/oder waagerechter Richtung auftreten. Falls niedrigere Werte nicht nachgewiesen werden, ist bei trockenen Elastomere-Fendern zur Sicherheit mit einem Reibungsbeiwert $\mu = 0,9$ zu rechnen.

6.21.3   Elastomere-Puffer für Fenderkonstruktionen

6.21.3.1 Elastomere werden auch als Material von Puffern für Fenderpfähle, Fenderwände oder -schürzen und dergleichen verwendet.
Hierfür sind verschiedene der bisher beschriebenen Fenderformen geeignet. Sie werden zwischen der Kaimauer und dem abzufendernden, den Schiffstoß oder -druck übertragenden Bauteil angeordnet und an einem dieser Teile oder gegebenenfalls an beiden in einer für die Fenderform geeigneten Weise befestigt.

214

6.21.3.2 Rundfender können entweder in Quer- oder in Längsrichtung tragend eingebaut werden. Im letzteren Fall kommen wegen der Knickgefahr jedoch nur kürzere Längen in Betracht (Tabelle E 141-1 und Bild E 141-5).

Falls dann die Federwege bei der Zusammendrückung nicht ausreichen, lassen sich mehrere Elemente hintereinanderschalten. Um ein Ausknicken

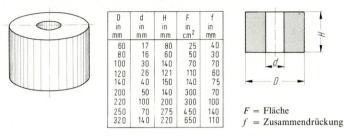

D in mm	d in mm	H in mm	F in cm^2	f in mm
60	17	80	25	40
80	16	60	50	30
100	30	140	70	70
120	26	121	110	60
140	40	150	140	75
200	50	140	300	70
220	100	200	300	100
250	70	275	450	140
320	140	220	650	110

F = Fläche
f = Zusammendrückung

Tabelle E 141-1. Abmessungen von elastomeren Rundfendern

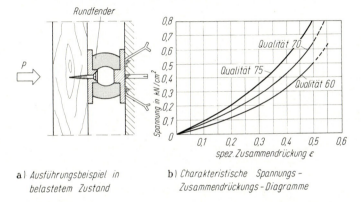

a) Ausführungsbeispiel in belastetem Zustand

b) Charakteristische Spannungs-Zusammendrückungs-Diagramme

Bild E 141-5. Generelle Angaben für in Längsrichtung belastete Rundfender aus Elastomerequalitäten mit 60, 70 und 75 (ShA) nach DIN 53 505

einer solchen Reihe zu verhindern, können beispielsweise zwischen den einzelnen Elementen Stahlbleche mit geeigneter Führung angeordnet werden.

6.21.3.3 Durch Hintereinanderschalten von Fendern nach Abschn. 6.21.2.6 mit Arbeitsdiagrammen nach Bild E 141-6 ist es möglich, bei gleicher Stoßkraft die Zusammendrückung und damit auch das Arbeitsvermögen zu verdoppeln. Auf diese Weise können besonders weiche Anlagen hergestellt werden, was vor allem bei Fenderungen für Großschiffe erforderlich ist. Dort würde sonst durch Nebeneinanderschalten zu vieler Fenderelemente

215

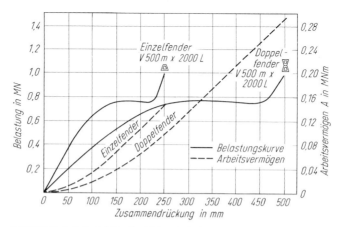

Bild E 141-6. Beispiel für die Abhängigkeiten zwischen Zusammendrückung und Belastung sowie dem Arbeitsvermögen *A* bei einzelnen und doppelten Trapezfendern

die Stoßkraft zu groß. Auch hier muß aber ein Ausknicken der Doppelfender verhindert werden. Hierzu wird zwischen den beiden Fendern am besten eine geführte Stahlplatte angeordnet, die sich nur auf der Mittelachse der Fender verschieben, aber weder zur Seite drücken noch verdrehen kann.

6.21.3.4   Es werden auch Fenderelemente angewendet, die in der Belastungsrichtung unsymmetrisch gestaltet sind und an beiden Enden einvulkanisierte Stahlplatten oder einfassende Stahlrahmen aufweisen (Bild E 141-7a)). Über diese können sie an die Kaimauer und an den abzufendernden Bauteil geschraubt werden. Durch die Unsymmetrie knicken die Scheiben bei Belastung aus, wodurch sich eine günstige Arbeitskennlinie ergibt. Auch solche Elemente können hintereinandergeschaltet werden, wenn ein seitliches Wegknicken und Verdrehen der Zwischenpunkte durch entsprechende Konstruktionen verhindert wird.

6.21.3.5   Auch bei den Spezialfendern nach Bild E 141-7b) knicken die Seitenwände bei Beanspruchung aus. Sie sind in besonders großen Abmessungen – bis zu einer maximalen Höhe von 2 m und einer Länge von 4 m – lieferbar. Bei diesen Abmessungen haben Fender nach Bild E 141-7b) ein Arbeitsvermögen *A* von rd. 3 MNm mit einer Stoßkraft *P* von rd. 3,3 MN.

6.21.3.6   Nach einem ganz anderen Prinzip arbeitet der Fender nach Bild E 141-8. Hier wird anstelle der Biegeverformung die Schubverformung der Elastomere-Formstücke ausgenutzt. Bei diesen Fendern ist besonders darauf zu achten, daß die anvulkanisierten Stahlplatten nicht korrodieren und sich dann vom Elastomere-Mate-

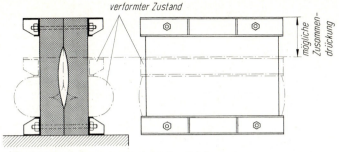

a) *Fenderelement aus zwei unsymmetrischen Scheiben*

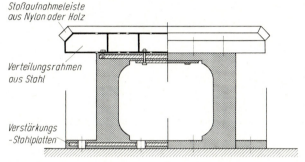

b) *Spezialfenderelemente bzw. Fender für große Arbeitsvermögen*

Bild E 141-7. Weitere Beispiele von Fenderelementen bzw. Fendern

rial lösen. Letzteres kann aber auch durch den Strom einer kathodischen Korrosionsschutzanlage ausgelöst werden. Deshalb müssen die Stahlplatten insgesamt durch eine ausreichend dicke anvulkanisierte Elastomere-Schutzschicht gegen Stromeinwirkung isoliert werden.

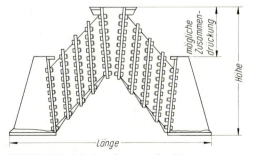
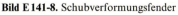
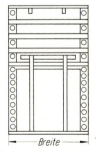

Bild E 141-8. Schubverformungsfender

6.21.4   Statische Folgerungen

Bei allen Elastomere-Konstruktionen, die sich gegen ein starres Hafenbauwerk abstützen, ist die Kraft-Weg-Charakteristik der Elastomere-Elemente besonders zu beachten. Steigt die aufzunehmende Energie über das der Bemessung zugrunde gelegte Arbeitsvermögen A an, geht die dann auftretende Stoßkraft P progressiv gegen unendlich. Ein starres Bauwerk ist daher unter Einhaltung der erforderlichen Sicherheit gegen die Fenderreaktionskräfte zu bemessen. Sie ergibt sich nach der Lage des Bauwerks sowie aus den örtlichen Gegebenheiten der Zweckbestimmung. Eine Bemessung des Bauwerks für die gegenüber der Fenderdimensionierung verdoppelten Anfahrenergie des Schiffes mag hierbei als grober Anhalt dienen. Für elastisch konstruierte Pieranlagen bzw. Anfahrdalben, die zusätzlich mit einer Elastomere-Fenderung versehen sind, kann diese Forderung weitgehend ermäßigt werden.

6.21.5   Schlußbemerkung

Die in den Bildern E 141-1 bis -8 dargestellten Elastomere-Fender und Elastomere-Fenderelemente zeigen wichtige, im Handel erhältliche Formen ohne Anspruch auf Vollständigkeit.

6.22   Abnahmebedingungen für Fender-Elastomere (Fendergummi) (E 62)

6.22.1   Einwirkungen

Das Elastomere von Fendern wird nicht nur mechanisch beansprucht, sondern auch durch Witterungseinflüsse, Meer- und Schmutzwasser, gegebenenfalls in Verbindung mit Ölen und Fetten. Diese zweite Gruppe von Einflüssen wirkt auf die Elastomereoberfläche, abhängig von der Wirkungsdauer und den Umweltbedingungen.

6.22.2   Forderungen an die Eigenschaften der Fender-Elastomere

Folgende Eigenschaften werden gefordert:
Wasserdichtigkeit, ausgewiesen durch Poren- und Rißfreiheit (visuelle Prüfung),

Zugfestigkeit nach DIN 53 504	≥ 15 N/mm²,
Bruchdehnung nach DIN 53 504	$\geq 300\%$,
Härte nach DIN 53 505	je nach Anforderung zwischen 60 und 75 Shore A bei einer Liefertoleranz von ± 5, aber innerhalb der Sollwerte,
Grenz-Temperaturbereich des Einsatzes für Mitteleuropa	$-30/+70\,°C$,

Weiterreißfestigkeit nach
DIN 53 507 $\geqq 80$ N/cm,

Meerwasserbeständigkeit nach
DIN 86076) Vornorm), Ziff. 7.7:
    Härteänderung   max $\pm$ 10 Shore A,

    Volumenänderung   max $\begin{array}{c}+ 10 \\ - 5\end{array}$ %

Geprüft wird nach Ziff. 8.8
über 28 Tage in künstlichem
Meerwasser bei 95 $\pm$ 2 °C

Abrieb nach DIN 53 516 $\leqq 100$ mm³,

Ozonbeständigkeit nach
DIN 53 509, 24 Std., 50 pphm   Rißbildstufe 0,

Nach Ofenalterung gemäß
DIN 53 508, 70 °C, 7 Tage:
    Relative Änderung
    der Zugfestigkeit $< -15\%$ bezogen auf
                                          den Wert im
    Relative Änderung   Anlieferungs-
    der Bruchdehnung $< -40\%$ zustand.

Wenn die obigen Bedingungen erfüllt sind, ist auch eine ausreichende Lichtbeständigkeit gewährleistet.

6.22.3   Hinweise auf die Verarbeitung

Die Lagenbindung soll der Materialfestigkeit entsprechen.
Die Produktion ist durch eine laufende Eigenüberwachung und eine ausreichend häufige Fremdüberwachung zu kontrollieren.
Abweichungen von den unter Abschn. 6.22.2 festgelegten Forderungen sind fallweise erforderlich, aber nur nach vorhergehender Vereinbarung mit den für den Entwurf und die Bauüberwachung maßgebenden Stellen zulässig.

6.22.4   Hinweise auf Fälle mit Dauerlasten

Werden bei Sonderkonstruktionen Fender-Elastomere marktüblicher Form und Qualität verwendet, die Dauerbeanspruchungen auf Druck, Zug und/oder Schub – z. B. durch eine Vorspannung oder nur langsam wechselnde Belastungen – ausgesetzt sind, ist das Kriechverhalten des Materials zu berücksichtigen. In solchen Fällen muß rechtzeitig mit qualifizierten Lieferanten bzw. Herstellern Verbindung aufgenommen und dafür gesorgt werden, daß geeignete Spezialformen und Sonderqualitäten angewendet werden.

6.23 Elastomerelager für Hafenbrücken und -stege (E 63)

6.23.1 Allgemeines

Neuzeitliche Hafenanlagen für Massengutumschlag werden heute häufig in aufgelöster Bauweise, bestehend aus Pfeilern und eingelegten Brücken, weit in die See vorgestreckt. Hierbei werden vor allem für die Brücken in großem Umfang Fertigteile verwendet, die entweder später zu einer durchlaufenden Brücke verbunden werden oder als Balken auf zwei Stützen auf den Pfeilern ruhen. Die Pfeiler werden auch bei neuzeitlichen Fenderungen häufig durch große waagerechte Kräfte aus den Anlegestößen und aus den Trossenzügen beansprucht und führen dann – insbesondere bei Pfahlgründungen – größere elastische Bewegungen durch. Hinzu kommen die Bewegungen aus dem Seegang, aus Kriechen, Schwinden und Temperaturänderungen, so daß eine begrenzt bewegliche Auflagerung der Brückenfelder erforderlich ist.

Wirtschaftlich sind Elastomerelager, die bei jeweils richtiger Auswahl von Material und System lotrechte und waagerechte Lasten aufnehmen können und gleichzeitig verhindern, daß hohe Spannungen auftreten, die zu einer Überbelastung der Bauteile führen können. Die lotrechten Bewegungen bleiben dabei so gering, daß auch das Befahren mit schweren Kranen ohne Schwierigkeiten möglich ist.

6.23.2 Ausführungsarten (Bild E 63-1)

Zwei Grenzfälle der Beanspruchung sind in Bild E 63-1 dargestellt. Sie bestimmen die Art der Ausbildung:

a) Hohe lotrechte Lasten, geringe waagerechte Verschiebungen,
b) geringe lotrechte Lasten, große waagerechte Verschiebungen.

Unter Umständen sind auch Verkippungen zu berücksichtigen.

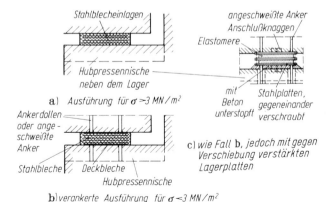

Bild E 63-1. Beispiele von Elastomerelagern

6.23.3   Bemessung

Die Lager werden für folgende auftretende Lastfälle und Verformungen bemessen:

6.23.3.1   Maximale mittlere Lagerpressungen σ aus der Summe aller gleichzeitig senkrecht zur Auflagerfläche wirkenden Kräfte.

6.23.3.2   Verdrehungen β der Auflagerfläche (z. B. aus Durchbiegungen der Träger) abhängig von den Lasteinwirkungen und der Lagerbreite.

6.23.3.3   Waagerechte Verschiebungen $\delta_H = h \cdot \tan \gamma$ abhängig von den Lasteinwirkungen. Hierin bedeuten h = Gesamthöhe des Elastomerelagers und γ = Gleitwinkel.

6.23.3.4   Aufnahme der äußeren waagerechten Lasten entsprechend den zugehörigen senkrechten Auflagerkräften und dem von der Lasteinwirkung und der mittleren Lagerpressung abhängigen Reibungswert μ zwischen Elastomere und Beton.

6.23.3.5   Der verwendete Werkstoff sollte möglichst die in E 62, Abschn. 6.22 geforderten Eigenschaften aufweisen. Es wird jedoch darauf hingewiesen, daß marktübliche Elastomerelager nicht immer diese Forderungen erfüllen (z. B. hinsichtlich Abrieb, Ozon- und Ölbeständigkeit). Es sollte daher in jedem Einzelfall überprüft werden, ob die vorgesehenen Lager unter den jeweils vorhandenen örtlichen Bedingungen für ihren Einsatzzweck

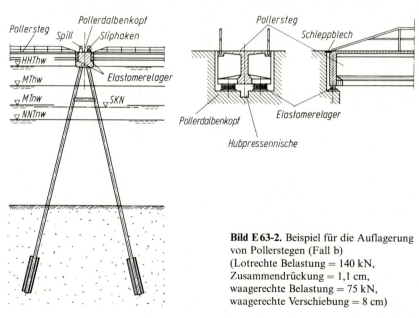

Bild E 63-2. Beispiel für die Auflagerung von Pollerstegen (Fall b) (Lotrechte Belastung = 140 kN, Zusammendrückung = 1,1 cm, waagerechte Belastung = 75 kN, waagerechte Verschiebung = 8 cm)

221

geeignet sind. Unter Umständen sind dabei die Forderungen der E 62 einzuschränken oder zusätzliche Maßnahmen mit dem Lieferanten zu vereinbaren, z. B. Spezialoberflächenbeschichtung, Beigabe von Lichtschutzmitteln bei der Lagerherstellung und dergleichen.

6.23.4 Einbau der Lager

Die Auflagerflächen müssen sauber, eben, planparallel und im allgemeinen waagerecht sein.

Die Lager müssen nach dem Einbau so zwischen den Bauteilen liegen, daß sie sich frei verformen können.

Die Lager sind so anzuordnen, daß sie ohne Schwierigkeiten ausgewechselt werden können. Hierzu sind Aussparungen zum Ansetzen der Hubpresse anzuordnen. (In den Bildern E 63-1 und -2 dargestellt.)

Ein Beispiel für die Ausführung einer Auflagerung von Pollerstegen ist in Bild E 63-2 dargestellt.

6.24 Gleitleisten und Gleitplatten aus Polyethylen im Wasser- und Seehafenbau (E 180)

6.24.1 Allgemeines

Um beim Anlegen und Liegen von Schiffen an Ufereinfassungen die Reibungsbeanspruchungen zu vermindern, werden neben anderen Reibeelementen wie Streichbalken, Reibehölzern, Reibepfählen usw. auch Gleitleisten oder Gleitplatten aus Kunststoff, häufig aus Polyethylen (PE) angewendet. Im folgenden werden deren Eigenschaften, Anforderungen, Einsatz- und Konstruktionsmerkmale näher behandelt, was je nach Einsatzbedingung und Beanspruchungsart den Einsatz anderer Stoffe und Konstruktionselemente nicht ausschließt. Diese Bauglieder müssen die aus Druck und Reibung angreifenden Lasten ohne Bruch aufnehmen und über ihre Halterungen in das Hafenbauwerk übertragen können. Hierzu müssen sie fallweise durch zusätzliche Tragglieder gestützt werden. Um die Reibungskräfte klein zu halten, sollten Gleitleisten aus einem Material hergestellt werden, das einen möglichst kleinen Reibungsbeiwert aufweist, z. B. ultrahochmolekulares Polyethylen (UHMW-PE). Besonders wichtig sind dabei auch geringe Abrieb- bzw. Verschleißraten am Bauteil.

6.24.2 Formstoff der Gleitleisten

Es gibt verschiedene Arten von Polyethylenen mit unterschiedlichen Eigenschaften. Für die Anwendung als Gleitleisten im Wasser- und Seehafenbau haben sich Polyethylenmassen mittlerer Dichte mit den in Abschn. 6.24.8 genannten Anforderungen und Eigenschaften gemäß DIN 16 776 als geeignet erwiesen.

6.24.3 Formstücke der PE-Gleitleisten

Als übliche Lieferformen werden Rechteck-Vollprofile mit Querschnitten von 50 × 100 mm bis zu 200 × 300 mm und Profillängen bis zu 5500 mm angewendet. Auch Sonderprofilquerschnitte und -längen können geliefert werden.

PE-Gleitleisten werden durch Extrudieren (Strangpressen mit Schneckenvorschub) sowohl kontinuierlich als auch diskontinuierlich bei Temperaturen zwischen 220 und 270 °C hergestellt. Kontinuierliches Herstellen kommt im allgemeinen nur für Werkstücke mit kleineren Abmessungen in Frage.

Für gekrümmte Unterkonstruktionen, wie Molenköpfe oder zylindrische Dalben, werden Gleitleisten aus Polyethylen im Werk warm gebogen und so der Unterkonstruktion angepaßt.

Das Schrumpfmaß beim Abkühlen nach dem Extrudieren hängt von den Profilabmessungen und den jeweiligen Verarbeitungsverfahren ab. Für den praktischen Einsatz von PE-Gleitleisten ist es wichtig, daß die geforderten Profilabmessungen eingehalten werden und beim Herstellen keine Eigenspannungen eingefroren werden.

Die Formstücke müssen stets frei von Lunkern sein und so hergestellt und verarbeitet werden, daß sie verzugs- und spannungsfrei sind. Die Güte der Verarbeitung läßt sich durch Abnahmeprüfungen zur Kontrolle der Eigenschaftswerte nach Abschn. 6.24.8 sowie durch zusätzliche Warmlagerversuche von herausgeschnittenen Proben der Profile beispielsweise nach DIN 16925 überprüfen. Dabei darf nach einer Warmlagerung von 90 Minuten bei 105 °C eine Maßänderung von 3% nicht überschritten werden.

Regenerate von PE dürfen wegen der dabei abgeminderten Werkstoffeigenschaften nicht eingesetzt werden.

6.24.4   Thermische Ausdehnung

Der thermische Ausdehnungskoeffizient von Polyethylen liegt im Bereich von 1,5 bis $2 \cdot 10^{-4}$ 1/K. Thermisch bedingte Zwängungsspannungen müssen durch entsprechend größere Bohrlochdurchmesser vermieden werden. Daher müssen ausreichende Fugenabstände in der Längsrichtung der Profile eingehalten werden. Beim Einbau über 0 °C und einem Einsatztemperaturbereich von ca. -20 °C bis $+40$ °C als mittlerer zu erwartender Profiltemperatur im mitteleuropäischen Raum werden bei einer Fugenbreite von 20 mm durch behinderte Temperaturdehnung oder Kontraktion keine unzulässig hohen Werkstoffbeanspruchungen ausgelöst. Außerdem werden durch Spannungsrelaxation etwaige Spannungen abgebaut.

6.24.5   Verhalten bei tiefen und hohen Temperaturen

Es dürfen nur solche Polyethylene eingesetzt werden, die bei der tiefsten Einsatztemperatur kein Sprödbruchverhalten zeigen. Diese Forderung ist dann erfüllt, wenn die Schlagzähigkeitsprüfung bei -40 °C ohne Bruch der Probekörper verläuft. Bei hohen Einsatztemperaturen ist nicht die Schlagzähigkeit maßgebend, sondern die Härte bzw. die zulässige Flächenpressung des Werkstoffs. Hier kann davon ausgegangen werden, daß für die geeigneten Polyethylene mittlere Dichte die Härtewerte bei $+40\,°C$ ca. $^3/_4$ des Wertes bei $+20\,°C$ betragen und bei $+80\,°C$ noch ca. $^1/_3$ der Ausgangswerte bei $+20\,°C$. In gleicher Größenordnung reduzieren sich Festigkeiten und Elastizitätsmoduli.

Aus den bisherigen praktischen Erfahrungen mit qualitativ einwandfreiem Material hat sich gezeigt, daß bei tiefen Temperaturen kein Versagen durch etwaigen Sprödbruch und bei hohen Temperaturen kein Versagen durch zu hohe Verformung eingetreten ist.

6.24.6 Bearbeitung auf der Einbaustelle

PE-Gleitleisten können wie Holz bearbeitet werden. Hierfür gibt es von den einzelnen Herstellern der Gleitleisten bzw. auch von den Formstoffherstellern Bearbeitungsrichtlinien für geeignete Werkzeuge und Schnittgeschwindigkeiten.

6.24.7 Einflüsse von Witterung und Seewasser

Durch das Beimischen von Stabilisatoren und Ruß sind die Polyethylene gegen Wärmealterung und UV-Einwirkung geschützt. Die Rußbeimischung liegt in der Größenordnung von ca. 2%. Ein Qualitätsabbau ist aber auch bei Abweichungen der Rußanteile in den Bereichen von 1 bis 4% nicht zu erwarten. Die Beimischung muß jedoch möglichst gleichmäßig sein.

Polyethylene sind gegen Meerwasser, Öle, Fette und dergleichen beständig. Durch ein nachträgliches Bearbeiten der Oberfläche des Formstücks wird die Alterungsbeständigkeit des Materials hinsichtlich Sonnen- und Meerwassereinwirkung nicht negativ beeinflußt.

6.24.8 Anforderungen an die physikalischen und mechanischen Eigenschaften von PE-Gleitleisten nach DIN 16776

Rohdichte	DIN 53479	$0,93\ \mathrm{g/cm^3}$ ($0,92-0,94\ \mathrm{g/cm^3}$),
Wasseraufnahmefähigkeit	DIN 53894	< 0,5 Gewichtsprozente,
Festigkeit Zug- und Biegung	DIN 53455	$10\ \mathrm{N/mm^2}$ ($8-12\ \mathrm{N/mm^2}$),
Reißdehnung	DIN 53452	380% ($200-400\%$),
Elastizitätsmodul	DIN 53455	$300\ \mathrm{MN/m^2}$ ($200-400\ \mathrm{MN/m^2}$),
Schlagzähigkeit (Verformbarkeit)	DIN 53453	ohne Bruch bis $-40\,°C$,
Kugeldruckhärte (Flächenpressung)	DIN 53456	$\geq 15\ \mathrm{N/mm^2}$,
Shore-Härte „D"	DIN 53505	50 ($40-60$),
Reibungskoeffizient zwischen PE-Leiste und Stahl nach	DIN 53375	0,2 bis 0,5.

Bei Erfüllung der obigen Anforderungen darf die zulässige Flächenpressung 5,3 MN/m² betragen. Der Temperatureinsatzbereich liegt gemäß Abschn. 6.24.5 zwischen −40 °C und +80 °C.

6.24.9 Einflüsse auf die Umwelt

Im Brandfall treten bei PE-Gleitleisten keine schädlichen Emissionen auf, da Polyethylen nur aus den Grundsubstanzen Kohlenstoff und Wasserstoff besteht. Dabei müssen aber auch eventuell verwendete Stabilisatoren umweltfreundlich sein.

6.24.10 Konstruktive Gesichtspunkte und Ausführungsbeispiele

Bisher wurden PE-Gleitleisten im allgemeinen ähnlich den Gleitleisten aus Holz gestaltet. Dabei wurde fallweise mit zu kleinen Querschnitten gearbeitet.

Bruchschäden können aber nur vermieden werden, wenn die Querschnitte reichlich bemessen werden, damit die zu erwartenden Beanspruchungen im Rahmen der Werte nach Abschn. 6.24.8 bleiben.

Im übrigen muß die Unterkonstruktion die von den Gleitleisten übertragenen Lasten sicher aufnehmen können. Um Verkippungsschäden weitestgehend zu vermeiden, sollten großflächige Unterstützungen und möglichst wenig Fugen angewendet werden. Fendertafeln sollten daher eine vollflächige Belegung mit PE-Gleitleisten erhalten, um so Kantenangriff und Formschluß bei Schiffsberührung zu vermeiden. Die Endstücke sind dabei anzuschrägen oder abzurunden.

PE-Gleitleisten sind als austauschbare Verschleißteile zu behandeln und entsprechend zu befestigen. Der Einhaltung der geforderten Materialgüten kommt dabei aber eine entscheidende Bedeutung zu.

Die Bilder E 180-1 und -2 zeigen Befestigungs- und Konstruktionsbeispiele. Die Köpfe von Befestigungsbolzen sollen mindestens 40 mm hinter

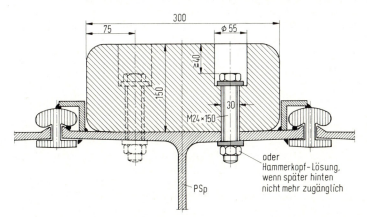

Bild E 180-1. Gleitleiste unmittelbar auf einer Peiner Spundwand befestigt

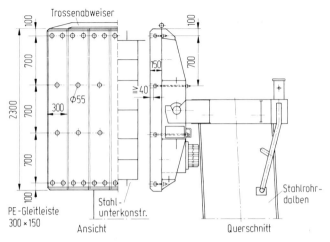

Bild E 180-2. Ausrüstung der Fenderschürze eines Stahlrohrdalbens mit Gleitleisten

der Anfahrfläche der Gleitleisten enden. Auswechselbare Schrauben sollten mindestens 22 mm und einbetonierte mindestens 24 mm dick und
feuerverzinkt sein.

6.25   Gründung von Kranbahnen bei Ufereinfassungen (E 120)

6.25.1   Allgemeines

Die Wahl der Gründungsart einer Kranbahn im Bereich einer Ufereinfassung hängt vor allem von den jeweils örtlich vorhandenen Baugrundverhältnissen ab. Diese sind bei großer Spurweite auch in der Achse der
landseitigen Kranbahn zu erkunden (E 1, Abschn. 1.3). In vielen Fällen –
insbesondere bei schweren Bauwerken in Seehäfen – ist es aus konstruk-
ven Gründen zweckmäßig, die wasserseitige Kranbahn gemeinsam mit
der Uferwand tief zu gründen, während die landseitige Kranbahn – abgesehen von überbauten Böschungen, Pierplatten und dergleichen – im
allgemeinen unabhängig von der Ufereinfassung gegründet wird.
Im Gegensatz hierzu wird in Binnenhäfen auch die wasserseitige Kranbahn häufig unabhängig von der Ufereinfassung gegründet. Hierdurch
werden spätere Umbaumaßnahmen erleichtert, die beispielsweise bei veränderten Betriebsverhältnissen durch neue Krane oder Umbauten an der
Ufereinfassung eintreten können.
Auch die fallweise unterschiedlichen Eigentumsverhältnisse bei Uferwand,
Kranbahn und Kran können eine Trennung der Bauwerke erforderlich
machen. Dabei ist eine optimale Gesamtlösung in technischer und wirtschaftlicher Hinsicht anzustreben.

6.25.2 Ausbildung der Gründung / Toleranzen

Je nach den örtlichen Baugrundverhältnissen, der Empfindlichkeit der jeweiligen Krane gegenüber Setzungen und Verschiebungen, den auftretenden Kranlasten usw. können die Kranbahnen flach oder müssen tief gegründet werden.

Zu beachten sind hierbei die zulässigen Maßabweichungen der Kranbahn, bei denen zu unterscheiden ist zwischen Abweichungen bei der Herstellung (Montagetoleranzen) und Abweichungen im Laufe des Betriebs (Betriebstoleranzen).

Während die Montagetoleranzen bei Hafenkranen im wesentlichen die Verlegung und Befestigung der Kranschienen betreffen, müssen die zulässigen Betriebstoleranzen bei der Wahl der Gründungsart abhängig vom Baugrund berücksichtigt werden.

Für die Betriebstoleranzen können – abhängig von der Bauart der Kranportale – folgende Anhaltswerte zugrunde gelegt werden:

- Höhenlage einer Schiene
  (Längsgefälle)   2‰ bis 4‰,
- Höhenlage der Schienen
  zueinander (Quergefälle)   max. 6‰ der Spurweite,
- Neigung der Schienen
  zueinander (Schränkung)   3‰ bis 6‰.

In diesen Betriebstoleranzen sind eventuelle Montagetoleranzen mit enthalten.

6.25.2.1 Flach gegründete Kranbahnen

(1) Streifenfundamente aus Stahlbeton

Bei setzungsunempfindlichen Böden können die Kranbahnbalken als flach gegründete Streifenfundamente aus Stahlbeton hergestellt werden. Der Kranbahnbalken wird dann als elastischer Balken auf elastischer Bettung berechnet. Hierbei sind die maximal zulässigen Bodenpressungen nach DIN 1054 für setzungsempfindliche Bauwerke zu beachten. Außerdem ist in einer Setzungsberechnung nachzuweisen, daß die für den jeweiligen Kran maximal zulässigen ungleichmäßigen Setzungen – die von der Kranbaufirma anzugeben sind – nicht überschritten werden.

Für die Bemessung des Balkenquerschnitts gilt DIN 1045. Es sind die Beanspruchungen aus lotrechten und waagerechten Radlasten – in Kranbahnachse auch aus Bremsen – nachzuweisen. Der Beton soll den Anforderungen der Betongruppe B II entsprechen. In ausreichenden Abständen sind die Balken durch lotrecht und waagerecht verzahnte Fugen (Betongelenke) zu unterteilen. Die Balkenlänge richtet sich nach dem jeweils vorhandenen Baugrund. Die Regellänge beträgt 30 m. Arbeitsfugen sind möglichst zu vermeiden.

Bei Kranbahnen mit geringen Spurweiten – z. B. für Vollportalkrane, die nur ein Gleis überspannen – sind Zerrbalken oder Verbindungsstangen als

Spursicherungsriegel etwa in einem Abstand gleich der Spurweite einzubauen. Bei großen Spurweiten werden beide Kranbahnen unabhängig voneinander ausgebildet und gegründet, wobei die Krane einseitig mit Pendelstützen ausgerüstet werden müssen.

Für die Ausbildung der Schienenbefestigung wird auf E 85, Abschn. 6.26 und E 108, Abschn. 6.27 hingewiesen.

Setzungsbeträge bis zu 3 cm können im allgemeinen noch durch den Einbau von Schienen-Unterlagsplatten oder durch Spezial-Schienenstühle aufgenommen werden. Bei größeren Setzungsbeträgen ist in der Regel eine Tiefgründung wirtschaftlicher, da nachträgliche Regulierungen und dadurch bedingter Stillstand des Umschlagbetriebs oft viel Zeit und aufwendige Kosten erfordern.

Hinsichtlich der Beziehung zwischen Kranbahn und Kransystem wird auf [53] verwiesen.

(2) Schwellengründungen

Kranschienen auf Schwellen in Schotterbett werden wegen ihrer verhältnismäßig einfachen Nachrichtemöglichkeiten vor allem in Bergsenkungsgebieten angewendet. Auch starke Bewegungen im Baugrund können durch Regulieren nach Höhe, Seitenlage und Spurweite kurzfristig ausgeglichen werden, so daß größere Schäden an Kranbahn und Kranen vermieden werden. Schwellen, Schwellenabstand und Kranschiene werden nach der Theorie des elastischen Balkens auf elastischer Bettung und nach den Vorschriften für den Eisenbahnoberbau berechnet. Es können Holz-, Stahl-, Stahlbeton- und Spannbetonschwellen verwendet werden. Bei Anlagen für das Verladen von Stückerz, Schrott und dergleichen werden – wegen der geringeren Gefahr von Beschädigungen durch herabfallende Stücke – Holzschwellen bevorzugt.

6.25.2.2 Tief gegründete Kranbahnen

Bei setzungsempfindlichen Böden oder Hinterfüllungen größerer Mächtigkeit ist, sofern keine Bodenverbesserung durch Bodenaustausch, Einrüttelung und dergleichen vorgenommen wird, eine Tiefgründung zweckmäßig. Letztere führt bei ausreichend tiefer Gründung auch zu einer Entlastung der Ufereinfassung.

Bei der Tiefgründung von Kranbahnen können grundsätzlich alle üblichen Pfahlarten angewendet werden. Es muß jedoch insbesondere im Bereich der wasserseitigen Kranbahn die waagerechte Verbiegung der Pfähle beachtet werden, die durch die Durchbiegung der Ufereinfassung hervorgerufen wird. Außerdem können in nicht konsolidierten Böden infolge einseitiger größerer Nutzlasten erhebliche waagerechte Belastungen der Pfähle auftreten.

Alle auf die Kranbahn wirkenden waagerechten Kräfte sind entweder durch einen teilweise mobilisierten Erdwiderstand vor dem Kranbahnbalken, durch Schrägpfähle oder durch eine wirksame Verankerung aufzunehmen.

228

Bei Tiefgründung auf Pfählen ist der Kranbahnbalken als elastischer Balken auf elastischer Stützung zu berechnen.

6.26   Kranschienen und ihre Befestigung auf Beton (E 85)

Für eine einwandfreie Lagerung von Kranschienen auf Beton gibt es folgende Möglichkeiten:

6.26.1   Lagerung der Kranschiene auf einer durchgehenden Stahl-platte über einer durchlaufenden Betonbettung

Bei der durchlaufenden Lagerung wird die Unterlagsplatte in geeigneter Weise untergossen oder auf einem erdfeuchten, verdichtet eingebrachten Splittbeton, etwa der Festigkeitsklasse B 55, gelagert. Die Laufschiene wird auf der Unterlagsplatte in Längsrichtung nur geführt, in lotrechter Richtung aber so verankert, daß auch die negativen Auflagerspannungen, die sich aus der Wechselwirkung von Bettung und Schiene ergeben, ein-wandfrei aufgenommen werden können. Für die Berechnung von Größt-moment und Verankerungskraft sowie der größten Betondruckspannung kann das Bettungszahlverfahren angewendet werden.

Als wirksame Breite wird diejenige Strecke angesetzt, die sich ergibt, wenn am Übergang des Schienenstegs in den Schienenfuß beidseitig eine Gerade unter 45° angetragen und bis zur Oberkante der Bettung verlängert wird. Als Bettungsmodul kann in der Regel $k_s = 200\,000$ MN/m^3 angesetzt werden.

Bild E 85-1 zeigt ein kennzeichnendes Ausführungsbeispiel. Darin wird der Bettungsbeton zwischen Winkelstählen eingestampft, abgezogen und oben mit einer Ausgleichschicht ≥ 1 mm aus Kunstharz oder einem dün-nen Bitumenanstrich versehen.

Wird zwischen Beton und Unterlagsplatte eine elastische Zwischenschicht angeordnet, sind Schiene und Verankerung für diese weichere Bettung zu berechnen, was zu größeren Abmessungen führen kann. Die Schienen sind zu verschweißen, um Schienenstöße weitgehend zu vermeiden. An Bewegungsfugen von Ufermauerblöcken sind kurze Schienenbrücken an-zuwenden.

6.26.2   Brückenartige Ausführung der Laufbahn mit zentrierter Lagerung auf örtlichen Unterlagsplatten

Hierbei werden Unterlagsplatten besonderer Ausführung angewendet, die in Längsrichtung eine mittige Einleitung der lotrechten Kräfte gewährlei-sten. Außerdem führen sie die in Längsrichtung verschieblich gelagerte Schiene. Weiter müssen sie ein Kippen der bei dieser Ausführung als Tragbalken möglichst hoch gewählten Laufschiene verhindern. Sie müssen sowohl die aus negativen Auflagerkräften als auch die aus angreifenden waagerechten Kräften herrührenden abhebenden Kräfte aufnehmen.

Laufbahnen dieser Art in leichter Ausführung werden bei den normalen Stückgut-Kranbahnen und in Binnenhäfen bevorzugt auch bei Massen-

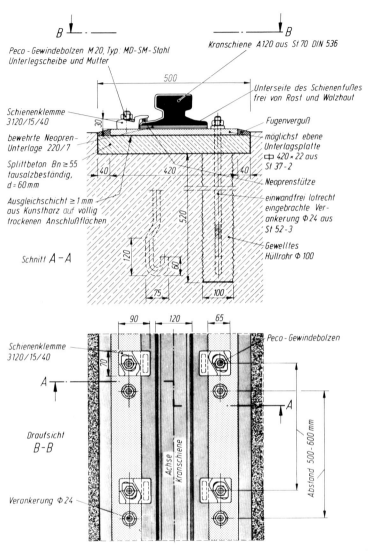

Bild E 85-1. Schwere Kranbahn auf durchgehender Betonbettung (Ausführungsbeispiel)

gut-Kranbahnen angewendet. In schwerer Ausführung sind sie vor allem bei den Bahnen für Schwerlastkrane, überschwere Uferentlader, Entnahmebrücken und dgl. zu empfehlen. Als Laufschienen werden bei leichten Anlagen die Profile S 49 und S 64 und bei schweren Anlagen die UIC 60, PRI 85 oder MRS 125 oder überschwere Spezialschienen aus St 70 oder St 90 angewendet.

Ein kennzeichnendes Ausführungsbeispiel für eine leichte Anlage zeigt Bild E 85-2. Hier wird die Schiene S 49 bzw. S 64 nach Art des K-Oberbaues der Deutschen Bundesbahn mit waagerechten Unterlagsplatten gelagert. Schiene, Unterlagsplatten, Anker und Spezialdübel werden fertig zusammengebaut auf die Schalung oder eine besondere Stützkonstruktion aus Stahl mit Justiermöglichkeiten gesetzt und unverschieblich befestigt. Der Beton wird dann unter Rüttelhilfe so eingebracht, daß die Unterlagsplatten ein einwandfrei sattes Auflager erhalten. Gelegentlich wird zwischen Lagerplatte und Unterkante Schiene eine etwa 4 mm dicke Kunststoff-Zwischenlage angeordnet (Bild E 85-2). Bei gewölbten Unterlagsplatten ist durch konstruktive Maßnahmen dafür zu sorgen, daß die Kunststoff-Zwischenlage nicht abrutschen kann.

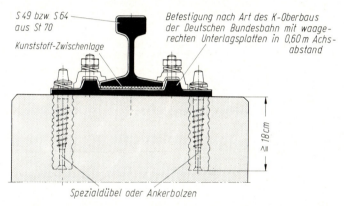

Bild E 85-2. Leichte Kranbahn auf Einzelstützen, bevorzugt in Binnenhäfen angewendet

Bild E 85-3 zeigt eine schwere Kranbahn, bei der das Auflager der Schiene nach oben gewölbt ist, so daß die Schiene tangential auf der Wölbung aufliegt. Die Unterlagsplatte ist mit einem schwindfreien Material unterstopft bzw. untergossen. Die Unterlagsplatten werden auch mit Langlöchern in Querrichtung versehen, damit gegebenenfalls Spurveränderungen ausgeglichen werden können. Diese Lagerung ist vor allem für Hochstegschienen vorzusehen.

Eine diskontinuierliche Auflagerung kann auch bei sehr hohen Radlasten vorgesehen werden. Für Kranschienen mit kleinem Widerstandsmoment,

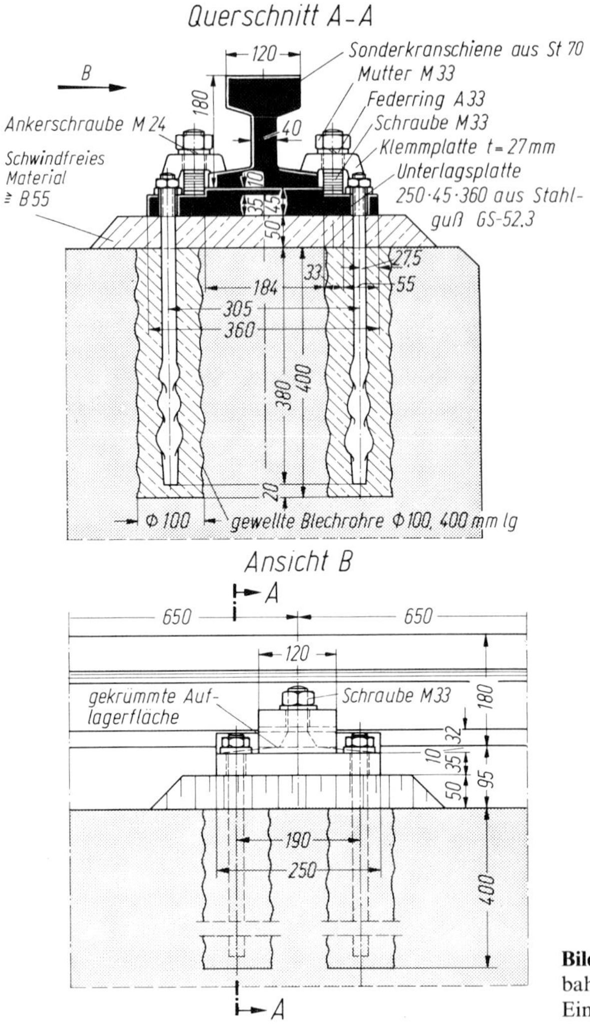

Querschnitt A-A

B →

Ankerschraube M 24

Schwindfreies
Material
≥ B 55

120

180

40

Sonderkranschiene aus St 70
Mutter M 33
Federring A 33
Schraube M 33
Klemmplatte t = 27 mm
Unterlagsplatte
250·45·360 aus Stahl-
guß GS-52.3

27,5
184
305
360
33
55
380
400
20

Φ 100 · gewellte Blechrohre Φ 100, 400 mm lg

Ansicht B

A

650

650

120

gekrümmte Auf-
lagerfläche

Schraube M 33

180
32
10
35
50
95

190
250
400

Bild E 85-3. Schwere Kranbahn auf unterstopften
Einzelstützen

A

z. B. A 75 bis A 120 oder S 49, empfiehlt sich jedoch bei Lasten über
ca. 350 kN eine durchgehende Auflagerung, da sonst die Platten- oder
Tragkörperabstände zu gering werden.

6.26.3 Brückenartige Ausführung der Laufbahn mit Auflagerung
auf Schienentragkörpern

Bei Verwendung von Schienentragkörpern – auch Schienenstühle genannt
– liegt ein Durchlaufträger auf unendlich vielen Stützen vor. Um die

232

Elastizität der Schiene mit auszunutzen, wird am Schienenstuhl eine elastische Platte zwischen Schienenfuß und Auflager angeordnet, beispielsweise aus Neoprene oder dergleichen bis 12 N/mm² Auflagerpressung und für höhere Werte Kautschuk-Gewebeplatten bis 8 mm dick. Diese führt auch zur Verminderung von Stößen und Schlägen auf Räder und Fahrgestelle der Krane.

Die Oberseite der Schienentragkörper ist gewölbt und bewirkt dadurch eine mittige Krafteinleitung in den Beton. Dieses „Wölblager", das über der Oberkante des Betons liegt, und ein gewisses Nachgeben der Federringe des Befestigungs-Kleineisenzeugs ermöglichen der Schiene ein freies Arbeiten in Längsrichtung. Dadurch können Längsbewegungen infolge Temperaturänderungen sowie Pendelbewegungen aufgenommen werden (Bild E 85-4). Die Schienentragkörper können durch flexible Formgebung

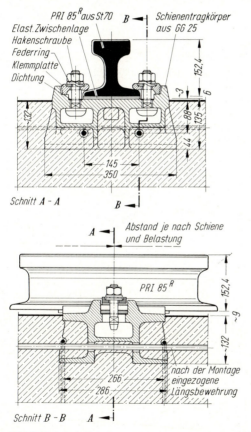

Bild E 85-4. Beispiel einer schweren Kranbahn auf Schienentragkörpern

allen gewünschten Erfordernissen angepaßt werden. So bieten die Tragkörper u. a. die Möglichkeit einer nachträglichen Schienen-Regulierbar-
keit von

$$\Delta s = \pm\ 20\ \text{mm und } \Delta h = +50\ \text{mm}$$

oder auch das Anbringen seitlicher Taschen zur Aufnahme von Kanten-
schutzwinkeln für überfahrbare Schienenstränge.
Die Schienentragkörper werden gemeinsam mit der Schiene montiert,
wobei nach dem Ausrichten und Fixieren eine zusätzliche Längsbewehrung durch besondere Öffnungen der Tragkörper gezogen und mit der
aufgehenden Anschlußbewehrung der Unterkonstruktion verbunden wird
(Bild E 85-4). Die Betongüte richtet sich nach statischen Erfordernissen.
Es ist jedoch mindestens B 25 erforderlich. Da die Schiene in der Höhe
nicht mühelos durch Unterstopfen nachrichtbar ist, sollte die Konstruktion nur dort verwendet werden, wo nennenswerte Setzungen ausgeschlossen werden können.
Wenn mit Setzungen und/oder waagerechten Verschiebungen der Kranschiene gerechnet werden muß, bei denen ein Nachrichten der Schiene
erforderlich wird, muß dies bereits bei der Planung durch eine entsprechende konstruktionsabhängige Wahl der Ausführungsart, z. B. spezielle
Tragkörper, berücksichtigt werden.

6.26.4 Überfahrbare Kranbahnen

Die Belange des Hafenbetriebs erfordern es häufig, die Kranschienen
versenkt in der Kaifläche anzuordnen, so daß sie von den straßengebundenen Verkehrsmitteln und Hafenumschlaggeräten ohne Schwierigkeiten
überfahren werden können. Dabei müssen gleichzeitig auch die sonst an
Kranbahnen zu stellenden Anforderungen eingehalten werden.
Besonders sei hierzu aber erwähnt, daß die wasserseitige Kranbahn im
allgemeinen nicht überfahrbar ausgeführt wird, da sie auch als Fahrwegbe-
grenzung für die Straßenfahrzeuge und Hafenumschlaggeräte dienen soll.

(1) Überfahrbare Ausführung einer schweren Kranbahn

Hierfür zeigt Bild E 85-5 ein erprobtes Ausführungsbeispiel. Die Bettung
der Laufschienenkonstruktion auf dem zuerst hergestellten Kranbahnbal-
kenteil besteht aus Splittbeton > B 55, der über eine Flachstahlleiste
(Leiterlehre) waagerecht abgezogen wird. Zur Lastverteilung liegt die auf
der Unterseite mit einem dünnen Bitumenanstrich versehene Schiene auf
einer Unterlagsplatte, die auf einer Ausgleichschicht > 1 mm aus Kunstharz gebettet ist. Diese Unterlagsplatte ist mit der Befestigungskonstruk-
tion nicht verbunden, um eine Lastabtragung aus den Längsbewegungen
von Schiene und Unterlagsplatte auf die Bolzen zu vermeiden. Um die
genaue Lage der Bolzen besser gewährleisten zu können, sind nachträglich
eingesetzte Bolzen zu bevorzugen. Diese Lösung muß jedoch bereits beim
Bewehren des Kranbahnbalkens berücksichtigt werden, wobei zwischen

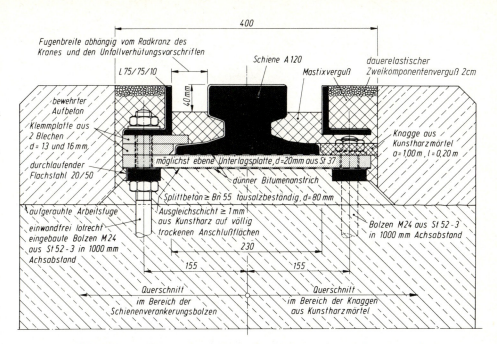

Bild E 85-5. Ausführungsbeispiel einer überfahrbaren schweren Kranbahn (die Bewehrung ist nicht dargestellt)

den Bewehrungsstäben ausreichend Platz für die einzubetonierenden Blech- oder Kunststoffrohre gelassen werden muß. Gegebenenfalls können die Löcher für die Bolzen aber auch nachträglich eingebohrt werden. Um auch Horizontalkräfte quer zur Schienenachse abtragen und die Schiene in genauer Lage halten zu können, werden in Achsabständen von ca. 1 m zwischen dem Fuß der Schienenkonstruktion und der angrenzenden seitlichen Kanten des Aufbetons ca. 20 cm breite Knaggen aus Kunstharzmörtel eingebracht.

Der Mastixverguß im Kopfbereich des mit Bügeln an den sonstigen Kranbahnbalken angeschlossenen bewehrten Aufbetons erhält in den oberen 2 cm zweckmäßig einen dauerelastischen Zweikomponentenverguß.

Weitere Einzelheiten können Bild E 85-5 entnommen werden.

(2) Überfahrbare Ausführung einer leichten Kranbahn

Ein erprobtes Ausführungsbeispiel hierfür zeigt Bild E 85-6.

Auf dem eben abgezogenen Kranbahnbalken aus Stahlbeton werden in Achsabständen von ca. 60 cm waagerechte Rippenplatten mit Dübeln und Schwellenschrauben befestigt. Die Kranschiene, beispielsweise S 49, wird nach Bundesbahnvorschrift durch Klemmplatten und Hakenschrauben

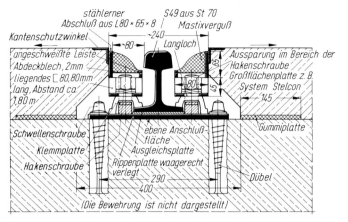

Bild E 85-6. Ausführungsbeispiel einer überfahrbaren leichten Kranbahn

mit den Rippenplatten verbunden. Zum Ausgleich geringer Höhendifferenzen in der Betonoberfläche können Ausgleichsplatten, beispielsweise Stahlbleche, Kunststoffplatten oder dergleichen, unter dem Schienenfuß eingebaut werden.

Als Widerlager für seitlich anstoßende Stahlbeton-Großflächenplatten wird ein durchgehender stählerner Abschluß eingebaut. Dieser besteht aus einem parallel zum Schienenkopf verlaufenden Winkel L 80 × 65 × 8 aus St 37-2, unter dem im Abstand von je drei Rippenplatten 80 mm lange U 80-Profilabschnitte geschweißt sind, die zur Befestigung an den Hakenschrauben unten mit Langlöchern versehen sind. Im Bereich der dazwischenliegenden Rippenplatten wird der Winkel durch 8 mm dicke Bleche ausgesteift. Über den Befestigungsmuttern erhält er im waagerechten Schenkel Aussparungen, die nach Anziehen der Muttern durch 2 mm dicke Bleche abgedeckt werden. Damit der dann folgende Mastixverguß unten einen ausreichenden Halt hat, wird am Schenkelende des Winkels entlang dem Schienenkopf eine Leiste angeschweißt.

Zur Befestigung des Hafenplanums angeordnete Stahlbeton-Großflächenplatten, beispielsweise System Stelcon, werden lose gegen den stählernen Abschluß gelegt. Dabei empfiehlt es sich, hier Gummiplatten unterzulegen, die ein Kippen verhindern und gleichzeitig ein Gefälle und damit eine Entwässerung von der Kranschiene weg ermöglichen.

6.26.5   Hinweis zur Berücksichtigung der Schienenabnutzung

Bei allen Kranlaufschienen muß bereits im Entwurf die für das vorgesehene Lebensalter zu erwartende Abnutzung berücksichtigt werden. In der Regel genügt bei guter Schienenauflagerung ein Höhenabzug von 5 mm. Außerdem ist im Betrieb zur Erhöhung der Lebensdauer – je nach Ausführung – eine mehr oder weniger häufige Wartung und Kontrolle der Befestigungen zu empfehlen.

6.27 Auf Beton geklebte Laufschienen für Fahrzeuge und Krane (E 108)

6.27.1 Vorbemerkungen

Wie sich an Versuchsstrecken und auch bereits an ausgebauten Betriebsgleisen gezeigt hat, können Laufschienen mittels Epoxidharzmörtel dauernd haltbar auf Beton geklebt werden. Hierbei sind aber besondere Regeln zu beachten.

6.27.2 Allgemeines zu Material und Ausführung

6.27.2.1 Der Beton muß mindestens der Festigkeitsklasse B 25 entsprechen.

6.27.2.2 Zur Aufnahme des Mörtelbettes erhält die Betonoberfläche im allgemeinen eine von der Fußplattenbreite abhängige, mindestens 20 mm tiefe Rinne, die wegen der Ausführungstoleranzen beidseitig etwa 40 mm über den Schienen- bzw. Unterlagsplattenfuß hinausragen muß. Bei Kranbahnen haben sich aber auch Lösungen ohne Rinne bewährt, wenn das Mörtelbett bei der Herstellung durch Schalleisten seitlich begrenzt wurde.

6.27.2.3 Bei einem Neubau muß die Betonoberfläche bis zur Schienenverklebung ausreichend erhärtet und – wie auch in allen anderen Fällen – einwandfrei trocken sein. Die Beton-Kontaktflächen für den Epoxidharzmörtel müssen so intensiv gesandstrahlt werden, daß das tragfähige Beton-Kiesgefüge an jeder Stelle freigelegt wird. Unmittelbar nach dem Sandstrahlen sind die Betonporen durch eine Grundierung mit Epoxidharz und Härter zu schließen. In das noch flüssige Harz wird getrockneter Sand der Körnung 0–1 mm eingestreut.

6.27.2.4 Die gesamte Anschlußfläche des Schienenfußes bzw. der Unterlagsplatte muß metallisch blank gesandstrahlt werden. Unmittelbar nach dem Sandstrahlen werden die Kontaktflächen – um schädlichen Rostansatz zu vermeiden – wie in Abschn. 6.27.2.3 beschrieben präpariert. Werden die Bauteile nicht satt mit Sand bestreut, sollen sie nicht später als etwa 24 Stunden nach dem Grundieren erneut grundiert oder aber eingebaut werden. Andernfalls können sich aus der Härter-Komponente Bestandteile absetzen und an der Oberfläche eine Schicht bilden, die später eine gute Haftung verhindert. Sollte ein solcher Vorgang bereits eingetreten sein, ist vor dem Auftragen einer neuen Schicht bzw. dem Einbau die vorhandene Oberfläche leicht zu sandstrahlen. Alle Anschlußflächen müssen beim Einbau staubfrei sein.

6.27.2.5 Die Verlegearbeiten dürfen nur bei trockenem Wetter und bei Außentemperaturen von mindestens + 10 °C ausgeführt werden, was auch noch für die Erhärtungsdauer gilt. Auch Temperaturunterschiede zwischen Schiene und Beton – z.B. durch Sonnenbestrahlung – müssen sowohl während der Verlegearbeiten als auch während der Erhärtungszeit des Mörtels vermieden werden. Notfalls muß mit einem Schutzzelt und Warmlüftern oder geeigneten Heizstrahlern gearbeitet werden.

6.27.2.6 Der Epoxidharzmörtel wird aus einem flüssigen „Stammlack" und einem „Härter" unter Beimischung von getrocknetem Quarzmehl, Quarzsand und -kies im allgemeinen im Körnungsbereich 0–3 mm hergestellt. Wasser, Öle und Fette sind unter allen Umständen fernzuhalten. Das Mischungsverhältnis ist abhängig von den jeweiligen technischen Gegebenheiten, vom Mörtelbett und von den Außentemperaturen. Die Viskosität des Mörtels wird entsprechend der Vergußdicke eingestellt. Zusätze mit einer Körnung über 1 mm dürfen erst ab 15 mm Vergußdicke beigegeben werden. Um eine homogene Vergußstruktur zu erhalten, ist in jedem Fall ausreichend Quarzmehl beizugeben. Fallweise wird das Quarzmehl bereits in der Fabrik dem Stammlack beigemischt. Dieser Weg ist zu bevorzugen, da eine sachgemäße Zugabe des Quarzmehls und ein einwandfreies Vermischen auf der Baustelle nicht in jedem Fall gewährleistet ist. Der Quarzsand und fallweise auch -kies wird aber stets erst auf der Baustelle zugegeben. Die Zusammensetzung des Mörtels wird von der Kunstharzlieferfirma im einzelnen bestimmt, und zwar so, daß der Mörtel einige Stunden in breiigem bzw. flüssigem Zustand einbaufähig bleibt.

Es muß mit größter Sorgfalt unter Vermeidung von Lufteinschlüssen – am besten mit einem Vakuum-Zwangsmischer – gemischt werden. Luftblasen können die Druck-, Haft- und Scherfestigkeit der Klebeverbindung bzw. des Mörtelbettes um mehr als 50% herabsetzen.

6.27.2.7 Die anschließende Erhärtungsdauer richtet sich nach der Außentemperatur beim Einbau und beim Erhärten. Sie ist mit der Kunstharz-Lieferfirma abzustimmen und beträgt im allgemeinen weniger als 20 Stunden.
Der Zusatz eines Erhärtungsbeschleunigers ist möglich, aber nur mit besonderer Vorsicht zu handhaben, zumal gegebenenfalls auch die Tragfähigkeitseigenschaften des Mörtels darunter leiden können.

6.27.2.8 Die Schiene wird vor dem Einbau in solcher Länge zusammengeschweißt, wie es das Ausführen der Klebung zuläßt. An den Stößen dieser Schienenstränge wird das Mörtelbett zunächst beidseitig 15 cm bis 30 cm weit ausgespart. Nach dem Verschweißen der Schiene wird der ausgesparte Bereich sorgfältig gesäubert und erst dann vergossen. Größere Schweißarbeiten an bereits aufgeklebten Schienen oder Platten sollen vermieden werden, weil dabei im erhitzten Bereich der Epoxidharzmörtel verbrennen kann.

6.27.2.9 Die Schiene darf erst befahren werden, wenn der Mörtel voll erhärtet ist.

6.27.3 Justieren und Fixieren der Schiene,
ihrer Unterlagsplatte oder ihres Bettes

6.27.3.1 Ein einwandfreies Ausrichten und Fixieren der Schiene bzw. ihrer Unterlagsplatte oder ihres Bettes ist beim vorliegenden Verfahren besonders wichtig, weil spätere Korrekturen nur mit einem ungewöhnlichen Aufwand möglich sind. Sorgfältig ausgearbeitete Montagezeichnungen sind daher unerläßlich und als Teil des Entwurfs zu betrachten.

6.27.3.2 Bei der Ausführung nach Abschn. 6.27.2 mit Rinne wird die Schiene bzw. deren Unterlagsplatte entsprechend ausgerichtet und fixiert so in ein bereits eingefülltes breiiges Epoxidharz-Mörtelbett gelegt, daß in der Anschlußzone keine Luftblasen verbleiben. In Fällen ohne Rinne wird die ausgerichtete und fixierte Schiene mit oder ohne Unterlagsplatte bzw. Schienenbett mit flüssigem Epoxidharzmörtel von einer Seite her untergossen, wobei durch ausreichend hohe seitliche Sicherungen eine satte Unterfüllung des Einbauteils gewährleistet werden muß.

6.27.4 Berechnungsgrundlagen

6.27.4.1 Die Mörtelmischung muß nach den Vorschriften der Kunstharz-Lieferfirma so hergestellt werden, daß der Mörtel nach dem Erhärten eine Druckfestigkeit von mindestens 100 MN/m^2 und eine Zug-, Haft- und Schubfestigkeit von mindestens 20 MN/m^2 aufweist.

6.27.4.2 Je nach den verwendeten Materialien und dem Mischungsverhältnis liegt der E-Modul des Mörtels zwischen $E = 3000$ und $10\,000$ MN/m^2 und damit weit unter dem des Betons.

6.27.4.3 Die Wärmedehnzahl des Mörtels liegt mit $\alpha_t = 2{,}6 \cdot 10^{-5}$ wesentlich über der des Betons mit $\alpha_t = 1 \cdot 10^{-5}$ und der des Stahls mit $\alpha_t = 1{,}2 \cdot 10^{-5}$, was in den Berechnungen besonders zu berücksichtigen ist [54].

6.27.4.4 Die konstruktive Ausbildung der Fahrschiene und ihre Lagerung im Bereich von Blockfugen bzw. die Fugenüberbrückung sind besonders zu beachten. Die hier auftretenden großen Beanspruchungen im Beton, in den Klebefugen und in der Schiene sind rechnerisch nachzuweisen, wenn größere vertikale Verschiebungen zu erwarten sind und nicht durch Schienenbrücken oder dergleichen unschädlich gemacht werden.

6.27.5 Ausführungbeispiele

Bild E 108-1 zeigt ein kennzeichnendes, ausgeführtes Beispiel mit unmittelbar aufgeklebter Schiene S 49. Bei dieser Lösung kann die Schiene nicht nachgerichtet und nur mit Gewalt unter Zerstörung des Betons ausgewechselt werden.

Ein Auswechseln und auch ein Querverschieben wird ermöglicht, wenn nach Bild E 108-2 nicht die Laufschiene selbst, sondern nur eine durchlaufende Unterlagsplatte angeklebt wird, an der die Schiene mit angeschweiß-

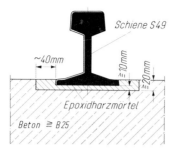

Bild E 108-1. Mit Epoxidharzmörtel unmittelbar auf Beton geklebte Laufschiene

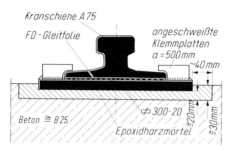

Bild E 108-2. Mit Epoxidharzmörtel auf Beton geklebte durchlaufende Unterlagsplatte mit abnehmbar aufgesetzter, längsverschieblicher, schwerer Kranschiene

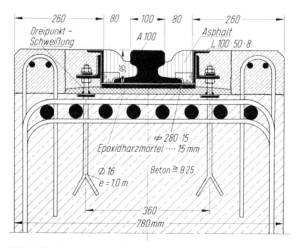

Bild E 108-3. Lösung ähnlich wie in Bild E 108-2, jedoch mit Darstellung der Einrich-
te- und Fixierungskonstruktionen

ten Klemmplatten längsverschieblich befestigt wird. Wegen der großen Breite der Platte muß hier die Mörteldicke darunter mindestens 20 mm betragen.

Bild E 108-3 zeigt ein kennzeichnendes Ausführungsbeispiel sinngemäß nach [54] mit allen Einzelheiten auch des Montage- und Bauvorgangs. Bei dieser Lösung wird nicht die Laufschiene selbst, sondern ein Schienenbett, bestehend aus einer Unterlagsplatte und zwei Begrenzungswinkeln, aufgeklebt. Dieses Schienenbett wird nur auf Blocklänge der Stahlbetonkranbahn durchlaufend ausgebildet. Der Einbauvorgang und die Höhen- und Seitenjustiermöglichkeiten des Schienenbettes sind aus Bild E 108-3 ersichtlich. Der Epoxidharzmörtel kann nach dem Verlegen und Ausrichten des Schienenbettes einseitig flüssig eingefüllt werden. Nach dem Einjustieren kann das Schienenbett aber auch zunächst wieder entfernt werden, damit ein breiiger Epoxidharzmörtel auf die entsprechend vorbereitete Betonfläche in voller oder mehrfacher Blocklänge aufgebracht werden kann. In diesen frischen Mörtel wird dann das Schienenbett wieder in die Justierstifte eingelegt und in den Mörtel eingepreßt. Die Kranschiene selbst kann in beliebiger Länge verschweißt in das fest verlegte Schienenbett eingelegt und längsbeweglich mit Klemmplatten seitlich justiert und festgehalten werden.

6.27.6 Schlußbemerkungen

Schienenlagerungen und Befestigungen mit Kunstharzmörtel können bald nach dem Einbau befahren werden. Sie können daher auch bei der Reparatur konventioneller Ausführungen gut angewendet werden. Bei entsprechender Mörtelzusammensetzung und günstigen Einbau- und Erhärtungstemperaturen kann eine neu verlegte Schiene bereits nach einem Tag in Betrieb genommen werden.

Das Aufkleben von Schienen, die einem starken Verschleiß ausgesetzt sind, ist allerdings nicht zu empfehlen. Ebenso ist bei setzungsempfindlichen Kranbahnen wegen der besonderen Schwierigkeiten beim Nachrichten Zurückhaltung geboten.

6.28 Anschluß der Dichtung der Bewegungsfuge in einer Stahlbetonsohle an eine tragende Umfassungsspundwand aus Stahl (E 191)

Bewegungsfugen in Stahlbetonsohlen, beispielsweise in einem Trockendock oder dergleichen, werden gegen große gegenseitige Verschiebungen in lotrechter Richtung durch eine Verzahnung in Form eines Eselsrückens gesichert. Dabei sind nur geringfügige gegenseitige lotrechte Verschiebungen möglich. Der Übergang der Sohle zu einer lotrecht tragend angeschlossenen Umfassungsspundwand aus Stahl wird mit einem fest an die Spundwand angeschlossenen verhältnismäßig schmalen Stahlbetonbalken herbeigeführt, an den die durch die Bewegungsfuge getrennten Sohlplatten ebenfalls mit einem Eselsrücken verzahnt gelenkig angeschlossen werden.

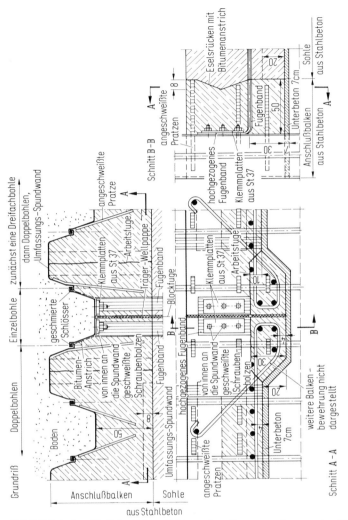

Bild E 191-1. Anschluß der Sohlendichtung einer Bewegungsfuge an eine U-förmige Spundwand

Die Sohlplattenfuge mit Verzahnung wird auch in Anschlußbalken ausgeführt.

Die Bewegungsfuge der Sohlplatte wird von unten durch ein Fugenband mit Schlaufe abgedichtet. Dieses Band endet bei U-förmiger Spundwand nach Bild E 191-1 an einem Spundwandberg, wo es angeklemmt hochgezogen wird.

242

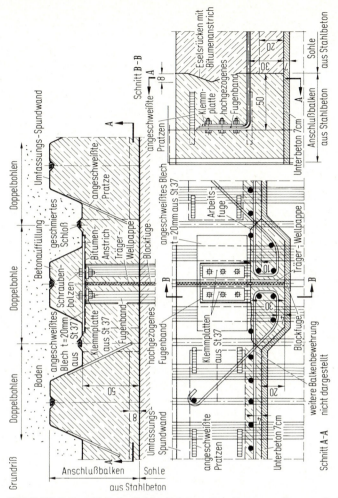

Bild E 191-2. Anschluß der Sohlendichtung einer Bewegungsfuge an ein Z-förmige Spundwand

Bei einer Z-förmigen Spundwand wird nach Bild E 191-2 am Spundwand-tal ein Anschlußblech angeschweißt, an dem das Fugenband hochgeführt angeklemmt wird.

Im jeweiligen Anschlußbereich wird die U-Bohle als Einzelbohle mit ge-schmierten Anschlußschlössern und die Z-Bohle als Doppelbohle eben-falls mit geschmierten Anschlußschlössern ausgebildet. Weitere Einzelhei-ten sind in den Bildern E 191-1 und -2 vermerkt.

243

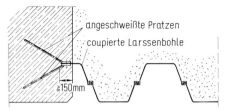

a) Anschluß an ein erst zu erstellendes Betonbauwerk

b) Anschluß an ein vorhandenes Betonbauwerk

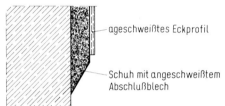

Bild E 196-1. Anschluß einer Larssen-Spundwand an ein Betonbauwerk

6.29   **Anschluß einer Stahlspundwand an ein Betonbauwerk (E 196)**

Der Anschluß einer Stahlspundwand an ein Betonbauwerk soll möglichst dicht sein und gegenseitige lotrechte Bewegungen der Bauwerke zulassen. Im normalen Fall ist eine möglichst einfache Lösung anzustreben. Bild E 196-1 zeigt solche Ausführungsbeispiele für eine Larssenwand. Bild E 196-1 a) zeigt den Anschluß an ein erst zu erstellendes Betonbauwerk. Hier sorgt eine durch die Schalung gesteckte und dann mit angeschweißten Pratzen versehene coupierte Einzelbohle, die in das Betonbauwerk bei dessen Herstellung ausreichend tief einbetoniert wird, für den erforderlichen Anschluß. Das Anschlußschloß muß vorher in geeigneter Weise behandelt werden (s. E 117, Abschn. 8.1.26). Wenn eine Stahlspundwand an ein bereits bestehendes Betonbauwerk möglichst dicht angeschlossen werden soll, ist beispielsweise eine Lösung nach Bild E 196-1 b) empfehlenswert.

Sinngemäße Ausführungsbeispiele für eine Hoeschwand zeigt Bild E 196-2.

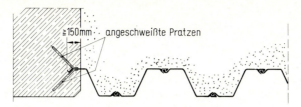

a) Anschluß an ein erst zu erstellendes Betonbauwerk

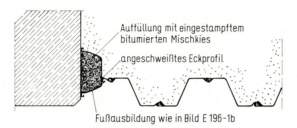

b) Anschluß an ein vorhandenes Betonbauwerk

Bild E 196-2. Anschluß einer Hoesch-Spundwand an ein Betonbauwerk

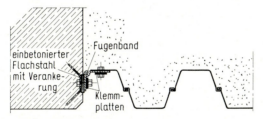

Bild E 196-3. Anschluß einer Larssen-Spundwand an ein Betonbauwerk bei hohen Anforderungen an die Dichtheit des Anschlusses

Sind hohe Anforderungen an die Wasserdichtheit und/oder Beweglichkeit des Anschlusses zu stellen, z. B. wenn Sickerungen in Dammstrecken von Wasserstraßen die Standsicherheit beeinträchtigen können, sind besondere Fugenkonstruktionen mit Fugenbändern vorzusehen, die mit Klemmplatten an die Spundwand und an einen Festflansch in der Betonkonstruktion angeschlossen werden (Bild E 196-3). Die Einbindetiefen der Spundwand sind je nach Vorhandensein geringdurchlässiger Bodenschichten oder der zulässigen Sickerweglänge festzulegen.

Auf DIN 18 195, Teile 1 bis 4 sowie 6, 8, 9 und 10 wird besonders hingewiesen.

7 Erdarbeiten

7.1 Baggerarbeiten vor lotrechten Uferwänden in Seehäfen (E 80)

Während in E 37, Abschn. 6.9 die Baggertoleranzen vor allem in ihren Auswirkungen auf die Berechnung und Bemessung von Uferwänden erfaßt sind, werden im folgenden die technischen Möglichkeiten und Bedingungen behandelt, die bei der Planung und Ausführung von Hafenbaggerungen vor lotrechten Uferwänden berücksichtigt werden müssen. Bezüglich der Toleranzen bei großräumigen Hafenbaggerungen wird auf E 139, Abschn. 7.3 verwiesen.

Stets zu unterscheiden ist zwischen Neubaggerungen und Unterhaltungsbaggerungen.

Bei Neubaggerungen vor Uferwänden werden im allgemeinen Eimerketten- oder Schneidkopfsaugbagger und bei besonders schweren Böden Hydraulikbagger mit Stelzenponton eingesetzt. Für die Schneidkopfsaugbagger ist, abhängig von Gerätegröße, Wirtschaftlichkeit und Bodenqualität, in einem Abstand von max. 3 km ein Aufspülraum erforderlich. Mit zwischengeschalteten Pumpeinrichtungen kann aber auch auf größere Entfernungen gespült werden. Ein Verklappen des Bodens ist ebenfalls möglich.

Die Baggerung bis zur planmäßigen Baggertiefe nach E 37, Abschn. 6.9 sollte mit Greifbaggern, Hydraulikbaggern, Eimerkettenbaggern, Schneidkopfsaugbaggern oder Laderaumsaugbaggern ausgeführt werden. Beim Einsatz von Schneidkopfsaugbaggern oder Laderaumsaugbaggern müssen diese Bagger über Einrichtungen verfügen, die ein genaues Einhalten der planmäßigen Baggertiefe gewährleisten. Schneidkopfsaugbagger mit großer Schneidkopfleistung und hoher Saugkraft sind wegen der Gefahr des Entstehens von Übertiefen und Störungen der unter dem Schneidkopf liegenden Böden aber ungeeignet. Das Freibaggern mittels Saugbagger ohne Schneidkopf muß in jedem Fall abgelehnt werden.

Für das Baggern der letzten Meter ist auch von Bedeutung, daß sowohl Eimerkettenbagger und Schneidkopfsaugbagger als auch Laderaumsaugbagger selbst bei günstigen Baggerverhältnissen und entsprechender Ausrüstung die theoretische Solltiefe unmittelbar vor einer lotrechten Uferwand kaum genau herstellen können. Es verbleibt, wenn der Boden nicht nachrutschen kann, ein etwa 3 bis 5 m breiter Keil. Ob dieser Restkeil beseitigt werden muß, hängt von der Fenderung der Uferwand und vom Völligkeitsgrad der anlegenden Schiffe ab. Ein stehengebliebener Restkeil kann nur mit Greifbaggern oder genauer mit Hydraulikbaggern abgetragen werden. Unter Umständen müssen bei bindigen Böden die Spundwandtäler noch freigespült werden.

Bei einer Hafenbaggerung mit schwimmendem Gerät muß im ersten Schritt mindestens auf Schwimmtiefe gebaggert werden, die bei den gebräuchlichen Geräten zwischen 2 und 5 m unter dem niedrigsten Arbeitswasserstand liegt. Anschließend wird in der Regel in Schnitten gearbeitet, die abhängig vom Typ und der Größe der Baggergeräte zwischen 2 und 4 m liegen. Maßgebend kann bei Wechsel der Bodenarten auch die gewünschte Verwendung des Bodens sein.

Es wird empfohlen, nicht erst nach vollständiger Baggerung, sondern auch zwischendurch die Vorderkante der Uferwand genau einzumessen, um den Beginn einer eventuell zu großen Bewegung des Bauwerks nach der Wasserseite hin rechtzeitig feststellen zu können.

Bezüglich der Kontrollen der durch das Ausbaggern freigelegten Flächen der Uferwand durch Taucher auf Schloßschäden in Spundwänden und dergleichen wird auf E 73, Abschn. 7.5.4 verwiesen.

Bei Unterhaltungsbaggerungen vor Uferwänden kann ein Arbeitsvorgang nach Bild E 80-1 wirtschaftlich und weniger störend für den Hafenbetrieb sein. Nach dem Herstellen einer Übertiefe (Stadium 2) durch einen Lade-

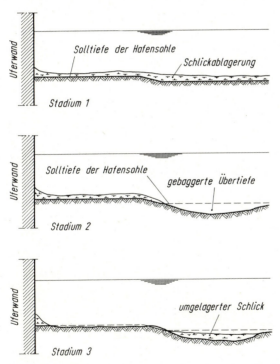

Bild E 80-1. Baggerarbeiten vor lotrechten Spundwänden in Seehäfen
Stadium 1: Vorgefundene Situation
Stadium 2: Situation nach Baggerung mit einem Laderaumsaugbagger
Stadium 3: Situation nach der Bearbeitung mit einer Egge oder mit einem Greifbagger

raumsaugbagger wird der vor der Wand liegende Schlick mit Greifbaggern oder einer Egge in die Übertiefe der Hafensohle umgesetzt (Stadium 3). Die Egge ermöglicht es, den Schlick ausreichend genau bis zur planmäßigen Baggertiefe zu beseitigen (keine Minustoleranz). Dadurch kann die Entwurfstiefe höher festgelegt werden, was zu einer Verminderung der Kosten führt.

7.2 Spielraum für Baggerungen vor Ufermauern (E 37)

Im Abschn. 6.9 behandelt.

7.3 Bagger- und Aufspültoleranzen (E 139)

7.3.1 Allgemeines

Die geforderten Baggertiefen und Aufspülhöhen müssen möglichst gut erreicht werden. Die beschränkte Genauigkeit, mit der aber nur noch sinnvoll und wirtschaftlich gearbeitet werden kann, erfordert die Angabe der größten erlaubten Abweichungen (Toleranzen). Wenn die Höhendifferenz zwischen einzelnen Stellen der Baggergrubensohle oder des aufgespülten Geländes und der vorgeschriebenen Tiefe bzw. Höhe die genehmigte Toleranz überschreitet, müssen ergänzende Maßnahmen durchgeführt werden. Zu kleine Toleranzen können dabei zu unverhältnismäßig hohen Mehrkosten führen. Der Auftraggeber muß daher sorgfältig überlegen, wieviel ihm jeweils daran gelegen ist, eine bestimmte Genauigkeit zu erreichen. Das Festlegen der Toleranzen für Bagger- und Aufspülarbeiten ist daher in erster Linie eine Kostenfrage.

Neben den genannten vertikalen Toleranzen bestehen für zu baggernde Rinnen – beispielsweise für Bodenaustausch, Düker und Tunnel – auch waagerechte Toleranzen. Auch hier muß fast immer ein Optimum gefunden werden zwischen den Mehrkosten für vergrößerte Baggerarbeiten und Auffüllmengen, die mit einer größeren Toleranz verbunden sind, und den Mehrkosten infolge von Leistungsverlusten der Geräte durch genauere Arbeiten und den Kosten für eventuelle Zusatzarbeiten.

Die Tiefentoleranz kann bei Binnenwasserstraßen im allgemeinen enger gehalten werden als bei Wasserwegen für die Seeschiffahrt, bei denen Tide, Versandungen und/oder Schlickablagerungen oft gleichzeitig eine große Rolle spielen.

Von der nautischen Seite werden bei Wasserstraßen normalerweise Mindesttiefen gefordert.

7.3.2 Baggertoleranzen

Die Hauptfaktoren, die beim Festlegen der Baggertoleranzen in Betracht kommen, sind:

(1) Die Bodenart(en) und die Mengen, die gebaggert werden müssen,
(2) der Typ und die Größe der Baggergeräte,

(3) die Baggertiefe im Zusammenhang mit dem optimalen Stand der Eimerleiter oder der Saugleiter,

(4) Strömung und Wind,

(5) die etwaige Tide mit ihren lotrechten und waagerechten Auswirkungen,

(6) die auftretende Dünung und ganz allgemein die Wellen mit Höhe, Länge, Frequenz, Wirkungsdauer und Häufigkeit,

(7) die Tiefe unter der projektierten Hafensohle, bis zu der der Baugrund gestört werden darf,

(8) die Instrumentierung an Bord des Baggers (Ortung, Tiefenmessung, Leistungsmessung usw.),

(9) die Dicke der Bodenrückfallschicht,

(10) die Standsicherheit der nahe gelegenen Unterwasserböschungen, Molen, Kaimauern und dergleichen,

(11) etwaige Schlick- und/oder Sandablagerungen oder Erosionen, die schon während der Baggerarbeiten auftreten,

(12) die Größe des Leistungsverlustes der Baggergeräte aufgrund einzuhaltender Toleranzen und

(13) das Schwellen des Bodens infolge der Entlastung.

Danach stellt das Festlegen einer optimalen Baggertoleranz ein vielschichtiges Problem dar. Bei so vielen Einflußfaktoren ist bei Anwendung von in der Praxis üblichen Toleranzen besondere Vorsicht am Platze. Sowohl zu weite als auch zu knappe Toleranzen haben finanzielle Auswirkungen. Bei großen Baggerarbeiten ist es daher unerläßlich, die Einflüsse der verschiedenen Faktoren sorgfältig gegeneinander abzuwägen. Da zum Zeitpunkt der Ausschreibung oft noch nicht genau bekannt ist, welches Baggergerät eingesetzt wird, ist es vorteilhaft, von den Bietern nicht nur die Preisangabe für die in der Ausschreibung geforderte Toleranz zu verlangen, sondern ihnen zu gestatten, auch den Preis für eine jeweils von ihnen selbst vorgeschlagene und gewährleistete Toleranz zu benennen (Sondervorschlag und Sonderangebot für die Baggerarbeiten). Der Auftraggeber kann dann aufgrund der Submissionsergebnisse die insgesamt optimale Wahl treffen.

Hinsichtlich des Baggertyps ist zu berücksichtigen, daß Eimerkettenbagger, Schneidkopf- und Schneidradsaugbagger sowie Tieflöffelbagger in waagerechten Schnitten arbeiten, ein Grundsaugbagger aber erst zu einer guten Leistung kommen kann, wenn das Saugrohr genügend tief in den Boden gesteckt wird. Dabei muß untersucht werden, bis zu welcher Tiefe unter der abzuliefernden Hafensohle noch gesaugt werden darf. Es versteht sich, daß für Grundsaugbagger große Toleranzen zugelassen werden müssen, um nicht zu unverantwortlichen Leistungsverlusten zu kommen. Zur allgemeinen Orientierung werden in Tabelle E 139-1 für verschiedene Baggertypen einhaltbare Baggertoleranzen in cm, T_v in lotrechter und T_h in waagerechter Richtung angegeben, die vor allem niederländischen

Baggergerät	Größe des Geräts	Nichtbindige Böden		Bindige Böden								Zuschlag je m Tidehub bis zu	Zuschlag für Querstrom je 1,5 m/s	Zuschlag für schwere Wellen	
		Sand		Torf		Schlick		weicher Ton		harter Ton					
		T_h	T_v	T_h	T_v	T_h	T_v	T_h	T_v	T_h	T_v	T_v	T_h	T_h	T_v
Greifbagger	Greiferinhalt in m³														
	0,5–2	100	50	75	40	—	—	50	30	50	10	5	25	25	15
	2 –4	200	75	150	75	—	—	150	75	75	15	5	50	50	25
	4 –7	300	100	250	125	—	—	250	100	100	20	5	75	75	35
Eimerketten-bagger	Eimerinhalt in l														
	50–200	100	30	75	25	75	15	75	15	50	10	5	50	25	15
	200–500	150	50	100	35	125	25	125	25	75	15	5	75	50	25
	500–800	200	60	125	45	150	30	150	30	100	20	5	100	75	35
Schneidkopf-saugbagger	Cutter-∅ in m														
	0,75–1,50	200	40	100	30	150	30	100	25	75	15	5	50	50	25
	1,50–2,50	250	50	125	40	200	40	150	40	100	20	5	75	50	25
	2,50–3,50	300	60	175	60	250	50	200	50	150	30	5	100	75	35
Schneidrad-saugbagger	Schneidrad-∅ in m														
	1,25–2,00	200	40	100	30	150	30	100	25	75	15	5	50	50	25
	2,00–3,50	250	50	125	40	200	40	150	40	100	20	5	75	50	25
	3,50–5,00	300	60	175	60	250	50	200	50	150	30	5	100	75	35
Tieflöffel-bagger	Löffelinhalt in m³														
	1,8 – 4,5	100	25	70	20	75	15	70	15	50	10	5	25	25	15
	4,5 – 7,5	125	35	85	30	100	25	85	25	75	20	5	50	50	25
	7,5 –12,0	150	50	100	40	125	35	100	30	100	25	5	75	75	35

Tabelle E 130-1 Richtwerte von positiven bzw. negativen Baggertoleranzen in cm für normale Verhältnisse [55]

Erfahrungen entsprechen [55]. Die Lotungen sind mit Geräten auszuführen, mit denen die wirkliche Bodenoberfläche und nicht etwa die Oberfläche einer darüber befindlichen Schwebschicht gemessen wird.

7.3.3 Aufspültoleranzen

7.3.3.1 Allgemeine Hinweise

Die Toleranzen für Aufspülarbeiten sind weitgehend von der Genauigkeit abhängig, mit welcher die Setzungen des Untergrunds und die Setzungen und Sackungen des Aufspülmaterials vorausgesagt werden können. Einwandfreie Bodenaufschlüsse und bodenmechanische Untersuchungen sind auch aus diesem Grund von großer Bedeutung. Ausgleicharbeiten sind aber immer nötig, wozu bei Sand meistens Planierraupen eingesetzt werden. Es ist darauf zu achten, daß nicht durch eine zu knappe Toleranz der Vorteil der Sandeinsparung durch Mehrkosten für zusätzliche Planierarbeiten sowie zusätzliche Verlegearbeiten bei den Spülleitungen wieder verlorengeht. Hierbei spielen auch die Korngröße des Sands, die Aufspülhöhe, die Leistung des Baggers und das Mengenverhältnis der Wasser-Sandmischung, mit der aufgespült wird, eine Rolle.

Beim Aufspülen einer dünnen Sandlage über einem weichen Untergrund muß für das Festlegen der Aufspültoleranzen auch bekannt sein, ob über den gerade aufgespülten Sand mit Baugeräten gefahren werden soll. Erst bei einer Aufspülhöhe, bei der Baustellenverkehr einigermaßen möglich ist, kann über eine Toleranz gesprochen werden. Im anderen Fall geht der Zweck einer Toleranz durch praktische Schwierigkeiten verloren.

Im Kostenvergleich zwischen einer Anzahl möglicher Toleranzen spielt auch der Preis je m³ aufgespültem Sand eine große Rolle. In Gebieten, in denen Sand direkt aus dem Hafen in umliegendes Gelände gespült wird, ist eine größere Toleranz zulässig als für Aufspülungen, bei denen der Sand über große Entfernungen – beispielsweise in Schuten – herangebracht werden muß.

Die hohen Kosten, welche die Aufspülungen meistens erfordern, machen vergleichende Kostenberechnungen für verschiedene Toleranzen dringend erforderlich. Dazu können bei der Ausschreibung auch Preise für verschiedene Toleranzen gefordert werden.

7.3.3.2 Toleranzen unter Berücksichtigung der Setzungen

Wenn nur geringe Setzungen des Untergrunds und des Aufspülmaterials zu erwarten sind, wird im allgemeinen eine + Toleranz, bezogen auf eine bestimmte Einbauhöhe, gefordert.

Wird Sand direkt auf das zu erhöhende Gelände gespült, ist eine Überhöhung von 10 bis 20 cm ausreichend, abhängig vor allem von der Höhe der Aufspülung.

Bei großen zu erwartenden Setzungen ist der geschätzte Setzungsbetrag von vornherein in der Ausschreibung zu benennen und in den Höhenmarken der Grundpegel zu berücksichtigen.

7.4 Aufspülen von Hafengelände für geplante Ufereinfassungen (E 81)

7.4.1 Allgemeines

Soweit es sich um das unmittelbare Hinterfüllen von Ufereinfassungen handelt, ist E 73, Abschn. 7.5 maßgebend.

Um gut brauchbare Hafengelände hinter geplanten Ufereinfassungen zu erhalten, soll nichtbindiges Material, wenn möglich mit einem breiten Körnungsbereich, eingebracht werden. Beim Aufspülen über Wasser wird ohne zusätzliche Maßnahmen im allgemeinen eine größere Lagerungsdichte erzielt als unter Wasser (E 175, Abschn. 1.6).

Bei allen Aufspülarbeiten, insbesondere aber in Tidegebieten, ist für einen ausreichend guten Abfluß des Spülwassers und des während der Tide zugeflossenen Wassers zu sorgen.

Der Spülsand soll möglichst wenig Schluff- und Tonanteile enthalten. Wieviel zulässig ist, hängt nicht nur von der vorgesehenen Ufereinfassung und von der geforderten Qualität des geplanten Hafengeländes ab, sondern auch vom Zeitpunkt, in dem das Gelände sich für weitere Erd- und Bauarbeiten eignen soll. In dieser Hinsicht ist das Gewinnungs- und Spülverfahren von wesentlicher Bedeutung.

Wenn das Hafengelände für hochwertige und setzungsempfindliche Anlagen bestimmt ist, sind Schluff- und Toneinlagerungen zu vermeiden, und es soll für den Spülsand ein Gehalt an Feinteilen < 0,06 mm von höchstens 10% zugelassen werden. Häufig ist es wirtschaftlich, in der unmittelbaren Nähe, beispielsweise bei Baggerarbeiten im Hafen, gewonnenes Material zu verwenden. Dabei wird das Baggergut oft mittels Schneidkopfsaugbagger oder Grundsaugbagger gelöst und unmittelbar auf das geplante Hafengelände gespült. Besonders in diesem Fall sind vorher einwandfreie Bodenuntersuchungen an der Entnahmestelle unerläßlich. Mittels Schlauchkernbohrungen sind im Gewinnungsgebiet durchlaufende Bodenprofile zu entnehmen, wobei auch das Vorkommen dünner bindiger Schluff- oder Tonschichten festzustellen ist. In Verbindung mit Drucksondierungen kann dabei ohne großen Aufwand ein sehr guter Überblick über die Variationen im Schluff- und Tongehalt erreicht werden (E 1, Abschn. 1.3). Enthält der zur Verfügung stehende Spülsand größere Schluff- und Tonanteile, muß das Spülverfahren darauf abgestimmt werden, und es ist dafür zu sorgen, daß diese Feinkornanteile so gut wie möglich mit dem Spülwasser abfließen können. Von Bedeutung ist dabei, ob der Spülsand unmittelbar von der Entnahmestelle in das zukünftige Hafengelände gespült, mit einem Hopperbagger gebaggert und gespült oder mit einem Eimerkettenbagger oder Saugbagger gewonnen und zuerst in Schuten geladen wird. Dabei kann bei einer Schutenbeladung eine gewisse Reinigung des Sandes erreicht werden, weil beim Überlaufen der Schuten Ton- und Schluffanteile abfließen. Wenn sich örtlich im Oberflächenbereich der fertigen Aufspülung Schluff oder Ton abgesetzt hat, ist dieses Material bis zu einer Tiefe von 1,5 bis 2,0 m zu beseitigen und durch guten Sand zu ersetzen (siehe hierzu auch E 175, Abschn. 1.6). Bei Einlagerungen von Schluff- oder Tonschichten kann es sonst lange dauern, bis das überschüssige Porenwasser abgeflossen ist und solche bindigen Schichten konsolidiert sind. Beispielsweise durch lotrechte Sanddränagen (E 93, Abschn. 7.8) kann die Konsolidierung beschleunigt werden. Es empfiehlt sich, nach dem Aufspülen baldmöglichst Abzuggräben zu ziehen.

Ohne besondere Hilfsmaßnahme können im Spülverfahren bestimmte Böschungen unter dem Wasserspiegel nicht hergestellt oder Flächen unter Wasser auch nur annähernd waagerecht ausgeführt werden. Als natürliche Böschungsneigung stellt sich bei Mittelsand im stehenden Wasser 1:3 bis 1:4, in Tiefen ab 2 m unter dem Wasserspiegel fallweise auch bis 1:2 ein. Bei Strömung sind die Böschungen noch flacher.

7.4.2   Aufspülen von Hafengelände auf einem vorhandenen Untergrund über dem Arbeitswasserspiegel

Hierzu wird auf Bild E 81-1 hingewiesen. Die Spülfeldanordnung ist vor allem bei mit Schluff oder Ton verunreinigtem Sand von großer Bedeutung (Spülfeldbreite und -länge, Stellen des Auslaufs, sogenannte Mönche).

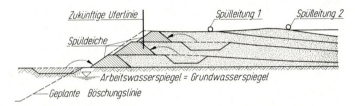

Bild E 81-1. Aufspülen von Hafengelände auf einen Untergrund über dem Arbeitswasserspiegel

Dabei müssen Breite, Länge und Ausläufe so festgelegt werden, daß das feinkornreiche Spülwasser so stark wie möglich in Bewegung bleibt. Um dieses zu erreichen, muß auch ununterbrochen gespült werden. Nach jeder Unterbrechung (beispielsweise Wochenende) ist zu prüfen, ob sich irgendwo eine Feinkornschicht abgelagert hat. Wenn ja, ist sie vor dem weiteren Spülen zu beseitigen.

Soll der Spüldeich das spätere Ufer bilden, empfiehlt sich vor allem ein Sanddeich mit Folienabdeckung.

Um in der unmittelbaren Nähe der Uferlinie den am wenigsten verunreinigten Sand zu erhalten, wird empfohlen, jeweils eine Spülleitung auf dem oder in unmittelbarer Nähe des jeweiligen wasserseitigen Spüldeichs anzuordnen und so die Aufspülung entlang dem Spüldeich vorauslaufen zu lassen (Bild E 81-1). Die mögliche Grundbruchgefahr ist dabei zu beachten.

7.4.3 Aufspülen von Hafengelände auf einem Untergrund unter dem Arbeitswasserspiegel

Hierzu gibt es folgende Möglichkeiten:

7.4.3.1 Grobkörniger Spülsand (Bild E 81-2)

In diesem Fall kann ohne weitere Maßnahmen gespült werden. Die Neigung der natürlichen Spülböschung ist abhängig von der Grobkörnigkeit des Spülsands und den herrschenden Wasserströmungen. Das Spülmaterial außerhalb der theoretischen Unterwasserböschungslinie wird später weggebaggert (E 138, Abschn. 7.6).

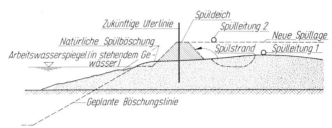

Bild E 81-2. Aufspülen von Hafengelände auf einen Untergrund unter dem Arbeitswasserspiegel

Der im ersten Arbeitsgang aufgespülte nichtbindige Boden soll bei Grobsand etwa 0,5 m, bei Grob- bis Mittelsand mindestens 1,0 m über den maßgebenden Arbeitswasserspiegel reichen. Darüber wird zwischen Spüldeichen weiter gearbeitet.

7.4.3.2 Feinkörniger Spülsand (Bild E 81-3)

Bei dieser Lösung wird der Feinsand durch Einspülen oder Verklappen zwischen Unterwasserdeichen aus Steinschüttmaterial eingebracht. Diese Ausführungsweise ist auch zu empfehlen, wenn beispielsweise wegen der Schiffahrt nicht genügend Raum für eine natürliche Spülböschung zur Verfügung steht.

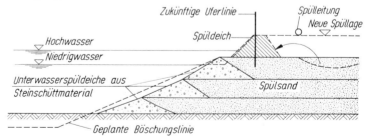

Bild E 81-3. Unterwasserspüldeiche aus Steinschüttmaterial. Der feinkörnige Auffüllsand wird eingespült oder verklappt

254

Auch ist es möglich, das Ufer vorauslaufend mit verklapptem Sand aufzubauen (Bild E 81-4), der hinterspült wird. Bei diesem Verklappen soll der gröbste Sand für das Verklappen benutzt werden. Starke Strömungen können aber dennoch zu Schwierigkeiten führen.

Der verklappte Sand außerhalb der theoretischen Unterwasserböschungslinie wird später weggebaggert (E 138, Abschn. 7.6).

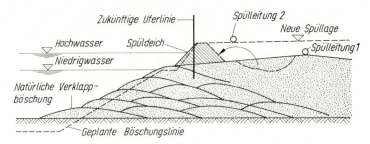

Bild E 81-4. Unterwasseraufbau von Deichen aus Grobsand durch Verklappen

7.5 Hinterfüllen von Ufereinfassungen (E 73)

7.5.1 Allgemeines

Während E 81, Abschn. 7.4 ganz allgemein das Aufspülen von Hafengelände erfaßt, wird im folgenden das Hinterfüllen von neu angelegten Ufereinfassungen behandelt.

Um spätere starke Setzungen der Hinterfüllung und hohe Belastungen der Bauwerke zu vermeiden, kann es vorteilhaft sein, vor dem Rammen von Wänden und Pfählen und der Ausführung sonstiger wichtiger Bauarbeiten, eventuell im Einflußbereich des Bauwerks vorhandene, nicht tragfähige, bindige Bodenschichten soweit wie möglich zu entfernen, so daß der später einzubringende Füllboden auf tragfähigem Baugrund ruht. Geschieht dies nicht, sind die Auswirkungen der schlechten Schichten auf Hinterfüllung und Bauwerk – bei dickeren Störschichten auch für ihren nichtkonsolidierten Zustand – zu berücksichtigen (E 109, Abschn. 7.10).

7.5.2 Hinterfüllen im Trocknen

Im Trocknen hergestellte Uferbauwerke sollen, soweit möglich, auch im Trocknen hinterfüllt werden.

Die Hinterfüllung soll in waagerechten, dem verwendeten Verdichtungsgerät angepaßten Schichten eingebracht und gut verdichtet werden. Als Füllboden wird, wenn möglich, Sand oder Kies verwendet.

Nichtbindige Hinterfüllungen müssen eine Lagerungsdichte $D \approx 0,5$ aufweisen. Sonst sind erhöhte Unterhaltungsarbeiten an Straßen, Gleisen und dergleichen zu erwarten. D ist nach E 71, Abschn. 1.5 zu ermitteln.

Wird für das Hinterfüllen ungleichförmiger Sand verwendet, bei dem der Gewichtsanteil < 0,06 mm kleiner als 10% ist, soll nach der vorgesehenen Verdichtung, ab einer Tiefe von 0,6 m, bei Drucksondierungen ein Spitzenwiderstand von mindestens 6 MN/m² festgestellt werden. Bei einwandfreier Hinterfüllung und Verdichtung ergeben sich ab 0,6 m Tiefe im allgemeinen aber mindestens 10 MN/m². Die Druckwiderstandsmessungen sollten, wenn möglich, während der Hinterfüllungsarbeiten laufend durchgeführt werden.

Bei Hinterfüllen im Trocknen kommen aber auch bindige Bodenarten, wie Geschiebemergel, sandiger Lehm, lehmiger Sand und in Ausnahmefällen auch steifer Ton oder Klei in Frage. Bindige Hinterfüllungsböden müssen möglichst gleichartig sein, in dünnen Lagen eingebracht und besonders gut verdichtet werden, damit sie eine gleichmäßig dichte Masse ohne Hohlräume bilden. Mit geeigneten neuzeitlichen Verdichtungsgeräten kann dies ohne Schwierigkeiten erreicht werden, jedoch ist bei der Ausführung Vorsicht geboten, weil dabei beachtliche zusätzliche Erddrücke auftreten können.

Eine eventuell eintretende Erddruckerhöhung ist bei der Berechnung und Bemessung des hinterfüllten Bauwerks zu berücksichtigen, wenn es Entlastungsbewegungen nicht ausführen kann. In Zweifelsfällen sind besondere Untersuchungen erforderlich.

7.5.3   Hinterfüllen unter Wasser

Unter Wasser darf als Füllboden nur Sand oder Kies oder sonstiger geeigneter, nichtbindiger Boden verwendet werden. Eine mitteldichte Lagerung kann erreicht werden, wenn sehr ungleichförmiges Material so eingespült wird, daß es sich als Geschiebe ablagert. Höhere Lagerungsdichten aber im allgemeinen nur durch besondere Baumaßnahmen, beispielsweise durch Tiefenrüttlung, zu erzielen. Bei gleichförmigem Material kann durch Einspülen allein im allgemeinen nur eine lockere Lagerung erreicht werden.

Für die Qualität und Gewinnung des Einfüllsands wird auf E 81, Abschn. 7.4.1 und auf E 109, Abschn. 7.10.3 hingewiesen.

Das Spülwasser muß schnell und einwandfrei abgeführt werden. Sonst würde ein stark erhöhter Wasserüberdruck auftreten, der größere Bauwerksbelastungen und -bewegungen verursachen kann, als vertretbar sind. Vor allem, wenn mit verunreinigtem Material oder Schlickfall zu rechnen ist, muß so hinterfüllt werden, daß keine Gleitflächen vorgebildet werden, die zu einer Verminderung des Erdwiderstands bzw. zu einer Erhöhung des Erddrucks führen. Auf E 109, Abschn. 7.10.5 wird besonders hingewiesen.

Die Entwässerung einer Ufereinfassung darf beim Hinterspülen nicht zum Abziehen des Spülwassers benutzt werden, damit sie nicht verschmutzt oder beschädigt werden kann.

Damit die Hinterfüllung sich gleichmäßig setzen und der vorhandene Untergrund sich der vermehrten Auflast anpassen kann, sollte eine möglichst große Zeitspanne zwischen der Beendigung des Hinterfüllens und dem Beginn des wasserseitigen Ausbaggerns gelegt werden.

7.5.4 Ergänzende Hinweise

Die Erfahrung zeigt, daß Spundwände gelegentlich Rammschäden an Schlössern aufweisen, die bei Wasserüberdruck stark durchströmt werden. Hierbei wird Hinterfüllungsmaterial ausgespült und Boden vor der Spundwand auf- oder abgetragen, so daß Hohlräume hinter und Aufhöhungen oder Kolke vor der Wand entstehen können. Der Umfang solcher Schäden kann durch Hinterspülen erheblich vergrößert werden. Solche Mängel sind am Nachsacken des Bodens hinter der Wand zu erkennen. Besonders bei bindigen, aber auch bei nichtbindigen Böden können jedoch im Lauf der Zeit größere Hohlräume entstehen, die auch bei sorgfältiger Überwachung nicht rechtzeitig erkannt werden. Solche Hohlräume brechen oft erst nach jahrelangem Betrieb ein und haben schon verschiedentlich größere Sach- und Personenschäden verursacht.

Mit Rücksicht auf sonstige Einflüsse, wie Erddruckumlagerung, Konsolidierung der Hinterfüllung und dergleichen, empfiehlt es sich, die Ufermauern zuerst zu hinterfüllen und erst anschließend – mit ausreichendem Zeitabstand – in Stufen freizubaggern (E 80, Abschn. 7.1).

Während der wasserseitigen Baggerung soll das Bauwerk zwischen Wasserspiegel und Baggergruben- bzw. Hafensohle so früh wie möglich durch Taucher auf Mängel in der Wand untersucht werden.

7.6 Baggern von Unterwasserböschungen (E 138)

7.6.1 Allgemeines

Unterwasserböschungen werden in vielen Fällen so steil ausgeführt, wie es aus Standsicherheitserwägungen verantwortet werden kann. Dabei wird die Böschungsneigung vor allem aufgrund von Gleichgewichtsuntersuchungen festgelegt. Hierbei sind Wellenschlag und Strömung sowie die dynamischen Einflüsse aus dem Baggervorgang selbst zu beachten. Sonst kann während und kurz nach dem Baggern die Sicherheit der Böschung stark beeinträchtigt werden. Die Erfahrung zeigt, daß gerade in diesem Stadium häufig Böschungsbrüche eintreten. Die hohen Kosten, die dann für das Wiederherstellen der planmäßigen Böschung aufzuwenden sind, rechtfertigen von vornherein umfangreiche Bodenaufschlüsse und bodenmechanische Untersuchungen als Grundlage für das Vorbereiten und die Ausführung derartiger Baggerarbeiten.

Durch Grundwasserentzug mittels Brunnen, die unmittelbar hinter der Böschung eingebracht werden, ist es in nichtbindigen Böden möglich, die Standsicherheit während des Baggerns zu erhöhen. Diese Maßnahme ist vor allem zu empfehlen, wenn

(1) eine steilere Neigung der Böschung angestrebt wird, als aus Standsicherheitserwägungen zugelassen werden kann. Unmittelbar nach dem

Baggern wird die Standsicherheit dann durch eine Steinschüttung gesichert,

(2) in unmittelbarer Nähe der Böschung sich Hafeninstallationen befinden, bei denen eine größere Sicherheit während des Baggerns erwünscht ist.

Diese Lösung hat sich in der Praxis als wirtschaftlich erwiesen.

7.6.2   Auswirkungen der Bodenverhältnisse

Beim Festlegen von Art und Umfang der Bodenuntersuchungen müssen
auch die Bodenkennwerte, die den Baggerprozeß beeinflussen, berücksichtigt werden. Die genaue Kenntnis dieser Parameter wird benötigt für

• die richtige Wahl des Baggertyps,
• das Festlegen der besten Arbeitsmethode mit dem gewählten Gerät,
• das Schätzen der erzielbaren Baggerleistung.

Dafür sind folgende Parameter von besonderer Bedeutung:

bei nichtbindigen Böden:	bei bindigen Böden:
Sieblinie,	Kornaufbau,
Wichte,	Wichte,
Porenvolumen,	Kohäsion,
kritische Lagerungsdichte,	innerer Reibungswinkel,
Durchlässigkeit,	undränierte Scherfestigkeit,
innerer Reibungswinkel,	Konsistenzzahl,
Spitzenwiderstände von	Spitzenwiderstände von
Drucksondierungen oder	Drucksondierungen oder
SPT-Werte.	SPT-Werte.

Eine ausreichende Kenntnis über den Schichtenaufbau des Bodens kann
mit Schlauchkernbohrungen gewonnen werden. Mit Farbfotos unmittelbar nach der Entnahme bzw. nach dem Öffnen der Schläuche sollten die
so gewonnenen Bodenaufschlüsse zusätzlich festgehalten werden.

Besondere Probleme können beim Baggern in lockerem Sand eintreten,
wenn seine Lagerungsdichte kleiner als die kritische Dichte ist. Durch
kleine Ursachen – wie beispielsweise Schwingungen, kleine lokale Eingriffe
und Spannungsänderungen im Boden während des Baggerns – können
große Mengen von Sand in Bewegung geraten (fließen). Eine Fließempf-
findlichkeit des Bodens muß rechtzeitig erkannt werden, um Gegenmaßnahmen zu treffen, wie ein Verdichten des Bodens im Einflußbereich der
zu baggernden Unterwasserböschung oder mindestens die Anordnung
entsprechend flacherer Böschungsneigungen. Letzteres allein ist allerdings
häufig noch nicht ausreichend.

Bereits eine verhältnismäßig dünne Schicht locker gelagerten Sands in
der zu baggernden Bodenmasse kann zu einem Fließbruch während des
Baggerns führen.

7.6.3 Baggergeräte

Unterwasserböschungen werden mit Baggergeräten ausgeführt, deren Typ und Kapazität abhängig sind von

- Art, Menge und Schichtdicke des zu baggernden Bodens sowie
- Baggertiefe und Abtransport des Baggerguts.

Entlang den herzustellenden Böschungen muß so gebaggert werden, daß Böschungsbrüche in engen Grenzen und unter Kontrolle gehalten werden. Deshalb ist es nicht möglich, in Böschungsnähe zu Baggerleistungen zu kommen, die sonst bei ähnlichen Bodenverhältnissen erreicht werden könnten.

Für das Böschungsbaggern kommen folgende Baggertypen in Betracht:

- Eimerkettenbagger,
- Schneidkopfsaugbagger,
- Schneidradsaugbagger,
- Greifbagger,
- Löffelbagger.

Grundsaugbagger führen durch ihre Arbeitsweise sehr leicht zu unkontrollierbaren Böschungsbrüchen. Sie kommen daher für das gezielte Baggern planmäßiger Unterwasserböschungen im allgemeinen nicht in Frage. Unterschneidungen müssen unbedingt vermieden werden.

Mit großen Schneidkopfsaugbaggern können Böschungen bis zu einer Tiefe von rd. 30 m erfolgreich hergestellt werden, mit großen Eimerkettenbaggern solche bis zu rd. 34 m.

Mit dem Löffelbagger wird vor allem bei schweren Böden gearbeitet.

Sind nur kleine Mengen zu baggern oder sind Baggerungen nach E 80, Abschn. 7.1 auszuführen, eignen sich vor allem Greifbagger.

7.6.4 Ausführung der Baggerarbeiten

7.6.4.1 Grobe Baggerarbeiten

Oberhalb bis dicht unterhalb des Wasserspiegels wird eine vorgezogene Baggerung durchgeführt, bei der beispielsweise mit einem Greifbagger dieser Teile der Böschung profilgerecht hergestellt und vor dem Baggern der weiteren Unterwasserböschung in einem solchen Abstand von der Böschung gebaggert wird, daß das Baggergerät mit möglichst hoher Leistung arbeiten kann, ohne daß die Gefahr eines Böschungsbruchs im zukünftigen Ufer auftritt. Abhängig von der Bodenbeschaffenheit werden dafür heute Hopperbagger, Schneidkopfsaugbagger, Schneidradsaugbagger oder Grundsaugbagger eingesetzt.

Aus den während des Baggerns durchgeführten Beobachtungen über das Gleiten des Bodens und die hierdurch entstehenden Böschungsneigungen ergeben sich Hinweise über den einzuhaltenden Sicherheitsabstand zwischen Baggergerät und geplanter Böschung.

Nach Abschluß der groben Baggerarbeiten bleibt ein Bodenstreifen über der Unterwasserböschung übrig, der nach einem im einzelnen festzulegenden Verfahren entfernt werden muß (Bilder E 138-1 und -2).

7.6.4.2 Böschungsbaggerarbeiten

(1) Eimerkettenbaggerung
Früher wurden sowohl für die gröbere Baggerung als auch für das Baggern der Böschungen ausschließlich Eimerketten- und Greifbagger eingesetzt. Mit kleinen Eimerkettenbaggern kann schon ab einer Tiefe von rd. 3 m unter der Wasseroberfläche gebaggert werden.
Der Eimerkettenbagger arbeitet zweckmäßig parallel zur Böschung, wobei in der Regel schichtweise abgetragen wird. Eine voll- oder halbautomatische Steuerung der Bewegungen der Baggerleiter ist möglich und zu empfehlen.
Die Böschung wird stufenweise gebaggert. Die Bodenart ist maßgebend dafür, wieweit die Stufen die theoretische Böschungslinie anschneiden dürfen (Bild E 138-1).

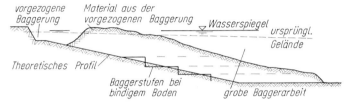

Bild E 138-1. Herstellen einer Unterwasserböschung mit Eimerkettenbagger

In bindigen Böden werden die Stufen im allgemeinen symmetrisch zur theoretischen Böschungslinie gebaggert. In nichtbindigen Böden darf die Böschungslinie aber nicht angeschnitten werden.
Die Höhe der Stufen ist mit abhängig von der Bodenbeschaffenheit und liegt im allgemeinen zwischen 1 und 2,5 m.
Die Genauigkeit, mit der Böschungen auf diese Weise hergestellt werden können, ist unter anderem abhängig von der geplanten Böschungsneigung, der Bodenart und außerdem von den Fähigkeiten und Erfahrungen der Mannschaft, die das Baggergerät bedient.
Bei Böschungsneigungen 1:3 bis 1:4 und bindigen Böden kann mit einer senkrecht zur theoretischen Böschungslinie gemessenen Toleranz von ± 50 cm gearbeitet werden. Bei nichtbindigem Boden soll die Toleranz, abhängig von der Baggertiefe, $+25$ bis $+75$ cm betragen.

(2) Schneidkopf- oder Schneidradsaugbaggerung
Neben dem Eimerkettenbagger sind auch Schneidkopf- und Schneidradsaugbagger geeignet, Unterwasserböschungen herzustellen, und das oft besser und preisgünstiger. Ist in wirtschaftlicher Entfernung kein Spülfeld vorhanden, kann gebaggerter Sand beispielsweise mit Hilfe von Zusatzeinrichtungen in Schuten verladen werden. Dabei lagert sich gröberes Korn

in den Schuten ab, während feineres Material mit dem überlaufenden Wasser abfließt.

Beim Baggern bewegt sich der Schneidkopfsaugbagger vorzugsweise an der Böschung entlang. So wie beim Eimerkettenbagger wird auch hier schichtweise gearbeitet. Empfehlenswert ist eine automatische oder halbautomatische Steuerung der Bewegungen der Baggerleiter.

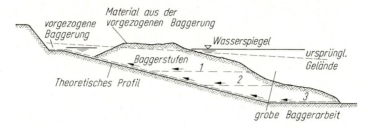

Bild E 138-2. Herstellen einer Unterwasserböschung mit Schneidkopf- oder Schneidradsaugbagger

In Bild E 138-2 ist angedeutet, wie der Schneidkopf, nachdem er einen waagerechten Baggerschnitt ausgeführt hat, parallel zur theoretischen Böschungslinie nach oben arbeitet. Auf diese Weise können Unterwasserböschungen mit großer Genauigkeit hergestellt werden. Wenn die Baggerleiter automatisch oder halbautomatisch gesteuert wird, sind Toleranzen quer zur Böschung von + 25 cm bei kleinen und von + 50 cm bei großen Schneidkopfsaugbaggern ausreichend. Wird ohne besondere Steuerung gearbeitet, gelten die gleichen Toleranzen wie bei der Eimerkettenbaggerung. In beiden Fällen darf der Boden nicht zum Fließen neigen.

7.7 Kolkbildung und Kolksicherung vor Ufereinfassungen (E 83)

7.7.1 Allgemeines

Beim Entwurf von Ufereinfassungen kann einer eventuellen Gefahr der Kolkbildung auf zweierlei Weise entgegengewirkt werden:

(1) Durch Abdecken der betreffenden Hafensohle,
(2) Durch eine größere Entwurfstiefe.

In beiden Fällen können erhebliche Mehrkosten entstehen. Es ist zu empfehlen, beide Lösungen zu prüfen und die Herstellungskosten zu vergleichen.

7.7.2 Kolkbildung

Kolke können vor allem durch die natürliche Strömung des Wassers oder örtlich durch Schiffsschraubeneinwirkungen entstehen.

Durch geeignete Hafenbetriebsanweisungen können Kolkschäden in Ausmaß und Häufigkeit verringert, erfahrungsgemäß aber nicht voll verhütet werden. Eine besondere Kolkgefährdung ergibt sich an Liege- und an Koppelplätzen von Schubverbänden und in Seehäfen mit Ro-Ro-Schiffsverkehr dadurch, daß diese praktisch immer an der gleichen Stelle an- und ablegen. Beim Ablegen von Doppelschraubenschiffen kann vor allem der volle Einsatz der landseitigen Schraube zu starken Auskolkungen führen. Bei Containerschiffen können vor allem Querstrahlruder tiefe und ausgedehnte Kolke verursachen.

Kolke größerer Länge und Tiefe, dabei geringer Breite, können auftreten, wenn z. B. von Schleppern erzeugte Schraubenströmungen im wesentlichen senkrecht auf Ufereinfassungen treffen; dieses ist u. a. dann der Fall, wenn in schmalen Hafenbecken große Schiffseinheiten von Schleppern an die gegenüberliegende Ufereinfassung gedrückt werden (s. Bild E 83-1).

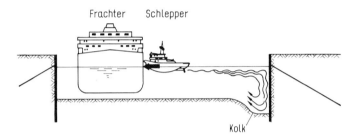

Bild E 83-1. Mögliche Kolkbildung durch Schleppereinsatz

In jedem Fall hängt die Möglichkeit der Kolkbildung vom Untergrund ab, wobei nichtbindige Böden mit feinem Korn besonders gefährdet sind.

Kolke treten vor allem an der Außenseite von Flußkrümmungen auf, also dort, wo wegen der größeren Wassertiefe auch die Ufereinfassungen bevorzugt angelegt werden. Die natürliche Querströmung an der Flußsohle, verstärkt durch davorliegende Schiffe und die dabei entstehenden Wirbel, fördern die Kolkbildung in diesem Bereich noch zusätzlich.

7.7.3   Kolksicherung

Wenn Kolkgefahr besteht, muß versucht werden, durch Abdecken mit einer Schüttung aus Steinen, grober, schwerer Schlacke oder dergleichen die Sohle zu sichern. Diese Abdeckung muß ausreichend breit bemessen werden; sonst kann vom Rand her leicht ein neuer Kolk entstehen und die Sicherung fortschreitend zerstört werden. Die Dicke der Schutzschicht, die Abmessungen und Gewichte des Schüttmaterials sind stets den vorliegenden und später zu erwartenden örtlichen Verhältnissen entsprechend zu bemessen.

Die sicherste Ausführung von Sohlensicherungen vor bestehenden Uferwänden ist durch eine unvergossene Bruchsteinschüttung auf einer Filterlage aus Mischkies, einer Filtermatte oder einem Sinkstück zu erreichen. Die Dicke der Mischkiesfilterschicht ist den vorliegenden Bodenarten anzupassen. Sie sollte aber bereits bei geringer Kolkgefahr möglichst nicht unter 50 cm betragen.

Die Dicke der Bruchsteinschüttung als Schutzschicht sollte in jedem Falle größer als 30 cm sein. Bei Seeschiffskaimauern, die starken Strömungen, Schraubeneinwirkungen usw. und somit einer starken Kolkgefahr ausgesetzt sind, sind Dicken der Schutzschicht von mehr als 1,00 m mit hohen Steingewichten zu empfehlen.

Eine Vertiefung der Sohle vor einer Ufermauer im Fluß, die wegen der Schiffahrt notwendig wird, kann die Kolkgefahr erhöhen. Wenn sich vor bestehenden Ufermauern im Laufe der Zeit eine „Panzerschicht" gebildet hat und diese bei einer Vertiefung durch Baggern beseitigt wird, kann etwa vorhandenes feineres Material freigelegt werden, das besonders leicht ausgekolkt wird.

Zur Beurteilung der Gefahr einer Kolkbildung müssen neben Messungen der Strömung und des Geschiebetriebs bei verschiedenen Wasserständen mit und ohne Schiffsbelegung der Uferstrecke vor allem auch sorgfältige Bodenaufschlüsse und -untersuchungen vorgenommen werden.

Ist eine Kolkgefahr infolge ungünstiger Bodenverhältnisse und aus der Art des Schiffsbetriebs von vornherein vorhanden, muß die Hafensohle in ausreichend kurzen Zeitabständen sorgfältig abgelotet werden. Hierdurch können sich bildende Kolke frühzeitig erkannt und saniert werden.

In Bereichen mit besonderer Kolkgefahr muß diese bereits beim Entwurf der Ufereinfassung berücksichtigt bzw. müssen Schutzmaßnahmen für die Hafensohle von vornherein durchgeführt werden.

Da die Standsicherheit einer Ufereinfassung durch unmittelbar davor aufgetretene Kolke erheblich reduziert werden kann, sind diese nach ihrer Feststellung sofort zu verfüllen. Dabei ist möglichst grobkörniges, nichtbindiges Material, das von Natur aus einen hohen inneren Reibungswinkel und ein großes Raumgewicht besitzt, zu verwenden (Schotter, geeignete Metallhüttenschlacke usw.). Sollte ein derartiges Material nicht zur Verfügung stehen, sind bei tiefen Kolken verdichtungsfähige, nicht verunreinigte Sande einzubauen, die später mit Tiefenrüttlern zu verdichten sind.

7.8 Senkrechte Dränagen zur Beschleunigung der Konsolidierung weicher bindiger Böden (E 93)

7.8.1 Allgemeines

Durch senkrechte Dränagen können die Konsolidierungssetzungen (primäre Setzungen) mächtiger bindiger, wenig wasserdurchlässiger Schichten wesentlich beschleunigt werden; nicht aber die bei einigen Böden auftretenden sekundären Setzungen, die ohne Änderung des Porenwasserdrucks vor allem auf ein Kriechen des Bodens zurückzuführen sind.

Senkrechte Dränagen werden vor allem in weichen bindigen Böden mit gutem Erfolg angewendet. Weil die waagerechte Wasserdurchlässigkeit des Bodens im allgemeinen größer ist als die lotrechte, wird die Wirkung einer lotrechten Dränage verstärkt. In Böden mit Schichten wechselnder Wasserdurchlässigkeit wird das Porenwasser in wenig wasserdurchlässigen Schichten nicht nur direkt, sondern auch über angrenzende Schichten höherer Durchlässigkeit zu den Dränagen abgeführt. Hierdurch wird die Konsolidierung zusätzlich beschleunigt. Wenn – wie bei Torf und bestimmten anderen Böden – die sekundären Setzungen einen wesentlichen Teil der den Belastungszuständen entsprechenden Gesamtsetzungen ausmachen, sind die Ergebnisse in der Regel entsprechend schlechter.

7.8.2   Anwendung

Senkrechte Dränagen werden bei Schüttungen von Massengütern, Dämmen oder Geländeaufhöhungen auf weichen bindigen Böden angewendet, um die Setzungszeit zu verkürzen und die Tragfähigkeit des vorhandenen Baugrunds möglichst rasch zu erhöhen. Sie werden auch verwendet, um ein Abrutschen von Böschungen oder Geländesprüngen zu verhindern, seitliche Fließbewegungen zu vermindern, den Erddruck hinter Kaimauern zu verringern usw.

Bei der Beurteilung der Anwendbarkeit senkrechter Dränagen muß auch untersucht werden, ob diese einen ungünstigen Einfluß auf den umgebenden Boden insofern ausüben können, als der Transport eventuell vorhandener Schadstoffe erleichtert werden könnte.

7.8.3   Entwurf

Beim Entwurf einer Anlage mit senkrechten Dränagen sollten folgende Überlegungen berücksichtigt werden:

• Durch das Aufbringen einer zusätzlichen Belastung, die größer ist als die Summe aller zukünftigen Belastungen einschließlich dem Gewicht des Materials, das nötig ist, um die Setzungen zu kompensieren, können die sekundären Setzungen zusätzlich beschleunigt werden.

• Die Setzungen dränierter Flächen können nach der Theorie der Konsolidierungssetzungen und der Theorie von KOPPEJAN [56] berechnet werden. Wegen der in den Berechnungsverfahren enthaltenen Vereinfachungen und wegen der Inhomogenität des Baugrunds sind die Ergebnisse der Berechnungen aber nur zum Abschätzen der Größenordnung verwendbar. Aus dem tatsächlichen Verlauf der Konsolidierung, der durch Setzungsmessungen und Messungen des Porenwasserdrucks im konsolidierenden Boden überprüft werden kann, ist es möglich, das Ende der Setzungszeit und die Zunahme der Scherfestigkeit genauer abzuleiten.

• Zu beachten ist, daß bei manchen senkrecht dränierten Böden größere primäre Gesamtsetzungen beobachtet worden sind als unter gleichartigen Verhältnissen in nichtdränierten Böden zu erwarten gewesen wären.

• Die Folgen der Anwendung von senkrechten Dränagen für den hydrologischen Zustand des Gebiets (Porenwasserdruck und effektiver Druck im Bodenmaterial) sollten sorgfältig analysiert werden.

- Wenn in einer Sandschicht unter zu konsolidierenden bindigen Schichten ein Porenwasserüberdruck vorhanden ist, soll die Unterkante der Dränagen mindestens 1 m oberhalb dieser Schicht enden.

Für die Ermittlung eines optimalen Abstands der Dränagen ist zu empfehlen, Schlauchkernbohrungen auszuführen, um die genaue Lage und Dicke der Bodenschichten feststellen und repräsentative Proben zur Ermittlung der Wasserdurchlässigkeiten gewinnen zu können.

Die Ermittlung des Abstands der Dränagen untereinander muß sich auf folgende Kriterien gründen:

(1) Die Eintrittsfläche muß groß genug sein.

(2) Die Dränage muß genügend Durchflußkapazität besitzen.

(3) Dicke und Wasserdurchlässigkeit (waagerechte und senkrechte) der zu entwässernden bindigen Bodenschichten.

(4) Wasserdurchlässigkeit angrenzender Bodenschichten.

(5) Gewünschte Beschleunigung der Konsolidierungszeit.

(6) Kostenaufwand.

In den meisten Fällen ist das Kriterium (1) ausschlaggebend.

Auch ist die jeweils zur Verfügung stehende Konsolidierungszeit von besonderer Bedeutung.

Durch frühzeitige systematische Voruntersuchungen in Probefeldern mit verschiedenen Dränabständen kann mit Hilfe von Setzungs-, Wasserstands- und Porenwasserdruckmessungen die zweckmäßigste und wirtschaftlichste Art, Anordnung und Ausführung der Dränagen gefunden werden. Dabei muß von den Bedingungen der späteren Bauausführung ausgegangen werden; ausführungsmäßig verursachte Verschmutzungen der Dränwandungen können den Wasserabfluß entscheidend behindern. Dieses gilt auch für den Wasserabfluß nach unten in eine wasserführende Schicht oder für den seitlichen Abfluß in einer oben aufgebrachten Sand- oder Kiesschicht. Im allgemeinen können Sanddränagen $\oslash$ 25 cm in 2,5 bis 4,0 m Achsabstand angeordnet werden, Papp- und Kunststoffdränagen im allgemeinen mit einem kleineren Achsabstand.

Kunststoffdränagen werden in Breiten von 10 bis 30 cm geliefert. Beim Entwurf sollten auch die produktspezifischen Angaben der Hersteller berücksichtigt werden.

Die Wahl des Dränagetyps (Sand- oder Kunststoffdränage) sollte auf den folgenden Überlegungen basieren:

- Beim Einbringen einer Kunststoffdränage kann Verkneten und/oder Verschmieren der Kontaktfläche Boden/Drän auftreten. Hierdurch wird der Wassereintrittswiderstand erhöht. Der günstige Einfluß von dünnen, waagerechten Sandlagen kann sich durch dieses Verschmieren usw. nicht auswirken.

- Die senkrechten Dränagen müssen dieselbe relative Zusammendrückung mitmachen wie die Bodenschichten, in denen sie sich befinden.

- Kunststoffdränagen können durch die Setzungen in ihrer Funktion erheblich beeinträchtigt werden.

7.8.4 Ausführung

Senkrechte Dränagen können als gebohrte, gespülte oder gerammte Sanddränagen, aber auch mit Hilfe anderer durchlässiger Materialien, wie beispielsweise gegen Verwitterung geschützte Pappstreifen oder Kunststoffdränagen, ausgeführt werden.

Am meisten verbreitet sind heute Kunststoffdränagen. Papp- und Kunststoffdränagen werden im Stech- oder Rüttelverfahren eingebracht.

Die rechtzeitige Planung der Dränagearbeiten und der Geländeaufhöhungen ist besonders wichtig.

Um den Geräteeinsatz und die Sandanfuhr auf dem meist weichen Gelände zu erleichtern und zu verhindern, daß das Bohrgut die Geländeoberfläche verschmutzt, wird, bevor die Bohrarbeiten anlaufen, auf das Gelände eine mindestens 0,5 m dicke, gut durchlässige Sandschicht gebracht, die bei Entwässerung nach oben auch als Dränschicht wirkt.

Wäßriges Bohrgut wird durch Rinnen zu Stellen abgeführt, an denen Ablagerungen unschädlich sind.

Im Falle kontaminierten Untergrunds sind Einbringverfahren zu vermeiden, bei denen Bohr- oder Spülgut anfällt, welches ggf. zu entsorgen ist.

Um für die Nutzung dränierten Geländes Zeit zu gewinnen, ist es sinnvoll, die Dränagen frühzeitig einzubringen und durch Bodenauffüllung auf dem Gelände den Untergrund bereits vorzukonsolidieren.

7.8.4.1 Gebohrte Sanddränagen

Bei den gebohrten Sanddränagen werden je nach Bodenart verrohrte oder unverrohrte Bohrlöcher mit Durchmessern von etwa 15 bis 30 cm niedergebracht und mit Sand verfüllt.

Gebohrte Sanddränagen haben den Vorzug, daß sie den Untergrund am wenigsten stören und die für den Erfolg entscheidend maßgebende Durchlässigkeit des Bodens in waagerechter Richtung am wenigsten vermindern. Sie sind unter Wasserüberdruck zügig zu bohren. Bei fehlender Verrohrung sind sie einwandfrei klar zu spülen und unter Wasserüberdruck ohne Unterbrechung zu verfüllen, damit die Lochwand nicht abbröckelt und die Füllung nicht verunreinigt wird. Es ist auch sorgfältig darauf zu achten, daß die Sanddränagen nicht durch seitlich eindringenden Boden unterbrochen werden.

Das Verfüllmaterial muß so gewählt werden, daß das Porenwasser unbehindert ein- und abfließen kann. Der Anteil an Feinsand ($\leq$ 0,2 mm) sollte nicht höher als 20% sein.

7.8.4.2 Gespülte Sanddränagen

Für gespülte Sanddränagen gilt Abschn. 7.8.4.1 sinngemäß. Sie sind billig herzustellen, haben aber den Nachteil, daß durch Feinkornablagerungen an der Sohle und an den Dränwandungen leicht Verstopfungen eintreten können. Hierauf ist bei der Ausführung besonders zu achten. Nach dem Klarspülen und dem Ausbau des Geräts ist mit der Sandverfüllung unverzüglich zu beginnen. Sie ist ohne Unterbrechung zügig zu vollenden.

7.8.4.3 Gerammte Sanddränagen

Wirkt sich die Bodenverdrängung auf die Tragfähigkeit des Untergrunds und seine Durchlässigkeit in waagerechter Richtung nicht nachteilig aus, können gerammte Sanddränagen angewendet werden. Hierbei wird beispielsweise ein Rohr von 30 bis 40 cm Durchmesser an seinem unteren Ende mit einem Pfropfen aus Kies und Sand versehen und mit einem Innenbär bis zur gewünschten Tiefe in den weichen Untergrund getrieben. Nach Herausschlagen des unteren Abschlusses wird Sand geeigneter Kornverteilung (wie bei den gebohrten Dräns) in das Rohr eingefüllt und unter gleichzeitigem Hochziehen des Rohrs in den Untergrund geschlagen. Hierdurch entsteht eine Sanddränage, deren Volumen ungefähr zwei- bis dreimal dem theoretischen Volumen des Rohrs entspricht. Verschmierte Zonen, die beim Einrammen des Rohrs entstanden sein können, werden durch das Einrammen des Sands und die damit verbundene Oberflächenvergrößerung des Dräns mindestens teilweise wieder aufgerissen. Der Abfluß in eine untere wasserführende Schicht und in die aufgebrachte Sandschicht ist bei dieser Ausführungsart einwandfrei möglich.

7.8.4.4 Hinweise zu Pappdränagen und Kunststoffdränagen

Pappdränagen werden durch ein Nadelgerät in den weichen Boden eingeführt. Bei der Ausführung soll die Unterkante der Dränagen so genau wie möglich festgestellt werden. Dies gilt auch für Kunststoffdränagen, die zunehmend angewendet werden. Letztere können ohne Wasser in den weichen Boden eingebracht werden, wobei eine Verschmutzung der Dränagen weitgehend vermieden wird. Einen Vorteil bietet diese trockene Ausführung auch beim Durchfahren von Sandauffüllungen, weil dort beim Herstellen von Sanddränagen viel Spülwasser durch die Bohrlochwandungen abfließen würde.

7.8.5 Ausführungskontrollen

Der Erfolg einer lotrechten Dränierung hängt weitgehend von der Sorgfalt der Ausführung ab. Um Fehlschläge zu vermeiden, ist die jeweils eingebrachte Sandmenge zu kontrollieren und die Wirkung der Dränagen rechtzeitig durch Füllversuche mit Wasser, Wasserstandsmessungen in einzelnen Dränagen, Porenwasserdruckmessungen zwischen den Dränagen und Beobachtung der Setzungen der Geländeoberfläche zu überprüfen.

7.9   Sackungen nichtbindiger Böden (E 168)

7.9.1   Allgemeines

Sackungen sind ein bestimmter Bestandteil der Volumenverminderung einer nichtbindigen Bodenmasse, z. B. von Sand. Insgesamt werden Volumenverminderungen verursacht durch:

(1) Kornumlagerungen im Sinne einer Erhöhung der Lagerungsdichte,

(2) Zusammendrückungen des Korngerüsts,

(3) Kornbrüche und Kornabsplitterungen in Bereichen mit großen örtlichen Spannungsspitzen an Kornberührungsstellen.

Die genannten Auswirkungen können allein schon durch Belastungserhöhungen ausgelöst werden. Die Kornumlagerungen nach (1) treten vor allem bei Erschütterungen, Verminderungen der Strukturwiderstände und/oder der Reibungseinflüsse zwischen den Körnern auf.

Die Volumenverminderungen infolge der letztgenannten beiden Einflüsse werden als Sackungen bezeichnet. Sie treten ein, wenn bei sehr starkem Durchnässen oder Austrocknen nichtbindiger Böden die sogenannte Kapillarkohäsion zwischen den Körnern, das ist der Reibungseinfluß aus der Oberflächenspannung im Porenzwickelwasser, sich stark vermindert oder ganz verschwindet. Tritt dies beispielsweise im Zusammenhang mit einem aufsteigenden Grundwasserspiegel ein, wirken auf die Körner auch noch rüttelnde Einflüsse aus den Veränderungen der Menisken zwischen den Körnern im jeweiligen Grundwasserspiegel.

7.9.2   Sackungsgröße

Wird erdfeuchter Sand belastet und beispielsweise durch aufsteigendes Grundwasser völlig durchnäßt, zeigt sich ein Lastsenkungsdiagramm nach Bild E 168-1.

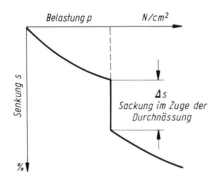

Bild E 168-1. Lastsenkungsdiagramm eines erdfeuchten Sands bei Durchnässung

Die Sackungen nichtbindiger Böden sind abhängig von der Kornzusammensetzung, der Kornform, der Kornrauhigkeit, dem Anfangswassergehalt, dem Spannungszustand im Boden und vor allem von der Anfangslagerungsdichte. Je lockerer der Boden gelagert ist, desto größer sind die Sackungen. Sie erreichen bei sehr locker gelagerten, gleichförmigen Feinsanden bis zu 8%. Aber auch nach hochgradiger Verdichtung können sie noch 1 bis 2% betragen. Die Sackungen sind im allgemeinen bei rundkörnigen größer als bei scharfkantigen nichtbindigen Böden. Gleichförmige Sande zeigen ein größeres Sackungsmaß als ungleichförmige, wobei der Unterschied allerdings nur bei sehr lockerer und bei lockerer Lagerung erkennbar ist.

Bekannt sind in diesem Zusammenhang seit langem die Zusammenbrüche von Grobschluff, wenn er stark durchnäßt wird.

Die Sackungsgefahr verunreinigter Sande nimmt mit Zunahme der Bindigkeit rasch ab.

Versuche nach [57] haben gezeigt, daß Sande mit gleichem Anfangswassergehalt und gleicher Anfangsdichte bei Belastung und Durchfeuchtung Setzungen und Sackungen erfahren, deren Summe mit genügender Genauigkeit unabhängig von der Größe der Belastung angenommen werden kann. Bei kleinen Belastungen sind demnach die Setzungen klein und die Sackungen groß.

7.9.3   Auswirkung von Sackungen auf Bauwerke und Gegenmaßnahmen

Sackungen sind schon häufig Ursache von Schadensfällen gewesen. So sind Sackungen besonders gefährlich, wenn Dämme aus erdfeuchten Sanden geschüttet werden und dann eine Durchsickerung erfahren. Dasselbe gilt auch für Bodenersatz oder Bauwerkshinterfüllungen mit Sand, der nach dem Absenken des Grundwassers erdfeucht eingebaut und dann beim Ansteigen des Grundwassers überflutet wird. Je nach der Auffüllhöhe unter den verschiedenen Fundamenten können bei diesen große Sackungsunterschiede auftreten. Durch Sacken der Hinterfüllung können gefährliche Schäden an einer Außendichtung auftreten. Auch die Anschlüsse von Ver- und Entsorgungsleitungen können ernstlich gefährdet werden usw.

Die Sackungen treten im wesentlichen beim erstmaligen Durchnässen nichtbindiger Böden auf. Bei weiterer Durchnässung nach einer wiederholten Grundwasserabsenkung sind sie gering.

Zur Vermeidung bzw. Verminderung von Sackungen durch Überfluten bzw. Durchnässen bei aufsteigendem Grundwasser oder bei völligem Austrocknen sind die Sande weitgehend zu verdichten. Die erzielte Lagerungsdichte kann jeweils überprüft werden anhand von ungestört entnommenen Proben oder mit Ramm-, Druck- oder radiometrischen Sonden. Es ist jedoch zu beachten, daß die Erzielung einer hohen Proctordichte noch keine Aussage über die Größe der Lagerungsdichte beinhaltet (E 71, Abschn. 1.5).

Gegebenenfalls sind Sackungen, die zu Schäden führen können, durch starke Wasserzugabe während des Einbauens oder bei Bodenersatz im

Schutz einer Grundwasserabsenkung durch ein zwischenzeitliches Anstei-
genlassen des Grundwasserspiegels vorwegzunehmen.

7.10   Ausführung von Bodenersatz für Ufereinfassungen (E 109)

7.10.1   A l l g e m e i n e s

Bei Ufereinfassungen in Gebieten mit dicken, weichen bindigen Bodenschichten ist – vor allem abhängig von der Höhe des Geländesprungs,
von der Größe der Geländeaufhöhung, der Geländenutzlast und den
Wasserstandsschwankungen – ein Bodenaustausch für Kaianlagen, Böschungen usw. fallweise wirtschaftlich, wenn der zum Bodenersatz erforderliche Auffüllsand in genügender Qualität und Menge kostengünstig
zur Verfügung steht. Ein Bodenaustausch empfiehlt sich auch, wenn aufgrund der Bodenuntersuchungen mit Rammhindernissen zu rechnen ist,
die zu Schäden in der Spundwand führen können. Die Tiefe der Baggergrube muß dabei so festgelegt werden, daß die Standsicherheit der Ufereinfassung gewährleistet ist. Dazu kann es nötig sein, alle weichen bindigen
Schichten hinunter bis zum tragfähigen Baugrund abzutragen. In diesem
Fall verlangt die zu erwartende Störschicht auf der Baggergrubensohle
infolge der Bodenverluste beim Baggern, eventueller Störungen der Oberfläche des tragfähigen Baugrunds und laufenden Schlickfalls besondere
Maßnahmen.

Wenn die Ufereinfassung nur geringe Setzungen vertragen kann, ist ebenfalls ein vollständiger Aushub der weichen bindigen Schichten erforderlich.

Schon für einen ausreichend zutreffenden Kostenvergleich im Vorentwurf-
stadium für eine Lösung mit oder ohne Bodenersatz und nicht erst für
den Entwurf sind zur Erfassung der Bagger- und der Einfüllkosten ausreichende Bodenaufschlüsse und bodenmechanische Untersuchungen erforderlich. Nur dann können für eine Lösung mit Bodenersatz genügend
zutreffend festgestellt werden:

- die Abmessungen und die Sohlentiefe der Baggergrube,
- die Art der einzusetzenden Bagger,
- die zu fordernden und zu erwartenden Baggerleistungen und
- eine möglichst richtige Schätzung der Dicke der zu erwartenden Störschicht auf der Baggergrubensohle infolge des Bodenverlustes beim
  Baggern und eventueller Störungen der Oberfläche der Baggergrubensohle.

Darüber hinaus ist die Geschiebe- und Sinkstofführung so zutreffend wie
irgend möglich zu erkunden, und dies sowohl hinsichtlich des Materials,
seines Anteils und der Absetzmenge je nach den Fließgeschwindigkeiten
im Verlauf der verschiedenen Tiden als auch abhängig von den Jahreszei-
ten. Nur dann kann das Sandeinfüllen so systematisch geplant und ausgeführt werden, daß in der Einfüllung Schlickzwischenlagen auf ein Mindestmaß begrenzt bleiben.

Bei Großbauwerken sollte im Bauwerksgebiet rechtzeitig vor der Entscheidung eine ausreichend große Probegrube gebaggert und laufend beobachtet werden.

Hingewiesen sei auch auf die besondere Kolkgefahr im eingebrachten Auffüllsand. Darauf errichtete Baugerüste und dergleichen müssen tief einbinden, wenn nicht schützende Abdeckungen aufgebracht werden. Damit die Standsicherheit der Ufereinfassung nicht nachteilig beeinflußt wird, ist ein sachgemäßes Arbeiten erforderlich und dabei vor allem Nachstehendes zu beachten.

7.10.2   Bodenaushub

7.10.2.1   Wahl des einzusetzenden Baggers

Für den Abtrag von bindigem Boden werden im allgemeinen Eimerkettenbagger, Schneidkopfsaugbagger, Schneidradsaugbagger oder Tieflöffelbagger eingesetzt. Wenn eine Schicht mit Rammhindernissen ausgebaggert werden muß (beispielsweise Boden mit Gerölleinlagen), darf ein Saugbagger nur dann eingesetzt werden, wenn er mit Spezialpumpen mit genügend großen Durchtrittsweiten ausgerüstet ist, da sonst die Rammhindernisse liegenbleiben. Bei allen Baggerarten sind gewisse Bodenverluste, die zur Bildung einer Störschicht auf der Baggergrubensohle führen, selbst unter besonderen Vorsichtsmaßnahmen, nicht zu vermeiden (Bild E 109-2).

Die Verluste beim Eimerkettenbagger- und Tieflöffelbagger sind nach bisheriger Erfahrung im allgemeinen geringer als beim Schneidkopf- bzw. Schneidradsaugbagger. Die mit dem Eimerkettenbagger hergestellte Baggergrubensohle läßt sich darüber hinaus ebener ausführen und dadurch leichter säubern. Beim Aushub mit Eimerkettenbaggern (Bild E 109-1) bildet sich durch den Baggervorgang selbst, durch übervolle Eimer, unvollständiges Entleeren der Eimer in der Ausschüttanlage und durch Überfließen der Baggerschuten auf der Baggergrubensohle im allgemeinen eine 20 bis 50 cm dicke Störschicht, unmittelbar nach dem Baggern gemessen.

Um diese Störschichtdicke zu verringern, muß bei Erreichen der Baggergrubensohle mit geringerer Schnitthöhe gearbeitet werden. Ferner sollte stets mindestens ein Sauberkeitsschnitt geführt werden, um sicherzustellen, daß verlorengegangenes Baggergut weitestgehend entfernt wird. Da-

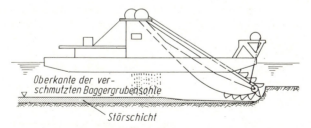

Bild E 109-1. Störschichtbildung beim Aushub mit Eimerkettenbagger bei muß mit schlaffer Unterbucht sowie mit geringer Eimer- und Scherge-schwindigkeit gefahren werden. Die Schuten können voll beladen werden, jedoch muß ein Überfließen mit Bodenverlusten unbedingt vermieden werden. Hierdurch kann die Störschichtdicke auf etwa die Hälfte reduziert werden.

Beim Einsatz von Schneidkopf- und Schneidradsaugbaggern entsteht eine gewellte Baggergrubensohle nach Bild E 109-2, deren Störschicht dicker ist als beim Eimerkettenbagger.

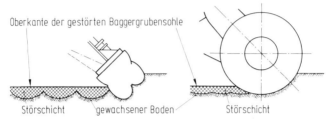

Bild E 109-2. Störschichtbildung beim Aushub mit Schneidkopf- bzw. Schneidrad-saugbagger

Durch eine besondere Schneidkopfform, eine niedrige Drehzahl, kurze Vorschübe sowie eine langsame Schergeschwindigkeit kann die Stör-schichtdicke auf 20 bis 40 cm verringert werden.
Durch weitere Sauberkeitsschnitte ist auch hier ein noch besseres Ergebnis erreichbar.

7.10.2.2 Ausführung und Kontrolle der Baggerarbeiten

Um ein zeichnungsgemäßes Baggern gewährleisten zu können, muß die Baggergrube – den Abmessungen des gewählten Baggers angepaßt – groß-zügig angelegt und entsprechend gekennzeichnet werden. Dabei müssen die Pegel und die Vermessungseinrichtungen vom Baggerpersonal sowohl am Tage als auch bei Nacht deutlich und unverwechselbar erkannt werden können.
Die Markierung der Baggerschnittbreite an den Seitendrähten des Baggers allein ist nicht ausreichend.
Der Aushub wird in Stufen durchgeführt, die am Baggergrubenrand der mittleren Profilneigung entsprechen. Die Höhe dieser Stufen ist von Art und Größe der Geräte und von der Bodenart abhängig. Auf ein strenges Einhalten der Schnittbreiten ist zu achten, da zu breit ausgeführte Schnitte örtlich zu übersteilen Böschungen und damit zu Böschungsrutschungen führen können.
Die ordnungsgemäße Ausführung der Baggerung kann durch die Auf-nahme von Querprofilen verhältnismäßig gut überwacht werden. Um eventuelle Profiländerungen, die unter Umständen auf Rutschungen in der Unterwasserböschung zurückzuführen sind, rechtzeitig erkennen und

die dann notwendigen Gegenmaßnahmen ergreifen zu können, müssen die einzelnen Profile ständig durch Lotungen überprüft werden. Die letzte Lotung ist unmittelbar vor Beginn des Sandeinbringens durchzuführen. Um Aussagen über die Beschaffenheit der Baggergrubensohle machen zu können, sind aus ihr Bodenproben zu entnehmen. Hierfür hat sich ein aufklappbares Sondierrohr mit einem Mindestdurchmesser von 100 mm und einer Fangvorrichtung (Federverschluß) bewährt. Dies Rohr wird je nach den Erfordernissen 50 bis 100 cm oder auch tiefer in die Baggergrubensohle getrieben. Nach dem Ziehen und Öffnen des Rohrs gibt der im Rohr enthaltene Kern einen guten Überblick über die in der Baggergrubensohle anstehenden Bodenschichten.

7.10.3   Qualität und Gewinnung des Einfüllsands

Der Einfüllsand soll nur geringe Schluff- und Tonanteile sowie keine größeren Steinansammlungen enthalten.

Ist der zur Verfügung stehende Einfüllsand stark verunreinigt und/oder steinig, aber noch brauchbar, darf er, um Anhäufungen von Feinmaterial und Steinen in bestimmten Bereichen zu vermeiden, nicht eingespült, sondern nur verklappt werden.

Damit kontinuierlich, rasch und wirtschaftlich verfüllt werden kann, müssen ausreichend große Vorkommen von geeignetem Sand in vertretbarer Entfernung vorhanden sein. Bei der Ermittlung der erforderlichen Einfüllmengen ist der Bodenabtrieb mit zu berücksichtigen. Er wird um so größer, je feiner der Sand, je größer die Fließgeschwindigkeit über sowie in der Baggergrube, je kleiner die Einbaumengen je Zeiteinheit sind und je tiefer die Baggergrubensohle liegt.

Für die Sandgewinnung sind leistungsfähige Saugbagger zu empfehlen, damit neben hohen Fördermengen gleichzeitig ein Reinigen des Sands erreicht wird. Der Reinigungseffekt kann durch richtige Beschickung der Schuten und längere Überlaufzeiten verstärkt werden. Vom Einfüllsand sind laufend Proben aus den Schuten zu entnehmen und auf die im Entwurf technisch geforderte Beschaffenheit, insbesondere auf den maximal zugelassenen Schlickgehalt hin, zu untersuchen.

7.10.4   Säubern der Baggergrubensohle vor dem Sandeinfüllen

Unmittelbar vor Beginn des Einfüllens muß – insbesondere bei Schlickfall – die Baggergrubensohle im betreffenden Bereich im erforderlichen Umfang gesäubert werden. Hierfür können – wenn die Ablagerungen nicht zu fest sind – eventuell Schlicksauger eingesetzt werden. Wenn jedoch eine längere Zeit zwischen dem Ende der Baggerarbeiten und dem Beginn des Schlicksaugens liegt, kann der Schlick bereits so verklebt sein, daß ein nochmaliger Sauberkeitsschnitt ausgeführt werden muß.

Die Sauberkeit der Baggergrubensohle ist ständig zu überprüfen. Hierfür kann das unter Abschn. 7.10.2.2 beschriebene Sondierrohr verwendet werden. Wenn nur mit weichen Ablagerungen zu rechnen ist, kann für die

Entnahme der Proben auch ein entsprechend ausgebildeter Greifer – auch ein Handgreifer kommt in Frage – eingesetzt werden.

Wenn eine ausreichend saubere Sohle nicht gewährleistet werden kann, ist durch andere geeignete Maßnahmen die Verzahnung zwischen dem anstehenden tragfähigen Boden und dem Einfüllsand im erforderlichen Umfang herzustellen. Dies kann bei bindigem, tragfähigem Baugrund am besten durch eine ausreichend dicke, sehr rasch einzubauende Grobschotterschicht erreicht werden.

Auf der Erdwiderstandsseite kann eine solche Sicherung besonders wichtig werden. Da dort im allgemeinen nicht gerammt wird, kann an Stelle von Schotter noch besser Bruchsteinmaterial verwendet werden.

Bei anstehenden rolligen Böden kann eine Verzahnung zwischen dem Einfüllboden und dem Untergrund auch durch Verdübeln mit Mehrfach-Rüttelkernen (Tiefenrüttelung mit einer Einheit von 2 bis 4 Rüttlern) erreicht werden.

7.10.5   Einfüllen des Sands

Die Baggergrube kann durch Verklappen oder Verspülen des Sands bzw. durch beides gleichzeitig, verfüllt werden. Vor allem bei stark sinkstoffführendem Wasser ist hierfür von vornherein ein ununterbrochen Tag und Nacht laufender Einsatz von sorgfältig aufeinander abgestimmten Großgeräten bis in alle Einzelheiten zu planen und später auch durchzuführen. Winterarbeiten mit Ausfalltagen durch zu tiefe Temperaturen, Eisgang, Sturm und Nebel sollten vermieden werden.

Das Einfüllen des Sands soll dem Ausbaggern des schlechten Bodens zeitlich und räumlich so schnell wie möglich folgen, damit zwischenzeitlich eintretende unvermeidbare Ablagerungen von Sinkstoffen (Schlick) auf ein Mindestmaß beschränkt werden. Andererseits darf aber auch kein Vermischen zwischen dem auszuhebenden und dem einzubringenden Boden infolge eines zu geringen Abstands zwischen Bagger- und Verfüllbetrieb eintreten. Diese Gefahr ist vor allem in Gewässern mit stark wechselnder Strömung (Tidegebiet) vorhanden und dort besonders zu beachten.

Eine gewisse Verunreinigung des einzubringenden Sands durch laufenden Schlickfall ist nicht zu vermeiden. Sie kann jedoch durch hohe Einfülleistungen auf ein Minimum begrenzt werden. Der Einfluß des zu erwartenden Verschmutzungsgrads auf die bodenmechanischen Kennzahlen des Einfüllsands ist entsprechend zu berücksichtigen. Im übrigen muß der Sand so eingefüllt werden, daß möglichst keine durchgehenden Schlickschichten entstehen. Bei starkem Schlickfall kann dies nur durch einen kontinuierlichen, leistungsfähigen Betrieb, der auch an Wochenenden nicht unterbrochen wird, erreicht werden, wenn gleichzeitig eine Einbaufolge gewählt wird, bei der

- die sich laufend verändernde Sandeinfüllfläche in der Baggergrube auf eine Mindestgröße begrenzt wird,

- der einzufüllende Sand weitgehend gleichmäßig auf die jeweils vorhandene Oberfläche verteilt wird, so daß keine Teilflächen über längere Zeit allein der Schlickablagerung ausgesetzt sind, und
- die Sandeinfüllfläche sich von der Baggergrubensohle bis zur Sollhöhe bzw. bis zum Tide-Hochwasserstand über die Zeit gleichmäßig aufhöht.

Sollten trotz aller Anstrengungen Unterbrechungen und damit größere Schlickablagerungen eintreten, ist der Schlick vor dem weiteren Sandeinfüllen zu beseitigen oder später durch geeignete Maßnahmen unschädlich zu machen. Während etwaiger Unterbrechungen ist zu prüfen, ob und wo sich die Oberflächenhöhe der Einfüllung verändert hat.

Um einen gegenüber den Entwurfsgrundlagen erhöhten Erddruck auf die Ufereinfassung zu vermeiden, muß die Baggergrube so verfüllt werden, daß während des Einfüllens entstehende, verschlickte Böschungsflächen entgegengesetzt geneigt sind zu den später auftretenden Gleitflächen des auf die Ufereinfassung wirkenden Erddruckgleitkörpers. Gleiches gilt sinngemäß für die Erdwiderstandsseite.

7.10.6 Kontrolle der Sandeinfüllung

Während des Sandeinfüllens sind ständig Lotungen durchzuführen und deren Ergebnisse aufzutragen. Hierdurch können die Veränderungen der Einfülloberfläche aus dem Einfüllvorgang selbst und infolge wechselnder Strömungseinwirkungen in einem gewissen Umfang festgestellt werden. Gleichzeitig lassen diese Aufzeichnungen erkennen, wie lang eine Oberfläche etwa unverändert vorhanden oder der Sinkstoffablagerung besonders wirksam ausgesetzt war, so daß rechtzeitig Maßnahmen zur Beseitigung gebildeter Störschichten eingeleitet werden können.

Nur bei zügigem, ununterbrochenem Verspülen und/oder Verklappen kann auf die Entnahme von Proben aus dem jeweiligen unmittelbaren Einfüllbereich verzichtet werden.

Nach Abschluß der Einfüllarbeiten – gegebenenfalls aber auch zwischenzeitlich – muß die Einfüllung durch Schlauchkernbohrungen oder gleichwertige andere Verfahren aufgeschlossen und überprüft werden. Diese Bohrungen sind bis in den unter der Baggergrubensohle anstehenden Boden abzuteufen.

Ein Abnahmeprotokoll bildet die verbindliche Grundlage für die endgültige Berechnung und Bemessung der Ufereinfassung und eventuell erforderlich werdender Anpassungsmaßnahmen.

7.11 Ansatz von Erddruck und Wasserüberdruck und Ausbildungshinweise für Ufereinfassungen mit Bodenersatz und verunreinigter oder gestörter Baggergrubensohle (E 110)

Im Abschn. 2.9 behandelt.

7.12 Berechnung und Bemessung geschütteter Molen und Wellenbrecher (E 137)

7.12.1 Allgemeines

Molen unterscheiden sich von Wellenbrechern vor allem durch eine andere Art der Nutzung. Erstere sind befahr- oder mindestens begehbar. Ihre Krone liegt daher im allgemeinen höher als die eines Wellenbrechers, welcher auch unter dem Ruhewasserspiegel enden kann. Auch haben Wellenbrecher nicht immer einen Landanschluß.

Bei einer Ausführung von Molen und Wellenbrechern in geschütteter Bauweise sind neben einer sorgfältigen Ermittlung der Wind- und Wellenverhältnisse, der Strömungen und eines eventuellen Sandtriebs zutreffende Aufschlüsse des Baugrunds unerläßlich.

Vor allem bei schwierigen Seebedingungen kann die Frage der Bauausführung und des Geräteeinsatzes von ausschlaggebender Bedeutung sein. Diese Fragen, bei denen auch die Kronenhöhe und -breite eine wesentliche Rolle spielen, sind in E 160, Abschn. 7.13 behandelt.

Die Querschnittsausbildung wird durch das zum Bau zur Verfügung stehende oder wirtschaftlich beschaffbare Material wesentlich mitbestimmt.

Der Einfachheit halber werden in den weiteren Ausführungen nur die geschütteten Wellenbrecher genannt, wobei für die geschütteten Molen sinngemäß das gleiche gilt.

7.12.2 Sicherheit gegen Grundbruch, Geländebruch und Gleiten sowie Berücksichtigung der Setzungen und Sackungen sowie bauliche Hinweise

Bei der Berechnung und Bemessung von geschütteten Wellenbrechern sind zunächst die Grund- und Geländebruch- sowie die Gleitsicherheit nach DIN 1054, 4017 und 4084 nachzuweisen, wobei die Welleneinwirkungen unter Berücksichtigung der Bemessungswelle nach E 136, Abschn. 5.7 zu ermitteln sind. Auch die Möglichkeiten von Fließerscheinungen in locker gelagerten Sandschichten des Untergrunds (Setzungsfließen) sind zu berücksichtigen.

Je nach dem anstehenden Untergrund ist mit größeren Eindringungen, Setzungen und Sackungen fallweise bis zu mehreren Metern zu rechnen. Die Eindringung der Molenschüttung infolge Bodenverdrängung läßt sich grob durch Gleichgewichtsuntersuchungen oder nach DIN 4017 (Bestimmung der Eindringtiefe d bei $\eta = 1$) abschätzen. Während sich die Setzungen aus den Zusammendrückungen des Untergrunds ergeben und sich zum Teil mindestens angenähert nach DIN 4019 errechnen lassen, treten die Sackungen infolge von Einrüttelungen des Steingerüsts aus den Wellenstößen und durch das Eindringen von Boden aus dem Untergrund in das Steingerüst auf. Letzteres erfolgt um so weniger, je besser durch Filtermatten oder durch geeigneten Aufbau der Kernschüttung über dem anstehenden Boden ein den Filterregeln genügender Übergang sichergestellt wird.

In Gebieten mit Erdbeben sind auch die daraus resultierenden Einwirkungen zu berücksichtigen (E 124, Abschn. 2.14).

Örtlich durchzuführende Bohrungen und Sondierungen und die Ergebnisse bodenmechanischer Untersuchungen sind eine wichtige Grundlage für die genannten Berechnungen und die daraus zu ziehenden Folgerungen.

Sind die Berechnungsergebnisse nicht zufriedenstellend, kann beispielsweise durch das Auskoffern schlechter anstehender Schichten und ihren Ersatz durch geeigneten Sand oder Kies für die angestrebte Verbesserung gesorgt werden. Fallweise genügt auch bereits ein Abflachen der Böschungen und das Vorschütten von Banketten, um die Sicherheit ausreichend zu erhöhen sowie das seitliche Ausquetschen weicher Schichten zu erschweren und damit die Setzungen im erforderlichen Maße zu vermindern.

Auch bei weichem Untergrund ist es möglich, durch bewußte Überbelastung des Bodens (überhöhte Schüttung „vor Kopf") den Untergrund so tiefgründig zu verdrängen, daß sich ein Gleichgewichtszustand einstellt. Die dabei entstehende Schlammwalze muß gegebenenfalls durch vorsichtiges Baggern beseitigt werden.

Durch eine geeignete Wahl des im Vergleich zu den Deckschichten feineren Kernmaterials wird die Durchlässigkeit des Bauwerks in Grenzen gehalten. Im übrigen ist auch die Durchlässigkeit des Untergrunds zu beachten.

7.12.3 Bemessen der Deckschicht

Die Standsicherheit der Deckschicht hängt bei gegebenen Wellenverhältnissen von der Größe, dem Gewicht und der Form der Konstruktionselemente sowie von der Neigung der Deckschicht ab. In langjährigen Versuchsreihen hat HUDSON die nachfolgende Gleichung für die erforderlichen Blockgewichte entwickelt [21], [25], [28], [40] und [124]. Sie hat sich in der Praxis bewährt und lautet:

$$W = \frac{\varrho_s \cdot H_{Bem}^3}{K_D \cdot \left(\dfrac{\varrho_s}{\varrho_w} - 1\right)^3 \cdot \cot\alpha}$$

Darin bedeuten:

W = Blockgewicht [t]
ϱ_s = Dichte des Blockmaterials [t/m^3],
ϱ_w = Dichte des Wassers [t/m^3],
H_{Bem} = Höhe der Bemessungswelle [m],
α = Böschungswinkel der Deckschicht [°],
K_D = Form- und Standsicherheitsbeiwert [1].

Die vorgenannte Gleichung gilt für eine aus Steinen mit etwa einheitlichem Gewicht aufgebaute Deckschicht. Die gebräuchlichsten Form- und Standsicherheitsbeiwerte K_D von Bruch- und Formsteinen für geneigte Wellen-

Art der Deckschichtelemente	Anzahl der Lagen	Art der Anordnung	Wellenbrecherflanke K_D[1]		Wellenbrecherkopf K_D		Neigung
			brechende Wellen	nichtbrechende Wellen	brechende Wellen	nichtbrechende Wellen	
glatte, abgerundete Natursteine	2	zufällig	1,2	2,4	1,1	1,9	1:1,5 bis 1:3
	≧ 3	zufällig	1,6	3,2	1,4	2,3	1:1,5 bis 1:3
scharfkantige Bruchsteine	2	zufällig	2,0	4,0	1,9	3,2	1:1,5
					1,6	2,8	1:2
					1,3	2,3	1:3
	≧ 3	zufällig	2,2	4,5	2,1	4,2	1:1,5 bis 1:3
	2	speziell gesetzt²)	5,8	7,0	5,3	6,4	1:1,5 bis 1:3
Tetrapode	2	zufällig	7,0	8,0	5,0	6,0	1:1,5
					4,5	5,5	1:2
					3,5	4,0	1:3
Tribar	2	zufällig	9,0	10,0	8,3	9,0	1:1,5
					7,8	8,5	1:2
					6,0	6,5	1:3
Dolos	2	zufällig	15,8³)	31,8³)	8,0	16,0	1:2⁴)
					7,0	14,0	1:3
Tribar	1	gleichmäßig gesetzt	12,0	15,0	7,5	9,5	1:1,5 bis 1:3

[1]) Für Neigung von 1:1,5 bis 1:5.
²) Längsachse der Steine senkrecht zur Oberfläche.

³) K_D-Werte nur für Neigung 1:2 experimentell bestätigt. Bei höheren Anforderungen (Zerstörung < 2%) sind die K_D-Werte zu halbieren.
⁴) Steilere Neigungen als 1:2 werden nicht empfohlen.

Tabelle E 137-1. Empfohlene K_D-Werte für die Bemessung der Deckschicht bei einer zugelassenen Zerstörung bis zu 5% und nur geringfügigem Wellenüberlauf (Auszug aus [21])

brecher-Deckschichten nach [21] sind in der Tabelle E 137-1 zusammengefaßt. Bei der Wahl der Art der Deckschichtelemente ist bei möglichen Setzungs- oder Sackungsbewegungen nach Abschn. 7.12.2 zu beachten, daß abhängig von der Elementform zusätzliche Zug-, Biege-, Schub- und Torsionsbeanspruchungen auftreten können. Bei hohen Anforderungen an die Lagebeständigkeit müssen die K_D-Werte bei Verwendung von Dolossen halbiert werden.

Für die Bemessung einer aus abgestuften Natursteingrößen bestehenden Deckschicht wird nach [21] für Bemessungswellenhöhen bis zu rd. 1,5 m folgende abgeänderte Gleichung empfohlen:

$$W_{50} = \frac{\varrho_s \cdot H_{\text{Bem}}^3}{K_{\text{RR}} \cdot \left(\dfrac{\varrho_s}{\varrho_w} - 1\right)^3 \cdot \cot\alpha}$$

Darin bedeuten:

W_{50} = Gewicht eines Steins mittlerer Größe [t],
K_{RR} = Form- und Standsicherheitsbeiwert,
K_{RR} = 2,2 für brechende Wellen,
K_{RR} = 2,5 für nichtbrechende Wellen.

Das Gewicht der größten Steine soll dabei 3,6 W_{50} und das der kleinsten mindestens 0,22 W_{50} betragen. Wegen der komplexen Vorgänge sollten nach [21] im Fall eines schrägen Wellenangriffs auf das Bauwerk die Blockgewichte im allgemeinen nicht abgemindert werden.

Nach [21] wird empfohlen, in der Hudson-Gleichung die Bemessungswelle mindestens mit $H_{\text{Bem}} = H_{1/10}$ anzusetzen, wobei dieser Wert in der Regel mit Hilfe der Extremalwertstatistik auf einen längeren Zeitraum (z. B. 100jährliche Wiederkehr) extrapoliert ist. In diesem Fall kann bei der Ermittlung des Einzelblockgewichts auf den Ansatz für die Bemessungswelle nach E 136, Abschn. 5.7.4 im allgemeinen verzichtet werden. Für die Extrapolation müssen ausreichende Wellenmeßdaten zur Verfügung stehen.

Die Bedeutung der Bemessungswelle für das Bauwerk ist daran zu erkennen, daß das erforderliche Gewicht der Einzelblöcke W proportional mit der 3. Potenz der Wellenhöhe ansteigt.

Wirtschaftliche Überlegungen können dazu führen, bei der Planung eines geschütteten Wellenbrechers von den Kriterien für eine weitestgehende Zerstörungsfreiheit der Deckschicht abzugehen, wenn eine extreme Belastung durch Seegang sehr selten auftritt, oder im Landanschlußbereich, wenn seeseitig alsbald Verlandungen in einem solchen Umfang eintreten, daß die Deckschicht nicht mehr nötig ist. Der sparsamere Weg sollte dann gegangen werden, wenn die kapitalisierten Instandsetzungskosten und die zu erwartenden Kosten für das Beseitigen eintretender sonstiger Schäden im Hafenbereich niedriger sind als der erhöhte Kapitalaufwand bei einer Auslegung der Blockgewichte für eine selten eintretende, besonders hoch festgelegte Bemessungswelle. Dabei sind aber auch die generellen Instandsetzungsmöglichkeiten am Ort mit der zu erwartenden Ausführungsdauer jeweils besonders zu berücksichtigen.

7.12.4 Aufbau der Wellenbrecher

In der Praxis haben sich nach den Empfehlungen von [21] Wellenbrecher in 3-Schichten-Abstufungen nach Bild E 137-1 bewährt. Darin sind:

W = Gewicht der Einzelblöcke [t],
H_{Bem} = Höhe der Bemessungswelle [m].

Eine einlagige Schicht aus Bruchsteinen sollte nicht angewendet werden.

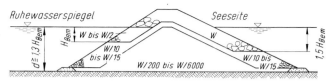

a) *bei nichtbrechenden Wellen*

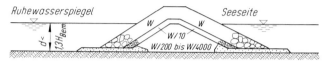

b) *bei brechenden Wellen*

Bild E 137-1. Filterförmiger Wellenbrecheraufbau in drei Abstufungen

Ganz allgemein wird empfohlen, die Böschung an der Seeseite nicht steiler als 1:1,5 auszubilden.

Besondere Sorgfalt ist der Stützung der Deckschicht zu widmen, vor allem, wenn diese auf der Seeseite nicht bis zum Böschungsfuß hinabgeführt wird. Nach den Erfordernissen der Standsicherheit der Böschung ist eine ausreichende Berme vorzusehen (Bild E 137-1a)).

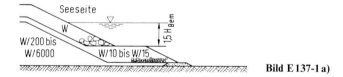

Bild E 137-1 a)

7.12.5 Modellversuche

Modellversuche sind oft ein bedeutendes und unverzichtbares Hilfsmittel für eine zutreffende Dimensionierung.

7.13 Bauausführung und Geräteeinsatz bei geschütteten Molen und Wellenbrechern (E 160)

7.13.1 Allgemeines

Diese Empfehlung ergänzt die Empfehlung E 137, Abschn. 7.12.

Der Bau von geschütteten Molen und Wellenbrechern erfordert oft den Einbau großer Materialmengen in verhältnismäßig kurzer Zeit unter schwierigen örtlichen Bedingungen aus Witterung, Tide, Seegang und Strömung. Die gegenseitige Abhängigkeit der einzelnen Arbeitsgänge unter solchen Baubedingungen erfordert eine besonders sorgfältige Planung von Bauablauf und Geräteeinsatz.

Bei der Planung der Arbeitsfolgen ist sicherzustellen, daß die bereits ausgeführten Teile der Bauleistung im jeweiligen Bauzustand bereits so widerstandsfähig gegen Sturm und Seegang sind, daß größere Schäden an ihnen vermieden werden.

Bei der Festlegung der Leistungsfähigkeit der Baustelle bzw. bei der Wahl der Gerätegrößen müssen realistische Ansätze für den möglichen Arbeitsausfall durch Schlechtwetter berücksichtigt werden.

Die Schüttarbeiten werden je nach örtlicher Bauaufgabe

(1) mit schwimmenden Geräten,

(2) mit Landgeräten im Vorbauverfahren,

(3) mit festen Gerüsten, Hubinseln und dergleichen,

(4) mit Seilbahnen,

(5) in Kombination aus (1) bis (4) durchgeführt.

An besonders exponierten Stellen mit gravierendem Einfluß von Wind, Tide, Seegang und Strömung werden bevorzugt Bauverfahren mit festen Gerüsten, Hubinseln und dergleichen eingesetzt. Dieses gilt in verstärktem Maße, wenn auf oder in der Nähe der Baustelle kein Schutzhafen vorhanden ist, es sei denn, daß spezielles und seegängiges Großgerät eingesetzt wird.

7.13.2 Bereitstellung von Schütt- und sonstigem Einbaumaterial

Das Schüttmaterial aus Natursteinen wird im allgemeinen in Steinbrüchen an Land gewonnen, seltener aus dem Meer (beispielsweise Steinfischer in der Ostsee). Dabei liegen die Schwierigkeiten häufig in der Beschaffung geeigneten Grobmaterials. Deshalb müssen sich Planung und Ausführung nach den vorhandenen Gewinnungsmöglichkeiten richten. In jedem Fall sollte ein ausreichend bemessenes Zwischenlager für alle benötigten Materialgrößen vorhanden sein, damit die Bauarbeiten bei kurzfristigen Störungen der Materialbeschaffung unbehindert weiterlaufen können.

Ebenso sind Betonfertigteile in ausreichender Menge bereitzuhalten, soweit sie entsprechend dem Baufortschritt fortlaufend eingebaut werden müssen (wie Tetrapoden, Dolosse u. a.).

7.13.3 Einbau des Materials mit schwimmenden Geräten

Bei Einbau mit schwimmenden Geräten sind das Vermessungs- und Navigationssystem sowie die Manövrierfähigkeit der Geräte so einzurichten, daß das Schüttmaterial und gegebenenfalls die Betonfertigteile mit der geforderten Genauigkeit an der jeweils vorgesehenen Stelle auch entwurfsgerecht eingebaut werden können.

7.13.4 Einbau des Schüttmaterials mit Landgeräten

Die Arbeitsebene der Landgeräte sollte in der Regel oberhalb der Einwirkung von normalem Seegang und Brandung liegen. Die Mindestbreite dieser Arbeitsebene ist auf die Bedürfnisse der zum Einsatz kommenden

Baugeräte abzustimmen. Außerdem ist durch Entwurf, Wahl des Einbau-
vorgangs und der Geräte sowie sorgfältige Ausführung sicherzustellen,
daß die Setzungen des Steingerüsts und des Baugrunds oder auch das
Einsinken von Schüttmaterial in den Untergrund in solchen Grenzen
bleiben, daß die Geräte und der Arbeitsablauf nicht gefährdet werden.

Bei geringer Breite der Arbeitsebene ist ein Portalkran als Einbaugerät
häufig von Vorteil, da Material für vorlaufende Arbeiten unter ihm hindurch transportiert werden kann.

Schüttsteine, die zum Einbau durch den Kran bestimmt sind, werden meist
in Stein-Skips auf Plattformanhängern, LKWs mit besonderer Ladefläche
oder auf Tiefladern herangefahren. Bei geringer Fahrbahnbreite werden
Anhänger eingesetzt, die ohne zu wenden zurückgefahren werden können.

Große Steine und Betonfertigteile werden mit Mehrschalengreifern oder
Spezialzangen versetzt.

Elektrische oder elektronische Anzeigegeräte im Führerhaus des Einbaukrans erleichtern den profilgerechten Einbau auch unter Wasser.

Wenn beim kombinierten Betrieb zwischen der Schütthöhe, die mit
schwimmenden Geräten erreicht werden kann, und der Arbeitsebene der
Landgeräte eine oder mehrere Schütt- oder Einbaugrenzen verlaufen,
werden die Arbeiten – vor allem bei geringer Breite der Arbeitsebene –
zweckmäßig mit nur einem leistungsfähigen Gerät ausgeführt. Gleiches
gilt bei reinem Landgeräteeinsatz.

Besonders wenn „vor Kopf" gearbeitet wird, sollten Kernschüttung und
-abdeckung mit nur geringer Längenentwicklung rasch aufeinander folgen, um ein Fortspülen ungeschützten Kernmaterials zu vermeiden, mindestens aber gering zu halten.

7.13.5 Einbau des Materials mit festen Gerüsten,
        Hubinseln und dergleichen

Der Einbau von einem festen Gerüst, einer Hubinsel und dergleichen aus,
aber auch mit einer Seilbahn, kommt vor allem für die Überbrückung
einer Zone mit ständig starker Brandung in Betracht.

Im übrigen gilt Abschn. 7.13.4 sinngemäß.

Beim Einsatz einer Hubinsel hängt der Einbaufortschritt im allgemeinen
von der Leistungsfähigkeit des Einbaukrans ab. Hierfür sollte daher ein
Gerät eingesetzt werden, das bei der erforderlichen Reichweite auch große
Tragfähigkeit aufweist.

7.13.6 Setzungen und Sackungen

Hierzu wird auf E 137, Abschn. 7.12.2 besonders hingewiesen. Gleichmäßige und relativ geringe Setzungen von Molen und Wellenbrechern werden
durch Überhöhen der Schüttung und einer eventuellen Betonkrone ausgeglichen. Werden verhältnismäßig große und möglicherweise ungleichmäßige Setzungen oder Sackungen erwartet, sollte der Kronenbeton erst
gegen Ende der Bauzeit in nicht zu langen Baublöcken, möglichst aber

erst nach dem Abklingen der wesentlichen Verformungen, eingebaut werden. Die Aufnahme ungleichmäßiger Setzungen ist nachzuweisen. Erforderlichenfalls ist die Länge der Baublöcke zu verkürzen.

Um zuverlässige Grundlagen für die Beurteilung des Setzungs- und Sakkungsverhaltens und auch für die Abrechnung zu erhalten, sind im erforderlichen Umfang Setzungspegel anzuordnen.

7.13.7 **Abrechnung der eingebauten Mengen**

Da das Setzungs- und Sackungsverhalten solcher Bauwerke nur schwer vorausgesagt werden kann, empfiehlt es sich, für die Abrechnung nach Zeichnung hinsichtlich der Formgebung der Mole und der Einbauschichten von vornherein gut einhaltbare Toleranzen ($\pm$) festzulegen.

Bei Abrechnung nach eingebauten Mengen sind alle Schüttmaterialmengen durch Wiegen vor dem Deponieren auf dem Vorratslager oder unmittelbar vor dem Einbau zu erfassen.

Fertigbetonteile, wie Tetrapoden, Dolosse usw., werden bei sonst festgelegten Bedingungen nach Art und eingebauter Stückzahl abgerechnet, Kronenbeton nach üblichem Aufmaß.

7.13.8 **Randbedingungen und ihre Auswirkungen auf die Bauausführung** (Tabelle E 160-1)

Hierzu sei vor allem auf folgendes hingewiesen:

Randbedingungen	Auswirkungen auf
Seebedingung: Seegang (Wellenhöhen, Brandung, Häufigkeiten, Wellenrichtungen zur Dammachse)	Entwurf, Einsatz schwimmender Geräte und deren Schütthöhe, Höhenlage der Arbeitsfläche für Landgeräte und damit die Möglichkeit, Arbeiten parallel auszuführen, Ausfallzeiten und damit Gerätewahl, Verluste bei Sturm und damit zeitlicher Abstand einzelner Arbeitsgänge, Arbeitsleistung
Wasserströmungen (Richtungen und Geschwindigkeiten)	Genauigkeit schwimmend eingebrachter Schüttungen, Materialverluste
Tidehub, Wasserstände und -tiefen	Dammhöhe und -breite, Tragfähigkeit und Reichweite des Einbaukrans
Wetterverhältnisse: Wind, Regen, Nebel, Frost, Temperatur, Luftfeuchtigkeit	Gerätewahl, Ausbau von Straßen und/oder Eisenbahnen, Kapazitätsauslegung, Leistung

Randbedingungen	Auswirkungen auf
Bodenverhältnisse am Einbauort: guter Baugrund bindig oder nichtbindig, weiche Schichten, Kolkgefahr, Setzungen und Sackungen	Ausbildung des Dammquerschnitts, Arbeitsfolge mit eventuellem Bodenersatz, Fußsicherungen, Überhöhung der Dammschüttung
Verfügbare Materialien: Gewinnungsorte, Qualität, Gewinnungsleistung usw.	Bauverfahren, zeitlicher Abstand einzelner Arbeitsgänge, Arbeitsfortschritt, Anlage von Depots, Verwendung von Fertigteilen
Entwurf: Landanschluß, Normalquerschnitt und sonstige Abmessungen	Möglichkeit, Arbeiten parallel auszuführen, Gerätewahl, Anzahl der Arbeitsgänge, Bauverfahren
Bedingungen aus Vertrag und Versicherung: Bauzeit, Toleranzen, Arbeitsfolgen	Kapazitätsauslegung, Arbeitsaufwand, Folge der Arbeitsgänge, Bauverfahren
Vorhandene Infrastruktur: Verkehrswege, Diensthafen, Zementwerk usw.	Bauverfahren, Geräteeinsatz, Investitionen für zusätzliche Infrastruktur
Örtliche Gegebenheiten: Lagerflächen, Küstenbeschaffenheit usw.	Baustelleneinrichtung, Bauverfahren, Erstellung eines Bauhafens

7.13.9 Einrichtungen der Baustelle und ihre Ausstattung (Tabelle E 160-2)

Einrichtungen	Ausstattung
Steinbruch	dichtes, hartes, beständiges, abriebfestes Material ausreichender Wichte, Menge und erforderlicher Abstufung, in wirtschaftlicher Entfernung, Bohr- und Verladegeräte, Einrichtungen zum Sprengen, Verladen, wenn möglich bereits nach Sorten, Reparaturwerkstatt
Transportweg Steinbruch–Bauplatz	benutzbare Verkehrswege (Wasserstraße, Eisenbahn, Straße) erkunden, ergänzen oder neu bauen, störungsfreier Transport mit sichergestelltem fahrplanmäßigen Betrieb

Einrichtungen	Ausstattung
Sortier- und Lagerflächen für Steine nahe der Einbaustelle	Wiegeeinrichtung und ausreichende Fläche zum Sortieren, Zwischenlager der nach Größen sortierten Steine in der Nähe der Verladestelle oder der Dammwurzel, soweit der unmittelbare Einbau nicht möglich ist
Betonanlage	Aufbereitungsanlage und Lager für Zuschläge, Zementsilostation, leistungsstarke Betonmischer, Betonlabor
Fabrikationseinrichtung und Zwischenlager für Betonfertigteile	Betonanlage, Stahlschalungen, Vorrichtung für Betoneinbau, Rüttelgerät, Lager und Verarbeitungsgerät für Betonstahl, Krananlage, Mobilkran, Portalkran mit Greifvorrichtung, Lagerfläche
Bauhafen	Übernahme- und Übergabeeinrichtungen zum Beladen und Entladen schwimmender Geräte
Transportweg Lagerflächen–Einbaustellen	Transport von Steinen und Schüttmaterial verschiedener Größen, Betonfertigteilen und Frischbeton
Orientierungs- und Vermessungssystem	zur Navigation der schwimmenden Geräte, Steuerung der Bauarbeiten, Vermessung des Bauwerks und der eingebauten Mengen
Kommunikationssystem	Verständigung mit Telefon, Funk und Signalen
Geräte- und Ersatzteillager	Haupt- und Hilfsgeräte sowie Zusatzausrüstungen zum Einbau, Zubehör, Ersatzteile
Infrastruktur	Büros, Werkstätten, Ver- und Entsorgung, Wohnlager, Kantine; bei Auslandsbaustellen z. B. auch: Gesundheitsdienst, Schule, Einrichtungen für Sport und für Freizeit

7.14 Leichte Hinterfüllungen bei Spundwandbauwerken (E 187)

Wenn leichte, wasserunlösliche und dauerbeständige Hinterfüllmassen wirtschaftlich beschafft werden können oder geeignete, nichtverrottbare, ungiftige industrielle Nebenprodukte und dergleichen zur Verfügung stehen, können sie gelegentlich als Hinterfüllmaterial angewendet werden. Sie können die Wirtschaftlichkeit eines Spundwandbauwerks erhöhen, wenn bei geringem Gewicht gleichzeitig die Zusammendrückbarkeit und das Sackmaß gering sind und die Durchlässigkeit sich nicht mit der Zeit vermindert. Durch das geringe Gewicht können die Momentenbeanspruchung und die Ankerkraft, abhängig von der vorhandenen Scherfestigkeit im eingebauten Zustand verkleinert werden.

Wenn eine Konstruktion mit leichtem Hinterfüllmaterial in Betracht gezogen wird, sollten stets konventionelle Lösungen vergleichsweise untersucht und die Auswirkungen leichter Hinterfüllungen in positiver und negativer Hinsicht für das Gesamtbauwerk überprüft werden (beispielsweise verminderte Sicherheit gegen Gleiten und Geländebruch, Setzungen der Geländeoberfläche, Brandgefahr und dergleichen).

7.15 Bodenverdichtung mittels schwerer Fallgewichte (E 188)

Vor allem gut wasserdurchlässige Böden können mittels schwerer Fallgewichte wirkungsvoll verdichtet werden. Dies ist auch bei schwach bindigen, aber ausreichend durchlässigen sowie bei nicht wassergesättigten bindigen Böden durch Komprimierung des gashaltigen Porenanteils bzw. durch Wasser- und Gasaustritt aus Poren und Klüften infolge der Schlageinwirkungen möglich. Unter besonders hohen Schlageinwirkungen sind auch bei wassergesättigten bindigen Böden noch Wasseraustritte durch Rißbildung im Boden und damit eine Verdichtung erzwingbar.

Um den Erfolg einer vorgesehenen Verdichtung rechtzeitig zu überblicken, muß der zu verdichtende Boden sorgfältig untersucht werden, insbesondere auf Kornverteilung und Durchlässigkeit. Nicht oder nur schwer verdichtbare Zonen sollen vorher ausgehoben und durch verdichtungswilligen Boden ersetzt werden. Die Auswirkungen der Verdichtung sollen vorweg in einem charakteristischen Versuchsfeld erkundet werden, um den Erfolg der Verdichtung und deren Tiefenwirkung sowie die Wirtschaftlichkeit und gegebenenfalls die Umweltverträglichkeit der Maßnahme (Schlaglärm und Erschütterungen von Nachbarbauwerken oder benachbarten Bauteilen wie Kanälen, Dränagen usw.) festzustellen. Aufgrund der Ergebnisse in einem Versuchsfeld können Werte für die Lagerungsdichte festgestellt werden, die bei den verschiedenen Bodenverhältnissen mindestens erreicht werden müssen. Dabei ist zu berücksichtigen, daß jede Bodenart ihre eigenen Versuchskriterien erfordert. Für die Überprüfung der erreichten Lagerungsdichte wird auf E 175, Abschn. 1.6.4 hingewiesen.

Für Böden unter dem freien Wasserspiegel liegen noch keine allgemeingültigen Erfahrungen über derartige Verdichtungen vor.

7.16 Konsolidierung weicher bindiger Böden durch Vorbelastung (E 179)

7.16.1 Allgemeines

In Neubaugebieten für Häfen steht häufig nur Gelände mit weichen bindigen Bodenschichten zur Verfügung, deren natürliche Tragfähigkeit nicht genügt, um ausreichend verformungsfreie Hafenflächen herzustellen. In vielen Fällen läßt sich jedoch die weiche Bodenschicht durch Vorkonsolidierung so verbessern, daß spätere Setzungen infolge von Geländeaufhöhungen, Gebäudelasten, Schüttgütern, Containern und dergleichen die zulässigen Toleranzen nicht überschreiten. Außerdem läßt sich die Scherfestigkeit der weichen Schichten durch gezielte Vorbelastungen dauerhaft verbessern [112], [113] und [114].

Durch die Vorkonsolidierung der weichen Schichten lassen sich unter bestimmten Randbedingungen in gleicher Weise auch Horizontalverformungen infolge vertikaler Auflasten vorwegnehmen, so daß beispielsweise Pfahlgründungen keine unzulässig hohen seitlichen Drücke und Verformungen mehr erleiden [115] und [116].

7.16.2 Anwendung

In Fällen, in denen das Bodenersatzverfahren nach E 109, Abschn. 7.10 zu aufwendig ist, bietet die Vorkonsolidierung weicher bindiger Bodenschichten ein bewährtes Mittel, Hafengelände mit ausreichender Qualität herzustellen. Die Vorkonsolidierung weicher bindiger Bodenschichten kann durch den Einbau von senkrechten Dränagen nach E 93, Abschn. 7.8 im allgemeinen erheblich beschleunigt werden.

Ziel der Vorbelastungsschüttung ist es, die Setzungen der weichen Bodenschicht, die sich aus der Dauerschüttung einschließlich der aufzunehmenden Nutzlasten erst im Laufe sehr langer Zeit voll einstellen würden, bereits in kürzerer Zeit zu erreichen (Bild E 179-1). Dieser Zeitraum ist abhängig von der Dicke der weichen Schicht, deren Wasserdurchlässigkeit und der Höhe der Vorbelastung. Solche Vorbelastungsschüttungen können aber nur wirkungsvoll angewendet werden, wenn genügend Zeit für die Konsolidierung der weichen Böden zur Verfügung steht, um eine ausreichende Verformungsstabilität des Bodens für den vorgegebenen Zweck zu erreichen. Sinnvoll ist es, die Vorbelastung so hoch und so rechtzeitig vorzunehmen, daß das angestrebte Ziel bereits vor Beginn der Bauarbeiten für die eigentliche Ufereinfassung erreicht wird.

Bei Vorbelastungsschüttungen sind nach Bild E 179-1 zu unterscheiden:

a) der Teil der Schüttung, der als Erdbauwerk verformungsfrei hergestellt werden soll (Dauerschüttung).
   Er erzeugt die Auflastspannung p_o.
b) die eigentliche Vorbelastungsschüttung, die vorübergehend als zusätzliche Auflast mit der Vorbelastungsspannung p_v wirkt.
c) die Summe beider Schüttungen (Gesamtschüttung), welche die Gesamtspannung $p_s = p_o + p_v$ ergibt.

7.16.3 Standsicherheit

Voraussetzung für das Aufbringen einer Schüttung ist ihre Standsicherheit auf der weichen Unterlage. In vielen Fällen ist es daher nur möglich,

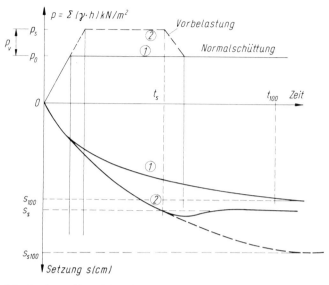

Bild E 179-1. Abhängigkeit der Setzungen von der Zeit und den Auflasten (Prinzip)

zunächst mit geringen Schütthöhen zu arbeiten. Die maximale Schütthöhe h zur Vermeidung eines Grundbruchs am Rand der Schüttung kann zu:

$$h = \frac{4\,c_u}{\gamma} \quad [\text{m}]$$

angenommen werden. Mit zunehmender Schütthöhe und Konsolidierung wächst die Scherfestigkeit c_u und damit h.

Gelegentlich – insbesondere bei Schüttungen unter Wasser – wird aber auch das Verdrängen des weichen bindigen Bodens unter der Schüttung angestrebt bzw. in Kauf genommen, wobei vor Kopf der Schüttung eine Schlammwalze entsteht, die gegebenenfalls durch Baggerung zu entfernen ist. Durch Verdrängen dieses Teils der weichen Bodenschicht wird deren Schichtdicke vermindert, so daß eine schnellere Konsolidierung erreicht wird.

7.16.4 Schüttmaterial

Das Material der Dauerschüttungen muß gegen den vorhandenen weichen Untergrund filtersicher sein. Gegebenenfalls sind vor dem Aufbringen der Dauerschüttung Filterschichten oder Geotextilien aufzubringen. Im übrigen richtet sich die geforderte Qualität des Dauerschüttmaterials nach dem Verwendungszweck.

7.16.5 Bestimmung der Höhe der Vorbelastungsschüttung

7.16.5.1 Grundlage

Die Anforderungen an die Vorbelastungsschüttung ergeben sich im wesentlichen aus der zur Verfügung stehenden Bauzeit. Grundlage zur Dimensionierung ist der Konsolidierungsbeiwert c_v. Werden c_v-Werte aus Kompressionsversuchen gewonnen, führen diese erfahrungsgemäß zu groben Fehleinschätzungen der Konsolidierungszeiten. Solche Werte sollten daher nur im Ausnahmefall oder bei Vorüberlegungen verwendet werden, wobei eine sofortige Überprüfung bei Beginn der Schüttungen durch Setzungsmessungen vorzunehmen ist.

Wenn der maßgebende mittlere Streifenmodul E_s und die mittlere Durchlässigkeit bekannt sind, läßt sich c_v auch berechnen zu:

$$c_v = \frac{k \cdot E_s}{\gamma_w} \ [\text{m}^2/\text{Jahr}].$$

Bei Verwendung dieser Gleichung ist zu berücksichtigen, daß der Durchlässigkeitsbeiwert k mit erheblichen Fehlern behaftet sein kann, so daß auch dieses Verfahren nur bedingt empfohlen werden kann. Der Konsolidierungsbeiwert c_v sollte daher möglichst vorweg aus einer Probeschüttung ermittelt worden sein, bei der die Setzungen und möglichst auch die Porenwasserdrücke abhängig von der Zeit gemessen werden. c_v ist dann unter Verwendung von Bild E 179-2 nach folgender Formel zu berechnen:

$$c_v = \frac{H^2 \cdot T_v}{t} \ [\text{m}^2/\text{Jahr}].$$

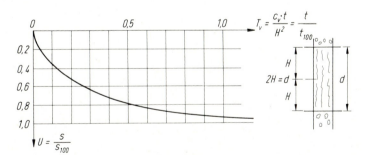

Bild E 179-2. Beziehung zwischen dem Zeitfaktor T_v und dem Konsolidierungsgrad U

Darin bedeuten:

T_v = bezogene Konsolidierungszeit [1],
t = Zeit [in Jahren],
H = Dicke der einseitig entwässerten weichen Bodenschicht [m].

Für $U = 95\%$, also nahezu vollständige Konsolidierung, ist $T_v = 1$ und damit:

$$c_v = \frac{H^2}{t_{100}} \ [\text{m}^2/\text{Jahr}].$$

7.16.5.2 Dimensionierung der Vorbelastungsschüttung

Für die Dimensionierung der Vorbelastungsschüttung müssen die Dicke der weichen Bodenschicht und der c_v-Wert bekannt sein. Ferner muß die Konsolidierungszeit t_s (Bild E 179-1) vorgegeben sein (Bauzeitenplan). Man ermittelt $t_s/t_{100} = T_v$ mit $t_{100} = H^2/c_v$ und mit Hilfe von Bild E 179-2 den erforderlichen Konsolidierungsgrad $U = s/s_{100}$ unter Vorbelastung. Die 100%-Setzung s_{100} der Dauerschüttung p_o wird mit Hilfe einer Setzungsberechnung nach DIN 4019 bestimmt.
Die Höhe der Vorbelastung p_v (Bild E 179-1) ergibt sich dann nach [114] zu:

$$p_v = p_o \cdot \left(\frac{A}{U} - 1\right) \ [\text{kN/m}^2].$$

A ist das Verhältnis der Setzung s_s nach Wegnahme der Vorbelastung zur Setzung s_{100} der Dauerschüttung: $A = s_s/s_{100}$.
A muß gleich oder größer als 1 sein, wenn eine vollständige Vorwegnahme der Setzungen erreicht werden soll (Bild E 179-3).

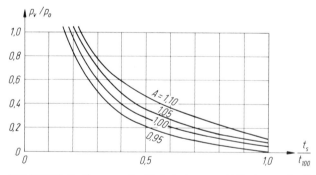

Bild E 179-3. Bestimmung der Vorbelastung p_v abhängig von der Zeit t_s

So errechnet sich beispielsweise bei einer beidseitig entwässerten Schicht mit einer Dicke $d = 2\,H = 6$ m, einem c_v-Wert $= 3$ m²/Jahr sowie einer vorgegebenen Konsolidierungszeit von $t_s = 1$ Jahr:

$$t_{100} = \frac{3^2}{3} = 3 \ \text{Jahre},$$

$$t_s/t_{100} = 0,33,$$
$$U = 0,66 \ [1].$$

Bei $A = 1,05$ ist, wie auch aus Bild E 179-3 ersichtlich,

$$p_v = p_o \cdot \left(\frac{1,05}{0,66} - 1 \right) = 0,6 \cdot p_o \, [\text{kN/m}^2].$$

7.16.6   Mindestflächenausdehnung der Vorbelastungsschüttung

Um Vorbelastungsmaterial zu sparen, wird im allgemeinen die zu verfestigende Bodenschicht abschnittsweise vorbelastet. Der Ablauf der Vorbelastung richtet sich nach dem Bauzeitplan. Um eine möglichst gleichmäßig verteilte wirksame Spannungsausbreitung in der weichen Schicht zu erreichen, darf die Flächenausdehnung der Schüttung nicht zu gering sein. Als Anhalt gilt, daß die geringste Seitenabmessung der Vorbelastungsschüttung das Zwei- bis Dreifache der Summe der Dicken von weicher Schicht und Dauerschüttung betragen soll.

7.16.7   Kontrolle der Konsolidierung

Die Konsolidierung der weichen Bodenschicht kann durch Setzungsmessungen, Porenwasserdruckmessungen und an den Rändern durch Inklinometermessungen kontrolliert werden.

Für die Kontrollen auf der Baustelle empfiehlt es sich, ein Maß für die Setzungsgeschwindigkeit anzugeben, bei der die Vorbelastungsschüttung wieder entfernt werden kann, z. B. in mm pro Tag oder in cm pro Monat.

7.16.8   Sekundärsetzungen

Es ist zu beachten, daß sich die von der Vorkonsolidierung unabhängigen Sekundärsetzungen nur in sehr geringem Umfang durch Vorbelastung vorwegnehmen lassen (beispielsweise bei hochplastischen Tonen). Sind Sekundärsetzungen größeren Ausmaßes zu erwarten, sind besondere zusätzliche Untersuchungen erforderlich.

7.17   Einbau mineralischer Sohldichtungen unter Wasser und ihr Anschluß an Ufereinfassungen (E 204)

7.17.1   Begriff

Eine mineralische Unterwasserdichtung besteht aus natürlichem, feinkörnigem Boden, der so zusammengesetzt bzw. aufbereitet ist, daß er ohne zusätzliche Stoffe zur Erzielung der Dichtungswirkung eine sehr kleine Durchlässigkeit besitzt.

7.17.2   Einbau im Trockenen

Mineralische Dichtungen, die im Trockenen eingebaut werden, werden in [155] ausführlich behandelt.

7.17.3 Einbau im Nassen

7.17.3.1 Allgemeines

Bei Vertiefungen oder Erweiterungen von gedichteten Hafenbecken oder Wasserstraßen ist es häufig erforderlich, Sohldichtungen unter Wasser, gegebenenfalls auch unter laufendem Schiffsverkehr, einzubauen. Für den dabei vorübergehend auftretenden Fall des Fehlens einer Dichtung sind Maßnahmen gegen die nachteiligen Auswirkungen des in den Untergrund eintretenden Wassers hinsichtlich der Standsicherheit der betroffenen Bauwerke und der Beeinflussung des Grundwassers in bezug auf seine Qualität und die Lage des Grundwasserspiegels zu treffen. An das einzubauende Dichtungsmaterial sind, abhängig vom Einbauverfahren, besondere Anforderungen zu stellen.

7.17.3.2 Anforderungen

Unter Wasser eingebaute mineralische Dichtungsstoffe können nicht oder nur begrenzt mechanisch verdichtet werden. Sie müssen daher homogen aufbereitet und in einer solchen Konsistenz eingebaut werden, daß eine gleichmäßige Dichtungswirkung von vornherein gewährleistet ist, das eingebrachte Material sich Unebenheiten des Planums anpaßt, ohne zu reißen, den Erosionskräften aus der Schiffahrt auch während des Einbaus standhält und in der Lage ist, die Dichtheit der Anschlüsse an den Ufereinfassungen zu gewährleisten, auch wenn Verformungen dieser Bauwerke auftreten. Wenn die Dichtungen auf Böschungen hergestellt werden sollen, muß die Einbaufestigkeit auch groß genug sein, um die Standsicherheit auf der Böschung zu gewährleisten.

Aufgrund der bisherigen Erfahrungen beim Einbau von mineralischen Dichtungen besteht ausreichender Widerstand:

- gegen die Gefahr des Zerfalls des frisch eingebrachten Dichtungsmaterials unter Wasser,
- gegen Erosion aus der Rückströmung des den Baustellenbedingungen angepaßten Schiffsverkehrs,
- gegen das Durchbrechen der Dichtung in Form von dünnen Röhren bei grobkörnigem Untergrund (piping),
- gegen Abgleiten auf bis 1:3 geneigten Böschungen und
- gegen die Beanspruchungen beim Beschütten der Dichtung mit Filtern und Wasserbausteinen,

wenn das Dichtungsmaterial folgende Bedingungen erfüllt:

Feinsandanteil	$(0{,}063 \text{ mm} \leq d \leq 0{,}2 \text{ mm})$	$< 20\%$
Tonanteil	$(d \leq 0{,}002 \text{ mm})$	$> 30\%$
Durchlässigkeit		$k \leq 10^{-9} \text{ m/s}$
Undränierte Scherfestigkeit		$15 \text{ kN/m}^2 \leq c_u \leq 25 \text{ kN/m}^2$
Dicke (bei 4 m Wassertiefe)		$d \geq 0{,}20 \text{ m}$

Bei künstlich mit bestimmten Additiven und einem geringen Zementanteil aufbereiteten Mischungen, die nach dem Einbau eine Verfestigung erhalten, kann auch bei überwiegend aus Sand bestehendem Untergrund die Einbaufestigkeit auf $c_u = 5$ kN/m² reduziert werden, wenn dabei infolge der Schiffahrt in der Zeit zwischen Einbau der Dichtung und ihrer Abdeckung mit erosionsfesten Schutzschichten kein wesentlicher Abtrag stattfindet oder dieser Abtrag durch Überdicke vorgehalten wird. Der Zementanteil darf die Flexibilität der Dichtung im Endzustand nicht beeinträchtigen, was durch Versuche nachzuweisen ist, z. B. nach [156].

Beim Einbau von mineralischen Dichtungen in größeren Wassertiefen, auf kiesigem Boden, bei großen Porenweiten des Untergrundes oder bei steileren als 1:3 geneigten Böschungen sowie bei der Bemessung des Dichtungsmaterials hinsichtlich Selbstheilung bei Spaltenbildung und Dichtungswirkung von Stumpfstößen, sind besondere Untersuchungen erforderlich, siehe [157] und [158].

Hinsichtlich der Eignungs- und Überwachungsprüfungen siehe [132].

Für die heute nur einlagigen weichen mineralischen Dichtungen stehen derzeit drei patentrechtlich geschützte Verfahren zur Verfügung:

- das Preßton-Dichtungsverfahren,
- das Weichdichtungsverfahren,
- das Vakuumglocken-Verfahren.

Bei allen Verfahren wird Ton, der aus einer möglichst homogenen Formation zu gewinnen ist, einer Aufbereitungsanlage zugeführt und von dort zur Einbaustelle befördert.

Beim Preßton-Dichtungsverfahren wird der Ton an der Einbaustelle einem Kastenbeschicker und danach einer Schneckenpresse zugeführt. In der Schneckenpresse wird die letzte Feindosierung mit Wasser vorgenommen, der Ton weiter homogenisiert und dem Mundstück der Preßtonverlegeeinheit zugeführt.

Um einen kontinuierlichen Tonstrang auf der Kanalsohle abzulegen, ist sicherzustellen, daß nicht durch Abreißen des Tonstranges Fehlstellen oder durch zu hohe Dosierung Wülste und Tonberge entstehen. Ein Gleitblech am Mundstück gleicht in einem gewissen Rahmen die Unebenheiten des Planums vor dem Ablegen des Tonstranges aus. Der Fugenschluß wird durch dichtes Verlegen der einzelnen Bahnen mit leicht geneigten, sich aufeinanderlegenden seitlichen Flanken erreicht.

Beim Weichdichtungsverfahren wird das pastös aufbereitete Dichtungsmaterial mit einer undränierten Anfangsscherfestigkeit von $c_u = 5$ kN/m² eingebaut. Zur Erhöhung des Erosionswiderstands gegen die Rückströmung vorbeifahrender Schiffe unmittelbar während und nach dem Einbau wird dem Ton ein Additiv und eine geringe Menge Zement zugefügt. Damit und infolge der Konsolidation wird die erforderliche undränierte Scherfestigkeit c_u erreicht. Zur Herstellung der Dichtungsmasse wird das Rohmaterial nach Verwiegen in einem Zwangsmischer, dem elektronisch gesteuert Wasser zugegeben wird, auf die für die weitere Verarbeitung erforderliche breiige Konsistenz gebracht.

Die so aufbereitete Mischung wird dann mit einer Dickstoffpumpe dem Mundstück zugeführt, welches über eine Parallelführung ständig in gleicher Position über der Kanalsohle gehalten wird. Unter laufender Kontrolle von Durchfluß und Druck wird in einer gleichmäßigen pastösen Konsistenz bei konstanter Dicke und Breite die Bahn ausgebracht, wobei die Konsistenz so zu wählen ist, daß ein eindeutiger Kontaktschluß zwischen den einzelnen Bahnen garantiert ist.

Das Vakuumglocken-Verfahren unterscheidet sich von den beiden bereits geschilderten Verfahren dadurch, daß der Ton in relativ steifer Konsistenz mit Hilfe einer Vakuumglocke aus einem Tonbett in 3/3 m bzw. 4/4 m großen Platten mit Dicken von 20 bis 30 cm entnommen wird. Die Aufbereitung des Tons wird ähnlich wie bei dem Preßton-Dichtungsverfahren vorgenommen. Das Vakuumglocken-Verfahren hat gegenüber den beiden bereits erwähnten Verfahren den Vorteil, daß weniger Fugen entstehen und dadurch die Gefahr des Leckwerdens der Dichtung kleiner ist. Aufgrund der Verlegetechnik wird jede einzelne Platte einer Dichtigkeitskontrolle unterzogen. Für den Fugenschluß ist allerdings eine sorgfältige Verlege- und Einmeßtechnik erforderlich.

Bei allen Verlegeverfahren ist es erforderlich, die Verlegegeräte durch Stelzen fest zu positionieren und die Tondichtung unmittelbar nach dem Verlegen durch ein Deckwerk zu schützen.

7.17.4 Anschlüsse

Der Anschluß von mineralischen Sohldichtungen an Bauwerke erfolgt im allgemeinen durch einen Stumpfstoß, wobei der Dichtungsstoff in der Regel mit geeigneten, der Form der Fuge (z. B. dem Spundwandprofil) angepaßten Geräten angepreßt wird. Zuvor wird eine dem Fugenverlauf entsprechende Menge Dichtungsstoff mittels geeigneter Geräte eingebracht. Da die Dichtungswirkung über die Kontaktnormalspannung zwischen Dichtungsstoff und Fuge (siehe hierzu [157] und [158]) zustande kommt, ist der Anpreßvorgang sehr sorgfältig vorzunehmen.

8 Spundwandbauwerke

Den unter diesem Abschnitt aufgeführten Empfehlungen zur statischen Berechnung liegt noch das bisherige Sicherheitskonzept (vgl. Abschn. 0.1) zugrunde.

8.1 Baustoff und Ausführung

8.1.1 Ausbildung und Einbringen von Holzspundwänden (E 22)

8.1.1.1 Anwendungsbereich

Holzspundwände sind nur angebracht, wenn rammgünstiger Untergrund vorhanden ist, die erforderlichen Widerstandsmomente nicht zu groß sind, bei Dauerbauwerken die Bohlen unterhalb der Fäulnisgrenze enden und die Gefahr des Befalls durch Holzbohrtiere nicht besteht oder der Befall verhindert werden kann.

8.1.1.2 Abmessungen

Holzspundbohlen werden vorwiegend aus harzreichem Kiefernholz, jedoch auch aus Fichten- und Tannenholz hergestellt. Sie haben Bohlendikken von 6 bis 30 cm. Die normale Bohlenbreite beträgt 25 cm, die größte Länge etwa 15,00 m (Bild E 22-1). Nach einer Faustregel kann bei größeren Bohlenlängen und einem Untergrund, der frei von Rammhindernissen ist, die Wanddicke in Zentimetern etwa gleich der doppelten Bohlenlänge in Metern gewählt werden (z. B. $l = 14,00$ m, $d = 2 \cdot 14 = 28$ cm), sofern nicht statisch eine größere Dicke erforderlich ist.

8.1.1.3 Spundung

Bohlen unter 8 cm Dicke erhalten nur Gratspundung. Dickere Bohlen erhalten eine Rechteck- oder auch eine Keilspundung (Bild E 22-1a). Im allgemeinen wird die Feder einige Millimeter länger ausgeführt als die Nut, damit sie sich beim Rammen gut einpreßt. Bei Bohlen über 25 cm Dicke wird oft auf die Spundung verzichtet. Bei diesen „Pfahlwänden" müssen Rammführung und Rammung besonders sorgfältig sein.

An den Ecken werden dicke Vierkanthölzer, sogenannte „Bundpfähle", angeordnet. In diese werden die Nuten für die anschließenden Bohlen dem Eckwinkel entsprechend eingeschnitten (Bild E 22-1a).

8.1.1.4 Rammen

Gerammt wird meist mit der Federseite voraus. Hierzu wird der Fuß jeder Bohle an der Federseite abgeschrägt, damit die Bohle beim Rammen an die bereits stehende Wand angepreßt wird. Die Schneide wird um so stumpfer ausgeführt, je schwerer der Boden ist (Bild E 22-1b).

Bei schwer rammbarem Untergrund kann die Schneide einen Schuh aus 3 mm dickem Stahlblech erhalten. Die Holzspundbohlen sind stets staffelförmig bzw. fachweise (E 118, Abschn. 8.1.17.4, fünfter Absatz) zu ram-

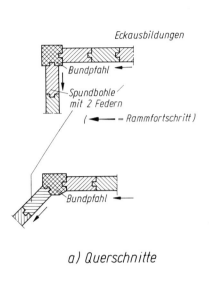

Eckausbildungen

Bundpfahl

Spundbohle
mit 2 Federn

(⟵ = Rammfortschritt)

Bundpfahl

a) Querschnitte

Stülpwand

$d < 6\,cm$

Stülpwand

$d < 6\,cm$

Gratspundung

$d/3$

$d \geqq 6\,cm$

Rechteckspundung

$d = 10...30\,cm$

Keilspundung

$d = 10...30\,cm$

Einzelheiten der Spundung

d $d/3$ $d/3$

a a

$a = d/3$, jedoch $\leqq 5\,cm$

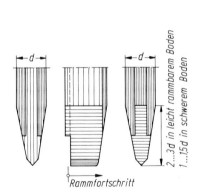

d d

$2...3\,d$ in leicht rammbarem Boden
$1...1,5\,d$ in schwerem Boden

Rammfortschritt

b) Fußausbildung

Bild E 22-1. Holzspundbohlen

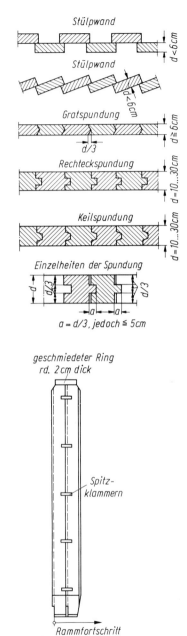

geschmiedeter Ring
rd. 2 cm dick

Spitz-
klammern

Rammfortschritt

c) Doppelbohle

men, da die Bohlen dann mehr geschont werden und die Dichtheit der Wand erhöht wird.

Zur Beschleunigung des Rammfortschritts werden häufig Doppelbohlen gerammt, die durch eingelassene Spitzklammern zusammengehalten werden (Bild E 22-1c).

Der Bohlenkopf wird durch einen konischen, etwa 8 bis 10 cm hohen, aus 20 mm dickem Flachstahl geschmiedeten Ring gegen Bürstenbildung und Aufspalten geschützt. Beim Rammen von Doppelbohlen faßt der Ring beide Bohlenköpfe. Rammneigungen von 4:1 lassen sich erfahrungsgemäß bei leichtem Boden noch einwandfrei ausführen. Nach dem Rammen werden die Bohlen in gleicher Höhe abgeschnitten und ihre Köpfe durch Doppelzangen verbunden.

8.1.1.5 Dichtung

Holzspundwände dichten sich in gewissem Grade durch Quellen des Holzes. Bei Baugrubenumschließungen im freien Wasser kann mit Hilfe von Asche, feiner Schlacke, Sägespänen und ähnlichen Stoffen, die während des Auspumpens der Baugrube an der Außenseite der Bohlen in das Wasser gestreut werden, nachgedichtet werden. Größere Undichtigkeiten können vorübergehend durch Vorbringen von Segeltuch beseitigt, auf die Dauer jedoch nur durch Taucher mit Holzleisten und Kalfatern geschlossen werden.

8.1.1.6 Fäulnisgrenze

Da einheimisches Holz im allgemeinen nur unter Wasser ausreichend gegen Fäulnis geschützt ist, müssen Holzspundwände, die dauernd eine tragende Aufgabe im Bauwerk erfüllen, unter dem Grundwasserspiegel und im freien Wasser unter Niedrigwasser liegen. Im Tidegebiet dürfen sie bis zum Tidehalbwasser, also bis zur Mitte zwischen MThw und MTnw reichen. Im anderen Fall müssen mit Teeröl von höchstens 50 mg/kg (ppm) Benzo(a)pyren getränkte Hölzer verwendet werden. In Ausnahmefällen können tropische Spezialhölzer wie Bongossi, Basralocus und dergleichen verwendet werden.

8.1.1.7 Angriff durch die Bohrmuschel

In Gebieten, in denen die Bohrmuschel leben kann, das ist ganz allgemein in Wasser mit einem Salzgehalt $\geq$ 9‰, dürfen nur Kiefernbohlen, die mit Teeröl von höchstens 50 mg/kg (ppm) Benzo(a)pyren getränkt sind, oder ausnahmsweise geeignete tropische Hölzer (Abschn. 8.1.1.6) ohne Tränkung verwendet werden. Fichte und Tanne lassen sich wegen ihres anderen Holzaufbaus mit Teeröl nicht tränken.

In tropischem Brackwasser mit Salzgehalten von 0,2 bis 0,5‰ können aber Terediniden auftreten, die auch tropische Harthölzer angreifen, welche normalerweise gegen Teredo-Befall weitgehend beständig sind.

Name der Holzarten	Wissenschaftlicher Name	Mittl. Wichte	Feuchtigkeit	Abs. Druckfestigk.	E-Modul	Abs. Biegefestigk.	Scherfestigkeit	Dauerhaftigkeit Klasse	Teredobeständigkeit
		kN/m³		MN/m²	MN/m²	MN/m²	MN/m²		
Demerara Greenheart	Ocotea rodiaei	10,5	trocken	92	21 500	185	21	I	Ja, aber etwas weniger als Basralocus
			naß	72	20 000	107	12		
Opepe (Belinga)	Sarcocephalus	7,5	trocken	63	13 400	103	14	I	Ja, aber begrenzt
			naß	50	12 900	92	12		
Azobe (Ekki Bongossi)	Lophira procera	10,5	trocken	94	19 000	178	21	I	Ja
			naß	60	15 000	119	11		
Manbarklak (Kakoralli)	Eschweilera longipes	11,0	trocken	72	20 000	160	13	II	Ja
			naß	52	18 900	120	11		
Basralocus Angelique	Dicorynia paraensis	8,0	trocken	62	15 500	122	11,5	I	Ja
			naß	39	12 900	80	7		
Jarrah	Eucalyptus marginata	10,0	trocken	57	13 400	103	13	II	Ja, aber begrenzt
			naß	35	9 900	66	9		
Yang	Dipterocarpus Afzelia	8,5	trocken	54	14 600	109	11	III	Nein
			naß	39	12 300	80	10		
Afzelia (Apa Doussie)	Afzelia africana	7,5	trocken	66	13 000	106	13	II	Nein
			naß	30	9 900	66	9		

Tabelle E 163-1. Kennwerte wichtiger tropischer Harthölzer

8.1.1.8 Chemische Angriffe

Holzspundwände eignen sich im allgemeinen auch für Uferbauwerke, an denen chemische, stahl- bzw. betonangreifende Stoffe umgeschlagen werden.

8.1.2 Technische Gütezahlen überseeischer Harthölzer (E 163)

In Tabelle E 163-1 (Seite 298) werden Kennwerte genannt, die aufgrund amerikanischer, englischer, französischer und niederländischer Forschungsergebnisse zusammengestellt worden sind [58].

Hinsichtlich der Qualitäten des Holzes werden im allgemeinen 4 Bereiche unterschieden:

a) Spezialqualität, höchste Anforderungen, sehr hohe Anforderungen an das Aussehen,
b) Konstruktionsholz,
c) Normalbauholz,
d) kaum Anforderungen.

Die Dauerhaftigkeit von Holz ist hier nach T.N.O.[1]) in 5 der Praxis entsprechende Dauerhaftigkeitsklassen eingeteilt (Tabelle E 163-2). Sie geben die Gebrauchsdauer ohne irgendwelche Pflege oder Imprägnierung an. Und zwar für:

A in fortwährendem Kontakt mit feuchtem Boden
(Humus, Luft-, Wasserwechselzone),
B nur der Witterung ausgesetzt.

Die Aussagen über die Dauerhaftigkeit tropischer Hölzer gelten vor allem für gemäßigte Klimazonen. In tropischen Warmwassergebieten kommen nach neuen Erkenntnissen auch Bohrmuschelarten vor (beispielsweise Martesia Striata), gegen die nur eine erheblich reduzierte Dauerhaftigkeit besteht (E 22, zweiter Absatz von Abschn. 8.1.1.7).

Dauerhaftigkeitsklasse		Gebrauchsdauer je nach der Beanspruchung (Jahre)	
		A	B
I	sehr dauerhaft	>25	50
II	dauerhaft	15–25	40–50
III	mäßig dauerhaft	10–15	25–40
IV	wenig dauerhaft	5–10	12–25
V	sehr wenig dauerhaft	<5	6–12

Tabelle E 163-2. Gebrauchsdauer der Hölzer

---

[1]) T.N.O. = Nijverheisorganisatie voor Toegepast Natuurwetenschappelijk Onderzoek (Organisation für angewandte naturwissenschaftliche Forschungen).

8.1.3 Ausbildung und Einbringen von Stahlbetonspundwänden (E 21)

8.1.3.1 Anwendungsbereich

Stahlbetonspundwände dürfen grundsätzlich nur angewendet werden, wenn die Sicherheit besteht, daß die Bohlen ohne Beschädigung und dichtschließend in den Boden eingebracht werden können. Ihre Anwendung sollte aber auf Bauwerke beschränkt bleiben, bei denen es auf hohe Anforderungen an die Dichtung nicht ankommt, beispielsweise bei Buhnen und dergleichen.

8.1.3.2 Beton

Stahlbetonspundbohlen müssen aus festem und dichtem Beton hergestellt werden, wobei mindestens ein B 35 zu gewährleisten ist. Der Kornaufbau muß im günstigen Bereich zwischen den Sieblinien A und B (Bereich 3) nach DIN 1045 liegen. Das Korngerüst kann durch Zusatz von hochwertigem Splitt besonders vergütet werden.
Es wird Zement der Festigkeitsklasse Z 45 mit etwa 375 kg für 1 m³ fertigen Beton verwendet. Der Wasserzementwert soll zwischen 0,45 und 0,48 liegen. DIN 4030 ist zu beachten. Damit der Beton beim Rammen nicht splittert, darf er aber auch nicht zu spröd sein. Die Bohlen sollten daher bald nach Erreichen der geforderten Festigkeit gerammt werden.

8.1.3.3 Bewehrung

Die Überdeckung der tragenden Bewehrungsstähle soll im Süßwasser und im Salzwasser mindestens 5 cm betragen. Die Bewehrung richtet sich nach den Beanspruchungen beim Anheben aus der Form, beim Befördern, beim Einbau und im Betrieb. Die Bohlen erhalten im allgemeinen eine tragende Längsbewehrung aus BSt 500 S. Außerdem erhalten die Bohlen eine als Wendel ausgebildete Querbewehrung aus BSt 500 S oder M oder aus Walzdraht ⌀ 5 mm. Diese erhält am Kopf- und Fußende eine Ganghöhe von 5 cm, die sich auf 15 cm im Schaftbereich vergrößert. Zum Halten des Geflechts werden außerdem Schrägbügel angeordnet (Bild E 21-1). Die Stahlbetonspundbohlen werden im übrigen nach DIN 1045 bemessen, wobei für die Lastfälle: Anheben der Bohle beim Entformen bzw. Hochheben vor der Ramme DIN 4026 zu beachten ist.

8.1.3.4 Abmessungen

Rammbohlen erhalten eine Mindestdicke von 14 cm, sollen aber aus Gewichtsgründen im allgemeinen nicht dicker als 40 cm sein. Die Dicke richtet sich neben den Rammbedingungen vor allem nach den statischen und baulichen Erfordernissen. Die normale Bohlenbreite beträgt 50 cm, doch wird die Bohle am Kopf möglichst auf 34 cm Breite eingezogen, um sie der normalen Rammhaube anzupassen. Die Bohlen werden bis zu 15 m, in Ausnahmefällen bis zu 20 m lang ausgeführt.

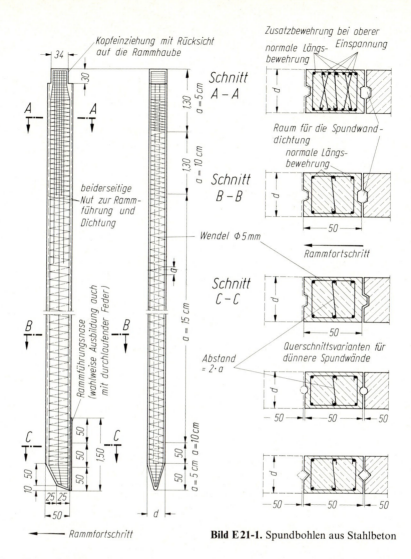

Bild E 21-1. Spundbohlen aus Stahlbeton

8.1.3.5 Spundung

Die Bohlen erhalten trapez-, dreieck- oder halbkreisförmige Nuten (Bild E 21-1). Die Breite der Nuten wird bis zu $\frac{1}{3}$ der Spundbohlendicke, jedoch nicht größer als 10 cm gewählt. Mit Rücksicht auf die Bewehrung dürfen die Nuten höchstens 5 cm tief sein. Halbkreisförmige Nuten werden im allgemeinen bei schwächeren Wänden angewendet. Auf der Seite des Rammfortschritts wird die Nut durchlaufend bis zum unteren Bohlenende

301

geführt. Auf der gegenüberliegenden Seite erhält der Fuß eine zur Nut passende, etwa 1,50 m lange Feder. An diese schließt sich nach oben wieder eine Nut an (Bild E 21-1). Die Feder muß den Bohlenfuß beim Einbringen führen. Sie kann vom Fuß bis zum oberen Bohlenende durchgeführt werden und trägt dann zur Dichtung bei. Sie darf in nichtbindigem Boden aber in dieser Form nur angeordnet werden, wenn der Baugrund so beschaffen ist, daß sich hinter jeder Fuge nach geringfügigen Auswaschungen selbsttätig ein Filter aufbaut, die Wand sich also selbst gegen Auslaufen von Boden dichtet.

8.1.3.6 Rammen

Der Bohlenfuß wird auf der Seite des Rammfortschritts etwa unter 2:1 abgeschrägt, wodurch sich die Bohle an die bereits gerammte Wand andrückt. Diese Ausbildung wird auch bei Bohlen, die eingespült werden, beibehalten. Das Einbringen wird erleichtert, wenn die Bohlen auch in der Querrichtung schneidenartig auslaufen. Die Bohlen werden stets als Einzelbohlen gerammt, und zwar bei Ausbildung mit Nut und Feder mit der Nutseite voraus. Wird mit Fallbären (Freifallbär, Dampf-Zylinderbär, Dieselbär) gerammt, ist eine Rammhaube zu verwenden. Die Rammhaube muß den Bohlenkopf gut passend und möglichst eng umschließen. Zu seiner besonderen Schonung wird zweckmäßig in der Haube noch zusätzlich ein Polster aus Stroh, Holzwolle oder aus Sägespänen angeordnet. Es soll mit möglichst schweren Bären bei geringer Fallhöhe (0,50 bis 1,00 m) gerammt werden; Rammhämmer sind weniger geeignet. Bei feinsandigen und schluffigen Böden wird die Rammung durch Spülhilfe erleichtert.

8.1.3.7 Dichtung

Erhält die Spundbohle nur eine kurze Feder, wird ein ausreichender Querschnitt zur Aufnahme der Fugendichtung gewonnen. Bevor diese eingebracht wird, sind die Nuten stets mit einer Spüllanze zu säubern. Der Nutenraum wird dann mit einer guten Betonmischung nach dem Kontraktorverfahren verfüllt. Bei großen Nuten kann auch ein Jutesack heruntergelassen werden, der mit plastischem Beton gefüllt ist. Weiter kommt eine Dichtung mit bituminiertem Sand und Steingrus in Frage. In jedem Fall ist die Dichtung so einzubringen, daß sie ohne Fehlstellen den gesamten Nutenraum auffüllt.

Die Dichtung wird am besten bei einem C-förmigen Spezialprofil erreicht, mit dem ein entsprechend großer Hohlraum gewonnen wird und das auch leicht vorgespannt werden kann.

Die erreichbare Dichtung ist aber besonders bei anstehenden nichtbindigen, feinkörnigen Böden, vor allem bei Wasserspiegelschwankungen infolge Tide, begrenzt, wobei an die Dichtung nicht zu hohe Anforderungen gestellt werden können. Ein späteres Nachdichten einer Stahlbetonspundwand ist nur mit großem Kostenaufwand möglich, s. Abschn. 8.1.3.1.

8.1.4 Gemischte (kombinierte) Stahlspundwände (E 7)

8.1.4.1 Allgemeines

Gemischte Stahlspundwände werden durch wechselweise Anordnung verschiedenartiger Profile oder Rammelemente gebildet. Es wechseln lange und schwere als Tragbohlen bezeichnete Profile mit kürzeren und leichteren als Zwischenbohlen bezeichnete miteinander ab. Die gebräuchlichsten Wandformen und Wandelemente sind in E 104, Abschn. 8.1.18 eingehend beschrieben. In statischer Hinsicht wird zwischen aufgelösten Wänden (unverdübelte Balken) und Verbundwänden (verdübelte Balken) unterschieden.

8.1.4.2 Aufgelöste Wände

Zur Aufnahme der senkrechten Belastungen können gewöhnlich nur die Tragbohlen herangezogen werden.

Die unmittelbar auf die Zwischenbohlen wirkenden waagerechten Lasten müssen in die Tragbohlen übergeleitet werden.

Erfahrungsgemäß sind unverschweißte Zwischenbohlen aus Z-Profilen bei einem lichten Tragbohlenabstand von 1,2 m und solche aus U-Profilen bei einem lichten Tragbohlenabstand von 1,5 m bis zu einer Wasserüberdruckbelastung von 40 kN/m^2 standsicher. Voraussetzung hierfür ist eine ausreichend dicht gelagerte volle Hinterfüllung.

Bei darüber hinausgehenden Abständen und/oder Lasten sind die Beanspruchungen nachzuweisen. In solchen Fällen können horizontale Zwischengurte als zusätzliche Stützelemente angewendet werden.

8.1.4.3 Verbundwände

Verbundwände entstehen durch schubfeste Schloßverbindungen, die durch das Zusammenwirken der miteinander verbundenen Rammelemente das Trägheits- und das Widerstandsmoment erhöhen. Besondere Vorteile lassen sich mit den in E 103, Abschn. 8.1.6.1 beschriebenen Verbundwänden in Wellenform erreichen. Der Anteil, den die einzelnen Bohlen zum Verbundquerschnitt beitragen, hängt vom Grad der Schubkraftaufnahme in den Schlössern ab. Der Verbundquerschnitt kann als einheitlicher Querschnitt gerechnet werden, wenn die volle Schubkraftaufnahme nach E 103, Abschn. 8.1.6 nachgewiesen wird.

Bei gemischten Spundwänden ist im Fall der außermittigen Anordnung der Zwischenbohlen deren Berücksichtigung als Teil eines Verbundquerschnitts nur dann sinnvoll, wenn eine Verschiebung der Schwerachse durch Verstärkung der Tragbohlen auf der gegenüberliegenden Seite weitgehend vermieden wird.

8.1.4.4 Ausführung und Gestaltung

Eine gemischte Spundwand muß besonders sorgfältig ausgeführt werden. Dabei werden die Tragbohlen im allgemeinen eingerammt, können aber bei geeigneten Bodenverhältnissen auch mit Tiefenrüttlern eingebracht werden. Beim Rammen ist E 104, Abschn. 8.1.18 und beim Einrütteln E 105, Abschn. 8.1.19 sorgfältigst zu beachten. Nur dann wird erreicht, daß die Tragbohlen mit den erforderlichen geringen Toleranzen im planmäßigen Abstand parallel zueinander stehen, so daß die Zwischenbohlen ohne Gefahr von Schloßschäden eingebracht werden können.

Verankerung, Gurtung und sonstige Konstruktionsteile sind der Wandausbildung anzupassen.

8.1.5 Gemischte Rohrspundwand aus Stahl (E 182)

8.1.5.1 Allgemeines

Gemischte Rohrspundwände bestehen aus Rohren, die im Abstand angeordnet sind, zwischen denen Spundwandprofile als Zwischenbohlen eingeschaltet werden. Diese Wandform ist vergleichbar mit einer gemischten (kombinierten) Stahlspundwand nach E 7, die aus Tragbohlen und Zwischenbohlen gebildet wird. Auf E 7, Abschn. 8.1.4 sowie auf E 104, Abschn. 8.1.18 und E 105, Abschn. 8.1.19 wird daher besonders hingewiesen.

Die Stahlsorte der Rohre soll DIN 17 120 entsprechen und alle Anforderungen erfüllen, die sonst an Spundwandstähle gestellt werden.

Die Tragrohre der Rohrspundwand werden im Werk in voller Länge ohne Rundnähte oder aus einzelnen durch Rundnähte miteinander verbundenen Einzelschüssen gefertigt. Unterschiedliche, nach innen abgestufte Wanddicken sind bei LN-geschweißten Rohren üblich. Für das Fügen kommen Voll- oder Halbautomaten an Längs-, Schraubenlinien-, Rund- und Quernähten in Frage.

Längs- und Schraubenliniennähte sind einer Ultraschallprüfung zu unterziehen, bei der beim Prüfvorgang farblich gekennzeichnete Fehlerbereiche von Hand instandgesetzt werden. Reparierte Schweißnähte können bei einer erneuten Ultraschall-Prüfung durch ein zugeschaltetes Druckerprotokoll dokumentiert werden.

Rundnähte zwischen den einzelnen Rohrschüssen und Quernähte zwischen den Coilenden von SN-Rohren sind durch Röntgenaufnahmen nachzuweisen [127, S. 132–134].

An die Rohre werden Schloßprofile geschweißt, in welche die Zwischenbohlen eingefädelt werden. Die Schloßverbindung muß den Toleranzen nach E 97, Abschn. 8.1.9 entsprechen und die Lasten von den Zwischenbohlen auf die Rohre sicher übertragen können. An den Kreuzungsstellen mit Rund- und Schraubenliniennähten müssen Schloßprofile satt am Rohrmantel aufliegen. Entsprechend sind Rohrnähte bzw. Schloßprofile an den Kreuzungsstellen auszubilden.

8.1.5.2 Ausbildung und Anordnung der Zwischenbohlen

Die Zwischenbohlen bestehen im allgemeinen aus Doppel- oder Dreifachbohlen in U- oder Z-Form. Die Zwischenbohlen werden im allgemeinen auf der von den Rohren gebildeten Wandachse angeordnet. Dabei ergibt sich zwar ein größerer Abstand der Rohre, aber keine glatte Anlegefläche für die Schiffahrt. Die Zwischenbohlen können aber auch in der hafenseitigen Wandflucht angeordnet werden. Bezüglich weiterer Einzelheiten wird auf E 7, Abschn. 8.1.4.2 und auf E 104, Abschn. 8.1.18.2 verwiesen.

8.1.5.3 Einbau der gemischten Rohrspundwand

Grundsätzlich gelten die Hinweise in E 104, Abschn. 8.1.18 beziehungsweise in E 105, Abschn. 8.1.19. Beim Einbringen der Rohre muß besonders darauf geachtet werden, daß sie sich nicht verdrehen, da sonst ein zeichnungsgemäßer Einbau der Zwischenbohlen in die angeschweißten Schloßprofile gefährdet ist und Schloßsprengungen auftreten können. Die Wanddicke der Rohre soll 10 mm und im Meerwasser 12 mm nicht unterschreiten.

Wenn beim Einbringen eines Rohres die erforderliche Tiefe nicht erreicht werden kann, weil im Baugrund Hindernisse vorhanden sind, können die Bodenschichten aus dem Innern des Rohres ausgebaggert und dann die Hindernisse beseitigt werden. Derartige Maßnahmen sind aber nur machbar, wenn in das Rohrinnere keine Konstruktionselemente vorstehen.

8.1.5.4 Statische Nachweise für die Rohre

Für die vorwiegend auf Biegung und teilweise auch axial auf Druck belasteten Rohre ist der Spannungsnachweis nach E 44, Abschn. 8.2.7 mit den zulässigen Spannungen nach E 20, Abschn. 8.2.6 zu führen. Im allgemeinen tritt die größte Beanspruchung im Bereich des maximalen Feldmoments auf. Außerdem ist vor allem bei großem Wasserüberdruck und großen Rohrabständen nachzuweisen, daß die Lasten über die Zwischenbohlen einwandfrei in die Rohre übertragen werden können.

Der Nachweis der Sicherheit gegen Beulen kann entfallen, da die Tragrohre ausbetoniert oder mit hochgradig verdichtetem, nichtbindigem Material bis obenhin aufgefüllt werden.

8.1.5.5 Weitere Hinweise

Aus den Rohren sind hinunter bis zum tragfähigen Boden beziehungsweise einem beim Rammen im Rohr entstandenen festen Pfropfen alle nicht tragfähigen Bodenmassen auszuräumen und das Rohr bis hierhin mit sauberem, nichtbindigem Boden möglichst dicht gelagert aufzufüllen oder auszubetonieren.

Rohre der gemischten Spundwand sind teilweise im Boden eingebettet. Oberhalb der Hafensohle ist eine Bettung der Rohre aber nur begrenzt vorhanden. Unterhalb der Hafensohle sind die Bettungsverhältnisse günstiger.

Für das Abtragen der Axiallast aus dem Rohr in den Baugrund wird auf E 33, Abschn. 8.2.11 verwiesen. Bei großen Axiallasten und großen Rohrdurchmessern ist es im allgemeinen erforderlich, im Rohrfuß ein

Blechkreuz oder dergleichen einzuschweißen, um für den Spitzenwiderstand die erforderliche Pfropfenbildung zu erreichen. Voraussetzung für eine einwandfreie Pfropfenbildung ist aber in jedem Fall eine ausreichende Verdichtungswilligkeit des Bodens im Pfahlfußbereich (vgl. E 16, Abschn. 9.3). Eventuelle Rammhindernisse sind in solchen Fällen vorher, beispielsweise durch Bodenersatz, auszuräumen.

Die Tragfähigkeitsverluste durch Korrosion wirken sich bei den verhältnismäßig dünnen Rohren relativ stärker aus als bei üblichen Spundwandprofilen mit größeren Wanddicken in den Profilbereichen, die sich an der Bildung des Widerstandsmoments vor allem beteiligen.

Schloßsprengungen sind bei Rohrspundwänden nur schwer zu reparieren.

8.1.6   Schubfeste Schloßverbindung bei Stahlspundwänden (E 103)

8.1.6.1   Allgemeines

Bei der Ermittlung der Querschnittswerte von Verbundwänden werden gemäß E 7, Abschn. 8.1.4.3 alle Bohlen in Rechnung gesetzt. Der Verbundquerschnitt darf aber nur als einheitlicher Querschnitt gerechnet werden, wenn die volle Schubkraftaufnahme nachgewiesen wird.

Verbundwände in Wellenform bestehen aus Spundbohlen in Winkelform, bei denen in der Halbwelle mehr als eine Einzelbohle angeordnet ist. Bei zwei Einzelbohlen je Halbwelle liegen die Schlösser abwechselnd auf der Wandachse (der neutralen Achse) und außen in den Flanschen.

Die Schlösser in den Flanschen sind in der Bauausführung die Fädelschlösser, so daß bei dieser Verbundwand alle auf der Wandachse liegenden Schlösser werkseitig zusammengezogen und für die Übertragung der Schubkräfte im Werk entsprechend vorbereitet werden können, und zwar:

● durch Verschweißen der Schloßfugen gemäß Abschn. 8.1.6.2 und 8.1.6.3 oder

● durch Verpressen der Schlösser, wobei aber nur ein Teilverbund erreicht werden kann, da sich die Schlösser an den Preßstellen bei Lastaufnahme um einige Millimeter verschieben.

8.1.6.2   Berechnungsgrundlagen bei der Verschweißung

Die in den Schloßverschweißungen aus dem Haupttragsystem und den darauf wirkenden belastenden und stützenden Einflüssen herrührenden Schubspannungen werden nach der Formel:

$$\tau = \frac{Q \cdot S}{I \cdot \Sigma a} \, [\text{MN/m}^2]$$

ermittelt. Darin bedeuten:

Q = Querkraft. Für Spundwände, bei denen gemäß E 77, Abschn. 8.2.2 der Momentenanteil aus Erddruck abgemindert werden darf, kann vereinfacht mit der Querkraftfläche gerechnet werden, die sich ohne Erddruckumlagerung ergibt. Bei einem der Umlagerung entsprechenden Ansatz des Erddrucks wird mit der daraus sich ergebenden Querkraftfläche gerechnet [MN],

S = Statisches Moment des anzuschließenden Querschnittsteiles, bezogen auf die Schwerachse der Verbundwand [m³],

I = Trägheitsmoment der Verbundwand [m⁴],

Σa = Summe der jeweils anzusetzenden Schweißnahtdicken an der betrachteten Stelle des Schlosses. Darin können alle in Abschn. 8.1.6.3 aufgeführten Nähte anteilig erfaßt werden, soweit sie nicht besondere zusätzliche Aufgaben zu erfüllen haben [m].

Für die zulässigen Spannungen in den Schloßverschweißungen gelten DIN 18 800, Teil 1 und DIN 18 801 sinngemäß.

8.1.6.3   Anordnung und Ausführung der Schweißnähte

Die Schloßverschweißungen sollen so angeordnet und ausgeführt werden, daß eine möglichst kontinuierliche Aufnahme der Schubkräfte erreicht wird. Dazu bietet sich eine durchlaufende Naht an. Wird eine unterbrochene Naht gewählt, soll – wenn nicht bereits nach Abschn. 8.1.6.2 statisch eine längere Verschweißung erforderlich ist – die Mindestlänge 200 mm betragen. Um die Nebenspannungen in Grenzen zu halten, sollten die Unterbrechungen der Naht ≦ 800 mm sein.

In Bereichen mit stärkerer Auslastung der Spundwand, und dabei vor allem im Bereich von Ankeranschlüssen und auch dem der Einleitung der Ersatzkraft C am Fuß der Wand, sind stets durchlaufende Nähte anzuwenden (Bild E 103-1).

Über die statischen Belange hinaus müssen die Einflüsse aus Rammbeanspruchungen und Korrosion beachtet werden. Um den Rammbeanspruchungen gewachsen zu sein, sind folgende Maßnahmen erforderlich:

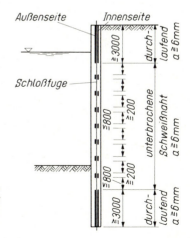

Bild E 103-1. Prinzipskizze für die Schloßverschweißung bei Wänden aus beruhigtem, sprödbruchunempfindlichem Stahl, leichter Rammung und nur geringer Korrosion im Hafen- und Grundwasser

(1) Am Kopf- und Fußende sind die Schlösser beidseitig zu verschweißen.

(2) Die Länge der Verschweißung ist abhängig von der Bohlenlänge und von der Schwierigkeit der Rammung.

(3) Bei Wänden für Ufereinfassungen sollen diese Nahtlängen ≥ 3000 mm sein.

(4) Außerdem sind bei leichter Rammung weitere Nähte nach Bild E 103-1 und bei schwerer Rammung solche nach Bild E 103-2 erforderlich.

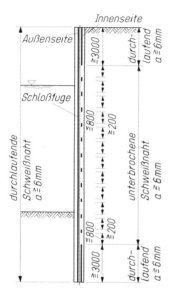

Bild E 103-2. Prinzipskizze für die Schloßverschweißung bei Wänden aus beruhigtem, sprödbruchunempfindlichem Stahl, schwerer Rammung oder stärkerer Korrosion von außen im Hafenwasserbereich

In Gebieten mit stärkerer Korrosion von außen im Hafenwasserbereich wird auf der Außenseite bis zum Spundwandfußpunkt eine durchlaufende Schweißnaht mit einer Dicke von $a \geq 6$ mm angeordnet (Bild E 103-2). Tritt eine stärkere Korrosion sowohl im Hafenwasser als auch im Grundwasser auf, muß auch auf der Wandinnenseite eine durchlaufende Naht mit $a \geq 6$ mm ausgeführt werden.

8.1.6.4   Wahl der Stahlsorte

Da der Umfang der Schweißarbeiten bei den Verbundwänden verhältnismäßig groß ist, sind die Bohlen aus Stahlsorten herzustellen, die eine volle Eignung zum Schmelzschweißen besitzen. Im Hinblick auf die Ansatzstellen nicht nur bei den teilweise unterbrochenen Nähten sind beruhigte, sprödbruchunempfindliche Stähle nach E 99, Abschn. 8.1.24.2 zu verwenden.

8.1.6.5 Berechnungsgrundlagen für das Pressen der Schlösser

Die an den Preßstellen aus dem Haupttragsystem und den darauf wirkenden belastenden und stützenden Einflüssen herrührenden Schubkräfte werden nach der Formel:

$$T = \frac{Q \cdot S \cdot b_e}{I} \quad [MN]$$

ermittelt. Darin haben Q, S und I die gleiche Bedeutung wie in Abschn. 8.1.6.2,

b_e = auf einen Steg entfallende Breite der Wand [m].

Die zulässige Schubkraft pro Preßstelle beträgt 75 kN. Es ist dieses die bis zu 5 mm Verschiebung auftretende Kraft und gilt für unbehandelte Schlösser. Werden die Bohlen nach dem Pressen im Werk beschichtet oder gedichtet, bleibt bei dieser Verschiebung die zul. Schubkraft unverändert.

8.1.6.6 Anordnung und Ausführung der Preßstellen

Der übliche Preßstellenabstand beträgt 400 mm. Er ist bei Doppelbohlen auf 240 mm, bei Dreifachbohlen auf 330 mm reduzierbar. Es ist jeweils zu prüfen, ob die Anzahl der Preßstellen pro Breiteneinheit für die Größe der Gesamtschubkraft in einem zusammenhängenden Höhenbereich ausreicht.

8.1.6.7 Anschweißen von Verstärkungslamellen

Verstärkungslamellen müssen – um ein Unterrosten zu vermeiden – stets auf ihrem vollen Umfang mit der Tragbohle verschweißt werden. Die Schweißnahtdicke a soll in Fällen ohne Korrosion mindestens 5 mm und bei stärkerer Korrosion mindestens 6 mm betragen.

Führt eine Lamelle über ein im Bohlenrücken befindliches Schloß hinweg, muß dieses im Bereich der Lamelle mit mindestens 500 mm Vorlage durchlaufend verschweißt werden, und zwar auf der der Lamelle gegenüberliegenden Seite mit $a \geqq 6$ mm und unter der Lamelle in sonst gleicher Weise so dick, wie es das ebene Anlegen der Lamelle ohne Nacharbeiten gestattet. Sonst können die Lamellenanschlußnähte beim Rammen ernsthaft gefährdet werden.

Will man auf das Verschweißen des Schlosses verzichten, ist die Verstärkungslamelle zu teilen und jedes Teilstück für sich auf dem Bohlenflansch anzuschweißen.

8.1.7 Wahl des Profils und des Baustoffs der Spundwand (E 34)

8.1.7.1 Stahlspundwand

Die Stahlspundwand erfüllt die zu stellenden Bedingungen am besten und wirtschaftlichsten. Sie wird daher am häufigsten angewendet, besonders da sie auch örtliche Überbelastungen gut aufnehmen kann.

Maßgebend für die Wahl der Bauart und des Profils sind neben den statischen Erfordernissen und den wirtschaftlichen Gesichtspunkten außerdem noch die Rammbarkeit der Wand unter den vorliegenden Verhältnissen, die Beanspruchungen beim Einbau und im Betriebszustand, die vertretbare Durchbiegung, die Dichtheit der Schloßverbindung sowie die zu fordernde, zulässige geringste Wanddicke, wobei insbesondere auch mögliche mechanische Angriffe auf die Spundwand durch Anlegemanöver von Schiffen und Schiffsverbänden zu berücksichtigen sind.
Einwandfreies Einbringen der Wand und bei Dauerbauwerken ihre ausreichende Lebensdauer müssen gewährleistet sein.
Bei großen erforderlichen Widerstandsmomenten sind gemischte (kombinierte) Stahlspundwände (E 7, Abschn. 8.1.4) häufig wirtschaftlich. Auch Profilverstärkungen durch aufgeschweißte Lamellen oder angeschweißte Schloßstähle können dann zweckmäßig sein.

8.1.7.2 Holzspundwand

Unter den Voraussetzungen der E 22, Abschn. 8.1.1 können Holzspundwände auch bei solchen Uferwänden angewendet werden, bei denen die Gefahr besteht, daß Beton und Stahl stark angegriffen werden.

8.1.7.3 Stahlbetonspundwand

Unter den Voraussetzungen der E 21, Abschn. 8.1.3 sind Stahlbeton- und Spannbetonspundwände dort zweckmäßig, wo erhöhte Rost- oder Sandschliffgefahr bestehen, wie beispielsweise bei Seebuhnen.

8.1.8 Gütevorschriften für Stähle von Stahlspundbohlen (E 67)

Diese Empfehlung gilt für Stahlspundbohlen, Kanaldielen und Stahlrammpfähle, im folgenden kurz Stahlspundbohlen genannt. Es gelten die Technischen Lieferbedingungen für Stahlspundbohlen – (TLS) – Ausgabe 1985 – des Bundesministers für Verkehr, Verkehrsblatt 1985, Heft 24 [106].
Werden Stahlspundbohlen in Dickenrichtung beansprucht, beispielsweise bei speziellen Abzweigbohlen oder bei Abzweigbohlen für Kreis- und Flachzellen (s. E 100, Abschn. 8.3.1.2), sind zur Vermeidung von Terrassenbrüchen Stahlsorten mit entsprechenden Eigenschaften beim Spundbohlenhersteller zu bestellen, vgl. DASt-Richtlinie 014 Empfehlungen zum Vermeiden von Terrassenbrüchen in geschweißten Konstruktionen aus Baustahl.

8.1.8.1 Bezeichnung der Stahlsorten

Für Stahlspundbohlen werden in Normalfällen Stahlsorten mit den Bezeichnungen St Sp 37, St Sp 45 sowie Sonderstahl St Sp S gemäß Abschn. 8.1.8.2 und 8.1.8.3 verwendet.

In Sonderfällen, wie beispielsweise in Abschn. 8.1.8.4 genannt, werden besonders beruhigte Stähle nach DIN 17100 angewendet.

8.1.8.2 Mechanische und technologische Eigenschaften (Tabelle E 67-1)

Spundwand Stahlsorte	[1]			Dorndurchmesser beim
	Zugfestigkeit β MN/m^2	Mindeststreckgrenze β_s MN/m^2	Mindestbruchdehnung %	Faltversuch 180° bei der Probedicke a
St Sp 37	340 bis 470	235	25	$1 \cdot a$
St Sp 45	420 bis 550	265	22	$2 \cdot a$
St Sp S	480 bis 630	355	22	$2 \cdot a$

[1] In DIN 50145 sind anstelle von β und β_s die Zeichen R_m und R_e verwendet. Der Zugversuch wird am kurzen Proportionalstab durchgeführt.

8.1.8.3 Chemische Zusammensetzung

Für den Nachweis der chemischen Zusammensetzung ist die Schmelzenanalyse verbindlich. Ein Nachweis der Werte für die Stückanalyse muß für die Abnahmeprüfung besonders vereinbart werden. Die Stückanalyse dient zur nachträglichen Kontrolle in Zweifelsfällen.

Stahlsorten	Chem. Elemente	Schmelzenanalyse max.	Stückanalyse max.
St Sp 37	C	0,20	0,22
St Sp 45 St Sp S	C	0,22	0,24
St Sp 37, 45 und S	Si Mn P S	0,55 1,60 0,05 0,05	0,60 1,70 0,06 0,06

Tabelle E 67-2. Analysenwerte in Gewichtsprozenten

8.1.8.4 Schweißeignung, Sonderfälle

Eine uneingeschränkte Eignung der Stähle zum Schweißen kann nicht vorausgesetzt werden, da das Verhalten eines Stahls beim und nach dem Schweißen nicht nur vom Werkstoff, sondern auch von den Abmessungen

311

und der Form sowie den Fertigungs- und Betriebsbedingungen des Bauteils abhängt.

Die Eignung zum Lichtbogenschweißen kann unter Beachtung der allgemeinen Schweißvorschriften bei allen Spundwandstahlsorten vorausgesetzt werden.

In Sonderfällen, beim Zusammentreffen ungünstiger Bedingungen für die Schweißung infolge äußerer Einflüsse (z. B. bei plastischen Verformungen infolge schwerer Rammung, bei niedrigen Temperaturen) oder Eigenart der Konstruktion, räumlichen Spannungszuständen und bei nicht vorwiegend ruhenden Belastungen gemäß E 20, Abschn. 8.2.6.1 (2) sind im Hinblick auf die dann zu fordernde Sprödbruchunempfindlichkeit und die Alterungsunempfindlichkeit besonders beruhigte Stähle nach DIN 17100, wie St 37-3 oder St 52-3, zu verwenden. Auch bei Dicken über 16 mm sind besonders beruhigte Stähle vorzuziehen (E 99, Abschn. 8.1.24.2 (1)).

Die Schweißzusatzwerkstoffe sind in Anlehnung an DIN 1913, DIN 8557 und DIN 8559 bzw. nach den Angaben des Lieferwerks auszuwählen (E 99, Abschn. 8.1.24.2 (2)).

8.1.9   Toleranzen der Schloßabmessungen bei Stahlspundbohlen (E 97)

8.1.9.1   Forderungen an Schloßverbindungen

An die Schloßverbindungen von Stahlspundbohlen sind folgende Forderungen zu stellen:

(1) Die Spundbohlen müssen mit ihren Schlössern mit ausreichendem Spielraum so ineinanderpassen, daß sich die Bohlen gut ineinanderschieben lassen.

(2) Die Schlösser müssen so ausgebildet werden, daß trotz des Spielraums noch eine ausreichende Verhakung vorhanden ist und der Zusammenhalt der Bohlen auch bei unvermeidlichen Verdrehungen nicht gefährdet ist.

(3) Die Schlösser müssen so ineinandergreifen, daß die für den rechnungsmäßigen Verbund erforderlichen Druck-, Zug- oder Scherkräfte übertragen werden können. Ist dies nicht gewährleistet, sind Zusatzmaßnahmen erforderlich.

8.1.9.2   Kennzeichnende Schloßformen

Spundwände weisen häufig die in Bild E 97-1 dargestellten kennzeichnenden Schloßformen auf. Die darin angegebenen Nennmaße a und b werden senkrecht zur ungünstigsten Verschiebungsrichtung gemessen. Sie können bei den Lieferfirmen erfragt werden.

8.1.9.3   Zulässige Maßabweichungen der Schlösser

Beim Walzen der Spundbohlen bzw. der Schloßstähle treten Abweichungen von den Nennmaßen ein. Die zulässigen Abweichungen, die Schloßto-

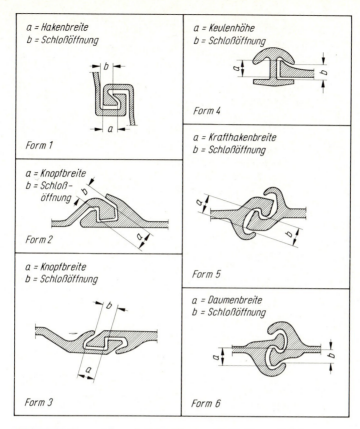

Bild E 97-1. Kennzeichnende Schloßformen für Stahlspundbohlen

leranzen, müssen so festgelegt sein, daß die unter den Abschnitten 8.1.9.1 (1) und (2) genannten Forderungen erfüllt bleiben.

Dies trifft erfahrungsgemäß zu, wenn die Toleranzen der Nennmaße *a* und *b* nach Tabelle E 97-1 (Seite 314) eingehalten werden.

Diese Toleranzen unterliegen der eigenen Werkskontrolle der Spundwandlieferfirmen.

Maßgebend für die Forderung nach Abschn. 8.1.9.1 (1) sind die Schloßtoleranzen $+ \Delta a$ und $- \Delta b$, für die Forderung nach Abschn. 8.1.9.1 (2) $- \Delta a$ und $+ \Delta b$.

Unter Berücksichtigung der Nennmaße *a* und *b* und der Toleranzen nach vorstehender Tabelle ergibt sich die Mindest-Verhakung *V* aus der Formel:

$$V = (a - |\Delta a|) - (b + |\Delta b|) \, .$$

Form	Nennmaße (nach Profilzeichnungen)	Toleranzen der Nennmaße		
		Bezeichnung	plus mm	minus mm
1	Hakenbreite a Schloßöffnung b	Δa Δb	2,5 2	2,5 2
2	Knopfbreite a Schloßöffnung b	Δa Δb	1 3	3 1
3	Knopfbreite a Schloßöffnung b	Δa Δb	1,5–2,5[1]) 4	0,5 0,5
4	Keulenhöhe a Schloßöffnung b	Δa Δb	1 2	3 1
5	Krafthakenbreite a Schloßöffnung b	Δa Δb	1,5 3	4,5 1,5
6	Daumenbreite a Schloßöffnung b	Δa Δb	2 3	3 2

[1]) abhängig vom Profil.

Tabelle E 97-1. Schloßtoleranzen

Bei den Formen 1, 3, 5 und 6 muß die geforderte Verhakung auf beiden Schloßseiten vorhanden sein.

Bei einer Baustellenkontrolle können an den ineinanderzuschiebenden Schlössern die Istmaße a' und b' festgestellt werden, aus deren Differenz sich die Verhakung V ergibt. Die Verhakung sollte im allgemeinen folgende Mindestwerte aufweisen: 4 mm bei der Form 1 bis 4, 6 mm bei der Form 5 und 7 mm bei der Form 6. In kurzen Teilabschnitten sollten diese Werte um nicht mehr als 1 mm unterschritten werden. Je größer die Rammbeanspruchung der Spundbohlen und je größer Bohlenprofil, Bohlenlänge und Rammtiefe sind, um so wichtiger ist eine gute Verhakung.

8.1.10   Übernahmebedingungen für Stahlspundbohlen und Stahlpfähle auf der Baustelle (E 98)

Werden bei Bauwerken Stahlspundwände oder Stahlpfähle angewendet, kommt es neben einer sorgfältigen und fachgerechten Bauausführung vor allem auch auf eine einwandfreie Lieferung des verwendeten Materials bis an den Einbauort an. Um dies sicherzustellen, ist eine besondere Übernahme des Materials auf der Baustelle erforderlich. Neben der internen Werkskontrolle der Lieferfirma kann fallweise eine Werksabnahme vereinbart werden. Bei Versand nach Übersee wird häufig eine Inspektion vor der Verschiffung durchgeführt.

Bei der Übernahme auf der Baustelle muß jede ungeeignete Bohle zurückgewiesen werden, bis sie in einen verwendbaren Zustand nachgearbeitet worden ist, sofern sie nicht ganz ausgeschieden wird. Basis der Übernahme auf der Baustelle sind die:

Technischen Lieferbedingungen für Stahlspundbohlen, (TLS) – Ausgabe 1985 – des Bundesministers für Verkehr, Verkehrsblatt 1985, Heft 24 [106].

In den vorgenannten Technischen Lieferbedingungen ist E 67, Abschn. 8.1.8 voll berücksichtigt.

Bezüglich der Schloßtoleranzen gilt zusätzlich E 97, Abschn. 8.1.9.

8.1.11 Korrosion bei Stahlspundwänden und Gegenmaßnahmen (E 35)

8.1.11.1 Korrosion in Süßwasser

Stahlspundwände haben sich in Süßwasser seit Jahrzehnten bewährt. Ein besonderer Schutz ist in Süßwasser nicht nötig, da in der Hauptangriffszone mit einer Schwächung von 0,02 mm pro Jahr als langfristigem Mittelwert zu rechnen ist (vgl. [152]).

Zur Frage der Schwächung auf der Erdseite wird auf den dritten Absatz von Abschn. 8.1.11.2 verwiesen.

8.1.11.2 Korrosion in aggressivem Wasser und in Seewasser

Stärkere Korrosion tritt im allgemeinen nur in fauligem, aggressivem Wasser und in Seewasser auf. Außerdem fördert die Walzhaut, als Kathode wirkend, elektrolytische Vorgänge, bei denen die von der Walzhaut freien Oberflächen als Anode wirken und damit der Ausgangspunkt zu Anfressungen werden (Lochfraß).

Bei starker Korrosion in Seewasser kann in wärmeren Gebieten auf der Wasserseite mit einer jährlichen Schwächung in der Hauptangriffszone um im Mittel 0,14 mm, in deutschen Seehäfen um 0,12 mm gerechnet werden. Ungünstige Verhältnisse können die Korrosion mehr als verdoppeln. Bei Spundwänden, die beidseitig dem Zutritt freien Wassers ausgesetzt sind, muß daher mit den doppelten Schwächungswerten gerechnet werden.

Die Schwächung auf der Erdseite ist dabei im allgemeinen so gering, daß sie vernachlässigt werden kann.

8.1.11.3 Hauptangriffszonen

Die Hauptangriffszonen liegen im Bereich des Mittelwassers (MW) bzw. etwas unterhalb des mittleren Tideniedrigwassers (MTnw). Bei starkem Wellenschlag ist auch die Spritzwasserzone gefährdet, außerdem kann bei Schlammablagerungen auch im Sohlenbereich eine größere Korrosion auftreten.

Bei Verankerung mit üblicher Ankerlage beträgt im Bereich des größten Moments der Spundwand die Korrosion nur 30 bis 40% der obigen Werte.

8.1.11.4 Beschichtungen

Beschichtungen und dergleichen können den Korrosionsbeginn um fünf bis zehn Jahre verzögern und die Korrosion im ganzen herabsetzen. Sie müssen dann jedoch auf eine metallisch reine Oberfläche aufgebracht werden, wie sie sich z. B. durch Sandstrahlen unter völliger Beseitigung der Walzhaut erzielen läßt. Hierdurch wird der Korrosionsschutz teuer. Häufig ist es dann zweckmäßiger, Profile mit größerer statischer Reserve zu verwenden.

8.1.11.5 Kathodischer Korrosionsschutz

Die Korrosion unter der Wasserlinie kann auf elektrolytischem Wege durch Einbau einer kathodischen Schutzanlage mit Fremdstrom oder mit Opferanoden weitgehend ausgeschaltet werden [59].

8.1.11.6 Legierungszusätze

Aufgrund vorliegender Erfahrungen bringt ein Kupferzusatz beim Stahl für den Bereich unter Wasser keine Erhöhung der Lebensdauer. Allerdings führt ein Zusatz von Kupfer in Verbindung mit Nickel und Chrom sowie Phosphor und Silizium zu einer Verlängerung der Lebensdauer in der Spritzwasserzone und darüber, insbesondere in tropischen Gebieten mit salzreicher bewegter Luft.

Bei den verschiedenen Spundwandstählen und den Stahlsorten nach DIN 17100 konnten im Verhalten gegen Korrosion keine Unterschiede festgestellt werden.

8.1.11.7 Konstruktive Maßnahmen

Die Spundwand ist möglichst so zu gestalten, daß sie im Bereich der größten Korrosion nur wenig ausgelastet ist. Eine in dieser Höhe frei drehbar gelagerte Wand ist daher einer eingespannten Wand vorzuziehen. Hinsichtlich des Korrosionsangriffs sind ferner Konstruktionen ungünstig, bei denen die Spundwand auf ihrer Rückseite nicht oder nur teilweise hinterfüllt ist. Freistehende offene Pfähle sind der Korrosion mehr ausgesetzt als geschlossene Pfähle [60]. Bezüglich der Sicherung von Stahlholmen wird auf E 95, Abschn. 8.4.4.4 verwiesen.

8.1.11.8 Nach den Ausarbeitungen des Ausschusses für Korrosionsfragen der HTG nimmt der jährliche Zuwachs der Korrosion mit zunehmender Standzeit stark ab, was beim Entwurf der Bauwerke berücksichtigt werden darf, insbesondere auch in Verbindung mit der Tiefenlage der betrachteten Probe.
Siehe hierzu auch [151] und [152].

8.1.12 Sandschliffgefahr bei Spundwänden (E 23)

Bei starkem Sandschliff kommen vor allem Wände aus Stahlbeton- oder aus Spannbetonbohlen in Betracht.

Werden Stahlspundwände eingesetzt, müssen sie Beschichtungen erhalten, die dem am Einsatzort herrschenden Sandschliff auf Dauer standhalten.

Nach DIN 55928 wird die mechanische Beanspruchung durch Sandschliff je nach der Menge des transportierten Sandes und der Strömung hierfür in drei Gruppen unterschieden.

Die Beurteilung der erforderlichen Abriebfestigkeit der Beschichtung wird nach einem in der „Richtlinie für die Prüfung von Beschichtungsstoffen für den Korrosionsschutz im Stahlwasserbau" [153] beschriebenen Verfahren durchgeführt.

8.1.13 Rammhilfe für Stahlspundwände durch Lockerungssprengungen (E 183)

8.1.13.1 Allgemeines

Sind schwere Rammungen zu erwarten, sollte stets geprüft werden, welche Rammhilfen eingesetzt werden können, um den Baugrund so vorzubereiten, daß ein wirtschaftlicher Rammfortschritt erreicht wird und gleichzeitig Überbelastungen der Rammgeräte vermieden, Rammelemente nicht überbeansprucht und der Energieaufwand verringert werden. Letzteres hat gleichzeitig weniger Rammlärm und Rammerschütterungen zur Folge. Auch soll dabei sichergestellt werden, daß die erforderliche Rammtiefe erreicht wird.

Neben den Rammhilfen, wie beispielsweise Spülen (mit Wasser oder mit Luft-Wassergemisch), Entspannungsbohrungen und örtlichem Bodenaustausch werden bei felsartigen Böden häufig Lockerungssprengungen angewendet. Bei Findlingen, sehr hartem Gestein und großen Einbindetiefen wird fallweise durch Sprengungen das Einrammen der Bohlen überhaupt erst ermöglichst.

Das Sprengen des Gesteins mit Hilfe einer einzelnen verdämmten Bohrlochladung erzeugt einen kegelförmigen Auswurftrichter, dessen Spitze sich am Bohrlochfuß befindet. Nach dieser Methode wird seit langem verfahren.

Werden mehrere solcher Einzelsprengungen dosiert in der Spundwandtrasse angesetzt, entsteht ein V-förmig gestörter Bereich, in dem je nach Ladung und Verdämmung das Gestein mehr oder weniger stark zerkleinert wird. Nach der Sprengung entspricht der Untergrund je nach dem Grad der Zertrümmerung des Gesteins einem rolligen Boden (Schotter). Am Spundwandfuß ist beim Einbringen in derart gelockerte Böden mit entsprechend großen Verformungen zu rechnen. Solche Sprengungen werden als Lockerungssprengungen bezeichnet. Das Einrammen der Bohlen in so gestörte Zonen ist möglich, wenn die Gesteinsbrocken nicht zu groß sind und beim Rammen noch im erforderlichen Umfang zertrümmert werden können, ohne daß der Bohlenfuß nennenswert beschädigt wird. Der Wahl des Profils, der Stahlsorte und einer möglichen Fußverstärkung kommt hierbei eine besondere Bedeutung zu.

8.1.13.2 Neuere Sprengverfahren

Neuere Verfahren sind beispielsweise in den nachfolgend genannten Veröffentlichungen [121] und [122] bekanntgemacht worden. Sie zielen darauf ab, entlang der Spundwandtrasse einen aufgelockerten, etwa lotrecht begrenzten kaminartigen Bereich herzustellen, in den die Bohlen bis zum Anschluß an den unberührten Fels eingerammt werden können. Der Abstand der Bohrlöcher und ihr Besatz mit Sprengladungen sind so zu wählen, daß das Gestein im aufgelockerten Bereich gezielt zertrümmert und rammbar gemacht wird. Da die aufgelockerte Zone begrenzt ist, treten keine nennenswerten seitlichen Verschiebungen des Spundwandfußes auf. Die ursprüngliche Festigkeit des Gesteins wird praktisch nicht vermindert und kann bei der Bemessung voll eingesetzt werden.

Beim Verfahren nach [121], der sogenannten „Schocksprengung", werden in der Spundwandachse lotrecht angeordnete, bis zum planmäßigen Spundwandfuß reichende Bohrlöcher möglichst ohne Richtungsabweichungen im Achsabstand 0,6 bis 1,2 m abgeteuft. In diese werden möglichst enganliegende Plastikrohre eingesetzt, die am Fuß so verschlossen sind, daß kein Grundwasser in die Rohre eindringen kann. Die Rohre werden mit gestreckten Sprengladungen (Sprengschnur mit Sprengpatronen) in jene Bereiche eingeführt, in denen der harte Baugrund zertrümmert oder aufgelockert werden soll. Um genügend Expansionsraum für die Gasentladung nach der Zündung des Sprengstoffes vorzuhalten, wird der Volumenanteil der Sprengladungen wesentlich geringer gewählt als das Rohrvolumen.

Der Bohrlochabstand und die Größe der Ladungen richten sich nach der Festigkeit des Untergrunds. Daraus ergibt sich, daß bei Änderungen im Untergrund diese beiden Parameter entsprechend der Festigkeit des Gesteins verändert werden müssen, um einen optimalen Rammfortschritt zu erzielen und das Gefüge nicht mehr als erforderlich zu stören.

Bei Arbeiten im Trockenen werden mindestens die Sprengladungen zweier benachbarter Bohrlöcher gezündet, jedoch nicht mehr als in 6–8 Bohrlöchern gleichzeitig. Die von den Sprengungen ausgehenden Druckwellen treffen wirkungsvoll aufeinander, zertrümmern bzw. lockern den Gesteinsuntergrund, ohne dabei jedoch Gestein wegzublasen. Zwischen den Bohrlöchern entsteht im Höhenbereich der Sprengladungen eine etwa lotrecht begrenzte, aufgelockerte Zone, die je nach Gestein ca. 0,4 bis 0,8 m breit sein kann.

Bei Sprengungen mit Taucherhilfe unter Wasser darf aus Sicherheitsgründen für den Taucher aber nur mit Einzelzündungen gearbeitet werden.

Beim Verfahren nach [122] werden in der Achse der Spundwand Sprenglöcher bis auf die planmäßige Tiefe hergestellt. In diese Sprenglöcher (auch Sprengbohrungen genannt) werden an einem Abstandhalter Sprengladungen und entlang des Abstandhalters Sprengschnüre angebracht. Der gesamte Sprengsatz wird mit lockerem Material verdämmt. Außerdem werden nach bestehenden Regeln um die Sprengbohrungen herum sogenannte Freibohrungen bis auf die vorgesehene Tiefe so hergestellt, daß deren Hohlraumvolumen rund 14% des aufzulockernden Gesteinsvolumens beträgt.

Es werden die Ladungen in mindestens zwei Bohrlöchern gleichzeitig gezündet, wobei in den Nachbarbohrungen mit Verzögerung gearbeitet wird.

8.1.13.3 Allgemeine Erfahrungen

Bei verschiedenen Spundwandbauwerken, die mit Sprengungen nach [121] errichtet worden sind, konnten Erfahrungen gesammelt werden, die von grundsätzlicher Bedeutung sind, wie beispielsweise:

(1) Die Achse der Bohrlöcher und der Spundwand müssen auch mit zunehmender Tiefe in einer Ebene liegen, so daß die Spundbohlen stets in die durch das Sprengen aufgelockerte Zone eingerammt werden.

(2) Das Rammen der Bohlen muß zügig der Sprengung folgen, da deren Wirkung im aufgelockerten Bereich wieder abnimmt.

(3) Für das Einbringen der Spundbohlen in den aufgelockerten Bereich werden auch bei Auflockerungssprengungen hohe Anforderungen an das Spundwandprofil mit eventuellen Verstärkungen, an das Einbauverfahren sowie an die Rammgeräte gestellt, damit auch in kritischen Situationen eine geschlossene, unbeschädigte Spundwand sichergestellt wird. Ein Einrütteln der Bohlen in den gelockerten Untergrund ist nicht zu empfehlen, da die Auflockerung dabei wieder verdichtet werden kann.

(4) Eine strenge Koordination der Bohr- und Rammarbeiten und ein laufender Austausch der Informationen über die erreichten Leistungen ist notwendig und verbessert den Erfolg der Arbeiten. Unter Umständen sind teileingebrachte Bohlen nachträglich zu untersprengen.

(5) Es ist erforderlich, vor Beginn der Arbeiten den Baugrund mittels Probebohrungen und Probesprengungen zu testen, um Auskunft über den optimalen Bohrlochabstand und Besatz der Sprenglöcher zu erhalten. Dabei kann beispielsweise aus Laufzeitkurven von Ultraschallmessungen vor und nach dem Sprengen der aufgelockerte Bereich abgeschätzt werden.

(6) In bewohnten Gebieten sind vor den eigentlichen Sprengarbeiten beweissichernde Messungen über die Umweltbelastungen vorzunehmen.

(7) Mit Hilfe von Sprengungen konnten beispielsweise folgende Bodenarten für das Rammen aufbereitet werden: Tonmergel, Kalkmergel, Geschiebemergel, Tonstein mit Geodeneinlagerungen, verfestigte Sande, Sandstein, Buntsandstein, Muschelkalk, Kalkstein.

(8) Nach den bisherigen Erfahrungen ist der Erfolg einer Sprengung um so größer, je härter und dickbankiger der Fels ansteht. In geschichtetem und in zähem Fels sowie bei breiteren Klüften mit weicher Kluftfüllung ist die Wirksamkeit der Sprengung eingeschränkt.

Über das Verfahren nach [122] liegen dem Arbeitsausschuß „Ufereinfassungen" derzeit noch keine Erfahrungen vor. Bei dem Wirkungsmechanismus dieses Verfahrens ist die Frage des Kluftwassers und der Wasserfüllung in den Freibohrungen von entscheidender Bedeutung. Weiter ist zu erwarten, daß beim Einbau von Spundwänden mit geringem Verdrängungsvolumen größere Fußbewegungen auftreten als beim Verfahren nach [121].

8.1.14 Kostenanteile eines Stahlspundwandbauwerks (E 8)

Durch Nachrechnung der Kosten verschiedener ausgeführter Spundwandbauwerke ist festgestellt worden, daß sich die Baukosten einer verankerten Stahlspundwand aus Wellenprofilen, ohne die Kosten für die Ausbaggerung vor dem Bauwerk, für die Entwässerung, Hinterfüllung, Befestigung der Oberfläche des Bauwerks sowie die einer eventuellen Kranbahn bei den Gründungsverhältnissen in Deutschland etwa wie folgt verteilen:

(1) Liefern der Spundwand etwa 45% ⎫
(2) Liefern der Verankerung einschl. der Ankerwand, der Gurte sowie der Holme und der sonstigen Ausrüstung etwa 25% ⎬ etwa 70%
(3) Bauausführung der Spundwand, Verankerung, Verholmung und Ausrüstung etwa 30%

Diese Verhältniswerte sind je nach Ausführungsform und Örtlichkeit Schwankungen unterworfen und können sich mit der Marktlage ändern. Sie zeigen jedoch, daß der Lieferanteil der Uferspundwand mit etwa 70% verhältnismäßig hoch liegt. Hinzu kommt, daß auch die Bauausführung Lieferanteile enthält. Es ist daher wirtschaftlich geboten, die Spundwandbauwerke nach neuzeitlichen Gesichtspunkten unter Zugrundelegung möglichst zutreffender Lastansätze zu berechnen und zu gestalten.

8.1.15 Zweckmäßige Neigung der Uferspundwände bei Hafenanlagen (E 25)

Bei Neubauten in Häfen werden die Uferspundwände zweckmäßig lotrecht angeordnet. Die lotrechte Anordnung führt zu den einfachsten Lösungen an den Ecken und Abzweigungen.

Spundwände, die vor vorhandenen Bauwerken zur Verstärkung gerammt werden, müssen jedoch in manchen Fällen in ihrer Neigung den Bauwerken angepaßt werden, wobei dann stärkere Schrägneigungen in Kauf genommen werden müssen.

8.1.16 Rammneigung für Spundwände (E 15)

Da beim Anspannen der Verankerung und bei der Belastung die Anker, ihre Anschlüsse und die Gelenke nachgeben und die Ankerwand sich durchbiegt und da überdies bei Erzeugung des Ankerwiderstands ein gewisser Verschiebungsweg eintritt, wird empfohlen, Spundwände, die endgültig etwa lotrecht stehen sollen, nach dem Lande zu etwa mit der Neigung 100:1 bzw. nötigenfalls flacher bis zu 50:1 zu rammen.

Bei unverankerten Spundwänden empfiehlt es sich, in der Rückwärtsneigung auch noch die rechnerische Durchbiegung zusätzlich zu berücksichtigen.

Im Gegensatz hierzu sind hohe Uferspundwände mit Seeschiffsverkehr vor allem durch den Wulstbug der Schiffe gefährdet. Hier sollen die Spundwände von vornherein lotrecht eingebracht werden, wobei der erforderliche Abstand zwischen Seeschiff und Spundwand durch ausreichend breite Fender sicherzustellen ist.

8.1.17 Einrammen wellenförmiger Stahlspundbohlen (E 118)

8.1.17.1 Allgemeines

Das Einrammen von Stahlspundbohlen ist ein weitverbreitetes, bewährtes Bauverfahren. Das verhältnismäßig einfach erscheinende Verfahren darf jedoch nicht dazu verleiten, die Rammarbeiten ohne genügende Fachkenntnis und mit mangelnder Sorgfalt auszuführen. Das Ziel der Bauaufgabe, die Stahlspundbohlen so in den Boden einzubringen, daß der Verwendungszweck der Wand nicht beeinträchtigt und mit einem Höchstmaß an Sicherheit eine geschlossene Spundwand erreicht wird, sollte sowohl der Bauleiter als auch die Mannschaft an der Ramme nie aus dem Auge verlieren.

An die Bauausführung sind um so höhere Anforderungen zu stellen, je schwieriger die Bodenverhältnisse, je größer die Bohlenlänge und die Einrammtiefe und je tiefer die spätere Abbaggerung vor der Wand sind. Sehr ungünstig kann es sich auswirken, wenn lange Rammelemente nacheinander auf ihre ganze Länge in den Boden gerammt werden, da dann die Einfädelhöhe sehr gering und daher die Schloßführung zu Beginn des Rammens nicht ausreichend ist.

Für die rammtechnische Beurteilung des Bodens geben Bohrungen und bodenmechanische Untersuchungen sowie Druck- und Rammsondierungen einen gewissen Anhalt. In kritischen Fällen sind Probeammungen erforderlich, bei denen an einzelnen Stellen mit Hilfe geeigneter Meßeinrichtungen auch die auftretenden Gesamtabweichungen von der Soll-Lage der Bohlen festgestellt werden sollten, wenn es auf möglichst geringe Abweichungen ankommt.

Erfolg und Güte des Einbringens der Rammelemente hängen wesentlich davon ab, wie gerammt wird. Dies setzt voraus, daß der beauftragte

Unternehmer neben geeignetem, zuverlässig arbeitendem Gerät auch selbst über ausreichende Erfahrung verfügt und daher qualifizierte Fach- und Aufsichtskräfte richtig einsetzen kann.

Das staffelförmige Rammen nach Abschn. 8.1.17.4 führt zu den besten Ergebnissen. Die Möglichkeiten hierfür haben sich heute durch den Einsatz geeigneter Baukrane erheblich vermehrt.

8.1.17.2 R a m m e l e m e n t e

Bei den wellenförmigen Spundwänden, gebildet aus U- oder Z-Profilen, werden im allgemeinen Doppelbohlen gerammt. Auch Dreifach- oder Vierfach-Bohlen können fallweise technisch und wirtschaftlich vorteilhaft angewendet werden.

Die derart zusammengezogenen Bohlen sollen möglichst durch Pressen oder Verschweißen der mittleren Schlösser zu einem einheitlichen Element verbunden werden. Das Aufnehmen und Aufstellen der Rammelemente sowie das Rammen werden dadurch erleichtert und ein Mitziehen bereits gerammter Elemente weitgehend ausgeschaltet. Das Rammen von Einzelbohlen sollte möglichst vermieden werden.

Aus rammtechnischen Gründen kann es bei schwierigem Untergrund und/ oder großer Einrammtiefe notwendig werden, von vornherein Spundbohlen mit einer größeren Wanddicke oder einer höheren Stahlsorte als statisch erforderlich zu wählen. Auch sind der Bohlenfuß und gegebenenfalls auch der Bohlenkopf zuweilen zu verstärken.

Für die Übernahme von Stahlspundbohlen auf der Baustelle wird auf E 98, Abschn. 8.1.10 verwiesen.

8.1.17.3 R a m m g e r ä t e

Größe und Leistungsfähigkeit der Rammgeräte sind von den Rammelementen, deren Stahlsorte, Abmessungen und Gewichten, von der Einrammtiefe, den Untergrundverhältnissen und dem gewählten Rammverfahren abhängig. Die Geräte müssen so beschaffen sein, daß die Rammelemente mit der nötigen Sicherheit und Schonung gerammt und dabei ausreichend geführt werden, worauf vor allem bei langen Bohlen und bei großer Einrammtiefe zu achten ist.

Als Rammbäre kommen langsam schlagende, frei fallende Bäre, Explosionsbäre, Hydraulikbäre sowie Schnellschlaghämmer in Betracht. Der Wirkungsgrad einer Rammung wird ganz allgemein besser, wenn das Verhältnis des Bärgewichts zum Gewicht des Rammelements einschließlich Rammhaube größer wird. Bei frei fallenden Bären (Freifall-Bär, Dampf-Zylinder-Bär) ist das Verhältnis Bärgewicht zum Gewicht aus Rammelement und Haube von 1:1 bis 2:1 besonders günstig.

Im übrigen wird auf DIN 4026, Abschn. 6.1 und auf das zugehörige Beiblatt verwiesen.

Bezüglich des Rammens in Fels wird auf E 57, Abschn. 8.2.15 hingewiesen.

Schnellschlaghämmer beanspruchen das Rammelement schonend und sind bei nichtbindigen Böden besonders gut geeignet. Bei bindigen Böden sind im allgemeinen langsam schlagende, schwere Rammbäre sowie Explosionsbäre vorzuziehen.

Hydraulikbäre können praktisch jeder Rammanforderung angepaßt werden. Sie sind über einen Schlagkraftregler steuerbar und eignen sich sowohl zum Rammen als auch zum Ziehen.

Auch Vibrationsbäre können die Rammelemente sehr schonend einbringen. Die Rammerfolge sind jedoch, abhängig von den anstehenden Böden, verschieden. Das Vorhandensein von Grundwasser begünstigt den Einsatz der Vibrationsbäre. Bei fehlendem Grundwasser ist im allgemeinen die Zugabe von Wasser während des Vibrierens hilfreich. Bereits leichtere Rammhindernisse können das Einbringen verhindern. Auch muß beachtet werden, daß beim Einrammen ein Verdichten rolliger Böden vor sich geht.

Beim Rammen mit Fallbären sind Rammhauben unbedingt erforderlich. Sie müssen gut passen, um ein Springen der Haube mit verstärkten Stauchwirkungen an den Spundwandköpfen zu vermeiden.

Rammerschütterungen werden oft übertrieben empfunden und in ihren Auswirkungen auf benachbarte Gebäude überschätzt (siehe [7]).

Rammarbeiten sind aber unvermeidlich mit gewissen Lärmentwicklungen verbunden. Deshalb sollte bei Rammarbeiten in der Nähe von Wohngebieten ein Rammverfahren gewählt werden, bei dem die Lärmentwicklung auf ein erreichbares Maß reduziert wird.

Auf E 149, Abschn. 8.1.20 wird besonders hingewiesen.

8.1.17.4 Rammen der Bohlen

Beim Rammen ist folgendes zu beachten:

Der Rammschlag soll im allgemeinen mittig in Achsrichtung des Rammelements eingeleitet werden. Der einseitig wirkenden Schloßreibung kann erforderlichenfalls durch eine gewisse Korrektur des Aufschlagpunkts begegnet werden.

Die Rammelemente müssen entsprechend ihrer Steifigkeit und Rammbeanspruchung so geführt werden, daß ihre Sollstellung im Endzustand erreicht wird. Hierzu muß die Ramme selbst ausreichend stabil sein, einen festen Stand haben, und der Mäkler muß stets gleichlaufend zur Neigung des Rammelements stehen. Die Rammelemente sollten mindestens an zwei Punkten mit möglichst großem Abstand geführt werden. Dabei ist eine starke untere Führung sowie das Ausfuttern der Rammelemente in dieser Führung besonders wichtig. Auch das vorauseilende Schloß muß gut geführt werden. Beim Freirammen ohne Mäkler ist darüber hinaus für einen einwandfreien Sitz des Hammers auf dem Rammelement durch gut passende Freireiter-Führungen zu sorgen. Bei schwimmendem Rammen müssen die Bewegungen des Rammschiffs weitgehend eingeschränkt werden.

Die Schloßreibung kann fallweise durch Ausfüllen der Rammschlösser mit einer geeigneten plastischen Masse herabgesetzt werden. Wenn hierdurch die Verbundwirkung der Bohlen stärker vermindert wird, muß diese Maßnahme aber beim Bemessen der Spundwand berücksichtigt werden.

Das erste Rammelement muß besonders sorgfältig in die Fallinie der Wandebene gestellt werden. Beim Rammen der weiteren Rammelemente im tiefen Wasser ist eine gute Schloßführung von vornherein gegeben. In anderen Fällen kann der Schloßeingriff dadurch vergrößert werden, daß vor dem Rammen ein möglichst tiefer Schlitz gebaggert wird. Hierdurch verringert sich außerdem die Einrammtiefe. Es muß dabei aber eine eventuelle Verschlechterung der Bodenverhältnisse – insbesondere wenn unter Wasser verfüllt werden muß – berücksichtigt werden.

Bei schwierigen Untergrundverhältnissen und bei großer Einrammtiefe ist ein Rammverfahren mit zweiseitiger Schloßführung der Rammelemente zu empfehlen, wenn nicht ohnehin erforderlich. Letzteres ist der Fall, wenn ein normales fortlaufendes Rammen durch zunehmenden Rammwiderstand und Abweichen der Rammelemente von der Soll-Lage nicht zum Erfolg führt. In solchen Fällen sollte staffelweise gerammt werden (z. B. Vorrammen mit einem leichteren und Nachrammen mit einem schwereren Gerät) oder fachweise, wobei mehrere Rammelemente aufgestellt und dann in nachstehender Reihenfolge eingerammt werden: 1–3–5–2–4. Diese Art des Einrammens ist vor allem bei langen, tief einzubringenden Bohlen bereits in der Ausschreibung zu fordern und stets einzuhalten, wobei die Staffelung den Ergebnissen der Proberammung anzupassen ist und im unteren Bereich 5,00 m nicht überschreiten soll.

Auch beim Herstellen geschlossener Spundwandkästen ist fachweise zu rammen.

Spundbohlen in U-Form neigen zum Voreilen des Bohlenkopfs, solche in Z-Form zum Voreilen des Bohlenfußes.

Durch staffelweises bzw. fachweises Rammen kann dies verhindert werden. Beim normalen fortlaufenden Rammen kann bei U-Bohlen auch der in Rammrichtung vorauseilende Schenkel um wenige Millimeter aufgebogen werden, so daß sich das Systemmaß etwas vergrößert. Bei Z-Bohlen kann der in Rammrichtung vorauseilende Steg zum Wellental hin geringfügig eingedrückt werden. Kann das Voreilen durch diese Maßnahmen nicht verhindert werden, müssen Keilbohlen eingeschaltet werden. Bei diesen ist auf eine rammtechnisch günstige Konstruktion zu achten, bei der das Pflügen der Stege im Boden vermieden wird. Hierzu muß der wellenförmige Teil des Rammelements an Kopf und Fuß die gleiche Form haben und der anschließende mit einem eingeschweißten Keil versehene Flansch in Rammrichtung liegen (Bild E 118-1 a).

Sowohl bei U- als auch bei Z-Bohlen kann das Anschrägen der Bohlenfüße zu Schloßschäden führen und ist deshalb zu unterlassen.

Müssen die Achsmaße bestimmter Wandstrecken möglichst genau einge-

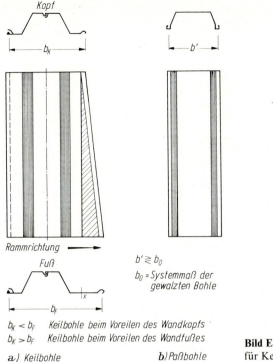

Kopf

b_K

b'

Rammrichtung ⟶

Fuß

$b' \gtreqless b_0$

$b_0 = $ Systemmaß der gewalzten Bohle

b_F

x

$b_K < b_F$ Keilbohle beim Voreilen des Wandkopfs
$b_K > b_F$ Keilbohle beim Voreilen des Wandfußes

a) Keilbohle   b) Paßbohle

Bild E 118-1. Prinzipskizzen für Keil- und Paßbohlen

halten werden, ist die Breitentoleranz der Bohlen zu beachten. Erforderlichenfalls sind Paßbohlen (Bild E 118-1 b) einzuschalten.

Rammerleichterungen können bei spülfähigen Böden durch Spülen oder sonst durch Bodenersatz mittels Bohrungen in der Spundwandachse erreicht werden. Etwa 1 m vor dem Erreichen der Solltiefe ist das Spülen jedoch einzustellen und nur noch zu rammen, um eventuelle Auflockerungen im Boden durch Rüttelwirkung rückgängig zu machen und um so die ursprünglichen Bodeneigenschaften wieder herzustellen, die der statischen Berechnung zugrunde gelegt waren.

Wird die Spundwand in axialer Richtung hochgradig belastet, ist das Spülen schon früher einzustellen.

Stehen Geröll oder sonst schwer durchrammbare Bodenschichten an, können diese auch durch Baggerschlitze – soweit erforderlich mit anschließender geeigneter Bodenauffüllung – beseitigt werden.

Bei felsartigem Boden kann das Rammen durch Lockerungssprengungen erleichtert oder überhaupt erst ermöglicht werden.

Der Energieaufwand für das Rammen ist um so geringer und der Rammfortschritt um so größer, je sorgfältiger die Rammelemente gestellt und geführt werden, und je besser Rammbär und Rammverfahren auf die örtlichen Verhältnisse abgestimmt sind.

8.1.17.5 Beobachtungen beim Rammen

Beim Rammen sind Lage, Stellung und Zustand der Rammelemente sowie ihr Eindringen unter der Rammeinwirkung laufend zu beobachten. Dadurch sollen auch geringfügige Abweichungen von der Soll-Lage (Neigung, Ausweichen, Verdrehen) oder Verformungen des Kopfes sofort erkannt und schon frühzeitig Korrekturen angebracht und – wenn erforderlich – geeignete Gegenmaßnahmen eingeleitet werden. Keilbohlen werden dann im allgemeinen nicht benötigt.

Die Eindringungen, die Stellung und die Flucht der Bohlen sind häufig und sorgfältig zu beobachten, was besonders wichtig ist, wenn schwerer Baugrund mit Hindernissen ansteht. Zieht ein Rammelement nicht mehr, soll das Rammen sofort abgebrochen und das nächstfolgende gerammt werden. Auch Rammelemente, die kurz vor Erreichen der rechnerischen Rammtiefe nur noch sehr schwer ziehen, so daß die Gefahr von Beschädigungen im Spundwandfußbereich besteht, sollten nicht weitergerammt werden. Dabei ist zu bedenken, daß das Herauslaufen eines Rammelements aus dem Schloß durch die Rammbeobachtungen im allgemeinen nicht festgestellt werden kann. Wird aber aufgrund besonderer Beobachtungen, wie beispielsweise starkes Verdrehen oder Schiefstellen der Bohlen, vermutet, daß sie Schaden erlitten haben, sollte versucht werden, die Bohlen nach teilweisem Freibaggern und Ziehen in Augenschein zu nehmen und den Baugrund auf Rammhindernisse hin zu untersuchen.

Einzelne, kürzere, aber unversehrte Rammelemente sind einer zeichnungsgemäß gerammten, aber möglicherweise beschädigten Wand vorzuziehen.

Für das Aufzeichnen der Rammbeobachtungen sind kleine Rammberichte – entsprechend Mustervordruck 1 der DIN 4026, Abschn. 6.5, nebst Beiblatt – zu führen.

Bei schwierigen Rammungen sollte außerdem für die ersten drei Rammelemente sowie für jedes 20. Rammelement die Rammkurve über den gesamten Rammverlauf – entsprechend Mustervordruck 2 und 3 der DIN 4026 – aufgezeichnet werden.

Da Schloßschäden auch bei sorgfältigem Rammen nicht ganz auszuschließen sind, sollte bereits vor dem Rammen einer Spundwand darauf geachtet werden, daß bei Z-Profilen die Fädelschlösser der Doppelbohlen und der Vierfachbohlen auf der Landseite liegen, um beim Sanieren eventueller Schadenstellen mehr Platz h i n t e r der Spundwandflucht zu haben. Außerdem müssen in jedem Fall während und nach dem Freibaggern der Hafensohle Untersuchungen nach E 73, Abschn. 7.5.4 vorgenommen werden. Dabei sollen auch stärkere Deformationen der Wand erfaßt und zeichnerisch festgehalten werden. An Hand dieser Aufzeichnungen kann dann entschieden werden, ob dort zusätzliche Sicherungen erforderlich sind und/oder eine Gefahr für den Hafenbetrieb besteht.

8.1.17.6 Rammabweichungen quer zur Wandebene

Mit zunehmender Einrammtiefe werden die Abweichungen von der Wandebene größer. Wenn es auf eine bestimmte Lage der Bohlen quer zur Wandebene besonders ankommt, sollen daher folgende Toleranzen bereits bei der Planung einkalkuliert werden:

± 1,0% der Einrammtiefe bei normalen Bodenverhältnissen,

± 1,5% der Einrammtiefe bei schwierigem Baugrund.

8.1.18 Einrammen von gemischten (kombinierten) Stahlspundwänden (E 104)

8.1.18.1 Allgemeines

Bei den meist erheblichen Längen, vor allem der Tragbohlen, ist mit größtmöglicher Sorgfalt zu rammen. Nur dann kann mit einem befriedigenden Erfolg, mit planmäßiger Tiefenlage und unversehrten Schloßverbindungen gerechnet werden.

8.1.18.2 Wandformen

Gemischte Stahlspundwände (E 7, Abschn. 8.1.4) bestehen aus Tragbohlen und Zwischenbohlen.

Als Tragbohlen eignen sich vor allem gewalzte oder geschweißte I-Träger oder I-förmige Stahlspundbohlen. Zur Erhöhung des Widerstandsmoments können zusätzlich Lamellen auf- bzw. Schloßstähle angeschweißt werden. Auch können zu einem Kastenpfahl zusammengeschweißte I-Träger oder Doppelbohlen verwendet werden. Weiter kommen Sonderkonstruktionen in Frage, wie beispielsweise Tragpfähle als geschweißte Kastenpfähle aus U- oder Z-Profilen, die durch Stegbleche miteinander verbunden sind.

Als Zwischenbohlen werden im allgemeinen wellenförmige Stahlspundbohlen als Doppel- oder als Dreifachbohlen verwendet. Konstruktive und statische Gründe können eine Teilaussteifung der Dreifachbohlen erfordern. Auch andere geeignete Konstruktionen kommen in Frage, wenn sie die einwirkenden Kräfte ordnungsgemäß in die Tragbohlen überleiten und unversehrt eingebracht werden können.

Trag- und Zwischenbohlen werden durch Spundwandschlösser miteinander verbunden, deren Formen in E 97, Abschn. 8.1.9 dargestellt sind.

8.1.18.3 Formen der Wandelemente

Wenn Zwischenbohlen mit den Schloßformen 1, 2, 3, 5 oder 6 nach E 97 verwendet werden, sind an die Tragbohlen entsprechende Schloßstähle oder Bohlenabschnitte schubfest anzuschweißen, wobei die äußeren und die inneren Nähte mindestens 6 mm dick sein sollten. Die einzelnen Zwischenbohlenteile sind durch Verschweißen oder Pressen ihrer Schlösser gegen Verschieben zu sichern.

Werden Zwischenbohlen mit der Schloßform 4 nach E 97 verwendet, sind auch dieser Schloßform entsprechende Tragbohlen zu wählen. Schloßstähle der Form 4 werden in der Regel auf die Zwischenbohlen oder fallweise auch auf die Tragbohlen gezogen.

Bei Zwischenbohlen mit seitlich aufgezogenen Schloßstählen werden diese bei größerer Einrammtiefe n u r am oberen Ende verschweißt, so daß die Drehbeweglichkeit weitgehend erhalten bleibt und die Schloßreibung beim Rammvorgang verringert wird. Die Länge der Schweißnaht muß auf die Bohlenlänge, die Einrammtiefe, die Bodenverhältnisse und auf etwa zu erwartende Rammschwierigkeiten abgestellt werden. Sie liegt im allgemeinen zwischen 200 und 500 mm. Bei besonders langen Bohlen und/oder schwerer Rammung empfiehlt sich zusätzlich eine Sicherungsschweißung am Fuß. Ist die Einrammtiefe nur gering, genügt im allgemeinen eine kürzere Transportsicherung am Kopf der Bohlen. Es ist darauf zu achten, daß die Rammhaube die äußeren Schloßstähle überdeckt, aber nur teilweise, damit sie noch ausreichend Spiel zwischen den Tragbohlen hat, wenn die Zwischenbohlen mit ihrer Oberkante noch unter die der Tragbohlen eingerammt werden müssen.

Werden die Schloßstähle auf die Tragbohlen gezogen, sind sie mit diesen schubfest zu verschweißen ($a \geqq 6$ mm), wenn unter Verzicht auf die größere Drehbeweglichkeit ein höheres Trägheits- und Widerstandsmoment erreicht werden soll.

Bestehen die Tragbohlen aus U- oder Z-Profilen, die durch Stegbleche miteinander verbunden sind, so sind die Stegbleche außen durchlaufend und an den Enden des Tragpfahls innen auf mindestens 1000 mm mit den U- oder Z-Profilen zu verschweißen. Die Schweißnahtdicke muß mindestens 8 mm betragen. Außerdem müssen die Tragpfähle an Kopf und Fuß durch Breitflachstähle zwischen den Stegblechen ausgesteift werden, um die Rammenergie ohne Beschädigung der Tragpfähle ableiten zu können.

Bei großen Rammtiefen und besonders großen Längen der Tragbohlen sind für diese Kastenpfähle oder Doppelbohlen aus Breitflansch- oder Kastenspundwandprofilen zu wählen, da sie eine erwünschte größere Steifigkeit über die z-Achse und eine größere Torsionssteifigkeit aufweisen. Der auftretende erhöhte Rammaufwand muß dabei in Kauf genommen werden.

8.1.18.4 Allgemeine Anforderung an die Wandelemente

Die Tragbohlen müssen über die sonst üblichen Forderungen nach E 98, Abschn. 8.1.10 hinaus gerade sein, wobei das Stichmaß in der Regel $\leqq 1‰$ der Bohlenlänge sein soll. Sie dürfen außerdem keine Verdrehung aufweisen und müssen bei großer Länge und gleichzeitig großer Rammtiefe ausreichend biege- und torsionssteif sein.

Der Kopf der Tragbohle muß eben und winkelrecht bearbeitet und so ausgebildet werden, daß der Rammschlag mit Hilfe einer kräftigen, gut angepaßten Rammhaube eingeleitet und über den gesamten Bohlenquerschnitt abgetragen wird. Werden am Fuß der Bohle Verstärkungen, z. B.

Flügel, zur Erhöhung der Tragfähigkeit in axialer Richtung angebracht, ist auf ihre symmetrische Anordnung zu achten, damit die Resultierende des Rammwiderstands in der Schwerachse der Tragbohle liegt und die Tragbohle nicht verläuft. Dabei sollen die Flügel so hoch über dem Bohlenfuß enden, daß beim Rammen eine gewisse Führung der Tragbohle erreicht wird.

Die Zwischenbohlen sollen so ausgebildet werden, daß sie sich Lageveränderungen möglichst gut anpassen und damit Abweichungen der Tragbohlen von der Soll-Lage im erforderlichen Maße folgen können. Bei Zwischenbohlen mit außenliegenden Schlössern (Z-Form) ist eine bessere Anpassung durch freies Drehen an größere Lageveränderungen der Tragbohlen von der Soll-Lage möglich. Bei Zwischenbohlen mit Schlössern auf der Achse (U-Form) ist eine Anpassung nur durch Deformation des Profils möglich. Sie müssen im übrigen gleichzeitig so gestaltet sein, daß später auch der waagerechte Durchhang unter der Belastung in erträglichen Grenzen bleibt.

Die Schloßverbindungen müssen gut gängig und ausreichend tragfähig sein (vgl. E 97). Es ist besonders darauf zu achten, daß zusammengehörende Schlösser richtig zueinander liegen und nicht verdreht sind.

8.1.18.5 Ausführen der Rammung

Es muß so gerammt werden, daß die Tragbohlen gerade, senkrecht bzw. in der vorgeschriebenen Neigung, parallel zueinander und in den planmäßigen Abständen eingebracht werden. Voraussetzung hierfür ist eine gute Führung der Bohlen für das Einstellen und Rammen sowie das Einhalten einer richtigen Rammfolge. Außerdem ist ein geeignetes, der Länge und dem Gewicht der Bohlen angepaßtes schweres, ausreichend steifes und gerades Führungs- und Rammgerät, das einen festen Stand und ausreichende Stabilität besitzt, erforderlich. Schwimmrammen sind nur unter besonders günstigen Bedingungen geeignet.

Weiter wird ein befriedigendes Ergebnis durch eine unverschiebliche Führungszange in möglichst tiefer Lage gefördert, wobei auf der Zange die Abstände der Tragbohlen – unter Berücksichtigung etwaiger Breitentoleranzen – durch aufgeschweißte Rahmen festgelegt sind. Außerdem soll der Bohlenkopf über die Rammhaube am Mäkler geführt werden, so daß dadurch die Bohle oben stets in Soll-Lage gehalten wird. Dabei ist zu beachten, daß das Spiel zwischen Bohle und Haube sowie zwischen Haube und Mäkler so gering wie möglich ist und bleibt.

Die Rammfolge der Tragbohlen ist so festzulegen, daß der Bohlenfuß an seinem Umfang gleichmäßig und niemals nur einseitig verdichteten Boden antrifft. Dies wird erreicht, wenn in nachstehender Reihenfolge gerammt wird:

1–7–5–3–2–4–6 (Großer Pilgerschritt).

Mindestens sollte aber als Reihenfolge eingehalten werden:

1–3–2–5–4–7–6 (Kleiner Pilgerschritt).

Im allgemeinen werden die Tragbohlen in einem Zuge auf volle Tiefe gerammt. Die Zwischenbohlen können anschließend der Reihe nach eingesetzt und gerammt werden.

Bei größeren Wassertiefen oder größeren freien Höhen kann auch unter Einsatz von lotrechten Führungen gerammt werden. Hierzu können z. B. Führungsgestelle aus Stahlkonstruktionen verwendet werden, die im Bedarfsfall in der Höhe und in der Breite den jeweiligen Verhältnissen angepaßt werden können. Sie sind seitlich mit Schloßteilen versehen, die zu den Tragbohlen passen. Um eine fluchtgerechte Wand zu erreichen, muß zusätzlich eine waagerechte Führung über dem Wasserspiegel vorgesehen werden.

Das Einrammen wird dann zweckmäßig wie folgt durchgeführt: In die erste, auf volle Tiefe eingerammte Tragbohle wird in Rammrichtung ein Führungsgestell eingefädelt und bis auf die Sohle herabgelassen oder fallweise an die Tragbohle gehängt. In dieses Führungsgestell wird dann die nächste Tragbohle eingefädelt, aber nur bis auf Staffeltiefe eingerammt. Anschließend wird ein zweites Führungsgestell eingebracht, in welches eine weitere Tragbohle eingefädelt und auf volle Tiefe gerammt wird. Dann erst wird die vorletzte Tragbohle auch auf Solltiefe nachgerammt. Nachdem die Führungsgestelle gezogen sind, können an deren Stelle die Zwischenbohlen eingebracht werden.

Bei spülfähigem, steinfreiem Boden können die Trag- und gegebenenfalls auch die Zwischenbohlen mit Spülhilfe gerammt werden. Hierbei sind die Spüleinrichtungen symmetrisch anzuordnen und seitlich gut zu führen. Durch sorgfältiges Handhaben ist einem Abweichen der Bohlen aus der Soll-Lage zu begegnen.

Die Sicherheit, eine fehlerfreie, geschlossene Wand zu erhalten, wird verbessert, wenn vor dem Rammen ein Graben so tief wie möglich hergestellt und damit die geführte Höhe der Wand vergrößert und ihre Einrammtiefe verkleinert wird.

Bei Geröllschichten sind – wenn sie nicht ausgekoffert werden können – Sondermaßnahmen erforderlich.

8.1.18.6 Beobachtungen während des Einbringens

Beim Aufstellen und Einbringen der Tragbohlen ist das Erreichen der Soll-Stellung durch geeignete Messungen ständig zu kontrollieren. Die richtige Ausgangsstellung und auch Zwischenstadien können z. B. mit zwei Theodoliten einwandfrei nachgeprüft werden, von denen je einer zur Kontrolle der Stellung in der y- bzw. der z-Richtung dient.

Wird ausnahmsweise nur mit Wasserwaagen gearbeitet, sind ausreichend lange Waagen, gegebenenfalls mit Richtscheit, einzusetzen. Die Kontrolle ist an verschiedenen Stellen zu wiederholen, um örtliche Unregelmäßigkeiten auszugleichen.

Nach Abschluß des Rammens und Ausbau der Führungen ist jede Bohle in ihrer eingebrachten Lage genau zu vermessen, um daraus die notwendigen

Folgerungen ziehen zu können. Bei größeren Abweichungen müssen die Füllbohlen entsprechend angepaßt werden, sofern nicht ein Ziehen und erneutes Einbringen der betreffenden Tragbohle unter besonderen Vorkehrungen erforderlich wird.

Über das Rammen jeder Tragbohle ist der „Kleine Rammbericht" gemäß DIN 4026, Abschn. 6.5 und nach Mustervordruck 1 zu führen.

8.1.19 Einbringen von gemischten (kombinierten) Stahlspundwänden durch Tiefenrüttler (E 105)

8.1.19.1 Allgemeines

Das in E 104, Abschn. 8.1.18.1 Gesagte gilt sinngemäß.

In Sanden jeden Kornaufbaus und jeder Lagerungsdichte – soweit sie nicht verkittet sind – können Spundbohlen mit Tiefenrüttlern abgesenkt werden. Eingelagerte weiche Torf- oder sandige Kleischichten begrenzter Dicke stören nicht nennenswert. Auch größere Schichtdicken lassen sich durchfahren, wenn sie durch Zusatzmaßnahmen – z. B. Einsatz von Hochdruckspüllanzen – ausreichend perforiert worden sind. In Sanden mit steinigen Einlagerungen ist Vorsicht geboten. In Kiesen ist ein Absenken nur mit besonders kräftiger Spülhilfe möglich. Dabei ist darauf zu achten, daß es nicht zu einer Ansammlung der im Spülstrom zuerst absinkenden gröberen Kornfraktionen unter der Rüttlerspitze kommt.

Das Rüttelverfahren soll aber nur angewendet werden, wenn die Wandelemente lotrecht eingebracht werden dürfen, was bei praktisch allen sehr hohen Ufereinfassungen sowohl betrieblich als auch konstruktiv zulässig und empfehlenswert ist.

Die Absenktiefe ist theoretisch unbegrenzt, in Wirklichkeit aber von der Höhe und der Tragfähigkeit des Tragegerüstes für die Geräte abhängig.

Die Abmessungen der Profile können unabhängig von sonst gegebenenfalls maßgebenden Rammbeanspruchungen gewählt werden.

Ein eventuell aufgebrachter Korrosionsschutz wird beim Einbringen schonend behandelt.

8.1.19.2 Wandformen

Das in E 104, Abschn. 8.1.18.2 Gesagte gilt sinngemäß.

8.1.19.3 Formen der Wandelemente

Das in E 104, Abschn. 8.1.18.3 Gesagte gilt sinngemäß.

8.1.19.4 Allgemeine Anforderungen an die Wandelemente

Abgesehen vom ersten Satz des zweiten Absatzes gilt E 104, Abschn. 8.1.18.4 sinngemäß. Darüber hinaus sollen eventuell erforderliche Fußflügel so angeordnet werden, daß sie den Einsatz der Tiefenrüttler und ein möglichst gleichmäßiges Lösen des Bodens im Bereich des Absenkelementes nicht stören.

8.1.19.5 Ausführen des Einrüttelns

Die Tragbohlen müssen so eingerüttelt werden, daß sie im endgültig einge-brachten Zustand gerade und senkrecht und damit parallel zueinander fluchtgerecht in den planmäßigen Abständen stehen.

Voraussetzung hierfür ist, daß die Tragbohlen in genauer Ausgangsposi-tion – oben durch eine Zange geführt – zentrisch an einem Tragegerät aufgehängt werden, damit das lotrechte Absenken frei hängend ohne weitere Zwangsfestlegung vor sich gehen kann. Dabei müssen die Rüttler (in der Regel 2, in besonderen Fällen aber auch 4) möglichst symmetrisch zum Profil angeordnet werden. Insbesondere ist auch auf die Symmetrie der Spülströme und ihre Intensität zu achten, wobei unter Umständen zusätzliche Spüldüsen erforderlich werden, deren Lage dann einwandfrei gesichert werden muß.

In offenen Gewässern muß die Strömung berücksichtigt werden. Wenn auch außerhalb der Stauwasserzeiten abgesenkt werden soll, muß für die Rüttler und die abzusenkende Tragbohle eine geeignete zusätzliche Führung vorgesehen werden.

Der Vorlauf der Rüttlerspitze vor der Unterkante der Tragbohle hängt vom Boden ab und schwankt zwischen 0 und etwa 1,5 m.

Über Wasser muß stets von einem festen Gerüst oder einer festen Plattform aus gearbeitet werden, weil sonst die erforderliche Genauigkeit nicht er-reicht werden kann.

Es wird so gearbeitet, daß die jeweils vorletzte Zwischenbohle vor der letzten Tragbohle eingebracht wird. Die jeweils letzte Zwischenbohle wird in die benachbarten Tragbohlen eingefädelt und so weit abgelassen, bis sie infolge der Schloßreibung nicht mehr tiefer rutscht. Dann wird sie auf volle Tiefe eingerammt.

Sollte eine mehrstündige Arbeitsunterbrechung notwendig werden, muß die letzte Tragbohle festgerüttelt werden, weil sie sich sonst im aufgelocker-ten Boden bewegen würde.

Beim genannten Arbeitsverfahren kann im allgemeinen eine hohe Maßge-nauigkeit erreicht werden, wenn die Bedingungen der freien Aufhängung und der Symmetrie erfüllt werden. Wenn fallweise eine Tragbohle schräg abläuft, wird sie durch mehrmaliges Anheben und Wiederablassen in ihrer Lage so lange verbessert, bis sie sich schließlich in maßgerechter Position befindet.

Im allgemeinen muß nach dem Absenken einer Tragbohle ihr Fußbereich 1 bis 2 m hoch gut verdichtet werden. Die übrigen Verdichtungsarbeiten zum Wiederherstellen oder Schaffen einer guten Lagerungsdichte werden anschließend in einem gesonderten Arbeitsgang ausgeführt.

Der Durchmesser des Absenktrichters an der Geländeoberfläche ist von Aufbau und Lagerungsdichte des Bodens abhängig und kann bis zu etwa 3 m betragen. Die Pfähle der Gerüste für die Tragegeräte sollten daher einen Achsabstand $\geq 4,5$ m von der Spundwand aufweisen, damit Nach-giebigkeiten der Gerüstpfähle möglichst vermieden werden. Außerdem empfiehlt es sich, die Gerüstpfähle tiefer als üblich einzubringen und den Überbau stärker als normal auszuführen. Weiter sollte das Gerüst häufig in seiner Höhen- und Seitenlage nachgemessen werden. Wird von einer Baugrubensohle aus abgesenkt, fährt das Gerät auf dieser Sohle. Der Abstand der Wand vom Böschungsfuß der Baugrube muß so groß gewählt werden, daß kein schädlicher einseitiger Erddruck wirksam werden kann.

8.1.19.6 Beobachtungen während des Einrüttelns

Die beiden ersten Absätze von E 104, Abschn. 8.1.18.6 gelten hier sinngemäß.

An Stelle des im dritten Absatz von E 104 Gesagten gelten die hierzu unter Abschn. 8.1.19.5 gemachten Aussagen und gestellten Forderungen.

Der vierte Absatz von E 104 wird nur angewendet, wenn die Tragbohlen wegen bindiger Schichten im tieferen Untergrund oder zur Aufnahme besonders hoher Axiallasten nachgerammt werden.

8.1.20 Schallarmes Einrammen von Spundbohlen und Fertigpfählen (E 149)

8.1.20.1 Allgemeines über Schallpegel und Schallausbreitung

Der Schallpegel aus dem Rammvorgang setzt sich aus verschiedenen Einzelpegeln zusammen, die sowohl vom Rammgerät und der Aufschlagfläche als auch vom Rammelement ausgehen.

Beim Einwirken verschiedener Schallpegel ist zu beachten, daß gleich laute Pegel den Gesamtschallpegel um 3 bis 10 dB (A) – (A) = Dezibel nach der A-Kurve – erhöhen, je nachdem, ob 2 bis 10 gleich laute Einzelpegel vorhanden sind. Bei unterschiedlich lauten Einzelpegeln wird demnach der Pegel der lautesten Einzelquelle nur unwesentlich erhöht.

Hieraus folgt, daß Maßnahmen gegen den Lärm nur dann wirkungsvoll sein können, wenn zunächst die lautstärksten Einzelpegel gemindert werden. Das Beseitigen schwächerer Einzelpegel bringt nur einen geringen Effekt für die Lärmminderung.

Bei idealer Feldausbreitung verringert sich der Schalldruck infolge Luftabsorption bei einer Verdoppelung der Entfernung um je 6 dB (A). Das beim Rammen auftretende Impulsgeräusch kann bei Entfernungen größer als 100 m über gewachsenem unebenem Gelände zusätzlich zum Ausbreitungsgesetz um rd. 5 dB (A) abnehmen. Hierbei wirkt sich die Minderung des Schalls durch Bodenabsorption infolge Geländeform, Bewuchs usw. aus. Umgekehrt muß beachtet werden, daß Schallreflexionen an Bauwerken oder dergleichen zu einer Erhöhung des Schallpegels führen können. Auch über Wasserflächen treten durch Überlagerungen infolge Reflexion Verstärkungen auf, die maximal 3 dB (A) erreichen können. Windströmungen können – je nach Richtung – die genannten Werte vergrößern oder verkleinern.

8.1.20.2 Vorschriften und Richtlinien

Besonders zu beachten sind folgende Vorschriften:

- Allgemeine Verwaltungsvorschrift zum Schutze gegen Baulärm – Geräuschimmissionen –. Die Bundes- und Landesvorschriften zum Schutze gegen Baulärm 1971, Carl Heymanns Verlag KG, Köln.

- Allgemeine Verwaltungsvorschrift zum Schutze gegen Baulärm – Emissionsmeßverfahren –. Die Bundes- und Landesvorschriften zum Schutze gegen Baulärm 1971, Carl Heymanns Verlag KG, Köln.

- Verordnung zur Durchführung des Imissionsschutzgesetzes (Lärmschutz bei Baumaschinen).

Die zulässigen Geräuschimmissionen sind nach Immissionsrichtwerten festgelegt, so beispielsweise 70 dB (A) für Gebiete, in denen nur gewerbliche oder industrielle Anlagen und nur Wohnungen von notwendigen Aufsichts- und Bereitschaftspersonen untergebracht sind. In Wohngegenden sind die zugelassenen Werte entsprechend geringer.

Der von der Baumaschine am Immissionsort erzeugte Schallpegel kann – je nach der durchschnittlichen täglichen Betriebsdauer – geringer als nach den sonstigen Richtwerten in Rechnung gestellt werden, so beispielsweise um 10 dB (A) bei bis zu $2^1/_2$stündiger Betriebsdauer. Aus dieser Korrektur ergibt sich dann der Beurteilungspegel, der dem Immissionsrichtwert gegenübergestellt wird.

Überschreitet der Beurteilungspegel den Immissionsrichtwert um mehr als 5 dB (A), sollen Maßnahmen zur Minderung der Geräusche angeordnet werden. Davon kann aber abgesehen werden, wenn durch den Betrieb von Baumaschinen infolge sonst ohnehin einwirkender Fremdgeräusche, die nicht nur gelegentlich auftreten, keine nennenswerten zusätzlichen Gefahren, Nachteile oder Belästigungen eintreten.

Das Emissionsmeßverfahren dient dazu, Geräusche von Baumaschinen erfassen und vergleichen zu können. Die Emission wird an mindestens vier gleichmäßig verteilten Punkten gemessen. Nach bestimmten Regeln wird der Emissionspegel ermittelt, der auf einen Bezugskreis von 10 m Radius bezogen wird.

Für verschiedene Baugeräte sind Emissionsrichtwerte bestimmt, deren Überschreitung nach dem Stand der Technik vermeidbar ist. Für Rammgeräte sind aber noch keine verbindlichen Richtwerte festgelegt.

8.1.20.3 Passive Lärmschutzmaßnahmen

Bei diesen wird der Lärm durch geeignete Maßnahmen daran gehindert, sich allseitig oder in bestimmten Richtungen auszubreiten. Dies wird durch Reflexion und/oder Absorption der Schallwellen erreicht.

Schallschirme verhindern die Schallausbreitung in bestimmten Richtungen. Schallmäntel umgeben die lautstarken Schallpegel vollständig und bringen Minderungen des Schallpegels um rd. 10 dB (A) in allen Richtungen.

Steif ausgebildete Schallmäntel werden als Schallkamine bezeichnet. Diese umhüllen Mäkler, Rammbär und Rammelemente und können den Emissionspegel bis zu 30 dB (A) senken.

8.1.20.4 Aktive Lärmschutzmaßnahmen

Bei diesen wird versucht, den Lärm erst gar nicht entstehen zu lassen oder ihn bei den Geräten so gering wie möglich zu halten. Vibrationsbäre usw. sind Beispiele hierfür.

Das hydraulische Einpressen von Spundbohlen kann in jedem Fall als geräuscharm eingestuft werden.

Zu den aktiven Maßnahmen zählen auch die Bauverfahren, die das Einbringen von Spundwänden oder Pfählen in den Untergrund erleichtern und somit den Energieaufwand beim Rammen verringern. Hierzu zählen Lockerungsbohrungen oder Lockerungssprengungen sowie Spülhilfen oder begrenzter Bodenaustausch im Bereich der zu rammenden Elemente.

Voraussetzung für das Anwenden obiger Maßnahmen ist allerdings, daß die Boden- und die baulichen Verhältnisse es zulassen.

8.1.20.5 Planung einer Rammbaustelle

Bei der Bauplanung sollte auch angestrebt werden, die Umweltbelästigung auf ein mögliches Mindestmaß zu verringern.

Die Zusage und das Einhalten nur kurzer Bauzeiten mit stärkeren Störungen und ausreichend langen lärmarmen oder lärmfreien Zeiten am Tag sollten angestrebt werden. Ein gewisser Leistungsabfall muß dafür in Kauf genommen und daher von vornherein einkalkuliert werden, wenn in der Ausschreibung darauf hingewiesen ist.

8.1.21 Rammen von Stahlspundbohlen und Stahlpfählen bei tiefen Temperaturen (E 90)

Bei Temperaturen über $0\,°C$ und normalen Rammbedingungen können Stahlspundbohlen aller Stahlsorten unbedenklich gerammt werden.

Muß bei tieferen Temperaturen gerammt werden, ist besondere Sorgfalt bei der Handhabung der Rammelemente sowie bei der Rammung geboten.

Bei rammtechnisch günstigen Böden kann noch bis etwa $-10\,°C$ gerammt werden, insbesondere, wenn St Sp S verwendet wird.

Besonders beruhigte Stähle, wie beispielsweise St 37-3 und St 52-3 nach DIN 17100, sind jedoch zu wählen, wenn eine schwierige Rammung mit hohem Energieaufwand zu erwarten ist und dickwandige Profile oder geschweißte Rammelemente eingesetzt werden.

Liegen noch tiefere Temperaturen vor, sind Stahlsorten mit besonderer Kaltverformbarkeit zu verwenden.

8.1.22 Sanierung von Schloßschäden an eingerammten Stahlspundwänden (E 167)

8.1.22.1 Allgemeines

Beim Rammen von Stahlspundbohlen oder durch andere äußere Einwirkungen können Schloßschäden auftreten. Die Gefahr ist jedoch um so geringer, je sorgfältiger und umsichtiger die Empfehlungen beachtet werden, die sich mit dem Entwurf und der Bauausführung von Spundwandbauwerken befassen. Auf folgende Empfehlungen wird hierzu besonders hingewiesen: E 34, Abschn. 8.1.7, E 73, Abschn. 7.5, E 97, Abschn. 8.1.9, E 98, Abschn. 8.1.10, E 104, Abschn. 8.1.18, E 105, Abschn. 8.1.19 und E 118, Abschn. 8.1.17.

In diesen Empfehlungen sind auch zahlreiche Möglichkeiten angesprochen, die sich mit einer Vorsorge befassen, um das Risiko einzuschränken.

Wenn trotzdem Schäden auftreten, ist es ein Vorteil des Baustoffs Stahl, daß diese mit verhältnismäßig einfachen Mitteln behoben werden können und die Sanierungsmöglichkeiten sehr anpassungsfähig sind.

8.1.22.2 Sanierung von Schloßschäden

Sind bereits aus dem Rammverhalten Schloßschäden in einem größeren Bereich zu erwarten und kann die Spundwand beispielsweise aus zeitlichen Gründen nicht wieder gezogen werden, kommt vor allem ein Sanieren durch großflächiges Verfestigen des Bodens hinter der Wand in Frage. Bei Dauerbauwerken sollten die Schloßschäden aber auch in der nachfolgenden Art zusätzlich gesichert werden.

Einzelne Schloßschäden werden nachträglich örtlich saniert, wobei sich die Arbeiten aber nur auf das Abdichten der Schloßschäden erstrecken können. Ein Wiederherstellen der statischen Wirksamkeit der Schlösser ist praktisch nicht möglich.

Die Art der Abdichtung von Schloßsprengungen hängt vor allem von der Größe der Schloßöffnung und vom Spundwandprofil ab. Hier haben sich verschiedene Methoden bewährt. Saniert wird im allgemeinen von der Wasserseite aus. Kleinere Schloßöffnungen können durch Holzkeile geschlossen werden. Größere Schäden können beispielsweise mit einem schnellbindenden Material – wie Blitzzement oder Zweikomponentenmörtel –, das in Säcken eingebracht wird, vorübergehend abgedichtet werden. Für eine Sicherung auf Dauer ist aber das völlige Überbrücken der Öffnung mit Stahlteilen erforderlich. Dies gilt insbesondere bei über die Kaiflucht hinausragenden Teilen einer schadhaften Spundwand. Für eine ausreichende und sichere Befestigung der vorgesetzten Stahlteile an der Spundwand ist dabei zu sorgen. Außerdem ist der Schadenbereich auszubetonieren, um ein späteres Ausspülen von Boden sicher zu verhindern. Der eingebrachte Beton ist eventuell zu bewehren, um ihn gegen Schiffsstoß unempfindlicher zu machen. Die zu treffenden Maßnahmen müssen wohlüberlegt werden, zumal sie auch recht kostenaufwendig sind. Im

Sohlbereich wird das Einbringen einer zusätzlichen Schutzschicht, z. B. von Schotter empfohlen, um Auskolkungen zu verhindern.

Die Arbeiten sind weitgehend unter Wasser und daher immer mit Taucherhilfe auszuführen. An die Fachkunde und die Zuverlässigkeit der Taucher sind daher sehr hohe Anforderungen zu stellen.

Die eingebauten Dichtungselemente müssen mindestens 0,5, besser aber 1,0 m unter die Entwurfstiefe (E 37, Abschn. 6.9) vor der Ufereinfassung reichen. Darin sollen auch zu erwartende Auskolkungen durch Strömungen im Hafenwasser oder infolge Schraubeneinwirkungen enthalten sein.

Anzustreben ist eine möglichst glatte Oberfläche der Spundwand auf der Wasserseite. Aus diesem Grunde sind beispielsweise vorstehende Bolzen nach dem Ausbetonieren der Schadenstelle abzubrennen, wenn sie ihre Aufgabe als Schalungselement erfüllt haben. Die Stahlbleche und die Spundwand sind durch Ankerelemente – sogenannte Steinklauen – mit dem Beton zu verbinden.

Bei Spundwandsanierungen sind der häufig auf der Landseite vorhandene Gurt sowie eine eventuell vorhandene Spundwandentwässerung einschließlich Kiesfilter zu berücksichtigen.

Die in den Bildern E 167-1 bis -4 skizzierten Lösungen für das Sanieren von Unterwasserbereichen haben sich in der Praxis bewährt, erheben aber keinen Anspruch auf Vollständigkeit. Schloßschäden an gemischten Spundwänden werden – soweit noch möglich – durch Hinterrammen von Zwischenbohlen (Bild E 167-4) und sonst von der Wasserseite aus nach Bild E 167-3 saniert.

Die Sanierungen nach den Bildern E 167-1 bis -3 setzen voraus, daß eine Behinderung der Sanierungsarbeiten durch ausfließenden Boden nicht

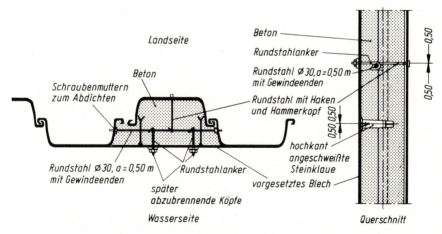

Bild E 167-1. Ausgeführtes Beispiel der Schadenbeseitigung bei einem kleinen Spalt

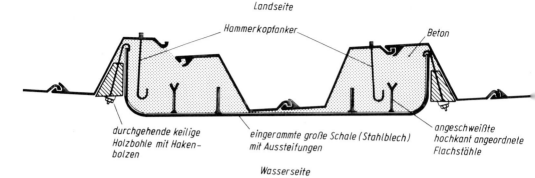

Bild E 167-2. Ausgeführtes Beispiel der Schadenbeseitigung bei einem großen Spalt

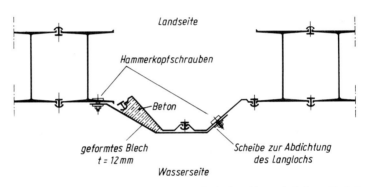

Bild E 167-3. Ausgeführtes Beispiel der Schadenbeseitigung bei einem Spalt in einer gemischten Spundwand

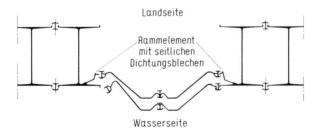

Bild E 167-4. Ausgeführtes Beispiel der Schadenbeseitigung durch Hinterrammung mit einem Rammelement bei einem Spalt in einer gemischten Spundwand

vorliegt, weil entweder kein innerer Überdruck herrscht oder die vorstehend beschriebenen temporären Abdichtungsmaßnahmen ausreichend stabilisierend wirken.

Sind solche temporären Abdichtungsmaßnahmen aus bodenmechanischen, technischen, wirtschaftlichen oder sonstigen Gründen nicht möglich, können, wie in Bild E 167-4 dargestellt, Rammelemente eingebaut werden, die alle erforderlichen Funktionen in sich vereinigen.

Bei Hinterrammung, beispielsweise nach Bild E 167-4 wird das Rammelement beim wasserseitigen Ausbaggern durch den inneren Überdruck gegen die intakten Teile der Spundwand gedrückt, wobei es sich sowohl um kombinierte Wände als auch um Wellenspundwände handeln kann.

Bei Vorrammung ist durch geeignete Maßnahmen sicherzustellen, daß der Fuß des Rammelements stets gegen die Tragbohle gedrückt wird, er also so nahe an der Tragbohle wie möglich verläuft. Vor dem Ausbaggern ist der Kopf des Rammelements an der Tragbohle zu befestigen, z. B. mit Hammerkopfschrauben. Dem Tragvermögen des Rammelements zwischen diesem oberen festen Auflager und dem unteren nachgiebigeren Erdauflager ist die Höhe des ersten Baggerschnitts anzupassen. Nach dessen Ausführung ist nun im freigelegten Bereich das Rammelement an der Tragbohle zu befestigen usw.

Während der Baggerarbeiten sind ständig Taucheruntersuchungen der sanierten Bereiche erforderlich. Mögliche örtliche Undichtigkeiten können durch entsprechend ausgedehnte Injektionen gedichtet werden.

8.1.23 Ausbildung und Bemessung von Rammgerüsten (E 140)

8.1.23.1 Allgemeines

Der Bau von Ufereinfassungen erfordert häufig Rammarbeiten. Sofern diese nicht von vorhandenem oder aufgespültem Gelände aus durchgeführt werden können, kommen folgende Möglichkeiten in Frage:

(1) Rammen von einem Rammgerüst aus,

(2) Rammen von einer Hubinsel aus und

(3) Rammen mit Schwimmramme.

Ein genaues Einbringen der Rammelemente ist von einem Rammgerüst und auch von einer Hubinsel aus möglich. Hubinseln sind technisch gut und gleichzeitig vielseitig einsetzbar. Wegen der hohen Kosten für den An- und Abtransport sowie für das Vorhalten – insbesondere bei längeren Wartezeiten – sind sie aber nicht immer wirtschaftlich. Ihr Einsatz kann allerdings zwingend werden, wenn bei geforderter großer Rammgenauigkeit ein Rammgerüst nicht angewendet werden kann. Im Normalfall ist der Einsatz eines geeigneten Rammgerüsts zweckmäßig. Durch die standfeste Fläche sind sowohl bei einem Rammgerüst als auch bei einer Hubinsel die gleichen Vorteile wie beim Rammen vom Land aus gegeben.

Rammen mit Schwimmramme setzt ruhiges Wasser voraus. Werden größere Rammgenauigkeiten gefordert, wirken sich Seegang, Strömung, Tidewechsel und Wind erschwerend aus.

8.1.23.2 Ausbildung des Rammgerüsts

Das Rammgerüst kann sowohl mit Stahl-, Holz- oder Stahlbetonpfählen hergestellt werden. Bei seiner Ausbildung ist – besonders aus wirtschaftlichen Gründen – folgendes zu beachten:

(1) Das Rammgerüst kann schwimmend gerammt werden. Die dabei zu erwartenden Ungenauigkeiten sind in der Konstruktion zu berücksichtigen. Gelegentlich ist eine Vorbaurammung – von einem vorhandenen Planum oder einem Rammgerüst aus – angebracht.

(2) Die Länge des Rammgerüsts ist auf den Rammfortschritt und auf Nachfolgearbeiten, für die das Rammgerüst von Nutzen sein kann, abzustimmen. Es wird mit dem nicht mehr benötigten und wiedergewonnenen Konstruktionsmaterial laufend weiter vorgestreckt. Die nicht mehr benötigten Gerüstpfähle werden gezogen. Falls dies auch bei Einsatz von Spüllanzen und Vibrationsgeräten nicht möglich ist, werden sie unterhalb der vorhandenen und der später geplanten Hafensohle gekappt. Hierbei sind die Baggertoleranzen und eventuell geplante spätere Hafenvertiefungen zu berücksichtigen.

(3) Für das Rammgerüst sollten statisch einfache Systeme und Konstruktionen gewählt werden, so daß ein mehrfaches Wiederverwenden der Bauteile ohne größeren Abfall möglich ist.

(4) Bei an der Hafensohle anstehendem gleichförmigem Feinsand ist die Kolkgefahr besonders zu beachten. Daher sollten hier die Rammtiefen von vornherein reichlich gewählt werden. Darüber hinaus ist die Sohle im Bereich der Gerüstpfähle während der Bauarbeiten laufend zu beobachten. Dies gilt vor allem bei stärkerer Strömung und eingefülltem Sand, beispielsweise bei Gründungen mit Bodenersatz. Entstehende Kolke sind dann umgehend mit Mischkies zu verfüllen.

(5) Die Pfähle des Rammgerüsts sind – je nach vorhandener Bodenart – in ausreichendem Abstand von den Bauwerkpfählen einzubringen, um zu vermeiden, daß sie beim Rammen der Bauwerkpfähle mitziehen. Bei bindigen Bodenschichten sind die durch das spätere Ziehen der Gerüstpfähle entstehenden Hohlräume im Boden – falls erforderlich – mit geeignetem Material zu verfüllen.

(6) In Landnähe liegende Rammgerüste können aus einer Pfahlreihe und einem an Land liegenden Auflager für die Fahrträger bestehen. Ohne Landverbindung werden die Rammgerüste mit zwei oder mehreren Pfahlreihen abgestützt. Dabei können auch Bauwerkpfähle mit benutzt werden.

Bild E 140-1 zeigt die kennzeichnende Ausführung eines Rammgerüsts für Senkrecht- und Schrägrammung mit Kranhilfe im Tidebereich.

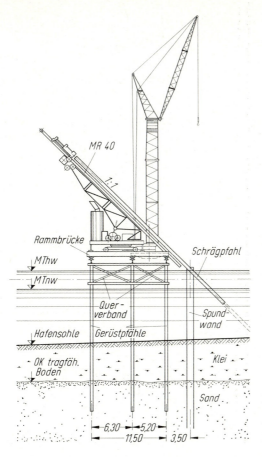

Bild E 140-1. Typisches Rammgerüst für Senkrecht- und Schrägrammung mit Kranhilfe im Tidebereich

Labels in figure: MR 40; 1:1; Rammbrücke; MThw; MTnw; Schrägpfahl; Quer-verband; Spund-wand; Hafensohle; Gerüstpfähle; OK tragfäh. Boden; Klei; Sand; 6,30; 5,20; 11,50; 3,50

8.1.23.3 Lastansätze und Bemessung

(1) Lasten aus der Ramme einschließlich der Rammbrücke

(1.1) Betriebszustände

Für die Ramme sind folgende Betriebszustände zu berücksichtigen:

a) Aufnehmen und Ansetzen des Rammelements.
   Hierbei arbeitet die Ramme als Kran, maßgebend ist DIN 15 018.
b) Einbringen des Rammelements.

Die größten Radlasten treten beim Betriebszustand a) auf. Die größten Stützspindellasten sind beim Betriebszustand b) vorhanden. Die beim Einbringen des Rammelements auftretenden waagerechten Lasten sind im allgemeinen durch die Lastansätze als Kran nach DIN 15 018 abgedeckt.

Die lotrechten und waagerechten Lasten aus der Ramme werden an die Rammbrücke abgegeben.

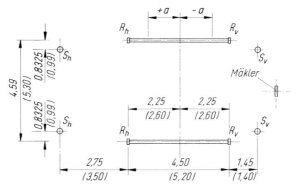

± a = Schwerpunktabstände
R_v, R_h = Räder vorne bzw. hinten
S_v, S_h = Stützspindeln vorne bzw. hinten

Bild E 140-2. Lage der Räder und der Stützspindeln bei den Rammen MR 40 und MR 60 (Klammerwerte für MR 60)

(1.2) Lotrechte Lasten

Die Rad- und Stützspindellasten der Rammen setzen sich aus dem Eigengewicht der Ramme, der Rammhaube, dem Rammbären und dem Pfahlgewicht zusammen. Für die in Deutschland bei Seebauten gebräuchlichen Menck-Rammen sind in Bild E 140-2 und in Tabelle E 140-1 die größten Rad- und Stützspindellasten für verschiedene Rammstellungen und Pfahlneigungen der Kranrammen MR 40 und MR 60 angegeben. Diese Werte können für das Vorberechnen von Rammgerüsten verwendet werden. Für die Ausführungsberechnungen werden die Rad- und Stützspindellasten unter Berücksichtigung der Lasten der zu rammenden Elemente am besten vom Hersteller der Rammen erfragt.

Der Eigenlastbeiwert ist nach DIN 15018 mit $\varphi = 1,1$ und der Hublastbeiwert mit $\psi = 1,2$ anzusetzen. Als Hublast gilt das Gewicht des aufzunehmenden Rammelements bei abgestecktem Bär.

(1.3) Waagerechte Lasten

Masseneinflüsse aus Beschleunigungen und aus Verzögerungen sowie Lasten aus Schräglauf sind nach DIN 15018 zu bestimmen.

Die Windlasten können DIN 1055, Teil 4 entnommen werden. In Seenähe ist wegen der dort auftretenden größeren Windlasten, abweichend von DIN 15018, Abschn. 4.2.1, die Staudrucklast im Betriebszustand fallweise höher als $q = 500$ N/m² anzusetzen.

(2) Verkehrslasten aus der Rammbrücke

(2.1) Lotrechte Lasten

Neben dem Eigengewicht der Rammbrücke und den lotrechten Lasten aus der Ramme sind außerhalb des Bereichs der Ramme für den Aufenthalt von Personen und für leichte Arbeitsgeräte 1 kN/m² anzusetzen. Für das Bemessen des Laufstegs selbst gilt DIN 15018. Sofern größere Lasten

Stellung der Ramme		lotrecht	6:1 nach hinten	2,5:1 nach hinten	1:1 nach hinten	10:1 nach vorn
Ramme MR 40						
Bärtyp MRB/Fallgewicht in t		600/6,75	600/6,75	500/5,0	500/5,0	600/6,75
Pfahlgewicht, max	[t]	12	12	8	3	12
Pfahllänge, max	[m]	23	23	19,2	19,2	23
Gegengewicht G	[t]	–	–	–	–	–
Arbeitsgewicht Q	[t]	78	55	57	60	78
Radlast, vorn R_v	[kN]	280	85	55	20	20
Radlast, hinten R_h	[kN]	110	20	20	20	130
Radlast, über Eck	[kN]	330	–	–	–	–
Stützspindellast, vorn S_v	[kN]	–	–	–	–	240
Stützspindellast, hinten S_h	[kN]	–	170	210	260	–
Schwerpunktabstand a	[m]	–0,98	2,59	3,40	4,30	–1,66
Ramme MR 60						
Bärtyp MRB/Fallgewicht in t		1000/10,0	1000/10,0	600/6,75	600/6,75	1000/10,0
Pfahlgewicht, max	[t]	20	20	12,5	4,5	20
Pfahllänge, max	[m]	28	28	22,4	22,4	28
Gegengewicht G	[t]	10	10	–	–	10
Arbeitsgewicht Q	[t]	134	98	99	104	134
Radlast, vorn R_v	[kN]	440	145	110	65	45
Radlast, hinten R_h	[kN]	230	45	45	45	240
Radlast, über Eck	[kN]	500	–	–	–	–
Stützspindellast, vorn S_v	[kN]	–	–	–	–	385
Stützspindellast, hinten S_h	[kN]	–	300	340	410	–
Schwerpunktabstand a	[m]	–0,81	3,20	3,87	4,75	–1,53

Tabelle E 140-1. Größte Rad- und Stützspindellasten der Rammen MR 40 und MR 60 mit 1:1 Einrichtung (Bild E 140-2)[1]

[1] Stellung der Ramme ∞:1 nach vorn: Bär oben am Mäkler abgesteckt, Pfahl hängt im Pfahlseil; Übrige Rammstellungen: Pfahl auf Boden, Bär auf Pfahl, Windlast 500 N/m².

auf der Rammbrücke gelagert werden sollen, sind diese bei der Bemessung besonders zu berücksichtigen.

Der Eigenlastbeiwert nach DIN 15018 ist mit $\varphi = 1{,}1$ anzusetzen.

(2.2) Waagerechte Lasten

Die waagerechten Lasten werden nach DIN 15018 ermittelt. Dabei ist anzunehmen, daß gleichzeitig mit der Rammbrücke auch die Ramme in Querrichtung auf der Brücke verfahren wird.

Zum Ansatz der Windlasten wird auf Abschn. 8.1.23.3 (1.3) verwiesen.

(2.3) Lasten aus dem Turmdrehkran

Hierfür gelten die Ausführungen nach Abschn. 8.1.23.3 (1) bzw. 8.1.23.3 (2) sinngemäß. Ramme und Turmdrehkran können unmittelbar nebeneinander arbeiten. Auch der Turmdrehkran kann auf einer fahrbaren Kranbrücke angeordnet werden.

(2.4) Belastungen des Rammgerüsts

Neben den Lasten aus der Ramme und der Rammbrücke sowie – wenn vorhanden – dem Turmdrehkran sind für das Rammgerüst (Gerüstpfähle und Verbände) die Windlasten sowie gegebenenfalls Strömungsdrucklast, Wellenschlag und Eisdrucklast anzusetzen. Sofern das Rammgerüst nicht vor Schiffberührung – z. B. von Pontons oder ähnlichen Geräten, mit denen die Rammelemente herangebracht werden – durch zusätzliche Maßnahmen (Schutzdalben) gesichert ist, sind Schiffstoßlasten und gegebenenfalls auch Pollerzuglasten von jeweils 100 kN in der Bemessung des Rammgerüsts und seiner Pfähle auch in ungünstigst möglicher Lage zu berücksichtigen.

8.1.23.4 Sicherheiten

Für die Berechnung der Rammbrücke ist DIN 15018 maßgebend. Da sie nur im Bauzustand benutzt wird, kann für den Lastfall HZ – bei Berücksichtigung der ungünstigsten Lastansätze – ein Überschreiten der zulässigen Spannungen um 10% und ein Unterschreiten der geforderten Sicherheiten der Stabilitätsfälle um 6% anerkannt werden. Größere Spannungsüberschreitungen dürfen nur im Einvernehmen mit der Bauaufsichtsbehörde zugelassen werden.

Beim Rammgerüst können für die ungünstigst möglichen Lastkombinationen die zulässigen Spannungen nach E 20, Abschn. 8.2.6 bei Lastfall 2 angewendet werden.

Für den Nachweis des sicheren Abtragens der Lasten in den Baugrund sind die Kennwerte des anstehenden Bodens in gleicher Weise zu berücksichtigen wie bei der zu erstellenden Ufereinfassung.

Die Sicherheiten der Pfähle gegen Erreichen der nach den jeweiligen Gegebenheiten und Erfahrungen festgelegten Grenzlast sollen betragen:

- für Druckpfähle $\quad \eta \geqq 1{,}5$,
- für Zugpfähle $\quad \eta \geqq 1{,}75$.

Bei diesen Sicherheiten muß jedoch das Verhalten der Gerüstpfähle beim

Rammen genauestens überprüft werden, damit gewährleistet ist, daß die Pfähle auch einwandfrei fest im Boden stehen. Außerdem sollen die Pfähle auch im Baubetrieb ausreichend häufig beobachtet werden.
Auf DIN 24096 wird hingewiesen.

8.1.24 Ausbildung geschweißter Stöße an Stahlspundbohlen und Stahlrammpfählen (E 99)

Diese Empfehlung gilt für Schweißstöße an Stahlspundbohlen und Stahlrammpfählen jeder Bauart.

8.1.24.1 Allgemeine Angaben

(1) Grundsätzliche Anforderungen

Bemessung, Konstruktion und Herstellung müssen der DIN 18800, Teil 1 und Teil 7 sowie der DIN 8563, Teil 3 entsprechen. Andere Vorschriften, wie die DS 804, können bei besonderen Beanspruchungen (E 20, Abschn. 8.2.6.1) maßgebend werden.

(2) Technische Unterlagen

Mit der Ausführung von Schweißstößen darf erst begonnen werden, wenn folgende technische Unterlagen vorliegen:

Geprüfte Festigkeitsberechnung mit Angabe der auftretenden und zulässigen Schweißnahtspannungen unter besonderer Berücksichtigung der Arbeitsbedingungen beim Herstellen des Stoßes in der Werkstatt oder unter der Ramme.

Ausführungszeichnungen mit Angaben über Grundwerkstoffe, Materialdicken, Nahtformen, Nahtabmessungen mit Bewertung und, falls erforderlich, Schweißpläne mit Angaben über Schweißverfahren, Schweißzusätze und Schweißfolgen sowie über die Prüfungen an den Schweißverbindungen. Eine eventuell vorgesehene Verfahrensprüfung muß vor der Ausführung abgeschlossen sein.

(3) Eignungsnachweise zum Schweißen

Für die Schweißarbeiten in der Werkstatt und auf der Baustelle muß die Eignung des Betriebs nachgewiesen werden. Im allgemeinen ist der „Große Eignungsnachweis" erforderlich.

8.1.24.2 Werkstoffe

(1) Grundwerkstoffe

Als Werkstoffe können Spundwandstahlsorten nach E 67 und die Stähle St 37 und St 52 verwendet werden, deren Schweißeignung in Abschn. 8.1.8.4 der E 67 erläutert ist.

Die eingesetzten Stahlsorten müssen zumindest durch ein Werkszeugnis nach DIN 50049, Ziff. 2.2 belegt sein, aus dem sowohl die mechanischen und technologischen Eigenschaften als auch die chemische Zusammensetzung hervorgehen.

(2) Schweißzusatzwerkstoffe
Die Schweißzusatzwerkstoffe sind unter Berücksichtigung der Vorschläge des Lieferwerks der Bohlen und Pfähle vom Schweißfachingenieur der ausführenden und für die Arbeiten zugelassenen Firma zu wählen.
Bei unberuhigten Stählen sind im allgemeinen basische Elektroden bzw. Zusatzwerkstoffe mit hohem Basizitätsgrad zu verwenden (Fülldraht, Pulver).

8.1.24.3 **Einstufung der Schweißstöße**

(1) Grundsätzliches
Der Stumpfstoß soll den Stahlquerschnitt der Bohlen und Rammpfähle möglichst vollwertig mit 100% ersetzen.
Der Prozentsatz der Stoßdeckung ist aber abhängig von der Bauart der Elemente, dem Kantenversatz an den Stoßenden und den Gegebenheiten auf der Baustelle (Tabelle E 99-2).
Wird mit dem Stumpfnahtquerschnitt der Stahlquerschnitt der Bohlen bzw. Pfähle nicht erreicht und ist aus statischen Gründen ein vollwertiger Stoß notwendig, sind Laschen oder Zusatzprofile anzuwenden.

(2) Zulässige Spannungen in den Stumpfnähten
Für beruhigte Stähle der Gütegruppe 2 und 3 sowie für unberuhigte Stähle mit Wanddicken $\leq$ 12,5 mm kann mit folgenden zulässigen Spannungen gerechnet werden, wenn die Freiheit von Rissen, Binde- und Wurzelfehlern mit Durchstrahlungs- oder Ultraschalluntersuchungen nachgewiesen ist.
Wird die Nahtgüte nicht durch die angegebenen Untersuchungen nachgewiesen, sind die Tabellenwerte bei St Sp 37, St 37 und St Sp 45 um 15% und bei St 52-3 und St Sp S um 30% zu vermindern.
Für unberuhigte Stähle mit Wanddicken > 12,5 mm sind die Tabellenwerte auf die Hälfte zu vermindern.

Lastfälle nach E 18	Spundwandstähle nach E 67 und Stähle nach DIN 17 100		
	St Sp 37 St 37-2 St 37-3	St Sp 45 –	St Sp S St 52-3
	Zulässige Spannungen in den Stumpfnähten in MN/m^2		
Lastfall 1 Zug und Biegezug	160	180	240
Lastfall 2	Zuschlag	+ 15%	Zu den Spannungen
Lastfall 3		+ 30%	nach Lastfall 1

Tabelle E 99-1. Zulässige Spannungen in den Stumpfnähten.

Bauart der Spundbohlen bzw. Pfähle		Stoßdeckung in % Zulage,	
		in der Werkstatt	unter der Ramme
a) Rohre, endkalibrierte Stoßenden, durchgeschweißte Wurzel		100	100
b) Pfähle aus I-förmigen Profilen, Kastenspundbohlen Querschnittsschwächung durch das Ausnehmen der Kehlen		80–90	80–90
c) Bohlen	Einzelbohlen	100	100
	Doppelbohlen Schloßbereich nur mit einseitiger Schweißung U-Bohlen Z-Bohlen	90 80	∼ 80 ∼ 70
d) Kastenpfähle aus Einzelprofilen Einzelprofil stoßen, dann Zusammenbau Kastenpfahl stoßen		100 70–80	50–70

Tabelle E 99-2. Stoßdeckung in %.

(3) Stoßdeckung
Die Stoßdeckung wird in Prozent ausgedrückt und ist das Verhältnis zwischen Stumpfnahtquerschnitt zum Stahlquerschnitt der Bohlen bzw. Pfähle.

8.1.24.4 Ausbildung der Schweißstöße
(1) Vorbereitung der Stoßenden
Der Zuschnitt des zu verschweißenden Profils ist winkelrecht zur Stabachse in eine Ebene zu legen, eine Versetzung im Stoß ist zu vermeiden. Auf eine Kongruenz der Querschnitte und bei Spundbohlen auch auf gute Gängigkeit der Schlösser ist besonders zu achten. Breiten- und Höhenunterschiede sollen innerhalb ± 2 mm liegen, so daß ein max. Schweißkantenversatz von 4 mm nicht überschritten wird.
Bei Hohlpfählen, die aus mehreren Profilen zusammengeschweißt werden, empfiehlt es sich, die benötigte Pfahllänge zunächst in voller Länge herzustellen und mit entsprechender Kennzeichnung dann in Verarbeitungslängen (z. B. für den Transport, für das Rammen usw.) zu trennen.
Die für den Stumpfstoß vorgesehenen Enden sind auf rd. 500 mm Länge auf Dopplungen zu prüfen.

(2) Schweißnahtvorbereitung

In der Werkstatt werden Stumpfnähte im allgemeinen als V- oder als Y-Naht ausgebildet. Die Naht ist an beiden Teilen des Stumpfstoßes entsprechend vorzubereiten.

Muß an gerammten Stahlspundbohlen oder Stahlrammpfählen ein Stumpfstoß ausgeführt werden, ist zunächst ein Trennschnitt unter dem Kopfende des gerammten Elements gemäß E 91, Abschn. 8.1.25 auszuführen. Das Aufsatzstück wird für eine Stumpfnaht mit oder ohne Kapplage vorbereitet.

(3) Ausführung der Schweißung

Alle zugänglichen Seiten des gestoßenen Profils werden voll angeschlossen. Soweit möglich, werden die Wurzeln ausgeräumt und mit Kapplagen gegengeschweißt.

Wurzellagen, die nicht mehr zugänglich sind, erfordern eine hohe Paßgenauigkeit der zu stoßenden Profile und eine sorgfältige Nahtvorbereitung.

Die Schweißnahtfolge ist von verschiedenen Faktoren abhängig. Es ist besonders darauf zu achten, daß Überlagerungen von Zugeigenspannungen aus dem Schweißvorgang mit Zugspannungen aus dem Betriebszustand vermieden werden.

8.1.24.5 Besondere Einzelheiten

(1) Stöße sind möglichst in einen niedrig beanspruchten Querschnitt zu legen. Betragen die Schweißnahtspannungen benachbarter Bohlen mehr als 50% der zulässigen Spannungen, sind die Stöße um mindestens 1000 mm zu versetzen.

(2) Beim Stoßen von I-förmigen Profilen sind die Kehlbereiche des Stegs auszunehmen. Die Ausnehmung soll in der Form einem zum Flansch offenen Halbkreis mit einem Durchmesser von 35–40 mm entsprechen und ausreichen, den Flansch mit Kapplage voll durchzuschweißen. Die Wandungen der Ausnehmungen müssen nach Fertigstellen der Schweißung kerbfrei bearbeitet werden.

(3) Sind zur Stoßdeckung aus statischen Gründen Flanschlaschen erforderlich, sollen folgende Regeln eingehalten werden:

a) Die Laschen sollen um nicht mehr als 20% dicker sein als die überlaschten Profilteile, höchstens jedoch 25 mm dick.

b) Die Laschen sollen in ihrer Breite so ausgelegt werden, daß sie auf den Flanschen rundum ohne Endkrater verschweißt werden können.

c) Die Enden der Laschen sollen vogelzungenförmig auslaufen, wobei das Ende unter einer Neigung von 1:3 auf $1/3$ der Laschenbreite verjüngt wird.

d) Vor dem Auflegen der Lasche ist die Stumpfnaht blecheben abzuschleifen.

e) Zerstörungsfreie Prüfungen müssen vor dem Auflegen der Laschen abgeschlossen sein.

(4) Werden Stumpfstöße im Betrieb entsprechend E 20, Abschn. 8.2.6, nicht vorwiegend ruhend beansprucht, sind Überlaschungen tunlichst zu vermeiden.

(5) Sind Stumpfstöße planmäßig vorgesehen, z. B. aus Gründen des Transports oder der Rammtechnik, sollten nur beruhigte Stähle verwendet werden.

(6) Stumpfstöße unter der Ramme sind aus wirtschaftlichen Gründen und wegen etwaiger Witterungseinflüsse, die sich auf die Schweißung nachteilig auswirken können, soweit wie möglich zu beschränken.

(7) Sind bei Spundwandbauwerken schweißtechnisch bedingte Undichtigkeiten vorhanden, durch die der dahinterliegende Boden ausfließen kann, ist für eine werkstoffgerechte Abdichtung solcher Stellen zu sorgen (E 117, Abschn. 8.1.26).

8.1.25 Abbrennen der Kopfenden gerammter Stahlprofile für tragende Schweißanschlüsse (E 91)

Erhalten gerammte Stahlspundbohlen oder Stahlpfähle an ihrem Kopfende tragende Schweißanschlüsse (z. B. Schweißstöße, tragende Kopfausrüstungen und dergleichen), dürfen diese nicht in Bereichen mit Rammverformungen angebracht werden. In solchen Fällen sind die Kopfenden unterhalb der Verformungsgrenze abzutrennen oder die Schweißnähte außerhalb des Verformungsbereichs anzuordnen.

Durch diese Maßnahme soll verhindert werden, daß sich etwaige Versprödungen auf die tragenden Schweißanschlüsse nachteilig auswirken.

8.1.26 Wasserdichtheit von Stahlspundwänden (E 117)

8.1.26.1 Allgemeines

Wände aus Stahlspundbohlen sind wegen des erforderlichen Spielraums in den Schloßverbindungen nicht absolut wasserdicht, was im allgemeinen aber auch nicht erforderlich ist. Der Grad der Dichtheit ist bei den werksseitig eingezogenen Schlössern (W-Schlössern) meistens geringer als bei den Baustellen-Fädelschlössern (B-Schlösser), die sich im Einrammbereich zum Teil mit Boden zusetzen. Eine fortschreitende Selbstdichtung (natürliche Dichtung) infolge Korrosion mit Verkrustung sowie bei sinkstoffführendem Wasser durch das Ablagern von Feinteilen kann im allgemeinen im Laufe der Zeit erwartet werden.

8.1.26.2 Unterstützung der natürlichen Dichtung

Der natürliche Dichtungsvorgang kann – wenn nötig – bei einseitigem Wasserüberdruck und frei im Wasser stehenden Wänden, z. B. bei einer Baugrubenumspundung, durch Einschütten von Dichtungsstoffen, wie

beispielsweise Kesselschlacke usw., unterstützt werden, soweit die Schloßfugen ständig unter Wasser stehen und die Dichtungsstoffe unmittelbar
an den Schloßfugen ins Wasser geschüttet werden.

Beim Leerpumpen von Baugruben sind anfangs besonders hohe Pumplei-
stungen erforderlich, damit eine möglichst hohe Spiegeldifferenz zwischen
Außen- und Innenwasser eintritt.

Dabei legen sich die Schlösser gut ineinander. Außerdem wird dadurch
ein genügend starker Wasserzufluß nach dem Baugrubeninnern und damit
ein wirksames Einspülen der Dichtungsstoffe in die Schloßfugen erreicht.
Die Kosten für das Dichten bzw. das Pumpen sind dabei aufeinander
optimal abzustimmen. Bei von den Seiten wechselndem Wasserüberdruck
und bei Bewegungen der Spundwand im freien Wasser durch Wellenschlag
oder Dünung usw. führt das Einspülverfahren jedoch zu keinem bleiben-
den Erfolg.

8.1.26.3 Künstliche Dichtungen

Spundwandschlösser lassen sich sowohl vor als auch nach dem Einbau
künstlich dichten.

(1) Dichtungsverfahren vor dem Einbau der Spundbohlen:

a) Verfüllen der Schloßfugen mit einer dauerhaften, ausreichend plastischen Masse, und zwar der W-Schlösser im Werk und der B-
   Schlösser im Werk oder auf der Baustelle.

b) Eine deutliche Verbesserung der Wasserdichtheit wird durch Appli-
   zieren der B- und W-Schlösser im Werk mit einer dauerhaften
   elastischen profilierten Dichtung, die fest auf der Oberfläche haftet,
   erreicht.
   Bei diesem Verfahren können auch später nicht mehr zugängliche
   B-Schlösser gedichtet werden, z. B. unterhalb der Baugruben- oder
   Gewässersohle. Bezüglich der Lage der gedichteten Fuge wird auf
   c) verwiesen.
   Bei beiden Dichtungsarten ist die erzielbare Dichtheit der Schlösser
   abhängig vom Wasserüberdruck und vom Einbringverfahren. Rammen beansprucht die Dichtung wenig, da die Bewegung der Bohle
   im Schloß nur in einer Richtung stattfindet. Bei Vibration ist die
   Beanspruchung größer, abhängig von der gewählten Frequenz. Es
   ist dabei nicht auszuschließen, daß infolge Reibung und Temperaturentwicklung die Dichtung beschädigt wird.

c) Schloßfugen der W-Schlösser werden dicht geschweißt, und zwar
   im Werk oder auf der Baustelle. Um beim Einbauvorgang Risse in
   der Dichtnaht zu vermeiden, sind Zusatznähte erforderlich, z. B.
   beidseitig am Kopf und am Fuß des Einbauelements sowie Gegen-
   nähte im Bereich der Dichtnaht. Die Dichtnaht muß auf der richtigen Seite der Spundwand liegen, z. B. bei Trockendocks und Schleusen auf der Luft-/Wasserseite.

(2) Dichtungsverfahren nach dem Einbau der Spundwand:

a) Verstemmen der Schloßfugen mit Holzkeilen (Quellwirkung), mit Gummi- oder Kunststoffschnüren, rund oder profiliert, mit einer quell- und abbindefähigen Stemmasse, z. B. Fasermaterial mit Zement versetzt.

Die Schnüre werden mit einem stumpfen Meißel eingestemmt. Handliche Lufthämmer haben sich dabei bewährt.

Die Verstemmarbeiten können auch bei wasserführenden Schlössern ausgeführt werden. B-Schlösser lassen sich im allgemeinen besser dichten als gepreßte W-Schlösser.

Vor dem Verstemmen ist die Schloßfuge von anhaftenden Bodenteilen zu säubern.

b) Die Schloßfugen werden dichtgeschweißt. In der Regel sind es nur die B-Schlösser, da die W-Schlösser bereits vor dem Einbau der Bohlen dichtgeschweißt wurden, siehe Abschn. 8.1.26.3 (1) c).

Ein umittelbares Verschweißen der Fuge ist bei trockenen und entsprechend gesäuberten Fugen möglich. Wasserführende Fugen sollten mit einem Flach- oder Profilstahl abgedeckt werden, der mit zwei Kehlnähten an die Spundwand geschweißt wird. Mit diesem Verfahren kann eine völlig wasserdichte Spundwand hergestellt werden.

c) Am fertigen Bauwerk können an den zugänglichen Fugen oberhalb des Wasserspiegels jederzeit Kunststoffdichtungen eingebaut werden. Dabei ist darauf zu achten, daß die Flanken der Kunststoffdichtung auf trockener Oberfläche aufgebracht werden. Das kann erreicht werden, wenn zuvor eine provisorische Dichtung der Fugen hergestellt wird.

Bei Kastenspundwänden mit Doppelschlössern kann auch durch Auffüllen der geleerten Zellen mit einem geeigneten abdichtenden Material, z. B. mit Unterwasserbeton, eine Abdichtung erreicht werden.

Besonders erwähnt sei auch, daß in wenig wasserdurchlässigen Schichten nicht gedichtete Schlösser wie senkrechte Dräns wirken. Bei größeren Wasserspiegelunterschieden und vor allem bei möglichen Welleneinwirkungen sind die Schlösser besonders sorgfältig zu dichten, wenn hinter der Spundwand Feinsand oder Grobschluff anstehen, die mangels Bindigkeit durch die Spielräume der Schlösser leicht ausgewaschen werden können.

8.1.26.4 Abdichten von Durchdringungsstellen

Abgesehen von der Dichtheit der Schlösser ist auf ein ausreichendes Abdichten der Durchdringungsstellen von Ankern, Gurtbolzen und dergleichen besonders zu achten.

Blei- oder Gummischeiben sind jeweils zwischen Spundwand und Unterlagsplatten sowie zwischen Unterlagsplatte und Mutter anzuordnen. Um die Dichtungsscheiben nicht zu beschädigen, muß der Anker mittels Spannschloß und der Gurtbolzen mit der Mutter auf der Gurtseite angespannt werden.

Die Löcher in der Spundwand für die Gurtbolzen und gegebenenfalls auch für die Anker sind sauber zu entgraten, damit die Unterlagsplatte satt anliegt.

8.1.27 Ufereinfassungen in Bergsenkungsgebieten (E 121)

8.1.27.1 Allgemeines

Bei der Planung sind die zu erwartenden Bodenbewegungen und ihre Veränderungen im Laufe der Zeit zu berücksichtigen. Hier sind zu unterscheiden:

a) Bewegungen in senkrechter Richtung, Senkungen und

b) Bewegungen in waagerechten Richtungen.

Da die Bewegungen in der Regel zeitlich unterschiedlich aufeinanderfolgen, können sich Senkungen, Schiefstellungen, Verdrehungen, Zerrungen oder Pressungen auch in wechselnder Folge ergeben.

Bei örtlichen Senkungen bleibt der Grundwasserspiegel in seiner Höhenlage im allgemeinen unverändert. Dies gilt auch für den Wasserspiegel in Schiffahrtskanälen.

Vor einer Bauabsicht ist – sofern der geplante oder laufende Abbau bekannt ist – das den Bergbau führende Unternehmen möglichst frühzeitig zu unterrichten. Es ist ihm die Planung vorzulegen und ihm anheimzustellen, Sicherungsmaßnahmen vorzuschlagen und einbauen zu lassen oder Kosten zur Beseitigung von eventuellen Schäden aus dem Abbau zu übernehmen.

Schadensstellen und -umfang sind aber im allgemeinen nicht eindeutig voraussehbar. Wenn das zuständige Bergbauunternehmen nicht bereit ist, Maßnahmen gegen etwaige Bergschäden von vornherein zu übernehmen oder sie nicht für nötig hält, kann dem Bauherrn nicht empfohlen werden, irgendeinen Mehraufwand für Sicherungen vorweg zu tätigen. Es wäre aber falsch, besonders bergschädenanfällige oder schwer instand setzbare Ausführungsarten zu wählen, wenn in späterer Zeit Bergbaueinwirkungen zu erwarten sind. Hierzu sei erwähnt, daß massive Ufereinfassungen durch Zerrungen und Pressungen sowie durch Verdrehungen häufig stark beschädigt wurden. Dagegen wurden nennenswerte Schäden an Bauwerken aus wellenförmigen Stahlspundbohlen bisher nicht festgestellt. Solche Bauwerke können daher für Ufereinfassungen in Bergsenkungsgebieten generell empfohlen werden. Hierbei sind für Planung, Entwurf, Berechnung und Bauausführung vor allem die folgenden Hinweise zu berücksichtigen.

8.1.27.2 Hinweise für die Planung

Die Größe der zu erwartenden Bodenbewegungen ist vom zuständigen Bergbauunternehmen zu erfragen. Hieraus folgt die Festlegung der Höhenkoten und der Lastannahmen.

Die Bewegungen in senkrechter Richtung können es notwendig machen, die Oberkante der Ufereinfassung um das voraussichtliche Senkungsmaß höher anzuordnen oder aber nach der Senkung die Wand aufzuhöhen. Wenn über die Länge der Uferwand unterschiedliche Bergsenkungen zu erwarten sind – worüber die Markscheider recht zuverlässige Voraussagen geben können – ist bei nicht vorgesehenem späteren Aufhöhen die Oberkante der Uferwand unterschiedlich hoch – entsprechend dem voraussichtlichen örtlichen Senkungsmaß – also mit Gefälle auszuführen. Dabei ergibt sich im Endzustand eine weitgehend waagerechte Oberkante. Häufig ist es aber zweckmäßiger, die Ufereinfassung erst in späteren Jahren aufzuständern. Hier sollten jedoch schon beim Entwurf die damit verbundenen Lasterhöhungen für Spundwand und Verankerung berücksichtigt werden, um nachträgliche, meist sehr aufwendige Verstärkungen zu vermeiden. Auch der Ansatz des Wasserüberdruckes ist für alle Stadien der Aufständerung genau zu erfassen und zu berücksichtigen.

Zerrungen und Pressungen in Richtung der Ufereinfassung wirken sich bei wellenförmigen Spundwänden im allgemeinen nicht schädlich aus, da der Ziehharmonika-Effekt ein Anpassen des Bauwerkes an die Bodenbewegungen ermöglicht.

Pressungen quer zur Ufereinfassung bewirken eine vernachlässigbar geringe Verschiebung der Wand zur Wasserseite. Zerrungen quer zur Ufereinfassung führen nur dann zu größeren Überbeanspruchungen der Anker, wenn sich durch überlange Anker eine unnötig große Standsicherheit in der tiefen Gleitfuge ergibt. Dies kann auch bei überlangen, sehr festsitzenden Ankerpfählen der Fall sein. Die Hafensohle vor der Uferwand soll nicht tiefer als vorübergehend unbedingt nötig ausgebaggert werden, damit die freie Höhe der Uferwand jeweils so klein wie möglich bleibt.

8.1.27.3 Hinweise für Entwurf, Berechnung und Bauausführung

Die Uferspundwand erfordert über die Berücksichtigung der Zwischenzustände und des Endzustands hinaus im allgemeinen keine Überbemessung, es sei denn, eine solche würde vom Bergbauunternehmen gefordert und bezahlt. Letzteres gilt auch für den Stahlbetonholm und seine Bewehrung, sofern er nach der Bergsenkung noch über Wasser bleibt. Etwaige Schadensstellen können dann leichter abgebrochen und ausgebessert werden. Um eine möglichst geringe Empfindlichkeit der Konstruktion gegen Bergbaueinwirkungen zu erhalten, soll der Überankerteil der Spundwand klein und damit Verankerung und Gurt möglichst knapp unter der Oberkante der Spundwand angeordnet werden, weshalb – vor allem bei zu erwartenden Zerrungen – von einer Abminderung der Spundwandmomente infolge Erddruckumlagerung abgesehen werden sollte.

Für die Uferspundwand können die Stahlsorten nach E 67, Abschn. 8.1.8 gewählt werden, für Gurt und Holm die Stahlsorten RSt 37-2, St 37-3 oder St 52-3 nach DIN 17100. Letzteres gilt auch für die Verankerung. Wird sie als Rundstahlverankerung ausgeführt, sind Ankeraufstauchungen im Gewindebereich zulässig, wenn die Forderungen gemäß E 20, Abschn. 8.2.6.3 erfüllt werden. Aufgestauchte Rundstahlanker bieten die Vorteile, daß sie über einen größeren Dehnweg und eine größere Biegeweichheit verfügen als Rundstahlanker ohne Aufstauchung im Gewindebereich und sind außerdem leichter im Einbau und billiger.

Beim Liefern der Spundbohlen ist auf das Einhalten der Schloßtoleranzen nach E 97, Abschn. 8.1.9 besonders zu achten.

Die Bewegungsmöglichkeiten der Spundwand werden in waagerechter Richtung nicht beeinträchtigt, wenn die Schloßfugen beispielsweise aus Gründen der Wasserdichtheit verschweißt werden. Das Schloßverschweißen behindert jedoch die lotrechte Bewegungsmöglichkeit der Spundwand. Diese kann aber noch ausreichend erhalten bleiben, wenn die Schloßfugen nur in bestimmten Abständen verschweißt werden. Um auch in diesen Fugen die Wasserdichtheit sicherzustellen, erhalten sie vor dem werksseitigen Zusammenziehen eine elastische, profilierte Dichtungsmasse eingelegt, die lotrechte Bewegungen nicht behindert.

Zugängliche Schloßfugen können auch auf der Baustelle abgedichtet werden, in dem beispielsweise vor der Fuge eine elastische Dichtungsmasse eingebaut wird, die durch eine Blechkonstruktion, die senkrechte Bewegungen nicht behindert, gestützt wird. Bei den übrigen Bauteilen sind Schweißkonstruktionen möglichst zu vermeiden, wenn sie die Bewegungsmöglichkeiten der Spundwand beeinträchtigen.

Obige Überlegungen gelten sinngemäß auch für das Zusammenspiel von Bauteilen aus Stahlbeton mit der Spundwand. Insbesondere darf durch massive Bauteile die Verformungsmöglichkeit der Spundwand nicht eingeschränkt werden. Uferwand und Kranbahn sind getrennt voneinander auszubilden und zu gründen, damit unabhängige Setzungs- und Regulierungsmöglichkeiten gegeben sind. Gleiches gilt für einen Stahlbetonholm, dessen Bewegungsfugen je nach Größe der zu erwartenden unterschiedlichen Senkungen in etwa 8 bis 12 m Abstand angeordnet werden. Wird die Kranbahn nicht mit Schwellenrost gemäß E 120, Abschn. 6.25.2.1 (2) gegründet, sondern aus Stahlbeton hergestellt, sind die Stahlbetonbalken zur Spurhaltung durch kräftige Zerrbalken miteinander zu verbinden.

Auf Schleifleitungskanäle wird zweckmäßig verzichtet und besser mit Schleppkabeln gearbeitet.

Gurte aus 2 U-Stählen sind anderen Ausführungen vorzuziehen, da die Gurtbolzen bei dieser Ausbildung Verformungen leichter mitmachen können. Sie sind reichlich zu bemessen und derart herzustellen, daß später keine Gurtverstärkungen erforderlich werden.

Für die Beweglichkeit in Längsrichtung der Wand sollen in den Stößen der Gurte und Stahlholme Langlöcher angeordnet werden. Ersatzweise

sind vergrößerte Löcher auszuführen und diese sorgfältig mittels Zirkel-
brenner herzustellen. Sie sind, soweit erforderlich, nachzuarbeiten, um
Kerben, die Anrisse im Stahl auslösen können, zu vermeiden bzw. zu
beseitigen.

Muß eine Wand nachträglich aufgeständert werden, sollte dies bereits
beim Entwurf der Holmkonstruktion berücksichtigt werden (einfache De-
montage).

Ankeranschlüsse in einem Holmgurt sind zu vermeiden.

Zu empfehlen sind waagerechte oder flachgeneigte Verankerungen, damit
unterschiedliche Setzungen von Verankerungen und Wand im Zuge der
Bergsenkungen möglichst geringe Zusatzspannungen auslösen. Die Ankeranschlüsse sind einwandfrei gelenkig auszubilden. Die Endgelenke sind
möglichst im wasserseitigen Tal des Spundwandprofils anzuordnen, damit
sie zugänglich sind und leicht beobachtet werden können.

8.1.27.4 Bauwerksbeobachtungen

Uferbauwerke in Bergsenkungsgebieten bedürfen regelmäßiger Beobachtungen und Kontrollmessungen. Wenn auch der Bergbau für etwaige
Schäden aufzukommen hat, bleibt doch der Eigentümer der Anlage für
deren Sicherheit verantwortlich.

**8.1.28 Einrütteln wellenförmiger Stahlspundbohlen
(E 202)**

8.1.28.1 Allgemeines

Zum Einrütteln werden Vibrationsbäre eingesetzt. Diese erzeugen durch
gegenläufig synchron rotierende Unwuchten vertikal gerichtete Schwingungen. Der Vibrator ist durch Klemmzangen fest mit dem Rammgut zu
verbinden, wodurch der Boden zum Mitschwingen angeregt wird, wenn
die Schwingungen und Frequenzen richtig gewählt sind. Dabei können
in nichtbindigen Böden die Mantelreibung und der Spitzenwiderstand
erheblich reduziert werden.

Eine gute Kenntnis über das Zusammenwirken von Vibrationsbär, Rammgut und Boden ist für die Planung des Einsatzes eine wichtige Voraussetzung.

In E 118, Abschn. 8.1.17.3 und E 154, Abschn. 1.14.3.2 wird auf Boden-
und Rammguteinflüsse hingewiesen.

Infolge der Auswirkungen der Vibration ist die Anwendung der Empfehlungen für schlagendes Einbringen beim Einsatz eines Vibrationsbärs nur
bedingt möglich. Dies gilt im besonderen, wenn eingerüttelte Elemente im
Betrieb auf Zug und/oder Druck belastet werden sollen.

8.1.28.2 Begriffe, Kenndaten für Vibrationsbäre

Wesentliche Begriffe und Kenndaten sind:

(1) Antriebsart

- elektrisch
- hydraulisch
- elektrohydraulisch.

(2) Antriebsleistung P [kW]

Sie bestimmt letztlich die Leistungsfähigkeit der Bäre. Es sollten mindestens 2 kW pro 10 kN Fliehkraft zur Verfügung stehen.

(3) Wirksames Moment M [kg m]

Dieses ist das Produkt aus der Gesamtmasse m der Unwuchten, multipliziert mit dem Abstand r des Schwerpunktes der einzelnen Unwucht von ihrer Drehachse.

$M = m \cdot r$ [kg m].

Für die Schwingweite bzw. Amplitude ist das wirksame Moment mitbestimmend.

(4) Drehzahl n [U min^{-1}]

Die Drehzahl der Unwuchtwellen beeinflußt die Fliehkraft quadratisch. Elektrische Vibrationsbäre arbeiten mit konstanter, hydraulische mit stufenlos einstellbarer Drehzahl.

(5) Fliehkraft (Erregerkraft) F [kN]

Sie ist das Produkt aus dem wirksamen Moment und dem Quadrat der Winkelgeschwindigkeit.

$$F = M \cdot 10^{-3} \cdot \omega^2 \text{ [kN] mit } \omega = \frac{2 \cdot \pi \cdot n}{60}$$

Für die Praxis ist die Fliehkraft eine Vergleichsgröße unterschiedlicher Geräte. Hierbei ist jedoch auch zu berücksichtigen, bei welcher Drehzahl und welchem wirksamen Moment die optimale Fliehkraft erreicht wird.

(6) Schwingweite S, Amplitude $\bar{x}$ [m]

Die Schwingweite S ist die gesamte vertikale Verschiebung der vibrierenden Einheit im Verlauf einer Umdrehung der Unwuchten. Die Amplitude $\bar{x}$ ist die halbe Schwingweite.

In den Gerätelisten der Hersteller ist die angegebene Amplitude – irrtümlich wird häufig der Wert von S für $\bar{x}$ angegeben – der Quotient aus wirksamem Moment (kg m) und der Masse (kg) des schwingenden Vibrators.

$$\bar{x} = \frac{M}{m_{\text{Bär dyn}}} \text{ [m]}$$

Die für die Praxis erforderliche „Arbeits-Amplitude" $\bar{x}_A$ ist dagegen eine unbekannte Größe. Hierbei ist der Divisor die gesamte mitschwingende Masse.

$$\bar{x}_A = \frac{M}{m_{dyn}} \, [m]$$

Dabei ist $m_{dyn} = m_{Bär\,dyn} + m_{Rammgut} + m_{Boden}$. Bei Prognosen sollte m_{Boden} mit $\geq 0,7 \cdot (m_{Bär\,dyn} + m_{Rammgut})$ angesetzt werden.

Eine rechnerische „Arbeits-Amplitude" von $\bar{x}_A \geq 0,003$ m ist anzustreben.

(7) Beschleunigung b [m/s²]

Die Beschleunigung des Rammguts wirkt auf das Korngerüst des umgebenden Bodens. Die Korngerüst-Lagerung soll beim Einrütteln ständig bewegt werden, um im Idealfall dem sogenannten „pseudoflüssigen" Zustand nahezukommen.

Das Produkt aus der „Arbeits-Amplitude" und dem Quadrat der Winkelgeschwindigkeit ergibt die Beschleunigung des Rammguts.

$$b = \bar{x}_A \cdot \omega^2 \, [m/s^2] \text{ mit } \omega = \frac{2 \cdot \pi \cdot n}{60}$$

Erfahrungsgemäß sollte $b \geq 100$ m/s² sein.

8.1.28.3 Verbindung zwischen Gerät und Rammelement

Mit den Klemmbacken muß eine weitgehend starre Verbindung zwischen Bär und Rammgut erreicht werden. Es wird meist mit hydraulischen Klemmbacken angeklemmt. Da bei der Vibration wie beim Rammen der Bär in der Schwerlinie des Rammguts angeordnet werden soll, ist bei Doppelbohlen eine Doppelklemmzange sinnvoll. Nur dann kann die Vibrationsenergie optimal in das Rammgut eingeleitet werden. (Siehe hierzu E 154, Abschn. 1.14.3.2 „Flattereffekt".) Bei der Bär-Auswahl ist daher auch die Möglichkeit der Verwendung verschiedener Klemmzangen zu beachten.

8.1.28.4 Kriterien für die Wahl des Vibrationsgeräts

Für einheitliche, umlagerungsfähige und wassergesättigte Böden sollte ein Bär mindestens für je m Rammtiefe mit 15 kN und je 100 kg Rammgutmasse mit 30 kN Fliehkraft ausgewählt werden.

$$F \cong 15 \left(t + \frac{2 \, m_{Rammgut}}{100} \right) \, [kN]$$

Darin bedeutet:

t = Rammtiefe [m]
$m_{Rammgut}$ = Rammgutmasse [kg]

In anderen Fällen – das sind die häufigsten Fälle der Praxis – sollte mit Hilfe der o. a. Formel und Anwendung der unter Abschn. 8.1.28.2 angeführten rechnerischen Richtwerte ein Kompromiß angestrebt werden. Bei größeren Baumaßnahmen ist ein Kalibrier-Versuch mit theoretisch geeigneten Vibrationsbären und einer ausreichenden Anzahl verschiedener Rammelemente empfehlenswert.

8.1.28.5 Allgemeine Erfahrungen

(1) Die Wirkung und Auswirkungen der Vibration können kaum vorbestimmt werden.

Wenn die Vibration wirksam ist und Eindringgeschwindigkeiten von ≥ 1 m/min eintreten, sind keine schädlichen Einflüsse infolge Erschütterungsausbreitung zu erwarten. Bei Eindringgeschwindigkeiten von $\leq 0,5$ m/min sollte die Vibration abgebrochen werden. Kurzzeitige kleinere Eindringgeschwindigkeiten, die z. B. beim Durchfahren von verfestigten Schichten auftreten können, sollten mit Schwingungsmessungen begleitet werden.

Zu beachten ist, daß geringe Eindringgeschwindigkeiten zum Erhitzen und somit auch zum Verschweißen der Schlösser führen können. Eine ständige Wasserkühlung kann eine Überhitzung vermeiden.

(2) In wenig umlagerungsfähigen oder in trockenen Böden kann mit Spülhilfe (E 203, Abschn. 8.1.29) gearbeitet werden.

Lockerungsbohrungen im geringen Vorlaufabstand oder Bodenaustausch sind ebenso als Hilfsmittel zu erwägen.

(3) Der in E 154, Abschn. 1.14.3.2, angeführte Verdichtungseffekt kann eher bei hohen Drehzahlen eintreten. In diesen Fällen kann es zweckmäßig sein, die Arbeiten mit einem gleichwertigen, jedoch mit geringerer Drehzahl laufenden Vibrator weiterzuführen. Die Ermittlung von b nach Abschn. 8.1.28.2(7) ist hierfür eine Orientierungshilfe.

(4) Bezüglich der erzielbaren Dichtheit künstlich vorgedichteter Schlösser wird besonders auf E 117, Abschn. 8.1.26.3(1) b) hingewiesen.

(5) Für die Ausführung gilt sinngemäß die E 118, Abschn. 8.1.17.

Vibrationsprotokolle sollten mindestens die Zeit von je 0,5 m Eindringung beinhalten.

(6) Das Einrütteln ist im allgemeinen eine lärmarme Einbringmethode. Höhere Lärmpegel können bei mangelhafter Vibrationswirkung infolge Mitschwingens der Wand und Rammzange durch Gegeneinanderschlagen entstehen. Intensiv kann das Mitschwingen bei hochstehenden Wänden, staffelweiser oder fachweiser Einbringung auftreten. Der Einsatz einer Einbringhilfe nach Abschn. 8.1.28.5 (2) oder gepolsterter Rammzangen kann Abhilfe schaffen.

8.1.29 Spülhilfe beim Einbringen von Stahlspundbohlen (E 203)

8.1.29.1 Allgemeines

In den Empfehlungen E 57, Abschn. 8.2.15.2, E, 104, Abschn. 8.1.18.5, E 118, Abschn. 8.1.17.4, E 149, Abschn. 8.1.20.4, E 154, Abschn. 1.14.3.5 und E 202, Abschn. 8.1.28 wird auf die Einbringhilfe „Spülen mit Wasser" hingewiesen. Zusammenfassend kann die Spülhilfe bei den Einbringverfahren Rammen, Vibrieren und Pressen eingesetzt werden, um:

a) das Einbringen generell zu ermöglichen,

b) eine Überlastung der Geräte und Überbeanspruchungen der Rammelemente zu vermeiden,

c) die statisch erforderliche Einbindetiefe zu erreichen,

d) Bodenerschütterungen zu reduzieren und

e) die Kosten durch Verkürzung der Einbringzeiten und -energien zu senken und/oder den Einsatz leichterer Geräte zu ermöglichen.

8.1.29.2 Spülverfahren

Über Spülrohre wird ein Wasserstrahl an den Fuß des Rammelements geleitet. Durch das eingepreßte Wasser wird der Untergrund gelockert und das gelöste Material im Spülstrom abtransportiert. Im wesentlichen wird hierbei der Spitzenwiderstand reduziert. Je nach Bodenstruktur werden durch abströmendes, aufsteigendes Wasser auch die Mantel- und die Schloßreibung vermindert. Die Grenzen des Verfahrens sind durch die Festigkeit des Untergrunds, die Anzahl der Spüllanzen und die Größe des Wasserdrucks sowie die zulaufende Wassermenge gegeben. Um die erforderlichen Parameter festzustellen, wird empfohlen, vor Anwendung des Verfahrens Proberammungen durchzuführen.

Im Grundbau-Taschenbuch sind die technischen Angaben formuliert [7]. Je nach Bodenstruktur und Festigkeit wird mit Niederdruck oder Hochdruck gespült.

(1) Niederdruckspülverfahren

Kenndaten:

● Spüllanzen $\varnothing$ 1″

● Spüldruck an der Pumpe 7–21 bar (in Sonderfällen 50–70 bar)

● Erforderliche Düsenwirkungen können durch Verengung der Lanzenspitzen oder spezielle Spülköpfe erreicht werden

● Wasserbedarf bis ca. 1000 l/min, geliefert durch Kreiselpumpen.

Das Niederdruckspülverfahren wird eingesetzt bei rolligen, dichtgelagerten Böden, besonders trockenen Gleichkornböden oder in Sandböden, die mit Kies vermischt sind.

Je nach Schwere der Einbringung werden die Spüllanzen neben dem Rammgut eingespült oder direkt am Rammgut befestigt.

Durch das Einbringen relativ großer Wassermengen können Minderungen der Bodenkennwerte sowie Setzungen eintreten.

(2) Neuere Erfahrungen

Ein besonderes Niederdruckspülverfahren, das den Spülvorgang mit dem Einvibrieren des Rammguts verbindet, wird seit einiger Zeit mit Erfolg angewendet. Es ermöglicht das Einbringen von Spundbohlen in sehr kompakte Böden, die ohne diese Rammhilfe nur sehr schwer rammbar wären. Wegen seiner Umweltverträglichkeit wird das Niederdruckspülverfahren auch in Wohngebieten und Innenstädten angewendet.

Der Erfolg hängt ab von der richtigen Abstimmung der Spülung und der Wahl des Vibrators für den anstehenden Boden.

Der Vibrator sollte entsprechend E 202, Abschn. 8.1.28 gewählt und mit verstellbarem wirksamem Moment sowie stufenloser Drehzahlregelung ausgestattet sein.

Üblicherweise werden zwei bis vier Lanzen $\varnothing$ 1″ am Rammgut (Doppelbohle) befestigt. Die Lanzenspitze endet plangleich mit dem Bohlenfuß. Optimal ist der Einsatz je einer Pumpe pro Lanze.

Das Spülen beginnt gleichzeitig mit dem Abvibrieren, um eine Verstopfung der Lanzenöffnung durch eindringendes Bodenmaterial zu vermeiden.

Werden Eindringzeiten von $\geq$ 1 m/Minute erreicht, kann die Spülung bis zum Erreichen der statisch erforderlichen Einbindetiefe beibehalten werden. Im allgemeinen gelten dann auch die vorher ermittelten Bodenkennwerte für die Spundwandberechnung. Das Übertragen hoher vertikaler Kräfte erfordert Probebelastungen.

(3) Hochdruckspülverfahren

Kenndaten:

- Spüllanzen (Präzisionsrohre)
  z. B. $\varnothing$ 30 × 5 mm
- Spüldruck 250–500 bar (an der Pumpe)
- Spezialdüsen im eingeschraubten Düsenhalter (im allgemeinen Rundstrahldüsen $\varnothing$ 1,5–3 mm; fallweise können auch Flachstrahldüsen zweckmäßig sein)
- Wasserbedarf 60–120 l/min je Düse, durch Kolbenpumpen geliefert.

Das Hochdruckspülverfahren kann das Einbringen der Spundbohlen in wechselhaft feste Gesteine ermöglichen. Wegen der relativ geringen Wassermenge ist die Hochdruckspülung auch eine zweckmäßige Rammhilfe bei ungünstigen Verhältnissen, z. B. in setzungsgefährdeten Bereichen. Bekannt ist das Hochdruckspülverfahren unter der Abkürzung HVT, Hochdruck-Vorschneid-Technik.

Bodenerkundungen nach dem Einbringen von Spundbohlen mit der HVT bis zur statisch erforderlichen Einbindetiefe in Tone der Unterkreide, Kalkmergel und Geschiebemergel ergaben keine Veränderungen der Bodenkennwerte durch das Druckwasser.

(4) Allgemeine Ausführungsempfehlungen

Eine wirtschaftliche Anwendung wird nur erreicht, wenn der Bauablauf auf das Wiedergewinnen der Spüllanzen abgestellt wird. Hierbei werden die Lanzen in auf der Bohle aufgeschweißten Rohrschellen geführt, und die Lanzenspülköpfe an der Spundbohle so befestigt, daß die Düse ca. 5–10 mm über der Bohlenunterkante liegt.

Die HVT ist auf die örtlichen Gegebenheiten besonders gut abzustimmen. Während der laufenden Baumaßnahmen sind intensive Beobachtungen erforderlich, um Feinabstimmungen durchzuführen. Es kann z. B. erforderlich werden, die Düsen wegen ungewöhnlicher Abnutzung häufig auszuwechseln und wegen Veränderungen im Boden die Lanzenzahl, die Lanzenanordnung oder die Düsendurchmesser neu auf die Verhältnisse abzustimmen.

8.2 Berechnung und Bemessung der Spundwand

8.2.1 Unverankerte, im Boden voll eingespannte Spundwandbauwerke (E 161)

8.2.1.1 Allgemeines

Unverankerte Spundwände können, abhängig von der Biegesteifigkeit der Wand, wirtschaftlich sein, vor allem dann, wenn es sich um einen verhältnismäßig kleinen Geländesprung handelt oder der Einbau einer Verankerung oder einer anderen Kopfabstützung sehr aufwendig wäre und relativ große Kopfverschiebungen unschädlich sind.

8.2.1.2 Entwurf, Berechnung und Bauausführung

An Entwurf, Berechnung und Bauausführung von unverankerten Wänden sind, um die erforderliche Standsicherheit zu erreichen, vor allem folgende Anforderungen zu stellen, wobei in Zweifelsfällen eine unverankerte Spundwand ausscheiden sollte:

(1) Die Bodenkennziffern, besonders für die Einspannung der Spundwand im Boden, sind entlang der gesamten Wand sorgfältig und auf der sicheren Seite liegend zu bestimmen.

(2) Auch andere Lasten sind genau zu erfassen, wie beispielsweise Verdichtungsdrücke bei Hinterfüllungen nach DIN 1055, Teil 2. Dies gilt ganz besonders für Lasten, die im oberen Bereich der Spundwand angreifen, da diese das Einspannmoment und die Rammtiefe maßgeblich beeinflussen.

(3) Eine genaue Erfassung der Lastfälle, insbesondere von Lastfall 2 und 3, sowie ungewöhnlicher Kolkbildungen und besonderer Wasserüberdrücke, muß einwandfrei möglich sein.

(4) Die rechnungsmäßige Sohlenlage darf im Bauwerksbereich keineswegs unterschritten werden. Deshalb ist die Berechnungssohle (Entwurfstiefe) von vornherein mit ausreichender Sicherheit anzusetzen.

(5) Die statische Berechnung kann nach BLUM durchgeführt werden, wobei Erddruck und Erdwiderstand in „klassischer Verteilung" unter Berücksichtigung von E 4, Abschn. 8.2.4 angesetzt werden.

(6) Die jeweilige rechnerisch erforderliche Rammtiefe, ermittelt unter Berücksichtigung von E 56, Abschn. 8.2.9, muß in der Bauausführung unbedingt erreicht werden.

(7) Der Nachweis $\Sigma V = 0$ ist stets zu führen.

(8) Sind die Lastansätze, Bodenkennziffern und sonstige wichtige Fakten geklärt, sind Vorbewegung und Durchbiegung der Wand zu untersuchen und auf ihre Verträglichkeit mit dem Bauwerk selbst, dem Untergrund (z. B. im Hinblick auf Bildung von Spalten in bindigen Böden auf der Erddruckseite, die sich mit Wasser füllen können) zu untersuchen und auf ihre Verträglichkeit mit dem sonstigen Bauvorhaben zu überprüfen. Dies gilt besonders bei Überwindung größerer Geländesprünge. Günstig verhalten sich hinterfüllte Spundwände, da Vorbewegung und Durchbiegung der Wand im Bauzustand auftreten und daher im allgemeinen unschädlich sind. Werden die Belastungen im Bauzustand größer als im Endzustand, z. B. infolge Verdichtungserddruck nach Abschn. 8.2.1.2 (2), und somit ausschlaggebend für Vorbewegung und Durchbiegung der Wand, sind im Endzustand nur unwesentliche Änderungen zu erwarten.

(9) Die Vorbewegung der Wand ist abhängig vom Baugrund und vom Grad der Inanspruchnahme des Erdwiderstands. Die Durchbiegung des Wandkopfs hängt ab von der Verdrehung und Verschiebung des Erdauflagers und von der elastischen Durchbiegung der Wand. Im allgemeinen dominieren die erstgenannten Einflüsse.

(10) Die Rammneigung der Spundwand wird im allgemeinen so angesetzt, daß bei größter Belastung und damit größter Durchbiegung ein Überhang des Wandkopfs mit Sicherheit vermieden wird.

(11) Wird während eines Bauzustands eine Betonsohle eingebracht und dient diese gleichzeitig auch zur Aussteifung der Spundwand, verkürzt sie die Stützweite der Wand für alle Belastungen, die nach dem Einbringen der Betonsohle auftreten, ganz erheblich.

(12) Der Kopf der unverankerten Spundwand soll mindestens bei Dauerbauwerken mit einer kräftigen lastverteilenden Konstruktion aus Stahl oder Stahlbeton versehen werden, um ungleichmäßige Vorbewegungen und Kopfdurchbiegungen so weit wie möglich zu verhindern.

8.2.2 Berechnung einfach verankerter Spundwandbauwerke (E 77)

Für die Praxis hat sich das Spundwandberechnungsverfahren von BLUM [7] und [61] mit klassischer Erddruckverteilung bewährt, wenn hierbei eine Abminderung des Momentenanteils aus dem Erddruck berücksichtigt wird. In der Regel genügt es, wenn – wegen der Erddruckumlagerung –

beim Feldmoment der aus dem klassischen Erddruck (also nicht aus dem Wasserüberdruck) herrührende Momentenanteil der Spundwand um ⅓ abgemindert wird. Der abzumindernde Momentenanteil wird aus dem Gesamtmoment durch Abzug des aus dem Wasserüberdruck herrührenden Momentenanteils errechnet. Letzterer wird am Ersatzbalken für die Gesamtbelastung ermittelt. Der untere Auflagerpunkt des Ersatzbalkens liegt bei Einspannung im Boden in Höhe des oberen Nullpunktes der unverminderten Momentenfläche aus Erd- und Wasserüberdruck und bei freier Auflagerung in Höhe des Schwerpunkts der von der Gesamtbelastung in Anspruch genommenen Erdwiderstandsfläche.

Auch das nach BLUM errechnete Einspannmoment im Boden wird durch die Erddruckumlagerung abgemindert, allerdings weniger als das Feldmoment. Mit im allgemeinen hinreichender Genauigkeit darf das nach BLUM errechnete maximale Einspannmoment M_E mit dem halben Reduktionswert α der Gesamtabminderung des maximalen Feldmoments M_{Feld} reduziert werden. Mit $\alpha = M_{Feld\,red}/M_{Feld}$ ergibt sich das reduzierte Einspannmoment zu: $M_{E\,red} = M_E \cdot (1 + \alpha)/2$.

Die Momentenabminderung ist jedoch nicht zulässig,

(1) wenn die Spundwand stark nachgiebig verankert ist,

(2) wenn die Spundwand zwischen Gewässersohle und Verankerung größtenteils hinterfüllt und anschließend vor ihr nicht so tief gebaggert wird, daß eine ausreichende zusätzliche Durchbiegung entsteht,

(3) wenn hinter der Spundwand bindiger Boden ansteht, der noch nicht ausreichend konsolidiert ist,

(4) wenn die Bodenoberfläche hinter der Spundwand nicht annähernd die Ankerhöhe erreicht und

(5) bei steifen Spundwänden, z. B. bei dicken Stahlbeton-Schlitzwänden.

Der Abminderungsgrad kann genauer abhängig von der Steifigkeit der Wand und des Bodens sowie von den Erddruckumlagerungen nach einschlägigen Verfahren ermittelt werden [61], [62], [63], [64] und [65].
Dabei ist zu beachten, daß die Bodenreaktionsspannungen nicht größer sein können als die mobilisierbaren Erdwiderstandsspannungen.
Wenn statt dessen eine Spundwand mit Hilfe des Bruchzustands berechnet wird (Traglastverfahren), muß auch der Erddruck entsprechend den Wandbewegungen für den statisch und kinematisch angenommenen und möglichen Bruchzustand (mit und ohne Fließgelenke) angesetzt werden. Für diese Art der Berechnung kann beispielsweise das Verfahren von BRINCH HANSEN [11] und [66] angewendet werden.
Spundwände können auch unter Verwendung waagerechter Bettungsmoduln elektronisch berechnet werden [67], [68], [69], [70] und [71].
Da einmal eingetretene Durchbiegungen von Spundwänden wegen des Nachrutschens des Bodens sich nur teilweise rückbilden können, sind die Einflüsse der Bauzustände auf die Beanspruchungen im Endzustand zu

berücksichtigen, wenn sie ausschlaggebend sind oder wenn sie den Verformungszustand maßgebend beeinflussen.

Die infolge von Erddruckumlagerung hervorgerufene Abminderung des Feld- und Einspannmoments führt im allgemeinen zu einer Erhöhung der Ankerkraft, die aber bei der Spundwandberechnung gemäß den Lastfällen nach E 18, Abschn. 5.4 und den Wasserüberdrücken nach E 19, Abschn. 4.2 von geringem Einfluß ist und daher vernachlässigt werden kann. Ist der Anteil aus Wasserüberdruck jedoch verhältnismäßig gering und sind die Voraussetzungen für eine Erddruckumlagerung gegeben, ist vergleichsweise auch eine Berechnung nur mit Erddruck durchzuführen. Die dabei nach BLUM [61] ermittelte Ankerkraft ist dann um 15% zu erhöhen und – falls sie dabei größer ist als die Ankerkraft nach den erwähnten Lastfällen – lediglich in der Bemessung des Ankers selbst und beim Nachweis der Sicherheit gegen Aufbruch des Verankerungsbodens zu berücksichtigen, nicht aber beim Nachweis der Standsicherheit in der tiefen Gleitfuge.

Bei hoher Vorspannung von Ankern aus hochfesten Stählen gibt E 151 Abschn. 8.4.15 Auskunft über die dann anzusetzenden Momentenabminderungen und Ankerkrafterhöhungen.

8.2.3 Berechnung doppelt verankerter Spundwände (E 134)

Zum Unterschied von E 133, Abschn. 8.4.8, in der die mit Hilfsverankerungen zusammenhängenden Fragen erfaßt sind, werden hier echt doppelt verankerte Spundwandbauwerke behandelt (Bilder E 134-1 und -2). Bei diesen sind beide Anker vollwertige Bestandteile der Gesamtkonstruktion und üben daher eine ständig wirksame tragende Funktion aus. Die Gesamtbelastung der Spundwand durch Erddruck und Wasserüberdruck wird – abgesehen vom Erdauflager – gleichzeitig von beiden Ankern abgetragen. Aus der Verschiedenheit der Belastung und aus dem statischen System heraus wird der überwiegende Teil der zu verankernden Belastung vom unteren Anker B aufgenommen.

Beide Anker werden zweckmäßig zu einer gemeinsamen Ankerwand geführt und in gleicher Höhe angeschlossen (Bilder E 134-1 und -2). In diesem Fall wird die Standsicherheit der Verankerung sowohl für die tiefe Gleitfuge als auch gegen Aufbruch des Verankerungsbodens nach E 10, Abschn. 8.4.10 und 8.4.11 berechnet, wobei als Ankerrichtung die der Resultierenden aus den Ankerkräften A und B angesetzt wird.

Bei getrennter Verankerung (z. B. mit Verpreßankern nach DIN 4125), wird ihre Standsicherheit in der tiefen Gleitfuge unter Benutzung von E 10 mit den Erweiterungen nach RANKE/OSTERMAYER [72] berechnet.

Die Berechnung doppelt verankerter Spundwände kann nach LACKNER [73] graphisch oder analytisch durchgeführt werden, wobei die Wand im Boden frei aufgelagert, teilweise oder voll eingespannt sein kann. Auch Verschiebungen der Ankerpunkte A und B und des Erdauflagers am Spundwandfuß können dabei ohne Schwierigkeiten berücksichtigt werden.

Verschieden ansetzbar ist in dieser Berechnung die resultierende Belastungsfläche aus Erddruck und Wasserüberdruck. Es empfiehlt sich im ersten Arbeitsgang, den Erddruck und den Erdwiderstand nach der klassischen Theorie unter Berücksichtigung von E 4, Abschn. 8.2.4 anzusetzen und den Wasserüberdruck nach E 19, E 113 und E 114, Abschn. 4.2, 4.8 und 2.10 zu berücksichtigen (Bild E 134-1). Für die Ermittlung der Bemessungsmomente unterhalb der Stütze B gilt E 77, Abschn. 8.2.2 sinngemäß. Hierbei ergeben sich die maßgebenden Beanspruchungen für die Auflagerung im Boden, die Ankerkraft B und die Uferspundwand.

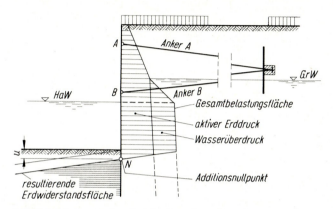

Bild E 134-1. Lastansätze bei der Spundwandberechnung ohne Erddruckumlagerung nach oben

Häufig liegen aber Verhältnisse vor, bei denen eine maßgebliche Umlagerung des Erddrucks nach oben stattfindet. Dies ist bei Ufereinfassungen vor allem dann der Fall, wenn das Spundwandbauwerk in hoch anstehendem Erdreich errichtet wird und die Anker als vorgespannte Verpreßanker eingebracht werden. Wenn eine solche Umlagerung zu erwarten ist, wird eine zusätzliche Berechnung mit einem Belastungsansatz nach Bild E 134-2 vorgenommen. Hier wird der oberhalb des Additionsnullpunktes N angreifende Erddruck nach Bild E 134-1 in Form eines flächengleichen Rechtecks angesetzt und die Berechnung nach Lackner [73] auch für die Verhältnisse nach Bild E 134-2 durchgeführt.

Der Bemessung werden dann die jeweils ungünstigeren Ergebnisse zugrunde gelegt.

Die Berechnung kann auch unter Verwendung waagerechter Bettungsmoduln elektronisch durchgeführt werden [67], [68], [69], [70] und [71]. Dabei ist zu beachten, daß die Bodenreaktionsspannungen nicht größer sein können als die mobilisierbaren Erdwiderstandsspannungen.

Nur für die Gestaltung des Wandkopfs und die Bemessung des Ankers A allein muß aber vergleichsweise auch noch eine Berechnung nach E 133,

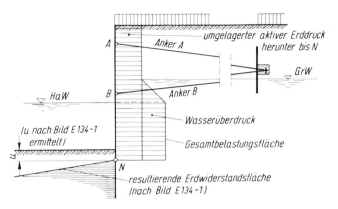

Bild E 134-2. Lastansätze bei der Spundwandberechnung mit Erddruckumlagerung nach oben

Abschn. 8.4.8 vorgenommen und das Ergebnis fallweise der Bemessung dieser Teile zugrunde gelegt werden.

Je nach der Nachgiebigkeit der Verankerung, den Kontaktverformungen in den Gelenken usw. und nach den Bauzuständen sowie nach dem Grad der Ankervorspannung werden die Ankerpunktverschiebungen berücksichtigt oder nicht. Um das große Stützmoment bei B und auch die Ankerkraft *B* zu verkleinern, kann am Anschlußpunkt B ein bestimmtes Spiel in den Ankeranschluß eingebaut und rechnerisch berücksichtigt werden.

Im übrigen gelten für die zulässigen Spannungen und die Berechnung und Ausbildung der Anker, Gurte, Holme usw. und die sonstigen Ausbildungseinzelheiten die einschlägigen Empfehlungen der EAU.

Ausgesteifte Baugruben werden im allgemeinen nach den EAB, „Empfehlungen des Arbeitskreises Baugruben", der Deutschen Gesellschaft für Erd- und Grundbau berechnet, wobei die dort vorgeschlagenen Berechnungs- und Lastansätze in sich vollständig zu berücksichtigen und nicht mit den Voraussetzungen und Lastansätzen nach E 134 zu vermischen sind.

8.2.4   **Ansatz der Wandreibungswinkel bei Spundwandbauwerken (E 4)**

In die statische Berechnung von Spundwänden mit unbehandelter Oberfläche können nach dem bisherigen Sicherheitskonzept folgende Wandreibungswinkel eingesetzt werden:

8.2.4.1   Beim Erddruck unter Zugrundelegung ebener Gleitflächen

$$\delta_a = + \frac{2}{3} \operatorname{cal} \varphi'.$$

366

8.2.4.2 Beim Erdwiderstand für den Boden vor der Spundwand, falls das Gelände im Bereich des Erdwiderstands waagerecht ist, unter Zugrundelegung ebener Gleitflächen

$$\delta_p = -\frac{2}{3}\,\mathrm{cal}\,\varphi',$$

jedoch nur für

$$\mathrm{cal}\,\varphi' \leqq 35°,$$

unter Zugrundelegung gekrümmter Gleitflächen

$$\delta_p = -\,\mathrm{cal}\,\varphi'.$$

An sich treten ebene Erdwiderstandsgleitflächen nur beim Wandreibungswinkel $\delta_p = 0$ auf. Der Ansatz mit ebenen Gleitflächen ist aber zur Vereinfachung der Berechnung zulässig, weil die in die Spundwandberechnung eingehenden Erdwiderstandsansätze zwischen ebenen und gekrümmten Gleitflächen sich nicht wesentlich unterscheiden.

8.2.4.3 Für im Boden eingespannte Spundwände beim Erdwiderstand hinter der Spundwand im Bereich des Rammtiefenzuschlags Δx im allgemeinen:

$$\delta_p = +\frac{1}{3}\,\mathrm{cal}\,\varphi'.$$

Abweichungen hiervon siehe E 56, Abschn. 8.2.9.

8.2.4.4 Wird die Spundwand vorwiegend durch Wasserüberdruck, durch schräge, nach oben gerichtete Ankerzugkräfte, durch Auflagerreaktionen eines Überbaus oder dergleichen belastet, ist die Gleichgewichtsbedingung $\Sigma V = 0$ zu überprüfen. Der negative Wandreibungswinkel des Erdwiderstands vor der Spundwand darf nur bis zu einer Größe berücksichtigt werden, bei der ein Nachobenschieben der Spundwand mit mindestens einfacher Sicherheit vermieden wird.

8.2.4.5 Bezüglich der Wandreibungswerte bei behandelten Spundwandoberflächen oder bei vorhandenen Schmierschichten wird auf DIN 1055, Teil 2, Abschn. 8 verwiesen.

8.2.4.6 Die Festlegung des Wandreibungswinkels für den Erdwiderstand bei abfallenden Böschungen bleibt einer späteren Regelung vorbehalten.

8.2.4.7 Bei Berechnungen nach dem neuen Sicherheitskonzept wird überall $\mathrm{cal}\,\varphi'$ ersetzt durch φ_d'.

8.2.5 Ansatz des Wandreibungswinkels des Erdwiderstands bei einer abfallenden Böschung aus nichtbindigem Boden vor einer Spundwand (E 199)

Die Größe des Erdwiderstands bei abfallenden Böschungen (β negativ) ist stark abhängig vom Neigungswinkel β der Geländeoberfläche. Schon geringe negative Neigungen ergeben eine fühlbare Reduzierung des Erdwiderstands.

Größe und Richtung des Wandreibungswinkels δ_p, die ebenfalls von großem Einfluß auf den Erdwiderstand sind, hängen von der vertikalen Relativbewegung zwischen dem stützenden Erdkörper und der Spundwand ab. Der Winkel der maßgebenden Erdwiderstandsgleitfuge ϑ_p ist ein Kriterium zur Beurteilung der Relativbewegung. Er ist unter anderem auch abhängig vom Wandreibungswinkel δ_p. Der Winkel der Erdwiderstandsgleitfuge ϑ_p wird um so kleiner, gegebenenfalls sogar negativ, je steiler die negative Böschungsneigung β ist.

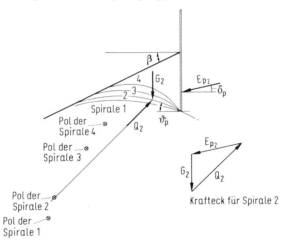

Bild E 199-1. Beispiel einer graphischen Ermittlung des Erdwiderstands einer abfallenden Böschung aus nichtbindigem Boden vor einem Spundwandfuß

Mit kleiner werdenden Werten von ϑ_p nimmt die Relativbewegung zwischen Erdkörper und Spundwand ab, so daß der für horizontales Gelände zulässige maßgebende Wandreibungswinkel $\delta_p = -2/3\,\varphi'_k$ (E 4, Abschn. 8.2.4) daher in seinem Betrag abgemindert werden muß.

Unter Beachtung obiger Ausführungen kann der Wandreibungswinkel δ_p bei abfallenden Böschungen bis zur Böschung $\beta = \varphi'_k/2$ angenähert wie folgt angesetzt werden:

$$\delta_p = -\frac{2}{3}(\varphi'_k + 2\beta).$$

Darin bedeuten:

φ'_k = charakteristischer Wert des inneren Reibungswinkels des Bodens

β = Neigungswinkel der Geländeoberfläche (im betrachteten Fall ist β negativ einzusetzen).

Der vorstehende Ansatz kann bei einer unendlich ausgedehnten, abfallenden Böschung vor einem Spundwandfuß angewendet werden. Bei geböschten Stützkörpern auf horizontalem Gelände (sogenannten Stützböschungen) liegt dieser Ansatz insofern auf der sicheren Seite, als die maßgebenden Gleitfugen in größerer Tiefe mit abnehmendem Einfluß der Stützböschung wieder steiler werden.

Eine genauere Berechnung des Erdwiderstands kann mit Hilfe von zwischen Spundwandfußpunkt und abfallender Böschung angenommenen nach oben gekrümmten Gleitlinien in Form logarithmischer Spiralen durchgeführt werden (Bild E 199-1). Dabei ist δ_p aus der Bedingung des Gleichgewichts aller an der Spundwand angreifenden Vertikalkräfte, jedoch äußerstenfalls mit $\delta_p = -2/3\,\varphi'_k$ anzunehmen. Die gekrümmten Gleitlinien sind so lange zu variieren, bis sich aus den zu den angenommenen Gleitlinien gehörenden Kraftecken das Minimum von E_p ergibt.

8.2.6   Zulässige Spannungen bei Spundwandbauwerken (E 20)

Da die ungünstigsten Lasteinflüsse selten zusammentreffen und der Erddruck sich infolge der Durchbiegung der Spundwand umlagert, andererseits aber Ungleichmäßigkeiten im Boden und auch in den Baustoffen nachteiligen Einfluß haben können, können für die in E 18, Abschn. 5.4 genannten Lastfälle die nachfolgenden Spannungen zugelassen werden. Dafür sind sorgfältige statische Bearbeitung und bauliche Gestaltung, einwandfreie Lieferung und ordnungsgemäße Bauausführung die Voraussetzung.

8.2.6.1   Uferwand

(1) Vorwiegend gleichbleibende Beanspruchung
Bei Spundwandberechnungen, auch wenn sie eine mögliche Erddruckumlagerung infolge der Spundwanddurchbiegung berücksichtigen, sind die Spannungen nach Tabelle E 20-1 auf Seite 370 zulässig.

(2) Vorwiegend wechselnde Beanspruchung
(Wechselbereich)
Wird in Sonderfällen die Spundwand nicht hinterfüllt, also nicht durch Erddruck statisch, sondern beispielsweise durch Wellenschlag dynamisch beansprucht, wobei im Laufe der Zeit eine große Zahl von Lastwechseln eintritt, sind unabhängig von der Stahlsorte bei allen Lastfällen nur Spannungen bis zu 140 MN/m² zulässig. An Kerbstellen in Form von Löchern,

einspringenden Ecken und dergleichen darf die maximale Spannung in der Spundwand 120 MN/m² nicht überschreiten. Bei Schweißverbindungen ist die zulässige Spannung je nach Art der Verbindung und Güte der Ausführung aus den Vorschriften für Eisenbahnbrücken DS 804 bzw. aus DIN 15018 zu entnehmen.

Um nachteilige Einflüsse aus der Kerbwirkung, zum Beispiel von konstruktiven Schweißnähten, Heftnähten, unvermeidlichen Unregelmäßigkeiten in der Oberfläche aus dem Walzvorgang, Lochkorrosion und dergleichen, zu vermeiden, sind beruhigte Stähle nach DIN 17100, wie St 37-2, St 37-3 oder St 52-3, zu verwenden.

8.2.6.2 **Ankerwand, Gurte, Holme und Unterlagsplatten**

(1) Vorwiegend gleichbleibende Beanspruchung
Für die Ankerwand sind die in Tabelle E 20-1 für die einzelnen Lastfälle angegebenen Spannungen zulässig. Eine Abminderung der errechneten Momente ist hierbei aber nicht statthaft.

Auch für Gurte und Holme gelten die zulässigen Spannungen nach Tabelle E 20-1. Dabei ist aber gegebenenfalls eine Abminderung nach E 30, Abschn. 8.4.2.3 zu berücksichtigen.

Lastfälle nach E 18	Spundwandstähle nach E 67 und Stähle nach DIN 17100			Stahl-beton	Holz
	St Sp 37 St 37-2 St 37-3	St Sp 45	St Sp S St 52-3		
	Zulässige Spannungen MN/m²				
Lastfall 1 Zug und Biegezug sowie Druck und Biegedruck	160	180	240	Siehe DIN 1045	Siehe DIN 1052
Druck und Biegedruck für Stabilitätsnachweis	140	160	210		
Schub	92	104	139		
Lastfall 2[1]) ⎯⎯⎯⎯⎯ Lastfall 3	Zuschlag $\frac{+15\%}{+30\%}$ zu den Spannungen nach Lastfall 1				

[1]) Bei vorübergehenden ungünstigen Bauzuständen können im Einvernehmen mit der Bauaufsichtsbehörde höhere Spannungen zugelassen werden.

Tabelle E 20-1. Zulässige Spannungen

(2) Vorwiegend wechselnde Beanspruchung
(Wechselbereich)
Wechselbeanspruchungen können bei Gurten und Holmen auftreten. In Ergänzung zu Abschn. 8.2.6.2 (1) gilt hier Abschn. 8.2.6.1 (2). Für geschraubte Gurt- und Holmstöße sind Paßschrauben mindestens der Festigkeitsklasse 4.6 zu verwenden. Hierbei ist, unabhängig von Lastfall und Stahlsorte, zul $\tau_{aD} = 105$ MN/m² und $\sigma_D = 210$ MN/m²; für Bauteile ist zul $\sigma_D = 105$ MN/m². Auch hier ist E 30, Abschn. 8.4.2.3 zu berücksichtigen.

8.2.6.3   Rundstahlanker und Gurtbolzen

(1) Vorwiegend ruhende Beanspruchung
Werkstoffe für Rundstahlanker und Gurtbolzen sind im allgemeinen die Stahlsorten St 37 und St 52 nach DIN 17100.
Der Bemessung sind die Ankerkräfte, die sich aus den Belastungen nach Lastfall 2 (E 18, Abschn. 5.4. 2) ergeben, zugrunde zu legen. Dabei sind folgende Spannungen zulässig:

Stahl-sorte	zul σ in MN/m² bei Lastfall 2		Streckgrenzenmindestwert in MN/m² bei Materialdicken ≤ 16 mm	Sicherheit zur Streckgrenze	
	Schaft	Kern		Schaft	Kern
St 37	140	112	235	1,69	2,10
St 52	210	150	355	1,69	2,37

Tabelle E 20-2. Zulässige Spannungen und geforderte Sicherheiten bei den Stählen St 37 und St 52

Die für St 37-3 angegebenen zulässigen Spannungen können auch bei Ankern aus St 37-2 bis $\varnothing$ 2½″ verwendet werden. Bei dickeren Ankern ist die Reduzierung der Streckgrenze zu berücksichtigen. Für die Ausführung und Bemessung von Spundwandverankerungen in Verpreßankern gilt DIN 4125. Es können geschnittene, gerollte oder warm gewalzte Gewinde nach E 184, Abschn. 8.4.9 angewendet werden.
Voraussetzung hierfür sind das ordnungsgemäße Ausrüsten der Anker mit Gelenken und ihr einwandfreier Einbau, bei dem etwaige Setzungen oder Sackungen durch Überhöhen so gut wie möglich berücksichtigt werden. Ankeraufstauchungen im Gewindebereich und Rundstahlanker mit Gelenkaugen sind nur zulässig:

• wenn die Stahlsorten St 37-3 oder St 52-3 eingesetzt werden,
• wenn in allen Bereichen des Ankers die mechanischen und technologischen Werte entsprechend der gewählten Stahlsorte vorhanden sind,
• wenn dadurch der Faserverlauf nicht beeinträchtigt wird und
• wenn dabei schädliche Gefügestörungen sicher vermieden werden.

Für den Lastfall 3 können die zulässigen Ankerspannungen um 15% erhöht werden.

(2) Vorwiegend schwellende Beanspruchung (Schwellbereich)

Anker werden im allgemeinen vorwiegend ruhend beansprucht. Starke Schwellbeanspruchungen treten bei Ankern nur in Sonderfällen (vgl. Abschn. 8.2.6.1 (2)), bei Gurtbolzen jedoch häufiger auf.

Bei Schwellbeanspruchung dürfen nur besonders beruhigte Stähle wie St 37-3 oder St 52-3 nach DIN 17100 verwendet werden.

Unabhängig von Lastfall und Stahlsorte darf die Spannungsamplitude (Spannungsausschlag) im Kern den Wert $+/- 30$ MN/m² nicht überschreiten. Ist eine statische Grundlast (Mittelspannung) vorhanden, darf die Summe aus statischer Grundlast und Spannungsamplitude im Kern die Werte nach Abschn. 8.2.6.3 (1) nicht überschreiten.

Ist die statische Grundlast gleich oder kleiner als die Spannungsamplitude, wird empfohlen, die Anker bzw. Gurtbolzen bis über den Wert der Spannungsamplitude kontrolliert und bleibend vorzuspannen. Dadurch wird vermieden, daß die Anker oder Gurtbolzen spannungslos werden und beim Wiederansteigen der Schwellbeanspruchung durch die schlagartige Belastung zu Bruch gehen.

Eine gewisse, wenn auch nicht genau erfaßte Vorspannung wird allen Ankern und Gurtbolzen aber schon aus Einbaugründen aufgebracht. In solchen Fällen ohne kontrollierte Vorspannung ist im Kern der Anker bzw. Gurtbolzen, unabhängig von Lastfall und Stahlsorte, unter Außerachtlassung der Vorspannung zul $\sigma = 60$ MN/m².

In jedem Fall ist dafür zu sorgen, daß sich die Schraubenmuttern der Gurtbolzen bei den Spannungsänderungen nicht lockern können.

8.2.6.4   Stahlkabelanker

Stahlkabelanker werden nur bei vorwiegend ruhender Beanspruchung der Anker angewendet. Sie sind so zu bemessen, daß sie bei Lastfall 2 nur bis zur Hälfte der rechnungsmäßigen Bruchlast beansprucht werden. Für den Lastfall 3 können die zulässigen Spannungen um 15% erhöht werden.

Der mittlere Elastizitätsmodul patentverschlossener Stahlkabelanker soll nicht unter 150 000 MN/m² liegen und muß vom Lieferwerk mit einem Spiel von ± 5% gewährleistet werden.

8.2.7   **Spannungsnachweis bei Spundwänden (E 44)**

Spundwände werden im allgemeinen vorwiegend auf Biegung beansprucht. Wirkt zusätzlich eine Druckkraft in Wandachse, ist neben dem Spannungsnachweis nach der Formel

$$\text{vorh }\sigma = \frac{P}{A} + \frac{\max M}{W} + \frac{P \cdot f}{W} \leqq \text{zul }\sigma,$$

für den die zulässigen Spannungen der ersten Zeile in Tabelle E 20-1, Abschn. 8.2.6 maßgebend sind, auch der Stabilitätsnachweis nach DIN 4114 mit den zulässigen Spannungen der zweiten Zeile in Tabelle E 20-1 zu führen.

In obiger Formel bedeuten:

$\text{vorh}\,\sigma$ = vorhandene größte Spannung [MN/m²],

$\text{zul}\,\sigma$ = zulässige Spundwandspannung nach E 20, Abschn. 8.2.6.1 [MN/m²],

P = Auflast in der Spundwandachse [MN],

$\max M$ = Größtmoment der Spundwand infolge waagerechter Belastung [MNm],

f = größte Durchbiegung der Spundwand infolge waagerechter Belastung [m],

A = Querschnitt der Spundwand [m²],

W = Widerstandsmoment der Spundwand [m³].

Bei Stahlbetonwänden sind für A und W die entsprechenden ideellen Werte zu setzen.

Wird $\max M$ nach dem Verfahren von BLUM [61] mit anschließender Momentenabminderung berechnet (E 77, Abschn. 8.2.2), kann auch f im Verhältnis der Momente verkleinert werden.

Das Zusatzmoment $P \cdot f$ kann durch eine ausmittige Einleitung von P verringert werden.

Beim Stabilitätsnachweis nach DIN 4114 kann als Knicklänge im allgemeinen mit hinreichender Genauigkeit der Abstand der das Feldmoment infolge waagerechter Belastung begrenzenden Momentennullpunkte angesetzt werden. Bei größeren waagerechten Verschiebungen des Spundwandkopfs sind verfeinerte Knickuntersuchungen erforderlich.

Ist im Bereich des Größtmoments mit starker Korrosion zu rechnen, sind verminderte Querschnittswerte anzusetzen.

8.2.8 Wahl der Rammtiefe von Spundwänden (E 55)

Für die Wahl der Spundwandrammtiefe sind neben statischen auch konstruktive, bauausführungsmäßige, betriebliche und wirtschaftliche Belange maßgeblich. Voraussehbare spätere Vertiefungen der Hafensohle und die Gefahr von Kolkbildungen müssen berücksichtigt werden, desgleichen lotrechte Spundwandauflasten. Mitbestimmend für die Rammtiefe ist außerdem die erforderliche Sicherheit gegen Geländebruch, Grundbruch, hydraulischen Grundbruch und Erosionsgrundbruch (E DIN 19702, Abschn. 4.5.1). Bei Baugrubenumschließungen mit großem Wasserüberdruck oder in stark durchlässigem Boden richtet sich die Rammtiefe auch nach der notwendigen Abminderung des Wasserandrangs zur Baugrube.

Durch diese Belange ist im allgemeinen eine so große Mindestrammtiefe gegeben, daß, abgesehen von Gründungen in Fels, bei Dauerbauwerken

eine volle oder teilweise Einspannung vorhanden ist, wenn beim Erdwiderstand mit einfacher Sicherheit gerechnet wird. Wenn ausnahmsweise bei
nicht felsigem Untergrund eine freie Auflagerung an sich ausreichen sollte,
empfiehlt es sich, die Rammtiefe in jedem Fall vorsorglich zu vergrößern.
Da man zudem versuchen wird, das in Frage kommende Profil voll auszunutzen, ist die teilweise Einspannung im Boden der häufigste und
zweckmäßigste Ausführungsfall. Seine Berechnung bereitet nach dem Ersatzkraftverfahren von BLUM [61] keine Schwierigkeiten.

Erhält die Spundwand auch große axiale Auflasten, werden Rammeinheiten in ausreichender Zahl als Tragpfähle so tief geführt, daß die Lasten
sicher in den tragfähigen Baugrund abgeleitet werden können.

**8.2.9   Rammtiefenermittlung bei teilweiser oder voller Einspannung
des Spundwandfußes (E 56)**

8.2.9.1   Wird eine Spundwand nach dem Ersatzkraftverfahren von BLUM [61] für
teilweise oder volle Einspannung im Boden berechnet, kann der für die
Aufnahme der Ersatzkraft C erforderliche Längenzuschlag Δx angenähert
mit $\Delta x = 0,2\, x$ angesetzt werden. Dieser Zuschlag kann bei Wänden, die
vorwiegend durch Wasserüberdruck belastet werden, und bei unverankerten Wänden aber bis $\Delta x = 0,5\, x$ ansteigen (Bild E 56-1 und Zeichenerklärung).

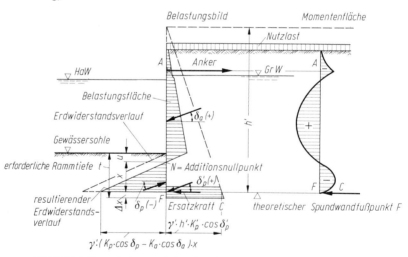

Bild E 56-1. Ersatzbelastung bei voller Einspannung im Boden

Besser kann der Längenzuschlag für nichtbindige Böden in Weiterentwick-
lung des Ansatzes von LACKNER [73] ausreichend genau mit folgender
Gleichung errechnet werden:

374

$$\Delta x = \frac{C}{2 \cdot \gamma' \cdot h' \cdot K_p' \cdot \cos \delta_p'} .$$

Nach Bild E 56-1 bedeuten:

t $= u + x + \Delta x =$ erforderliche Rammtiefe [m],

u $=$ Tiefe des Additionsnullpunkts N unter der Gewässersohle [m],

x $=$ Tiefe des theoretischen Spundwandfußpunkts F unter N [m],

Δx $=$ Längenzuschlag für die Aufnahme der Ersatzkraft C [m],

γ' $=$ Wichte des Bodens im Bereich von F [kN/m³],

h' $=$ Auflasthöhe in F bezogen auf γ' [m],

K_p $=$ Erdwiderstandsbeiwert für den Boden vor dem Spundwandfuß beim Wandreibungswinkel δ_p,

δ_p $=$ Wandreibungswinkel des Erdwiderstands vor dem Spundwandfuß gemäß E 4, Abschn. 8.2.4 [Grad],

K_p' $=$ K_p-Wert für den Boden hinter der Spundwand im Bereich von
F beim Wandreibungswinkel δ_p',

δ_p' $=$ Wandreibungswinkel im Bereich des Fußpunkts F hinter der
Spundwand [Grad],

K_a $=$ Erddruckbeiwert für den Boden vor der Spundwand im Bereich von F beim Wandreibungswinkel δ_a,

δ_a $=$ Wandreibungswinkel des Erddrucks bei F gemäß E 4, Abschn.
8.2.4 [Grad],

C $=$ Ersatzkraft nach BLUM [61] [kN/m].

δ_p' wird abweichend von E 4, Abschn. 8.2.4 im allgemeinen $= + \frac{1}{3} \varphi'$ gesetzt, es sei denn, daß die Bedingung $\Sigma V = 0$ ein $\delta_p' > + \frac{1}{3} \varphi'$ erfordert, oder umgekehrt eine große axiale Spundwandauflast ein $\delta_p' < + \frac{1}{3} \varphi'$ bedingt. δ_p' kann dabei bis $- \frac{2}{3} \varphi'$ angesetzt werden. Bei größeren negativen Winkeln δ_p' muß bei der Gleichgewichtsbedingung $\Sigma V = 0$ aber beachtet werden, daß sich bei der Berechnung nach BLUM [61] eine zu große C-Kraft ergibt, da die resultierende Erdwiderstandsfläche bis zum theoretischen Spundwandfußpunkt F voll wirkend angesetzt wird. Um diesen Fehler auszugleichen, muß auf der C-Kraft-Seite eine entsprechende Zusatzfläche angesetzt werden (Anbringung eines Gleichgewichtssystems). C tritt daher in Wirklichkeit nur in etwa halber rechnerisch ermittelter Größe auf. In der Gleichgewichtsbedingung $\Sigma V = 0$ muß deshalb beim vollen Erdwiderstandsansatz bis F die von unten stützend wirkende Vertikalkraftsumme um die Vertikalkomponente von $2 \cdot C/2 = C$ vermindert werden. Andererseits kann aber auch ein gewisser Spitzenwiderstand am Spundwandfuß berücksichtigt werden.
Die sonst zulässige Spannung des Spitzenwiderstands soll aber nur in halber Größe angesetzt werden. Nur wenn die Rammtiefe etwa 1,50 m

größer als rechnerisch erforderlich gewählt wird, darf mit den vollen zulässigen Spitzendruckspannungen gearbeitet werden. In diesem Zusammenhang wird auf die Beachtung von E 33, Abschn. 8.2.11 besonders hingewiesen.

Die Ersatzkraft C kann entweder analytisch ermittelt oder bei graphischer Berechnung im Krafteck zur Momentenfläche zwischen der Schlußlinie und dem Momentenseilstrahl in F abgegriffen werden. C wächst mit zunehmender Rammtiefe und Einspannung vom Wert 0 bei freier Auflagerung über die Werte bei teilweiser Einspannung auf den Höchstwert bei voller Einspannung an.

8.2.9.2 Bei bindigen Böden wird unter Berücksichtigung des jeweiligen Konsolidierungszustandes (c_u bzw. φ' und c') sinngemäß verfahren.

8.2.10 Gestaffelte Einbindetiefe bei Stahlspundwänden (E 41)

8.2.10.1 Anwendung

Aus rammtechnischen und wirtschaftlichen Gründen werden die Rammeinheiten (im allgemeinen Doppelbohlen) einer Spundwand häufig abwechselnd verschieden tief eingerammt. Das Maß dieser Staffelung (Unterschied der Einbindelänge) hängt von der Beanspruchung im Fußbereich der längeren Bohlen und von baulichen Gesichtspunkten ab. Aus rammtechnischen Gründen ist bei wellenförmigen Spundbohlenprofilen eine Staffelung innerhalb einer Rammeinheit nicht zu empfehlen.

Vor dem Fuß einer gestaffelten Spundwand bildet sich, ähnlich wie vor eng liegenden Ankerplatten, ein einheitlicher durchlaufender Erdwiderstandsgleitkörper aus. Der Erdwiderstand kann daher bis zum Fuß der tieferen Bohlen voll angesetzt werden. Am Ende der kürzeren Bohlen muß dann aber das an dieser Stelle vorhandene Moment von den längeren Bohlen allein aufgenommen werden können. Bei wellenförmigen Stahlspundwänden wird man deshalb immer nur in benachbarten Rammeinheiten (mindestens Doppelbohlen) staffeln (Bilder E 41-1 und -2). Üblich ist ein Maß von 1 m, für das sich erfahrungsgemäß ein statischer Nachweis erübrigt. Bei größerer Staffelung ist die Spannungsaufnahme aus Moment, Querkraft und Normalkraft nachzuweisen.

8.2.10.2 Eingespannte Wand

Bei im Boden eingespannten Wänden (Berechnung nach BLUM [61]) kann die Staffelung voll zur Stahleinsparung ausgenutzt werden. Es müssen nur die langen Bohlen bis zur rechnerischen Wandunterkante geführt werden (Bild E 41-1). Bei der üblichen Staffelung von 1,00 m werden 0,5 m² Spundwandfläche für 1,00 m Uferwand eingespart.

8.2.10.3 Frei aufgelagerte Wand

Bei freier Auflagerung der Spundwand im Boden darf die Staffelung nur zur Erhöhung der Sicherheit des Erdauflagers benutzt werden (Bild

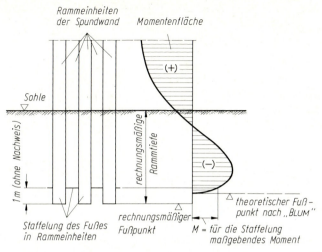

Bild E 41-1. Staffelung des Spundwandfußes bei eingespannter Wand

E 41-2). Um dasjenige Maß, um welches die kürzeren Bohlen über dem rechnungsmäßigen Fußpunkt enden, müssen hier die längeren Bohlen tiefer geführt werden. Wird die Staffelung größer als 1,00 m ausgeführt, müssen die Spannungen bei Ausführungen nach Bild E 41-2 nachgewiesen werden.

Bei Spundwänden aus Stahlbeton oder aus Holz gilt das gleiche, wenn die Spundung ausreichend tragfähig ist, um das Zusammenwirken der kürzeren und der längeren Bohlen zu gewährleisten.

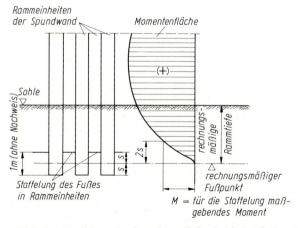

Bild E 41-2. Staffelung des Spundwandfußes bei frei aufgelagerter Wand

377

8.2.10.4 Gemischte Spundwand

Anders liegen die Verhältnisse bei Spundwänden, die aus Trag- und Zwischenbohlen zusammengesetzt sind (E 7, Abschn. 8.1.4). Einen Anhalt für die Unterkante der Zwischenbohlen gibt der Nullpunkt der Belastungsfläche, wobei Wasserüberdruck, Sicherheit gegen hydraulischen Grundbruch (E 115, Abschn. 3.2) und Kolkgefahr zu berücksichtigen sind. Die Einbindetiefe der Zwischenbohlen sollte bei hohen Hafenwänden in tragfähigem Boden 2,50 m, bei niedrigen Wänden mit geringem Wasserüberdruck mindestens 1,50 m betragen.

8.2.10.5 Einbindetiefe bei Kolkgefahr

Besteht Kolkgefahr, zum Beispiel infolge Schraubenwirkung bei Umschlagstellen, sollte die Einbindetiefe sowohl bei gestaffelter Rammung bei den kurzen Bohlen als auch bei den Zwischenbohlen einer gemischten Spundwand gegenüber den Werten unter Abschn. 8.2.10.4 um mindestens 1,00 m und bei Verkehr von Schubeinheiten um mindestens 2,50 m vergrößert werden. Beim Verkehr von Schiffen mit Querstrahlrudern soll die Vergrößerung ebenfalls mindestens 2,50 m betragen. Gleiches gilt für Ro-Ro-Schiffe mit Doppelschraubenantrieb.

Stehen im Sohlenbereich weiche oder breiige Bodenschichten (DIN 1054, Abschn. 4.2.2) an, ist die Einbindetiefe der kurzen Bohlen bzw. der Zwischenbohlen durch besondere Untersuchungen zu ermitteln.

8.2.11 Lotrechte Belastbarkeit von Spundwänden (E 33)

8.2.11.1 Allgemeines

Spundwände können durch lotrechte Auflasten in ihrer Achsrichtung ähnlich wie Pfähle belastet werden, wenn sie genügend in den tragfähigen Untergrund einbinden und beim Einrammen ausreichend fest werden. Steht der Spundwandfuß im Sandboden, erhöht sich bei Stahlspundwänden die lotrechte Belastbarkeit im Laufe der Zeit infolge fortschreitender Verkrustung der Stahloberflächen.

8.2.11.2 Druckbelastung

Bei Beurteilung der zulässigen Druckbelastung müssen die gleichzeitig wirkenden ungünstigen Einflüsse – wie der lotrechte Anteil des Erddrucks, die stärkere Lastüberschneidung infolge der Linienbelastung des Untergrunds usw. – berücksichtigt werden. Umgekehrt wirkt aber der schräg nach oben gerichtete Erdwiderstand vor dem Spundwandfuß zusätzlich stützend. Bei großer Druckbelastung und Einspannung der Spundwand im Boden kann auch der Wandreibungswinkel der Ersatzkraft C (bei Berechnung nach BLUM [61]) negativ werden. Im Ansatz der V-Kräfte müssen aber die Ausführungen über die Größe von C nach E 56, Abschn. 8.2.9.1, Absatz nach der Zeichenerklärung, besonders berücksichtigt werden.

8.2.11.3 Druckgrenzlast

Zur überschlägigen Ermittlung der Druckgrenzlast kann in diluvialen, mitteldicht gelagerten Sand- und Kiesböden oder halbfesten bindigen Böden bei mindestens 5 m Einbindetiefe mit einem Grenzlastspitzenwiderstand von 5000 kN/m² gerechnet werden, wenn die Pfropfenbildung einwandfrei gewährleistet ist. Sonst ist der Spitzenwiderstand zu ermäßigen, die Rammtiefe zu vergrößern, oder es sind Flach- oder Profilstähle, die für die erforderliche Pfropfenbildung sorgen, so in den Fuß einzuschweißen, daß sie den Rammvorgang möglichst wenig stören, aber heil überstehen und die auftretenden Pfahllasten mit ausreichender Sicherheit übertragen werden können. Auf E 56, Abschn. 8.2.9 wird besonders hingewiesen. Bei gedrungenen wellen- oder kastenförmigen Profilen kann der Spitzenwiderstand auf die von der Umhüllenden des Wandquerschnitts begrenzte Fläche angesetzt werden.

Bei gemischten Spundwänden mit I-förmigen Tragbohlen sollen zur Förderung der Pfropfenbildung im Bedarfsfall die erwähnten Flach- oder Profilstähle in den Fuß eingeschweißt werden, wenn die lichte Weite zwischen den Flanschen der Tragbohlen 400 mm übersteigt. Gleiches gilt für Spundwände mit wellenförmigen Profilen, wenn der mittlere Abstand der Stege größer als 400 mm ist. Eine Grenzlastmantelreibung von höchstens 50 kN/m² darf nur im tragfähigen Boden und dort auch nur an Spundwandflächen angesetzt werden, an denen sie tatsächlich auftreten kann. Sie muß mit den Annahmen der Erddruckberechnung verträglich sein.

8.2.11.4 Zuggrenzlast

Hier gelten sinngemäß die gleichen Voraussetzungen wie bei der Druckbelastung. Infolge ungünstiger Auswirkung nach Abschn. 8.2.11.5 sollten Zugbelastungen bei Uferspundwänden möglichst vermieden werden.

8.2.11.5 Einfluß auf die Spundwandberechnung

Bei der Spundwandberechnung wirkt sich eine axiale Druckbelastung für den Erdwiderstand günstig aus. Eine Vergrößerung des Erddrucks kann eintreten, wenn die lotrechte Verschiebung der Spundwand gleich oder größer ist als die des Erddruckgleitkeils.

Bei axialer Zugbelastung kann sich der Erddruck vermindern. Wesentlich stärker vermindert sich aber der stützende Erdwiderstand. Deshalb muß bei Zugbelastung in der Spundwandberechnung die Bedingung $\Sigma\,V = 0$ in jedem Fall nachgewiesen werden.

8.2.12 Waagerechte Belastbarkeit von Stahlspundwänden in Längsrichtung des Ufers (E 132)

8.2.12.1 Allgemeines

Gemischte und wellenförmige Stahlspundwände sind gegen waagerechte Beanspruchungen in der Längsrichtung des Ufers verhältnismäßig nachgiebig. Treten solche Lasten auf, ist zu prüfen, wie die Längskräfte von der Spundwand aufgenommen werden und ob zusätzliche Maßnahmen erforderlich sind.

In vielen Fällen lassen sich aus Erddruck und aus Wasserüberdruck herrührende Längsbeanspruchungen von Spundwandbauwerken vermeiden, wenn die Konstruktion entsprechend gewählt wird, so z. B. durch die kreuzweise Verankerung von Kaimauerecken nach E 31, Abschn. 8.4.13 oder durch Schrägpfahlverankerung nach E 146, Abschn. 8.4.14 oder bei kreisrunden Hafen- oder Molenköpfen durch eine Radialverankerung nach einer im Kreismittelpunkt angeordneten Herzstückplatte. Diese wird ihrerseits in Richtung der Halbierenden des Zentriwinkels durch weitere Anker an einer weiter hinten quer dazu liegenden Ankerwand gehalten.

8.2.12.2 Übertragung waagerechter Längskräfte in die Spundwand

Die Übertragung kann mit den vorhandenen Konstruktionselementen, wie Holm und Gurt, stattfinden, wenn diese entsprechend ausgebildet sind, oder durch zusätzliche Maßnahmen, wie den Einbau von Diagonalverbänden hinter der Wand. Unter Umständen genügt auch ein Verschweißen der Schlösser im oberen Bereich.

Die Längskräfte aus Trossenzügen treten jeweils an den Festmacheeinrichtungen auf, die größten Längskräfte aus Wind an den Verriegelungsstellen der Krane und die aus der Schiffsreibung an den Fenderungen. Außerdem können Reibungskräfte an jeder beliebigen Stelle der Wand wirken, was auch für die Längskräfte aus der Kranbremsung für den Wandkopf zutrifft. Je nach Ausbildung der verteilenden Konstruktionsglieder können die Längskräfte über eine größere Strecke in die Uferwand eingeleitet werden.

Hierzu sind bei Stahlgurten die Flansche der Gurte mit dem bodenseitigen Spundwandrücken zu verschrauben oder zu verschweißen (Bild E 132-1). Die Längskraftübertragung kann auch durch Knaggen erreicht werden,

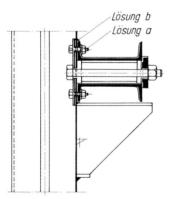

Bild E 132-1. Übertragung von Längskräften mit Paßschrauben in den Gurtflanschen (Lösung a) oder mit Schweißnähten (Lösung b)

die an den Gurt geschweißt werden und sich gegen die Stege der Spundwand stützen (Bild E 132-2).

Bei einem Gurt aus 2 U-Stählen kann der Gurtbolzen nur dann zur Übertragung von Längskräften herangezogen werden, wenn am bodenseitigen Bohlenrücken die beiden Gurtstähle durch eine senkrecht eingeschweißte, gebohrte Platte verbunden werden, die die Kraft aus den Gurtbolzen durch Lochleibungsdruck übernimmt, wobei der Bolzen auf Abscheren beansprucht wird (Bild E 132-3).

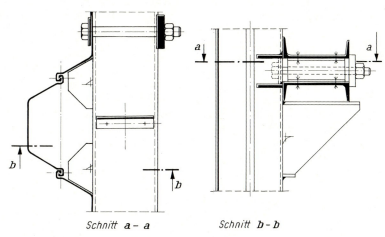

Schnitt *a – a*   Schnitt *b – b*

Bild E 132-2. Übertragung von Längskräften mit an den Gurt geschweißten Knaggen

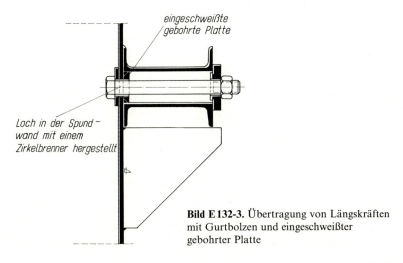

Bild E 132-3. Übertragung von Längskräften mit Gurtbolzen und eingeschweißter gebohrter Platte

381

Beim Auftreten von Längskräften sind Holm und Gurt einschließlich ihrer Stöße auf Biegung mit Normalkraft und Querkraft zu bemessen.

Zur Übertragung der Längskräfte aus einem Stahlbetonholm muß die Spundwand ausreichend in den Holm einbinden. Zur Kraftübertragung muß der Beton in diesem Einbindebereich entsprechend bewehrt werden.

8.2.12.3 Übertragung der waagerechten Längskräfte durch die Spundwand in den Boden

Die waagerechten Längskräfte werden durch Reibung an den landseitigen Spundwandflanschen und durch Widerstand vor den Spundwandstegen in den Boden übertragen. Letzterer kann aber nicht größer sein als die Reibung im Boden auf die Länge des Spundwandtals.

Die Kraftaufnahme kann daher bei nichtbindigen Böden insgesamt über Reibung berechnet werden, wobei als Reibungsfaktor ein angemessener Mittelwert des Reibungsfaktors zwischen Boden und Stahl sowie zwischen Boden und Boden angesetzt wird. Diese Kraftüberleitung ist bei nichtbindigen Böden um so günstiger, je größer der Reibungswinkel und je dichter die Lagerung des Hinterfüllungsbodens sind oder bei bindigen Böden je höher ihre Scherfestigkeit und ihre Konsistenz sind.

Die zusätzlichen Biegemomente einer Spundwand aus Längskräften, die über den Holm oder den Gurt eingeleitet und in der geschilderten Art in den Boden übertragen werden, können wie die Biegemomente einer eingespannten oder frei aufgelagerten Ankerwand berechnet werden. An die Stelle des Erdwiderstands tritt in diesem Fall jedoch die oben angegebene ausgemittelte Wandreibung bzw. ein entsprechender Scherwiderstand.

Als Tragelemente zur Aufnahme dieser Zusatzbeanspruchungen sind in der Regel nur schubfest verschweißte Doppelbohlen anzusetzen. Unverschweißte Bohlen können nur als Einzelbohlen berücksichtigt werden.

Bei der Aufnahme von waagerechten Kräften in Längsrichtung des Ufers werden die Spundbohlen durch Biegung in zwei Ebenen beansprucht. Hierbei darf die größte Randspannung wegen ihres nur örtlichen Auftretens an einer Ecke des Profils das 1,1fache der jeweils zulässigen Spannung erreichen.

Durch die Inanspruchnahme der Wandreibung auch in waagerechter Richtung darf in der Erddruckberechnung für die Spundwand nur noch eine verminderte Wandreibung angesetzt werden. Dabei darf die vektorielle Zusammensetzung beider Komponenten die maximal mögliche Wandreibung nicht überschreiten.

8.2.13 Berechnung einer im Boden eingespannten Ankerwand (E 152)

Infolge von Hindernissen im Baugrund, wie Kanäle, Versorgungsleitungen und dergleichen, ist es gelegentlich nicht möglich, die Ankerwände nach E 11, Abschn. 8.4.7 mit mittigem Ankeranschluß auszuführen, weil dabei eine 1,5fache Sicherheit der Verankerung gegen Aufbrechen des Verankerungsbodens nach E 10, Abschn. 8.4.11 nicht mehr nachgewiesen werden kann. Der hochliegende Anker muß dann im Kopfbereich der Ankerwand angeschlossen werden, was zu einer Verteuerung der Verankerung führt. Vor allem wird die Ankerwand wesentlich länger und schwerer.

Sie kann beispielsweise mit den Ansätzen nach Bild E 152-1 grafisch berechnet werden.

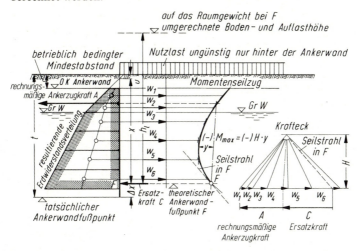

Bild E 152-1. Beispiel für die graphische Berechnung einer im Boden eingespannten Ankerwand mit dem Ansatz nach BLUM [61]

Der erforderliche Rammtiefenzuschlag Δx wird nach E 56, Abschn. 8.2.9 berechnet, die Erdwiderstandverteilung vor der Wand nach E 10 unter Berücksichtigung der Bedingung $\Sigma V = 0$.

Wegen der zu fordernden 1,5fachen Sicherheit gegen Aufbruch des Verankerungsbodens ist die Berechnung zunächst für eine rechnungsmäßige Ankerzugkraft A gleich der 1,5fachen Ankerzugkraft nach E 77, Abschn. 8.2.2 durchzuführen. Die Ermittlung der Profilgröße von Ankerwand und -gurt wird aber nur mit der einfachen Ankerzugkraft nach E 77 vorgenommen, es sei denn, daß das durch den Faktor 1,5 dividierte Biegemoment aus der Untersuchung mit der 1,5fachen Ankerzugkraft einen größeren Wert ergibt. Der Nachweis der Standsicherheit in der tiefen Gleitfuge nach E 77 wird unter Verwendung des Querkraftnullpunkts, der sich bei einfacher Ankerzugkraft ergibt, durchgeführt.

Eine Staffelung der Ankerwand nach E 42, Abschn. 8.2.14 ist nur am unteren Ende zulässig, kann hier aber bei hohen Ankerwänden ohne beonderen Nachweis bis zu 1,0 m ausgeführt werden.

Bei vorwiegend waagerechter Grundwasserbewegung muß, damit ein nennenswerter Wasserüberdruck vermieden wird, die Ankerwand mit ausreichend vielen Wasserdurchtrittsöffnungen versehen werden. Im anderen Fall ist der Wasserüberdruck bei der Berechnung des resultierenden Ankerwiderstands zu berücksichtigen.

8.2.14 Gestaffelte Ausbildung von Ankerwänden (E 42)

Zur Materialeinsparung können wie die Uferspundwände auch Ankerwände gestaffelt ausgeführt werden. Hier kann die Staffelung sowohl am unteren als auch am oberen Ende und auch an beiden Enden vorgenommen werden. Sie sollte im allgemeinen nicht mehr als 0,50 m betragen. Bei Staffelung an beiden Enden können alle Doppelbohlen um 0,50 m kürzer als die Höhe der Ankerwand ausgeführt werden. Sie werden dann abwechselnd so gerammt, daß jede zweite Doppelbohle mit ihrem höheren oberen bzw. tieferen unteren Ende in Sollhöhe von Ober- bzw. Unterkante Ankerwand liegt. Eine größere Staffelung als 0,50 m ist nur bei tiefliegenden Ankerwänden statthaft, wenn die Lastaufnahme im Boden und die Spannungsaufnahme aus Moment, Querkraft und Normalkraft in der Spundwand nachgewiesen werden kann. Ein Spannungsnachweis ist auch bei einer Staffelung von 0,50 m erforderlich, wenn die Ankerwandhöhe kleiner als 2,50 m ist. Hierbei ist auch nachzuweisen, daß das obere und das untere Ankerwandmoment zwischen den Bohlen übergeleitet wird.

Bei Stahlbeton- und bei Holzbohlen kann sinngemäß verfahren werden, wenn die Spundung ausreichend tragfähig ist, um das Zusammenwirken aller Bohlen zu gewährleisten.

8.2.15 Gründung von Stahlspundwänden in Fels (E 57)

8.2.15.1 Wenn Fels eine dickere verwitterte Übergangszone mit nach der Tiefe zunehmender Festigkeit aufweist, oder wenn weiches Gestein ansteht, lassen sich Stahlspundbohlen erfahrungsgemäß so tief in den Fels einrammen, daß eine Fußstützung erzielt wird, die mindestens für freie Auflagerung ausreicht.

8.2.15.2 Um das Einrammen der Spundbohlen in den Fels zu ermöglichen, müssen diese je nach Profilart und Gestein am Fuß und gegebenenfalls auch am Kopf zugerichtet bzw. verstärkt werden. Mit Rücksicht auf die erforderliche hohe Rammenergie empfiehlt es sich, die Spundwand aus Sonderstahl St Sp S (E 67, Abschn. 8.1.8) auszuführen. Es wird zweckmäßig mit schweren Rammbären und entsprechend kleiner Fallhöhe gearbeitet. Eine ähnliche Wirkung läßt sich bei Einsatz von Hydraulikbären erzielen, deren Schlagenergien in Anpassung an den jeweiligen Rammenergiebedarf kontrolliert regelbar sind (E 118, Abschn. 8.1.17.3).

Steht gesunder, harter Fels bis zur Oberfläche an, sind Proberammungen und Felsuntersuchungen unerläßlich. Gegebenenfalls müssen für die Fußsicherung und die Bohlenführung besondere Maßnahmen getroffen werden. Durch Bohrungen von 105 bis 300 mm Durchmesser, die in einem Abstand entsprechend der Bohlenbreite der Spundwand abgeteuft werden, kann der Untergrund perforiert und so entspannt werden, daß die Spundbohlen eingerammt werden können.

Der gleiche Effekt kann bei wechselhaft festen Gesteinen und dergleichen durch Hochdruckspülen erreicht werden. Hierbei wird unter Drücken bis etwa 500 bar durch Düsen mit kleinem Durchmesser der Untergrund durch das eingepreßte Wasser aufgelockert und das gelöste Material im Spülstrom nach oben befördert. Dadurch tritt die erforderliche Entspannung des Untergrunds ein, so daß die Spundbohlen durch Rammen eingebracht werden müssen. Die Grenzen dieses Verfahrens sind durch die Festigkeit des Untergrunds, die Anzahl der Spüllanzen und die Größe des Wasserdrucks gegeben. Vor Anwendung dieses Verfahrens sind in jedem Fall Proberammungen durchzuführen, um die Anzahl der Spüllanzen und den erforderlichen Wasserdruck festzustellen.

8.2.15.3 Sind größere Einrammtiefen im Fels erforderlich, bieten sich gezielte Sprengungen an, die den Fels im Bereich der Spundwand auflockern und rammbar machen. Bei der Wahl des Profils und der Stahlsorte muß auf mögliche Ungleichmäßigkeiten des Baugrunds und der daraus resultierenden Rammbeanspruchungen Rücksicht genommen werden. Bezüglich Lockerungssprengungen wird auf E 183, Abschn. 8.1.13 verwiesen.

Ferner ist gezieltes Vorbohren allein möglich, mit dem Vorteil der Erhaltung der Gesteinseigenschaften im ungestörten Zustand. Dadurch ergeben sich gegenüber dem Sprengen positive Auswirkungen auf die untere Stützkraft der Spundwand. Außerdem ist die Vorbohrtiefe kürzer als die zu sprengende Tiefe.

8.2.16 Uferspundwände in nicht konsolidierten, weichen bindigen Böden, insbesondere in Verbindung mit unverschieblichen Bauwerken (E 43)

Aus verschiedenen Gründen müssen heute Häfen und Industrieanlagen mit Ufereinfassungen auch in Gebieten mit schlechtem Baugrund errichtet werden. Vorhandene alluviale bindige Böden, gegebenenfalls mit Moorzwischenlagen, werden hierbei durch Geländeaufhöhungen zusätzlich belastet und dadurch in einen nicht konsolidierten Zustand versetzt. Die dann auftretenden Setzungen und waagerechten Verschiebungen erfordern besondere bauliche Maßnahmen und eine möglichst zutreffende statische Behandlung.

In nicht konsolidierten, weichen bindigen Böden dürfen Spundwandbauwerke nur dann „schwimmend" ausgeführt werden, wenn sowohl die Nutzung als auch die Standsicherheit des Gesamtbauwerks und seiner Teile die dabei auftretenden Setzungen und waagerechten Verschiebungen bzw. deren Unterschiede gestatten. Um dies beurteilen und die erforderlichen Maßnahmen treffen zu können, müssen die zu erwartenden Setzungen und Verschiebungen errechnet werden.

Wird eine Uferwand in nicht konsolidierten, weichen bindigen Böden im Zusammenhang mit einem praktisch unverschieblich gegründeten Bauwerk, beispielsweise mit einem stehend gegründeten Pfahlrostbauwerk, ausgeführt, sind folgende Lösungen anwendbar:

8.2.16.1 Die Spundwand wird in lotrechter Richtung frei verschieblich verankert oder abgestützt, so daß der Anschluß an das Bauwerk auch bei den größten rechnungsmäßig auftretenden Verschiebungen noch tragfähig und voll wirksam bleibt.

Diese Lösung bereitet, abgesehen von der Setzungs- und Verschiebungsberechnung, keine Schwierigkeiten. Sie kann jedoch bei Pfahlrostbauten aus betrieblichen Gründen im allgemeinen nur bei einer hinten liegenden Spundwand angewendet werden. Die an der Abstützung auftretende lotrechte Reibungskraft muß in der Pfahlrostberechnung berücksichtigt werden. Bei den Ankeranschlüssen einer vorderen Spundwand genügen Langlöcher nicht, vielmehr muß dann eine frei verschiebliche Verankerung ausgeführt werden.

8.2.16.2 Die Spundwand wird durch Tieferführen einer ausreichenden Anzahl von Rammeinheiten in den tragfähigen, tiefliegenden Baugrund gegen lotrechte Bewegungen abgestützt. Hierbei müssen alle lotrechten Belastungen der Spundwand von den tiefer geführten Rammeinheiten sicher aufgenommen werden, nämlich:

(1) die Eigenlast der Wand,

(2) die Aufhängung des Bodens an der Spundwand infolge negativer Wandreibung und Haftfestigkeit und

(3) eine etwaige axiale Auflast der Wand.

Bei vorne liegender Spundwand ist diese Lösung technisch und betrieblich zweckmäßig. Da der in Setzung befindliche bindige Boden sich an der Spundwand aufhängt, wird der Erddruck kleiner. Setzt sich auch der stützende Boden vor dem Spundwandfuß, vermindert sich infolge negativer Wandreibung allerdings auch der mögliche Erdwiderstand. Dies muß in der Spundwandberechnung berücksichtigt werden.

Bei der Berechnung der aus der Bodensetzung herrührenden lotrechten Belastung der Spundwand wird die negative Wandreibung und Haftfestigkeit für den Anfangs- und Endzustand berücksichtigt.

8.2.16.3 Die Spundwand wird, abgesehen von der Verankerung oder Abstützung gegen waagerechte Kräfte, an dem Bauwerk so aufgehängt, daß die unter Abschn. 8.2.16.2 genannten Belastungen in das Bauwerk und von dort in den tragfähigen Baugrund übertragen werden.

Bei dieser Lösung werden die Spundwand und ihre obere Aufhängung nach den Angaben zu Abschn. 8.2.16.2 berechnet.

8.2.16.4 Liegt der tragfähige Boden in gut erreichbarer Tiefe, wird die gesamte Wand bis in den tragfähigen Boden geführt. Der Erdwiderstand im festen

Boden wird mit den üblichen Wandreibungsansätzen berechnet und voll berücksichtigt. Beim Erdwiderstand im darüberliegenden nachgiebigen Boden muß untersucht werden, ob die in Frage kommenden Verschiebungen den vollen Ansatz des Erdwiderstands rechtfertigen. Im Zweifelsfall ist der rechnungsmäßige Erdwiderstand zu verkleinern.

8.2.17   Auswirkungen von Erdbeben auf die Ausbildung und Bemessung von Ufereinfassungen (E 124)

Im Abschn. 2.14 behandelt.

8.2.18   Ausbildung und Bemessung einfach verankerter Spundwandbauwerke in Erdbebengebieten (E 125)

8.2.18.1   Allgemeines

Anhand der Baugrundaufschlüsse und der bodenmechanischen Untersuchungen muß zunächst sorgfältig geprüft werden, welche Auswirkungen die während des maßgebenden Erdbebens auftretenden Erschütterungen auf die Scherfestigkeit des Baugrundes haben können.

Das Ergebnis dieser Untersuchungen kann für die Gestaltung des Bauwerks maßgebend sein. Beispielsweise darf bei Baugrundverhältnissen, bei denen mit Bodenverflüssigung (Liquefaction) nach E 124, Abschn. 2.14 gerechnet werden muß, keine Verankerung durch eine hochliegende Ankerwand bzw. Ankerplatten gewählt werden, es sei denn, der stützende Verankerungs-Erdkörper wird im Zuge der Baumaßnahmen ausreichend verdichtet und damit die Gefahr der Verflüssigung beseitigt. Bezüglich der Größe der anzusetzenden Erschütterungszahl k_h und sonstiger Auswirkungen sowie der zulässigen Spannungen und der geforderten Sicherheiten wird auf E 124 verwiesen.

8.2.18.2   Spundwandberechnung

Unter Berücksichtigung der nach E 124, Abschn. 2.14.3, 2.14.4 und 2.14.5 ermittelten Spundwandbelastungen und -stützungen kann die Berechnung nach E 77, Abschn. 8.2.2 durchgeführt werden, jedoch ohne Abminderung des Momentenanteils aus dem Erddruck.

Der mit den fiktiven Neigungswinkeln ermittelte Erddruck bzw. Erdwiderstand wird den Berechnungen allgemein zugrundegelegt, obwohl Versuche gezeigt haben, daß die Erddruckvergrößerung aus einem Beben nicht linear mit der Tiefe zunimmt, sondern in Oberflächennähe verhältnismäßig größer ist. Deshalb ist die Verankerung mit gewissen Reserven zu bemessen.

8.2.18.3   Spundwandverankerung

Der Nachweis der Standsicherheit der Verankerung ist nach E 10, Abschn. 8.4.10 bzw. E 66, Abschn. 9.4 zu führen. Hierbei sind die zusätzlichen waagerechten Kräfte, die durch die Beschleunigung des verankernden Erdkörpers und des darin enthaltenen Porenwassers bei verminderter Verkehrslast auftreten, mit zu berücksichtigen.

8.3 Berechnung und Bemessung von Fangedämmen

8.3.1 Zellenfangedämme als Baugrubenumschließungen und als Ufereinfassungen (E 100)

8.3.1.1 Allgemeines

Zellenfangedämme werden aus Flachprofilen mit hoher Schloßzugfestigkeit hergestellt. Diese beträgt je nach Stahlsorte und Profilart 2000 bis 5000 kN/m. Zellenfangedämme bieten den Vorteil, daß sie ohne Gurt und Verankerung allein durch eine geeignete Zellenfüllung standsicher ausgebildet werden können, selbst wenn bei Felsuntergrund ein Einbinden der Wände nicht möglich ist.

Zellenfangedämme sind erst bei größerer Wassertiefe, hohen Geländesprüngen und größerer Bauwerkslänge wirtschaftlich. Sie bieten sich vor allem an, wenn eine Aussteifung oder Verankerung nicht möglich oder mit wirtschaftlich vertretbarem Aufwand nicht ausführbar ist. Der Mehrbedarf an Spundwandfläche wird dann durch Gewichtsersparnis gegenüber einem sonst erforderlichen schwereren und längeren Spundwandprofil und durch den Wegfall der Gurte und Anker aufgewogen.

8.3.1.2 Konstruktion der Fangedämme

Man unterscheidet Fangedämme mit Kreiszellen (Bild E 100-1 a)) und mit Flachzellen (Bild E 100-1 b)).

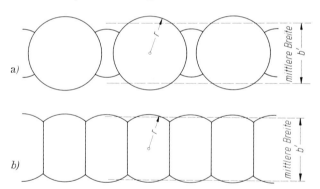

Bild E 100-1. Schematische Grundrisse von Zellenfangedämmen
a) Kreiszellenfangedamm;
b) Flachzellenfangedamm

(1) Kreiszellen, die durch schmale, bogenförmige Zwickelwände verbunden werden, haben den Vorteil, daß jede Zelle für sich aufgestellt und verfüllt werden kann und daher für sich allein standsicher ist. Die zum Abdichten erforderlichen Zwickelwände können nachträglich eingebaut werden.

Um die unvermeidbaren Zusatzbeanspruchungen an den Abzweigbohlen gering zu halten, sollten der lichte Abstand der Kreiszellen sowie der Radius der Zwickelwände möglichst klein gehalten werden. Gegebenenfalls können in der Zwickelwand geknickte Bohlen angeordnet werden.

(2) Flachzellen mit ebenen Quer-Trennwänden, die fortlaufend aneinandergereiht werden, müssen angewendet werden, wenn mit wachsendem Kreisdurchmesser die Ringzugspannungen im Schloß bzw. im Steg der Bohlen nicht mehr aufgenommen werden können. Wegen fehlender Stabilität der Einzelzelle müssen die Zellen stufenweise verfüllt werden, wenn nicht andere Stabilisierungsmaßnahmen getroffen werden. Aus diesem Grund sind auch die Fangedammenden in sich standsicher auszubilden. Bei langen Bauwerken empfehlen sich Zwischenfestpunkte, insbesondere wenn Havariegefahr besteht, weil sonst im Schadensfall weitreichende Zerstörungen auftreten können.

Flachzellenfangedämme haben unter sonst gleichen Voraussetzungen je lfd. m einen größeren Bedarf an Stahl als Kreiszellenfangedämme.

Für geschweißte Abzweigbohlen sind zur Vermeidung von Terrassenbrüchen Stahlsorten mit entsprechenden Eigenschaften beim Spundbohlenhersteller zu bestellen (s. hierzu E 67, Abschn. 8.1.8.1).

8.3.1.3   Berechnung

(1) Berechnung der Standsicherheit

Die Berechnung der Standsicherheit von Zellenfangedämmen für Baugrubenumschließungen ist auf den Bildern E 100-2, -3 und -4 dargestellt. Als rechnerische Breite des Fangedamms ist die mittlere Breite b' nach Bild E 100-1 einzusetzen. Sie ergibt sich durch Umwandlung des tatsächlichen Grundrisses in ein flächengleiches Rechteck.

Steht ein Fangedamm frei auf Fels (Bild E 100-2), tritt beim Bruch zwischen den Wandfüßen des Fangedamms eine nach oben gekrümmte Bruchfläche auf. Diese Gleitlinie wird zweckmäßig durch eine logarithmische Spirale für den Winkel cal φ' (E 96, Abschn. 1.13.1.2) angenähert

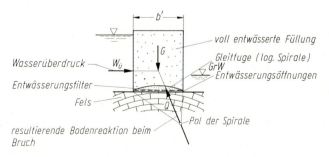

Bild E 100-2. Frei auf Fels stehender Fangedamm mit Entwässerung

389

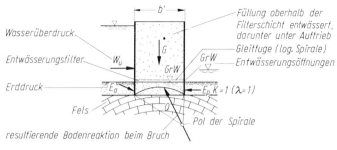

Bild E 100-3. Auf überlagertem Fels stehender Fangedamm mit Entwässerung

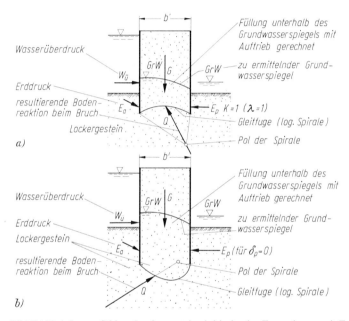

Bild E 100-4. In tragfähiges Lockergestein einbindender Fangedamm mit Entwässerung
a) bei flacher Einbindung;
b) Zusatzuntersuchung bei tiefer Einbindung

ersetzt. Die Standsicherheit wird dann durch Vergleich der um den Pol der ungünstigsten Gleitlinie drehenden, angreifenden und widerstehenden Momente berechnet. Sie muß mindestens $\eta = 1{,}5$ betragen (E 96, Abschn. 1.13.2 a) (7)).

Steht der Fangedamm auf Fels und wird dieser von anderen Bodenschichten überlagert (Bild E 100-3) oder bindet der Fangedamm in tragfähiges

Lockergestein ein (Bild E 100-4), kommen zu den angreifenden Kräften auf der Lastseite der Erddruck und gegenüberliegend stützend der Erdwiderstand hinzu. Letzterer ist mit Rücksicht auf die geringen Formänderungen nur in verminderter Größe, in der Regel mit $K = 1$ und bei tieferer Einbindung in das Lockergestein mit K_p für $\delta_p = 0$, anzusetzen.

Als angreifende Last ist vor allem der Wasserüberdruck $W_{\ddot{u}}$ zu berücksichtigen. Er ergibt sich als Differenz der Wasserdrücke W, die von außen auf die Fangedammwände bis zu deren Unterkante wirken, jedoch kann der ungünstige Wasserstand in der Baugrube auch über deren Sohle liegen.

Die erforderliche Standsicherheit kann bei der Gründung in Lockergestein nicht nur durch Verbreitern des Fangedamms, die Wahl eines besseren Verfüllmaterials mit größerem γ und φ' sowie einer gezielten Zellenentwässerung, sondern auch durch ein gestaffeltes Tieferrammen der als Wand aufgestellten Bohlen in kleinen Schritten erreicht werden. In diesem Fall ist der Standsicherheitsnachweis auch mit nach unten gekrümmter Bruchfläche zu führen (Bild E 100-4 b)). Die Spirale ist dabei so zu legen, daß ihr Mittelpunkt keinesfalls über der Wirkungslinie von E_p für $\delta_p = 0$ liegt (Bild E 100-4). Mit dieser Standsicherheitsberechnung ist sowohl die Kipp- als auch die Gleitsicherheit nachgewiesen.

(2) Berechnung der Spundwand

Beim Nachweis der Aufnahme der Ringzugkräfte kann angenommen werden, daß die von der Lastseite wirkenden Wasser- und gegebenenfalls Erddrücke durch die Fangedammfüllung unmittelbar aufgenommen werden. In der Regel genügt dann die Untersuchung des Querschnitts in Höhe der Baugruben- oder Gewässersohle, da dort im allgemeinen die maßgebende Ringzugkraft auftritt. Sie wird nach der Kesselformel $Z = p_i \cdot r$ ermittelt. Als Innendruck p_i ist der Erdruhedruck, mit $K_0 = 1 - \sin \varphi'$ errechnet, und, soweit vorhanden, der auf die luftseitige Wand wirkende Wasserüberdruck anzusetzen. Im übrigen wird auf Abschn. 8.3.1.3 (4) verwiesen.

(3) Grundbruchsicherheit

Für Fangedämme, die nicht auf Fels stehen, ist auch der Nachweis der Grundbruchsicherheit nach DIN 4017, Teil 2 zu führen, wobei die mittlere Breite b' als Fangedammbreite einzusetzen ist. Auch hierzu wird auf Abschn. 8.3.1.3 (4) hingewiesen. Gegebenenfalls ist auch die Sicherheit gegen Geländebruch nachzuweisen.

(4) Wirkung einer Wasserströmung

Bei den oben angeführten Berechnungen ist Strömungsdruck – soweit vorhanden – zu berücksichtigen. Außerdem ist die Sicherheit gegen hydraulischen Grundbruch und gegen Erosionsgrundbruch zu überprüfen.

8.3.1.4   Bauliche Maßnahmen

Zellenfangedämme dürfen nur auf gut tragfähigem Baugrund errichtet werden. Da weiche Schichten, insbesondere im unteren Bereich des Fangedamms, seine Standsicherheit entscheidend herabsetzen, sind sie – wenn vorhanden – aus dem Inneren des Fangedamms zu entfernen. Für die Füllung darf feinkörniger Boden nach DIN 18 196 nicht verwendet werden. Bei Baugrubenumschließungen soll der Füllboden besonders gut wasserdurchlässig sein.

Die Stabilität des Fangedamms ist unter anderem von der Wichte (unter Berücksichtigung des Auftriebs) und vom inneren Reibungswinkel φ' der Füllung abhängig. Zur Füllung ist daher ein Boden mit großer Wichte und mit großem innerem Reibungswinkel zu verwenden. Beide können durch Einrütteln des Bodens im Fangedamm erhöht werden.

(1) Baugrubenumschließungen

Bei Baugrubenumschließungen mit Gründung auf Fels soll der Auftrieb im Fangedamm – soweit irgend möglich – durch eine wirksame und ständig durch Beobachtungsbrunnen kontrollierbare Entwässerung ausgeschaltet werden. Entwässerungsöffnungen im luftseitigen Sohlenbe-

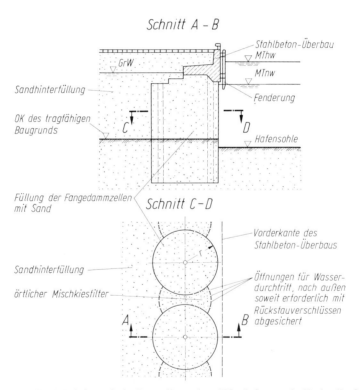

Bild E 100-5. Schematische Darstellung einer Ufereinfassung in Kreiszellenfangedammbauweise mit Entwässerung

392

reich, Filteranordnung in Höhe der Baugrubensohle und gute Durchlässigkeit der Gesamtfüllung sind unerläßlich.

Die Durchlässigkeit der unter Zugspannung stehenden Spundwandschlösser ist erfahrungsgemäß gering.

Der lastseitige Teil der Baugrubenumschließung muß eine ausreichende Wasserabdichtung sicherstellen. In manchen Fällen kann es sinnvoll sein, auf der Wasserseite zusätzliche Abdichtungen vorzusehen, wie beispielsweise durch Unterwasserbeton oder ähnliches.

(2) Ufereinfassungen

Bei Ufereinfassungen, insbesondere in tiefem Wasser, steht die Zellenfüllung weitgehend unter Wasser. Eine tiefliegende Entwässerung erübrigt sich daher. Bei stärkeren und schnell eintretenden Wasserspiegelschwankungen kann zur Vermeidung eines größeren Wasserüberdrucks jedoch die Anordnung einer Entwässerung der Zellenfüllung und der Bauwerkshinterfüllung von Vorteil sein (Bild E 100-5).

Der Überbau – soweit erforderlich mit Fenderungen – ist so zu gestalten und zu bemessen, daß gefährdende Schiffsstöße von den Fangedammzellen ferngehalten werden (Bild E 100-5).

8.3.2 Kastenfangedämme als Baugrubenumschließungen und als Ufereinfassungen (E 101)

8.3.2.1 Allgemeines

Bei Kastenfangedämmen sind die beiden parallel angeordneten Stahlspundwände entsprechend den Baugrundverhältnissen sowie den hydraulischen und statischen Forderungen in den Untergrund einzurammen bzw. einzustellen und gegenseitig zu verankern. Steht der Kastenfangedamm auf Fels, sind mindestens zwei Ankerlagen vorzusehen.

Querwände bzw. Festpunktblöcke nach Bild E 101-1 können im Hinblick auf die Bauausführung zweckmäßig sein. Bei langen Dauerbauwerken sind sie auch zur Begrenzung von Havarieschäden zu fordern. Aus dem Abstand der Querwände bzw. Festpunktblöcke ergeben sich die einzelnen

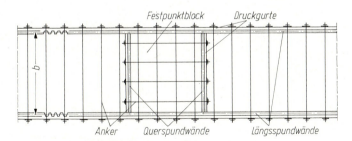

Bild E 101-1. Grundriß eines Kastenfangedamms mit in sich verankerten Festpunktblöcken

Bauabschnitte, in denen der Fangedamm einschließlich der Verankerung und Füllung fertiggestellt wird.

Bezüglich der Füllung gilt auch hier das in E 100, Abschn. 8.3.1.4 Gesagte.

Für die Standsicherheit eines Fangedamms, der einer hohen Wasserdruckbelastung ausgesetzt ist (Baugrubenumschließung), ist die bleibend wirksame Entwässerung seiner Füllung von entscheidender Bedeutung. Auch bei Ufereinfassungen kann eine Entwässerung zweckmäßig sein. Die Füllung wird nach der Baugrubenseite und bei Ufereinfassungen nach der Hafenseite hin entwässert. Im ersteren Fall reichen Durchlaufentwässerungen nach E 51, Abschn. 4.4 aus, während bei Entwässerungen nach dem Hafen hin bei Verschmutzungsgefahr stets Rückstauentwässerungen nach E 32, Abschn. 4.5 oder E 75, Abschn. 4.6 anzuwenden sind.

8.3.2.2 Berechnung

(1) Berechnung der Standsicherheit

Als rechnerische Breite des Kastenfangedamms wird der Achsabstand b zwischen den beiden Spundwänden angesetzt. Für die Berechnung der Standsicherheit von Kastenfangedämmen gelten im wesentlichen die gleichen Grundsätze wie bei den Standsicherheitsuntersuchungen von Zellenfangedämmen – vgl. E 100, Abschn. 8.3.1.3 (1). Im Gegensatz zu Bild E 100-4 a) und b) wird der Erdwiderstand E_p vor der luftseitigen Spundwand wegen ihrer großen Durchbiegungsmöglichkeit entsprechend einer normalen verankerten Spundwand aber nach E 4, Abschn. 8.2.4 schräg angesetzt und für diese Neigung voll in Anspruch genommen.

Bei im Boden frei aufgelagerter luftseitiger Wand wird die logarithmische Spirale zum Fußpunkt dieser Wand und bei Einspannung zum Querkraftnullpunkt geführt. Jeweils auf gleicher Höhe liegt im allgemeinen der Ansatzpunkt der Spirale an der lastseitigen Wand. Ist diese aber kürzer

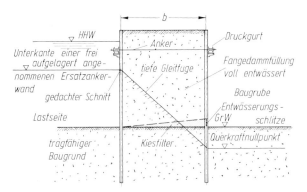

Bild E 101-2. Untersuchung der Standsicherheit der Verankerung für die tiefe Gleitfuge nach E 10, Abschn. 8.4.10

als die luftseitige Wand, muß die Spirale zum vorhandenen Fußpunkt geführt werden.

Die Standsicherheit der Verankerung in der tiefen Gleitfuge ist nach E 10, Abschn. 8.4.10 nachzuweisen. Hierbei kann bei einfacher Verankerung die tiefe Gleitfuge oben näherungsweise zum Fußpunkt einer frei aufgelagert angenommenen Ersatzankerwand (Bild E 101-2) geführt werden. Unten führt sie bei freier Auflagerung der luftseitigen Spundwand im Boden zu deren Fußpunkt und bei Einspannung der Wand zum Querkraftnullpunkt im Einspannbereich.

Der obere Ansatzpunkt für die tiefe Gleitfuge kann auch tiefer gewählt werden, wenn nachgewiesen wird, daß die angreifenden Lasten an der Ankerwand oberhalb des gedachten Trennschnitts von dem Teilerdwiderstand im Fangedamm aufgenommen werden können und die Schnittkräfte in der Ankerwand aufnehmbar sind. Alternativ kann der obere Ansatzpunkt für die tiefe Gleitfuge auch näherungsweise der Querkraftnullpunkt einer eingespannten Ankerwand sein (E 10, Abschn. 8.4.10.6), wenn die zu mobilisierenden Erdwiderstandskräfte auf beiden Seiten der Ankerwand im Rahmen des Gesamtsystems erzeugt und von der Spundwand übertragen werden können. Diese Voraussetzung ist im allgemeinen gegeben, wenn eine Kaimauer als Kastenfangedamm ausgebildet wird.

Bei mehrfacher Verankerung kann ebenfalls mit einer Ersatzankerwand gerechnet werden, wobei aber der gedachte Trennschnitt unterhalb des untersten Ankers so angeordnet wird, daß die zulässigen Spannungen am untersten Ankerpunkt nicht überschritten werden.

Ist die innere Standsicherheit zu gering, kann die geforderte Sicherheit $\eta \geqq 1{,}5$ durch ein Verbreitern des Fangedamms, Wahl eines besseren Verfüllmaterials mit größeren φ' und γ' durch Verdichten der Fangedammfüllung einschließlich Untergrund und fallweise auch durch ein Tieferführen der Fangedammspundwände erreicht werden. Zusätzliche Ankerlagen sind ebenfalls möglich, aber es ist fallweise zu entscheiden, ob der eventuell erschwerte Einbau (unter Wasser usw.) sinnvoll ist.

(2) Berechnung der Spundwände

Es wird vorausgesetzt, daß die Fangedammfüllung so gut entwässert wird, daß die von der Lastseite wirkenden Wasser- und eventuellen zusätzlichen Erddrücke unmittelbar über die Fangedammfüllung in den tragfähigen Untergrund abgeleitet werden. Auf die luftseitige bzw. hafenseitige Spundwand wirkt wegen der ungleichmäßigen Verteilung der lotrechten Spannungen im Fangedamm (Momentenwirkung aus dem Wasserüberdruck) ein höherer als der aktive Erddruck. Die Erddruckerhöhung kann im allgemeinen ausreichend genau durch ein Vergrößern des für $\delta_a = +\,{}^2\!/_3\,\varphi'$ errechneten aktiven Erddrucks um ein Viertel berücksichtigt werden. Dazu kommt – soweit noch vorhanden – ein auf diese Wand wirkender restlicher Wasserüberdruck.

Bindet die luft- bzw. hafenseitige Spundwand in tragfähiges Lockergestein ein, kann der stützende Erdwiderstand wie üblich mit den Wandreibungswinkeln nach E 4, Abschn. 8.2.4 errechnet werden. Die Berechnung dieser Spundwand kann bei einfacher Verankerung nach E 77, Abschn. 8.2.2 und bei doppelter Verankerung nach E 134, Abschn. 8.2.3 vorgenommen werden.

Die lastseitige Spundwand wird im allgemeinen mit gleichem Profil und gleich lang wie die luftseitige bzw. hafenseitige ausgeführt. Abweichungen von dieser Regel sind möglich, wenn die lastseitige Wand bezüglich des Profils und der Einbindetiefe für die einzelnen Bauzustände nachzuweisen ist bzw. wenn die Anforderungen an die Wasserdichtheit und verhinderte Unterläufigkeit zu erfüllen sind.

(3) Grundbruchsicherheit
Siehe E 100, Abschn. 8.3.1.3 (3).

(4) Wirkung einer Wasserströmung
Siehe E 100, Abschn. 8.3.1.3 (4).

8.3.2.3   Bauliche Maßnahmen
Siehe die allgemeinen Ausführungen in E 100, Abschn. 8.3.1.4.

Außerdem wird für die einzelnen Bauteile auf die einschlägigen Empfehlungen der EAU besonders hingewiesen. Dies gilt vor allem auch für die Verankerung und ihren ordnungsgemäßen Einbau.

(1) Baugrubenumschließung
Hier gelten bis auf den letzten Absatz die Ausführungen nach E 100, Abschn. 8.3.1.4 (1).

Die Entwässerungsschlitze im Sohlenbereich der luft- bzw. hafenseitigen Spundwand werden zweckmäßig in die Stege der Spundwandprofile gebrannt.

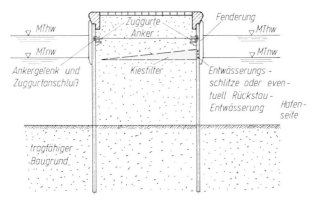

Bild E 101-3. Schematische Darstellung eines Molenbauwerks in Kastenfangedammbauweise

Die Gurte zum Übertragen der Ankerkräfte werden – soweit schiffahrtsbetriebliche Gründe nicht dagegen sprechen – auf den Außenseiten der Spundwände als Druckgurte angeordnet. Bei dieser Lösung entfallen die Gurtbolzen, und es ergeben sich Vorteile beim Einbau der Anker. Allerdings muß wasserseitig die Ankerdurchführung abgedichtet werden.

(2) Ufereinfassungen, Wellenbrecher und Molen
Die Ausführungen in E 100, Abschn. 8.3.1.4 (2) gelten hier sinngemäß (Bild E 101-3).

8.3.3 Schmale Trennmolen in Spundwandbauweise (E 162)

8.3.3.1 Allgemeines

Schmale Trennmolen in Spundwandbauweise sind Kastenfangedämme, bei denen der Abstand der Spundwände nur wenige Meter beträgt und somit erheblich geringer ist als bei einem üblichen Kastenfangedamm (E 101, Abschn. 8.3.2).

Diese Trennmolen werden vorwiegend durch Wasserüberdruck, Schiffsstoß, Eisstoß, Pollerzug und dergleichen belastet.

Die Spundwände werden im oder nahe dem Kopfbereich gegenseitig verankert und zur Übertragung der äußeren Lasten ausgesteift.

Der Raum zwischen den Spundwänden wird mit Sand oder Kiessand von mindestens mitteldichter Lagerung aufgefüllt.

8.3.3.2 Berechnungsansatz für die Trennmole als Kragträger

Für die Aufnahme der normal zur Trennmolenachse angreifenden äußeren Lasten und zur Abtragung in den Baugrund wird die Trennmole als ein freistehendes, im Boden voll eingespanntes Spundwandbauwerk betrachtet. Der Einfluß der Bodenverfüllung zwischen den beiden Spundwänden wird vernachlässigt. Außerdem wird im allgemeinen angenommen, daß die beiden Spundwände im Kopfbereich gelenkig miteinander verbunden sind. In Ausnahmefällen kann auch eine biegesteife Verbindung vorgesehen werden, die jedoch zu großen Biegemomenten am Kopf der Spundwände und somit zu aufwendigen Anschlußkonstruktionen führt und außerdem in den Spundwänden Axialkräfte auslöst, die auf der Zugseite den Erdwiderstand vermindern.

Da beide Spundwände sich aus der äußeren Belastung weitgehend gleichmäßig durchbiegen, kann das Gesamt-Biegemoment im Verhältnis ihrer Biegesteifigkeiten, das heißt in der Regel im Verhältnis der Trägheitsmomente (Flächenmomente 2. Grades), auf die beiden Spundwände verteilt werden. Die Spannungsnachweise sind danach getrennt für jede der beiden Spundwände mit den auf sie entfallenden Momentenanteilen unter Berücksichtigung der jeweiligen Widerstandsmomente zu führen.

Der auf der Passivseite im Boden auftretende Erdwiderstand kann jedoch nicht in voller Größe eingesetzt werden, da bereits ein Teil davon zur Aufnahme des Erddrucks und eines eventuellen Wasserüberdrucks aus der Fangedammfüllung in Anspruch genommen wird. Dieser Anteil wird vorweg ermittelt und von dem möglichen Gesamtwiderstand abgezogen.

8.3.3.3 Berechnungsansatz für die gegenseitig verankerten Spundwände

Die einzelnen Spundwände werden durch Erddruck aus der Füllung und Auflast auf der Trennmole sowie durch äußere Lasten belastet. Außerdem sind Wasserüberdrücke zu berücksichtigen, wenn in der Trennmole der Wasserspiegel höher steht als vor den Spundwänden. Nach diesen Ansätzen ist die gegenseitige Verankerung zu bemessen. Das für die Bemessung der Spundwände maßgebende Biegemoment entspricht im allgemeinen dem unter Abschn. 8.3.3.2 erwähnten Einspannmoment des im Boden voll eingespannten Spundwandbauwerks.

8.3.3.4 Konstruktion

Gurtung, Verankerung und Aussteifung müssen entsprechend den auftretenden Lasten nach den einschlägigen Empfehlungen berechnet, ausgebildet und eingebaut werden.

Besondere Bedeutung kommt der Aufnahme der äußeren Lasten zu und auch derjenigen, die parallel zur Molenachse auf die Spundwände wirken. Der Nachweis ist gemäß E 132, Abschn. 8.2.12 zu führen.

Querwände bzw. Festpunktblöcke sind entsprechend E 101, Abschn. 8.3.2 vorzusehen.

8.4 Verankerungen, Aussteifungen

8.4.1 Ausbildung von Spundwandgurten aus Stahl (E 29)

8.4.1.1 Anordnung

Die Gurte haben die Ankerkräfte aus der Spundwand und bei den Ankerwänden deren Widerstandskräfte in die Anker zu übertragen. Außerdem sollen sie die Spundwand aussteifen und das Ausrichten der Wand erleichtern.

Im allgemeinen werden diese Gurte als Zuggurte auf der Innenseite der Uferspundwand angeordnet. Bei Ankerwänden werden sie in der Regel als Druckgurte hinter der Wand angebracht.

8.4.1.2 Ausbildung

Gurte sollen kräftig ausgeführt und reichlich bemessen werden. Schwerere Gurte aus St 37-2 sind leichteren aus St 52-3 vorzuziehen. Die Stöße, Aussteifungen, Bolzen und Anschlüsse müssen stahlbau- und schweißtechnisch einwandfrei gestaltet werden. Tragende Schweißnähte müssen wegen der Rostgefahr mindestens 2 mm dicker als statisch erforderlich ausgeführt werden. Die Gurte werden zweckmäßig aus zwei gespreizt angeordneten U-Stählen hergestellt, deren Stege senkrecht zur Spundwand stehen

(E 132, Abschn. 8.2.12.2, Bilder E 132-1, -2 und -3). Die U-Stähle werden – soweit möglich – symmetrisch zum Anschlußpunkt der Anker so angeordnet, daß sich die Anker frei bewegen können. Das Maß der Spreizung der beiden U-Stähle wird durch Aussteifungen aus U-Stählen oder aus Stegblechen gesichert. Bei schweren Verankerungen und bei unmittelbarem Anschluß der Anker an den Gurt sind im Bereich der Anker verstärkende Aussteifungen der U-Stähle des Gurts nötig.

Stöße werden an Stellen mit möglichst geringer Beanspruchung angeordnet. Ein voller Querschnittsstoß ist nicht erforderlich, doch müssen die rechnerischen Schnittkräfte gedeckt werden.

8.4.1.3 Befestigung

Die Gurte werden entweder auf angeschweißten Stützkonsolen gelagert oder – besonders bei beschränktem Arbeitsraum unter den Gurten – an der Spundwand aufgehängt. Die Ausbildung und Befestigung muß so sein, daß auch die lotrechten Gurtbelastungen einwandfrei in die Spundwand abgeleitet werden. Konsolen erleichtern den Einbau der Gurte. Aufhängungen dürfen den Gurt nicht schwächen und werden deshalb an den Gurt geschweißt oder an die Unterlagsplatten der Gurtbolzen angeschlossen.

Wird die Ankerkraft (über Gelenke) unmittelbar in den innen angeordneten Zuggurt eingeleitet, muß dieser besonders sorgfältig an die Wand angeschlossen werden. Die Ankerkraft wird durch kräftige Gurtbolzen aus der Spundwand in den Gurt eingeleitet. Sie liegen in der Mitte zwischen den beiden U-Stählen des Gurts und geben ihre Last über Unterlagsplatten ab, die zweckmäßig an den Gurt geheftet werden. Die Gurtbolzen erhalten Überlängen, damit sie zum Ausrichten der Spundwand gegen den Gurt mitbenutzt werden können.

8.4.1.4 Schräganker

Der Anschluß von Schrägankern muß auch in lotrechter Richtung gesichert werden.

8.4.1.5 Zusatzgurt

Eine besonders stark verrammte Spundwand wird mit einem zusätzlichen Gurt ausgerichtet, der im Bauwerk bleibt.

8.4.2 Berechnung und Bemessung von Spundwandgurten aus Stahl (E 30)

Gurte und Gurtbolzen sollen mindestens für die zulässige Ankerzugkraft bemessen werden, die der Tragfähigkeit der gewählten Verankerung entspricht. Darüber hinaus müssen sie so bemessen werden, daß sämtliche sonst angreifenden waagerechten und lotrechten Belastungen aufgenommen und in die Anker oder in die Spundwand (Ankerwand) abgeleitet werden. Zu berücksichtigen sind:

8.4.2.1 Waagerechte Belastungen

(1) Die waagerechte Teilkraft des Ankerzugs, dessen Größe der Spundwandberechnung entnommen werden kann. Mit Rücksicht auf etwaige spätere Vertiefungen vor der Uferwand empfiehlt es sich, die Gurte etwas stärker, und zwar für den bei dem gewählten Ankerdurchmesser zulässigen Ankerzug zu bemessen.

(2) Unmittelbar angreifende Trossenzüge aus Haltekreuzen usw.

(3) Der Schiffsstoß in Abhängigkeit von der Schiffsgröße, dem Anlegemanöver, den Strömungs- und Windverhältnissen. Eisstoß kann vernachlässigt werden.

(4) Zwangskräfte, die infolge des Ausrichtens der Spundwand entstehen.

8.4.2.2 Lotrechte Belastungen

(1) Die Eigenlast der Gurtstähle und ihrer Aussteifungen, Gurtbolzen und Unterlagsplatten.

(2) Die anteilige Bodenauflast, gerechnet ab Rückseite der Spundwand bis zur Lotrechten durch Hinterkante Gurt.

(3) Die anteilige Nutzlast der Uferwand zwischen Hinterkante Spundwandholm und der Lotrechten durch Hinterkante Gurt.

(4) Die lotrechte Teilkraft des Erddrucks, der von der Unterkante Gurt bis Oberkante Gelände auf die lotrechte Fläche durch Hinterkante Gurt wirkt. Der Erddruck wird hierbei mit ebenen Gleitflächen für $\delta_a = + \varphi'$ errechnet.

(5) Bei Zug- und Druckgurten die lotrechte Teilkraft eines schrägen Ankerzugs nach Abschn. 8.4.2.1(1).

8.4.2.3 Ansatz der Belastungen

In der statischen Berechnung der Gurte werden im allgemeinen von den waagerechten Belastungen nur die Teilkraft des Ankerzugs nach Abschn. 8.4.2.1(1) und die Trossenzüge nach Abschn. 8.4.2.1(2) zahlenmäßig erfaßt, die lotrechten Belastungen nach Abschn. 8.4.2.2 dagegen sämtlich. Um die Beanspruchungen aus Schiffsstoß und dem Ausrichten der Wand wenigstens indirekt zu berücksichtigen, empfiehlt es sich, als zulässige Spannungen der Gurte nur 75% der in E 20, Abschn. 8.2.6 für Lastfall 2 zugelassenen Werte anzusetzen. Bei mehreren übereinanderliegenden Gurten werden die lotrechten Lasten anteilig auf die Gurte verteilt. Um den sicheren Anschluß der Gurtkonsolen zu gewährleisten, werden die Belastungen dafür in Hinterkante Gurt angesetzt.

8.4.2.4 Berechnungsweise

Die zahlenmäßig erfaßten Belastungen werden in Teilkräfte senkrecht und parallel zur Spundwandebene (Hauptträgheitsachsen der Gurte) zerlegt. In der Berechnung ist anzunehmen, daß die Gurte für die Aufnahme der senkrecht zur Spundwandebene wirkenden Kräfte an den Ankern, und für die parallel dazu wirkenden Kräfte an den Stützkonsolen oder den Aufhängungen aufgelagert sind. Wenn die Anker an die Spundwand angeschlossen sind, wirkt im Anschlußbereich der Anker die Pressung der Wand an den Gurt ausreichend stützend, so daß es hier wie auch allgemein bei Druckgurten ausreicht, die Gurte an der Rückseite aufzuhängen. Das Stütz- und Feldmoment aus dem Spundwand-Ankerzug wird mit Rücksicht auf die Endfelder im allgemeinen nach der Formel $q \cdot l^2/10$ errechnet.

8.4.2.5   Gurtbolzen

Die Gurtbolzen werden für die Ankerkraft der Spundwand bemessen, jedoch mit Rücksicht auf die Rostgefahr und die Beanspruchungen beim Ausrichten der Wand reichlich. Bei doppelter Verankerung sollen mit Rücksicht auf den Schiffsstoß die Bolzen des oberen, statisch nur gering belasteten Gurtes mindestens 32 mm ($1^1/_4''$), besser aber 38 mm ($1^1/_2''$) dick ausgeführt werden. Die Unterlagsplatten der Gurtbolzen sind nach der zulässigen Bolzenbelastung zu berechnen und zu bemessen.

8.4.3   Spundwandgurte aus Stahlbeton bei Verankerung durch Stahlrammpfähle (E 59)

8.4.3.1   Allgemeines

Bei Uferwänden sind häufig Verankerungen mit 1 : 1 geneigten Stahlrammpfählen zweckmäßig und besonders wirtschaftlich.

Dies gilt in verstärktem Maß bei hochliegenden Störschichten, die andere Verankerungen erschweren oder unmöglich machen, und bei sonst etwa erforderlichen umfangreichen Bodenbewegungen.

Wenn die Stahlpfähle früher als die Spundwand gerammt werden und die Spundbohlen beim Rammen vor- oder nacheilen, befinden sich die Pfähle nicht immer in planmäßiger Lage zur Spundwand.

Ungenauigkeiten dieser Art stören jedoch kaum, wenn die Spundwandgurte aus Stahlbeton hergestellt werden und in den Bewehrungsplänen die örtlichen Baumaße bereits berücksichtigt sind (Bild E 59-1).

Wird der Stahlbetongurt in größerem Abstand über dem vorhandenen Gelände hergestellt, ist es zweckmäßig, die Spundwand mit einem Hilfsgurt aus Stahl auszurichten und diesen solange vorzuhalten, bis die Pfähle angeschlossen und der Stahlbetongurt tragfähig ist.

8.4.3.2   Ausführung der Spundwandgurte

Stahlbetongurte werden mit Hilfe von Rund- oder Vierkantstählen, die an die Spundwandstege geschweißt werden (Bild E 59-1, Pos. 4 und 5), im allgemeinen gleichmäßig und nur an den Dehnungsfugen verstärkt, an die Spundwand angeschlossen. In gleicher Weise wird die Ankerkraft in die Stahlpfähle übergeleitet (Bild E 59-1, Pos. 1 bis 3).

Für die an die Spundwand und die Stahlpfähle geschweißten Anschlußstähle wird im allgemeinen St 37-3 verwendet. Sie werden an den An-

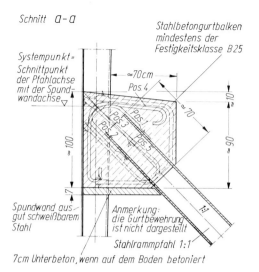

Schnitt a-a

Stahlbetongurtbalken
mindestens der
Festigkeitsklasse B25

Systempunkt=
Schnittpunkt
der Pfahlachse
mit der Spund-
wandachse

≈70cm
Pos.4

Pos.1
Pos.3
Pos.5
Pos.4

≈10

≈70

≈90

≈100

Spundwand aus
gut schweißbarem
Stahl

Anmerkung:
die Gurtbewehrung
ist nicht dargestellt

Stahlrammpfahl 1:1

7cm Unterbeton, wenn auf dem Boden betoniert

Grundriß

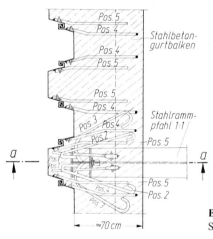

Pos.5
Pos.4

Stahlbeton-
gurtbalken

Pos.4
Pos.5

Pos.5
Pos.4

Pos.3 Pos.4
Pos.2

Stahlramm-
pfahl 1:1

Pos.5

Pos.1
Pos.1

a   a

Pos.5

Pos.4
Pos.2

Pos.3

≈70 cm

Bild E 59-1.
Stahlbetongurt einer Stahlspundwand

schlußstellen flachgeschmiedet. Die Schweißarbeiten dürfen nur von ge-
prüften Schweißern unter der Aufsicht eines Schweißfachingenieurs ausgeführt werden. Es dürfen nur Werkstoffe verwendet werden, deren
Schweißeignung bekannt und gleichmäßig gut ist und die miteinander
verträglich sind (E 99, Abschn. 8.1.24).
Der Beton soll mindestens die Festigkeitsklasse B 25 aufweisen, mit einem

Kornaufbau im günstigen Bereich zwischen den Sieblinien A und B. Für die Bewehrung ist im allgemeinen B St 220/340 zu wählen.

8.4.3.3 Ausführung der Pfahlanschlüsse

Stehen stark setzungsempfindliche Bodenarten in größerer Dicke an oder sind höhere nicht verdichtete Hinterfüllungen auszuführen, ist zwischen dem Pfahlanschluß im Gurt und dem Stahlpfahl zweckmäßig ein Laschengelenk oder dergleichen einzuschalten.

Bei günstigeren Bodenverhältnissen ohne größere zu erwartende Setzungen bzw. Sackungen werden die Stahlpfähle zweckmäßig in den Stahlbetongurt eingespannt. Auch bei setzungsempfindlichen Böden geringerer Mächtigkeit oder gut verdichteten Hinterfüllungen mit nichtbindigem Boden kann ein derartiger Anschluß zu einer wirtschaftlichen Lösung führen. Zur Berücksichtigung verbleibender Bodensetzungen oder -sakkungen und von Einspannwirkungen auch aus der Durchbiegung der Spundwand ist in diesen Fällen, gleichzeitig mit den sonstigen waagerechten und lotrechten Gurtbelastungen, auch das Einspannmoment des Stahlpfahls – bei stark nachgiebigem Untergrund fallweise ein Moment gemäß der Spannung im Pfahl an der Streckgrenze (d. h. $\beta_S \geqq \sigma_N + \sigma_M$) – ungünstig wirkend anzusetzen.

Führen die Pfähle nur auf kürzeren Strecken durch setzungsempfindliche Böden oder sind nur geringe Aufschütthöhen vorhanden, kann das zusätzliche Anschlußmoment entsprechend kleiner angesetzt werden.

Die Einleitung der Schnittkräfte des Stahlpfahls an seiner Anschlußstelle in den Stahlbetongurt ist in letzterem nachzuweisen. Dabei ist die kombinierte Beanspruchung des Pfahlkopfs durch Normalkraft, Querkraft und Biegemoment zu beachten. Im Bedarfsfall können zur besseren Aufnahme dieser Kräfte seitlich an den Stahlpfahl Verstärkungsbleche geschweißt werden. An diese können dann die sonst als Schlaufen auszubildenden Verankerungsstähle angeschlossen werden. Die bei dieser Lösung neben dem Stahlpfahlsteg entstehenden Kammern müssen besonders sorgfältig ausbetoniert werden.

Bei allen Uferwänden mit Pfahlverankerungen, die größeren, unkontrollierbaren Biegebeanspruchungen ausgesetzt sind und bei deren Anschluß an das Uferbauwerk dürfen für die Pfähle und ihre Anschlüsse nur sprödbruchunempfindliche, besonders beruhigte Stähle, wie St 37-3 oder St 52-3, verwendet werden.

8.4.3.4 Berechnung

Die Gurtbelastungen sind sinngemäß nach E 30, Abschn. 8.4.2 anzusetzen. Als waagerechte Belastung wird die Horizontalkomponente der Ankerkraft nach der Spundwandberechnung, im Systempunkt = Schnittpunkt der Spundwandachse mit der Pfahlachse wirkend, berücksichtigt. Der Gurt einschließlich seiner Anschlüsse an die Spundwand wird gleichmäßig gestützt berechnet. Eigenlast, lotrechte Auflasten, Pfahlkräfte, Biegemoment und Querkraft der Stahlrammpfähle werden als angreifende Lasten betrachtet.

Die Schnittkräfte am Pfahlanschluß aus den Bodenauflasten des Pfahls im Bereich der Hinterfüllung oder der setzungsempfindlichen Schichten werden an einem im Gurt und im tragfähigen Boden eingespannt angenommenen Ersatzbalken errechnet. Das am Pfahlanschluß wirkende Einspannmoment und die dort auftretende Querkraft brauchen aber nur beim Anschluß des Gurts an die Spundwand berücksichtigt, in der Spundwand selbst aber nicht weiter verfolgt zu werden, wenn eine Abschirmung der Spundwandbelastung durch die Stahlpfähle nicht berücksichtigt worden ist.

Eine Schwächung des Pfahlquerschnitts an der Einspannstelle in den Gurt zur Verminderung des Anschlußmoments und der damit zusammenhängenden Querkraft ist nicht zulässig, weil solche Schwächungen – vor allem bei unsauberer Ausführung – leicht zu Pfahlbrüchen führen können.

Wird statt des starren Anschlusses der Pfähle eine Gelenkausbildung gewählt, müssen auch in dieser die durch Sackungen oder Setzungen des Bodens im Pfahlanschluß auftretenden zusätzlichen Schnittkräfte nachgewiesen und sicher aufgenommen werden.

Die zulässigen Spannungen richten sich nach den Lastfällen. Auch im Gurt können bei Lastfall 2 bzw. 3 die zulässigen Spannungen um 15 bzw. 30% gegenüber Lastfall 1 erhöht werden.

Bei Berücksichtigung eines Anschlußmoments und der zugehörigen Querkraft mit Spannungen im Stahlpfahl an der Streckgrenze dürfen auch in den Anschlüssen Spannungen an der Streckgrenze zugelassen werden.

Der Stahlbetongurt erhält aus konstruktiven Gründen Mindestabmessungen nach Bild E 59-1. Um Ungleichmäßigkeiten in den angreifenden Kräften und in den Pfahlverankerungen zu berücksichtigen, werden die Bewehrungsstahlquerschnitte um mindestens 20% größer als errechnet eingelegt.

8.4.3.5   Abstand der Bewegungsfugen

Stahlbetongurte erhalten im allgemeinen Bewegungsfugen mit waagerecht wirkender Verzahnung in etwa 15 m Abstand (Bild E 59-2). Ein größerer

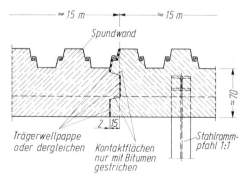

Bild E 59-2. Fugenverzahnung eines Stahlbetongurts

Fugenabstand, auch entsprechend einer normalen Baublocklänge von rd. 30 m, ist nur zulässig, wenn der Gurt so hoch über dem anstehenden Gelände hergestellt wird, daß er ohne nennenswerte Behinderung durch die Spundwand schwinden kann und außerdem eine angemessene Zusatzbewehrung zur Aufnahme der erhöhten Zugkräfte in Längsrichtung des Gurts eingelegt wird.

8.4.3.6 **Kopfausrüstung von Stahlankerpfählen zur Krafteinleitung in einen Stahlbetonüberbau**

Hierzu wird auf E 197, Abschn. 9.6 verwiesen.

8.4.4 Stahlholme für Ufereinfassungen (E 95)

8.4.4.1 **Allgemeines**

Stahlholme werden nach konstruktiven, statischen, betrieblichen und einbautechnischen Gesichtspunkten ausgebildet. Im übrigen gilt E 94, Abschn. 8.4.6.1 sinngemäß.

8.4.4.2 **Konstruktive und statische Forderungen**

Der Holm dient zur Abdeckung der Spundwand (Bild E 95-1). Bei entsprechender Biegesteifigkeit (Bild E 95-2) kann er auch zur Übernahme von Kräften beim Ausrichten des Spundwandkopfs und zu Aufgaben im Betriebszustand herangezogen werden.
Der Spundwandkopf kann nur ausgerichtet werden, wenn die Spundwand während des Ausrichtens genügend freisteht, um sich verformen zu können.
Bei geringerem Abstand zwischen Holm und Gurt wird die Spundwand vorwiegend mit dem Gurt ausgerichtet.
Im Betriebszustand wirkt der Holm bei ungleichmäßigen Belastungen am Spundwandkopf lastverteilend, und er verhindert ungleichmäßige wasserseitige Auslenkungen.

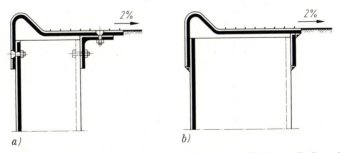

Bild E 95-1. Gewalzte oder gepreßte Stahlholme mit Wulst, an die Spundwand geschraubt oder geschweißt

Regelausbildungen von Holmen zeigen die Bilder E 95-1 a) und b). Bei hohen Spundwandprofilen wird der Winkelstahl in Bild E 95-1 a) gewendet eingebaut.

Je größer der Abstand zum Gurt ist, um so wichtiger ist ein ausreichend hohes Trägheitsmoment des Holms. Einen verstärkten Holm bzw. Holmgurt zeigt Bild E 95-2.

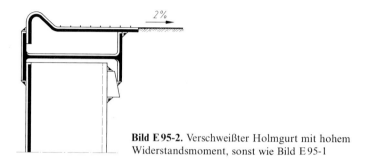

Bild E 95-2. Verschweißter Holmgurt mit hohem Widerstandsmoment, sonst wie Bild E 95-1

Schiffsstöße sind beim Bemessen des Holms zu beachten. Damit sie sich nicht durchbiegen oder ausbeulen, werden die Holme nach Bild E 95-1 a) und b) bei breiten Wellentälern mit Aussteifungen versehen, die an Holm und Spundwand geschweißt werden.

Dient der Holm auch noch als Gurt, ist dieser Holmgurt gemäß E 29, Abschn. 8.4.1 und E 30, Abschn. 8.4.2 auszubilden und zu bemessen.

8.4.4.3   Betriebliche Forderungen

Die Oberkante des Holms muß so beschaffen sein, daß darüber geführte Trossen nicht beschädigt werden. Zum Schutz gegen Abgleiten des Personals sollte ein Teil des Holms etwas über die Kaioberfläche hinausragen.

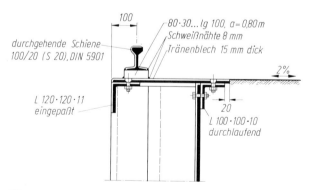

Bild E 95-3. Geschraubter Stahlholm mit aufgeschweißter Schiene als Kantenschutz

Waagerecht liegende Holmbleche sind möglichst mit Warzen, Riffeln oder dergleichen zu versehen (Bilder E 95-1 und -2).

Bei starkem Fahrzeugverkehr empfiehlt sich eine Ausbildung nach Bild E 95-3 mit aufgeschweißter Schiene als Kantenschutz.

Ist gemäß E 74, Abschn. 6.3.3, Bild E 74-2 eine wasserseitige Kranschiene vorhanden, wird diese in den Kantenschutz mit einbezogen.

Die Anfahrseite des Holms muß glatt sein. Unvermeidbare Kanten sind möglichst abzufasen. Die Konstruktion ist außerdem so zu gestalten, daß Schiffe nicht unterhaken und Holmteile durch Kranhaken möglichst nicht abgerissen werden können (Bild E 95-4).

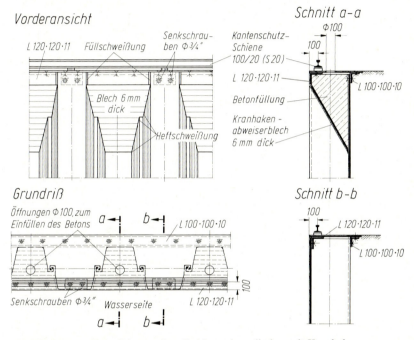

Bild E 95-4. Sonderausführung eines Stahlspundwandholms mit Kranhakenabweiser

8.4.4.4 Lieferung und Einbau

Die Stahlholmteile sind unverzogen und maßgerecht zu liefern. Bei der werkstattmäßigen Bearbeitung sind die Toleranzen für die Profilbreite und -höhe der Spundwandprofile und die Abweichungen beim Rammen zu beachten. Soweit erforderlich, sind die Holme auf der Baustelle anzupassen und auszurichten. Holmstöße sind als Vollstöße geschraubt oder geschweißt auszubilden.

407

Nach dem Einbau des Holms ist, wenn dieser ausreichend hoch über HHW und wellenschlagfrei liegt, im Bereich des Spundwandkopfs Sand in dichter Lagerung einzubringen und im Bedarfsfall zu erneuern, um Setzungen zu vermindern und die Bodenseite der Spundwand und des Holms vor Korrosion zu schützen.

Sofern der Holm überflutet oder überströmt werden kann, im Bereich des Wellenschlags liegt oder planmäßig unter dem Wasserspiegel angeordnet ist und der Wasserspiegel durch vorbeifahrende Schiffe abgesenkt werden kann, besteht die Gefahr, daß sandiges Hinterfüllungsmaterial ausgespült wird, da ein dichter Anschluß zwischen dem Stahlholm und der Oberkante der Spundwand im allgemeinen nicht vorhanden ist.

Um ein derartiges Ausspülen von sandigem Material zu verhindern, ist in den genannten Fällen ein dichter Abschluß zwischen Stahlholm und Spundwand beispielsweise durch Hinterfüllen des Spundwandkopfs mit Beton herzustellen. Dabei sollte der lotrechte Flansch des Holms bzw. des Holmwinkels ausreichend tief in den Beton einbinden und der Beton durch angeschweißte Pratzen oder Bolzen in seiner Lage zusätzlich gesichert werden. Außerdem ist das Hinterfüllungsmaterial im Bereich des Pflasters mit einem ausreichend dicken Mischkiesfilter abgestimmter Zusammensetzung abzudecken.

8.4.5 Stahlbetonholme für Ufereinfassungen (E 129)

8.4.5.1 Allgemeines

Stahlbetonholme können als oberer Abschluß von Ufereinfassungen gewählt werden. Für ihre Ausbildung sind statische, konstruktive, betriebliche sowie einbautechnische Gesichtspunkte maßgebend.

8.4.5.2 Statische Forderungen

Der Holm dient in vielen Fällen nicht nur zur Abdeckung der Spundwand, sondern gleichzeitig als Aussteifung und damit auch zur Übernahme von waagerechten und lotrechten Belastungen. Dient er als Holmgurt auch zur Übertragung der Ankerkräfte, muß er entsprechend kräftig ausgebildet werden, zumal, wenn er zusätzlich noch eine unmittelbar aufgesetzte Kranbahn zu tragen hat.

Bezüglich des Ansatzes der waagerechten und lotrechten Belastungen gilt E 30, Abschn. 8.4.2 sinngemäß. Hinzu kommen in Bereichen mit Pollern oder sonstigen Festmacheeinrichtungen, die auf diese wirkenden Lasten (E 12, Abschn. 5.12, E 13, Abschn. 6.14 und E 102, Abschn. 5.14), sofern letztere nicht durch Sonderkonstruktionen aufgenommen werden. Darüber hinaus sind, wenn ein Stahlbetonholm mit einer unmittelbar aufgesetzten Kranbahn ausgerüstet wird (Bild E 129-2), auch noch die lotrechten und die waagerechten Kranradlasten aufzunehmen (E 84, Abschn. 5.15).

In der statischen Berechnung wird der Stahlbetonholm sowohl in waagerechter als auch in lotrechter Richtung zweckmäßig als auf der Spundwand elastisch gebetteter biegsamer Balken betrachtet. Dabei kann bei schweren Holmen für Seeschiffskaimauern für die waagerechte Richtung im allgemeinen ein Bettungsmodul $k_{s,bh} = 25 \text{ MN/m}^3$ als Anhalt dienen. Der Bettungsmodul für die senkrechte Richtung $k_{s,bv}$ hängt weitgehend vom Profil und von der Länge der Spundwand sowie von der Holmbreite ab. $k_{s,bv}$ muß daher für jedes Bauwerk besonders ermittelt werden, wobei bei überschläglichen Berechnungen mit $k_{s,bv} = 250 \text{ MN/m}^3$ gerechnet werden kann. Angeschlossene Verankerungen des Spundwandbauwerks oder der Pollerfundamente sind gesondert zu berücksichtigen. Ein besonderes Augenmerk ist der Aufnahme der Beanspruchungen aus Schwinden und Temperatur zu widmen, da die Längenänderungen des Holms durch die angeschlossene Spundwand und durch die Bodenhinterfüllung stark behindert werden können.

Um Ungleichmäßigkeiten in der Abstützung durch die Spundwand und etwaige Verankerungen zu berücksichtigen, werden die Bewehrungsstahlquerschnitte – entsprechend E 59, Abschn. 8.4.3 – um mindestens 20% größer als errechnet eingelegt.

Bezüglich Betongruppe, Bewehrung und Gestaltung wird auf E 72, Abschn. 10.2 verwiesen.

Die in der Spundwandebene aufzunehmenden lotrechten Lasten werden im allgemeinen mittig in den Spundwandkopf eingeleitet. Hierzu wird im Stahlbetonholm unmittelbar über der Spundwand eine ausreichende Spaltzugbewehrung eingelegt. Bei großen Einzellasten, z. B. aus einer Kranbahn, sollte eine Scheibenwirkung der Spundwand durch entsprechende Schloßverschweißungen sichergestellt werden.

8.4.5.3   Konstruktive und betriebliche Forderungen

Der Spundwandkopf ist vor dem Betonieren, soweit erforderlich, auszurichten. Hierzu kann der planmäßig vorgesehene Stahlgurt dienen oder ein Hilfsgurt aus Stahl. Das Ausrichten des Spundwandkopfs mit diesen Elementen ist allerdings nur möglich, wenn die Wand im Bauzustand ausreichend weit aus dem mehr oder weniger nachgiebigen Boden herausragt. Mit Hilfe des Stahlbetonholms ist es dann möglich, dem Spundwandbauwerk am Kopf eine gute Flucht zu geben. Um im Bedarfsfall auch vor dem Spundwandkopf eine ausreichende Betonüberdeckung zu erhalten, sind die waagerechten Abmessungen des Stahlbetonholms entsprechend groß zu wählen. Im allgemeinen soll der planmäßige Überstand des Betons über die Spundwand je nach Ausbildung sowohl zur Boden- als auch zur Wasserseite hin rd. 15 cm und die Höhe des Betonholms mindestens 50 cm betragen (Bilder E 129-1 und -2). Die Spundwand soll dabei rd. 10 bis 15 cm in den Betonholm einbinden.

Um ein Unterhaken des Schiffskörpers zu vermeiden, wird bei Ausbildungen ähnlich Bild E 129-2 der Holm an der Wasserseite unten mit einem unter 2:1 oder steiler abgeknickten Breitflachstahl versehen, dessen untere Kante an die Spundwand geschweißt wird.

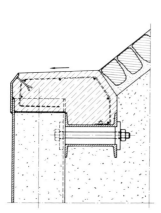 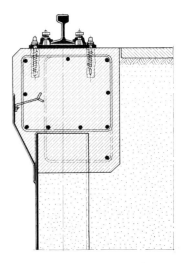

Bild E 129-1. Stahlbetonholm für eine Wellenspundwand ohne wasserseitige Betonüberdeckung bei einem teilgeböschten Ufer

Bild E 129-2. Stahlbetonholm für eine Wellenspundwand mit beidseitiger Betonüberdeckung und unmittelbar aufgesetzter Kranbahn

Wenn man auf die Betonüberdeckung zur Wasserseite hin verzichtet, wird im allgemeinen auf der Wasserseite der Spundwand ein Breitflachstahl angeordnet (Bild E 129-1). Er wird an den Spundwandrücken geschweißt, da diese Lösung im allgemeinen wirtschaftlicher ist als eine geschraubte Verbindung. Über den Spundwandtälern sind dann Ankerpratzen anzubringen, um den Breitflachstahl mit dem Beton einwandfrei zu verbinden. Der Breitflachstahl wird im oberen Bereich abgekantet (Bild E 129-1). Unregelmäßigkeiten in der Flucht des Spundwandkopfs bis zu etwa 3 cm können durch Unterfuttern noch ausgeglichen werden.

Der Holm wird – mindestens bei Anlagen mit Seeschiffsverkehr – mit einem Kanten- und Gleitschutz nach E 95, Abschn. 8.4.4 versehen. Auch die dort gebrachten Hinweise sind sinngemäß zu beachten.

Bei der Ausbildung der Bügelbewehrung ist dafür zu sorgen, daß eine einwandfreie Verbindung der durch die Spundwand getrennten Betonquerschnitte erreicht wird. Zu diesem Zweck sollen die Bügel entweder an die Spundwandstege geschweißt oder durch in die Spundwand gebrannte Löcher gesteckt bzw. in Schlitze gelegt werden. Wird über der Spundwandoberkante zum Abtragen der lotrechten Lasten eine Spaltzugbewehrung angeordnet, deren Bügel unmittelbar über der Stirnfläche der Spundwand liegen, soll durch zusätzliche Bügel, die beispielsweise beiderseits der Spundwand in den Wellentälern angeordnet werden, für einen einwandfreien Zusammenhalt des Holms auch auf der Unterseite gesorgt werden.

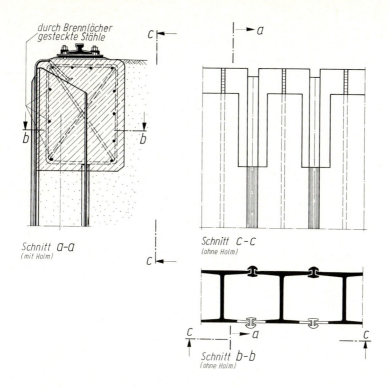

Bild E 129-3. Stahlbetonholm für eine Kastenspundwand ohne wasserseitige Beton-überdeckung mit unmittelbar aufgesetzter Kranbahn

Auch Stahlbetonholme für Kastenspundwände können ohne vordere Be-tonüberdeckung ausgeführt werden (Bild E 129-3). Die Bewehrung wird dabei in die Zellen der Spundwand eingeführt. Hierzu werden die Stege und Flansche entsprechend ausgeschnitten und soweit erforderlich mit Brennlöchern versehen.

Bei gemischten Spundwänden kann sinngemäß verfahren werden.

Stahlbetonholme können – wenn erforderlich örtlich verstärkt – auch zur Gründung von Pollern herangezogen werden. Bild E 129-4 zeigt hierzu ein Beispiel für eine schwere Seeschiffskaimauer. Große Trossenzugkräfte werden, um die Ankerdehnung und damit die Biegemomente im Holm klein zu halten, in solchen Fällen am besten mit schweren Rundstahlan-kern aufgenommen.

Vorgespannte Stahlkabelanker sind wegen möglicher späterer Aushubar-beiten hinter dem Holm weniger günstig.

411

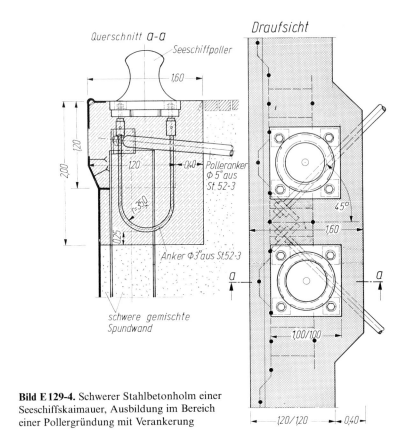

Querschnitt a-a

Seeschiffpoller

Draufsicht

1,60

120

2,00

1,20 — 0,40 — Polleranker
φ 5" aus
St. 52-3

r=350

0,25

45°

1,60

Anker φ 3" aus St.52-3

a   a

schwere gemischte
Spundwand

1,00/1,00

Bild E 129-4. Schwerer Stahlbetonholm einer
Seeschiffskaimauer, Ausbildung im Bereich
einer Pollergründung mit Verankerung

1,20/1,20 — 0,40

8.4.5.4   Dehnungsfugen

In Stahlbetonholmen werden im allgemeinen in rd. 15 m Abstand Dehnungsfugen angeordnet. Ein größerer Fugenabstand, auch entsprechend
einer normalen Baublocklänge von rd. 30 m, ist nur zulässig, wenn der
Holm hoch über dem anstehenden Gelände bzw. gleichzeitig mit einem
gleichlangen Stahlbetongurt nach E 59, Abschn. 8.4.3 so hergestellt wird,
daß er ohne nennenswerte Behinderung durch die Spundwand oder den
Stahlbetongurt schwinden kann. Außerdem muß dann eine angemessene
Zusatzbewehrung zur Aufnahme der erhöhten Zugkräfte in Längsrichtung des Holms eingelegt werden. Auch die Fugen selbst müssen örtlich
so ausgebildet werden, daß die Längenänderungen des Stahlbetonholms
an dieser Stelle nicht durch die Spundwand beeinträchtigt werden. Hierzu
bieten sich, beispielsweise bei Wellenspundwänden, folgende Lösungen
an:

412

(1) Die Dehnungsfuge wird unmittelbar über dem Steg der Spundwand angeordnet, der mit elastischen Stoffen umkleidet wird, damit die erforderlichen Bewegungen möglich sind.

(2) Die Dehnungsfuge wird über einem Wellental der Spundwand angeordnet. Die Bohle bzw. die Bohlen dieses Wellentals dürfen dann nur geringfügig in den Stahlbetonholm einbinden und müssen zur Sicherung der Bewegungsmöglichkeit mit einer kräftigen plastischen Schicht umgeben werden, die gleichzeitig auch die Dichtheit im Bereich der Fuge sicherstellt.

Kräftige Stahlbetonholme erhalten an den Dehnungsfugen eine Verzahnung zur Übertragung waagerechter Kräfte. Eine gewisse Verdübelung bei schwächeren Holmen kann mit Hilfe eines Stahldorns erreicht werden.

8.4.6 Oberer Stahlkantenschutz für Stahlbetonwände und -holme bei Ufereinfassungen (E 94)

8.4.6.1 Allgemeines

Die Kanten von Ufereinfassungen aus Stahlbeton erhalten wasserseitig zweckmäßig einen sorgfältig ausgebildeten Schutz aus Stahl. Dieser soll sowohl die Kante als auch die darübergeführten Trossen gegen Beschädigungen aus dem Schiffsbetrieb schützen und den Leinenverholern und sonstigem Personal ein sicheres Arbeiten auf dem Hafengelände ohne Abgleitgefahr gestatten. Der Kantenschutz muß so ausgeführt werden, daß Schiffe nicht unterhaken können. Gleiches gilt für Kranhaken (E 17, Abschn. 10.1.3).

Werden in Binnenhäfen Ufereinfassungen bei Hochwasser überflutet und besteht die Gefahr, daß sich dann Schiffe aufsetzen, darf der Kantenschutz keine Wülste oder Leisten aufweisen.

8.4.6.2 Regelausführung

Bild E 94-1 zeigt eine bei Ufereinfassungen in Häfen, aber auch bei Binnenschiffschleusen häufig angewandte Ausführung.

Bei Ufereinfassungen, insbesondere solchen mit Güterumschlag, kann das

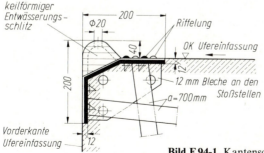

Bild E 94-1. Kantenschutz in Regelausführung

413

Niederschlagswasser aber ohne Schwierigkeit auch nach der Landseite hin abgeführt werden, wobei dann die Entwässerungsschlitze nach Bild E 94-1 entfallen.

Der Stahlkantenschutz nach Bild E 94-1 kann auch mit Öffnungswinkeln $\pm$ 90° geliefert werden, so daß er einer schrägen Ober- oder Vorderfläche der Ufereinfassung angepaßt werden kann. Er wird in Längen von etwa 2500 mm geliefert. Die Teilstücke werden vor dem Einbau verschraubt oder verschweißt.

8.4.6.3 Weitere Beispiele erprobter Ausführungen

Die Ausführung nach Bild E 94-2 zeigt ein in den Niederlanden entwickeltes und dort häufig mit Erfolg angewendetes Sonderprofil. Es weist eine vermehrte Blechdicke und verstärkte Stahlpratzen auf, so daß der beim Betonieren auftretende obere Hohlraum nicht verpreßt zu werden braucht. Die oberen Entlüftungsöffnungen müssen nach dem Einbetonieren aber verschlossen werden, um Korrosionsangriffe auf der Innenseite möglichst klein zu halten.

Die Ausführungen nach den Bildern E 94-3 und -4 haben sich bei zahlreichen deutschen Ufereinfassungen bewährt.

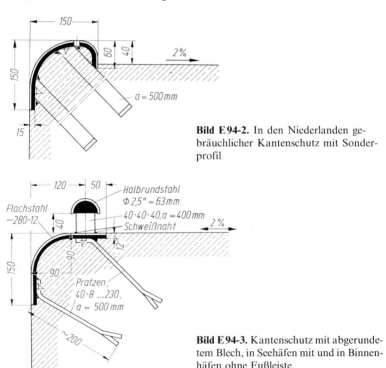

Bild E 94-2. In den Niederlanden gebräuchlicher Kantenschutz mit Sonderprofil

Bild E 94-3. Kantenschutz mit abgerundetem Blech, in Seehäfen mit und in Binnenhäfen ohne Fußleiste

414

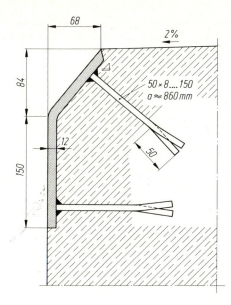

Bild E 94-4. Kantenschutz mit abgewinkeltem Blech ohne Fußleiste für nicht hochwasserfreie Ufer in Binnenhäfen

Alle Ausführungen nach den Bildern E 94-1 bis -4 müssen sorgfältig ausgerichtet in der Schalung versetzt und befestigt werden. Die Ausführungen nach den Bildern E 94-3 und -4 müssen im Zuge des Betonierens der Kaimauer satt einbetoniert werden. Die Innenfläche des Kantenschutzes ist hier vorher mit der Stahlbürste von anhaftendem Rost zu säubern.

8.4.6.4 Sonstige Ausführungen

Neben den Ausführungsbeispielen nach den Bildern E 94-1 bis -4 gibt es auch andere erprobte Lösungen, welche die eingangs erwähnten Grundforderungen ausreichend gut erfüllen.

8.4.7 Höhe des Ankeranschlusses an eine frei aufgelagerte Ankerplatte oder Ankerwand (E 11)

Bei frei aufgelagerten Ankerplatten und -wänden wird der Ankeranschluß im allgemeinen in der Mitte der Höhe der Platte oder der Wand angeordnet. Weiteres siehe auch E 42, Abschn. 8.2.14 und E 50, Abschn. 8.4.12.

8.4.8 Hilfsverankerung am Kopf von Stahlspundwandbauwerken (E 133)

8.4.8.1 Allgemeines

Aus statischen und wirtschaftlichen Gründen wird die Verankerung einer Uferspundwand, vor allem bei Wänden mit hohem Geländesprung, im allgemeinen nicht am Kopf der Wand, sondern in einem gewissen Abstand unterhalb des Kopfs angeschlossen. Dadurch verringert sich bei der einfach verankerten Wand die Spannweite und damit auch das Feldmoment und das Einspannmoment im Boden. Außerdem werden beide Momente durch das aus dem Überankerteil kommende Kragmoment entlastet, und es tritt eine erhöhte Erddruckumlagerung ein.

Der Überankerteil erhält in solchen Fällen häufig am Kopf eine zusätzliche Hilfsverankerung, auch wenn diese nach der üblichen Spundwandstatik (E 77, Abschn. 8.2.2) ohne Belastung bleibt. Sie hat die Aufgabe, die Lage des biegsamen oberen Spundwandendes im Endstadium der Bauausführung und bei örtlich großen Zusatzbelastungen im Betriebszustand zu sichern. Die Hilfsverankerung wird jedoch im statischen Hauptsystem des Spundwandbauwerks nicht berücksichtigt.

8.4.8.2   Gesichtspunkte für die Anordnung
der Hilfsverankerung

Die Höhe des Überankerteils, von der ab zweckmäßig ein Hilfsanker angeordnet wird, ist von verschiedenen Faktoren abhängig, wie z. B. von der Biegesteifigkeit der Spundwand, von der Größe der Nutzlasten in waagerechter und lotrechter Richtung, von betrieblichen Anforderungen an die Flucht des Spundwandkopfs und dergleichen.

Wird eine Ufereinfassung durch Krane belastet, sollte möglichst nahe am Kopf eine Hilfsverankerung angeordnet werden, sofern nicht besser der Anschluß des Hauptankers entsprechend hoch gelegt wird. Auch Belastungen des Überankerteils durch Haltekreuze erfordern in der Regel eine Hilfsverankerung. Die Verankerung für große Pollerzugkräfte wird zwar ebenfalls hoch angeschlossen, aber im allgemeinen zur Hauptankerwand geführt und in das System der Hauptverankerung einbezogen.

8.4.8.3   Ausbildung, Berechnung und Bemessung
der Hilfsverankerung

Für die Hilfsverankerung werden im allgemeinen Rundstahlanker verwendet, die an ihren Enden gelenkig angeschlossen werden. Für die Berechnung der Hilfsverankerung wird ein Ersatzsystem zugrundegelegt, bei dem der Überankerteil in Höhe des Hauptankers als eingespannt betrachtet wird. Auf dieses System wirkt die Belastung entsprechend der Statik für das Hauptsystem. Dabei muß die auf den Überankerteil wirkende Belastung sowohl von der Hilfsverankerung als auch vom Hauptanker voll aufgenommen werden.

Die Hilfsverankerung ist fallweise auch mit den Lastansätzen nach E 5, Abschn. 5.5.5 zu berechnen.

Auch für die Ausbildung, Berechnung und Bemessung des Hilfsankergurts gelten E 5, Abschn. 5.5 und vor allem auch 5.5.5, E 20, Abschn. 8.2.6 sowie E 29, Abschn. 8.4.1 und E 30, Abschn. 8.4.2. Im Hinblick auf das Ausrichten des Uferspundwandkopfs und zur Aufnahme von leichteren Havariestößen wird der Hilfsankergurt stärker als rechnerisch erforderlich im allgemeinen wie der Hauptankergurt ausgebildet.

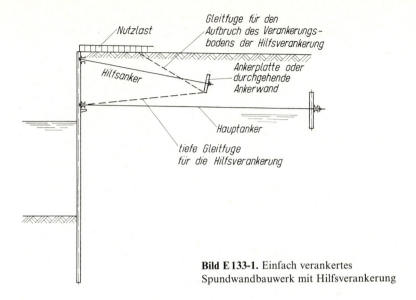

Bild E 133-1. Einfach verankertes Spundwandbauwerk mit Hilfsverankerung

Wird zum Anschluß der Hilfsverankerung der Spundwandholm mit herangezogen, sind E 95, Abschn. 8.4.4 bzw. E 129, Abschn. 8.4.5 mit zu beachten.

Die Standsicherheit der Hilfsverankerung ist sowohl gegen Aufbruch des Verankerungsbodens als auch für die tiefe Gleitfuge, die zum Ansatzpunkt des Hauptankers führt (Bild E 133-1), nachzuweisen. Im übrigen gelten hierzu E 10, Abschn. 8.4.10 und 8.4.11 sinngemäß.

8.4.8.4   Bauausführung

Die Hafensohle vor der Uferspundwand wird zweckmäßig erst n a c h dem Einbau der Hilfsverankerung freigebaggert. Wird zeitlich in umgekehrter Folge verfahren, kann sich der Spundwandkopf unkontrolliert bewegen, so daß ein späteres Ausrichten nur mit der Hilfsverankerung allein nicht immer zu dem gewünschten Erfolg führt.

8.4.9   Gewinde von Spundwandankern (E 184)

8.4.9.1   Gewindearten

Folgende Gewindearten werden angewendet:

(1) G e s c h n i t t e n e s G e w i n d e
(s p a n a b h e b e n d e s G e w i n d e) (Bild E 184-1)
Der Gewindeaußendurchmesser ist gleich dem Durchmesser des Rundstahls bzw. der Aufstauchung.

417

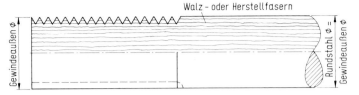

Bild E 184-1. Geschnittenes Gewinde

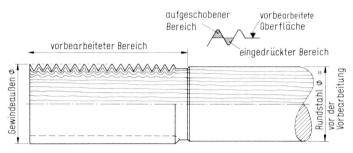

Bild E 184-2. Gerolltes Gewinde

(2) Gerolltes Gewinde (spanloses, in kaltem Zustand
hergestelltes Gewinde) (Bild E 184-2)

Bei den Stählen St 37 und St 57 muß, um ein normgerechtes Gewinde zu
erhalten, vor dem Gewinderollen der Rundstahl beziehungsweise eine eventuelle Aufstauchung im erforderlichen Umfang abgedreht oder vorgeschält
werden. Bei Ankern mit gerolltem Gewinde kann der Rundstahl- oder Auf-
stauchdurchmesser etwas kleiner gewählt werden als bei einem Anker mit
geschnittenem Gewinde, ohne daß die Tragfähigkeit abnimmt.

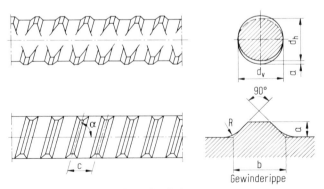

Bild E 184-3. Warm gewalztes Gewinde

418

Bei den geschilderten Maßnahmen ergibt sich, abhängig von der Vorbearbeitung, ein Gewindeaußendurchmesser, der größer ist als der Durchmesser des Ausgangsmaterials.
Gezohene Stähle (bis $\varnothing$ 36 mm) brauchen nicht vorbearbeitet zu werden.

(3) Warmgewalztes Gewinde (spanloses Gewinde)
(Bild E 184-3)
Der Gewindestab erhält beim Warmwalzen zwei gegenüberliegende Reihen von Gewindeflanken aufgewalzt, die sich zu einem durchgehenden Gewinde ergänzen.
Beim warmgewalzten Gewinde entfällt der zusätzliche Arbeitsgang des Gewinderollens oder -schneidens. Beim Gewindestab ist der Nenndurchmesser maßgebend. Die tatsächlichen Querschnittsabmessungen weichen davon leicht ab. Für Endverankerungen und Stoßausbildungen sind zugehörige Elemente zu verwenden.

8.4.9.2 Geforderte Sicherheiten
Bezüglich der zulässigen Spannungen und besonderer Fertigungshinweise wird auf E 20, Abschn. 8.2.6.3 verwiesen.

8.4.9.3 Weitere Hinweise zu den Gewindearten
- Die gerollten Gewinde besitzen eine hohe Profilgenauigkeit.
- Beim Rollen des Gewindes entsteht eine Kaltverformung. Dadurch tritt eine Erhöhung der Festigkeit und der Streckgrenze von Gewindegrund und Gewindeflanken ein, die sich bei zentrischer Belastung günstig auswirkt.
- Der Gewindegrund und die Gewindeflanken bei gerollten Gewinden sind besonders glatt und besitzen daher bei dynamischer Belastung eine hohe Dauerfestigkeit.
- Die Fertigungszeiten für gerollte Gewinde sind geringer als die für geschnittene, jedoch wird dieser Vorteil durch das erforderliche Abdrehen oder Vorschälen mehr als ausgeglichen, sofern nicht mit Ziehgüte gearbeitet wird.
- Der Faserverlauf des Stahls wird bei gerollten oder warm gewalzten Gewinden nicht unterbrochen.
- Gerollte Gewinde mit größeren Durchmessern werden vor allem bei zentrisch belasteten Ankern mit dynamischer Beanspruchung angewendet.
- Gegenüber dem geschnittenen Gewinde ergibt sich beim gerollten Gewinde eine Gewichtsersparnis beispielsweise von 14% bei Ankerstangen $\varnothing$ 2″ und von 8% bei $\varnothing$ 5″.
- Bei Rundstahlankern mit gerolltem Gewinde sind keine Muttern, Muffen oder Spannschlösser mit gerolltem Innengewinde erforderlich, zumal beim Innengewinde stets eine geringere Beanspruchung als beim Außengewinde auftritt. Bei der Belastung des Innengewindes werden

Ringzugkräfte mobilisiert, die zu einer Abstützung führen. Es kann daher ohne Bedenken die Kombination: gerolltes Außengewinde und geschnittenes Innengewinde gewählt werden.

8.4.10 Nachweis der Standsicherheit von Verankerungen für die tiefe Gleitfuge (E 10)

8.4.10.1 Standsicherheit für die tiefe Gleitfuge bei nichtbindigen Böden

Die Berechnung kann nach den Vorschlägen von KRANZ [74] vorgenommen werden. Sie gilt bei einheitlichem Boden für eine im Boden frei aufgelagerte, einfach verankerte Spundwand und eine ebenso aufgelagerte Ankerwand (Bild E 10-1). Der die Spundwand belastende, auf der Gleit-

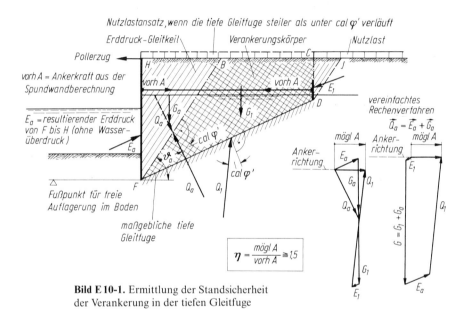

Bild E 10-1. Ermittlung der Standsicherheit der Verankerung in der tiefen Gleitfuge

ebene BF abrutschende Erdkeil BFH mit der Eigenlast G_a stützt sich auf den Verankerungskörper BCDF mit der Kraft Q_a. Der Verankerungskörper BCDF liegt auf der von Unterkante Ankerwand zur Unterkante Spundwand fallenden „tiefen Gleitfuge" DF, in der er durch die Kraft Q_1 gehalten wird, die unter dem Reibungswinkel $cal \varphi'$ gegen die Lotrechte zur Gleitfuge DF geneigt ist. Er wird belastet durch den Ankerzug, der über die Ankerplatte oder Ankerwand eingeleitet wird, weiter durch seine Eigenlast G_1 und durch den Erddruck E_1, den der Gleitkeil CDJ auf

420

die hintere Begrenzung der Ankerplatte oder Ankerwand ausübt. Die Verankerung ist standsicher, wenn die Mittelkraft der auf den Verankerungskörper BCDF in Richtung des Ankers wirkenden Kräfte größer ist als die sich aus der Berechnung der Spundwand ergebende vorhandene Ankerkraft, d. h. wenn die mögliche Ankerkraft größer ist als die vorhandene. Bei Bezug der Sicherheit auf die Ankerkraft ist die Verankerung standsicher, wenn das Verhältnis der möglichen zur vorhandenen Ankerkraft $\eta \geqq 1,5$ ist (E 96, Abschn. 1.13.2 a)(5)). Andernfalls ist der Anker zu verlängern oder die Ankerplatte oder Ankerwand tiefer anzuordnen.

Bei Anwendung des hier noch nicht behandelten neuen Sicherheitskonzepts wird die Sicherheit auf die Scherfestigkeit des Bodens bezogen.

Die graphische Untersuchung der Standsicherheit wird durch Zeichnen eines Kraftecks wie folgt ausgeführt (Bild E 10-1). Man bildet ein Krafteck aus den bekannten Größen Q_a, G_1 und E_1, der Richtung von Q_1 und der Ankerrichtung. Damit erhält man die mögliche Ankerkraft mögl A. Wie bei allen sonstigen Erddruckansätzen wird die Gleichgewichtsbedingung für die angreifenden Momente nicht berücksichtigt, also über die Art der Kraftverteilung nichts ausgesagt. Daß die Verbindungsgerade DF mit ausreichender Genauigkeit als maßgebende Gleitfuge angesetzt werden kann, ist von KRANZ durch Vergleichsrechnungen festgestellt worden.

Die Untersuchung der Standsicherheit ist in einfacherer Weise auch rechnerisch nach RANKE und OSTERMAYER [72] möglich. Dieses Verfahren empfiehlt sich vor allem bei mehreren Ankerlagen.

Eine verfeinerte Berechnung mit gekrümmten Gleitfugen (beispielsweise Kreis oder logarithmischer Spirale) ist im allgemeinen nicht erforderlich.

Die Berechnung wird vereinfacht, wenn man die den Gleitkeil BFH stützende Kraft Q_a durch die mit ihm im Gleichgewicht stehenden beiden Kräfte, die Eigenlast G_a des Gleitkeils und die ihn stützende Gegenkraft des auf die Spundwand von F bis H wirkenden Erddrucks E_a ersetzt. Die Kraft Q_a fällt damit aus der Berechnung heraus, und die Gleitlinie BF des Erdkeils BFH braucht nicht ermittelt zu werden. Die Berechnung geht nunmehr vom gesamten Erdkörper CDFH aus, der vorn durch den Erddruck E_a und in der Gleitfuge DF durch die Kraft Q_1 gestützt sowie hinten durch den Erddruck E_1 belastet wird. Wird seine Eigenlast $G = G_a + G_1$ mit E_a und E_1 zusammengesetzt, ergibt sich mit Hilfe der Richtung von Q_1, die unter dem Winkel cal φ' von der Lotrechten zur tiefen Gleitfuge DF abweicht, im Krafteck die mögliche Ankerkraft (Bild E 10-1, rechts). Besonders hervorzuheben ist, daß bei waagerechtem Grundwasserspiegel (Bild E 10-1) E_a nur die Erddruckbelastung der Spundwand von F bis H bedeutet, nicht aber den Wasserüberdruck enthält. Da das Grundwasser wohl einen Wasserüberdruck auf die Spundwand ausübt, den Erdkörper hinter der Spundwand aber weder stützt noch belastet, geht der Wasserüberdruck nur in die die Spundwand haltende Ankerkraft vorh A ein.

Bei zur Spundwand abfallendem Grundwasserspiegel wird der

Wasserüberdruck auf die für die Spundwandberechnung maßgebende Erddruckgleitfuge bezogen (E 65, Abschn. 4.3 und E 114, Abschn. 2.10). Er ist daher in Höhe des Schnittpunkts dieser Erddruckgleitfuge mit dem abfallenden Grundwasserspiegel beginnend anzusetzen. In diesem Fall ist aber auch noch der auf den Verankerungskörper FDCB (Bild E 10-1) wirkende Druck des strömenden Grundwassers zu beachten. Sein waagerechter, im Krafteck (Bild E 10-1, rechts) zu berücksichtigender Anteil entspricht mit ausreichender Genauigkeit dem Inhalt eines Wasserüberdruckdreiecks, das über der Lotrechten in der Ankerwandebene DC aufgetragen wird. Es beginnt in Höhe des Schnittpunkts dieser Lotrechten mit dem Grundwasserspiegel mit Null, nimmt bis zur Höhe des Schnittpunkts der maßgebenden Erddruckgleitfuge mit dem Grundwasserspiegel unter 45° zu und fällt von diesem Maximalwert bis zur Höhe des Ansatzpunkts F der tiefen Gleitfuge an der Spundwand geradlinig auf Null ab. Im Krafteck muß neben E_1 auch noch der auf die Ankerwand, herunter bis D, wirkende Wasserüberdruck berücksichtigt werden.

Will man bei zur Spundwand abfallendem Grundwasserspiegel den Einfluß des strömenden Grundwassers auf die Standsicherheit in der tiefen Gleitfuge noch genauer berücksichtigen, benötigt man ein Strömungsnetz nach E 113, Abschn. 4.8. Mit diesem kann sowohl die Wasserdruckfläche in der tiefen Gleitfuge FD als auch für die Ankerwandebene DC bezogen auf die aktive Gleitfuge DJ ermittelt werden. Ihre Inhalte gehen dann mit den auf ihren Angriffsebenen senkrecht stehenden Richtungen in das Krafteck (Bild E 10-1, rechts) ein. Gleichzeitig muß dort aber die Eigenlast $G = G_1 + G_a$ ohne Auftrieb und vermehrt um die Eigenlast des Porenwassers angesetzt werden, und es muß neben E_a auch der auf die Spundwand herunter bis F wirkende, für die maßgebende Erddruckgleitfuge aus dem Strömungsnetz ermittelte Wasserdruck stützend angesetzt werden. Dies verfeinerte Verfahren kommt vor allem bei Anwendung dieser Empfehlung zur Ermittlung der Pfahllänge nach E 66, Abschn. 9.4.2 fallweise in Frage.

Obige Überlegungen können auch für die im folgenden behandelten Fälle sinngemäß übernommen werden.

Der resultierende Erddruck E_a von F bis H wird in jedem Fall in der gleichen Größe wie bei der Berechnung von vorh A berücksichtigt. Wird die Spundwand für erhöhten Erddruck, beispielsweise bei entsprechend vorgespannten Ankern, berechnet, ist der Nachweis der Standsicherheit für die tiefe Gleitfuge für den aktiven Erddruckansatz und die zugehörige Ankerkraft vorzunehmen.

8.4.10.2 Standsicherheit bei bindigen Böden

Die Untersuchung wird wie bei nichtbindigen Böden (Abschn. 8.4.10.1) vorgenommen, nur wirkt in der tiefen Gleitfuge auch C' bzw. C_u. Der innere Reibungswinkel ist bei nicht konsolidierten, wassergesättigten, erstbelasteten, bindigen Böden mit cal $\varphi'_u = 0$ anzusetzen. Die Auftragung

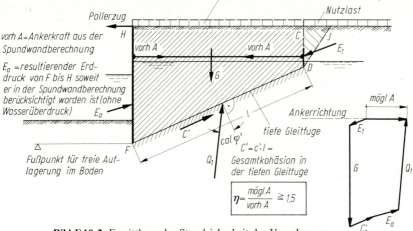

Bild E 10-2. Ermittlung der Standsicherheit der Verankerung in der tiefen Gleitfuge bei bindigen Böden

des Kraftecks zeigt Bild E 10-2. Der Einfluß der Kohäsion vermindert in der Spundwandberechnung die v o r h a n d e n e Ankerkraft, verändert aber ebenfalls in der Berechnung der Standsicherheit der Verankerung auch die mögliche Ankerkraft. Da es auf Verhältniswerte ankommt, darf der Kohäsionseinfluß in der tiefen Gleitfuge nur berücksichtigt werden, wenn er auch im Erddruckansatz und in der Berechnung der Ankerkraft in Rechnung gestellt worden ist.

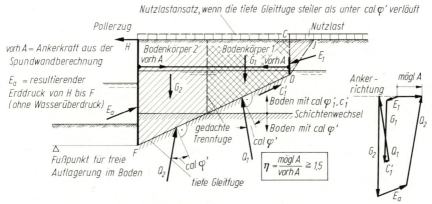

Bild E 10-3. Ermittlung der Standsicherheit der Verankerung in der tiefen Gleitfuge bei wechselnden Bodenschichten

423

Wenn E_a und vorh A ohne Kohäsionseinfluß errechnet werden, wird bei Ansatz von Kohäsion in der tiefen Gleitfuge ein zu großer Sicherheitsgrad vorgetäuscht.

8.4.10.3 Standsicherheit bei wechselnden Bodenschichten

Die Berechnung wird durchgeführt (Bild E 10-3), indem der Bodenkörper zwischen Spundwand und Ankerwand durch gedachte lotrechte Trennfugen, die durch die Schnittpunkte der tiefen Gleitfuge mit den Trennlinien der Schichten gelegt werden, in so viele Teilkörper zerlegt wird, wie Schichten von der tiefen Gleitfuge geschnitten werden. Nun wird das Verfahren nacheinander auf alle Teilkörper angewendet, wobei die Eigenlast des neuen Teilkörpers an den Schnittpunkt der Stützkraft Q des vorhergehenden Teilkörpers mit der Ankerrichtung angeschlossen wird. Die Strecke zwischen dem Anfangspunkt der ersten Kraft und dem Schnittpunkt der letzten Stützkraft Q mit der Ankerrichtung ergibt dann die mögliche Ankerkraft. Ist in einzelnen Schichten Kohäsion vorhanden, wird sie bei den entsprechenden Teilkörpern nach Bild E 10-2 berücksichtigt.

Die Berechnung kann noch verfeinert werden, indem die Momenteneinflüsse der angreifenden Kräfte einschließlich des vorhandenen Ankerzugs auf die Druckverteilung in der tiefen Gleitfuge berücksichtigt werden. Diese kann näherungsweise nach dem Spannungstrapez angesetzt werden. Die Gesamteigenlast wird dann im Verhältnis der errechneten Druckflächen den einzelnen Teilkörpern zugeordnet.

Bei dieser Berechnungsart vergrößert sich die rechnungsmäßige Standsicherheit, wenn unmittelbar hinter dem Spundwandfuß Bodenschichten mit einem höheren Reibungswinkel anstehen; sie verringert sich im umgekehrten Fall, was zu beachten ist.

8.4.10.4 Standsicherheit bei unterer Einspannung der Spundwand

Ist der Fuß der Spundwand im Boden eingespannt, muß das Erdauflager vor dem Spundwandfuß außer dem unteren Auflagerdruck, wie er bei freier Auflagerung im Boden auftritt, auch die Zusatzbelastung aus dem Einspannmoment aufnehmen. Der Schnittpunkt der verformten Spundwandachse mit der Ausgangslage, der als Drehpunkt des Spundwandfußes bezeichnet wird und zu dem die tiefe Gleitfuge führen muß, liegt dabei tiefer als bei freier Auflagerung im Boden. Infolge des steileren Verlaufs der tiefen Gleitfuge ergibt sich trotz vergrößerter Stützung durch den Erddruck eine Verkleinerung der möglichen Ankerkraft. In noch stärkerem Maße sinkt jedoch bei unterer Einspannung die vorhandene Ankerkraft, so daß sich die Standsicherheit η = mögl A / vorh A vergrößert.

Das Verfahren kann mit hinreichender Genauigkeit auch auf den Fall der unteren Einspannung angewendet werden, wenn als rechnungsmäßiger Spundwandfußpunkt, zu dem die tiefe Gleitfuge geführt wird, der Querkraftnullpunkt im Einspannbereich angenommen wird. Dieser Punkt liegt an der Stelle des größten Einspannmoments. Seine Lage kann daher der

Spundwandberechnung entnommen werden. Das Schnittmoment in der Spundwand ist rechnungsmäßig ohne Einfluß auf die Standsicherheit der Verankerung, solange in der tiefen Gleitfuge einheitlicher Boden ansteht. Im anderen Fall kann eine verfeinerte Berechnung unter Berücksichtigung der Momentenwirkung durchgeführt werden.

8.4.10.5 Standsicherheit für den Fall, daß die Spundwand mit Erddruckumlagerung berechnet wurde

In diesem Fall darf der stützende Erddruck E_a nur in der Größe und Richtung berücksichtigt werden, in der er vorher in der Spundwandberechnung als Belastung der Wand angesetzt worden ist. Bei einer Spundwandberechnung nach E 77, Abschn. 8.2.2 ist daher die klassische Erddruckverteilung (entsprechend der Berechnung nach BLUM [7] und [61]) zugrunde zu legen.

8.4.10.6 Standsicherheit bei eingespannter Ankerwand

Ist die Ankerwand unten eingespannt, ist sinngemäß nach Abschn. 8.4.10.4 die tiefe Gleitfuge zu dem rechnungsmäßigen Fußpunkt in Höhe des Querkraftnullpunkts im Einspannbereich der Ankerwand zu führen.

8.4.10.7 Schlußbemerkung

Die Standsicherheit der Verankerung kann nach dem Vorstehenden mit Hilfe der tiefen Gleitfuge auch bei schwierigen Verhältnissen ohne besonderen Arbeitsaufwand ermittelt werden. Da die Praxis gezeigt hat, daß die Standsicherheit in der tiefen Gleitfuge unter Umständen größere Ankerlängen erfordert als das Verfahren mit dem Gleitlinienzug des Erddrucks und des Erdwiderstands (hochliegender Gleitlinienzug), muß bei jedem Entwurf eines Spundwandbauwerks die Standsicherheit für die tiefe Gleitfuge nachgewiesen werden. Zur Beschleunigung der Untersuchung kann von der Faustregel ausgegangen werden, daß bei freier Auflagerung der Uferspundwand die erforderliche Ankerlänge etwa der Länge der Spundbohlen gleich ist.

Bei der Untersuchung muß beachtet werden, daß hohe Grundwasserstände häufig zu einer Verminderung der Standsicherheit führen.

Bei der Wichtigkeit einer ausreichenden Verankerungsstandsicherheit und dem verhältnismäßig raschen Abfall der Sicherheit, der eintritt, sobald η den Wert 1,5 unterschreitet, muß auch für den Lastfall 3 in der Regel eine Sicherheit $\eta \geqq 1,5$ gefordert werden.

8.4.11 Sicherheit gegen Aufbruch des Verankerungsbodens (zu E 10)

Wenn die Standsicherheit für die tiefe Gleitfuge nachgewiesen ist, kann die Ermittlung der Ankerlänge nach dem Verfahren mit dem hochliegenden Gleitlinienzug entfallen.

Um den Aufbruch des Verankerungsbodens und damit das nach oben gerichtete Nachgeben der Ankerplatte oder Ankerwand zu vermeiden, muß jedoch nachgewiesen werden, daß die Summe der widerstehenden waagerechten Kräfte von Unterkante Ankerplatte oder Ankerwand bis Oberkante Gelände mindestens 1,5mal so groß ist wie die Summe aus dem waagerechten Anteil der Ankerkraft, dem waagerechten Anteil des Erddrucks auf die Ankerwand und einem etwaigen Wasserüberdruck auf diese.

Die Erddruck- und Erdwiderstandsflächen an der Ankerwand können beispielsweise nach den Tafeln von KREY, JUMIKIS oder CAQUOT-KÉRISEL/ABSI [10] ermittelt werden. Eine Nutzlast darf nur ungünstig hinter der Ankerwand oder Ankerplatte angesetzt werden. Desgleichen sind in Frage kommende, ungünstig hohe Grundwasserstände zu berücksichtigen. Der Erdwiderstand vor der Ankerwand darf nur mit einem Wandreibungswinkel errechnet werden, der der Summe aller angreifenden lotrechten Kräfte einschließlich Eigenlast und Erdauflast entspricht (Bedingung $\Sigma\,V = 0$ an der Ankerwand). Bei schräg nach oben gerichteten Ankerzügen ist ihr lotrechter Anteil ungünstig mit dem 1,5fachen Betrag in Rechnung zu stellen.

Diese Untersuchung sowie die Untersuchungen unter Abschn. 8.4.10 ersetzen nicht die allgemein zu fordernde Geländebruchuntersuchung nach DIN 4084.

8.4.12 Spundwandverankerungen in nicht konsolidierten, weichen bindigen Böden (E 50)

8.4.12.1 Allgemeines

Liegen Untergrundverhältnisse vor, deren Auswirkungen auf die Ausbildung und Berechnung von Uferspundwänden in E 43, Abschn. 8.2.16 behandelt worden sind, so sind auch bei den Verankerungen dieser Wände besondere Maßnahmen erforderlich, um nachteilige Auswirkungen der Setzungsunterschiede zu vermeiden.

Auch eine Uferspundwand, die schwimmend ausgebildet wird, steht mit ihrem Fuß im allgemeinen in einer Bodenschicht, die bereits steifer ist als die oberen Schichten. Es ist daher auch in solchen Fällen mit einer Bewegung des den Anker umgebenden Erdreichs gegenüber der Uferspundwand zu rechnen. Sie wirkt sich um so stärker aus, je mehr der Boden sich setzt und je weniger die Spundwand sich nach unten verschiebt. So kann eine starke Schrägstellung des Ankeranschlusses an der Uferspundwand eintreten. Schrägneigungen von 1:3 ursprünglich waagerecht eingebauter Anker sind bereits an Kaimauern mittlerer Höhe gemessen worden.

Wird der Anker landseitig an ein stehend gegründetes Bauwerk angeschlossen, gilt sinngemäß das gleiche.

Bei schwimmend gegründeten Ankerwänden sind die Setzungsunterschiede zu den Ankern im allgemeinen gering.

Wie die Beobachtungen an ausgeführten Bauwerken gezeigt haben, wird der Ankerschaft selbst bei weichem Boden bei der Setzung nach unten mitgenommen. Er schneidet kaum in den Boden ein, so daß er sich im

Anschlußbereich an ein stehend gegründetes Bauwerk auch erheblich krümmen muß.

Bei den vorliegenden Verhältnissen wechseln im allgemeinen die Setzungen des Untergrunds im gesamten Verankerungsbereich, so daß auch über die Ankerlänge größere Setzungsunterschiede auftreten können. Daher muß sich der Ankerschaft biegen können, ohne dabei gefährdet zu werden.

Hier sind Rundstahlanker mit aufgestauchten Gewinden zu empfehlen, da sich diese durch einen stets größeren Dehnweg und eine größere Biegeweichheit gegenüber Ankern ohne Aufstauchung auszeichnen.

8.4.12.2 Stahlkabelanker

Diese Forderung wird beispielsweise durch Stahlkabelanker erfüllt. Sie sind für alle praktischen Fälle ausreichend biegsam, ohne daß die zulässige Spannung herabgesetzt werden muß. Mit Rücksicht auf die Korrosion sollen aber nur patentverschlossene Stahlkabelanker, bei denen die Drähte profiliert sind und einen Bleimennige-Schutzfilm besitzen, oder als Daueranker zugelassene Vorspannanker angewendet werden. Als zusätzlichen Schutz erhalten die Anker außen noch einen Bitumenüberzug und eine doppelte Stahlbandumwicklung oder dergleichen, bzw. werden Korrosionsschutzmaßnahmen entsprechend der Zulassung von Dauerankern vorgenommen. Bei außergewöhnlicher Korrosionsgefahr werden weitere Schutzüberzüge, die den besonderen Verhältnissen anzupassen sind, empfohlen. Wichtig ist, auch die Stahlkabelenden am Übergang in den Seilkopf oder in ein Betontragglied oder dergleichen einwandfrei zu isolieren. Stahlkabelanker werden im allgemeinen aus den Stahlgüten St 140 oder St 150 ausgeführt mit einem mittleren Elastizitätsmodul von mindestens 150 000 MN/m^2 (E 20, Abschn. 8.2.6.4). Sie müssen wegen der großen Ankerdehnung vorspannbar und bei Verankerung an schwimmenden Ankerwänden an einem Ende auch nachspannbar ausgebildet werden. Dieses Ende liegt zweckmäßig auf der Wasserseite. Dort endet der Stahlkabelankerschaft in einem Seilkopf, in dem der Kabeldrahtbesen mit Weißmetall vergossen wird. An den Seilkopf schließt sich ein mit durchlaufendem Gewinde versehener kurzer Rundstahlanker an, der durch die Spundwand gesteckt wird und wasserseitig über ein Kippgelenk an die Spundwand angeschlossen wird. An dem überstehenden Gewindeende wird die Spannvorrichtung angesetzt. Nach dem Vor- bzw. Nachspannen wird das überschüssige Gewindeende abgebrannt.

Gelenkiger Ankeranschluß siehe E 20, Abschn. 8.2.6.3. Um dem Ankerende eine ausreichende Bewegungsfreiheit für die zu erwartende große Drehbewegung um den Gelenkpunkt zu geben, müssen die U-Stähle des Gurtes weit gespreizt werden. Häufig übersteigt aber die erforderliche Spreizung das baulich tragbare Maß, so daß der Anker unterhalb des Gurtes angeschlossen werden muß. Durch Verstärkungen an der Spundwand oder durch Zusatzkonstruktionen am Gurt muß dann für einen einwandfreien Kraftfluß in die Anker gesorgt werden.

8.4.12.3 Schwimmende Ankerwand

Bei einer schwimmenden Ankerwand genügt im allgemeinen der übliche Abstand der beiden U-Stähle, wobei der Anker zwischen diesen hindurchgeführt und hinter der Ankerwand mittels Kippgelenk an den Druckgurt angeschlossen wird (Bild E 50-1).

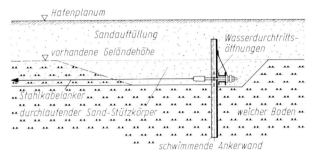

Bild E 50-1. Schwimmende Ankerwand mit ausmittigem Ankeranschluß

Endet der Stahlkabelanker landseitig im Stahlbetongurt einer schwimmend ausgeführten Ankerwand oder dergleichen, wird er dort, zu einem Kabeldrahtbesen aufgeflochten, einbetoniert. Wird an einem stehend gegründeten Bauteil verankert, muß auch hier gelenkig angeschlossen werden, denn auch ein Stahlkabelanker darf nicht stärker als unter 5° abgelenkt werden.

8.4.12.4 Gurt

In den vorliegenden Fällen muß mit besonders weichen und wenig tragfähigen Zonen im Untergrund gerechnet werden, auch wenn sie nicht erbohrt sein sollten. Um diese Störschichten zu überbrücken, müssen die Gurte der Uferspundwand und der Ankerwand stark überbemessen werden. Im allgemeinen sollen, auch wenn statisch nicht erforderlich, als Gurt U-400 aus St 37-2, bei größeren Bauwerken aus St 52-3 angewendet werden. Stahlbetongurte müssen mindestens das gleiche Tragvermögen aufweisen. Sie werden in Blöcke von 6,00 bis 8,00 m Länge unterteilt. Ihre Fugen werden gegen waagerechte Bewegungen verzahnt (E 59, Abschn. 8.4.3).

8.4.12.5 Pfahlböcke

Die Ausbildung der hinteren Verankerung hängt davon ab, ob eine größere Verschiebung des Uferwandkopfs in Kauf genommen werden kann oder nicht. Ist eine Verschiebung nicht zulässig, muß an Pfahlböcken oder dergleichen verankert werden. Erscheint eine Verschiebung ungefährlich, ist die Verankerung an einer schwimmend gegründeten Ankerwand möglich. Hierbei müssen vor der Ankerwand die waagerechten Pressungen so

428

gering bleiben, daß unzulässige Verschiebungen vermieden werden. Liegen örtliche Erfahrungen nicht vor, sind bodenmechanische Untersuchungen und Berechnungen – gegebenenfalls in Verbindung mit Probebelastungen – erforderlich.

8.4.12.6 Ausbildung

Wird das Gelände bis zum Hafenplanum mit Sand aufgefüllt, wird die in Bild E 50-1 dargestellte Ausbildung empfohlen. Der weiche Boden vor der Ankerwand wird dabei bis knapp unter den Ankeranschluß ausgekoffert und durch ein verdichtetes Sandpolster von ausreichender Breite ersetzt. Die Anker können in Gräben verlegt werden, die entweder mit Sand verfüllt oder mit geeignetem Aushubboden sorgfältig ausgestampft werden. Die Ankerwand wird dann ausmittig angeschlossen, so daß sowohl in der Sandauffüllung als auch im Bereich des weichen Bodens die zulässigen waagerechten Bodenpressungen nicht überschritten werden. Hierbei kann in beiden Bereichen ausreichend genau mit gleichmäßig verteilten Pressungen gerechnet werden. Die Größe der Pressung ergibt sich aus den Gleichgewichtsbedingungen, bezogen auf den Ankeranschluß.

Bei dieser Lösung werden auch Ungleichmäßigkeiten in der Ankerwandbettung ausgeglichen.

Um Wasserüberdruck zu vermeiden, müssen in der Ankerwand Wasserdurchtrittsöffnungen angeordnet werden.

8.4.12.7 Standsicherheit

Die Standsicherheit für die tiefe Gleitfuge muß hier besonders sorgfältig überprüft werden. Die üblichen Untersuchungen nach E 10, Abschn. 8.4.10 für den Endzustand reichen in diesem Fall nicht aus. Die Scherfestigkeit muß für den nicht konsolidierten Zustand ermittelt und der Berechnung zugrunde gelegt werden (Anfangsfestigkeit), wobei die Sicherheit $\eta = 1,5$ nachzuweisen ist.

8.4.13 Ausbildung und Berechnung vorspringender Kaimauerecken mit Rundstahlverankerung (E 31)

8.4.13.1 Unzweckmäßige Ausbildung

An Kaimauerecken sollten die Uferspundwände nicht durch Anker gehalten werden, die schräg von Uferwand zu Uferwand führen und somit nicht, wie üblich, normal zur Wandachse anschließen. Sonst können Schäden entstehen, weil die Ankerkräfte hohe zusätzliche Zugbeanspruchungen in den Gurten erzeugen, deren Höchstwert am letzten Schrägankeranschluß auftritt. Da wellenförmige Spundbohlen gegen waagerechte Beanspruchungen in der Längsrichtung des Ufers verhältnismäßig nachgiebig sind, ist für die Übertragung der Zugkräfte aus den Gurten über die Spundbohlen in den Baugrund eine beträchtliche Länge der Uferwände erforderlich.

Besonders gefährdet sind dabei die Gurtstöße. Auf E 132, Abschn. 8.2.12 wird hierzu besonders hingewiesen.

8.4.13.2 Empfohlene kreuzweise Verankerung

Die unter Abschn. 8.4.13.1 genannten Zugkräfte treten in den Gurten nicht auf, wenn eine kreuzweise Verankerung nach Bild E 31-1 angewendet wird. Damit die Anker sich nicht gegenseitig stören, müssen Ankerlagen und Gurte um die Ankerdicke am Spannschloß, vermehrt um ein zusätzliches Spiel, in der Höhe versetzt angeordnet werden.
Kantenpoller erhalten eine unabhängige Zusatzverankerung.

8.4.13.3 Gurte

Die Gurte an der Uferspundwand werden als Zuggurte in Stahl ausgebildet und der Form der Uferwand angepaßt. Die Gurte an den Ankerwänden werden aus Stahl oder aus Stahlbeton als Druckgurte hergestellt. Die Übergänge von den Gurten des Eckblocks zu den Gurten der Uferwände und der Ankerwände sowie die Kreuzung der Ankerwandgurte werden so gestaltet, daß die Gurte sich unabhängig bewegen können. Vor den Ankerwänden erhalten Gurte und Holme einen Laschenstoß mit Langlöchern.

8.4.13.4 Ankerwände

Die Lage der Ankerwände und ihre Ausbildung im Eckblock richten sich nach der der Uferwände. Die Ankerwände werden an der Ecke bis zur Uferwand durchgeführt (Bild E 31-1), werden aber zweckmäßig in der Endstrecke gestaffelt bis zur Hafensohle gerammt, damit in Havariefällen der Hinterfüllungsboden an der besonders gefährdeten Ecke nur bis zu den Ankerwänden auslaufen kann. Auch wenn anstelle von Ankerwänden einzelne Ankerplatten, z. B. aus Stahlbeton, angewendet werden, empfiehlt sich diese Maßnahme.

8.4.13.5 Holzauskleidung

Schiff und Kaimauerecke werden geschont, wenn die Spundwandtäler an der Ecke mit geeigneten Wasserbauhölzern ausgefuttert werden. Diese Futter sollen etwa 5 cm vor die äußere Spundwandkante vorragen (Bild E 31-1).

8.4.13.6 Ausrundung und Stahlbetonverstärkung der Mauerecke

Da vorspringende Kaimauerecken durch den Schiffsverkehr besonders gefährdet sind, sollen sie möglichst ausgerundet und gegebenenfalls auch durch eine kräftige Stahlbetonwand verstärkt werden.

8.4.13.7 Sicherung durch einen vorgesetzten Dalben

Wenn der Schiffsverkehr es erlaubt, soll jede Kaimauerecke durch einen vorgesetzten elastischen Dalben geschützt werden.

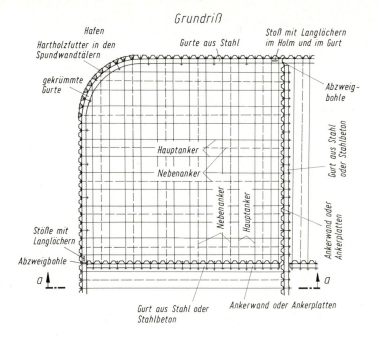

Grundriß

Hafen

Hartholzfutter in den Spundwandtälern

Gurte aus Stahl

Stoß mit Langlöchern im Holm und im Gurt

gekrümmte Gurte

Abzweig- bohle

Gurt aus Stahl oder Stahlbeton

Hauptanker

Nebenanker

Nebenanker

Hauptanker

Ankerwand oder Ankerplatten

Stöße mit Langlöchern

Abzweigbohle

a

a

Gurt aus Stahl oder Stahlbeton

Ankerwand oder Ankerplatten

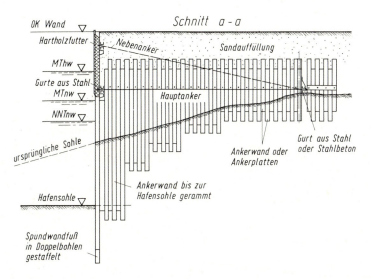

Schnitt a–a

OK Wand

Hartholzfutter

Nebenanker

Sandauffüllung

MThw

Gurte aus Stahl

MTnw

Hauptanker

NNTnw

ursprüngliche Sohle

Ankerwand oder Ankerplatten

Gurt aus Stahl oder Stahlbeton

Ankerwand bis zur Hafensohle gerammt

Hafensohle

Spundwandfuß in Doppelbohlen gestaffelt

Bild E 31-1. Verankerung vorspringender Kaimauerecken in Spundwandkonstruktion in Seehäfen

431

8.4.13.8 Standsicherheitsnachweis

Der Standsicherheitsnachweis für die Verankerung wird für jede Uferwand getrennt nach E 10, Abschn. 8.4.10 geführt. Ein besonderer Nachweis für den Eckblock ist nicht nötig, wenn entsprechend Bild E 31-1 die Verankerungen der Uferwände bis zur anderen Spundwand durchgeführt werden.

In sich geschlossene Molenköpfe werden nach anderen Grundsätzen gestaltet und berechnet.

8.4.14 Ausbildung und Berechnung vorspringender Kaimauerecken mit Schrägpfahlverankerung (E 146)

8.4.14.1 Allgemeines

Die vorspringenden Ecken von Kaimauern sind durch den Schiffsverkehr besonders gefährdet. Sie haben nach E 12, Abschn. 5.12.2 als Endpunkt von Großschiffsliegeplätzen in vielen Fällen auch hochbelastete Poller aufzunehmen. In Seehäfen werden sie im jeweils erforderlichen Umfang auch mit Fenderungen – die ein höheres Arbeitsvermögen als in den angrenzenden Kaimauerabschnitten aufweisen – ausgerüstet. Insgesamt sollen sie robust und möglichst steif ausgeführt werden.

Da solche Kaimauerecken vorteilhaft auch mit Schrägpfahlverankerung ausgeführt werden können, wird in Ergänzung zur Lösung mit Rundstahlverankerung nach E 31, Abschn. 8.4.13 hier die Lösung mit Pfahlverankerung behandelt.

8.4.14.2 Ausbildung des Eckbauwerks

Die zweckmäßigste Ausbildung von Kaimauerecken mit Schrägpfahlverankerung kann aufgrund der örtlichen Gegebenheiten und der späteren hafentechnischen Nutzung sehr unterschiedlich sein. Sie ist weitgehend abhängig von der konstruktiven Gestaltung der anschließenden Kaimauern, dem zu überbrückenden Geländesprung und dem eingeschlossenen Winkel. Ausführungstechnisch wird die zu wählende Konstruktion durch die vorhandene Wassertiefe und den anstehenden Baugrund entscheidend beeinflußt.

Um ein ordnungsgemäßes Einbringen der an den Ecken sich überschneidenden Schrägpfähle zu gewährleisten, müssen bestimmte Forderungen bezüglich des gegenseitigen Abstands der Pfähle an allen Überschneidungsstellen eingehalten werden. Während die lichten Abstände sich kreuzender Pfähle oberhalb der anstehenden Sohle noch verhältnismäßig klein gehalten werden können (etwa 25 bis 50 cm), sollten bei langen Pfählen – vor allem bei festgelagerten, schwer rammbaren Böden – die lichten Abstände unter der Sohle an allen Kreuzungspunkten mindestens 1,0 m, besser aber 1,5 m betragen. Bei steinhaltigen, aber noch rammfähigen Böden, bei denen ein stärkeres Verlaufen langer Pfähle wahrscheinlich ist, sollte der Abstand in größerer Tiefe jedoch mindestens 2,5 m betragen.

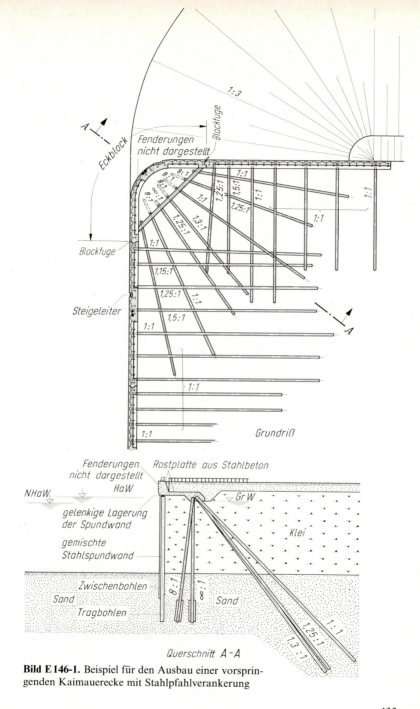

Bild E146-1. Beispiel für den Ausbau einer vorspringenden Kaimauerecke mit Stahlpfahlverankerung

433

Bei der Errechnung der lichten Abstände der Pfähle sind vorhandene Stahlflügel stets mit zu berücksichtigen.

Um diese Forderungen erfüllen zu können, müssen die Abstände und die Neigungen der Pfähle entsprechend variiert werden. Letztere sollten wegen des unterschiedlichen Tragverhaltens verschieden geneigter Pfähle einer zusammengehörenden Pfahlgruppe aber nicht zu sehr voneinander abweichen.

Sollten im Bereich der Kaimauerecke auch hoch belastete Poller oder sonstige Ausrüstungsteile, wie Abspannkonstruktionen von Förderbändern und dergleichen, tief zu gründen sein, empfiehlt sich in den meisten Fällen die Ausbildung eines besonderen Eckblocks aus Stahlbeton mit tief gegründeter Rostplatte. Letztere wird dann auf der Spundwand gelenkig gelagert. Dies gilt auch allgemein für Kaimauerecken, bei denen eine ordnungsgemäße Lage der Pfähle durch veränderte Pfahlneigungen und -abstände sonst nicht erreicht werden kann. Bei solchen Eckausbildungen werden die im Eckbereich erforderlichen Zugpfähle zweckmäßig im rückwärtigen Teil der Rostplatte angeordnet. Sie liegen dadurch in einer anderen Ebene als die Zugpfähle der angrenzenden Kaimauerabschnitte, wodurch störende Überschneidungen der Pfähle wesentlich leichter vermieden werden können. Infolge der dabei benötigten zusätzlichen Druckpfähle am hinteren Plattenrand und der erforderlichen Rostplatte sind solche Ausführungen aber kostenaufwendiger. Sie bieten jedoch die Gewähr einer ordnungsgemäßen Bauausführung. Bild E 146-1 zeigt hierfür ein kennzeichnendes ausgeführtes Beispiel.

Die Abschn. 8.4.13.5 u. 8.4.13.7 in E 31 sind auch für Kaimauerecken mit Schrägpfahlverankerung gültig.

8.4.14.3 Verwendung maßstabgetreuer Modelle

Um spätere Rammschwierigkeiten auszuschließen, sollte bereits während der Projektbearbeitung schwieriger Eckausbildungen ein kleines, aber noch ausreichend genaues maßstabgetreues Modell zur Überprüfung angefertigt werden. Mit einem größeren Modell — etwa im Maßstab 1 : 10 — sollte später auch auf der Baustelle gearbeitet werden. Dabei müssen alle Pfähle nach der tatsächlichen eingebrachten Lage angeordnet werden, um bei den weiteren Pfählen etwa erforderliche Korrekturen in Lage und Neigung richtig vornehmen zu können.

8.4.14.4 Nachweis der Standsicherheit der Eckblöcke

Bei den Eckausbildungen mit Schrägpfahlverankerung ist nachzuweisen, daß alle Pfähle im gesamten Eckbereich die auftretenden Kräfte aus Erd- und Wasserüberdruck mit den nach E 26, Abschn. 9.1 geforderten Sicherheiten aufnehmen können. Hierbei ist jede Wand der Ecke für sich zu betrachten. Bei Ecken mit zusätzlichen Belastungen, beispielsweise aus Eckstationen, Pollern, Fendern und sonstigen Ausrüstungsteilen, ist nachzuweisen, daß die Pfähle in der Lage sind, zusätzlich auch diese Kräfte einwandfrei aufzunehmen.

Wenn sich in der Bauausführung größere Pfahländerungen ergeben sollten, sind deren Einflüsse in einer Zusatzberechnung nachzuweisen.

8.4.15 Hohes Vorspannen von Ankern aus hochfesten Stählen bei Ufereinfassungen (E 151)

8.4.15.1 Bei Ufereinfassungen vor allem bei Spundwandbauwerken, aber auch zum nachträglichen Sichern sonstiger Bauwerke, wie von Pfahlrostmauern und dergleichen, werden üblicherweise Anker aus den Stahlsorten St 37-2 bzw. -3 oder aus St 52-3 angewendet. In besonderen Fällen kann es aber nützlich sein, Anker hoch vorzuspannen, was jedoch nur sinnvoll ist, wenn diese aus hochfesten Stählen bestehen.

Das hohe Vorspannen von Ankern aus hochfesten Stählen kann unter anderem für folgendes zweckmäßig oder erforderlich sein:

- zur Begrenzung von Verschiebungen, insbesondere bei Bauwerken mit langen Ankern, mit Rücksicht auf vorhandene empfindliche Bauwerke oder beim Anschluß nachträglich vorgerammter Spundwände (E 45, Abschn. 11.3.7) und

- zum Erreichen einer Lastabtragung mit ausgeprägter Erddruckumlagerung (stark verringertes Feldmoment bei vergrößerter Ankerkraft), wobei vorausgesetzt werden muß, daß sich das Bauwerk in mindestens mitteldicht gelagertem nichtbindigem oder in bindigem steifem Boden befindet.

Bei Daueranker aus hochfesten Stählen ist dem einwandfreien Korrosionsschutz in allen Fällen eine besondere Bedeutung beizumessen. Gegebenenfalls vorhandene Zulassungen, beispielsweise für Verpreßanker nach DIN 4125 sind zu beachten.

8.4.15.2 Auswirkungen einer hohen Ankervorspannung auf den Erddruck

Eine Ankervorspannung verringert stets die Verschiebung der Uferwand vor allem in ihrem oberen Teil nach der Wasserseite hin. Dies kann bei hoher Vorspannung eine verstärkte Umlagerung des aktiven Erddrucks nach oben begünstigen. Hierbei kann sich die Resultierende des Erddrucks vom unteren Drittelspunkt der Wandhöhe h über der Gewässersohle bis auf etwa $0,55\,h$ nach oben verlagern, wobei die aufzunehmende Ankerkraft entsprechend anwächst. Besonders ausgeprägt ist diese Erddruckumlagerung bei Uferwänden mit Überankerteil.

Falls bei Verwendung voll ausgelasteter, hochfester Verankerungsstähle ein von der klassischen Verteilung nach Coulomb abweichendes Erddruckbild erreicht werden soll, müssen die Anker durch Vorspannen auf etwa 80% der rechnerischen Ankerkraft für Lastfall 1 festgelegt werden.

8.4.15.3 Bemessung einfach verankerter Spundwände unter Berücksichtigung einer hohen Vorspannung von Ankern aus hochfesten Stählen

Liegen die Voraussetzungen für eine Erddruckumlagerung nach der Empfehlung E 77, Abschn. 8.2.2 grundsätzlich vor, darf beim Festlegen der Vorspannkraft von Ankern aus hochfesten Stählen auf etwa 80% der rechnerischen Ankerkraft nach Lastfall 1 zur Berücksichtigung einer verstärkten Erddruckumlagerung der nach [61] aus Bodeneigengewicht und großflächiger Nutzlast errechnete Anteil des Feldmoments nach untenstehendem Unterabschnitt (1) bzw. (2) abgemindert werden. Der zugehörige Anteil der Ankerkraft aus der Erddruckbelastung muß dann jedoch entsprechend erhöht werden, was aber nur bei der Bemessung der Verankerungskonstruktion selbst und beim Nachweis der Sicherheit gegen Aufbruch des Verankerungsbodens (E 10, Abschn. 8.4.11), nicht aber beim Nachweis der Standsicherheit in der tiefen Gleitfuge (E 10, Abschn. 8.4.10) berücksichtigt werden muß.

Die Abminderung des Feldmoments bzw. Erhöhung der Ankerkraft beträgt:

(1) Bei einer Höhe des Überankerteils von mindestens $0,1\,h$: Abminderung des Anteils des Feldmoments aus dem klassisch angesetzten Erddruck um 40% und gleichzeitig Erhöhung des zugehörigen Anteils der Ankerkraft um 15%.

(2) Bei einer Höhe des Überankerteils von mindestens $0,2\,h$ und daher zu erwartender erhöhter Erddruckumlagerung: Abminderung des Anteils des Feldmoments aus dem klassisch angesetzten Erddruck um 50% und gleichzeitig Erhöhung des zugehörigen Anteils der Ankerkraft um 30%.

Bezüglich Erddruckumlagerung wird auch auf [65], [75] und [76] hingewiesen.

Eine Abminderung des Einspannmoments im Erdauflager darf nach E 77, Abschn. 8.2.2 vorgenommen werden.

Für den Fall ohne Überankerteil gilt E 77 unverändert.

8.4.15.4 Zeitpunkt des Vorspannens

Mit dem Vorspannen der Anker darf erst begonnen werden, wenn die jeweiligen Vorspannkräfte ohne nennenswerte unerwünschte Bewegungen des Bauwerks oder seiner Teile aufgenommen werden können. Dies setzt entsprechende Hinterfüllungszustände voraus und ist in der Planung der Bauzustände und im Ansatz des jeweiligen Kräfteverlaufs im Bauwerk zu berücksichtigen.

Die Anker müssen erfahrungsgemäß kurzzeitig über den vorgesehenen Wert hinaus vorgespannt werden, da beim Spannen der Nachbaranker durch Nachgeben des Bodens und der Konstruktion ein Teil der Vorspannkraft wieder verlorengeht. Dies kann weitgehend vermieden werden, wenn die Anker in mehreren Stufen vorgespannt werden, was aber die Baudurchführung erschweren kann.

Die Spannkräfte sind schon während der Bauausführung stichprobenartig zu kontrollieren, um gegebenenfalls eine Korrektur der planmäßigen Vorspannung durchführen zu können.

Für Verpreßanker gilt vor allem DIN 4125.

8.4.15.5 Ergänzende Hinweise

Bei hoher Ankervorspannung in begrenzten Uferabschnitten ist die dadurch örtlich unterschiedliche Bewegungsmöglichkeit der Ufereinfassung zu beachten. Die vorgespannten Bereiche wirken als Festpunkte, auf welche erhöhter räumlicher Erddruck wirkt, und sind dafür ausreichend zu bemessen. Die Ankerkräfte sind in solchen Bereichen stets nachzuprüfen.

Ein Ende des Vorspannankers sollte – soweit irgend möglich – dauernd zugänglich ausgeführt und konstruktiv so ausgebildet werden, daß im Bedarfsfall die Vorspannkraft bzw. die damit verbundene Vordehnung auch nachträglich kontrolliert und korrigiert werden kann. Im übrigen ist ein gelenkiger Anschluß der Ankerenden anzustreben.

Da Poller nur zeitweise belastet werden, sollen ihre Anker nicht aus hochfestem Stahl vorgespannt ausgeführt werden, sondern als praktisch schlaff eingebaute kräftige Rundstahlanker aus den Baustählen St 37-2 bzw. -3 oder aus St 52-3. Letztere weisen bei Belastung nur eine geringe Dehnung auf. Bei Verwendung hoch vorgespannter Anker aus hochfesten Stählen würden sich Schwierigkeiten bei Erdarbeiten hinter den Pollerköpfen ergeben. Solche sind aus betrieblichen Gründen, wie zur Verlegung von Leitungen verschiedener Art, aber häufig erforderlich.

8.4.16 Gelenkige Auflagerung von Ufermauerüberbauten auf Stahlspundwänden (E 64)

8.4.16.1 Allgemeines

Ufermauerüberbauten können auf Stahlspundwänden gelenkig oder eingespannt gelagert werden. Die gelenkige Lagerung ist bei voll hinterfüllter hoher Spundwand günstiger. Bei oberer Einspannung der Spundwand ergibt sich sonst ein großes Einspannmoment, das häufig Lamellenverstärkungen am Spundwandkopf erfordert. Das Einspannmoment führt zu einer schwereren Verankerung, einer erhöhten Belastung der Pfahlgründung und zu einer starken zusätzlichen Biegebeanspruchung des Überbaus, der das Einspannmoment der Spundwand aufnehmen muß. Bauwerksbewegungen und etwaige spätere Vertiefungen der Hafensohle wirken sich im gesamten Bauwerk ungünstig aus.

8.4.16.2 Vorteile der gelenkigen Auflagerung

Beim gelenkigen Anschluß ist die in ihrem Verhalten und in ihren Verformungsgrößen anders geartete Spundwand vom stets wesentlich steiferen

Überbau weitgehend getrennt. Die Gelenkkraft wird an einer für den Überbau günstigen Stelle übertragen.

Unvermeidliche Bauwerksbewegungen und spätere Hafenvertiefungen wirken sich auf den Überbau nur unwesentlich aus. Der Gelenkanschluß führt zudem zur geringstmöglichen Ankerkraft und damit zu einer besonders wirtschaftlichen Gründung des Überbaus.

Das größte Spundwandmoment liegt im Feld unterhalb der Zone des stärksten Korrosionsangriffs. Es ist bei hinterfüllten Spundwänden kleiner als das Kopfmoment bei oberer Einspannung.

Diese Vorteile der gelenkigen Auflagerung können aber nur voll ausgenutzt werden, wenn der Gelenkanschluß nach den Regeln des Stahlbaus

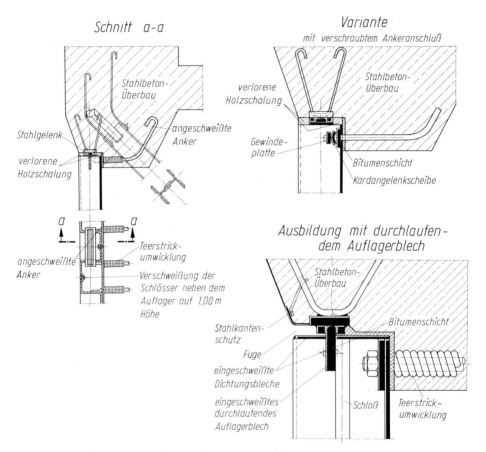

Bild E 64-1. Gelenkige Auflagerung des Überbaus auf einer wellenförmigen Stahlspundwand mit angeschweißtem Stahllager

einwandfrei ausgeführt wird. Bei nicht freier gelenkiger Lagerung können – insbesondere bei hohen Bauwerken mit großen waagerechten Spundwandbelastungen – Schäden im Auflagerbereich eintreten.

8.4.16.3 Bauliche Ausbildung

Die Auflagerung muß dem Spundwandsystem und dem Überbau angepaßt werden.

(1) Wellenprofilwand

Bild E 64-1 zeigt kennzeichnende Ausführungsbeispiele für eine Wellenprofilwand mit geschweißtem oder geschraubtem Ankeranschluß und Einzellagern beziehungsweise durchlaufender, exzentrisch angeschweißter Lagerleiste. Letztere gewährleistet einen dichten Abschluß am Gelenk und ist daher vor allem in den Fällen nach Abschn. 8.4.16.5 zu empfehlen.

Bild E 64-2 zeigt eine Ausführung, bei welcher der vordere Flansch einer Spundwand in Form eines Fließgelenks in den Überbau einbindet. Hier wird eine besonders große Ausmittigkeit der Axialkrafteinleitung erzielt. Zur einwandfreien Krafteinleitung muß der Überbau etwa 30 cm vor die Spundwandvorderkante reichen. Um ein Unterhaken der Schiffe zu vermeiden, wird in Tidegebieten an jeder zweiten Doppelbohle ein Stahlabweiser angebracht. In Häfen ohne Tide sind Abstände bis zu fünf Doppelbohlenbreiten zulässig.

Die bei der Ausführung nach den Bildern E 64-1 und -2 vorhandene geringe Ausmittigkeit der waagerechten Verankerung gegenüber dem lotrechten Lager spielt keine Rolle, da die Weichheit der Spundbohlen im Querschnitt und die Dehnung der Anker eine ausreichende Nachgiebigkeit gewährleisten.

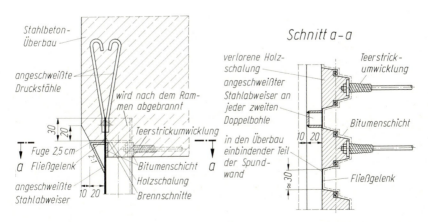

Bild E 64-2. Gelenkige Auflagerung des Überbaus auf einer wellenförmigen Stahlspundwand unter Verwendung eines Fließgelenks

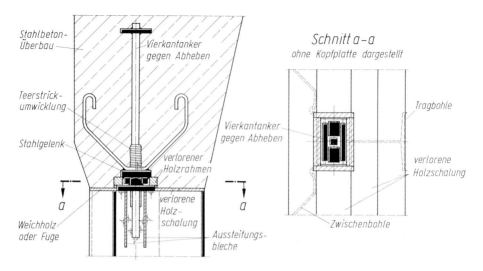

Bild E 64-3. Gelenkige Auflagerung des Überbaus auf einer gemischten Stahlspundwand mit angeschweißten Einzelgelenken

(2) Gemischte Spundwand
Die Bilder E 64-3 und -4 zeigen ausgeführte Beispiele für gemischte (kombinierte) Stahlspundwände.
In Fällen mit reinem Gelenkanschluß nach den Bildern E 64-3 und -4 müssen die Überbauten, auch in Achsrichtung der Spundwand, gut angeschlossen werden, damit ein Abheben vom Lager auch bei großen Kräften infolge Stoß- und Druckwellenbelastung vermieden wird.

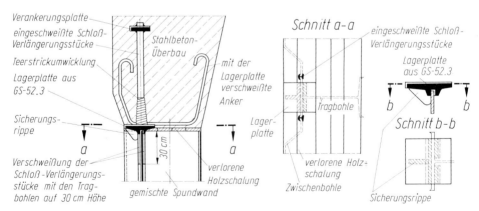

Bild E 64-4. Gelenkige Auflagerung des Überbaus auf einer gemischten Stahlspundwand mit Gelenkteilen aus Stahlguß

440

8.4.16.4 Baustoffe

Die Bauteile des Kopfgelenks werden im allgemeinen aus St 37-2 ausgeführt und im Hinblick auf Korrosion überbemessen.

Auch andere einwandfreie Lagerausbildungen sind technisch möglich und anwendbar.

8.4.16.5 Dichtung der Gelenkfuge

Reicht der Boden hinter der Spundwand bis an oder über die Gelenkfuge, so daß bei Wellenschlag oder Wasserüberdruck Auswaschungen zu befürchten sind, muß die Gelenkfuge dagegen einwandfrei abgedichtet werden. Zur Vermeidung von Auswaschungen sind fallweise auch nach den Filterregeln gestaltete, ausreichend dicke Mischkiesfilter geeignet.

Eine einwandfreie Dichtung der Gelenkfuge ist auch erforderlich, wenn das Eindringen von Feinstoffen in einen hinter der Spundwand planmäßig vorhandenen Hohlraum verhindert werden muß.

8.4.17 Gelenkiger Anschluß gerammter Stahlankerpfähle an Stahlspundwandbauwerke (E 145)

8.4.17.1 Allgemeines

Der gelenkige Anschluß gerammter Stahlankerpfähle an ein Spundwandbauwerk ermöglicht die erwünschte, weitgehend unabhängige gegenseitige Verdrehung der Bauteile und führt dadurch zu klaren und einfachen statischen Verhältnissen und zu wirtschaftlich günstigen Anschlußkonstruktionen.

Verdrehungen im Anschlußbereich der Spundwand entstehen zwangsläufig infolge Durchbiegung derselben. Sie können aber auch am Kopf des Stahlankerpfahls auftreten, besonders dann, wenn außer einer gewissen Abwärtsbewegung des aktiven Erddruckgleitkeils auch noch starke Setzungen und/oder Sackungen im gewachsenen oder aufgefüllten Erdreich hinter der Spundwand stattfinden. In solchen Fällen ist der gelenkige Anschluß dem in E 59, Abschn. 8.4.3 beschriebenen eingespannten vorzuziehen.

Die Anschlußteile müssen nach den Grundsätzen des Stahlbaus einwandfrei sicher und wirksam ausgebildet werden.

8.4.17.2 Hinweise zur Ausbildung der Gelenkanschlußteile

Die Gelenkigkeit kann durch einfach oder doppelt angeordnete Gelenkbolzen bzw. durch plastische Verformung eines dafür geeigneten Bauteils (Fließgelenk) erreicht werden. Auch eine Kombination von Bolzen und Fließgelenk ist möglich.

(1) Planmäßige Fließgelenke sind so anzuordnen, daß sie einen ausreichenden Abstand von Stumpf- und Kehlnähten haben und somit ein Fließen von Schweißnahtverbindungen soweit irgend möglich ausgeschlossen wird.

Flankenkehlnähte sollen in der Kraftebene bzw. in der Ebene des Zugelements liegen, damit ein Abschälen sicher vermieden wird. Andernfalls ist durch sonstige Maßnahmen ein Abschälen zu verhindern.

(2) Jede quer zur planmäßigen Zugkraft des Ankerpfahls angeordnete Schweißnaht kann als metallurgische Kerbe wirksam werden.

(3) Nicht beanspruchungs- und schweißgerecht angebrachte Montagenähte in schwierigen Zwangslagen erhöhen die Versagenswahrscheinlichkeit.

(4) Bei schwierigen Anschlußkonstruktionen auch mit gelenkigem Anschluß empfiehlt es sich, den wahrscheinlichen Fließgelenkquerschnitt bei Einwirkung der planmäßigen Normalkräfte im Zusammenwirken mit möglichen Zusatzbeanspruchungen, beispielsweise aus Erdauflasten, aus bewegten Verkehrslasten und dergleichen, zu untersuchen (E 59, Abschn. 8.4.3). Für die Bemessung von Fließgelenken werden die „Richtlinien zur Anwendung des Traglastverfahrens im Stahlbau" – DASt Richtlinie 008 – vom März 1973 empfohlen.

(5) Kerben aus plötzlichen Steifigkeitssprüngen, beispielsweise bei Brennkerben im Pfahl und/oder metallurgischen Kerben aus Quernähten, sowie sprunghafte Vergrößerungen von Stahlquerschnitten, beispielsweise durch aufgeschweißte, sehr dicke Laschen, sollen – vor allem in möglichen Fließbereichen der auf Zug beanspruchten Ankerpfähle – vermieden werden, da sie verformungslose Brüche auslösen können.

Einige kennzeichnende Ausführungsbeispiele gelenkiger Anschlüsse von Stahlankerpfählen sind in den Bildern E 145-1 bis -6 dargestellt.

8.4.17.3 Bauausführung

Die Stahlankerpfähle können abhängig von den örtlichen Verhältnissen und von der Konstruktion zeitlich an sich sowohl vor als auch nach der Spundwand gerammt werden. Ist die Lage des Anschlusses abhängig vom Rhythmus des Spundwandsystems, wie beispielsweise beim Anschluß im Tal einer wellenförmigen oder an der Tragbohle einer gemischten Stahlspundwand, ist darauf zu achten, daß die Abweichung des oberen Pfahlendes von seiner planmäßigen Lage möglichst gering ist. Dies wird am besten erreicht, wenn die Ankerpfähle nach der Spundwand gerammt werden. Die Anschlußkonstruktion muß aber stets so gestaltet werden, daß gewisse Abweichungen und Verdrehungen ausgeglichen und aufgenommen werden können.

Wird der Stahlpfahl unmittelbar über dem oberen Ende der Spundwand bzw. durch ein Fenster in der Spundwand gerammt, ermöglicht die Spundwand eine wirksame Führung bei seinem Einbauvorgang. Ein Rammfenster kann auch in der Weise erreicht werden, daß das obere Ende der zu verankernden Doppelbohle zunächst durchgebrannt und angehoben und später wieder abgesenkt und verschweißt wird.

Die geringste Fensteröffnung ergibt sich bei gerammten, verpreßten Ankerpfählen mit Rundstahlanker und aufschraubbarem Pfahlschuh. Stahlpfähle, die nicht bis zu ihrem oberen Ende in den Boden einbinden, erlauben ein gewisses Ausrichten des Pfahlkopfs für den Anschluß.

Je nach der Ausführung des Anschlusses ist bei der Ermittlung der Pfahllänge eine Zugabe für das Abbrennen des obersten eventuell im Gefüge gestörten Pfahlendes nach dem Rammen bzw. für das Rammen selbst vorzusehen.

Schlitze für Anschlußlaschen sollen sowohl bei den Bohlen der Spundwand als auch bei den Ankerpfählen möglichst erst nach dem Rammen angebracht werden.

8.4.17.4 Konstruktive Ausbildung des Anschlusses

Der gelenkige Anschluß wird bei wellenförmigen Spundwänden – vor allem bei solchen mit der Schloßverbindung in der Schwerachse (Larssen)

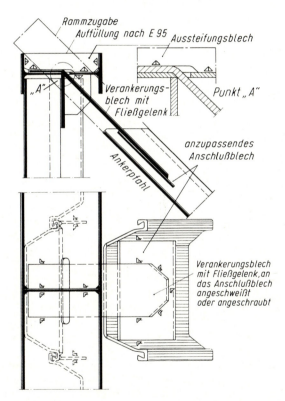

Bild E 145-1. Gelenkiger Anschluß eines leichten Stahlankerpfahls an eine leichte Stahlspundwand durch Lasche und Fließgelenk

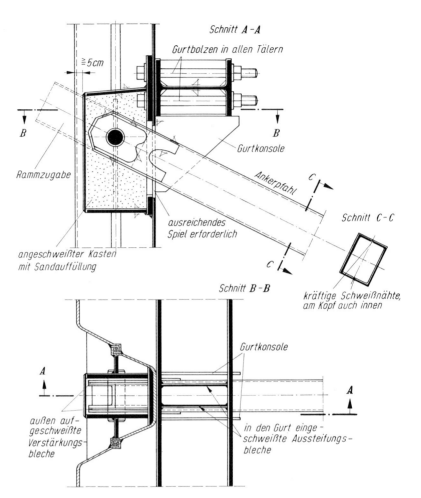

Bild E 145-2. Gelenkiger Anschluß eines Stahlankerpfahls an eine schwere Stahlspundwand durch Gelenkbolzen

– im allgemeinen im Wellental oder bei gemischten Spundwänden am Steg der Tragbohlen angeordnet.

Bei kleineren Zugkräften – insbesondere in einer freien Kanalstrecke – kann der Stahlpfahl auch am Holmgurt, der am Kopf der Spundwand befestigt wird (Bild E 145-1), oder an einem Gurt hinter der Spundwand mittels Lasche und Fließgelenk angeschlossen werden. Auf die Gefährdung durch Korrosion ist dabei besonders zu achten. Auf E 95, Abschn. 8.4.4 wird bei Ufereinfassungen mit Güterumschlag und an Liegestellen besonders hingewiesen.

444

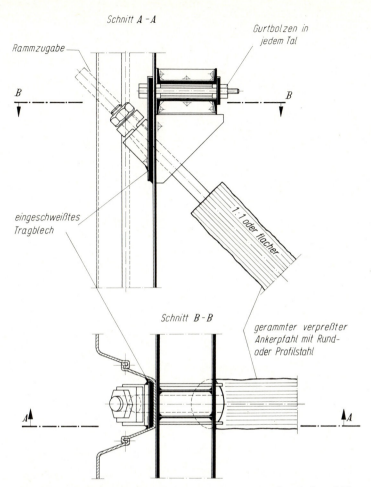

Schnitt A - A

Rammzugabe

Gurtbolzen in
jedem Tal

B

B

eingeschweißtes
Tragblech

1:1 oder flacher

Schnitt B - B

gerammter verpreßter
Ankerpfahl mit Rund-
oder Profilstahl

A

A

Bild E 145-3. Gelenkiger Anschluß eines gerammten verpreßten Ankerpfahls an eine schwere Stahlspundwand

Zwischen dem Anschluß im Wellental bzw. am Steg und dem oberen Pfahlende werden häufig Zugelemente aus Rundstahl bzw. Flach- oder Breitflachstahl (Zuglaschen) angeordnet (Bilder E 145-4 und -5). Beim Rundstahlanschluß mit eingeschnittenem Gewinde sowie mit Unterlagplatte, Gelenkscheibe und Mutter kann die Anschlußkonstruktion auch angespannt werden (Bild E 145-3).
Neben dem gelenkigen Anschluß im Wellental der Spundwand, im Holmgurt oder im Steg der Tragbohle kann in besonderen Fällen ein weiteres Gelenk im Anschlußbereich des Ankerpfahlendes angeordnet werden.

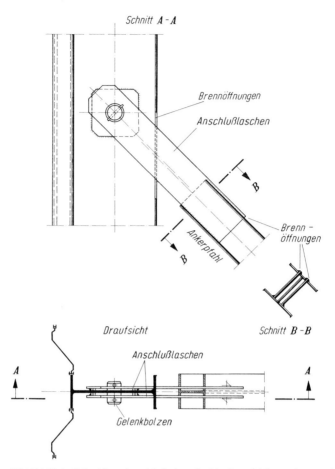

Schnitt *A - A*

Brennöffnungen

Anschlußlaschen

Ankerpfahl

Brenn -
öffnungen

Draufsicht

Schnitt *B - B*

Anschlußlaschen

Gelenkbolzen

Bild E 145-4. Gelenkiger Anschluß eines Stahlankerpfahls an eine gemischte Stahlspundwand mit Einzeltragbohlen durch Gelenkbolzen

Diese Lösung – in Bild E 145-5 für den Fall mit doppelten Tragbohlen
dargestellt – kann, etwas variiert, auch bei Einfachtragbohlen angewendet
werden.

Der Ankerpfahl kann aber auch durch eine Öffnung im Wellental einer
Spundwand gerammt und dort über eine eingeschweißte Stützkonstruktion gelenkig angeschlossen werden (Bild E 145-2).

Liegt der Anschluß im wasserseitigen Wellental einer Spundwand, müssen alle Konstruktionsteile mindestens 5 cm hinter der Spundwandflucht
enden. Außerdem ist die Durchdringungsstelle zwischen Pfahl und
Spundwand sorgfältig gegen Auslaufen und/oder Ausspülen von Boden

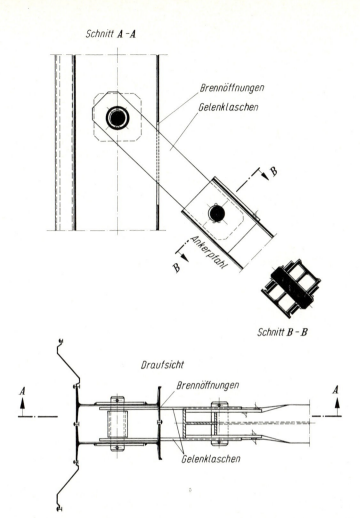

Bild E 145-5. Gelenkiger Anschluß eines Stahlankerpfahls an eine gemischte Stahl-spundwand mit Doppeltragbohlen durch Laschengelenk

zu sichern (z. B. mit einem zusätzlichen äußeren Schutzkasten nach Bild E 145-2).

Je nach der gewählten Konstruktion sollten Anschlußlösungen bevorzugt werden, die weitgehend in der Werkstatt vorbereitet werden können und ausreichende Toleranzen aufweisen. Umfangreiche Einpaßarbeiten auf der Baustelle erfordern hohe Kosten und sind daher möglichst zu vermeiden.

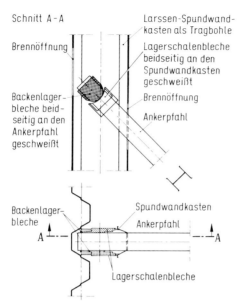

Schnitt A-A

Brennöffnung

Larssen-Spundwand-
kasten als Tragbohle

Lagerschalenbleche
beidseitig an den
Spundwandkasten
geschweißt

Backenlager-
bleche beid-
seitig an den
Ankerpfahl
geschweißt

Brennöffnung

Ankerpfahl

Backenlager-
bleche

Spundwandkasten

Ankerpfahl

Lagerschalenbleche

Bild E 145-6. Gelenkiger Anschluß eines Stahlankerpfahls an eine gemischte Stahlspundwand durch Backenlager/Lagerschalen

Diese Bedingungen erfüllt z. B. der im Bild E 145-6 dargestellte Anschluß. Alle tragenden Nähte, und zwar sowohl an der Tragbohle als auch am Ankerpfahl werden im Werk in Wannenlage geschweißt.

8.4.17.5 Statischer Nachweis für den Anschluß

Maßgebend für den Anschluß ist zunächst die aus der Spundwandberechnung sich ergebende Ankerkraft. Es empfiehlt sich aber, alle Ankeranschlußteile für die beim gewählten Ankersystem zulässige Ankerkraft zu bemessen. Belastungen von der Wasserseite, wie Schiffstoß, Eisdruck oder durch Bergsenkungen usw., können die im Stahlpfahl vorhandene Zugkraft zeitweise abbauen oder sogar in eine Druckkraft umwandeln. Wenn erforderlich, sind entsprechende Nachweise für den Anschluß und für die Knickbeanspruchung eines am Kopf freistehenden Pfahls oder des Pfahlanschlusses zu führen. Fallweise ist auch Eisstoß zu berücksichtigen.

Wenn möglich, soll der Anschluß im Schnittpunkt von Spundwand- und Pfahlachse angeordnet werden (Bilder E 145-1, -2, -4, -5 und -6). Bei größeren Abweichungen sind Zusatzmomente in der Spundwand anzusetzen.

Die der Pfahlkraft entsprechenden lot- und waagerechten Teilkräfte sind auch in den Anschlußkonstruktionen an die Spundwand und – wenn nicht jedes tragende Wandelement verankert wird – im Gurt und seinen Anschlüssen zu berücksichtigen. Muß mit einer lotrechten Belastung durch Bodeneinflüsse gerechnet werden, ist auch sie in den Auflagerkräften und Anschlüssen zu erfassen.

Bei Anschlüssen im Wellental ist durch eine ausreichend breite Unterlagsplatte die waagerechte Teilkraft in die Bohlenstege einzuleiten (Bild E 145-3). Die Schwächung des Spundwandquerschnitts ist zu beachten. Fallweise können dabei Spundwandverstärkungen im Anschlußbereich erforderlich werden.

Bei den Anschlußkonstruktionen, insbesondere im Bereich des oberen Ankerpfahlendes, ist auf einen stetigen Kraftfluß zu achten. Wenn bei schwierigen, hochbelasteten Anschlußkonstruktionen der Kraftfluß nicht einwandfrei überblickt werden kann, sollten die rechnerisch ermittelten Abmessungen und Beanspruchungen stets durch mindestens zwei bis zum Bruch geführte Probebelastungen an Werkstücken im Maßstab 1 : 1 überprüft werden.

8.4.18   Gepanzerte Stahlspundwand (E 176)

8.4.18.1   Notwendigkeit

Die zunehmende Größe der Schiffsgefäße, der Verkehr von Schiffsverbänden und die veränderte Art der Fortbewegung haben zu erhöhten betrieblichen Anforderungen an Ufer in Binnenhäfen und an Wasserstraßen geführt. Um auch dabei Schäden an Spundwandbauwerken zu vermeiden, ist für diese eine möglichst glatte Oberfläche zu fordern (E 158, Abschn. 6.7).

Bei größeren Breiten der Doppelbohlen wächst die Schadenanfälligkeit durch eine Verkleinerung des Anfahrwinkels und den größeren Abstand der Bohlenrücken. Die Forderung nach einer weitgehend glatten Oberfläche wird durch eine Panzerung der Spundwand erreicht, bei der in oder über die Spundwandtäler Bleche geschweißt werden (Bild E 176-1).

8.4.18.2   Anwendungsbereiche

Wegen der dann erforderlichen technischen und wirtschaftlichen Aufwendungen wird eine Panzerung aber nur für Uferstrecken empfohlen, die besonderen Belastungen ausgesetzt sind. Dies sind in Binnenhäfen Ufer mit sehr schwerem Verkehr, insbesondere mit Schubleichtern und Großmotorschiffen sowie Ufer in stark gefährdeten Bereichen, beispielsweise bei Richtungsänderungen im Grundriß und bei Leitwerken in Schleuseneinfahrten.

8.4.18.3   Höhenlage

Die Spundwandpanzerung ist für den Höhenbereich des Ufers erforderlich, in dem vom niedrigsten bis zum höchsten Wasserstand eine Schiffsberührung der Spundwand möglich ist (Bild E 176-1).

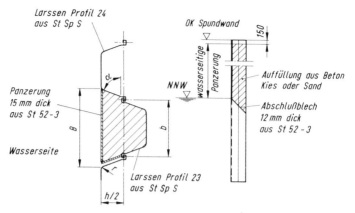

Bild E 176-1. Panzerung eines U-förmigen Spundwand-Wellenprofils

8.4.18.4 Konstruktion

Die konstruktive Ausbildung der Panzerung und deren Abmessungen sind vorrangig von der Öffnungsweite B des Spundwandtals abhängig. Diese wird bestimmt vom Systemmaß b der Spundwand, von der Neigung α des Bohlenschenkels, von der Profilhöhe h der Wand und vom Radius r zwischen Schenkel und Rücken der Spundwand (Bild E 176-1).

8.4.18.5 Bohlenform und Herstellungsart der Panzerung

Bei der Ausbildung der Panzerung ist zu unterscheiden, ob es sich um Spundbohlen in Z- oder in U-Form handelt. Ferner ist von Bedeutung, ob die Panzerung werkseitig und damit vor dem Rammen, oder auf der Baustelle nach dem Rammen angebracht wird.

Bei Z-Bohlen und Herstellung der Panzerung auf der Baustelle werden die Bleche bis an die Schlösser in voller Breite aufgelagert. Sie schützen durch ihr Herausragen aus der Flucht auch die Schlösser (Bild E 176-2).

Bei Z-Bohlen kann ein werkseitiges Herstellen nach Bild E 176-2 nicht empfohlen werden, da dann wegen mangelnder Elastizität der Doppelbohlen das Rammen nachteilig beeinflußt werden kann.

Der nachträgliche Einbau von Panzerungen ist auch bei U-Bohlen möglich, wobei eine völlig glatte Uferfläche erzielt werden kann (Bild E 176-2).

Beim Einbau auf der Baustelle sind bei beiden Profilarten Anpreß- und Anpaßarbeiten nicht zu vermeiden. Es entsteht dann eine einheitlich starre Uferkonstruktion, die nicht mehr aus Einzelelementen besteht und an Elastizität eingebüßt hat.

Die beste Lösung für den Einbau und Betrieb ergibt die Wand aus U-Bohlen mit werkseitiger Herstellung der Panzerung.

450

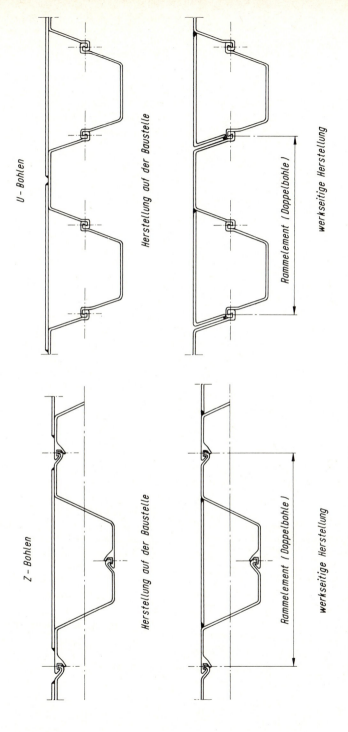

Bild E 176-2. Herstellungsart der Panzerung bei Z- und bei U-Bohlen

451

8.4.18.6 Einzelangaben zum werkseitigen Einbau der Panzerung bei U-Bohlen

Beim werkseitigen Einbau wird die Panzerung am Schloß der Talbohle und am Rücken der Bergbohle befestigt. Außerdem muß aus rammtechnischen Gründen auch das Schloß der Doppelbohle verschweißt werden, so daß eine starre Verbindung entsteht. Nur dann können die Anschlußnähte der Panzerung den Rammvorgang ohne Schaden überstehen. Für elastische Verformungen stehen dabei noch der Bohlenrücken und der freie Schenkel der Bergbohle zur Verfügung (Bild E 176-2).

Die Panzerbleche können geschweißt oder gebogen ausgeführt werden (Bild E 176-3). Die geschweißte Ausführung ergibt die geringere Breite des verbleibenden Spalts, weil bei der gebogenen für die Kaltverformung Grenzen für den Mindestradius gegeben sind. Die Spaltbreite bei der geschweißten Ausführung beträgt ca. 20 mm. Bei einem Systemmaß von 1,0 m der Doppelbohle wird dann eine glatte Wand ca. zu 98% erreicht.

8.4.18.7 Bemessung

Bei der statischen Berechnung der Spundwand wird die Panzerung im allgemeinen nicht berücksichtigt. Die Blechdicke ergibt sich aus der Stützweite entsprechend der Öffnungsweite der Spundwandtäler. Da aber die Stützweite der Stoßpanzerung immer größer ist als die Rückenbreite des Bohlenbergs, müssen die Panzerbleche dicker als die Bohlenrücken sein.

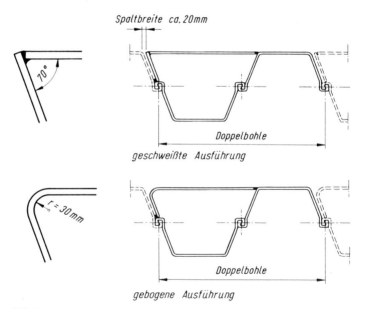

Bild E 176-3. Werkseitig hergestellte Panzerung bei U-Bohlen

8.4.18.8 Verfüllung

Ein Verfüllen des Raumes zwischen Panzerung und Doppelbohle ist zu empfehlen. Hierzu wird im allgemeinen als unterer Abschluß ein Bodenblech eingeschweißt (Bild E 176-1). Als Verfüllmaterial kommen Sand, Kies oder Beton in Frage.

8.4.18.9 Leitern und Festmacheeinrichtungen

Bei Anordnung von Steigeleitern in einer gepanzerten Spundwand bleibt jeweils ein Spundwandtal für die Aufnahme der Leiter ungepanzert. Neben jeder Leiter sind beiderseits im senkrechten Abstand von 1,5 m Nischenpoller anzubringen (E 13, Abschn. 6.14).

Zum Einbringen der Verankerung der Spundwand in Form von Rammoder Rammverpreßpfählen müssen in die allgemeinen vorher gerammte Wand einschließlich der Panzerung Fenster geschnitten und später wieder verschlossen werden.

8.4.18.10 Kosten

Die Mehrkosten für die gepanzerte Spundwand gegenüber einer ungepanzerten sind vor allem abhängig vom Verhältnis der Länge der Panzerung zu der Gesamtlänge der Spundbohle und vom Profil. Die Lieferkosten des Wandmaterials erhöhen sich durch die Panzerung um 25 bis 60%. Bei U-Bohlen ist es billiger und technisch besser, eine Panzerung von vornherein einzuplanen und werkseitig einbauen zu lassen.

9 Ankerpfähle

Den unter diesem Abschnitt aufgeführten Empfehlungen zur statischen Berechnung liegt noch das bisherige Sicherheitskonzept (vgl. Abschn. 0.1) zugrunde.

9.1 Sicherheit der Verankerung (E 26)

9.1.1 In Pfahlrosten und Pfahlböcken erhalten die Zugpfähle neben der Zugbeanspruchung aus den waagerechten Lasten und den Momenten auch Druckbeanspruchungen aus den lotrechten Lasten und den Momenten, während die maßgebenden Druckpfähle im allgemeinen nur Druckkraftanteile aufzunehmen haben. Infolgedessen ändert sich die Beanspruchung der Zugpfähle mit Änderungen der Lasten und Momente stärker als die der Druckpfähle. Auch wird die Beanspruchung der als Zugpfähle dienenden Schrägpfähle unverhältnismäßig erhöht, wenn die Schrägpfähle steiler als in Soll-Lage ausgeführt werden. In Übereinstimmung mit der so erklärten größeren Empfindlichkeit der Zugpfähle ist in DIN 1054 die zulässige Belastung der Zugpfähle für den Lastfall 1 auch bei zwei und mehr Probebelastungen mit 50% der Grenzzuglast, also mit zweifacher Sicherheit festgelegt, während bei Druckpfählen unter den gleichen Voraussetzungen nur eine Sicherheit $\eta = 1,75$ gefordert wird.

9.1.2 Bei den waagerechten oder sehr flach geneigten Ankern von Spundwänden reichen geringere Sicherheiten aus. So ist in E 10, Abschn. 8.4.10 und 8.4.11 nur die 1,5fache Sicherheit gefordert, und auch in DIN 1054 wird für Lastfall 1 diese Sicherheit gegen Gleiten des Bauwerks verlangt.

9.1.3 Die Ankerpfähle bilden in ihrer statischen Wirkung den Übergang zwischen den in Pfahlrosten und Pfahlböcken bisher üblichen steileren Zugpfählen und den üblichen Verankerungen. Deshalb wird empfohlen, die Sicherheit von Ankerpfählen mittlerer Neigung gegenüber der Grenzlast, nach Bild E 26-1 für Lastfall 1, durch gradliniges Einschalten zwischen erf $\eta = 2,0$ für 2 : 1 geneigte Pfähle und erf $\eta = 1,5$ für 1 : 2 geneigte Anker bzw. Pfähle zu bestimmen. Für den 1 : 1 geneigten Ankerpfahl ist dann die erforderliche Sicherheit $\eta = 1,75$ (E 96, Abschn. 1.13.2 a)(8)). Voraussetzung ist, daß die Grenzzuglast nach E 27, Abschn. 9.2 anhand von mindestens zwei Probebelastungen ermittelt und eine ausreichende Einheitlichkeit des Baugrunds durch Bohrungen und Drucksondierungen festgestellt worden ist. Wenn der Baugrund im Verankerungsbereich nicht einheitlich ist, müssen jeweils 2 Probebelastungen für die maßgeblichen Baugrundbereiche vorgenommen werden.

In Übereinstimmung mit DIN 1054 wird für Lastfall 2 und mindestens zwei Probebelastungen für die Neigungen 2 : 1 bis 1 : 1 jetzt eine Sicherheit $\eta = 1,75$ gefordert. Für Neigungen zwischen 1 : 1 und 1 : 2 kann η zwischen 1,75 und 1,5 gradlinig eingeschaltet werden.

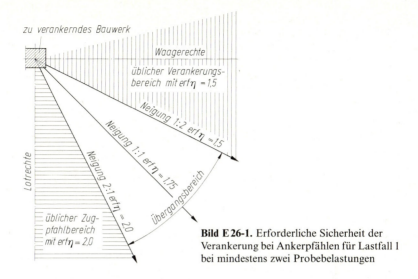

Bild E 26-1. Erforderliche Sicherheit der Verankerung bei Ankerpfählen für Lastfall 1 bei mindestens zwei Probebelastungen

Unter sonst gleichen Voraussetzungen wird für Lastfall 3 einheitlich die Mindestsicherheit $\eta = 1{,}5$ gefordert.

9.1.4   Für Verpreßanker gilt DIN 4125.

9.2   Grenzzuglast der Ankerpfähle (E 27)

9.2.1   Entsprechend DIN 1054 gilt als Grenzzuglast jene Last, bei der das Herausziehen des Pfahls b e g i n n t. Zeichnet sie sich in der Last-Hebungslinie nicht deutlich ab, wird diejenige Last als Grenzzuglast zugrunde gelegt, bei der die Pfahlhebung (in der Pfahlachse) den Bestand und die Verwendung des Bauwerks noch nicht gefährdet. Bei Ufereinfassungen kann die bleibende Hebung dabei im allgemeinen rd. 2 cm betragen.
Die Grenzzuglast läßt sich als „Grenzlast der Verschiebung" über das Kriechmaß k_s entsprechend DIN 4125 für Verpreßanker bestimmen. Das Kriechmaß sollte 2 mm nicht überschreiten.

9.2.2   Wird die Grenzzuglast bei der Probebelastung nicht erreicht, gilt nach DIN 1054 die beim Versuch angewendete größte Zugkraft als rechnungsmäßige Grenzzuglast.
Für die Abschätzung von Bruchlasten – als Asymptote der Lastverschiebungskurve – kann unter bestimmten Voraussetzungen das sogenannte „Hyperbelverfahren" [5] und [6] benutzt werden, wobei zu beachten ist, daß das Hyperbelverfahren auch zu grober Fehleinschätzung führen kann – insbesondere bei dicht gelagerten nichtbindigen Böden und bei bindigen Böden mit halbfester bis fester Konsistenz.

9.2.3   Für Vorentwürfe kann die Grenzzuglast näherungsweise auch mit Drucksondierungen ermittelt werden, wenn sowohl der Spitzendruck als auch die
örtliche Mantelreibung mit geeigneten Sonden gemessen werden. Dabei
müssen auch die in der Nähe ausgeführten Bohrungen berücksichtigt
werden, um festzustellen, auf welche Bodenart sich die Sondierergebnisse
jeweils beziehen.

9.2.4   Bei Pfahlgruppen muß beim Festlegen der rechnungsmäßigen Grenzzuglast des Einzelpfahls auch die Gruppenwirkung berücksichtigt werden.

9.2.5   Die Grenzzuglast für Verpreßanker – sowohl für vorübergehende Zwecke
als auch für dauernde Verankerungen – wird nach DIN 4125 festgelegt.

**9.3   Ausbildung und Einbringen flach geneigter, gerammter
Ankerpfähle aus Stahl (E 16)**

9.3.1   Baugrund

Der Baugrund muß so beschaffen sein, daß die aus Setzungen des Bodens
in den Pfählen entstehenden Biegespannungen das jeweils zulässige Maß
nicht überschreiten. In Zweifelsfällen, vor allem auch bei Schweißarbeiten,
sollen beruhigte Stähle verwendet werden. Flügelpfähle dürfen nur in
hindernisfreien Böden angewendet werden und müssen ausreichend tief
in den tragfähigen Boden hineinreichen.

9.3.2   Ausbildung

Als flach geneigt werden Pfähle bezeichnet, deren Neigung flacher als 2:1
ist.
Bei der Auswahl der Pfähle muß der Energieverlust berücksichtigt werden,
der beim Einrammen infolge der Schräglage entsteht. Bei geeignetem
Untergrund können Stahlpfähle mit angeschweißten Stahlflügeln ausgerüstet und so in ihrer Tragfähigkeit verbessert werden. Solche Flügel müssen
so gestaltet und angeordnet werden, daß sie das Rammen nicht zu sehr
erschweren und ihrerseits den Rammvorgang heil überstehen. Die Gestaltung der Flügel und ihre Anschlußhöhe müssen daher den jeweiligen
Bodenverhältnissen sorgfältigst angepaßt werden. Hierbei ist zu beachten,
daß wassergesättigte bindige Böden beim Rammen wohl verdrängt, nicht
aber verdichtet werden. Bei nichtbindigen Böden kann sich durch die
Rammerschütterung vor allem im Flügelbereich ein hochverdichteter fester Pfropfen bilden, der die Tragfähigkeit entsprechend erhöht, aber
gleichzeitig das Einrammen erschwert. Deshalb muß der Baugrund vor
der Bauausführung solcher Flügelpfähle sorgfältig erbohrt sowie mit
Drucksonden und bodenmechanischen Laborversuchen erkundet werden.
Bei schwerem Untergrund oder großer Pfahllänge sind daher rammgün-
stige, gegen Biegebeanspruchung unempfindliche Pfahlquerschnitte zu
verwenden. In nichtbindigem Boden sollen die Flügel von Flügelpfählen
mindestens 2 m lang sein, damit die erforderliche Bodenverspannung
(Pfropfenbildung) in den Zellen erzielt wird. Sie sollen aber auch nicht

länger als 3 m sein, um größere Rammschwierigkeiten zu vermeiden (normale Flügellänge 2,50 m).

Die Flügel werden symmetrisch zur Pfahlachse und im allgemeinen knapp über dem Pfahlfußende beginnend angeordnet, so daß am Fußende noch eine mindestens 8 mm dicke Schweißnaht zwischen Flügel und Pfahl angebracht werden kann. Auch das obere Flügelende muß eine entsprechend kräftige Quernaht aufweisen. Die Nähte werden anschließend auch auf beiden Seiten des Flügels in Pfahllängsrichtung auf rund 500 mm Länge ausgeführt. Dazwischen genügen einzelne Schweißraupen (unterbrochene Schweißnaht).

Die Anschlußfläche der Flügel soll mit Rücksicht auf Zwangskräfte ausreichend breit sein (im allgemeinen mindestens 100 mm). Querschnitt und Stellung der Flügel sollen die Zellenbildung begünstigen.

Ist der tragfähige Baugrund bindig, müssen die Flügel bis zu seiner Oberfläche reichen, um ein Aufweichen des Bodens über den Flügelenden wegen der Wasserzufuhr durch die Rammkanäle zu verhindern.

Je nach den Bodenverhältnissen können die Flügel auch höher am Pfahlschaft liegend angeordnet werden.

9.3.3 Einrammen

Beim Einrammen flach geneigter Pfähle muß eine sichere Führung gewährleistet sein. Abweichungen von der Rammrichtung, die unter dem Eigengewicht des Pfahls entstehen können, sind von vornherein zu berücksichtigen. Schnell schlagende Rammen bzw. Rammhämmer sind langsam schlagenden vorzuziehen, weil sie bei nichtbindigen Böden infolge ihrer Rüttelwirkung zu einer Erhöhung der Tragfähigkeit führen. Bei der Bemessung des Bärgewichts ist der Energieverlust infolge der starken Schräglage zu berücksichtigen.

Das freie, unter die Rammführung reichende Pfahlende darf nur so lang sein, daß die zulässigen Biegespannungen des Pfahls während des Einbaus nicht überschritten werden. Flach geneigte Ankerpfähle dürfen nicht mit Spülhilfe gerammt werden. Weiteres in [78].

9.3.4 Einbindelänge

Die erforderliche Einbindelänge eines flach geneigten Ankerpfahls kann, wenn er mindestens 5 m in nichtbindigem, mitteldicht gelagertem Boden steht und keinen nennenswerten Erschütterungen ausgesetzt ist, zunächst unter der Annahme einer Grenzlastmantelreibung von 50 kN/m^2 abgewickelter, äußerer Mantelfläche geschätzt werden. Bei einem überkonsolidierten, halbfesten bindigen Boden (beispielsweise Lauenburger Ton) können etwa 30 kN/m^2 als Richtwert gelten. Die zulässigen Mantelreibungswerte sind dann abhängig vom Lastfall und von der Pfahlneigung anzusetzen. Die üblichen Einbindetiefen in den tragfähigen Baugrund betragen 7 m bis 15 m. Die endgültige Grenzzuglast (E 27, Abschn. 9.2) und die zulässige Pfahllast (E 26, Abschn. 9.1) müssen aber in jedem

Fall anhand einer ausreichenden Anzahl von Probebelastungen festgelegt werden.

9.4 Ausbildung und Belastung von Rammverpreßpfählen (E 66)

9.4.1 Allgemeines

Ein Rammverpreßpfahl ist ein Stahlrammpfahl, der unter gleichzeitigem Verpressen mit Mörtel in den Boden gerammt wird und geeignet ist, große Zug- bzw. Druckkräfte aufzunehmen. Rammverpreßpfähle unterscheiden sich hinsichtlich Herstellung und Tragverhalten in vielen Dingen von Verpreßankern im Sinne der DIN 4125. Sie haben aber vieles gemeinsam mit DIN 4128.

Anwendung und Ausführung setzen die genaue Kenntnis der Bodenverhältnisse und -werte, vor allem im tragfähigen Gründungsbereich voraus. Besonders geeignet sind rollige Böden mit verhältnismäßig großem Porenvolumen. Die Eignung des Untergrunds ist vor allem zur Aufnahme einer Zugbelastung im Hinblick auf die Mantelreibung und die Bewegung der Pfähle unter Dauerlast, insbesondere bei bindigen Böden, sorgfältig nachzuweisen.

Rammverpreßpfähle können oberhalb und unterhalb des Grundwasserspiegels hergestellt werden. Zur Verankerung von Uferwänden sind Rammverpreßpfähle besonders zu empfehlen, weil sie vom Wasser aus ohne Beeinträchtigung der hafenbetrieblichen Ufernutzung eingebaut werden können. Werden als Zugglied Vorspannstähle verwendet, sind sie besonders sorgfältig gegen Korrosion zu schützen. Sie müssen im Bereich der Lastabtragung über Haftung eine dauerhafte, schubfeste, die Korrosion verhindernde Beschichtung erhalten oder aber entsprechend den Zulassungen für Daueranker nach DIN 4125 ausgebildet werden. Auch bei sonstigen Pfählen sind eventuelle Korrosionsprobleme zu berücksichtigen (vgl. DIN 4128, Abschn. 9.2.).

9.4.2 Berechnung der Pfähle

Die Tragfähigkeit der Rammverpreßpfähle hängt im wesentlichen von folgenden Faktoren ab:
Statisch wirksame Verpreßlänge, Umfang des Pfahlschuhs, Bodenart und Überdeckungshöhe.
Für die Ermittlung der rechnerischen Grenzbelastung im Vorentwurfsstadium kann bei der Mantelreibung mit folgenden Erfahrungswerten gerechnet werden:

halbfester Lehm/Mergel		$70–120 \ kN/m^2$,
Sand	mitteldicht	$100–150 \ kN/m^2$,
Kies	gelagert	$150–200 \ kN/m^2$.

Diese Werte müssen aber durch Probebelastungen überprüft werden.
Die erforderliche Länge eines Rammverpreßpfahls als Ankerpfahl wird nach Bild E 66-1 ermittelt.

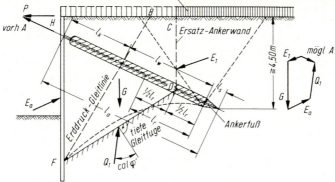

Bild E 66-1. Standsicherheit eines Rammverpreß-Ankerpfahls in der tiefen Gleitfuge

Darin bedeuten, in [m]:

l_a = Länge des Ankerpfahls,

l_s = Länge des Ankerpfahlfußes,

l_r = die aus Ankerkraft, Mantelfläche, Mantelreibung und Sicherheitsgrad ermittelte erforderliche Mindestverankerungslänge,

l_k = die obere Ankerpfahllänge, die statisch nicht wirksam ist. Sie beginnt am Ankerpfahlkopf und endet beim Erreichen der Erddruckgleitfuge oder in Oberkante des tragfähigen Bodens, sofern diese tiefer liegt,

l_w = die statisch wirksame Verankerungslänge. Sie beginnt an der Erddruckgleitfuge beziehungsweise tiefer in Oberkante des tragfähigen Bodens und endet in einer Tiefe, in welcher folgende drei Bedingungen erfüllt sind:

(1) $l_w \geqq l_r$,

(2) Standsicherheit in der tiefen Gleitfuge nach E 10, Abschn. 8.4.10,

(3) Einbindetiefe l_w in den tragfähigen Boden mindestens 5,00 m.

Die Länge des Ankerpfahls beträgt somit: $l_a = l_k + l_w + l_s$.

Beim Überprüfen der Standsicherheit der Verankerung nach E 10, Abschn. 8.4.10 kann, falls nicht mit den genaueren punktierten Gleitfugen nach Bild E 66-1 gearbeitet wird, mit einer Ersatzankerwand im Abstand $^1/_2 \cdot l_r$ vor dem Pfahlfuß gerechnet werden, wenn der Ankerpfahlabstand nicht größer als $^1/_2 \cdot l_r$ ist. Bei größerem Abstand darf der Bodenkörper CDFH einschließlich der Erddrücke E_a und E_1 nur mit einer Breite senkrecht zur Bildebene von $^1/_2 \cdot l_r$ angesetzt werden. Alternativ darf die Mindestverankerungslänge l_r bei herabgesetzter Mantelreibung mit größerer Länge (aber nicht mehr als l_w) angenommen werden. Dabei verschiebt

459

sich die Ersatzankerwand DC nach der Luftseite hin, und die Breite des berücksichtigten Bodenkörpers wird entsprechend vergrößert. Die tiefe Gleitfuge verbindet den Querkraftnullpunkt der Spundwand mit dem rechnungsmäßigen Fußpunkt D der Ersatzankerwand auf der Ankerpfahlachse (Bild E 66-1). Bei anderen Ankerpfählen und auch bei Verpreßankern nach DIN 4125 kann sinngemäß verfahren werden.

Unabhängig von der Standsicherheit in der tiefen Gleitfuge ist die Sicherheit gegen Geländebruch nach DIN 4084 nachzuweisen.

Die einem Projekt zugrunde gelegte Grenzzuglast nach E 27, Abschn. 9.2 und die zulässige Belastung nach E 26, Abschn. 9.1 müssen in jedem Fall durch ausreichende Probebelastungen überprüft werden.

Die Grenzzuglast für Rammverpreßpfähle im Lockergestein sowohl für vorübergehende als auch für dauernde Verankerungen wird sinngemäß nach DIN 4125 festgelegt.

Wenn die Verpreßlänge gleich der Pfahllänge ist, das heißt auch auf der Länge l_k verpreßt wird, beträgt die Grenzzuglast Q' nur noch

$$Q' = Q \cdot \frac{l_w}{l_k + l_w},$$

wobei Q die im Versuch ermittelte Grenzzuglast ist.

9.4.3   Bauausführung

Rammverpreßpfähle, sowohl Zug- als auch Druckpfähle, werden im allgemeinen in den Neigungen 1:1 bis 1:3 ausgeführt.

Der Querschnitt des Pfahlschuhs wird auf die jeweilige Schaftform des Pfahls abgestimmt. Im allgemeinen bewegen sich die Maße für den Querschnitt zwischen 450 und 2000 cm², für den Umfang zwischen 0,80 und 1,60 m.

Der Abstand der Pfähle kann den Erfordernissen entsprechend gewählt werden. Allerdings muß beachtet werden, daß ein einwandfreier Einbau gewährleistet ist. Deshalb soll der Achsabstand mindestens 1,60 m betragen. Bei der Verankerung von Spundwänden, bei denen die Ankerpfähle unmittelbar im Wellental der Spundwand angeschlossen werden, beträgt der Abstand ein Vielfaches der Doppelbohlenbreite. Die räumliche und zeitliche Folge des Pfahlherstellens sind so aufeinander abzustimmen, daß das Abbinden benachbarter Pfähle nicht gestört wird.

Die Tragfähigkeit der Rammverpreßpfähle ist vor allem auch von der ordnungs- und sachgemäßen Bauausführung abhängig. Der Einbau darf daher nur Firmen übertragen werden, die Erfahrung und Gewähr für eine sorgfältige Ausführung bieten. Besondere Bedeutung kommt der Verpressung zu. Die Leistung der Misch- und Verpreßanlage ist auf die Leistung des Rammgeräts abzustimmen.

Der Pfahl hat am unteren Ende seines Schafts einen überstehenden geschlossenen, keilförmigen Fuß von der Länge l_s (Bild E 66-1). Dieser

Pfahlschuh wird je nach dem Pfahltyp mit dem Schaft fest verschweißt oder lösbar aufgeschraubt. Er erzeugt beim Einrammen in den Boden einen Hohlraum, der ständig unter Druck mit Verpreßmasse aufgefüllt wird.

Für die Zuführung der Verpreßmasse zum Pfahlschuh ist am Pfahlschaft ein Stahlrohr oder ein Plastikschlauch zu befestigen. Unterbrechungen dürfen beim Einrammen nicht auftreten, damit ein Abbinden der Verpreßmasse vor dem Beenden der Pfahlherstellung vermieden wird.

Die Verpreßmasse besteht aus Zement, Feinsand, Wasser, Traß und üblicherweise einem Treibmittel. Die Wahl der Verpreßmassenzusammensetzung ist abhängig von der jeweiligen Bodenart sowie von der Lagerungsdichte des Baugrunds.

Der Verbrauch an Verpreßmasse je m Pfahl ist von folgenden Faktoren abhängig: Theoretischer Hohlquerschnitt ist gleich Pfahlschuhquerschnitt minus Schaftquerschnitt, Lagerungsdichte und Porenvolumen des Untergrunds sowie Verpreßdruck. Das Verhältnis des Verbrauchs an Verpreßmasse zum theoretischen Hohlraum wird als Verbrauchfaktor bezeichnet. Im allgemeinen ist zu erwarten, daß der Verbrauchfaktor mindestens 1,2 beträgt. Er kann jedoch auch wesentlich höher liegen. Werte bis 2,0 sind nicht ungewöhnlich.

Für das Durchführen von Probebelastungen sind die Richtlinien der DIN 1054 maßgebend. Die Probebelastung soll erst nach genügendem Erhärten der Verpreßmasse durchgeführt werden.

9.5 Ausbildung und Belastung waagerechter oder geneigter, gebohrter Ankerpfähle mit verdicktem Fuß (E 28)

9.5.1 Baugrund

Anwendung und Ausführung setzen genaue Kenntnis der Bodenverhältnisse und Bodenwerte, vor allem auch im Verankerungsbereich selbst, voraus. Da vor dem als Ankerplatte wirkenden verdickten Fuß hohe Bodenpressungen auftreten, muß der Boden fest gelagert sein. Er muß aber auch bohrfähig und für das Einschneiden des Ankerfußes geeignet sein. Bei angeschüttetem Boden ist besondere Vorsicht geboten und mindestens ein Versuch vor der Ausführung notwendig.

9.5.2 Grundwasser

Bei waagerecht oder sehr flach gebohrten Ankerpfählen muß der Ankerfuß oberhalb des Grundwasserspiegels hergestellt werden. Steilere Pfähle dürfen auch unter den Grundwasserspiegel reichen. Bei nichtbindigen Böden muß die Höhlung für den Fuß dann zuverlässig durch Wasserüberdruck gestützt und eine Bodenauflockerung im Schaftbereich vermieden werden.

9.5.3   Länge und Tiefenlage

Die Ankerpfähle sollen mindestens 10 m lang sein. Die Bodenüberdek-
kung bis zur Fußmitte soll mindestens 4,50 m betragen. Bei waagerechten
und flachgeneigten Ankerpfählen werden die statisch erforderliche Ankerlänge und die Mindesttiefe des Fußes ermittelt, indem bei üblichen Ausführungen eine rechnerische Ersatz-Ankerwand nach E 10, Abschn. 8.4.10
und 8.4.11, in 2,00 m Abstand vor dem Ankerfuß liegend, angenommen
wird. Die rechnungsmäßige Unterkante dieser Ersatz-Ankerwand wird
auf der von Unterkante Ankerfuß ausgehenden tiefen Gleitfuge angenommen (Bild E 28-1).

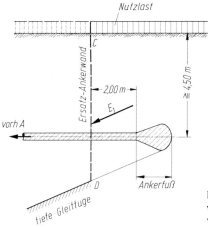

Bild E 28-1. Lage der Ersatz-Ankerwand bei gebohrten Ankerpfählen mit
verdicktem Fuß

9.5.4   Abstand

Der Ankerabstand muß so groß sein, daß der Boden durch das Herstellen
der Füße nebeneinanderliegender Ankerpfähle nicht gestört wird. Bei
geringerem Abstand als 3,00 m ist eine leichte Staffelung der Ankerfüße
entweder in der Höhenlage durch einen geringfügigen Wechsel der Anker-
pfahlneigung oder in der Länge angebracht.

9.5.5   Abmessungen, Bewehrung

Der Durchmesser des Ankerfußes soll etwa das Dreifache des Schaft-
durchmessers, mindestens aber 0,90 m und bei hohen Ankerpfahllasten
bis 1,20 m betragen. Die Ankerkraft soll in den Ankerfuß durch Rundstahlbewehrung oder Ankerstangen übertragen werden. Der Ankerfuß
erhält eine gespreizte Rundstahlbewehrung.

9.5.6   Betonieren

Das Betonierverfahren muß sicherstellen, daß Ankerfuß und Ankerpfahl-
schaft vollkommen und unter Überdruck mit Beton mindestens der Festig-

keitsklasse B 25 gefüllt, der eingebrachte Beton fest gegen seine Begrenzung gepreßt und die gesamte Bewehrung einwandfrei in den Beton eingebettet wird. Liegt bei steileren Ankerpfählen der Ankerfuß unter Wasser,
muß unter Druckluft oder nach dem Kontraktorverfahren betoniert werden, und zwar so, daß die Betonmenge für den gesamten Fuß einschließlich
2,0 m Schaft vorgehalten und in einem Zuge eingebracht wird. Die eingebrachte Gesamtmenge des Betons ist bei jedem Ankerpfahl genau zu
überprüfen.

9.5.7 Vergabe und Überwachung

Gebohrte Ankerpfähle mit verdicktem Fuß dürfen nur durch Bauunter-
nehmen ausgeführt werden, die in der Herstellung von Bohrpfählen große
Erfahrung haben und dafür bekannt sind, daß sie dabei vorsichtig, genau
und zuverlässig arbeiten. Die Ausführung muß bis ins einzelne sorgfältig
überwacht werden. Ankerpfähle dürfen nicht in der Nachtschicht hergestellt werden. Weiter wird auf DIN 4014 verwiesen.

9.5.8 Zulässige Belastung

Die zulässige Belastung gebohrter Ankerpfähle muß in jedem
Fall durch ausreichende Probebelastungen überprüft werden.
Vorbehaltlich des Ergebnisses der Probebelastungen kann für den Entwurf
in der Regel mit einer Ankerlast bis zu 600 kN, unter besonders günstigen
Verhältnissen auch mit einer etwas höheren Last gerechnet werden.

9.6 Kopfausrüstung von Stahlankerpfählen zur Krafteinleitung in einen Stahlbetonüberbau (E 197)

Diese Empfehlung stellt eine Ergänzung zu E 59, Abschn. 8.4.3 dar. Die
dort gebrachten allgemeinen Überlegungen gelten auch hier sinngemäß,
sofern hier nicht höhere Anforderungen gestellt werden.
Die Kopfausrüstung von Ankerpfählen muß so angeordnet, gestaltet und
bemessen werden, daß die Ankerkraft in der Anschlußkonstruktion im
Rahmen zulässiger Spannungen aufgenommen werden kann. Dabei sollen
Zusatzbeanspruchungen aus Biegung und Querkraft des Ankerpfahls im
Anschlußbereich möglichst klein gehalten werden. Hierzu muß der Pfahl
etwa auf den doppelten Betrag seiner Höhe in den bewehrten Beton
einbinden (Bild E 197-1). Es genügt dann, die Anschlußstähle und ihre
Schweißnahtanschlüsse so auszulegen, daß etwa der volle Querschnitt des
Ankerpfahls angeschlossen wird.
Die Beanspruchungen im Stahlbeton-Überbau sind bei nachgiebigem
Baugrund unter den Ankerpfählen im Rahmen zulässiger Spannungen
nach Lastfall 3 zu bemessen, und zwar nicht nur für die volle Ankerpfahl-
kraft, sondern auch für die Belastungen durch die Querkraft und das
Biegemoment am Ankerpfahlanschluß bei Beanspruchung des Pfahls bis
zur Streckgrenze.

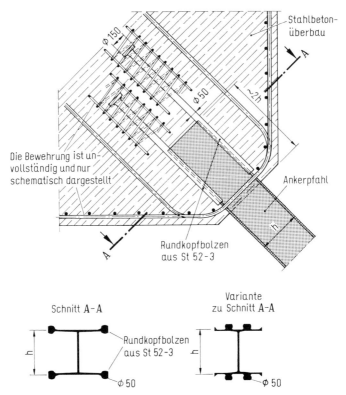

Bild E 197-1. Beispiel eines Ankerpfahlanschlusses an einen Stahlbetonüberbau mittels sogenannter Rundkopfbolzen

In Bild E 197-1 ist eine günstige Anschlußlösung mit sogenannten „Rund-kopfbolzen" – wie sie bislang schon bei Pollerverankerungen eingebaut wurden – dargestellt. Hierbei wird ein Ende eines Rundstahls so aufge-staucht, daß am Kopf ein Teller von bis zum dreifachen Durchmesser des Rundstahldurchmessers entsteht. Das an den Zugpfahl anzuschweißende Ende des Rundstahls wird abgeflacht, um eine gute Schweißung zu ermög-lichen.

Es kann aber auch die Endverankerung im Beton dadurch erreicht werden, daß an Rund- oder Quadratankerstangen Querbalken oder Platten in entsprechender Größe angeschweißt werden.

10   Uferwände, Ufermauern und Überbauten aus Beton und Stahlbeton

Den unter diesem Abschnitt aufgeführten Empfehlungen zur statischen Berechnungen liegt noch das bisherige Sicherheitskonzept (vgl. Abschn. 0.1) zugrunde.

10.1   Ausbildung von Ufermauern und Überbauten, Pfahlrostmauern (E 17)

10.1.1   Beton

Bei großen Mauerquerschnitten ist zu beachten, daß die Abbindewärme im Inneren des Betons Spannungen hervorruft, die besonders bei gleichzeitiger Abkühlung der Außenzonen zu Haarrissen und damit vor allem im Seewasser zu einer Beeinträchtigung der Lebensdauer führen können. Alle notwendigen Angaben über Maßnahmen, die bei Beton im Seewasser zu unternehmen und zu berücksichtigen sind, finden sich in DIN 4030 und in DIN 1045. Die wichtigste Maßnahme ist danach das Herstellen dichten Betons.

Freie Oberflächen von Balken und Platten sind gegen schädliche Einwirkungen von Tausalzen zu sichern.

Auf E 72, Abschn. 10.2.3 wird besonders hingewiesen.

10.1.2   Angriffe durch betonschädliche Wässer und Böden

Die DIN 4030 behandelt Wirkung, Vorkommen, Beurteilung und Untersuchung betonangreifender Stoffe und ist sorgfältig zu beachten. Die zu ergreifenden betontechnischen Maßnahmen finden sich in DIN 1045, Abschn. 6.5.7.5. Die Verwendung plastifizierender Zusatzmittel zur Verringerung des Wasser-Zement-Wertes ist allgemein besser als eine Erhöhung der Zementmenge über $350 \, kg/m^3$. Der Frischbeton ist gegen Auslaugen besonders anfällig und darf daher während des Erhärtens und einige Zeit danach nicht mit aggressivem Wasser in Berührung kommen. Dies erfordert dichte Schalungen.

Die Beton-Zusammensetzung ist darauf abzustellen, ob es sich um Bauteile in Süß- oder Salzwasser handelt, wobei zu beachten ist, daß auch Grundwasser häufig aggressiv ist. Je nach der Zusammensetzung von Wasser und Boden werden besondere normengemäße Portland- oder Hochofenzemente verwendet, zum Beispiel Portlandzemente mit wenig Tricalziumaluminat, klinkerarme Hochofenzemente oder gleichwertige Zemente.

10.1.3   Kantenschutz

Betonmauern brauchen oben nicht eingezogen zu werden. Sie werden lotrecht hochgeführt und in Maueroberkante mit 5 auf 5 cm gebrochen oder entsprechend abgerundet bzw. bei darüber ausgeführtem Umschlagbetrieb wasser- und landseitig durch Stahlwinkel gesichert, wobei gegebe-

465

nenfalls E 94, Abschn. 8.4.6, zu beachten ist. Ein zum Schutz der Mauer und als Sicherung gegen Abgleiten der Verholmannschaften angebrachter, besonderer Kantenschutz muß so gestaltet werden, daß das Wasser leicht abfließen kann. Bei Ufermauern mit vorderer Stahlspundwand und Stahlbetonüberbau wird der Stahlbetonquerschnitt etwa 15 cm vor die Vorderflucht der Spundwand vorgezogen. Der Übergang wird etwa unter 2:1 ausgeführt, damit die Schiffe nicht unterhaken können. Der Übergang erhält zweckmäßig einen abgekanteten Stahlblechschutz, der sich sowohl an die Spundwand als auch an die aufgehende Betonwand fluchtgerecht anschließt. Die Ausführung mit vorgezogener Wandflucht ist für das Überleiten lotrechter Lasten in die Spundwand vorteilhaft.

10.1.4   Verblendung

Bei guter baulicher Gestaltung der Ufermauer und einwandfreiem Beton kann im allgemeinen auf eine Verblendung des Betons verzichtet werden. Wenn eine Verblendung als Schutz gegen besondere mechanische oder chemische Beanspruchung zweckmäßig ist, empfiehlt sich die Verwendung von Basalt, Granit oder Klinkern. Quadersteine oder Platten als vorderer oberer Abschluß der Mauer müssen auf ihrer Rückseite durch eine ausreichend dicke Stahlbetonleiste oder durch gleichwertige Maßnahmen gegen Verschieben und außerdem gegen Abheben gesichert werden. Hartbetonüberzüge von etwa 5 cm Dicke sind bei guter Ausführung als Verschleißschicht auf dem Leinpfad empfehlenswert, aber nur bei sehr schwerem Verkehr und bei der Vertäuung der Schiffe mit Stahltrossen erforderlich.

10.1.5   Bewegungs- und Arbeitsfugen

Alle Ufermauern erhalten Bewegungsfugen, damit sie die aus Schwinden, Temperatur und unterschiedlichen Setzungen entstehenden Bewegungen aufnehmen können.
Die Länge der Baublöcke zwischen den Bewegungsfugen beträgt in der Regel rd. 30 m. Die Blocklänge muß aber wesentlich verringert werden, wenn Schwinden und Temperaturbewegungen beispielsweise durch Einbinden in festen Untergrund (Felsboden) oder durch Anschluß an bereits früher betonierte Sohlen behindert werden. Es können auch Preßfugen ohne Spalt und ohne durchgehende Bewehrung angeordnet werden.
Zur gegenseitigen Stützung der Baublöcke in waagerechter Richtung werden die Bewegungsfugen verzahnt. Die Verzahnungen sind so auszubilden, daß Längenänderungen der Blöcke nicht behindert werden.
Bei Pfahlrostmauern wird die waagerechte Verzahnung in der Rostplatte untergebracht, so daß die Verzahnungskräfte ohne Schwierigkeiten in den Baublock eingeleitet werden und dort ausstrahlen können. Die Verzahnung können auch großflächig, der Pfahlstellung folgend, ausgebildet werden.
Die Anordnung lotrechter Verzahnungen hängt von den Bodenverhältnissen, von der Gestaltung der Ufermauer und von der Art ihrer Belastung

ab. Wenn eine lotrechte Verzahnung erforderlich ist, soll sie möglichst in einer aufgehenden Wand untergebracht werden.

Fugenspalten sind gegen ein Auslaufen der Hinterfüllung zu sichern.

Bezüglich der Arbeitsfugen wird vor allem auf E 72, Abschn. 10.2.4 verwiesen.

In der Vorderwand von Beton-Winkelmauern sind Arbeitsfugen so anzuordnen, daß möglichst nur feine Schwind- und Temperaturrisse entstehen. Hierzu kann es zweckmäßig sein, die unterste horizontale Arbeitsfuge ca. 2 m oberhalb der Oberkante der Bodenplatte anzuordnen. Lotrechte Arbeitsfugen mit durchgehender horizontaler Bewehrung sind zu vermeiden. Die Bewehrung ist so zu gestalten, daß sie gleichzeitig ein Sicherungsnetz gegen Schwind- und Temperaturrisse bildet und besondere Rißsicherungsmatten entbehrlich werden.

10.2 Ausführung von Stahlbetonbauten bei Ufereinfassungen (E 72)

10.2.1 Vorbemerkungen

Im allgemeinen sind folgende Normen, jeweils in der gültigen Fassung, zu berücksichtigen:
DIN 488, DIN 1045, DIN 1048, DIN 1084, DIN 1164, DIN 1913, DIN 4030, DIN 4099, DIN 4226 und DIN 4227.
Beim Entwurf von Stahlbetonbauteilen an Ufermauern soll das spätere Verhalten des Bauwerks und seine Lebensdauer im Vergleich zu vermeintlichen Ersparnissen durch besondere statisch-konstruktive Maßnahmen beachtet werden. Mit nachstehenden Regelungen soll den besonderen Beanspruchungen im Wasserbau und den daraus folgenden erhöhten Anforderungen bei Bau und Unterhaltung wasserberührter Bauteile Rechnung getragen werden.

10.2.2 Zoneneinteilung für wasserberührte Bauteile aus Stahlbeton

Im Sinne der Vorbemerkungen sind, je nach Höhenlage der Bauteile, auf der Wasserseite folgende Zonen zu unterscheiden:

- Zone A
  über MHW bzw. über MSpThw,
- Zone B
  zwischen MHW und MNW bzw. MSpThw und MSpTnw,
- Zone C
  unter MNW bzw. unter MSpTnw.

Für diese drei Zonen sind verschiedene Anforderungen an die Betonqualität, die Größe und Anordnung der Bewehrung im Hinblick auf die Möglichkeit des Auftretens von Rissen, die Überdeckung der Bewehrung, die Ausbildung der Arbeitsfugen usw. zu stellen, wobei auch örtliche Verhältnisse zu beachten sind.

10.2.3 Allgemeine Grundsätze

Im Gegensatz zu Stahlbetonbauten, die durch Dächer, Wände, Isolierungen, Fußbodenbeläge usw. gegen Angriff von außen weitgehend geschützt werden, sind Ufereinfassungen Angriffen verschiedenster Art ausgesetzt. Erwähnt seien Angriffe durch wechselnde Wasserstände, betonschädliche Wässer und Böden, Eisangriff, Schiffsstoß, chemische Einflüsse aus Umschlags- und Lagergütern usw. Es genügt daher nicht, die Stahlbetonteile von Ufereinfassungen allein nach statischen Anforderungen zu bemessen. Sie müssen vielmehr so ausgebildet werden, daß sie den genannten äußeren Einflüssen beim Herstellen des Bauwerks durch entsprechende Abmessungen und Betoneigenschaften wie beispielsweise Konsistenz des Betons beim Einbringen und entsprechende Haltbarkeit während der Lebensdauer widerstehen können.

Wichtig sind ein möglichst dichter Beton und ausreichende Betonüberdeckungen der Stahleinlagen. Sie sind größer zu wählen als nach DIN 1045, Tab. 10 und sollten in den drei genannten Zonen im allgemeinen mindestens 5 cm betragen. Hinsichtlich der Beschränkung der Rißbreite unter Gebrauchslast ist DIN 1045, Abschn. 17.6 zu beachten.

Schon beim Entwurf ist auch darauf zu achten, daß die Bauteile einfach hergestellt werden können und mögliche Angriffspunkte vermieden werden.

Die Festigkeitsklasse des Betons soll mindestens B 25 sein. Dies gilt vor allem für die Zone B. Da in dieser Zone die Frostbeständigkeit von besonderer Bedeutung ist, spielt die Dichtheit des Betons eine ausschlaggebende Rolle. Im Hinblick auf die Gefahr des Auslaugens sollte die Zementmenge von 325 kg/m^3 nicht unterschritten werden, wobei der Anteil an Feinstbestandteilen ($\leq$ 0,250 mm) einschließlich Zement etwa bei 450 kg/m^3 liegen soll.

Der Wasser-Zement-Wert soll 0,5 nicht übersteigen. Wenn Feinstbestandteile (Mehlkorn) in den Zuschlagstoffen fehlen, können – um die Verarbeitbarkeit und Dichtheit des Betons zu verbessern – Steinkohlenflugasche, Traß, geeignetes Steinmehl oder dergleichen zugesetzt werden.

10.2.4 Arbeitsfugen

Für die Ausbildung von Arbeitsfugen in Zone A gelten die üblichen Vorschriften. In den Zonen B und C sind Arbeitsfugen tunlichst zu vermeiden, wenn die sonstigen Belange es gestatten und ihre Sauberhaltung vor Beginn des neuen Betonierabschnitts nicht einwandfrei gewährleistet werden kann. Dies gilt vor allem für Hafenbauten an verschmutzten, verschlickten beziehungsweise ölhaltigen Gewässern. Die Wahl geeigneter Betonierabschnitte ist daher besonders zu beachten. Im übrigen ist die Ausführung so vorzunehmen, daß schädliche Temperatur- und Schwindrisse vermieden werden.

468

10.2.5 Fertigteile

Sie können mit Erfolg angewendet werden. Es ist jedoch erforderlich, sie mit dem Ortbeton einwandfrei zu verbinden und für eine gute Kraftübertragung zu sorgen. Sie sind geeignet, Herstellungsschwierigkeiten bei Bauteilen in den Zonen B und C bzw. Qualitätsverminderungen in diesen Bereichen zu verhindern. Die in diesem Fall unvermeidlichen Arbeitsfugen sind, vor allem wenn sie an statisch hoch beanspruchten Stellen liegen, besonders sorgfältig auszubilden und in der Ausführung ständig zu überwachen.

Vorgespannte Fertigteile können angewendet werden, wobei aber die in DIN 1045 angegebenen Mindestabmessungen nicht in Anspruch genommen werden dürfen. Im Hinblick auf die besonderen Anforderungen an nachträglich vorzuspannende Bauglieder werden Fertigteile in der Regel auf die Zone A beschränkt bleiben. Diese Einschränkung gilt jedoch nicht für vorgefertigte Druckluftsenkkästen, Schwimmkästen, offene Senkkästen oder sonstige Gründungskörper oder Großbauteile, die erst nach ihrem Erhärten eingebaut werden.

10.2.6 Schweißbarkeit der Betonstähle

Nach DIN 488, Teil 1 sind die Betonstähle BSt 420 S und BSt 500 S allgemein für Schweißungen mit Metall-Lichtbogenhandschweißen (E), Metall-Aktivgasschweißen (MAG), Gaspreßschweißen (GP), Abbrennstumpfschweißen (RA) und Widerstandspunktschweißen (RP) geeignet. Anstelle des glatten Betonstahls BSt 220/340 tritt der schweißgeeignete Baustahl St 37-2 nach DIN 17100.

10.2.7 Haarrisse und ihre zulässige Breite

Wegen der erhöhten Korrosionsgefahr sollen Ufereinfassungen – vor allem in den Zonen B und C und an der Unterseite von Pierkonstruktionen und dergleichen auch in der Zone A – so ausgeführt werden, daß nennenswerte Risse nicht auftreten. Im Hinblick auf die nicht in Rechnung gestellte, ziemlich hohe Zugfestigkeit guter Betone kann aber auch dabei noch nach Zustand II bemessen werden. Wichtig ist eine sinnvolle Betonierfolge, bei der das Schwinden weiterer Betonierabschnitte nicht durch bereits früher hergestellte und weitgehend geschwundene Bauglieder zu stark behindert wird. Dies kann bei größeren Bauteilen – z. B. bei einer Pierkonstruktion – erreicht werden, wenn Balken und Platten in einem Guß betoniert werden. Will man die dann erhöhten Schalungskosten vermeiden und die Balken zur Auflagerung der Plattenschalung vorweg betonieren, können zur wirksamen Verminderung der Haarrißbildung beispielsweise die Platten nur nach einer Richtung gespannt und durch Arbeitsfugen, die gedichtet werden, in schmale, bis zu etwa 5 m breite Streifen ohne durchlaufende Querbewehrung unterteilt werden.

Sieht man von solchen Maßnahmen ab, sind bei größeren Bauteilen häufige Haarrisse auch durch eine vermehrte Bewehrung nicht zu vermeiden.

Sie sind im allgemeinen aber harmlos und setzen sich wieder zu, wenn eine mittlere Rißbreite von 0,25 mm (etwa nach Tabelle 2 des Merkblattes des Deutschen Betonvereins Begrenzung der Rißbildung im Stahlbeton und Spannbetonbau – Fassung April 1986 [117]) nicht überschritten wird. Bei erhöhter Korrosionsgefahr – besonders in den Tropen – müssen aber alle sich nicht von alleine zusetzenden Haarrisse in geeigneter Weise, mit Kunstharz oder dergleichen, dauerhaft nachgedichtet werden.

Die Beschränkung der Rißbreiten bei großen Querschnittsabmessungen kann durch eine Mindestbewehrung nach den zusätzlichen Technischen Vertragsbedingungen – Wasserbau (ZTV-W) für Wasserbauwerke aus Beton und Stahlbeton (Leistungsbereich 215), Ausgabe 1990, Abschn. 3.4 [118] erreicht werden.

10.2.8   Besondere Hinweise

Da die DIN 1045 vor allem auf die Konstruktionen und Abmessungen von Stahlbetonbauten ohne extreme äußere Einwirkungen abgestellt ist, ergeben sich bei ihrer Anwendung auf Konstruktionen des Grund- und Wasserbaus fallweise Schwierigkeiten. Die Abmessungen dieser Bauwerke richten sich meist weniger nach statischen Belangen mit Ausnutzung der zulässigen Beanspruchungen von Beton und Stahl. Maßgebend sind im allgemeinen die Forderungen nach einfacher Bauausführung ohne schwierige Schalungen, nach einem günstigen Einbinden von Spundwänden, Pfählen und dergleichen sowie diejenigen nach ausreichender Sicherheit gegen Aufschwimmen, Gleiten und Schiffsstoß. Auch die erforderlichen Betongüten werden meist von der Widerstandsfähigkeit gegen örtliche Beanspruchungen unter ungünstigen Umweltbedingungen bestimmt und seltener von der auftretenden statischen Beanspruchung.

Deshalb sollten Forderungen der DIN 1045, soweit sie nicht grundlegender Art sind, aber in ihrer derzeitigen Formulierung einer sinnvollen Bemessung von Tiefbauwerken im Wege stehen, unter Abstimmung zwischen Entwurfsbearbeiter, Prüfingenieur für Baustatik und zuständiger Bauaufsichtsbehörde so modifiziert werden, daß bei ausreichender Sicherheit eine konstruktiv befriedigende und wirtschaftliche Gestaltung und Bemessung möglich wird. Dies gilt vor allem für „Soll-Vorschriften", bei denen aber bereits die gegenseitige Abstimmung zwischen Entwurfsbearbeiter und Prüfingenieur genügen sollte.

10.3   Schalungen in Seegebieten (E 169)

10.3.1   Allgemeines

Schalungen in Seegebieten sind neben den Belastungen aus dem Seitendruck des frischen Betons und seinem Gewicht einschließlich dem der Stahleinlagen und einer vorsorglich anzusetzenden Verkehrslast von rd. 0,25 kN/m^2 auch den Beanspruchungen aus Wind, Wellenschlag, hohen Wasserständen, Anprall treibender Gegenstände und Arbeitsgeräte, Schuten- oder Schlepperstoß und dergleichen ausgesetzt.

In den meisten Fällen ist es wirtschaftlich nicht vertretbar, die Schalungen auch für die maximalen Zusatzlasten zu berechnen. Sonst wären sie nahezu für die gleichen Beanspruchungen wie das endgültige Bauwerk zu bemessen. Fast immer ist es wesentlich wirtschaftlicher, beschädigte Schalungen zu reparieren, als sie für selten auftretende Lastfälle auszulegen.

10.3.2   Grundsätze für den Entwurf der Schalungen

(1) Im Einflußbereich der Tide und/oder im Wellen-Angriffsbereich sollten Schalungen möglichst vermieden werden, beispielsweise durch Einsatz von Fertigteilen (Bild E 169-1, Wasserseite), Höherlegen der Sohle der Betonkonstruktion oder ähnliches.

(2) Betonierarbeiten im Einflußbereich von Tide und/oder Wellen sollten möglichst in Perioden ruhigen Wetters ausgeführt werden, im norddeutschen Raum beispielsweise nicht im Herbst oder Frühjahr. In dieser Zeit ist mit großer Häufigkeit und Wahrscheinlichkeit mit Stürmen und Sturmfluten sowie mit hohem Wellengang zu rechnen.

(3) Schwer zugängliche Bereiche, wie die Unterseite von Rostplatten, sollten möglichst unter Verwendung verlorener Schalung, wie Betonplatten, Wellblech, oder ähnlichem, eingeschalt werden.

10.3.3   Konstruktion der Schalungen

(1) Mehrfach einzusetzende Schalungen sollten robust und leicht reparier- sowie umsetzbar sein. Sie sind neben der Bemessung für die Auflasten aus Beton, Stahl und Verkehrslast sowie Betondruck auch mit angemessener Berücksichtigung von Häufigkeit und Größe der örtlich in der Bauzeit wahrscheinlich zu erwartenden Belastungen durch Wind, Wellen, Wasserstände sowie der Einflüsse während des Umsetzvorgangs zu konstruieren.

Bewährt haben sich vorgefertigte Holzschalungen oder großflächige Stahlschalungselemente, die sich schnell und in großen Einheiten einbauen und umsetzen lassen, so daß ihr Einsatz im gefährdeten Bereich

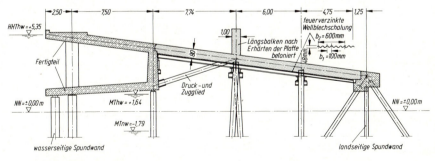

Bild E 169-1. Ausführungsbeispiel einer Kaimauer im Seegebiet mit Stahlbeton-Fertigteil und hinterer Wellblechschalung

471

auf verhältnismäßig kurze Zeiten beschränkt ist. Hierzu sei auch auf fahrbare Schalungen hingewiesen.

(2) Schalungen im Seegebiet sollten den Wellenangriff weitgehend elastisch ausfedern können, was beispielsweise bei einer Wellblech-Sohlenschalung bei zweckmäßiger Konstruktion und Höhenlage (Bild E 169-1) gegeben ist.

Die Wellblechtafeln müssen als verlorene Schalung gegen Abheben gesichert und für die spätere Verbindung mit dem Beton, beispielsweise mit verzinkten Drähten oder sonstigen Verankerungen, ausgerüstet werden.

Die Wellblechschalung darf wegen der Verlegefugen nicht als Teil des Korrosionsschutzes für die Plattenbewehrung herangezogen werden.

10.4 Berechnung und Bemessung befahrener Stahlbetonplatten von Pieranlagen (E 76)

Die Berechung und Bemessung von Platten mit Fahrverkehr richtet sich grundsätzlich nach Art, Häufigkeit und Geschwindigkeit der Befahrung.

10.4.1 Regelmäßig befahrene Platten

Werden Platten regelmäßig befahren oder sind sie Bestandteil befahrener öffentlicher Verkehrsanlagen, sind folgende Normen maßgebend: DIN 1072 und DIN 1075 sowie die DS 804 der Deutschen Bundesbahn, Teil 2.

Die Brückenklasse ist entsprechend dem in Frage kommenden größten Fahrzeug bzw. Lastenzug festzulegen. Die Lasten für Kettenfahrzeuge, straßengebundene Krane und dergleichen sind, soweit gefordert, zu berücksichtigen.

10.4.2 Gelegentlich befahrene Platten

Bei Platten, die nur gelegentlich durch Einzelfahrzeuge bis zu 12 t befahren werden, kann im Einvernehmen mit der zuständigen Bauaufsichtsbehörde auf DIN 1055, Teil 3 unter besonderer Berücksichtigung von Abschn. 6.3.2 und auf DIN 1045, Abschn. 20 zurückgegangen werden.

Im Gegensatz zu DIN 1045, Abschn. 20.1.3 wird bei Pierplatten jedoch eine Mindestdicke von 20 cm empfohlen.

10.4.3 Sonderfälle

Ist damit zu rechnen, daß auf Pierplatten auch Umschlaggüter gestapelt werden, wird empfohlen, eine gleichmäßig verteilte Verkehrslast von $20\,kN/m^2$ in der ungünstigsten Stellung zu berücksichtigen.

Werden Pierplatten von der Eisenbahn befahren, kann langsame Fahrt vorausgesetzt werden, so daß ein Schwingbeiwert von 1,1 gemäß DS 804 angesetzt werden kann.

10.5 Schwimmkästen als Ufereinfassungen von Seehäfen (E 79)

10.5.1 Allgemeines

Für das Einfassen schwer belasteter hoher senkrechter Ufer in Bereichen mit tragfähigen Böden und dabei vor allem bei Vorbau ins freie Hafenwasser können Schwimmkästen wirtschaftliche Lösungen ergeben. Wegen der hohen Kosten der Baustelleneinrichtung (Baudock, Ablaufbahn, Gleitschalung) trifft dies allerdings nur bei einer entsprechenden Bauwerkslänge zu.

Schwimmkästen bestehen aus aneinandergereihten, nach oben offenen Stahlbetonkörpern und werden schwimmstabil ausgebildet. Sie werden nach dem Einschwimmen und Absetzen auf tragfähigen Boden mit Sand, Steinen oder anderem geeigneten Material gefüllt und hinterfüllt. Im eingebauten Zustand ragen sie nur wenig über den niedrigsten Arbeitswasserstand hinaus. Darüber werden sie mit einer aufgesetzten Stahlbetonkonstruktion versehen, die das Bauwerk zusätzlich aussteift und den Vorderwandkopf bildet. Durch eine geeignete Formgebung des Stahlbetonaufsatzes können die beim Absetzen und Hinterfüllen entstehenden ungleichmäßigen Setzungen und waagerechten Verschiebungen ausgeglichen werden.

Die Vorderwand der Kästen muß gegen mechanische und chemische Angriffe widerstandsfähig sein. Deshalb werden die wasserseitigen Zellen der Kästen gelegentlich mit Magerbeton gefüllt. Auch mit Sand gefüllte Kästen haben sich bei sachgemäßer Ausführung der Außenwand bewährt. Im Bedarfsfall kann das Füllmaterial durch Einrütteln verdichtet werden.

10.5.2 Berechnung

Abgesehen von den Spannungsnachweisen für den Endzustand sind neben der Schwimmstabilität die Beanspruchungen der Kästen und des Baugrunds während des Bauens, beim Zuwasserbringen, Einschwimmen, Absetzen und Hinterfüllen zu untersuchen. Für den Endzustand sind über die Forderungen nach DIN 1054 hinaus nachzuweisen:

- Sicherheit gegen Überschreiten vertretbarer Setzungen und Verdrehungen,
- Sicherheit gegen Sohlenerosion.

Im Gegensatz zu DIN 1054, Abschn. 4.1.3.1 darf die Bodenfuge nicht klaffen.

Der Spannungsnachweis für einen Schwimmkasten muß auch für die Längsrichtung vorgenommen werden. Hierbei muß sowohl ein Reiten des Kastens auf dem Mittelteil als auch umgekehrt auf den Randstreifen berücksichtigt werden. Bei diesen Grenzfalluntersuchungen darf der im normalen Belastungsfall für Stahlbeton maßgebende Sicherheitsbeiwert γ durch 1,3 dividiert werden.

10.5.3 Gleitgefahr und Gleitsicherung

Besonders aufmerksam muß untersucht werden, ob sich im Zeitraum zwischen dem Fertigstellen der Bettung und dem Absetzen der Schwimmkästen Schlamm auf der Gründungsfläche ablagern kann. Ist dies möglich, muß nachgewiesen werden, daß auch unter den vorliegenden Umständen noch eine ausreichende Sicherheit gegen Gleiten der Kästen auf der verunreinigten Gründungssohle vorhanden ist. Gleiches gilt sinngemäß für die Fuge zwischen dem vorhandenen Untergrund und der Verfüllung einer Ausbaggerung.

Die Gleitgefahr kann durch eine gezackte oder rauhe Unterseite der Bodenplatte auf billige Weise verringert werden. Dabei muß der Grad der Rauhigkeit auf die durchschnittliche Korngröße des Materials der Gründungsfuge abgestimmt werden. Bei entsprechend rauher Ausführung der Betonunterseite ist der Reibungswinkel zwischen dem Beton und der Gründungsfläche gleich dem inneren Reibungswinkel φ_r' des Gründungsmaterials anzunehmen, bei einer glatten Unterseite der Bodenplatte aber nur mit $^2/_3\,\varphi_r'$ des Gründungsmaterials. Die Gleitgefahr kann auch durch eine vergrößerte Gründungstiefe verringert werden, vor allem, wenn gleichzeitig der vorgelagerte Boden durch Steine ersetzt wird. Schließlich kann die Gleitgefahr auch durch Verpressen unmittelbar unter der Kastensohle vermindert werden, wobei gleichzeitig die Vorteile einer gleichmäßigen Auflagerung des Kastens auch in Längsrichtung erreicht werden kann.

In der Gleituntersuchung empfiehlt es sich, Erdruhedruck in Rechnung zu stellen, dessen Beiwert für nichtbindige Böden nach der Formel

$$K_0 = 1 - \sin \varphi'$$

errechnet wird. Für $\varphi' = 30°$ ist $K_0 = 0,5$. Im übrigen wird auf DIN 1055, Teil 2 verwiesen.

Außerdem ist Wasserüberdruck hinter und Sohlenwasserdruck unter den Kästen anzusetzen. Diese können vom Einspülen der Hinterfüllung oder aus Tidewechsel, Niederschlägen usw. herrühren. Weiter ist Pollerzug zu berücksichtigen. Bei gleichzeitiger Wirkung aller ungünstigsten Lasten muß, wenn über die Größe der angreifenden Lasten und des Scherwiderstands in der Gründungssohle volle Klarheit besteht, die Sicherheit gegen Gleiten noch mindestens 1,0 sein. Außerdem muß nachgewiesen werden, daß die Gleitsicherheit nicht kleiner als nach DIN 1054, Abschn. 4.1.3.3 wird, wenn unter sonst gleichen Ansätzen anstelle von Erdruhedruck mit aktivem Erddruck unter $\delta_a = +\,^2/_3\varphi'$ gearbeitet wird (E 96, Abschn. 1.13.2 a)(6)).

10.5.4 Bauliche Ausbildung

Um zu hohe Beanspruchungen in Längsrichtung zu vermeiden, sollen die Schwimmkästen im allgemeinen rd. 30 m lang, aber auch bei hohen Bauwerken nicht länger als rd. 45 m ausgeführt werden.

Die Fuge zwischen zwei nebeneinanderstehenden Schwimmkästen muß so ausgebildet werden, daß die zu erwartenden ungleichen Setzungen der Kästen beim Aufsetzen, Füllen und Hinterfüllen ohne Gefahr einer Beschädigung aufgenommen werden können. Andererseits muß sie im endgültigen Zustand eine zuverlässige Dichtung gegen ein Ausspülen der

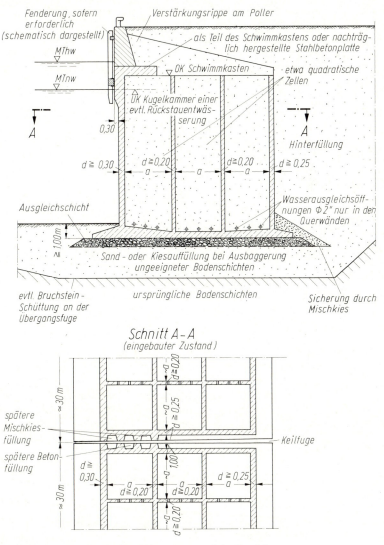

Bild E 79-1. Ausbildung einer Ufermauer aus Schwimmkästen

Hinterfüllung gestatten. Die Fugen werden nur in waagerechter Richtung in der Platte unter dem Vorderwandkopf gegeneinander verzahnt. Ist diese Platte ein Teil des Schwimmkastens, wird die Verzahnung durch eine nachträglich eingebrachte Plombe hergestellt.

Eine über die ganze Höhe durchlaufende Ausführung mit Nut und Feder darf auch bei einwandfreier Lösung der Dichtungsfrage nur angewandt werden, wenn zu erwarten ist, daß die Bewegungen benachbarter Kästen gegeneinander gering bleiben.

Als zweckmäßig hat sich eine Lösung nach Bild E 79-1 erwiesen. Hier sind auf den Seitenwänden der Kästen je vier senkrechte Stahlbetonleisten derart angeordnet, daß sie beiderseits der Fuge einander gegenüberstehen und nach dem Einbau der Kästen drei Kammern bilden. Sobald der Nachbarkasten eingebaut ist, werden die beiden äußeren Kammern zur Abdichtung mit Mischkies von geeignetem Kornaufbau gefüllt. Die mittlere Kammer wird nach Hinterfüllen der Kästen, wenn die Setzungen größtenteils abgeklungen sind, leergespült und sorgfältig mit Unterwasserbeton oder Beton in Säcken aufgefüllt.

Bei hohen Wasserstandsunterschieden zwischen Vorder- und Hinterseite der Kästen besteht die Gefahr des Ausspülens von Boden unter der Gründungsplatte. In solchen Fällen müssen Filterschüttungen aus Mischkies in Verbindung mit einer fachgerecht eingebrachten Steinschüttung unter dem wasserseitigen Teil der Bodenplatte angeordnet werden. Eine solche Steinschüttung kann auch von Nutzen sein, um die senkrechte Kantenpressung, die hier am größten ist, aufzunehmen. Zum Abbau hoher Wasserüberdrücke können Rückstauentwässerungen nach E 75, Abschn. 4.6 mit Erfolg angewendet werden.

Bei Kolkgefahr am wasserseitigen Fuß des Schwimmkastens infolge von Strömungs- und Wellenkräften sind ausreichende Kolksicherungen durch Steinvorschüttung, Fußspundwand oder dergleichen vorzusehen.

10.5.5   Bauausführung

Die Schwimmkästen müssen auf eine gut geebnete tragfähige Schicht aus Steinen, Kies oder Sand abgesetzt werden. Wenn im Gründungsbereich wenig tragfähige Bodenschichten vorhanden sind, müssen diese vorher ausgebaggert und durch Sand oder Kies ersetzt werden (E 109, Abschn. 7.10). Nur so kann die Belastung im Untergrund aufgenommen werden, ohne unzuträgliche Verformungen zu verursachen.

10.6   Druckluft-Senkkästen als Ufereinfassungen von Seehäfen (E 87)

10.6.1   Allgemeines

Für die Einfassung hoher Ufer können Druckluft-Senkkästen vorteilhafte Lösungen ergeben, wenn ihr Einbau vom Land her vorgenommen werden kann. Dann werden zunächst die Druckluft-Senkkästen der Ufermauern

476

vom vorhandenen Gelände aus eingebracht und anschließend die Bagger-arbeiten, auf die Hafenbecken beschränkt, ausgeführt.

Druckluft-Senkkästen werden auch als Schwimmkästen ausgebildet. Sie kommen anstelle der normalen Absetz-Schwimmkästen in Frage, wenn eine genügend tragfähige Bettung in der Absetzfläche nicht vorhanden und nicht zu schaffen ist, oder wenn die Einebnung der Gründungssohle besondere Schwierigkeiten bereitet, wie bei felsigem Untergrund. Die in E 79, Abschn. 10.5.1 angegebenen Konstruktionsgrundsätze sind dann in gleicher Weise auch für Druckluft-Senkkästen gültig.

10.6.2   B e r e c h n u n g

Gültig bleibt E 79, Abschn. 10.5.2. Hinzu kommt für die Absenkzustände im Boden noch die übliche Berechnung auf Biegung und Querkraft in lotrechter Richtung infolge ungleicher Auflagerung der Senkkastenschnei-den und die Beanspruchung auf Biegung und Querkraft in waagerechter Richtung aus ungleichen Erddrücken.

Da Druckluft-Senkkästen hinsichtlich Lage und Ausbildung der Grün-dungssohle und wegen der guten Verzahnung der Senkkastenschneiden und des Arbeitskammerbetons mit dem Untergrund als normale Flächen-gründungen zu gelten haben, darf hier im Gegensatz zu E 79, Abschn. 10.5.2, Abs. 2 die Bodenfuge klaffen, jedoch soll der Mindestabstand der Resultierenden von der Kastenvorderkante nicht kleiner als $b/4$ sein.

Bei hohem Wasserüberdruck ist die Gefahr des Ausspülens von Boden vor und unter der Gründungssohle zu untersuchen. Notfalls sind besondere Sicherungen gegen Unterspülen vorzunehmen, wie Bodenverfestigungen von der Arbeitskammer aus oder ähnliches, sofern nicht vorgezogen wird, die Gründungssohle tiefer zu legen oder zu verbreitern.

Im Endzustand braucht beim Druckluft-Senkkasten ein besonderer Span-nungsnachweis aus ungleichmäßiger Auflagerung für die Längsrichtung nicht berücksichtigt zu werden. Bei besonders großen Abmessungen emp-fiehlt es sich aber, auch die Beanspruchungen des Bauwerks für eine Sohldruckverteilung nach BOUSSINESQ nachzuweisen.

10.6.3   G l e i t g e f a h r   u n d   G l e i t s i c h e r u n g

Die Gleitsicherheit, das ist das Verhältnis der Summe der rückhaltenden zu der der angreifenden Horizontalkräfte, muß mindestens 1,5 betragen (E 96, Abschn. 1.13.2 a)(6)).

Günstig wirkende Verkehrslasten dürfen nicht berücksichtigt werden. Ein Erdwiderstand darf nur in Rechnung gestellt werden, wenn das Bauwerk ohne Gefahr eine Verschiebung erfahren darf, die hinreicht, um ihn in der angesetzten Größe wachzurufen, und wenn gewährleistet ist, daß der den Erdwiderstand erzeugende Boden weder dauernd noch vorübergehend entfernt wird.

Im übrigen gilt unverändert E 79, Abschn. 10.5.3, Abs. 3 und 4.

10.6.4 Bauliche Ausbildung

Gültig bleibt E 79, Abschn. 10.5.4, Abs. 1–3. Bei Druckluft-Senkkästen sind gute Erfahrungen mit einer Fugenlösung nach Bild E 87-1 gemacht worden. Nach dem Absenken der Kästen werden in der 40 bis 50 cm breiten Fuge federnde Paßbohlen zwischen einbetonierte Spundwandschlösser getrieben. Anschließend wird der Zwischenraum innerhalb der Bohlen ausgeräumt und bei festem Baugrund mit Unterwasserbeton bzw. bei nachgiebigem Baugrund mit einem Steingerüst verfüllt, das später ausgepreßt werden kann. Der Rücken der vorderen Paßbohle kann bündig mit der Vorderkante der Kästen liegen. Er kann aber auch etwas zurückgesetzt werden, um eine flache Nische zur Aufnahme einer Steigeleiter oder dergleichen zu bilden.

Bild E 87-1. Ausbildung einer Kaimauer aus Druckluft-Senkkästen bei nachträglicher Hafenbaggerung

478

Treten hohe Wasserstandsdifferenzen auf, ist die Höhenlage der Bodenfuge so zu wählen, daß eine ausreichende Sicherheit gegen Unterspülen vorhanden ist.

10.6.5　Bauausführung

Die von Land eingebrachten Druckluft-Senkkästen werden vom Planum aus abgesenkt, auf dem sie vorher hergestellt worden sind. Der Boden in der Arbeitskammer wird in der Regel fast ausschließlich unter Druckluft ausgehoben, da das Arbeitsplanum so knapp wie möglich über dem Wasserspiegel angeordnet wird. Erweist sich der Boden in der vorgesehenen Gründungstiefe als noch nicht genügend tragfähig, wird der Kasten entsprechend tiefer abgesenkt.

Ist die erforderliche Gründungstiefe erreicht, wird die Sohle hinreichend eingeebnet und die Arbeitskammer unter Druckluft ausbetoniert.

Eingeschwommene Druckluft-Senkkästen müssen zunächst auf die vorhandene oder vertiefte Sohle abgesetzt werden. Im allgemeinen genügt ein gröberes Planieren dieser Sohle, da die Schneiden wegen ihrer geringen Aufstandsbreite leicht in den Boden eindringen, wobei kleinere Unebenheiten der Aufsetzfläche belanglos sind. Anschließend werden die Kästen in der beschriebenen Weise abgesenkt und ausbetoniert.

10.6.6　Reibungswiderstand beim Absenken

Der Reibungswiderstand ist von verschiedenen Eigenschaften des Untergrunds und von der Konstruktion abhängig.
Er wird beeinflußt von:

(1) Bodenart, Dichte und Festigkeit der anstehenden Schichten (nichtbindige und bindige Böden),

(2) Grundwasserstand,

(3) Tiefenlage des Senkkastens,

(4) Grundrißform und Größe des Senkkastens,

(5) Anlauf der äußeren Wandflächen,

(6) Verwendung von Schmiermitteln.

Die Festlegung des notwendigen „Absenk-Übergewichts" für den jeweiligen Absenkzustand ist weniger eine Sache der genauen Berechnung als der Erfahrung. Im allgemeinen genügt es, wenn das „Übergewicht" (Summe aller Vertikalkräfte ohne Berücksichtigung der Reibung) ausreicht, um eine Mantelreibung von 20 kN/m^2 am einbindenden Senkkastenmantel zu überwinden. Bei kleinerem Übergewicht (moderne Stahlbetonsenkkästen) empfiehlt sich eine besondere Untersuchung unter Anwendung zusätzlicher Maßnahmen, wie Schmierung und dergleichen.

10.7 Ausbildung und Bemessung von Kaimauern in Blockbauweise (E 123)

10.7.1 Grundsätzliches zur Konstruktion und zur Bauausführung

10.7.1.1 Ufereinfassungen in Blockbauweise können mit Erfolg nur ausgeführt werden, wenn unterhalb der Gründungssohle tragfähiger Baugrund ansteht, seine Tragfähigkeit verbessert werden kann (beispielsweise durch Verdichten) oder der schlechte Boden ausgetauscht wird.

10.7.1.2 Die Abmessungen und das Gewicht der einzelnen Blöcke müssen bestimmt werden nach den zur Verfügung stehenden Baustoffen, den Anfertigungs- und Transportmöglichkeiten, der Leistung der Geräte für das Versetzen, den zu erwartenden Verhältnissen bezüglich Baustellenlage, Wind, Wetter und Wellenangriffen im Bau- sowie im Betriebszustand. Bei der Beförderung zur Einbaustelle kann der Auftrieb zur Entlastung mit herangezogen werden, soweit es möglich ist, die Blöcke in eingetauchtem Zustand zu transportieren.

Häufig wird der Auftrieb aber benutzt, um beim Einbau durch Verminderung der wirksamen Eigenlast eine entsprechend größere Ausladung des Absetzkrans zu erreichen. Die Blöcke müssen aber in jedem Fall so groß bzw. schwer sein, daß sie dem Wellenangriff standhalten können, was sich umgekehrt auf den erforderlichen Geräteeinsatz auswirken kann. Blöcke, deren Gewicht für die zu erwartenden Beanspruchungen zu knapp erscheint, können fallweise auch mit ausreichend großen Löchern versehen und untereinander mit darin einbetonierten kräftigen Ankern verbunden werden. Hierbei ist aber wegen der häufigen starken Spannungswechsel auf eine ausreichend große Lebensdauer – auch im Hinblick auf die Korrosion – besonders zu achten.

Vor allem bei Einbau mit einem Schwimmkran werden häufig Blöcke von 60–80 t wirksamer Einbaulast gewählt.

10.7.1.3 Der Beton der Blöcke muß möglichst wasserdicht sein und mit gut seewasserbeständigem Zement, z. B. Hochofenzement, hergestellt werden. Die Festigkeitsklasse des Betons muß mindestens B 25 entsprechen. Gleiches gilt auch für den am Ort hergestellten Wandkopf aus Stahlbeton.

10.7.1.4 Die Blöcke sollen so geformt und verlegt werden, daß sie beim Einbau nicht beschädigt werden und sich eine gute Verzahnung in Querrichtung zur Mauer ergibt. Sie sollen möglichst über die gesamte Mauerbreite reichen. Bei verformungsarmem Untergrund sollen in der Lotrechten glatt durchlaufende Fugen tunlichst vermieden werden. Dies wird z. B. erreicht, wenn die Blöcke nicht lotrecht übereinander, sondern 10 bis 20° gegen die Lotrechte geneigt verlegt werden. Hierfür muß aber zuerst ein Auflager, z. B. aus waagerecht verlegten Blöcken, einem abgesenkten Schwimmkasten oder dergleichen, geschaffen werden. Den Übergang bilden keilförmige Blöcke. Letztere können auch sonst angewendet werden, wenn eine Neigungskorrektur erforderlich wird. Durch die Schräglage der Blöcke wird die Verlegearbeit erleichtert und eine möglichst geringe Fugenbreite zwischen den einzelnen Blöcken erreicht, jedoch die Anzahl der Blocktypen vergrößert. Alle Blöcke erhalten bei dieser Ausführung in den Seitenflächen nut- und federartige Verzahnungen. Der Federvorsprung liegt an der Außenseite der bereits verlegten Blöcke, so daß die weiteren Blöcke beim Einbau mit ihrer Nut über dieser Feder geführt nach unten rutschen.

Wenn die Blöcke nur lotrecht übereinander gestapelt werden, was bei setzungsempfindlichem Untergrund empfehlenswert ist, lassen sich größere Fugenbreiten nur mit großem Aufwand vermeiden. Sie können bei geeignetem Hinterfüllungsmaterial aber auch in Kauf genommen werden. Ganz allgemein sollte bezüglich der zugelassenen Fugenbreite und der Hinterfüllung ein Kostenoptimum angestrebt werden. Die Mauern können mit Blöcken mit Nut und Feder oder mit I-förmigen Blöcken errichtet werden.

10.7.1.5 Zwischen dem tragfähigen Baugrund und der Blockmauer wird ein mindestens 1,00 m dickes Gründungsbett aus hartem Schotter angeordnet. Es muß – in der Regel mit Spezialgerät und Taucherhilfe – sorgfältig einplaniert und abgeglichen werden. In sinkstoffführendem Wasser muß es vor dem Versetzen der Blöcke auch noch besonders gesäubert werden, damit die Gründungsfuge nicht zu einer Gleitfuge wird. Bei senkrecht übereinander gestapelten Blöcken ist dies besonders wichtig.

10.7.1.6 Um vor allem bei feinkörnigem, nichtbindigem Baugrund ein Versinken des Schotterbettes unter der Auflast zu vermeiden, müssen seine Hohlräume mit geeignet gekörntem Mischkies aufgefüllt werden. Andernfalls ist zwischen Gründungsbett und tragfähigem Baugrund eine Filterlage aus Mischkies anzuordnen. Wenn der Gründungsboden sehr feinkörnig, aber nicht bindig ist, sollte unter dem Mischkiesfilter auch noch Kunststoffgewebe als Sicherung eingebracht werden.

10.7.1.7 Die Blockbauweise kann – abhängig vom eingesetzten Gerät – vor allem auch in Gebieten mit stärkerer Wellenbewegung und in Entwicklungsländern, in denen zu wenig Facharbeiter und wenig Devisen zur Verfügung stehen, mit Erfolg angewendet werden. Sie erfordert neben dem Einsatz geeigneter schwerer Geräte aber vor allem auch einen ungewöhnlich hohen Tauchereinsatz, um die erforderliche sorgfältige Ausführung sowohl des Gründungsbettes als auch der Verlege- und Hinterfüllarbeiten zu gewährleisten und überprüfen zu können.

10.7.2   Ansatz der angreifenden Kräfte

10.7.2.1   Erddruck und Erdwiderstand

Der Ansatz des aktiven Erddrucks ist ausreichend, da die Mauerbewegungen zu dessen Aktivierung vorausgesetzt werden können. Bei der in der Regel sehr geringen Gründungstiefe der Blockmauern ist der Erdwiderstand nicht in Rechnung zu stellen.

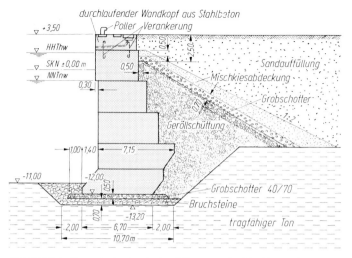

Bild E 123-1. Querschnitt durch eine Ufermauer in Blockbauweise

10.7.2.2 Wasserüberdruck

Wenn die Fugen zwischen den einzelnen Blöcken gut durchlässig sind und wenn durch die Wahl des Hinterfüllungsmaterials (Bild E 123-1) ein schneller Wasserspiegelausgleich gewährleistet ist, braucht der Wasserüberdruck auf die Ufermauer nur in halber Höhe der im Hafenbecken zu erwartenden größten Wellen – in ungünstigster Höhenlage nach E 19, Abschn. 4.2 – angesetzt zu werden. Andernfalls ist zur halben Wellenhöhe noch der Wasserüberdruck nach E 19 bzw. E 65, Abschn. 4.3 hinzuzufügen. In Zweifelsfällen können auch bei Wellenschlag verläßlich arbeitende Rückstauentwässerungen angeordnet werden. Umgekehrt ist ein einwandfreies Abdichten der Blockfugen erfahrungsgemäß nicht möglich.
Zwischen der Ufermauer bzw. zwischen einer Hinterfüllung mit Grobmaterial und einer anschließenden Auffüllung aus Sand und dergleichen ist eine kräftige Filterschicht anzuordnen, die Ausspülungen mit Sicherheit verhindert (Bilder E 123-1 und -2).

10.7.2.3 Beanspruchung durch Wellen

Wenn Ufereinfassungen in Blockbauweise in Gebieten gebaut werden müssen, in denen mit hohen Wellen zu rechnen ist, sind besondere Untersuchungen hinsichtlich der Standsicherheit erforderlich. Insbesondere ist – im Zweifelsfall durch Modellversuche – festzustellen, ob brechende Wellen auftreten können. Ist dies der Fall, liegen bezüglich der Standsicherheit und der Lebensdauer einer Blockmauer so große Risiken vor, daß diese Bauweise nicht mehr empfohlen werden kann. Als Anhaltspunkt zur Beurteilung, ob brechende oder nur reflektierte Wellen auftreten,

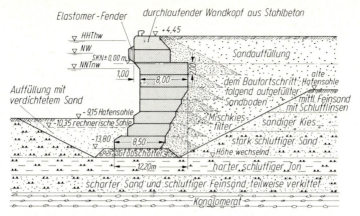

Bild E 123-2. Entwurf einer Ufermauer in Blockbauweise in einem Erdbebengebiet

kann das Verhältnis zwischen der Wassertiefe t vor der Mauer zur Wellenhöhe h benutzt werden. Wenn $t \geq 1,5\,h$ ist, kann man im allgemeinen davon ausgehen, daß nur reflektierte Wellen auftreten, siehe auch E 136, Abschn. 5.7.3.2 und E 135, Abschn. 5.6.

Die Wellendrücke greifen nicht nur an der Vorderseite der Blockmauer an, sie pflanzen sich auch in den Fugen zwischen den einzelnen Blöcken fort. Sie vermindern durch den dabei auftretenden erhöhten Fugenwasserdruck vorübergehend das wirksame Blockgewicht stärker als der Auftrieb, wodurch die Reibung zwischen den einzelnen Blöcken so verkleinert werden kann, daß die Standsicherheit gefährdet ist. Zum Zeitpunkt des Rücklaufs der Welle findet der Druckabfall in den engen Fugen, der auch vom Grundwasser her mit beeinflußt wird, langsamer statt als entlang der Außenfläche der Ufermauer, so daß in den Fugen ein größerer Wasserdruck als dem Wasserstand vor der Mauer entsprechend auftritt. Gleichzeitig bleiben jedoch Erddruck und Wasserüberdruck von hinten voll wirksam.

10.7.2.4   Trossenzug, Schiffsstoß und Kranlasten

Hierfür gelten die einschlägigen Empfehlungen, wie E 12, Abschn. 5.12, E 38, Abschn. 5.2, E 84, Abschn. 5.15 und E 128, Abschn. 13.3.

10.7.3   Berechnung, Bemessung und Weiteres zur Gestaltung

10.7.3.1   Wandfuß, Bodenpressungen, Standsicherheit

Der Blockmauerquerschnitt ist so auszubilden, daß bei der Beanspruchung durch die ständigen Lasten in der Gründungsfuge möglichst gleichmäßig verteilte Bodenpressungen auftreten. Dies ist durch eine geeignete Fußausbildung mit wasserseitig vor die Wandflucht vorkragendem Sporn und durch die Anordnung eines zur Landseite hin auskragenden „Tornisters" in der Regel ohne Schwierigkeiten zu erreichen (Bilder E 123-1 und -2).

Sollen bei Auskragungen an der Rückseite der Wand Hohlräume unter den Kragblöcken vermieden werden, müssen sie hinten unterschnitten werden. Hierbei muß die Schrägneigung steiler sein als der Reibungswinkel der Hinterfüllung (Bilder E 123-1 und -2).

Auch bei Überlagerung aller gleichzeitigen ungünstigen Lasteinflüsse soll die Exzentrizität der Resultierenden und damit die Konzentration der Spannungen an einem Rand der Sohlfuge möglichst klein gehalten werden. Im Gegensatz zu DIN 1054, Abschn. 4.1.3.1 soll ein Klaffen der Sohlfuge nicht zugelassen werden, die Resultierende also im Kern der Gründungsfläche bleiben.

Die Bodenpressungen sind auch für alle wichtigen Phasen des Bauzustands nachzuweisen. Soweit erforderlich, muß die Ufermauer etwa gleichzeitig mit dem Verlegen der Blöcke hinterfüllt werden, um zum Land hin gerichteten Kippbewegungen bzw. zu hohen Bodenpressungen am landseitigen Ende der Gründungsfuge entgegenzuwirken (Bild E 123-2). Neben den zulässigen Bodenpressungen sind die Gleitsicherheit, die Grundbruchsicherheit und die Geländebruchsicherheit nachzuweisen.

Bezüglich der Gleitgefahr und der Gleitsicherung wird vor allem auf E 79, Abschn. 10.5.3 verwiesen.

Mögliche Veränderungen der Hafensohle aus Kolken, vor allem aber auch aus absehbaren Vertiefungen sind hierbei zu beachten. Im späteren Hafenbetrieb sind Kontrollen der Sohlenlage vor der Mauer in regelmäßigen Abständen durchzuführen und im Bedarfsfall sofort geeignete Schutzmaßnahmen zu ergreifen.

Um eine gewisse Kippbewegung der Wand nach der Hafenseite hin von vornherein zu berücksichtigen, soll die Ufermauer mit einem geringen Winkel nach der Landseite ausgebildet werden. Eine mögliche spätere Veränderung der Kranspurweite infolge unvermeidlicher Wandbewegungen soll stets eingeplant werden.

10.7.3.2 Waagerechte Fugen der Blockmauer

Die Gleitsicherheit und die Lage der Resultierenden der angreifenden Kräfte müssen auch in den waagerechten Fugen der Blockmauer für alle maßgebenden Baustadien und den Endzustand nachgewiesen werden. Im Gegensatz zur Gründungsfuge darf hier bei gleichzeitigem Ansatz aller ungünstig wirkenden Kräfte ein rechnerisches Klaffen der Fugen bis zur Schwerachse zugelassen werden.

10.7.3.3 Wandkopf aus Stahlbeton

Der am Kopf jeder Blockmauer anzuordnende, am Ort hergestellte Balken aus Stahlbeton dient zum Ausgleich von Verlegeungenauigkeiten, zur Verteilung konzentriert angreifender waagerechter und lotrechter Lasten, zum Ausgleich örtlich unterschiedlicher Erddrücke und Stützverhältnisse in der Gründung sowie von weiteren Bauungenauigkeiten. Er darf wegen der in der Blockmauer auftretenden Setzungsunterschiede erst nach dem Abklingen der wesentlichsten Setzungen betoniert werden. Um den Setzungsvorgang zu beschleunigen, ist eine vorübergehende höhere Belastung der Mauer, z. B. durch zusätzliche Schichten von Betonblöcken, zweckmäßig. Das Setzungsverhalten ist dabei ständig zu messen. Da aber auch dann zusätzliche spätere Setzungsunterschiede nicht auszuschließen sind, sowie im Hinblick auf die Schwind- und Temperaturbeanspruchungen, sollen die Blöcke des Wandkopfs nicht länger als 15,00 m sein. Sie sollen in Längsrichtung mindestens in 3 Betonierabschnitten mit durchlaufender Bewehrung hergestellt werden.

Bei der Berechnung der Schnittkräfte des Wandkopfs aus Schiffsstoß, Pollerzug und Kranseitenschub kann in der Regel davon ausgegangen werden, daß der Kopfbalken im Vergleich zu der ihn stützenden Blockmauer starr ist. Diese Annahme liegt im allgemeinen auf der sicheren Seite.

Bei der Berechnung des Wandkopfs für die lotrechten Kräfte, vor allem die Kranraddrücke, kann im allgemeinen das Bettungsmodulverfahren angewendet werden. Falls mit größeren ungleichmäßigen Setzungen oder Sackungen der Blockmauer zu rechnen ist, sind die Schnittkräfte des Wandkopfs aber durch Vergleichsuntersuchungen mit verschiedenen Lagerungsbedingungen – Reiten in der Mitte oder in den Endbereichen – einzugrenzen. Hierbei ist auch das Wandkopfeigengewicht zu berücksichtigen. Der Blockfugenabstand ist dann – soweit erforderlich – zu verringern.

Die Kopfbalken werden an den Blockfugen nur zur Übertragung waagerechter Kräfte verzahnt. Eine Verzahnung für lotrechte Kräfte ist wegen des unübersichtlichen Setzungsverhaltens von Blockmauern nicht zu empfehlen.

Schwellerscheinungen, die nach dem Aushub in bindigem Boden auftreten, brauchen in den statischen Berechnungen im allgemeinen nicht berücksichtigt zu werden, weil sie unter der wachsenden Mauerlast bald rückgebildet werden.

An den Blockfugen soll die Schienenlagerung konstruktiv durch zwischengeschaltete kurze Brücken gegen Setzungsstufen gesichert werden, wobei die Kranschienen ungestoßen durchlaufen können.

Zur Übertragung waagerechter Kräfte zwischen Wandkopf und Blockmauer sollen beide gegeneinander wirksam verzahnt werden.

10.7.3.4 Zulässige Spannungen und Sicherheiten

Soweit in den einschlägigen Empfehlungen der EAU nichts anderes gefordert ist, sind die Werte der DIN 1045, 1054, 4017 und 4084 einzuhalten.

10.8 Ausbildung und Bemessung von Kaimauern in Blockbauweise in Erdbebengebieten (E 126)

10.8.1 Allgemeines

Neben den allgemeinen Bedingungen nach E 123, Abschn. 10.7 muß auch E 124, Abschn. 2.14 sorgfältig berücksichtigt werden.

Bei der Ermittlung der waagerechten Massenkräfte der Blockwand muß beachtet werden, daß sie aus der Masse der jeweiligen Blöcke und ihrer auflastenden Hinterfüllungen hergeleitet werden müssen. Hierbei ist die Masse der Fugenwassermenge bzw. die Masse des Wassers in den auflastenden Hinterfüllungen mit zu berücksichtigen.

10.8.2 Erddruck, Erdwiderstand, Wasserüberdruck, Verkehrslasten

Die Ausführungen in den Abschnitten 2.14.3, 2.14.4 und 2.14.5 von E 124 gelten sinngemäß.

10.8.3 Zulässige Spannungen und geforderte Sicherheiten

Hierzu wird vor allem auf E 124, Abschn. 2.14.6 verwiesen.

Auch bei Berücksichtigung der Erdbebeneinflüsse darf die Ausmittigkeit der Resultierenden in den waagerechten Fugen zwischen den einzelnen Blöcken nur so groß sein, daß kein rechnerisches Klaffen über die Schwerachse hinaus eintritt. Dies gilt auch für die Gründungsfuge, in der im Fall ohne Erdbeben kein Klaffen zugelassen wird (E 123, Abschn. 10.7.3.1, 3. Absatz).

10.8.4 Sonstige massive Ufereinfassungen

Obige Ausführungen gelten sinngemäß auch für sonstige massive Ufereinfassungen, wie Schwimmkästen nach E 79, Abschn. 10.5 oder Druckluft-Senkkästen nach E 87, Abschn. 10.6 usw.

10.9 Ausbildung und Bemessung von Kaimauern in offener Senkkastenbauweise (E 147)

10.9.1 Allgemeines

Offene Senkkästen – bisher im allgemeinen offene Brunnen genannt – werden in Seehäfen für Ufereinfassungen und Anlegeköpfe, aber auch als Gründungskörper sonstiger Bauten verwendet. Ähnlich wie die Druckluft-Senkkästen nach E 87, Abschn. 10.6 können sie auf einem im Absenkbereich über dem Wasserspiegel liegenden Gelände bzw. in einem gerammten oder schwimmenden Spindelgerüst hergestellt oder als fertige Kästen mit Hubinseln oder Schwimmkörpern eingeschwommen und anschließend abgesenkt werden. Die offene Absenkung erfordert geringere Lohn- und Baustelleneinrichtungskosten als die unter Druckluft und kann bis zu wesentlich größeren Tiefen ausgeführt werden. Es kann dabei jedoch nicht die gleiche Lagegenauigkeit erreicht werden. Außerdem führt sie nicht zu gleich zuverlässigen Auflagerbedingungen in der Gründungssohle. Beim

Absenken angetroffene Hindernisse sind nur unter Schwierigkeiten zu durchfahren oder zu beseitigen. Das Aufsetzen auf schräge Felsoberflächen erfordert stets zusätzliche Maßnahmen.

Die in E 79, Abschn. 10.5.1 für Schwimmkästen angegebenen Konstruktionsgrundsätze für Ufermauern sind sinngemäß auch für offene Senkkästen gültig.

Im übrigen wird auch auf Abschn. 2.10 „Senkkästen" im Grundbau-Taschenbuch [7] besonders hingewiesen.

10.9.2   Berechnung

Die Ausführungen nach E 79, Abschn. 10.5.2 bleiben gültig. Auch hier darf die Bodenfuge nicht klaffen, da das Herrichten der Gründungssohle nicht den Ansprüchen einer Flächengründung in einer frei zugänglichen offenen, trockenen Baugrube entspricht. Aus dem gleichen Grund ist die Gefahr einer Unterspülung besonders zu beachten und im Zweifelsfall eine größere Absenktiefe zu wählen. Auch hier sind Reizzustände zu erwarten und zu berücksichtigen.

Ebenso ist der in E 87, Abschn. 10.6.2 für Druckluft-Senkkästen gegebene Hinweis bezüglich der Berechnung auf Biegung und Querkraft in lotrechter und waagerechter Richtung zu beachten.

10.9.3   Gleitgefahr und Gleitsicherung

Es gelten die Ausführungen nach E 79, Abschn. 10.5.3, dritter und vierter Absatz, jedoch müssen auch die Ausführungen im ersten und zweiten Absatz beachtet werden. Außerdem gilt uneingeschränkt Abschn. 10.6.3 in E 87.

10.9.4   Bauliche Ausbildung

Der Grundriß offener Senkkästen kann rechteckig oder rund sein. Für die Wahl sind betriebliche und auch ausführungstechnische Überlegungen maßgebend.

Offene Senkkästen mit rechteckigem Grundriß stehen infolge des trichterförmigen Aushubs ungleichmäßiger auf als solche mit rundem Grundriß. Daraus folgt ein erhöhtes Risiko für Abweichungen aus der Soll-Lage. Wo eine rechteckige Form nötig ist, soll sie daher gedrungen ausgeführt werden. Da der Aushub- und damit der Absenkvorgang schlecht kontrolliert werden können und der offene Senkkasten nur in geringem Umfang ballastierbar ist, sollten kräftige Wanddicken gewählt werden, so daß die Eigenlast des Kastens unter Berücksichtigung des Auftriebs die erwartete Wandreibungskraft mit Sicherheit überschreitet.

Die Füße der Außenwände erhalten eine steife stählerne Vorschneide. Diese eilt dem Aushub voraus und trägt dazu bei, ein seitliches Einbrechen des Bodens in den Innenraum zu verhindern. Im Schneidenkranz unten nach innen austretende Spüllanzen können das Lösen nichtbindigen Aushubbodens unterstützen (Bild E 147-1, Querschnitt C-D, wasserseitig dargestellt).

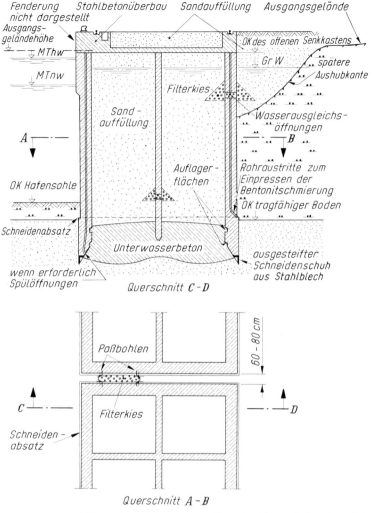

Bild E 147-1. Ausbildung einer Kaimauer aus offenen Senkkästen bei nachträglicher Hafenbaggerung

Die Unterkante von Zwischenwänden muß mindestens 0,5 m über der Unterkante der Senkkastenschneiden enden, damit daraus keine Lasten in den Baugrund abgeleitet werden können.

Außen- und Zwischenwände erhalten zuverlässige, nach dem Absenken leicht zu reinigende Sitzflächen für das Einleiten der Lasten in die Unterwasserbetonsohle.

Die bei Gründungen mit offenen Senkkästen unvermeidliche Auflockerung des Bodens in der Gründungssohle und im Mantelbereich führt zu spürbaren Setzungen und Neigungen im fertigen Bauwerk. Dies muß bei der Bemessung und konstruktiven Ausbildung, aber auch beim Bauablauf berücksichtigt werden. Eine rückwärtige Verankerung schlanker Senkkästen kann aus den gleichen Gründen zweckmäßig sein.

Ein aufgelockerter, nichtbindiger Boden unter der Gründungssohle kann vor dem Einbau der Unterwasserbetonsohle mit Beton-Tauchrüttlern in engem Abstand nachverdichtet werden.

Die Ausführungen nach E 79, Abschn. 10.5.4, zweiter und dritter Absatz, bleiben uneingeschränkt gültig. Für die Fugen ist eine Lösung nach E 87, Abschn. 10.6, Bild E 87-1 zu empfehlen. Dabei ist aber die Füllung des Raums zwischen den Bohlen mit Filterkies einer starren Füllung vorzuziehen, weil sie den eintretenden Setzungen schadlos folgen kann.

Der Abstand von 40 bis 50 cm zwischen den Kästen, den E 87, Abschn. 10.6.4 für Druckluft-Senkkästen angibt, genügt mit Rücksicht auf die Aushubmethode bei offenen Senkkästen nur dann, wenn die eigentliche Absenktiefe gering ist und Hindernisse – auch durch eingelagerte feste bindige Bodenschichten – nicht zu erwarten sind. Bei schwierigen Absenkungen sollte ein Abstand von 60 bis 80 cm gewählt werden. Als Abschlüsse können dann entsprechend breite Paßbohlen oder schlaufenartig angeordnete, stärker verformbare Bohlenketten verwendet werden.

Bei hohen Differenzen in den Wasserständen zwischen Vorder- und Hinterseite des Senkkastens ist auch hier die Bodenfuge so tief zu legen, daß ein Unterspülen nicht auftreten kann.

Die Gefahr eines Grundbruchs kann bei ausreichend durchlässigem Boden durch Verfestigen im wasserseitigen Gründungsbereich verringert werden.

10.9.5   Weiteres zur Bauausführung

Beim Herstellen an Land muß die Tragfähigkeit des Baugrunds unter der Aufstellebene besonders überprüft und beachtet werden, damit der Boden unter der Schneide nicht zu stark bzw. zu ungleich nachgibt. Letzteres kann auch zu einem Bruch der Schneide führen. Der Boden im Kasten wird mit Greifern oder Pumpen ausgehoben, wobei der Wasserstand im Innern des Senkkastens stets mindestens in Höhe des Außenwasserspiegels zu halten ist.

Für das Absenken einer Reihe von Kästen kann die Reihenfolge 1, 3, 5 ... 2, 4, 6 zweckmäßig sein, weil bei ihr an beiden Stirnseiten eines jeden Kastens ausgeglichene Erddrücke wirken.

Das Absenken des Kastens kann durch Schmieren des Mantels oberhalb des Absatzes über dem Fuß mit einer thixotropen Flüssigkeit, beispielsweise mit einer Bentonitsuspension, wesentlich erleichtert werden. Damit das Schmiermittel auch tatsächlich am gesamten Mantel vorhanden ist, sollte es nicht von oben eingegossen, sondern über Rohre, die in den Mantel einbetoniert werden und unmittelbar über dem Fußabsatz – gegebenenfalls im Schutz eines verteilenden Stahlblechs – enden, eingepreßt werden (Bild E 147-1, landseitig dargestellt). Es muß aber so vorsichtig eingepreßt werden, daß die thixotrope Flüssigkeit nicht nach unten in den Aushubraum durchbrechen und abfließen kann. Entsprechend hoch ist der Fußteil des offenen Senkkastens bis zum Absatz am Mantel zu wählen. Besondere Vorsicht ist geboten, wenn infolge einer Einrüttelung des aufgelockerten Sands unter der Aushubsohle deren Oberfläche in größerem Umfang absinkt.

Nach Erreichen der planmäßigen Gründungstiefe wird die Sohle sorgfältig gereinigt. Erst dann wird die Sohlplatte aus Unterwasser- oder Colcretebeton eingebracht.

10.9.6 Reibungswiderstand beim Absenken

Die in E 87, Abschn. 10.6.6 für Druckluft-Senkkästen gegebenen Hinweise gelten auch für offene Senkkästen. Da der offene Senkkasten aber nicht im gleichen Maße wie der Druckluft-Senkkasten ballastiert werden kann, kommt bei größeren Absenktiefen einer thixotropen Schmierung des Mantels eine besondere Bedeutung zu. Sie reduziert die mittlere Mantelreibung erfahrungsgemäß auf weniger als 10 kN/m^2.

10.10 Ausbildung und Bemessung von Kaimauern in offener Senkkastenbauweise in Erdbebengebieten (E 148)

Abschn. 8.2.18.1 von E 125 gilt entsprechend. Es ist jedoch besonders darauf zu achten, daß fließempfindlicher, nichtbindiger Gründungsboden bereits vor dem Einbringen der Senkkästen über den eigentlichen Gründungsbereich hinaus verdichtet werden muß. Wegen der mit dem Bodenaushub verbundenen Auflockerung ist aber im Kasten eine nochmalige Verdichtung des Bodens unter der Aushubsohle – beispielsweise mit Hilfe von Betontauchrüttlern in engem Abstand – erforderlich.

Erddruck und Erdwiderstand werden nach E 124, Abschn. 2.14.3 angesetzt.

Bei der Verankerung eines offenen Senkkastens muß Abschn. 8.2.18.3 nach E 125 berücksichtigt werden.

Im übrigen gilt E 147, Abschn. 10.9.

10.11 Anwendung und Ausbildung von Bohrpfahlwänden (E 86)

10.11.1 Allgemeines

Bohrpfahlwände können bei entsprechender Ausbildung, konstruktiver Gestaltung und Bemessung auch bei Ufereinfassungen angewendet werden. Für ihre Wahl spricht neben wirtschaftlichen und technischen Gründen auch die Forderung nach einer sicheren, weitgehend erschütterungsfreien und/oder wenig lärmenden Bauausführung.

490

10.11.2 Ausbildung

Durch Aneinanderreihen von Bohrpfählen können im Grundriß gerade oder gekrümmt verlaufende Wände hergestellt werden, die gut der jeweils gewünschten Form angepaßt werden können.

Abhängig vom Pfahlabstand ergeben sich folgende Bohrpfahlwandtypen:

(1) Überschnittene Bohrpfahlwand (Bild E 86-1)
Der Achsabstand der Bohrpfähle ist kleiner als der Pfahldurchmesser. Zuerst werden die Primärpfähle (1, 3, 5, ...) aus unbewehrtem Beton eingebracht. Diese werden beim Herstellen der zwischenliegenden bewehrten Sekundärpfähle (2, 4, 6 ...) angeschnitten. Die Wand ist dabei im allgemeinen so gut wie wasserdicht. Ein statisches Zusammenwirken der Pfähle kann bei Belastung senkrecht zur Pfahlwand und in der Wandebene

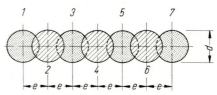

Bild E 86-1. Überschnittene Bohrpfahlwand $e \approx 0{,}875\, d$

zumindest teilweise vorausgesetzt werden, wird jedoch bei der Bemessung der tragenden Sekundärpfähle im allgemeinen nicht berücksichtigt. Lotrechte Belastungen können außer durch lastverteilende Kopfbalken bei ausreichender Rauhigkeit und Sauberkeit der Schnittflächen in einem gewissen Umfang auch durch Scherkräfte zwischen den benachbarten Pfählen verteilt werden. Dabei muß aber durch Einbinden der Pfahlfüße in einem besonders widerstandsfähigen Baugrund ein Ausweichen der Pfahlfüße in der Wandebene nach außen hin ausreichend verhindert werden.

(2) Tangierende Bohrpfahlwand (Bild E 86-2)
Der Achsabstand der Bohrpfähle ist gleich oder aus arbeitstechnischen Gründen etwas größer als der Pfahldurchmesser. In der Regel wird jeder Pfahl bewehrt. Eine Wasserdichtigkeit dieser Wand ist bei wasserführenden Böden nur durch zusätzliche Maßnahmen – beispielsweise durch Injektionen – erreichbar. Ein scheibenartiges Zusammenwirken der Pfähle in der Wandebene kann nicht erwartet werden.

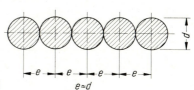

Bild E 86-2. Tangierende Bohrpfahlwand $e \approx d$

491

(3) Aufgelöste Bohrpfahlwand (Bild E 86-3)

Der Achsabstand der Bohrpfähle kann bis zum mehrfachen Pfahldurchmesser betragen. Die Zwischenräume werden beispielsweise durch Verbau geschlossen oder durch in Nuten eingeführte Wandelemente, wenn vorgefertigte Pfähle in die Bohrlöcher eingesetzt worden sind.

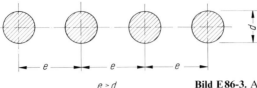

e > d

Bild E 86-3. Aufgelöste Bohrpfahlwand

10.11.3   Herstellen der Bohrpfahlwände

Das Herstellen geschlossener Bohrpfahlwände nach den Bildern E 86-1 und -2 setzt eine hohe Bohrgenauigkeit voraus, die im allgemeinen eine doppelte Führung des Bohrrohrs erfordert.

Bohrpfahlwände werden möglichst vom gewachsenen Gelände oder aber von einer Inselschüttung oder einer Hubinsel aus hergestellt. Wird ausnahmsweise von schwimmendem Gerät aus gearbeitet, müssen störende Bewegungen durch seitliche schräge Abstützungen oder dergleichen ausgeschlossen werden.

Der Boden wird mit Seilgreifern, kellygeführten Greifern, Drehbohrgeräten oder nach dem Saugbohr- oder Lufthebeverfahren innerhalb eines vorauseilenden Bohrrohrs gefördert. Bei ausreichend standfesten Böden kann unverrohrt mit Wasserüberdruck gebohrt werden – gegebenenfalls unter Verwendung einer Stützflüssigkeit –, sofern die Flüssigkeit nicht in angeschnittene Kanäle oder Hohlräume ablaufen kann. Hindernisse werden durch Meißeln oder Lockerungssprengungen gelöst. Bei hochliegendem äußerem Wasserspiegel ist auf einen ausreichenden Überdruck aus der Wasserfüllung bzw. der Stützflüssigkeit im Bohrloch oder im Bohrrohr zu achten.

Bei verrohrtem Bohren ist die erreichbare Tiefe durch die Bodenverhältnisse, die Ausbildung der Verrohrung und die Leistung des Verrohrungsgeräts begrenzt. Bei entsprechender Führung können verrohrte Bohrungen auch geneigt ausgeführt werden.

Überschnittene Bohrpfahlwände werden meist mit Geräten hergestellt, bei denen das Bohrrohr mit Hilfe einer Verrohrungsmaschine drehend und/oder drückend in den Boden vorgetrieben wird. Dabei ist die Unterkante der Verrohrung als Schneide ausgebildet. Die unbewehrten Primärpfähle werden zweckmäßig mit HOZ L betoniert, wobei die Arbeitsfolge so gewählt wird, daß die Betonfestigkeit beim Anschneiden durch die Sekundärpfähle – abhängig von der Leistung des Bohrgeräts – im Normalfall 3 bis 10 MN/m^2 möglichst nicht übersteigt. Der Festigkeitsunterschied der anzuschneidenden Primärpfähle ist so gering wie möglich zu halten, um Richtungsabweichungen der Sekundärpfähle zu vermeiden. Bei temporären Bauwerken kann die Verwendung eines wasserdichten Betons der Güte B 10 mit hohem Füller- und geringem Zementanteil für die unbewehrten Primärpfähle in Betracht kommen.

Beim Herstellen der Pfähle im freien Wasser sind über der Gewässersohle verlorene Hülsenrohre erforderlich, sofern nicht vorgefertigte Pfähle in die Bohrung gesetzt und durch Verguß mit dem Untergrund oder dem Ortbeton des Pfahlfußes verbunden werden. Hinsichtlich Säubern der Sohlfuge, Einbringen des Betons, Betonüberdeckung und Bewehrungsausbildung gelten DIN 4014 sowie DIN 1045.

Bei der Verwendung von Stützflüssigkeiten ist stabilitätsmindernden Einflüssen aus Boden und/oder Grundwasser (z. B. erhöhter Salzgehalt, organische Bodenanteile) und dergleichen durch die Wahl geeigneter Tone und/oder Zusatzstoffe entgegenzuwirken. Dadurch und durch die Vermeidung von Feststoffanreicherungen in der Stützflüssigkeit kann eine Abminderung des Verbunds zwischen Bewehrung und Beton vermieden werden (DIN 4126).

10.11.4 Konstruktive Hinweise

Bei verrohrter Bohrung ist ein unbeabsichtigtes Verdrehen des Bewehrungskorbs nicht auszuschließen. Deshalb darf nur bei sehr sorgfältiger Arbeitsweise und Kontrolle von einer radialsymmetrischen Anordnung der Bewehrung abgegangen werden. Ein unbeabsichtigtes Ziehen des Bewehrungskorbs kann durch Frischbetonauflast auf einer in den Fuß des Korbs eingebauten Platte vermieden werden.

Die Pfahlbewehrung muß in ausreichendem Umfang ausgesteift werden, um die erforderliche Betondeckung einzuhalten und eine Verformung des Bewehrungskorbs auszuschließen.

Bewährt haben sich eingeschweißte Aussteifungen (sog. „Rhönräder") nach ZTV-K 88 [80]. Die angegebenen Mindestmaßnahmen sind nur bei Pfählen mit geringem Durchmesser ausreichend. Für Pfähle mit großem Durchmesser (ca. $d = 1,50$ m) werden beispielsweise bei 1,60 m Abstand Aussteifungsringe 2 $\varnothing$ 28 mm BSt 420 S mit 8 Distanzhaltern $\varnothing$ 22 mm, $l = 400$ mm, empfohlen, die miteinander und mit der Längsbewehrung des Pfahls verschweißt werden.

Die Pfähle werden auf der Grundlage der DIN 1045 bemessen. Für zentralsymmetrische Bewehrung der Pfähle liegen Bemessungstafeln vor, beispielsweise nach [81]. Eine Beschränkung der Rißbreiten ist nur bei „starkem" chemischen Angriff nach DIN 4030 nachzuweisen, sofern keine Schutzmaßnahmen ergriffen werden.

Sofern die Pfähle nicht in eine ausreichend steife Überbaukonstruktion einbinden, sind zur Aufnahme der Ankerkraft in der Regel lastverteilende Gurte erforderlich. Bei rückverankerten überschnittenen bzw. tangierenden Bohrpfahlwänden kann bei mindestens mitteldicht gelagerten nichtbindigen bzw. halbfesten bindigen Böden auf Gurte aber verzichtet werden, wenn mindestens jeder zweite Pfahl bzw. jeder zweite Zwickel zwischen den Pfählen durch einen Anker gehalten wird. Gleichzeitig müssen jedoch die Anfangs- und die Endbereiche der Pfahlwand auf ausreichender Länge mit zugfesten Gurten versehen werden.

Anschlüsse an benachbarte Konstruktionsteile sollten möglichst nur durch die Bewehrung am Pfahlkopf hergestellt werden, im übrigen Wandbereich nur in Sonderfällen und dann über Aussparungen oder besonders eingebaute Anschlußverbindungen.

10.12 Anwendung und Ausbildung von Schlitzwänden (E 144)

10.12.1 Allgemeines

Bezüglich der Anwendung von Schlitzwänden gilt das zu E 86, Abschn. 10.11.1 Gesagte sinngemäß.

Als Schlitzwände werden Ortbetonwände bezeichnet, die nach dem Bodenschlitzverfahren abschnittweise hergestellt werden. Dabei werden mit einem Spezialgreifer zwischen Leitwänden Schlitze ausgehoben, in die fortlaufend eine Stützflüssigkeit eingefüllt wird. Nach Säuberungsmaßnahmen und Homogenisieren der Stützflüssigkeit wird die in der Regel erforderliche Bewehrung eingehängt und Beton im Kontraktorverfahren eingebracht, wobei die Stützflüssigkeit von unten nach oben verdrängt und weggepumpt wird.

Die Schlitzwände werden in DIN 4126 eingehend beschrieben. Diese Norm behandelt in ihren Abschnitten: Anwendungsbereich, Zweck, Begriffe, Formelzeichen, Bautechnische Unterlagen, Bauleitung, Baustoffe, Bauausführung, Bauliche Durchbildung, Standsicherheit und in einem Mustervordruck die Herstellung. Dabei werden vor allem detaillierte Angaben gemacht über:

- das Liefern der Schlitzwandtone mit Herstellen, Mischen, Quellen, Lagern, Einbringen, Homogenisieren und Wiederaufbereiten der Stützflüssigkeit,
- die Bewehrung, das Betonieren und
- die Standsicherheit des flüssigkeitsgestützten Schlitzes.

Die Ausführungen nach DIN 4126 sind auch bei Schlitzwänden für Ufereinfassungen sorgfältig zu beachten. Im übrigen wird zusätzlich auf folgendes Schrifttum hingewiesen: [82], [83], [84], [85], [86], [87] und [88].

Die Schlitzwände werden im allgemeinen durchgehend und so gut wie wasserdicht in Dicken zwischen 40 und 100 cm, bei Uferwänden mit großen Geländesprüngen in Dicken bis 120 cm hergestellt. Bei hohen Beanspruchungen kann anstelle einer einfachen auch eine aus aneinandergereihten T-förmigen Elementen bestehende Wand angewendet werden.

Im Grundriß werden lange Wände abschnittweise gerade hergestellt. Ein gekrümmter Wandverlauf wird durch den Sehnenzug ersetzt. Die mögliche Länge eines Einzelelements (Lamelle) wird durch die Standsicherheit des flüssigkeitsgestützten Schlitzes begrenzt. Das Größtmaß von 10 m wird bei hohem Grundwasserstand, fehlender Kohäsion im Boden, benachbarten schwerbelasteten Gründungen, empfindlichen Versorgungsleitungen und dergleichen bis auf etwa 3 m verringert, was der üblichen Öffnungsweite eines Schlitzwandgreifers entspricht.

Bei geeigneten Bodenverhältnissen und guter Ausführung können Schlitzwände hohe waagerechte und lotrechte Belastungen in den Untergrund abtragen. Anschlüsse an andere lotrecht oder waagerecht angeordnete Konstruktionsteile sind mit besonderen einbetonierten Anschlußelementen – gegebenenfalls verbunden mit Aussparungen – möglich. Gute Betonsichtflächen können mit eingehängten Fertigteilen erzielt werden.

10.12.2 Nachweis der Standsicherheit des offenen Schlitzes

Zur Beurteilung der Standsicherheit des offenen Schlitzes wird das Gleichgewicht an einem Gleitkeil untersucht. Belastend wirken das Bodeneigengewicht und etwaige Auflasten aus benachbarter Bebauung, Baufahrzeugen oder sonstigen Verkehrslasten und der Wasserdruck von außen. Widerstehend wirken der Druck der Stützflüssigkeit, die volle Reibung in der Gleitfläche, die zum aktiven Erddruck führt, und Reibung in den Seitenflächen des Gleitkeils sowie eine etwaige Kohäsion. Zusätzlich kann die Widerstandskraft der ausgesteiften Leitwand berücksichtigt werden. Diese Kraft ist insbesondere für hochliegende Gleitfugen bedeutsam, weil hier die Scherverspannung bei nichtbindigem Boden noch wenig wirksam ist. Bei tiefreichenden Gleitfugen ist der Einfluß der Leitwand vernachlässigbar klein.

Die Sicherheit gegenüber dem Einbruch eines Gleitkörpers muß für alle Tiefenlagen mindestens 1,1, sofern Lasten aus Bauwerken vorhanden sind, aber mindestens 1,3 betragen. Dabei sind die während der Bauausführung zu erwartenden höchsten Grundwasserstände zu berücksichtigen.

In Tidegebieten muß, ausgehend von dem vorgesehenen Stützflüssigkeitsspiegel, der kritische Außenwasserstand festgelegt bzw. ermittelt werden. Bei zu erwartender Überschreitung des zulässigen Außenwasserspiegels, z. B. infolge von Sturmfluten, muß ein offener Schlitz rechtzeitig verfüllt werden.

Bezüglich der Standsicherheit des offenen Schlitzes und der Sicherung der Aushubwandungen gegen Nachfall wird auch auf DIN 4126 und auf [82] und [83] verwiesen.

10.12.3 Zusammensetzung der Stützflüssigkeit

Als Stützflüssigkeit wird eine Ton- oder Bentonitsuspension verwendet. Hinsichtlich ihrer Zusammensetzung, Eignungsprüfung, Verarbeitung mit Misch- und Quellzeiten, Entsandung usw. wird auf DIN 4126 und auf DIN 4127 hingewiesen.

Besonders zu beachten ist, daß bei Bauten im Meerwasser bzw. in stärker salzhaltigem Grundwasser das Ionengleichgewicht der Tonsuspension durch Zutritt von Salzen ungünstig verändert wird. Es entstehen Ausflokkungen, die zur Verminderung der Stützfähigkeit der Suspension führen können. Deshalb müssen beim Herstellen von Schlitzwänden in solchen Bereichen besondere Maßnahmen ergriffen werden. In der Praxis haben sich folgende Rezepte bewährt:

(1) Die Suspension wird mit Süßwasser (Leitungswasser), 40 bis 50 kg/m^3 Na-Bentonit und 5 kg/m^3 CMC (Carboxy-Methyl-Cellulose) Schutzkolloid angemacht.

(2) Die Suspension wird aus Meerwasser mit 3–5 kg/m^3 eines Biopolymers und einem Zusatz von 5 kg/m^3 Ton aus salzfesten Mineralien, beispielsweise Attapulgit oder Sepiolith, angemacht. Statt des Biopolymers kann auch ein entsprechend synthetisch hergestelltes Polymer verwendet werden.

Die Variationsbreite der Rezepturen ist groß. In jedem Fall sind vor der Bauausführung Eignungsprüfungen vorzunehmen. Diese müssen die Salzgehalte des Wassers, die Bodenverhältnisse und andere etwaige Besonderheiten (z.B. Durchfahren von Korallen) berücksichtigen. Die Verschmutzung einer Suspension unter Salzwasserbedingungen zeigt sich am besten durch das Ansteigen der Filtratwasserabgabe (DIN 4127).

Besondere Vorsicht ist auch bei chemischer Bodenverfestigung, bei Bodenbestandteilen aus Torf bzw. Braunkohle und dergleichen geboten. Durch entsprechende Zusatzmittel können ungünstige Einflüsse teilweise ausgeglichen werden.

10.12.4 Einzelheiten zum Herstellen einer Schlitzwand

Im allgemeinen wird eine Schlitzwandlamelle vom Gelände aus zwischen Leitelementen ausgehoben, die in der Regel 0,7 bis 1,5 m hoch sind und aus leichtbewehrtem Stahlbeton (in Sonderfällen auch aus Holz oder Stahl) bestehen. Sie werden je nach Bodenverhältnissen und Belastung durch die Aushubgeräte als durchlaufende, außerhalb der Aushubbereiche gegenseitig abgestützte Wandstreifen oder als Winkelstützwände ausgebildet. Vorhandene Bauwerkteile sind als Leitwände geeignet, wenn sie ausreichend tief reichen und den Druck der Stützflüssigkeit und sonstiger auftretender Lasten aufnehmen können.

Die Stützflüssigkeit reichert sich während der Aushubarbeiten mit Feinstteilen an und ist daher regelmäßig auf Eignung zu überprüfen und, wenn ein Regenerieren unmöglich ist, auszutauschen. In der Regel ist ein mehrfaches Verwenden der Stützflüssigkeit möglich. Zur sicheren Kontrolle sind auf den Baustellen Dichte und Fließgrenze der Stützflüssigkeit zu überprüfen. Die lichte Weite zwischen den Leitwänden wird geringfügig größer gewählt als die Breite des Aushubwerkzeugs.

Vor allem um ein Entspannen des Bodens zu vermeiden, das sich nachteilig auf die lotrechte Tragfähigkeit einer Schlitzwand auswirkt, soll unter Beachtung von DIN 4126 einem zügigen Bodenaushub unmittelbar das

Einsetzen der Bewehrung und das Betonieren folgen. Ist ein unmittelbares Bewehren und Betonieren nicht möglich, ist vor dem Bewehren der Schlitzgrund von eventuell abgesunkenen Bodenteilchen zu reinigen.

Einzelheiten der Schlitzwandherstellung können Bild E 144-1 entnommen werden.

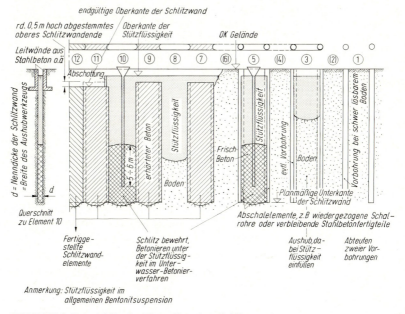

Bild E 144-1. Beispiel für das Herstellen einer Schlitzwand

Bei großen Einbindetiefen bzw. großen Geländesprüngen ist jedoch eine schrittweise Herstellung der Lamellen in der Reihenfolge 1, 2, 3 usw. vorzuziehen. Hierdurch kann ein Verklemmen der Greifer oder des Bewehrungskorbes vermieden werden. Die Abschalelemente sollten so schmal wie möglich angeordnet werden, um die bewehrungsfreie Zone gering zu halten.

10.12.5 Beton und Bewehrung

Hierzu wird vor allem auf die detaillierten Ausführungen nach DIN 4126 verwiesen.

Sofern Schlitzwände bewehrt werden, müssen beim Entwurf der Bewehrung strömungstechnisch ungünstige Bewehrungskonzentrationen und Aussparungen vermieden werden. Profilierte Bewehrungsstähle sind wegen der besseren Verbundeigenschaft zu bevorzugen. Um die Betonüberdeckung von mindestens 5 bis 10 cm – je nach Verwendung als Baugruben-

497

sicherung oder als Dauerbauwerk – sicherzustellen, sind großflächige Abstandhalter in reichlicher Anzahl anzuwenden.

Bewehrungskörbe sind so zu konstruieren, daß sie über ausreichende Transportfähigkeit und Eigensteifigkeit für den Einbauvorgang verfügen.

Als Regel für die Ausbildung der Mindestbewehrung wird empfohlen:

- auf der Zugseite in lotrechter Richtung:

5 $\varnothing$ 14/m bei Rippenstahl BSt 420 S oder
10 $\varnothing$ 9,5/m bei Baustahlgewebe BSt 500 M,

- auf der Druckseite in lotrechter und waagerechter Richtung allgemein:

3 $\varnothing$ 14/m bei Rippenstahl BSt 420 S oder
3 $\varnothing$ 12/m bei Baustahlgewebe BSt 500 M.

10.12.6 Hinweise zur Berechnung und Bemessung
von Schlitzwänden

Wegen ihrer hohen Biegesteifigkeit und geringen Verformungen müssen Schlitzwände in der Regel für einen erhöhten aktiven Erddruck bemessen werden. Der Ansatz des aktiven Erddrucks ist nur dann zu vertreten, wenn durch eine ausreichende Nachgiebigkeit des Wandfußes und der Stützungen bzw. bei genügend nachgiebiger Verankerung der erforderliche Verschiebungsweg für ein volles Aktivieren der Scherspannungen in den Gleitfugen vorhanden ist.

Eine volle Einspannung des Wandfußes im Boden ist bei oberer Verankerung oder Abstützung wegen der hohen Biegesteifigkeit der Wand im allgemeinen nicht erreichbar. Es ist deshalb zweckmäßig, bei einer Wandberechnung nach BLUM nur teilweise Einspannung zu berücksichtigen oder aber mit elastischer Fußeinspannung nach dem Bettungs- oder Steifemodulverfahren zu rechnen. Wird statt dessen mit der Finite-Elemente-Methode gearbeitet, sind bei den Eingabedaten vor allem zutreffende Stoffgesetze zu berücksichtigen. Die Aufnahme stützender Bettungskräfte am Wandfuß soll dabei mit mindestens 1,5facher Sicherheit gegen den Erdwiderstand stattfinden. Der Wandreibungswinkel im aktiven und im passiven Bereich hängt im wesentlichen von der Bodenart, dem Arbeitsfortschritt und der Standzeit des freien Schlitzes ab. Grobkörnige Böden ergeben hohe Rauhigkeit der Aushubwand, während feinkörnige Böden zu verhältnismäßig glatten Aushubflächen führen. Langsamer Arbeitsfortschritt und längere Standzeiten begünstigen Ablagerungen aus der Stützflüssigkeit (Bildung von Filterkuchen). Der Wandreibungswinkel kann deshalb – im wesentlichen abhängig von Bodenart, Arbeitsgeschwindigkeit, Standzeit des Schlitzes und Maßnahmen zur Beseitigung von Filterkuchen – zwischen

$$\delta_{a, p} = 0 \text{ und } \delta_{a, p} = \pm \, 1/2 \cdot cal \, \varphi'$$

angesetzt werden.

Gurte für Abstützungen bzw. Verankerungen können durch zusätzliche Querbewehrung innerhalb der Elemente ausgebildet werden. Bei geringer Breite der Elemente genügt eine mittig liegende Abstützung bzw. Verankerung, bei breiteren Elementen werden zwei oder mehrere benötigt, die symmetrisch zum Element angeordnet werden.

Bemessen wird nach DIN 1045, Abschn. 17.6 unter Beachtung nachstehender Ergänzungen hinsichtlich der Beschränkung der Rißbreite unter Gebrauchslast. Bei Anwendung der Tabelle 15 darf zwischen den angegebenen Grenzdurchmessern entsprechend dem Anteil der Dauerlast linear interpoliert werden.

Die Einstufung der Bauteile ist entsprechend DIN 1045, Tabelle 10 nach Tabelle E 144-1 vorzunehmen (vgl. E 72, Abschn. 10.2).

Bauteile	zu erwartende Rißbreite	Nachweis entsprechend der Risseformel
vorübergehende Baugrubenwände aus Stahlbeton	normal	nicht erforderlich
Dauerbauwerke aus Stahlbeton ständig unter Wasser	gering	erforderlich
Dauerbauwerke aus Stahlbeton in der Wasserwechselzone, über dem Wasserspiegel oder in schwach aggressiven Wässern oder Böden	sehr gering	erforderlich

Tabelle E 144-1. Zu erwartende Rißbreiten und Nachweisforderungen

Bei Bauteilen aus wasserdichtem Beton (Sperrbeton) ist zusätzlich für den Gebrauchszustand der Nachweis zu führen, daß die nach Zustand II ermittelte Betondruckzone mindestens 15 cm dick ist.

Bei geringerer Dicke ist die Vergleichsspannung nach DIN 1045, Abschn. 17.6.3 nachzuweisen, wobei

$$\text{zul } \sigma_v = 1,0 \cdot \sqrt[3]{0,1 \cdot \beta_{wN}^2} \qquad [\beta_{wN} \text{ und } \sigma_v \text{ in MN/m}^2]$$

gesetzt werden darf.

Im Hinblick auf den ungünstigen Einfluß eines möglicherweise verbleibenden Restfilms der Stützflüssigkeit am Stahl oder von Feinsandablagerungen sollen die Verbundspannungen bei waagerechten Bewehrungsstählen DIN 1045, Tabelle 20, Zeile 5, Lage A entsprechen. Bei senkrechten Stählen können sie in der Regel entsprechend Lage B angesetzt werden, jedoch wird empfohlen, im Fuß- und im Kopfbereich der Schlitzwand die Verankerungslängen zu vergrößern.

10.13 Anwendung und Herstellung von Dichtungsschlitz- und Dichtungsschmalwänden (E 156)

10.13.1 Allgemeines

Dichtungsschlitz- und -schmalwände bestehen aus einem Material geringer Durchlässigkeit, das häufig als Gemisch von Ton, Zement, Wasser, Füllstoffen und Zusätzen hergestellt wird. Dieses Material wird in fließfähiger Konsistenz nach unterschiedlichen Verfahren in gewachsene Böden oder in Aufschüttungen größerer Durchlässigkeit in erforderlicher Dicke eingebracht und erhärtet zu einem Körper mit geringer Durchlässigkeit. Mit diesen Dichtwänden wird der Durchtritt von Grundwasser oder anderer (oft schädlicher) Flüssigkeiten praktisch ausgeschlossen bzw. auf ein hinnehmbares Maß eingeschränkt.

Als wesentliche Anwendungsgebiete ergeben sich in Verbindung mit Hafenanlagen und Ufereinfassungen verschiedenster Art:

- Wasserdichte Einfassungen der Deponien von umweltschädlichem Gut aus Unterhaltungsbaggerungen von Häfen, Hafenzufahrten, Flußstrecken in Industriegebieten und dergleichen,
- Abdichten von Uferdämmen an der Küste und an Binnengewässern gegen hohe Außenwasser- bzw. gestaute Flußwasserstände,
- Sichern wasserbelasteter Dämme gegen Erosion, Suffosion, Grundwasserein- oder -austritt usw.,
- Abtrennen von Industrieanlagen, Tanklagerbereichen usw. gegen umgebendes Hafen- und Grundwasser als Schutz gegen die Ausbreitung schädlicher Flüssigkeiten,
- Abhalten oder Vermindern landseitiger Wasserüberdrücke auf Ufereinfassungen,
- Abschließen großer Baugruben in Hafenbereichen, so daß Wasserspiegelabsenkungen ohne Gefährdung benachbarter Uferbauwerke und anderer Anlagen ausgeführt werden können.

Bei der Wahl des zweckmäßigsten Herstellverfahrens ist neben wirtschaftlichen Überlegungen die Anwendungsgrenze der verfügbaren Verfahren zu beachten. Wesentlich sind hierbei:

- Tiefe der Dichtwand.
- Dicke der Dichtwand abhängig von ihrer Widerstandsfähigkeit gegen Erosion. Maßgebend hierfür sind das hydraulische Gefälle i, die Durchlässigkeitsbeiwerte k bei erhärteter Dichtwandmasse und des angrenzenden Bodens, die einaxiale Druckfestigkeit und nicht zuletzt die Beanspruchungsdauer.
- Eignung der vorgesehenen Herstellmethode für das Herstellen einer lückenlos dichten Wand (mit Überschneidung der einzelnen Wandelemente) bei den anstehenden Bodenverhältnissen und zu erwartenden Hindernissen.
- Sicheres Einbinden in gering durchlässigen Untergrund.

10.13.2 Herstellverfahren

(1) Dichtungsschlitzwand, [89] und [90]

Die Dichtwand wird nach dem Schlitzwandverfahren hergestellt (DIN 4126 und DIN 4127 und E 144, Abschn. 10.12.1 bis 10.12.4). Die Wanddikken betragen mindestens 40 cm, in der Regel aber 60 cm und mehr, insbesondere bei tiefreichenden Wänden unter Berücksichtigung unvermeidbarer Abweichungen von der Sollage. Aushubtiefen von mehr als 60 m sind bekannt. Außerdem ist die Dicke der Dichtwand abhängig von den unterschiedlichen Bewegungen der Wand, die unter Wasserüberdruckbelastung im Bereich von Schichtwechseln zu erwarten sind.

Das Verfahren ist auch bei Einlagerungen von Steinblöcken oder ähnlichem anwendbar, da diese Hindernisse im Schlitz zerkleinert und gefördert werden können. Durch Kontrolle des Aushubmaterials ist der sichere Anschluß an die undurchlässige Schicht prüfbar. Bei Fels wird das Einbinden der Dichtwand durch Meißeln erreicht.

Die Wand wird im allgemeinen abschnittsweise ohne Abschalelemente zwischen benachbarten Lamellen hergestellt, wobei im Bereich der Lamellengrenzen mit einem Übergriff von 25 bis 50 cm gearbeitet wird (Bild E 156-1). Der Übergriff ist abhängig von der Genauigkeit, mit der die lotrechte Lage der Lamellen gewährleistet werden kann. Eine gute Kontrolle ist beispielsweise mit dem „negativen Pendel" möglich.

Die Solldicke der Schlitzwand muß bei weichen Böden ständig kontrolliert werden, beispielsweise mit leiterartigen Lehren.

Weitere Kontrollen liegen in der Beobachtung der Materialförderung aus der Übergreifungszone. Bei extremen Tiefen wird eine optische Kontrolle, beispielsweise durch Einfärben des Bodens in der Übergreifungszone, vorgenommen.

Für die Ausführung von Dichtungsschlitzwänden haben sich zwei Arbeitsmethoden bewährt:

(2) Einmassenverfahren

Der Schlitz wird im Schutz einer Stützflüssigkeit abgeteuft, die gleichzeitig als Dichtwandmasse dient, nach dem Aushub im Schlitz verbleibt und dort erhärtet. Das Herstellen jeder Lamelle in einem Arbeitsgang begünstigt den erforderlichen schnellen Baufortschritt, so daß das spätestens nach 6 Stunden eintretende Abbinden der Dichtwandmasse nicht beeinträchtigt wird. Bei behindertem Baufortschritt kann nur unter Verwendung von Spezialmischungen bis zu 12 Stunden im Schlitz gearbeitet werden, sofern nicht – beispielsweise bei Böden mit hohem Suspensionsverlust (wie bei eingelagerten Grobkornschichten) – mehr Stützflüssigkeit zugegeben werden muß als dem Aushub entspricht. Mehrverbrauch an Stützflüssigkeit tritt auch ein, wenn der Greifer zu schnell gefahren und dadurch der Aufbau eines Filterkuchens verhindert wird oder wenn der Suspensionsspiegel zu hoch über dem Grundwasserspiegel liegt. Bei überlanger Aushubzeit in einzelnen Lamellen kann das eingebaute Wandmate-

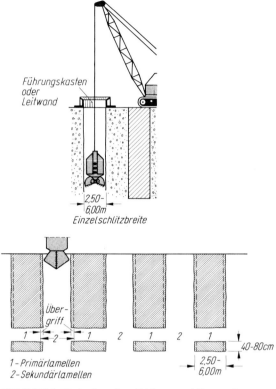

Bild E 156-1. Herstellen einer Dichtungsschlitzwand

rial geschädigt und ein erneuter Aushub zum Ersatz schadhaften Wandmaterials erforderlich werden.

Da ein Entsanden der Stützflüssigkeit (in sandig-kiesigen Böden beträgt
der Kornanteil ca. 15–30 Gewichtsprozente) wegen des abbindenden Zementanteils nicht möglich ist, muß gegebenenfalls die Suspension ausgetauscht werden.

Eine Sonderform des Einmassenverfahrens ist die bei Erddämmen ver-
wendbare Trockenschlitzwand [90].

(3) Zweimassenverfahren

Der Schlitz wird in herkömmlicher Weise unter Verwendung einer Stütz-
flüssigkeits hergestellt. Nach Erreichen der Endteufe wird in einem zweiten
Arbeitsgang die Dichtwandmasse im Kontraktorverfahren eingebracht
und die Stützflüssigkeit abgezogen. Der Dichteunterschied zwischen
Dichtwandmasse und bodenhaltiger Stützflüssigkeit ist oft sehr gering,

so daß entweder die Stützflüssigkeit zu reinigen oder der Abstand der Kontaktorrohre zu verringern ist, sofern nicht mit einem höheren γ der Dichtwandmasse gearbeitet wird.

Diese Methode ist aufwendiger als das Einmassenverfahren. Die Dichtwandmasse ist jedoch im allgemeinen homogener als beim Einmassenverfahren. Das Zweimassenverfahren wird beispielsweise bei langsamem Arbeitsfortschritt infolge von Hindernissen oder bei langwieriger Meißelarbeit angewendet.

(4) Dichtungsschmalwand

Zur Herstellung von Dichtungsschmalwänden wird ein Stahlprofil von 500–800 mm Steghöhe in die abzudichtenden Bodenschichten eingebracht, vorzugsweise mit Vibrationsrammen eingerüttelt und der so entstandene Schlitz mit Dichtwandmaterial beim Ziehen des Stahlprofils verpreßt. Durch fortschreitende, überlappende Wiederholung dieses Vorgangs entsteht eine durchgehende schmale Dichtwand.

Als Dichtwandmaterial wird ein Gemisch von Zement, Ton oder Bentonit, Steinmehl oder Flugasche und Wasser mit möglichst hoher Dichte verwendet.

Dichtungsschmalwände werden vorzugsweise für temporäre Maßnahmen eingesetzt.

Die Dichtwandmasse wird unter Druck eingebracht, dringt dabei in die Hohlräume von Lockerböden ein und ergibt – je nach Porengröße und Bodenzusammensetzung – örtlich Wanddicken bis zu 25 cm. Um Fehlstellen in feinkörnigen Bereichen zu vermeiden, werden feststoffreichere Suspensionen mit besonderen Fließeigenschaften verwendet.

Maßgebend für die Beurteilung der Wirksamkeit ist die minimale Dicke der Dichtwand, die durch die Profildicke des Geräts für das Herstellen des Schlitzes bestimmt wird. Die einzelnen Arbeitsschritte werden mit Übergriff ausgeführt [91]. Ein ausreichendes Überlappen benachbarter Abschnitte muß auch bei einem Verdrehen der Profilträger erhalten bleiben (Bild E 156-2).

Der Vorteil der Dichtungsschmalwände gegenüber den Dichtungsschlitzwänden liegt in den niedrigeren Kosten und im geringeren Zeitbedarf.

Die Anwendung wird jedoch eingeschränkt,

- wenn Boden mit Hindernissen und ohne Eignung für Rammen und Rütteln ansteht,
- wenn die Wandtiefe bei Einsatz üblicher Geräte mehr als 15–25 m beträgt, je nach Art des Baugrunds,
- wenn verhältnismäßig hoher Wasserüberdruck auf eine Dichtwand geringer Dicke wirkt,
- wenn ein ausreichender Übergriff der Schlitze nicht gewährleistet ist,
- wenn über einer grobkörnigen durchlässigen Bodenschicht eine zum Fließen neigende Bodenschicht ansteht, kann von oben keine Dichtmasse nachströmen, welche den Suspensionsverlust der unteren Schicht

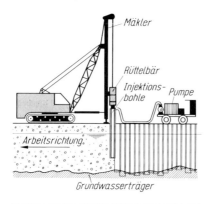

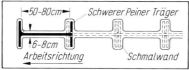

Bild E 156-2. Herstellen einer Schmal-
wand

– verstärkt durch Ramm- und Rütteleinflüsse – ausgleicht. Es besteht dann die Gefahr, daß die Dichtwandmasse in der Übergangszone abreißt,

● wenn der anstehende Boden zu starken Fließ- und/oder Setzungserscheinungen neigt,

● wenn der Übergang zum Grundwasserträger, insbesondere bei veränderlicher Kornzusammensetzung im Übergangsbereich nur schwer erkennbar ist. Zusätzlich zur Beobachtung des von den Ramm- oder Rüttelbohlen zutage geförderten Bodens sind dann geeignete Messungen und Beobachtungen erforderlich.

Dichtungsschmalwände werden nach verschiedenen Methoden hergestellt:

(a) Rammverfahren
Stahlträger mit besonders ausgebildetem Querschnitt und verstärkter Schneide, um die erforderliche Spaltweite sicherzustellen, werden in dichter Folge bis in den undurchlässigen Untergrund gerammt. Verpreßt wird der Spalt beim Ziehen der Rammträger [92].

(b) Rüttelverfahren
Verwendet wird ein Profilträger mit Aufsatzrüttler oder Tiefenrüttler mit angesetztem Verpreßrohr. Verpreßt wird beim Herausrütteln.

10.13.3   Grundstoffe der Dichtwandmassen

Beim Einmassenverfahren sind an die Dichtwandmasse mit Rücksicht auf die Verwendung als Baustoff in der Regel höhere Ansprüche zu stellen als

504

an übliche Stützflüssigkeiten (DIN 4126, DIN 4127 und E 144, Abschn. 10.12).

(1) Ton

Neben geeigneten natürlichen Tonen und Tonmehl wird vorzugsweise Bentonit verwendet.

Die Eigenschaften handelsüblicher Bentonite sind unterschiedlich. Die Fließeigenschaften und das Wasserbindevermögen von Bentonitsuspensionen werden außerdem durch Zementzusatz augenfällig verändert. Beim Herstellen der Dichtwandmassen ist hierauf zu achten.

(2) Zement

Bewährt haben sich Zemente mit hoher Mahlfeinheit und mit langer Erstarrungszeit. Besonders vorteilhaft sind Hochofenzemente mit hohem Hüttensandanteil.

(3) Füllstoffe

Grundsätzlich können alle neutralen Sande, Stäube, Mehle und Granulate verwendet werden, deren Größtkorn in der Ton-Zement-Suspension in Schwebe bleibt. Hinsichtlich der Absetztendenz bieten Füllstoffe mit niedriger Dichte Vorteile. Andererseits wird jedoch das selbstverdichtende Fließen durch hohe Dichte begünstigt. Bei Dichtungsschlitzwänden im Einmassenverfahren ist die Feinstoffanreicherung durch die anstehende Bodenart vorgegeben. Beim Zweimassenverfahren kann dem Dichtwandmaterial (abhängig von Schlitzwanddicke und Aufbereitungsanlage) Zuschlag in der Größenordnung bis 30 mm zugegeben werden. Der Kornaufbau bedarf bei feinen Füllstoffen keiner besonderen Beachtung. Bei groben Körnungen muß er stetig verlaufen.

(4) Schadstoffresistente Dichtwandmassen

Für schadstoffresistente Dichtwandmassen werden silikatische Bindemittel verwendet. Diese Dichtwandmassen weisen eine hohe Dichte auf und müssen im Zweimassenverfahren eingebaut werden.

(5) Wasser

Das Anmachwasser soll neutral sein. Saures Wasser kann zum Ausflocken des Bentonits führen und – wie auch sauer reagierende Füller – die Fließgrenze des Dichtwandmaterials herabsetzen. Ein leichtes Alkalisieren des Anmachwassers durch geringe Soda- oder Ätznatronzusätze hat sich bewährt.

(6) Zusätze

Bei schwierigen Grundwasserverhältnissen werden zur Stabilisierung der Tonsuspension Schutzkolloide empfohlen. Diese Zusätze vermindern die Filtratwasserabgabe und erhöhen gleichzeitig die Fließgrenze der Stützflüssigkeit.

10.13.4 Anforderungen an die Dichtwandmasse

Materialeigenschaften und Verhalten der Dichtwandmasse im Einbau-
und Endzustand sind auf die Art der Dichtwand und ihre Aufgabe abzustimmen und durch Versuche nachzuweisen.

Die Zusammenarbeit mit einem in Materialprüfungen von Dichtwandmassen erfahrenen Institut wird empfohlen.

(1) Einbauzustand

Das Fließverhalten der Dichtwandmasse wird von der Fließgrenze
τ_F bestimmt. Sie muß so hoch liegen, daß die in der Dichtwandmasse
enthaltenen körnigen Anteile mindestens bis zum Erstarrungsbeginn sicher in Schwebe bleiben.

Beim Einmassenverfahren ist die obere Begrenzung der Fließgrenze τ_F der
Dichtwandmasse so zu wählen, daß der Aushub nicht erschwert und nicht
zuviel Dichtwandmasse mit ausgehoben wird.

Für das Zweimassenverfahren ergibt sich die obere Begrenzung von τ_F
durch die Forderung nach selbstverdichtendem Fließen in der Stützflüssigkeit. Die lückenlose Verdrängung der Stützsuspension setzt außerdem
voraus, daß die Dichtwandmasse eine wesentlich höhere Dichte aufweist
als die Stützflüssigkeit. Daher kann es notwendig werden, die Stützflüssigkeit vor dem Einbringen der Dichtwandmasse zu reinigen.

Die Dichtwandmasse muß stabil sein. Sie soll möglichst wenig Wasser
aufnehmen oder abgeben und darf sich während der Abbindephase nur
begrenzt absetzen. Nur bei Beanspruchung durch hydrostatischen Wasserdruck kann eine teilweise Sedimentation des Zements und erhöhte Filtratwasserabgabe der Suspension zur partiellen Erhöhung des Zementanteils
im stärker beanspruchten unteren Bereich der Dichtwand erwünscht
sein.

Das Erstarrungsverhalten der Dichtwandmasse muß gewährleisten,
daß beim Einmassenverfahren der Abbindevorgang durch die Aushubar-
beiten nicht qualitätsmindernd gestört wird.

(2) Zustand nach dem Abbinden der Wand

Durch Eignungsprüfungen sollte ein Durchlässigkeitsbeiwert k der Dichtwandmasse von höchstens 5×10^{-8} m/s nach etwa 28 Tagen bis zu einem
hydraulischen Gefälle von $i = 30$ nachgewiesen werden. Erfahrungsgemäß wird dann die Dichtwand 2–3 Monate nach ihrer Herstellung
$k \leq 10^{-8}$ m/s erreichen. Da auch die durchtretende Sickerwassermenge
pro Zeiteinheit von Bedeutung ist, sollte im Entwurf für das maximal
auftretende hydraulische Gefälle $i = \Delta h/d$ (Δh = Wasserstandsunter-
schied innen bis außen) auch das erwünschte Verhältnis von k zur Wanddicke d (Leitfähigkeitsbeiwert in s^{-1}) angegeben werden, wobei der im
Entwurf zugelassene Größtwert im ausgeführten Bauwerk keinesfalls
überschritten werden darf.

Üblicherweise wird bei Dichtungsschlitzwänden eine einaxiale Druckfestigkeit nach DIN 18 136 von 0,2 bis 0,3 MN/m², bei Schmalwänden von

0,4 bis 0,7 MN/m², nach 28 Tagen an aus dem Mischer entnommenen Proben gefordert. Eine wesentliche Erhöhung der Festigkeit ist nicht erwünscht, weil dadurch die Verformbarkeit der Dichtwandmasse verringert wird und Verformungen im Boden zu örtlichen Schäden mit größerer Erosionsanfälligkeit führen können. Soweit realisierbar, sollte die Verformbarkeit der Dichtwandmasse von der gleichen Größenordnung sein wie die des Bodens.

Im Hinblick auf die Erosionsfestigkeit der Dichtwandmasse muß nach neueren Erkenntnissen bei Dauerbeanspruchung eine Einmassendichtwand mit einer Festigkeit von 0,2 bis 0,3 MN/m² das hydraulische Gefälle auf $i = 20$ beschränkt bleiben.

Bei Dichtungsschmalwänden, deren Dichtwandmasse in der Regel feststoffreicher hergestellt wird als bei Dichtungsschlitzwänden, sollte bei Dauerbeanspruchung bei der nachgewiesenen Mindestdicke ein hydraulisches Gefälle von $i = 40$ nicht überschritten werden.

Einflüsse, die auf das Verhalten der Wände im Gebrauchszustand Auswirkungen haben können, wie beispielsweise Konsolidierung, Schrumpfung usw., sind bei der Materialzusammensetzung der Wände angemessen zu berücksichtigen.

10.13.5   Prüfverfahren für die Dichtwandmasse

Für die Prüfung sind DIN 4126 und 4127 maßgebend.

Das Fließverhalten der Dichtwandmasse kann durch Messen der Fließgrenze mit dem Kugelharfengerät bzw. der Auslaufzeiten nach dem Marsh-Trichterversuch ermittelt werden.

Die Stabilität der Dichtwandmasse im Einbauzustand läßt sich am Absetzmaß (prozentuale Setzung) erkennen, das in der Regel nicht mehr als 3% betragen soll.

Die Grenze der Verarbeitbarkeit, bis zu der die Dichtwandmasse ohne Schaden durch Greiferarbeit bewegt werden darf, wird über die Festigkeit an Probezylindern ermittelt, die aus entsprechend lang bewegter Dichtwandmasse hergestellt worden sind.

Die Durchlässigkeit wird im Labor nach DIN 18130 ermittelt. Gegebenenfalls ist auch die Durchlässigkeit gegenüber Chemikalien im Hinblick auf die Dauerbeständigkeit zu bestimmen. Untersucht werden üblicherweise 28 bzw. 56 Tage alte Proben.

In der praktischen Anwendung ist die größere Durchlässigkeit im ausgeführten Bauwerk zu berücksichtigen.

Die einaxiale Druckfestigkeit wird nach DIN 18136 ermittelt, wobei die Abmessungen der Proben auf das zu untersuchende Material abzustimmen sind. Sie ist ein geeignetes Maß zur Beurteilung der Tragfähigkeit, sofern dies von Bedeutung ist.

Das Probealter beträgt in der Regel 28 bzw. 56 Tage.

Die Entnahme und Untersuchung von Proben aus der fertig abgebundenen Wand sollte nur in Sonderfällen und dann in Zusammenarbeit mit einem erfahrenen Institut, das Umfang und Art der Probenentnahme festlegt, vorgenommen werden.

10.13.6 Baustellenprüfungen der Dichtwandmasse

Verglichen werden die Eigenschaften der Dichtwandmasse vor dem Einbau mit den aus dem Eignungsversuch ermittelten Sollwerten.

Bei Dichtungsschlitzwänden nach dem Einmassenverfahren sind aus dem Schlitz mit Greifer oder speziellen Entnahmebuchsen gewonnene Proben aus verschiedenen Tiefen zu untersuchen.

Die Baustellenkontrolle wird feldlabormäßig durch die Messung folgender Eigenschaften durchgeführt:

1. Wichte,
2. Stützeigenschaften (Kugelharfengerät bzw. Pendelgerät),
3. Fließeigenschaften (Marsh-Trichter),
4. Stabilität (Absetzversuch, Filterpresse),
5. Sandanteile in verschiedenen Tiefen,
6. p_H-Wert

Die Wasserdurchlässigkeit der fertigen Wand wird zweckmäßig, abhängig von der Zeit, beginnend nach etwa 28 Tagen an Rückstellproben im Labor nach DIN 18130 und/oder durch Absinkversuche in Bohrlöchern [144] bestimmt, die der Abnahme zugrunde gelegt werden sollten.

10.14 Bestandsaufnahme vor dem Instandsetzen von Betonbauteilen im Wasserbau (E 194)

10.14.1 Allgemeines

Die nachfolgend behandelten Gesichtspunkte gelten im wesentlichen auch für die Prüfung von Betonteilen im Rahmen der Erhebungen nach E 193, Abschn. 15.1. Die aufgeführten Einzeluntersuchungen gehen fallweise aber über den Umfang einer normalen Prüfung hinaus und werden hier deshalb besonders aufgeführt.

Bauliche Maßnahmen zur Instandsetzung sind nur erfolgversprechend, wenn sie die Ursachen der Mängel bzw. Schäden zutreffend berücksichtigen. Da meist mehrere Ursachen daran beteiligt sind, ist vorweg eine systematische Untersuchung des Istzustands durch einen qualifizierten Ingenieur vorzunehmen.

Da die richtige Beurteilung der Mängelursachen und Schäden für eine dauerhafte Instandsetzung eine wesentliche Voraussetzung ist, werden außerdem einige Empfehlungen zur Feststellung des Istzustands und zur Ursachenfindung gegeben (siehe auch Teilbereich Nr. 1.2 von DIN 31051).

(1) Objektbeschreibung

● Baujahr,
● Beanspruchung aus Nutzung, Betrieb und Umwelt,
● Vorhandene Standsicherheitsnachweise,
● Ausführungszeichnungen,
● Besonderheiten bei der Erstellung des Bauwerks.

(2) Bestandsaufnahme der vom Schaden betroffenen Bauteile

● Art, Lage und Abmessungen der Bauteile,
● Verwendete Baustoffe (Art und Güteklasse),
● Schadensbild (Art und Umfang des Schadens mit Abmessungen der Schadstellen),
● Dokumentation (Fotos und Skizzen).

(3) Erforderliche Untersuchungen

Aufgrund der Feststellungen nach Abschn. 10.14.1 (1) und 10.14.1 (2) werden Art und Menge der zur Ursachenfindung erforderlichen Untersuchungen festgelegt.

10.14.2 Untersuchungen am Bauwerk

Nähere Aufschlüsse über den Istzustand des Bauwerks lassen sich durch folgende Untersuchungen am Bauwerk erreichen:

(1) Beton

● Verfärbungen, Durchfeuchtungen, organischer Bewuchs, Ausblühungen/Aussinterungen, Betonabplatzungen, Fehlstellen,
● Oberflächenrauhigkeit,
● Haftzugfestigkeit,
● Dichtheit,
● Carbonatisierungstiefe,
● Chloridgehalt (halbquantitativ),
● Rißverläufe, -breiten, -tiefen, -längen,
● Rißbewegungen,
● Zustand der Fugen.

(2) Bewehrung

● Betondeckung,
● Korrosionsbefall, Abrostungsgrad,
● Querschnittsminderung.

(3) Spannglieder

● Betondeckung,
● Zustand der Verpressung (erforderlichenfalls Ultraschall-, Durchstrahlungsprüfungen, Endoskopie),
● Zustand des Spannstahls,
● Vorhandener Vorspanngrad.

(4) Bauteile
- Verformungen,
- Kräfte,
- Schwingungsverhalten.

(5) Probenentnahme am Bauwerk
- Ausblühungs-/Aussinterungsmaterial,
- Betonteile,
- Bohrkerne,
- Bohrstaub,
- Bewehrungsteile.

10.14.3 Untersuchungen im Labor
(1) Beton
- Rohdichte,
- Porosität/Kapillarität (nach DIN 52 103),
- Wasseraufnahme (nach DIN 52 617),
- Verschleißwiderstand (nach DIN 52 108),
- Mikroluftporengehalt,
- Chloridgehalt (quantitativ in verschiedenen Tiefenzonen),
- Sulfatgehalt,
- Druckfestigkeit (nach DIN 1048),
- E-Modul (nach DIN 1048),
- Mischungszusammensetzung (nach DIN 52 170),
- Kornzusammensetzung,
- Spaltzugfestigkeit (nach DIN 1048).

(2) Stahl
- Zugversuch (nach DIN 488, Teil 3),
- Dauerschwingversuch.

10.14.4 Theoretische Untersuchungen
Statische Berechnung der Tragsicherheit und des Verformungsverhaltens des Bauwerks oder einzelner Teile vor und nach der Instandsetzung.

10.15 Instandsetzung von Betonbauteilen im Wasserbau (E 195)

10.15.1 Allgemeines
Wasserbauten unterliegen besonders ungünstigen Umweltbeanspruchungen, die sich aus physikalischen, chemischen und biologischen Einwirkungen ergeben können. Außerdem ist beispielsweise bei Hafenanlagen und anderen betriebsbedingt zugänglich zu haltenden Flächen mit der Einwirkung von Tausalzen zu rechnen, bisweilen auch mit betonangreifenden Umschlaggütern.
Die physikalischen Einwirkungen resultieren, abgesehen von Nutzlasten, Stoß- und Reibekräften der Schiffe, vorwiegend aus dem wiederholten

Austrocknen und Feuchtwerden des Betons, den ständigen Temperaturwechseln mit schroffer Frosteinwirkung auf wassergesättigten Beton und den Wirkungsformen des Eises. Chemische Beanspruchungen werden, neben fallweise nutzungsbedingten Einwirkungen aus Tausalz und Umschlaggütern, vor allem durch die Salze des Meerwassers verursacht. Besonders ungünstig wirken sich hier die Chloride aus, die im Porensystem des Betons durch die Verdunstung nach oben transportiert werden und oberhalb der Wasserwechselzone Korrosion an der Bewehrung hervorrufen können. Biologische Beanspruchungen entstehen in erster Linie durch Bewuchs und dessen Stoffwechselprodukte.

Solche Einflüsse können zu Oberflächenschäden am Beton und zu Korrosionsschäden an der Bewehrung führen. Gelegentlich treten auch breite Risse auf. Besonders gefährdet sind Bauteile im Spritz- und Wasserwechselbereich, und hier vor allem ins Meerwasser eintauchende Bauteile und Bauteile in unmittelbarer Küstennähe in stark salzhaltiger Luft. In Bild E 195-1 ist der Angriff von Meerwasser auf Stahlbeton schematisch dargestellt.

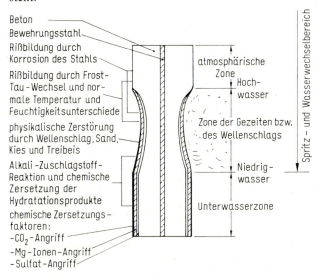

Bild E 195-1. Schema des Angriffs von Meerwasser auf Stahlbeton nach [133]

Werden aufgrund der festgestellten Schäden Instandsetzungsarbeiten an den Betonbauteilen erforderlich, muß für die Erfassung des Istzustands, für die Beurteilung des Schadens und für die Planung der Instandsetzungsmaßnahmen stets ein sachkundiger Ingenieur hinzugezogen werden. Der dauerhafte Erfolg der Arbeiten hängt wesentlich von der Sachkenntnis des ausführenden Fachpersonals und der aufgewendeten Sorgfalt in der Ausführung und Überwachung ab.

Für die Durchführung der Instandsetzungsarbeiten sollten deshalb nur Unternehmen herangezogen werden, die die Anforderungen gemäß DIN 1045, Abs. 5 mindestens sinngemäß erfüllen. Außerdem haben die Unternehmen auf dem Gebiet der Instandsetzung ausreichende Erfahrung nachzuweisen und über entsprechend ausgebildetes Personal zu verfügen. Die erforderliche Qualifikation des ausführenden Personals ist durch eine vom Auftraggeber anerkannte Prüfung nachzuweisen.

Zum Nachweis der Güte der Baustoffe und Bauteile sind Eignungs- und Güteprüfungen gemäß DIN 1045, Abschn. 7 durchzuführen. Für Baustellenbeton B II, Beton- und Stahlbetonfertigteile und Transportbeton sind vom ausführenden Unternehmer die Nachweise der Eigen- und Fremdüberwachung gemäß DIN 1084, Teil 1 bis 3 zu führen. Bei der Durchführung von dünnschichtigen Instandsetzungsarbeiten sind besonders die Forderungen in [136], Abschnitt 1.7 zu beachten.

Bei Mitgliedsfirmen der Gütegemeinschaft „Erhaltung von Bauwerken e.V." (GEB) ist diese Form der Qualitätssicherung in der Regel gegeben.

10.15.2 Beurteilung des Istzustands

Aufgrund einer sorgfältigen Bestandsaufnahme nach E 194, Abschn. 10.14 ist der Einfluß der Mängel und Schäden sowie der Instandsetzungsmaßnahmen auf die Standsicherheit, die Gebrauchsfähigkeit und die Dauerhaftigkeit des Bauwerks zu beurteilen.

In bestimmten Fällen kann es erforderlich sein, das Verformungsverhalten und/oder die Tragsicherheit eines Bauwerks bzw. einzelner Bauwerksteile in einer statischen Berechnung aufgrund neu ermittelter Randbedingungen zu untersuchen. Besondere Bedeutung kommt dabei dem Zusammenwirken zwischen altem und gegebenenfalls ergänztem Beton zu, insbesondere der Kraftübertragung in der Anschlußfläche.

10.15.3 Planung der Instandsetzungsarbeiten

Neben der zutreffenden Beurteilung der Schadensursachen ist eine sorgfältige Planung der Arbeitsfolge bei der Instandsetzung außerordentlich wichtig. Deshalb muß der Arbeitsplan Angaben enthalten über:

10.15.3.1. Prüfungen

- Art und Umfang der erforderlichen Prüfungen am Bauwerk und an Proben im Labor im Zuge der Instandsetzungsarbeiten.

10.15.3.2. Vorbehandlungen

- Art der Vorbehandlung des Untergrunds und fallweise erforderliches Gerät,
- Vorbehandlung des Bewehrungsstahls.

10.15.3.3. Herstellen der Bauteilgeometrie des Sollzustands, Arbeitsschritte

- Art und Zusammenhang der zu verwendenden Stoffe,

- Art und Geräte für das Aufbringen bzw. den Einbau des Materials, beispielsweise:
  - Beton,
  - Spritzbeton,
  - Spritzbeton mit Kunststoffzusatz,
  - Zementmörtel/Beton mit Kunststoffzusatz (PCC),
- Anwendung eines Instandsetzungssystems.

10.15.3.4. Nachbehandlung

- Art und Dauer.

10.15.3.5 Rißbehandlung

- Art des Materials,
- Verfahren, fallweise Gerät.

10.15.3.6 Fugenbehandlung

- Vorarbeiten,
- Art des Fugendichtungsmaterials,
- Ausführung.

10.15.3.7 Schutzanstrich/Beschichtung

- Art des Materials,
- Untergrundbehandlung,
- Anzahl der Arbeitsgänge,
- Schichtdicke,
- Beschichtungsverfahren.

10.15.3.8 Kathodischer Korrosionsschutz

- Art und Anordnung.

10.15.3.9 Qualitätssicherung

entsprechend Definition in [136], Abschn. 1.7.2 (1):
- Grundprüfungen,
- Eignungsprüfungen,
- Eigenüberwachung,
- Fremdüberwachung.

10.15.4 Durchführung der Instandsetzungsarbeiten

Die Empfehlungen beschreiben in der Praxis erprobte Verfahren für das Instandsetzen von Betonbauteilen, die zum Zweck der Sicherung und/oder Wiederherstellung ihrer Gebrauchseigenschaften sowie ihrer Dauerhaftigkeit angewendet werden. Sie umfassen im wesentlichen den Teilbereich Nr. 1.3 von DIN 31051.

10.15.4.1 Säubern und Vorbehandeln des Untergrunds

(1) Allgemeines

Zum Herstellen eines guten Verbunds muß der Betonuntergrund gleichmäßig fest und frei von trennenden Substanzen sein. Der vorbereitete Betonuntergrund muß die für die vorgesehene Instandsetzungsmaßnahme festgestellten Abreißfestigkeiten besitzen.

(2) Arbeiten über Wasser

Lockerer und mürber Beton, Beton mit zu hohem Chloridgehalt im Bereich der Bewehrung sowie alle Fremdstoffe, wie Bewuchs, Muscheln, Öl oder Farbreste, Metallreste (z. B. Schalungsanker, Rödeldrähte ohne ausreichende Betondeckung) sind zu entfernen.

Der Grenzwert für die schädliche Menge an Chlorid hängt von mehreren Einflüssen ab. Nach dem derzeitigen Stand des Wissens liegt er zwischen 0,4 und 1,2 Gewichtsprozent, bezogen auf den Zement. Der für den jeweiligen Einzelfall gültige Grenzwert ist von planenden sachkundigen Ingenieuren festzulegen. Für die Untergrundvorbereitung eignen sich das

- Sandstrahlen,
- Granulatstrahlen,
- Hochdruckwasserstrahlen,
- Heißwasserstrahlen,
- Fräsen oder Schleifen.

Freiliegender oder freigelegter Bewehrungsstahl ist durch Sand- oder Granulatstrahlen zu entrosten. Ist das Aufbringen eines Korrosionsanstrichs vorgesehen, muß die Stahloberfläche einen Normreinheitsgrad SA 2½ nach DIN 55928, Teil 4 aufweisen.

(3) Arbeiten unter Wasser

Lockerer und mürber Beton sowie alle Fremdstoffe sind zu entfernen (sinngemäß wie nach Abschn. 10.15.4.1 (2). Freiliegender oder freigelegter Bewehrungsstahl ist zu entrosten. Für diese Arbeiten eignen sich

- Unterwasser-Sandstrahlen,
- hydraulisch angetriebene Reinigungsgeräte,
- Unterwasser-Hochdruckwasserstrahlen.

10.15.4.2 Instandsetzen mit Beton

(1) Arbeiten über Wasser

Für das Instandsetzen mit Beton gilt das Merkblatt „Instandsetzen von Betonbauteilen" [134].

(2) Arbeiten unter Wasser

Diese Arbeiten sind in Anlehnung an Abschn. 10.15.4.2 (1) auszuführen. Das fachgerechte Einbringen und Verdichten des Betons ohne Entmischung ist durch Zugabe eines geeigneten Stabilisierers mit Prüfzeichen des IfBt (Institut für Bautechnik, Berlin) oder nach den Regeln des Einbringens von Unterwasserbeton gemäß DIN 1045, Abschn. 6.5.7.8 sicherzustellen.

10.15.4.3 Instandsetzen mit Spritzbeton

Das Spritzbetonverfahren nach DIN 18 551 hat sich für das Instandsetzen von Betonbauteilen über Wasser gut bewährt. Es ist das für das Instandsetzen von Betonbauteilen im Wasserbau am meisten eingesetzte Verfahren. Weitergehende Regelungen für das Instandsetzen sind enthalten in [135]. Nach diesen Richtlinien hergestellter Spritzbeton besitzt einen guten Haftverbund. Die Schichtdicke sollte 4 cm nicht unterschreiten. In besonderen Fällen bietet das Instandsetzen mit Stahlfaserspritzbeton Vorteile, so zur Verminderung der Rißgefahr bei sehr unterschiedlichen Schichtdicken und besonders schroffen Schichtdickenänderungen. Beim Naßspritzverfahren können auch alkalibeständige Glasfasern eingesetzt werden.

10.15.4.4 Instandsetzen mit kunststoffmodifiziertem Spritzbeton

Der Einsatz von kunststoffmodifiziertem Spritzbeton kann bei dünneren Schichten vorteilhaft sein, da durch die Kunststoffzusätze bestimmte Betoneigenschaften, wie Wasserrückhaltevermögen, Haftfestigkeit, Dichtigkeit verbessert werden. Es dürfen nur feuchtigkeitsunempfindliche Kunststoffzusätze verarbeitet werden.

Die Anforderungen an den kunststoffmodifizierten Spritzbeton und seine Eigenschaften gehen aus [150] hervor.

Der kunststoffmodifizierte Spritzbeton wird nach Abschn. 10.15.4.3 verarbeitet. Zu beachten ist, daß nach dem Spritzen die Betonoberflächen bearbeitet und geglättet werden können.

10.15.4.5 Instandsetzen mit Zementmörtel/Beton mit Kunststoffzusatz (PCC)

Zum Instandsetzen kleiner Ausbruchflächen ist Zementmörtel/Beton mit Kunststoffzusatz (PCC) nach [136] geeignet. Feuchtigkeitsempfindlicher Kunststoffzusatz ist ungeeignet. Der Zementmörtel/Beton wird von Hand aufgetragen. Im Gegensatz zu dem Auftragen durch Spritzen ist die Dichtigkeit geringer. Ein Anpassen an die vorhandene Betonoberfläche ist durch den Handauftrag stets möglich. Farbliche Unterschiede zwischen Alt- und Neubeton sind durch die unterschiedliche Zusammensetzung der Materialien zu erwarten.

10.15.4.6 Ummanteln des Bauteils

(1) Allgemeines

Der geschädigte Bauteil wird mit einer dichten, gegenüber den zu erwartenden mechanischen, chemischen und biologischen Angriffen ausreichend widerstandsfähigen Hülle ummantelt. Die Schutzhülle kann ohne oder mit Haftverbund um den zu schützenden Bauteil gelegt werden. Das Ziel des Verfahrens ist es, den Zutritt von Wasser, Sauerstoff oder sonstiger

Stoffe zwischen Hülle und Bauteil zu verhindern. Das Verfahren ist sowohl über als auch unter Wasser anwendbar.

(2) Säubern und Vorbehandeln des Untergrunds

Die Arbeiten werden entsprechend Abschn. 10.15.4.1(2) bzw. Abschn. 10.15.4.1(3) ausgeführt.

(3) Ummanteln des Betons mit einer vorgefertigten Betonvorsatzschale

Anforderungen an das Fertigteil:
- dichter, kapillarporenfreier Beton (WZ ≤ 0,4, mit hohem Frostwiderstand,
- beschichtete Bewehrung,

Ausfüllen des Zwischenraums zwischen Vorsatzschale und vorbehandeltem Beton durch Einpressen eines schwindarmen Zementmörtels mit hohem Frostwiderstand.

(4) Ummanteln des Betons mit einer vorgefertigten faserverstärkten Betonvorsatzschale

Geeignete Fasern:
- Stahlfasern,
- alkalibeständige Glasfasern.

Anforderungen und Ausführung entsprechend Abschn. 10.15.4.6 (3).

(5) Ummanteln des Betons mit einer Kunststoffschale, anwendbar bei Stützen

Anforderungen an die Kunststoffschale:
- beständig gegenüber UV-Strahlung (nur über Wasser),
- beständig gegenüber dem anstehenden Wasser,
- wasser- und ausreichend diffusionsdicht,
- wenn nötig, ausreichende mechanische Widerstandsfähigkeit gegen die zu erwartenden Einwirkungen, beispielsweise gegen Eislast, Geschiebe und Schiffsberührung.

Ausfüllen des Zwischenraums zwischen Schale und vorbehandeltem Beton wie bei Abschn. 10.15.4.6 (3).

(6) Umwickeln des Bauteils mit flexibler Folie, anwendbar bei Stützen

Säubern und Vorbehandeln des Untergrunds entsprechend Abschn. 10.15.4.1(2) bzw. Abschn. 10.15.4.1(3).

Herstellen des Korrosionsschutzes der Bewehrung und Auffüllen der Schadstellen über Wasser mit Spritzbeton nach Abschn. 10.15.4.3, unter Wasser mit Beton nach Abschn. 10.15.4.2 (2), Umwickeln der Stützen mit flexibler Folie.

Anforderungen an das System:
- beständig gegenüber UV-Strahlung,
- beständig gegenüber dem anstehenden Wasser,

- wasser- und gasdicht,
- ausreichende mechanische Widerstandsfähigkeit gegen die zu erwartenden äußeren Einwirkungen, beispielsweise gegen Eislast,
- dichte Verschlüsse der Folienräder untereinander und dichte obere und untere Anschlüsse an die Stütze, so daß weder flüssige noch gasförmige Stoffe zwischen Folie und Untergrund gelangen können.

10.15.4.7 Beschichten des Bauteils

Als zusätzliche Maßnahme gegen das Eindringen schädlicher Stoffe in den Beton, insbesondere von Chloriden bei Stahl- und Spannbetonbauteilen (wenn keine Ummantelung entsprechend Abschn. 10.15.4.6 (3) bis Abschn. 10.15.4.6 (6) vorgesehen ist), kann eine dichte Beschichtung auf den gesäuberten, vorbehandelten und mit Beton oder Spritzbeton instandgesetzten Bauteil sinnvoll sein. Als Beschichtungsstoffe haben sich vor allem Epoxidharzsysteme bewährt.

Die Anforderungen an den Untergrund, die erforderliche Abreißfestigkeit, das Beschichtungssystem, die Ausführung und Kontrolle der Arbeiten, sind festgelegt in [136], Abschn. 8 und [138].

10.15.4.8 Füllen von Rissen

Das Füllen von Rissen kann für den Korrosionsschutz der Bewehrung, das Herstellen kraftschlüssiger Verbindungen und das Abdichten von Bauwerken erforderlich sein. Vorab ist stets zu prüfen, welche Ursachen die Rißbildung hat und welche Beanspruchungen bzw. Verformungen noch zu erwarten sind (s. DIN 18 195, Teil 8 und DIN 18 540). Nach dieser Prüfung ist zu entscheiden, ob der Riß zu füllen ist, mit welchem Material und nach welchem Verfahren. Für kraftschlüssige Verbindungen und für den Korrosionsschutz haben sich Epoxidharze und für das Abdichten gegen durchdringendes Wasser Polyurethane bewährt.

Die Arbeiten sind nach [138] und [159] auszuführen.

10.15.4.9 Herrichten von Fugen und Fugenabdichtung

- Reinigen der Fugen und gegebenenfalls Erweitern der vorhandenen Fugenspalte,
- beschädigte Kanten mit Epoxidharzmörtel ausbessern,
- Einbringen der Fugendichtung nach den maßgebenden Vorschriften und Richtlinien.

Das Schließen und Füllen der Fugen kann singemäß nach DIN 18 540 vorgenommen werden. Für Fugen in Verkehrsflächen ist [137] zu beachten.

11 Pfahlrostmauern

Den unter diesem Abschnitt aufgeführten Empfehlungen zur statischen Berechnung liegt noch das bisherige Sicherheitskonzept (vgl. Abschn. 0.1) zugrunde.

11.1 Ausbildung von Ufermauern und Überbauten, Pfahlrostmauern (E 17)

In Abschn. 10.1 behandelt.

11.2 Ermittlung der Erddruckabschirmung auf eine Wand unter einer Entlastungsplatte bei mittleren Geländeauflasten (E 172)

Durch eine Entlastungsplatte kann, abhängig vor allem von der Lage und der Breite der Platte sowie von der Scherfestigkeit und Zusammendrückbarkeit des Bodens hinter der Wand und unter der Sohle des Bauwerks der Erddruck auf eine Wand mehr oder weniger abgeschirmt werden.

Bei einheitlichem nichtbindigem Boden und mittleren Geländeauflasten kann die Erddruckabschirmung nach LOHMEYER [93], Bild E 172-1, ermittelt werden. Wie durch CULMANN-Untersuchungen leicht nachgewiesen werden kann, trifft unter den obigen Voraussetzungen der LOHMEYER-Ansatz gut zu.

Bei geschichtetem nichtbindigem Boden bieten die Ansätze nach Bild E 172-2 bzw. E 172-3 Näherungslösungen, wobei die Berechnung nach Bild E 172-3 auch bei mehrfachem Schichtwechsel leicht elektronisch durchgeführt werden kann.

In Zweifelsfällen kann bei mehrfachem Schichtwechsel der Erddruck mit Hilfe des erweiterten CULMANN-Verfahrens nach E 171, Abschn. 2.4 ermittelt werden.

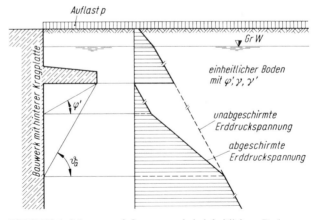

Bild E 172-1. Lösung nach LOHMEYER bei einheitlichem Boden

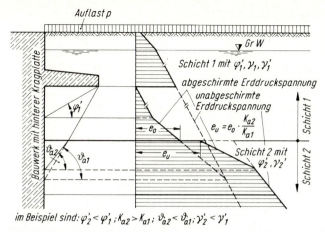

Bild E 172-2. Löschung nach LOHMEYER mit Erweiterung für geschichteten Boden (Lösungsmöglichkeit 1)

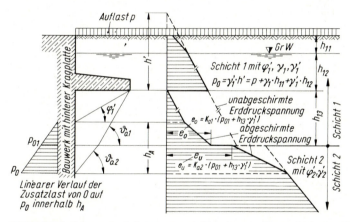

Bild E 172-3. Lösung nach LOHMEYER mit Erweiterung für geschichteten Boden (Lösungsmöglichkeit 2)

Hat der Boden auch eine Kohäsion c', kann der abgeschirmte Erddruck angenähert in der Weise angesetzt werden, daß zunächst die abgeschirmte Erddruckverteilung ohne Berücksichtigung von c' ermittelt und dieser anschließend der Kohäsionseinfluß:

$$\Delta e_{\mathrm{ac}} = -2 \cdot c' \cdot \sqrt{K_{\mathrm{a}}}$$

überlagert wird. Diese Vorgehensweise ist aber nur zulässig, wenn der Kohäsionsanteil im Verhältnis zum Gesamterddruck gering ist. Eine ge-

519

nauere Ermittlung ist auch hier unter Anwendung des erweiterten Culmann-Verfahrens nach E 171 möglich.

Gleiches gilt zur Erfassung des Einflusses von Erdbeben unter Berücksichtigung von E 124, Abschn. 2.14.

Die Ansätze nach den Bildern E 172-1 bis -3 sind nicht in Fällen anwendbar, in denen mehrere Entlastungsplatten übereinander angeordnet sind.

Außerdem ist, unabhängig von der Abschirmung, die Gesamtstandsicher-
heit des Bauwerks nachzuweisen, wobei in den maßgebenden Bezugsebenen der volle Erddruck anzusetzen ist.

11.3 Erddruck auf Spundwände vor Pfahlrostmauern (E 45)

Immer häufiger müssen Pfahlrostmauern mit hintenliegender Spundwand
durch eine vorgerammte Spundwand für größere Wassertiefen verstärkt
werden. Die neue Spundwand wird dann von dem Erdauflagerdruck der
hinteren Spundwand und oft auch schon knapp unter der vertieften Hafensohle durch Bodenspannungen aus den Pfahlkräften belastet.

Auch bei Pfahlrostneubauten liegt eine vordere Spundwand im allgemeinen im Einflußbereich der Pfahlkräfte.

Die auf die Gleitkörper und auf die vordere Spundwand wirkenden Lasten
können nur angenähert ermittelt werden. Die folgenden Ausführungen
gelten zunächst für nichtbindigen Boden.

11.3.1 Lasteinflüsse

Der auf die Spundwand wirkende Erddruck wird beeinflußt von:

(1) Dem Erddruck aus dem Erdreich hinter der Ufermauer. Er wird im
allgemeinen auf die Ebene einer etwa vorhandenen hinteren Spundwand oder auf die lotrechte Ebene durch die Hinterkante des Überbaues bezogen. Er wird mit ebenen Gleitflächen und dem Wandreibungswinkel $\delta_a = +\tfrac{2}{3}\,\varphi'$ für die vorhandene Höhe des Geländes und
der Auflast berechnet.

(2) Dem unteren Auflagerdruck einer etwa vorhandenen hinteren Spundwand.

(3) Dem den Erdkörper hinter der vorderen Spundwand belastenden Strömungsdruck, hervorgerufen durch den Unterschied zwischen Grund-
wasser- und Hafenwasserspiegel.

(4) Die Eigenlast der zwischen vorderer Spundwand und hinterer Bezugsebene liegenden Bodenmassen, im Zusammenwirken mit dem Erddruck nach (1).

(5) Den Pfahlkräften, die sich aus den lotrechten und waagerechten Über-
baubelastungen ergeben. Beim Berechnen der Pfahlkräfte müssen die
oberen Auflagerreaktionen der vorderen Spundwand berücksichtigt
werden, sofern nicht eine vom Pfahlrost unabhängige Zusatzverankerung angewendet wird (Bild E 45-1).

(6) Dem entlastenden Verschiebewiderstand des Erdbodens zwischen vorderer Spundwand und hinterer Bezugsebene nach (1).

11.3.2   Lastansätze zur Ermittlung des Erddrucks

Die Lastansätze bei einer nachträglich vorgerammten Spundwand sind in Bild E 45-1 dargestellt. Der Einfluß nach Abschn. 11.3.1 (2) wird in der als Belastung angesetzten Erdwiderstandsfläche vor dem Fuß der hinteren Spundwand berücksichtigt. Diese Erdwiderstandsfläche wird für das Fußende mit erzwungenen Gleitfugen nach Bild E 45-1 errechnet, sofern die normalen Erdwiderstands-Gleitfugen die Achse der neuen Spundwand erst unterhalb von A schneiden. Sie wird für freie Auflagerung der hinteren Spundwand im Boden in Anspruch genommen. Reicht das vorhandene Profil hierfür nicht aus, muß mit den erhöhten Lasten für Einspannung gerechnet werden, oder aber der Boden vor der hinteren Spundwand muß entsprechend aufgehöht werden.

Der Höhenunterschied zwischen dem Grundwasserspiegel hinter einer landseitigen Spundwand und dem Hafenwasserspiegel erzeugt unterhalb dieser Wand einen Strömungsdruck nach Abschn. 11.3.1 (3). Dieser Einfluß wird mittelbar erfaßt, wenn in der Bezugsebene nach Abschn. 11.3.1 (1) der auf die hintere Spundwand wirkende Wasserüberdruck auch unterhalb der Spundwand angesetzt und als äußere Belastung berücksichtigt wird.

Der Einfluß nach Abschn. 11.3.1 (4) richtet sich nach Art und Höhe des Erdbodens unter der Rostplatte sowie nach der Überbaubreite. Reicht bei einem Neubau der Boden bis Unterkante Rostplatte (Bild E 45-2), werden die Einflüsse nach Abschn. 11.3.1 (1), (4) und (6) bis knapp unter der Sohle gemeinsam berücksichtigt. Hierbei wird mit dem üblichen Erddruckansatz für Abschirmung gerechnet (E 172, Abschn. 11.2).

Die so ermittelte Belastungsfläche gilt aber nur bis zu der Tiefe, in der die Einflüsse der Pfahlkräfte nach Abschn. 11.3.1 (5) die Spundwand erreichen. Sie führen zu einer wesentlichen Erhöhung der Erddruckbelastung. Die waagerechten Anteile der Pfahlkräfte wirken sich bereits in Höhe der Pfahlspitzen auf die Spundwand aus. Die Einflüsse der lotrechten Pfahlkraftkomponenten reichen wesentlich tiefer. Den die Spundwand belastenden waagerechten Erddruckanteilen aus den lotrechten Pfahlkraftkomponenten stehen gleich große, nach hinten wirkende waagerechte Anteile der zugehörigen Bodenreaktionen Q in den Gleitfugen gegenüber. Diese stützenden Bodenreaktionen verlagern die sonstigen Erddruckeinflüsse zum Teil in größere Tiefe.

Die Gesamtauswirkungen der Pfahlkräfte sowie die stützenden Einflüsse aus dem Verschiebewiderstand nach Abschn. 11.3.1 (6) sowie die sonstigen Einflüsse nach Abschn. 11.3.1 werden beim folgenden, in den Bildern E 45-1 und -2 dargestellten Berechnungsgang mittelbar berücksichtigt.

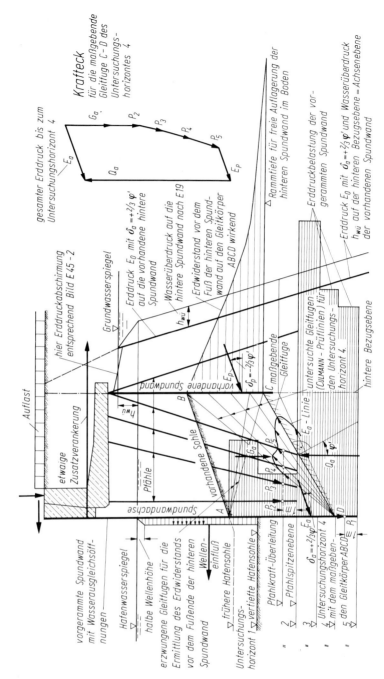

Bild E45-1. Belastungen einer nachträglich vor eine Ufermauer gerammten Spundwand

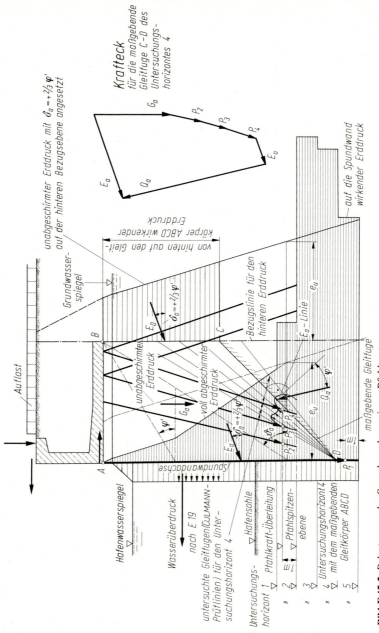

Bild E 45-2. Belastungen der Spundwand vor einem Pfahlrost

523

11.3.3 Gang der Erddruckberechnung

Um alle Einflüsse nach Abschn. 11.3.1 zu erfassen, werden in einer ausreichenden Anzahl von Untersuchungshorizonten abgewandelte CULMANN-Untersuchungen vorgenommen. Die hierbei angewendeten ebenen Gleitflächen werden nur durch den Erdkörper gelegt, der vorn durch die Spundwand und hinten durch die Bezugsebene nach Abschn. 11.3.1 (1) begrenzt wird.

Die jeweils untersuchten Gleitkörper werden durch ihre Eigenlast, die anteilige Belastungsfläche in der hinteren Bezugsebene und die auf sie wirkenden Pfahlkräfte belastet. Letztere können im allgemeinen als Einzelkräfte 1,00 m über dem Pfahlfuß angreifend angesetzt werden. Sie werden nur berücksichtigt, wenn ihr Angriffspunkt im Gleitkörper liegt.

Die Gleitkörper werden durch die Bodenreaktion Q_a und den Erddruck auf die vordere Spundwand E_a gestützt. Letzterer kann dabei aus einem erweiterten COULOMB-Krafteck entnommen werden.

Die Art der Ansätze und der Berechnung ist in den Bildern E 45-1 und -2 am Beispiel des Gleitkörpers ABCD gezeigt.

So kann, von oben nach unten fortschreitend, aus den Gleitkörperbelastungen und der Richtung der Bodenreaktionen Q_a der jeweilige, unter $\delta_a = + \frac{2}{3}\varphi'$ anzusetzende Erddruck E_a ermittelt werden. Der auf einen Untersuchungsabschnitt entfallende Erddruck errechnet sich als Unterschied zwischen dem für den Untersuchungshorizont ermittelten Gesamterddruck und dem Erddruck, der über dem Untersuchungsabschnitt bereits angesetzt worden ist. Diese Abschnittserddrücke können in der Spundwandberechnung ausreichend genau in Rechteckverteilung angesetzt werden.

In Übergangszonen (Bild E 45-1, Sohlenbereich) werden zweckmäßig größere Untersuchungsabschnitte gewählt. Hierdurch werden Unstetigkeitsstellen in der Erddruckfläche ausgeglichen.

Um Fehler und deren Fortpflanzung weitgehend auszuschalten, empfiehlt es sich, in allen Untersuchungshorizonten mit den über der jeweiligen Gleitfuge (CULMANN-Prüflinie) angreifenden Ausgangslasten zu rechnen und mit den tatsächlichen Kraftrichtungen zu arbeiten (Bilder E 45-1 und -2). Die für die einzelnen Gleitfugen eines Horizonts ermittelten Erddrücke E_a werden dann vom Schnittpunkt der Gleitfugen aus auf der jeweils zugehörigen Gleitfuge als Strecke abgetragen und die so gewonnenen Punkte durch eine Linie verbunden. Das Maximum dieser E_a-Linie ergibt sowohl die maßgebende Gleitlinie als auch den maßgebenden Erddruck E_a.

Scher- und Biegewiderstände der Pfähle werden zugunsten der Sicherheit vernachlässigt. P_1 in der vorgerammten Spundwand wird nur in halber Größe berücksichtigt.

11.3.4   Berechnung bei bindigen Böden

Hier kann sinngemäß verfahren werden. Bei konsolidierten Böden wird zusätzlich die Kohäsion C' berücksichtigt. Bei nicht konsolidierten Böden tritt anstelle von C' der Wert C_u, wobei $\varphi' = 0$ anzusetzen ist.

11.3.5   Belastung durch Wasserüberdruck

Der auf die vordere Spundwand wirkende Wasserüberdruck richtet sich unter anderem nach den Bodenverhältnissen, der Bodenhöhe hinter der Wand und einer etwaigen Entwässerung. Er wird bei Neubauten mit nur vorderer Spundwand und hochliegendem, bis unter die Rostplatte reichendem Boden nach E 19, Abschn. 4.2 unmittelbar auf die Spundwand wirkend angesetzt (Bild E 45-2). Liegt in Verstärkungsfällen mit hinterer Spundwand die Erdoberfläche unter der Rostplatte verhältnismäßig tief und unter dem freien Wasserspiegel, und besitzt die neue Wand genügend viele Wasserausgleichsöffnungen, gilt E 19 für den Wasserüberdruckansatz auf die alte Spundwand und den Strömungsdruckansatz nach Abschn. 11.3.1 (3). In solchen Fällen wird unmittelbar auf die vordere Spundwand vorsorglich ein Wasserüberdruck in halber Höhe der im Hafen zu erwartenden Wellen angesetzt (Bild E 45-1). In der Regel genügen hierfür 5 kN/m².

11.3.6   Fall mit zweiter vorderer Spundwand

Wird vor eine vorhandene vordere Spundwand eine weitere Spundwand zur Vertiefung gerammt, kann sinngemäß verfahren werden. Der Zwischenraum zwischen beiden Spundwänden wird dann mindestens so hoch mit nichtbindigem Boden aufgefüllt, daß die alte Spundwand für freie Auflagerung im Boden ausreicht. Hierbei kann der Erdwiderstand für erzwungene, nach dem Schnittpunkt der Erdoberfläche mit der Achse der neuen Spundwand führende Gleitfugen berechnet werden, wenn die normalen Erdwiderstandsgleitfugen unterhalb dieses Schnittpunkts ausmünden (Abschn. 11.3.2).

11.3.7   Ankervorspannung

Um die Verformungswege klein zu halten, kann die Verankerung einer nachträglich vorgerammten Spundwand unter Zulassung eines den örtlichen Verhältnissen anzupassenden Verschiebungswegs des Ankeranschlußpunkts vorgespannt werden.

11.4   Berechnung ebener, hoher Pfahlroste mit starrer Rostplatte (E 78)

Durch die Verwendung von Pfählen großer Tragfähigkeit ergeben sich im allgemeinen Pfahlrostmauern mit geringer Pfahlzahl und mit einfacher Stützung in drei Richtungen. Die vorn liegende Spundwand übernimmt dabei häufig die Aufgabe der Lotpfahlgruppe.

Bei diesen statisch bestimmten Systemen können die Pfahlkräfte in einfacher Weise durch Zerlegung der angreifenden resultierenden Kraft in drei

Richtungen nach dem Culmann-Verfahren berechnet werden. Näherungsweise kann dieses Verfahren auch angewendet werden, wenn die drei Pfahlrichtungen mehr als einfach besetzt sind.

Bei allen anderen Pfahlrosten kann beispielsweise nach der Elastizitätstheorie (Nökkentved [94] oder Schiel [95]) oder einem anderen geeigneten Verfahren gerechnet werden.

11.5 Ausbildung und Berechnung von Pfahlrosten mit elastischer Rostplatte auf elastischen Pfählen (E 157)

11.5.1 Allgemeines

Bauwerke dieser Art werden vor allem angewendet, wenn mindestens begrenzt tragfähiger Boden erst in größerer Tiefe ansteht, wenn in Bereichen mit starken Erdbebeneinwirkungen leicht gebaut werden muß, wenn zur Vermeidung langperiodischer Schwingungen im Hafenbecken oder sonst zum Abbau der Wellenenergie die Einfassungen der Ufer und sonstige Hafenanlagen nicht mit Wänden, sondern geböscht oder nur auf Pfähle gestützt, einen praktisch freien Durchlauf der Wellen ermöglichen sollen. Es können aber auch rein wirtschaftliche Fragen entscheidend sein.

Pfahlrostplatten von Kaianlagen werden im allgemeinen aus Stahlbeton hergestellt und je nach dem Verwendungszweck und den Ausdehnungen auf elastischen Pfählen häufig aus Stahl – in warmen Gegenden ohne Eiseinwirkungen aber vorwiegend aus Stahlbeton oder Spannbeton – statisch bestimmt, fallweise aber auch hochgradig statisch unbestimmt, gelagert (Bilder E 157-1 und -2). Um einwandfreie Entwurfsunterlagen zu erhalten, werden dabei die Pfähle so ausgebildet und so tief in den tragfähigen Boden eingebunden, daß sie auch unter den größten im Betrieb auftretenden Lasten nicht bleibend in den Boden einsinken. Die Pfähle werden in einer Form angeordnet, daß sich die Rostplatte auch in waagerechter Richtung nicht nennenswert verschieben kann. Dadurch werden die Pfähle – wenn nicht große äußere Horizontallasten, beispielsweise auch aus fließenden Bodenmassen, starker Strömung, Eisdruck, Eisstoß und dergleichen, auftreten – nur wenig auf Biegung beansprucht. Bei diesen Verhältnissen können die Pfähle in der Berechnung mit ausreichender Genauigkeit an der Rostplatte und am Pfahlfußpunkt gelenkig gelagert gerechnet werden, wenn man sie auch nicht so ausbildet. Sie wirken wie elastische Federn, wobei die Pfahllänge zwischen den Gelenken als Federlänge angesetzt wird. Bei Schrägpfählen ist dabei der Neigungseinfluß zu berücksichtigen.

Nur bei großen Blocklängen von Pieranlagen und sehr biegesteifen Pfählen müssen – zur Vermeidung ungünstiger Einspannmomente der Pfähle an ihren Köpfen wegen großer Längenänderungen der Platte aus Temperaturunterschieden – die Pfahlköpfe auch konstruktiv gelenkig angeschlossen werden. Schwindeinflüsse können dabei im allgemeinen durch Schwindplomben in unschädlichen Grenzen gehalten werden (Bild E 157-2).

Die Rostplatten werden im allgemeinen nur 50 bis 75 cm dick ausgeführt. Sie sind dabei, bezogen auf die Längenänderungen der Pfähle, sehr biegsam, wodurch ein Weiterleiten von größeren Biegemomenten vermieden wird, wenn die Pfähle, angepaßt an die angreifenden Lasten, sinnvoll angeordnet werden. Örtliche Lasten werden dann weitgehend direkt in die nächststehenden Pfähle eingeleitet, so daß weiter entfernte Pfähle praktisch unbeeinflußt bleiben.

Trotz der dünnen Platte kann die Bewehrung in wirtschaftlich günstigen Grenzen gehalten werden. Die Plattendicke richtet sich dabei in erster Linie nach dem Stahlbedarf zur Aufnahme der aus der lotrechten Auflast beim gewählten Pfahlabstand auftretenden Momente und zur einwandfrei sicheren Überleitung der Pfahlkräfte in die Rostplatte.

Aus betrieblichen Gründen, insbesondere, um Versorgungsleitungen, Kanäle und dergleichen unterbringen und die Beanspruchungen der Rostplatte und der Pfähle niedrighalten zu können, sollen die Rostplatten nicht unmittelbar befahrbar, sondern mit einer Sand- oder Kiesbettung ausgeführt werden. Besonders günstig ist im allgemeinen eine mindestens 1,0 m hohe Bettung, bei der die Leitungen gut untergebracht und die Schwingfaktoren beziehungsweise -beiwerte außer acht gelassen werden können. Bei 1,50 m Bettungshöhe, die mehr Auflast bringt, kann mit einer gleichmäßig verteilten Verkehrslast gerechnet werden (E 5, Abschn. 5.5).

11.5.2 Statisches System und seine Berechnung

Statisch wirkt die Rostplatte wie eine Flachdecke, die sich ohne besondere Pilzkopfausbildung auf die Pfähle abstützt. Die Überbaulasten müssen in beiden Richtungen voll abgetragen werden. Die Beanspruchungen der gesamten Pfahlrostkonstruktion sind dabei am günstigsten, wenn die Pfähle so angeordnet werden, daß die negativen Momente über sämtliche Stützen einer Grundrichtung etwa gleich und auch alle Pfahllasten gleich groß sind. Mit Rücksicht auf Randstörungen, Kraneinflüsse, Pollerzug, Schiffsstoß und auf konstruktiv oder bauausführungsmäßig bedingte Ungleichmäßigkeiten in den Pfahlstellungen ist diese Forderung jedoch nicht voll erfüllbar.

Die Rostplatte wäre an sich als elastische Platte auf elastischen Stützen (Pfähle) zu berechnen. Die genaue statische Berechnung eines solchen Systems in geschlossener Lösung ist heute aber noch nicht möglich. Das System kann jedoch ausreichend genau als elastischer Balkenrost auf elastischen Stützen elektronisch berechnet werden. Man kommt aber auch durch Probieren gut zum Ziel. Die richtige Lösung ist gefunden, wenn die aus dem Momentenverlauf ermittelten lotrechten Plattenverformungen ausreichend genau mit den lotrechten Pfahlkopfverschiebungen übereinstimmen. Letztere ergeben sich aus den mit Hilfe der Lasten und Momente ermittelten Pfahlkräften.

Konstruktive Hinweise (vgl. auch [96])

Um zu einer möglichst wirtschaftlichen Gesamtlösung zu kommen, ist unter anderem folgendes zu beachten:

- Die Anlegekräfte von großen Schiffen werden durch eine Fenderung mit schwerer Fenderschürze aufgenommen (Bild E 157-2 a).
- Am Wandkopf im Fenderbereich kann auch ein schwerer Festmachepoller angeordnet werden (Bild E 157-1).
- Örtliche Krafteinleitungen – beispielsweise aus Pollerzug und Schiffstoß – werden durch einen steifen Tragkörper auf 2 bis 3 Pfahlreihen verteilt (Bild E 157-1).
- Für die Kleinschiffahrt sind zum Schutz der Bauwerkspfähle und der Schiffe selbst Reibepfähle anzuordnen (Bild E 157-1 b).
- Kranlasten werden bei hohen Bettungen über flachgegründete durchlaufende Kranbahnbalken so weit verteilt, daß ihre Einflüsse auf die Pfahlgründung gering bleiben (Bild E 157-1 a).
- Bei etwa 1,5 m hohen Bettungen wird ein kräftiger Kranbahnbalken in Verbindung mit der Rostplatte tunlichst mittig zwischen zwei Pfahlreihen angeordnet.
- Um das Momentenbild möglichst wenig zu stören, dürfen Knicke in der Rostplatte nur über einer Pfahlreihe angeordnet werden (Bild E 157-1 a).
- In Tidegebieten ist es zweckmäßig, die Rostplattenunterkante über MThw zu legen, um von der gewöhnlichen Tide unabhängig zu bleiben (Bilder E 157-1 a und -2 a).
- Bei der Bemessung der Schalung sind auch ungünstige Welleneinwirkungen zu berücksichtigen.
- Die lotrechten und die schrägen Pfahlreihen werden gegeneinander versetzt angeordnet (Bild E 157-1 b).
- Verzahnungen in der Rostplatte werden großflächig so ausgebildet, daß sie der Versetzung der Pfahlreihen folgen (Bild E 157-1 b).
- Freistehende Pierplatten werden wirtschaftlich, wenn die Baublöcke möglichst lang ausgebildet werden (Bild E 157-2 b).
- Bei einem langen Baublock werden die waagerechten Längskräfte durch längsgeneigte flache Pfahlböcke in Baublockmitte aufgenommen (Bild E 157-2 b).
- Bei einem gleichzeitig breiten Baublock werden die waagerechten Kräfte in Querrichtung durch flache Pfahlböcke aufgenommen, die an den Blockenden etwa in der Baublocklängsachse angeordnet werden (Bild E 157-2 b).
- Durch die vorgenannte Aufnahme der waagerechten Kräfte werden die Beanspruchungen in Rostplatte und Pfählen minimiert.
- Die Rostplatte einer großen Pierbrücke wird am besten auf fahrbaren Schalungen betoniert, die sich vorwiegend auf die Lotpfähle abstützen. Störende Schrägpfahlböcke werden soweit möglich erst hinterher von

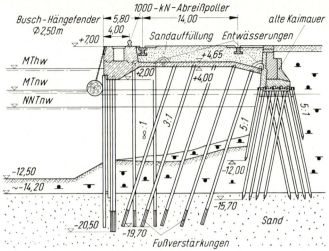

a) Querschnitt A–A durch den Fenderbereich

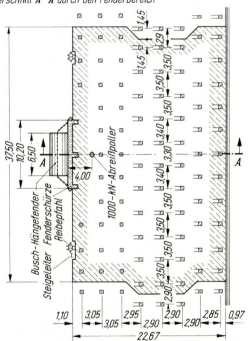

b) Grundriß des Baublocks

Bild E 157-1. Ausgeführtes Beispiel eines Kaimauervorbaus mit elastischer Stahlbetonrostplatte auf Stahlpfählen

529

530

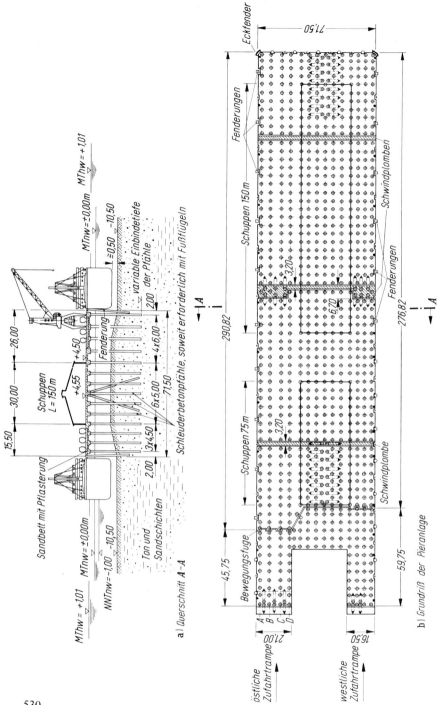

Bild E 157-2. Ausgeführtes Beispiel eines freien Hafenpiers mit elastischer Stahlbetonplatte auf vorgespannten Schleuderbetonpfählen

der Rostplatte aus gerammt und mittels örtlicher Rostplattenplomben an den Baublock angeschlossen (Längspfahlböcke in Bild E 157-2 b). Fallweise sind dann aber Zwischenaussteifungen erforderlich.

11.6 Wellendruck auf Pfahlbauwerke (E 159)

Im Abschn. 5.10 behandelt.

11.7 Nachweis der Sicherheit gegen Grundbruch von hohen Pfahlrosten (E 170)

Im Abschn. 3.4 behandelt.

11.8 Ausbildung und Bemessung von Pfahlrostmauern in Erdbebengebieten (E 127)

11.8.1 Allgemeines

Bezüglich der allgemeinen Auswirkungen von Erdbeben auf Pfahlrostmauern, die zulässigen Spannungen und die geforderten Sicherheiten wird auf E 124, Abschn. 2.14 verwiesen. Bei besonders hohen und schlanken Bauwerken sollte aber auch die Gefahr von Resonanzerscheinungen überprüft werden.

Bei der Ausbildung von Pfahlrostmauern in Erdbebengebieten muß beachtet werden, daß durch den Überbau einschließlich seiner Auffüllung und Aufbauten infolge der Erdbebenwirkungen zusätzliche waagerecht wirkende Massenkräfte entstehen, die das Bauwerk und seine Gründung belasten. Der Querschnitt muß daher so ausgebildet werden, daß ein Optimum erreicht wird zwischen dem Vorteil der Erddruckabschirmung durch die Rostplatte und dem Nachteil der zusätzlich aufzunehmenden waagerechten Kräfte aus der Erdbebenbeschleunigung des Überbaues mit Auffüllung, Aufbauten, Nutzlasten usw.

11.8.2 Erddruck, Erdwiderstand, Wasserüberdruck, Verkehrslasten

Die Ausführungen in den Abschn. 2.14.3, 2.14.4 und 2.14.5 von E 124 gelten sinngemäß. Es muß jedoch beachtet werden, daß im Erdbebenfall der Einfluß der hinter der Rostplatte vorhandenen Verkehrslast einschließlich der zusätzlichen Bodeneigenlast – infolge der zusätzlichen waagerechten Kräfte – unter einem flacheren Winkel als sonst angreift und die Abschirmung daher weniger wirksam wird als im Normalfall ohne Erdbeben.

11.8.3 Aufnahme der waagerecht gerichteten Massenkräfte des Überbaus

Die durch Erdbeben entstehenden waagerechten Massenkräfte können in beliebiger Richtung wirken. Rechtwinklig zur Ufermauer ist ihre Aufnahme im allgemeinen ohne Schwierigkeit durch Schrägpfähle möglich.

In Ufermauerlängsrichtung wird das Unterbringen von Pfahlböcken aber fallweise problematisch. Wenn die Bodenhinterfüllung einer vorderen Spundwand bis unmittelbar unter die Rostplatte reicht, können die in Längsrichtung wirkenden waagerechten Kräfte auch vorteilhaft durch Bodenstützung vor den Pfählen, das heißt durch Pfahlbiegung, abgetragen werden. Es muß aber nachgewiesen werden, daß die dabei auftretenden Verschiebungen nicht zu groß werden. Als Richtwert hierfür können etwa 3 cm gelten.

Die überbaute Böschung führt zu einer wesentlichen Verminderung der auf das Bauwerk insgesamt wirkenden Erddrucklasten.

Im Fall einer überbauten Böschung sollte die Rostplatte so leicht wie möglich ausgebildet werden, um ein Minimum an waagerechten Massenkräften zu erreichen.

11.9 Aussteifen der Köpfe von Stahlrohr-Rammpfählen (E 192)

Beim Einrammen von Stahlrohren besteht die Gefahr, daß die Köpfe im oberen Rohrbereich ausbeulen, besonders bei Rohren mit verhältnismäßig geringen Wanddicken, so daß die Rohre nicht auf die geplante Tiefe herabgebracht werden können. Um das Ausbeulen zu verhindern, muß der Pfahlkopf ausgesteift werden. Hier sind verschiedene Verfahren möglich. Bewährt haben sich folgende beiden:

(1) Anschweißen mehrerer ca. 0,80 m langer Stahlwinkel lotrecht an die Außenwand des Rohres (Bild E 192-1). Diese Methode ist verhältnismäßig einfach und preiswert, da nur außen geschweißt wird.

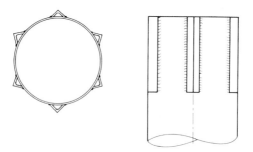

Bild E 192-1. Aussteifung mit außen angeschweißten Winkeln

(2) Einschweißen von ca. 0,80 m langen Stahlblechen in das Rohrinnere, so daß, in Längsrichtung gesehen, ein Kreuz entsteht (Bild E 192-2). Diese Methode ist jedoch im Vergleich mit der unter (1) beschriebenen sehr arbeitsaufwendig und somit teuer.

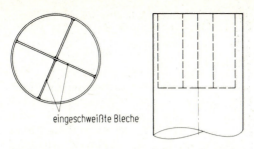

eingeschweißte Bleche

Bild E 192-2. Aussteifung mit eingeschweißten Blechen

12   Ausbildung von Böschungen

12.1   Böschungen in Binnenhäfen an Flüssen mit großen Wasserspiegelschwankungen (E 49)

Uferstrecken in Binnenhäfen, die dem regelmäßigen Umschlag von Gütern oder als ständige Liegeplätze für Schiffe dienen, werden zweckmäßig in senkrechter oder teilgeböschter Form ausgeführt. Gleiches gilt generell für Ufer in Häfen an Wasserstraßen mit wenig wechselnden oder gleichbleibenden Wasserständen. Da aber bei Flußhäfen mit starken Wasserspiegelschwankungen die Ausbildung der Ufer in dieser Form recht aufwendig ist, werden hier fallweise die in der Herstellung wesentlich billigeren, in ganzer Höhe geböschten Ufer angewendet. Sie erfordern einen höheren Unterhaltungsaufwand und einen höheren Geländebedarf, können aber für verschiedene Uferstrecken durchaus empfohlen werden. Dies gilt beispielsweise für Zufahrtsstrecken zu Hafenbecken, Wendeplätze, Schiffsreparaturplätze, Trennmolen bei Parallelhäfen, Uferstrecken mit schwimmenden Bootshallen oder wenig frequentierte Schiffsliegeplätze.

Aufgrund vorliegender Erfahrungen wird bei nichtbindigem, mitteldicht gelagertem gewachsenem Boden die in Bild E 49-1 dargestellte Uferausbildung empfohlen. Hierbei sind drei Hauptabschnitte der Böschungssicherung zu unterscheiden.

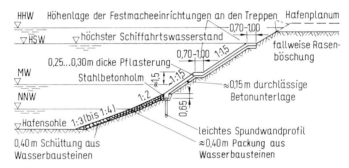

Bild E 49-1. Uferböschung in Binnenhäfen an Flüssen mit starken Wasserspiegelschwankungen

12.1.1   Unterer Abschnitt

Im unteren Abschnitt schließt sich an die Hafensohle bis zur Höhe des NNW, je nach den örtlichen Verhältnissen, eine Schüttung aus Wasserbausteinen in der Böschungsneigung 1:3 bis 1:4 an. Darüber liegt, je nach den Möglichkeiten der Bauausführung nahe bei NNW beginnend, eine befestigte Böschung in der Neigung 1:2. Ihre Befestigung besteht aus einer rund 0,40 m dicken Packung aus Wasserbausteinen, die den Technischen Lieferbedingungen für Wasserbausteine – Ausgabe 1984 – des Bundesministers für Verkehr, Verkehrsblatt 1984, Heft 19, S. 447 ff. [97] entsprechen müssen. Wenn unter der Wasserbausteinpackung Boden ansteht, der durch die Packung hindurchgespült werden kann, muß dies durch einen rd. 0,30 m dicken Mischkiesfilter mit geeignetem Kornaufbau oder durch den Einbau eines anderen Filters, beispielsweise einer Filtermatte aus Kunststoff oder einer bituminösen Filterschicht, verhindert werden. Auf E 189, Abschn. 12.5 wird hingewiesen. Dieser Teil der Böschung, der vor allem durch Schiffsberührungen und Schraubeneinwirkungen gefährdet ist, wird vom mittleren Teil durch eine mindestens 2,50 m lange Spundwand getrennt. Hierfür reichen leichte Stahl- oder gleichwertige Stahlbetonspundwände aus. Die Spundwand soll verhindern, daß etwaige Schäden vom unteren in den mittleren Böschungsbereich übergreifen. Hierzu muß sie am Kopf durch einen Holm eingefaßt werden, der am besten aus Stahlbeton so hergestellt wird, daß er gefährdete Strecken überbrücken kann.

Außerdem empfiehlt es sich, Bereiche, in denen regelmäßig mit Schraubeneinwirkungen zu rechnen ist, durch Verklammerung der Steinpackung mit bituminös oder hydraulisch gebundenen Vergußstoffen zu sichern.

12.1.2   Mittlerer Abschnitt

Der durch die Spundwand mit Stahlbetonholm am Fuß gesicherte mittlere Böschungsabschnitt reicht etwa bis 1,50 m über MW. Er wird zweckmäßig etwa in der Neigung von 1:1,5 ausgeführt, mit anschließender 0,70 bis 1,00 m breiter Berme als Gehweg. Für diesen Bereich haben sich 0,25 bis 0,30 m dicke Pflasterungen aus Natursteinmaterial in Wasserbausteinqualität bewährt.

Besondere Aufmerksamkeit ist bei der Pflasterung dem Untergrund zu schenken. Neben einer guten Verdichtung ist die unmittelbare Auflagerung der Pflastersteine besonders wichtig.

Bei der Verwendung von Betonsteinen mit glatter Unterseite ist eine ebene Aufstandfläche erforderlich, die durch eine etwa 0,15 m dicke durchlässige Betonschicht erreicht wird, welche auch verhindert, daß durch den Sog des Schiffsverkehrs oder sonstige Strömungen des Grundwassers Bodenmaterial ausgewaschen wird. Eine geeignete Aufstandfläche kann auch durch eine 0,20 m dicke Grobkiesschicht erreicht werden. Diese wird auf geotextilen Filtern [105] verlegt, welche ebenfalls verhindern, daß durch Sogeinwirkung und dergleichen Bodenmaterial ausgewaschen wird.

Die Deckwerksteine werden in der Böschungsfläche im Verbund gegenseitig verzahnt, aber so ausgebildet, daß sie normal zur Böschungsfläche jederzeit einzeln aus- und eingebaut werden können.

An die Güteeigenschaften der Betonsteine sind strenge Anforderungen zu stellen, beispielsweise hinsichtlich ihrer Maßhaltigkeit, Bruchfestigkeit, Wasserdichtigkeit und Oberflächengestaltung.

Bei Pflasterungen mit Natursteinen ist für einen guten Verbund und eine ausreichende gegenseitige Stützung der Steine zu sorgen. Unter der Deckschicht wird eine 0,20 m dicke Grobkiesschicht zur Dränung angeordnet. Im Bedarfsfall ist unter dieser Grobkiesschicht ein 0,20 m dicker Kiesstufenfilter anzuordnen. Auf E 189, Abschn. 12.5 wird verwiesen. Die Pflasterfugen werden 5 cm tief mit Zementmörtel ausgefugt.

Es ist darauf zu achten, daß durch eine hinreichende Dicke der Pflastersteine (mindestens 0,25 m) die notwendige Auflast gegen Abgleiten und Abheben durch Sohlwasserüberdruck erbracht wird. Der Standsicherheitsnachweis gegen Abheben wird nach [98] geführt.

12.1.3 Oberer Abschnitt

An die Berme schließt sich als oberer Abschnitt eine weitere Pflasterböschung unter 1 : 1,5 an. Sie reicht mindestens bis zum höchsten Schiffahrtswasserstand und hat am oberen Ende eine 0,70 bis 1,00 m breite Berme oder den entsprechenden Abschluß im Hafenplanum. Endet die Pflasterung unter dem Hafenplanum, wird der oberste Teil als Rasenböschung flacher als 1 : 1,5 ausgeführt [99].

In Häfen mit Umschlag gefährdender flüssiger Stoffe empfiehlt es sich, die Pflasterung bis zum Hafenplanum zu führen.

In Flußhäfen mit einem Hafengelände über HHW muß die Pflasterung mindestens bis HHW reichen.

Um den Verkehr für Personen von und zu den Schiffen zu ermöglichen, werden am Spundwandholm beginnend und bis zum Hafenplanum reichend etwa 1 m breite Treppen in rd. 40 m Achsabstand angelegt. Beidseitig der Treppen werden Festmacheeinrichtungen angeordnet (E 102, Abschn. 5.14).

Bezüglich weiterer allgemeiner Gesichtspunkte und Einzelheiten wird vor allem auf [99] verwiesen.

12.1.4 Böschungen von Binnenhäfen in Tidegebieten

Die Böschungen von Binnenhäfen in Tidegebieten werden im allgemeinen gleich ausgeführt wie die in Seehäfen. Hierfür wird auf E 107, Abschn. 12.2 hingewiesen.

12.2 Böschungen in Seehäfen und in Binnenhäfen mit Tide (E 107)

12.2.1 Allgemeines

In Hafenbereichen mit Massengutumschlag, an Uferliegeplätzen sowie im Bereich der Hafeneinfahrten und Wendebecken können die Ufer – wenn keine länger andauernden starken Schlickablagerungen vorkommen – auch bei großem Tidehub und sonstigen großen Wasserstandsschwankungen dauernd standsicher geböscht ausgeführt werden. Hierbei müssen bestimmte konstruktive Grundsätze beachtet werden, wenn größere Unterhaltungsarbeiten vermieden werden sollen.

Bei der Wahl der Böschungsneigung ist den technischen Vorteilen eines flacheren Ufers der Nachteil der größeren Sicherungslänge und des größeren unproduktiven Geländebedarfs gegenüberzustellen. Daher müssen die Bau- und Unterhaltungskosten im richtigen Verhältnis zum Wert und wirtschaftlichen Nutzen des Geländes stehen.

Da große Seeschiffe in den Häfen in der Regel nicht mit eigener Kraft fahren dürfen, sind es vor allem die großen Schlepper und die Binnenschiffe sowie fallweise die kleinen Seeschiffe und die Küstenmotorschiffe, die durch ihre Schraubeneinwirkungen und ihre Bug- und Heckwelle das Ufer bis auf etwa 4 m unter dem jeweiligen Wasserstand angreifen können.

Durch die Schiffahrt erzeugte Wasserbewegungen können aufgeteilt werden in Propellerstrahl, Wasserspiegelabsenkung an beiden Seiten des Schiffs (begrenzt von der Bug- und Heckquerwelle), Rückströmung, Nachlaufströmung und sekundäre Wellensysteme. Diese Komponenten bilden jede für sich eine Belastung der Ufer und der Uferdeckwerke. So greift die Rückströmung vor allem entlang der Böschung unter dem Ruhewasserspiegel an, während beispielsweise die Heckquerwelle und die sekundären Wellensysteme auf und in der Nähe des Ruhewasserspiegels angreifen.

Die Uferdeckwerke müssen so entworfen werden, daß sie den Schubkräften und Strömungsdrücken, die durch häufiger auftretende Belastungen entstehen, widerstehen können.

Welche Belastungskomponente für den Entwurf ausschlaggebend ist, hängt jeweils von der erwarteten Schiffahrt sowie von der Schiffsleistung und vom Querschnitt des Schiffahrtwegs ab. Häufig wird als Deckwerk geschüttetes Material verwendet. Auf experimentelle Weise und durch Grundlagenforschung sind in den letzten Jahren für die Bemessung dieser und anderer Uferschutzmaterialien sehr gut anzuwendende Formeln entwickelt worden (siehe beispielsweise [100]).

Auch die Grundwasserströmungen, die durch Schiffahrt und Gezeiten entstehen, führen zu einer Belastung des Ufers. Hierbei muß ein Unterschied gemacht werden zwischen dem aufwärts gerichteten Wasserdruck unter der Abdeckung des Ufers, der um so größer ist, je weniger durchlässig die Abdeckung ist, und dem hydraulischen Gefälle in den Filterschichten und im Untergrund (Bild E 107-2).

Eine Ufersicherung mit Setzsteinen beispielsweise muß so bemessen werden, daß sowohl ein Abgleiten als auch ein Anheben der Steine durch aufwärts gerichteten Wasserdruck vermieden wird.

Außerdem muß ein Materialtransport aus dem Untergrund oder den Filterlagen vermieden werden. Um dies zu erreichen, wird der Aufbau der Filterschichten so gewählt, daß der erzeugte Strömungsdruck genügend abgebaut wird, oder es wird eine sanddichte Abdeckung angewendet. Neben körnigen Filtern eignen sich hierfür zunehmend geotextile Filter. In beiden Fällen sind Wasserdurchlässigkeit und Filtersicherheit (Filterfunktion und Trennungsfunktion) charakteristische Entwurfsanforderungen.

Besondere Beachtung erfordern schließlich die Übergangskonstruktionen. Bei Brücken oder bei Übergängen zum Abdeckmaterial oder zum Untergrund kann entweder die Dicke der Konstruktion geringer oder die Belastung höher sein. In der Praxis sind viele Schadensfälle auf Entwurf und/oder Ausführungsfehler bei den Übergangskonstruktionen zurückzuführen.

Auch die Anschlüsse von Filterschichten an Bauwerke sind besonders sorgfältig zu planen und auszuführen.

Chemische Einflüsse müssen bei der Ausbildung eines Deckwerks fallweise berücksichtigt werden.

Je nach der Ausbildung des Deckwerkes unterscheidet man die durchlässige und die undurchlässige Ufersicherung. Die erstere wird bisher vorzugsweise in den deutschen Nordseehäfen angewendet. Die letztere – in Verbindung mit einer asphaltvergossenen Schüttung aus Wasserbausteinen – wurde in den Niederlanden entwickelt und bisweilen angewendet.

Die Wahl der Ausbildung kann sich nach den zu erwartenden Baukosten richten. Bei einem stärkeren als dem Entwurf zugrunde gelegten Wellenschlag bietet die undurchlässige Ufersicherung den Vorteil geringerer Unterhaltungskosten.

12.2.2 Ausbildung mit durchlässigem Deckwerk

Bild E 107-1 zeigt eine für Bremen kennzeichnende Lösung.

Der Übergang vom ungesicherten zum gesicherten Abschnitt wird durch eine 3,00 m breite, waagerechte, mit Wasserbausteinen abgedeckte Berme hergestellt. Oberhalb dieser Berme wird das Steindeckwerk in der Neigung 1:3 angelegt. Die obere Begrenzung des Deckwerks bildet ein im Hafenplanum liegender, 0,50 m breiter und 0,60 m hoher Betonbalken aus B 25. Das Deckwerk wird aus schweren Natursteinen hergestellt, die bis knapp über MTnw in einer rd. 0,7 m dicken Schicht in Schüttbauweise eingebracht werden. Darüber wird die Deckschicht rd. 0,5 m dick als gepacktes rauhes Steindeckwerk hergestellt. Beim Packen der Wasserbausteine ist für einen guten Verband und eine ausreichende gegenseitige Stützung der

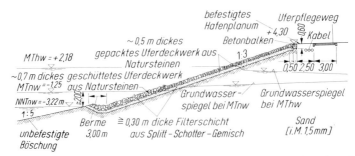

Bild E 107-1. Normalausführung einer Hafenböschung mit durchlässigem Deckwerk in Bremen

Steine zu sorgen, damit diese durch die Wellenenergie nicht aus dem Verbund gerissen werden können. Das Steinmaterial des Deckwerks muß fest, hart, von hohem spezifischen Gewicht sowie licht-, frost- und wetterbeständig sein.

Unter dem Steindeckwerk wird durchlaufend eine Filterschicht angeordnet, die den erwünschten rauhen Übergang vom Deckwerk zum Sanduntergrund bildet und das Ausspülen des Sands aus der Böschung verhindert. Die Bemessung ihres Lagenaufbaus und der Körnung hängt vom Untergrund, vom Querprofil und von der zu erwartenden Wellenbelastung ab. Diese muß daher von Fall zu Fall bestimmt werden.

Als Filterschicht sind auch Geotextilien, welche die für den jeweiligen Anwendungsfall zu fordernden Materialeigenschaften erfüllen, insbesondere in Form von Vliesstoffen, geeignet. Sie haben darüber hinaus den Vorteil, daß sie den Setzungen und in begrenztem Maße auch sonstigen Verformungen des Untergrunds folgen können. Dies kann zu Einsparungen bei den Instandhaltungskosten führen.

Zur Unterhaltung des Steindeckwerks und als Zuwegung zu den Schiffsliegeplätzen wird 2,50 m hinter dem erwähnten Betonbalken ein 3,00 m breiter, für schwere Fahrzeuge ausgebauter Uferpflegeweg angeordnet (Bild E 107-1). Im Streifen zwischen dem Betonbalken und dem Uferpflegeweg werden – soweit erforderlich – die Kabel für die Stromversorgung der Hafenanlage und der Uferfeuer sowie die Telefonleitungen usw. verlegt.

Bild E 107-2 zeigt einen kennzeichnenden Böschungs-Querschnitt aus dem Hamburger Hafen.

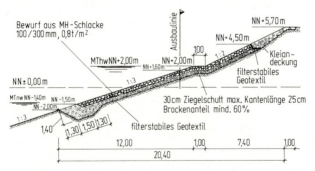

Bild E 107-2. Ausführung einer Hafenböschung mit durchlässigem Deckwerk in Hamburg

Bild E 107-3 zeigt eine für den Hafen Rotterdam kennzeichnende Lösung mit durchlässigem Deckwerk. Sie ähnelt – abgesehen vom Deckwerk selbst – in ihrem Aufbau weitgehend der Rotterdamer Lösung mit undurchlässigem Deckwerk, so daß bezüglich weiterer Einzelheiten auf die Ausführungen unter Abschn. 12.2.3 sinngemäß verwiesen werden kann.

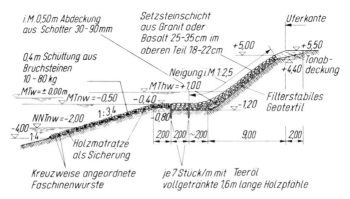

Bild E 107-3. Ausführung einer Hafenböschung mit durchlässigem Deckwerk in Rotterdam

Anstelle der Natursteine werden in letzter Zeit häufig Betonsäulen verwendet.

Bild E 107-4 zeigt eine neue Lösung für eine durchlässige Hafenböschung. Ein dauernd einwandfreies Funktionieren der Filterschichten bzw. der Filtermatten ist bei allen Ausführungen mit durchlässigem Deckwerk die Hauptvoraussetzung für den Bestand der Ufersicherung.

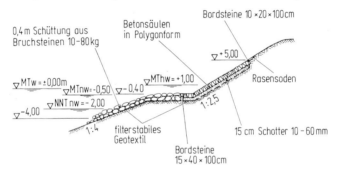

Bild E 107-4. Ausführung einer Hafenböschung mit durchlässigem Deckwerk bei Rotterdam

12.2.3   Ausbildung mit undurchlässigem Deckwerk

12.2.3.1   Grundsätzliches und Ermittlung der Standsicherheit

Für den Entwurf gelten vor allem folgende Bedingungen:

(1) Die Böschungssicherung muß der durchlässigen Ausführung technisch und wirtschaftlich gleichwertig sein,

(2) die Neigung der Sicherungsstrecke sollte so steil sein, wie die Standsicherheit es erlaubt und

540

(3) die Konstruktion soll – soweit möglich – maschinell ausgeführt werden können.

Als Deckwerk geeignet sind mit Asphalt vergossene Bruchsteinschüttungen, gegebenenfalls in Verbindung mit einer Asphaltbetonauflage. Bild E 107-5 zeigt hierzu ein kennzeichnendes, in Rotterdam entwickeltes und erprobtes Ausführungsbeispiel.

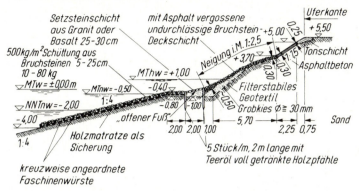

Bild E 107-5. Ausführung einer Hafenböschung mit undurchlässigem Deckwerk in Rotterdam

Bei einem dichten Deckwerk werden – im Gegensatz zur voll durchlässigen Lösung – Wasserüberdrücke in begrenztem Umfang in Kauf genommen und in der Ausführung entsprechend berücksichtigt. Die Größe dieser Wasserüberdrücke hängt von der Größe und Geschwindigkeit der Schwankungen des Hafenwasserstands an der Böschung und den gleichzeitig auftretenden Grundwasserständen hinter dem Deckwerk ab, die ihrerseits wieder von der Durchlässigkeit des Bodens und der unter dem Deckwerk angeordneten Filterschichten stark beeinflußt werden. Diese Überdrücke vermindern die mögliche Reibungskraft zwischen dem Deckwerk und dem darunterliegenden Material. Wenn dabei die Komponente der Eigenlast des Deckwerks in Richtung der Böschung die mögliche Reibungskraft übersteigt, treten im Deckwerk zusätzliche Beanspruchungen auf, die zu Verformungen (Zerrungen und Stauchungen) des Deckwerks führen können. Diese viskosen Verformungen des Deckwerks sind unerwünscht, zumal das Deckwerk dabei nach unten kriecht.

Da das viskose Verhalten des Deckwerks in sich unter den vorliegenden Bedingungen heute noch nicht ausreichend erforscht ist, muß als Sicherung gegen das Kriechen gefordert werden, daß der Reibungswiderstand nie kleiner sein darf als die Komponente der Eigenlast des Deckwerks in Richtung der Böschung (Kriechkriterium).

Als Kriterium für außergewöhnliche Belastungsfälle wird gefordert, daß die Komponente der Eigenlast des Deckwerks normal zur Böschung stets größer ist als der unmittelbar darunter auftretende größte Wasserdruck, so daß die Deckschicht nie abgehoben werden kann (Abhebekriterium). Diese außergewöhnlichen Belastungsfälle sind aber von so kurzer Dauer und so selten, daß dabei viskose Verformungen nicht zu befürchten und daher auch nicht zu berücksichtigen sind.

Der Wasserdruckverlauf unter der Deckschicht kann für die verschiedensten Fälle mit stationärer oder angenähert stationär vorausgesetzter Strömung mit Hilfe von Strömungsnetzen ermittelt werden (E 113, Abschn. 4.8). Diese erhält man am schnellsten mit elektrischen Modellen, die aber so auszuführen sind, daß die Randbedingungen denen der Natur ausreichend genau entsprechen.

Hierbei sind zu berücksichtigen:

(1) Der Verlauf der Außenwasserstände bei mittleren Tideverhältnissen und bei Sturmflut.

(2) Wasserstandsschwankungen aus Sog-, Schwall- und sonstigen Wellen.

(3) Die Grundwasserstände im Uferstreifen, abhängig von den Außenwasserständen.

(4) Die Durchlässigkeiteigenschaften der gewachsenen und der geschütteten Bodenschichten.

(5) Querschnitt und Gestaltung der Uferbefestigung.

12.2.3.2 Hinweise zur Ausführung

Die Ausführung nach Bild E 107-5 zeigt eine Lösung mit einem sogenannten „offenen Fuß" zur Abminderung des Wasserüberdrucks. Dieser Fuß besteht aus einer Grobkiesschüttung $\varnothing \geqq 30$ mm, gesichert durch zwei Reihen dicht an dicht stehender Holzpfähle, die mit Steinkohlenteeröl voll getränkt und 2,00 m lang und rd. 0,2 m dick sind. An das untere Ende der asphaltvergossenen Bruchsteinabdeckung anschließend wird die Grobkiesschicht mit Setzsteinen 25–35 cm aus Granit oder Basalt wasserdurchlässig abgedeckt.

Unter der Grobkiesschicht, die auch unter einen wesentlichen Teil der dichten Deckschicht reicht, befindet sich als Filter ein sanddichtes, wasserdurchlässiges Kunststoffgewebe.

Die Unterwassersicherung – bei Sand in der Neigung 1 : 4 ausgeführt – die nach einer 2,00 m langen Berme an den „offenen Fuß" anschließt, ist auf eine Tiefe von etwa 3,5 m unter MTnw mit einer Holzmatratze ausgerüstet. Darauf sind waagerecht und in der Böschungsrichtung Faschinenwürste angeordnet. Darüber liegt eine 0,30 bis 0,50 m dicke Schüttung aus Bruchsteinen, da abhängig vom Wellenangriff die Auflast aus der Deckschicht etwa 3 bis 5 kN/m² betragen soll.

Das asphaltvergossene Bruchstein-Deckwerk reicht von der landseitigen Holzpfahlreihe bis etwa 3,7 m über MTnw und weist eine mittlere Neigung 1 : 2,5 auf. Seine Dicke muß sich im Einzelfall nach der Größe der maßge-

benden Wasserdrücke an seiner Unterseite richten. Im Regelfall vermindert sie sich von unten nach oben von rd. 0,5 auf rd. 0,3 m.
Die Bruchsteine haben ein Stückgewicht von 10 bis 80 kg.

An das Deckwerk schließt sich nach oben in der Neigung 1:1,5 auf 1,3 m Höhe eine 0,30 bis 0,25 m dicke Asphaltbetonschicht an und darüber in gleicher Neigung auf 0,50 m Höhe eine Tonabdeckung. Diese soll etwaige spätere Rohr- oder sonstige Leitungsverlegungen erleichtern.

Für den Asphalt haben sich folgende Mischungsverhältnisse in Gewichtsprozenten bewährt:

bei Gußasphalt:
gemischter Sand	72%
Füller	13%
Asphaltbitumen 80/100	15%

bei Asphaltbeton:
Mischkies 8 bis 16 mm	47%
gemischter Sand	39,5%
Füller	7%
Asphaltbitumen 80/100	6,5%.

Auch bei dieser Art der Böschungssicherung mit undurchlässigem Deckwerk ist das ständige Funktionieren der Entwässerung ohne Auswaschung des Untergrundes die wichtigste Voraussetzung für einen dauerhaften Bestand.

12.2.4 Deckwerke mit Verguß aus Colcretemörtel

Hier muß berücksichtigt werden, daß das Deckwerk nach dem Erhärten der Vergußmasse praktisch starr ist. Dadurch ergeben sich in der Ausbildung, Ausführung und im Verhalten gewisse Unterschiede gegenüber den in Abschn. 12.2.3 behandelten Deckwerken mit Asphaltverguß oder aus Asphaltbeton.

Deckwerke, die mit Colcretemörtel vergossen werden, sollen daher in einer besonderen Empfehlung behandelt werden, die aber voraussichtlich von einem anderen Fachausschuß erarbeitet wird.

12.3 Böschungen unter Ufermauerüberbauten hinter geschlossenen Spundwänden (E 68)

12.3.1 Belastung der Böschungen

Neben den erdstatischen Belastungen können die Böschungen durch strömendes freies Wasser in Ufermauerlängsrichtung und durch strömendes Grundwasser quer zum Bauwerk beansprucht werden. Letzteres ist besonders nachteilig, wenn der Grundwasserspiegel in der Böschung höher liegt als der freie Wasserspiegel, so daß Grundwasser in Form einer Hangquelle austritt (E 65, Abschn. 4.3). Die Neigung der Böschung und ihre Sicherung müssen daher der Lage der maßgeblichen Wasserspiegel, der Größe und

Häufigkeit der Wasserstandsschwankungen, dem seitlichen Grundwasserzustrom, dem Untergrund und dem Gesamtbauwerk angepaßt werden, so daß die Standsicherheit und die Erosionsstabilität der Böschung sichergestellt sind.

12.3.2 Ausführungen bei Sand

Bei Sand mittlerer Lagerungsdichte wird im allgemeinen die Neigung 1 : 3 angewendet. Eine solche Böschung braucht nicht geschützt zu werden, wenn sie ständig unter Wasser liegt und das Bauwerk hinter der Böschung tief genug in den Untergrund einbindet, zum Beispiel in Form einer zusätzlichen hinteren Spundwand oder eines tiefen Sporns. Bei knappem Einbinden muß zur Vermeidung von Auswaschungen der Übergang vom Bauwerk zum Baugrund durch eine als Filter wirkende Mischkiesschüttung, gegebenenfalls mit örtlicher Grobkies- oder Bruchsteinabdeckung, gesichert werden. Tritt das Grundwasser als Hangquelle in der Böschung aus, muß sie durch einen rd. 0,50 m dicken Mischkiesfilter mit einem Aufbau gemäß E 32, Abschn. 4.5 gesichert werden. Eine zusätzliche rd. 0,50 m dicke Abdeckung mit einer Grobkies- oder Bruchsteinschüttung beziehungsweise einer rd. 0,25 m dicken Bruchsteinpackung wird empfohlen, wenn kurzfristig starke Wasserstandsschwankungen auftreten oder die Böschung steiler als 1 : 3 etwa bis 1 : 2,5 ausgeführt wird.

12.3.3 Ausführung bei Kies

Steht Kies an, kann die Böschung 1 : 2,5 ohne zusätzliche Sicherungen ausgeführt werden.

12.3.4 Ausführung bei bindigem Boden

Bei bindigem Baugrund hängt die zulässige Böschungsneigung stärker von den erdstatischen Verhältnissen ab. Die Standsicherheit ist nachzuweisen. Übergänge zu Sand oder zum Bauwerk sind sinngemäß wie bei Sand zu sichern.

12.3.5 Verschlickungsgefahr hinter der Spundwand

In Tidegebieten besteht die Gefahr einer Aufschlickung hinter der Spundwand, wenn der Eintritt von Außenwasser nicht durch entsprechende Maßnahmen sicher verhindert wird. Die damit verbundenen Zusatzkosten und statischen Folgen können erheblich sein. Im allgemeinen wird daher der Eintritt von Außenwasser in Kauf genommen und durch Abströmöffnungen in der Spundwand kurz oberhalb des Böschungsfußpunkts die Anlandung von Schlick verhindert. Der gegenseitige Abstand und der Querschnitt der Abströmöffnungen sind den jeweiligen Verhältnissen entsprechend zu wählen. Der strömungstechnische Einflußbereich der Öffnungen ist für die im Tideverlauf auftretenden Ein- und Ausströmzustände besonders sorgfältig zu planen. Fallweise sollten Absaugmöglichkeiten für den Schlick vorgesehen werden, wenn nicht besser eine Lösung gewählt wird, bei der der Boden bis unter die Rostplatte reicht.

12.4   Teilgeböschter Uferausbau in Binnenhäfen mit großen Wasserstandsschwankungen (E 119)

Im Abschn. 6.6 behandelt.

12.5   Anwendung von geotextilen Filtern bei Böschungs- und Sohlensicherungen (E 189)

12.5.1   Allgemeines

Geotextilien werden in Form von Geweben, Vliesstoffen und Verbundstoffen bei Böschungs- und Sohlensicherungen verwendet.

Als verrottungsbeständige Materialien für geotextile Filter haben sich bisher Kunststoffe wie Polyacryl, Polyamid, Polyester, Polyethylen und Polypropylen bewährt. Hinweise auf deren Eigenschaften können [129] entnommen werden.

Der Vorteil ihrer Anwendung liegt in der maschinellen Vorfertigung, durch die sehr gleichmäßige Materialeigenschaften erreicht werden können. Bei Beachtung bestimmter Einbauregeln und Produktanforderungen sind Geotextilien auch für den Unterwassereinbau geeignet.

Die Eigenschaften des geotextilen Filters sind auf den Boden, die Decklage und die Belastung abzustimmen. Geotextile Filter können zwar die Filteraufgabe von mineralischen Schichten übernehmen, haben aber hinsichtlich der Standsicherheit einer Böschungssicherung wegen des geringen Gewichts nicht die gleiche Wirkung wie mineralische Filter. Für einen Standsicherheitsnachweis kann daher im Gegensatz zum Mineralkornfilter nur das Gewicht der Deckschicht und einer eventuell vorhandenen mineralischen Zwischenlage herangezogen werden.

Für den Einsatz von Geotextilien im Wasserbau liegen inzwischen ausreichende Erfahrungen vor, die zu Regeln hinsichtlich Materialanforderungen, Prüfung der Materialeigenschaften, konstruktiver Gestaltung sowie zu bestimmten Anforderungen an die Bauverfahren geführt haben.

12.5.2   Bemessungsgrundlagen

Die Bemessung von geotextilen Filtern bei Böschungs- und Sohlensicherungen im Hinblick auf mechanische und hydraulische Filterwirksamkeit, Einbaubeanspruchungen wie Zug- und Durchschlagkräfte und Dauerhaftigkeit gegenüber Abriebbeanspruchungen bei ungebundenen Deckschichten kann nach den in [128] und [129] angegebenen Regeln vorgenommen werden, die im wesentlichen auf nationalen Erfahrungen aufbauen. Internationale Erfahrungen und Bemessungsgrundlagen finden sich z. B. in [145], [146] und [147].

Nach bisherigen Erfahrungen haben sich im deutschen Verkehrswasserbau bei Wasserstraßen der Klasse IV mit Böschungsneigungen 1:3 und steiler in Lockergesteinen mit Feinkornanteilen $d_{20} < 0,063$ mm Filterdicken $\geq 6,0$ mm mit Feinkornanteilen $d_{20} \geq 0,063$ mm Filterdicken $\geq 4,5$ mm bewährt, wobei bei Filtergewichten von $g \geq 600\ \text{g/m}^2$ auch die Durchschlagfestigkeit gegenüber Schüttsteinen von 30 kg Einzelgewicht bei einer Abwurfhöhe durch die Luft von 2 m erreicht wird.

Bei im Vergleich zu den obengenannten Randbedingungen günstigeren Verhältnissen können auch leichtere und dünnere Geotextilien eingesetzt werden.

Für Vorbemessungen oder in einfachen Fällen können die nachfolgenden Regeln angewendet werden. Eine gezielte Bemessung kann nach [128] bzw. [129] vorgenommen werden.

12.5.2.1 Mechanische Filterwirksamkeit (Bodenrückhalt)

Die mechanische Filterwirksamkeit kann nach zwei Verfahren festgelegt werden:

a) Nach [128] wird der zulässige Bodendurchgang nach [130] vorgeschrieben. Er beträgt für Böden mit

$$d_{15} \geq 0{,}06\ \text{mm}: \quad 25\ \text{g}/2{,}5\ \text{g},$$
$$d_{15} < 0{,}06\ \text{mm}: \quad 300\ \text{g}/30\ \text{g},$$

wobei mit dem ersten Wert der zulässige Gesamtbodendurchgang und mit dem zweiten Wert die erforderliche Stabilisierung des Bodendurchgangs in der letzten Prüfphase festgelegt wird.

b) Nach [129] besteht ein ausreichendes Bodenrückhaltevermögen, wenn die wirksame nach dem Verfahren des Franzius-Instituts für Wasserbau und Küsteningenieurwesen der Universität Hannover ermittelte Öffnungsweite D_w folgende Bedingung erfüllt: $d_{50} < D_w < d_{90}$. Dabei sollen sein:

bei nichtbindigen Böden:
D_w näher bei d_{50} und $D_w < 0{,}5\ \text{mm}$ und
bei bindigen Böden:
D_w näher bei d_{90} und $D_w < 0{,}3\ \text{mm}$.

Darin bedeuten d_{15}, d_{50} und d_{90} die Korndurchmesser bei jeweils 15, 50 und 90% Siebdurchgang.

Führen diese Regeln zu Öffnungsweiten, die von handelsüblichen Geotextilien nicht erreicht werden, sind ergänzende Systemprüfungen Geotextil/Boden beispielsweise nach [130] durchzuführen.

12.5.2.2 Hydraulische Filterwirksamkeit

(Wasserdurchlässigkeit)

Die hydraulische Filterwirksamkeit ist nach [128] gewährleistet, wenn der k_v-Wert des bodenbesetzten Geotextils

- bei nichtbindigen Böden: $k_v \geq 2 \cdot k_{\text{Boden}},$
- bei bindigen Böden: $k_v \geq 100 \cdot k_{\text{Boden}}$

ist. Bei Bemessung der Filtereigenschaften nach [129] gilt für die geforderte

Durchlässigkeit eines Geotextils unter einer Auflast von 2 kN/m² normal zu seiner Ebene

$k_v \geq 50\,k_{Boden}$.

12.5.2.3 Zugfestigkeit

Die Zugfestigkeit an der Bruchgrenze nach DIN 53857 muß bei Wasserstraßen der Klasse IV und Verlegung bei Schiffsverkehr betragen:

$\sigma \geq 1200\,N/10\,cm$ in Längs- und in Querrichtung.

12.5.2.4 Durchschlagfestigkeit

Bei Deckschichten aus geschütteten Steinmaterialien von mehr als 30 kg Steingewicht ist die Durchschlagfestigkeit nachzuweisen [130].

12.5.2.5 Abriebfestigkeit

Können unter Wellen- bzw. Strömungsbelastungen Scheuerbewegungen der Deckschichtsteine auftreten, ist die Abriebfestigkeit eines Geotextils nachzuweisen [130].

12.5.3 Anwendung von Zusatzschichten

Bei nichtbindigen feinkörnigen Böden besteht in der Wasserwechselzone und darunter unter der Einwirkung von Wellen die Gefahr der Bodenverflüssigung und Erosion unter dem Geotextil, was zu Verformungen des Deckwerks infolge von Bodenumlagerungen führen kann. Diese Erscheinung kann entweder durch Anwendung einer speziellen offenporigen geotextilen Zusatzschicht, die an der Unterseite des Geotextils fest angeordnet ist (Bild E 189-1 b) oder einer dämpfenden, lastverteilenden grobkörnigen

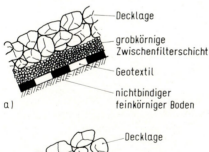

a)

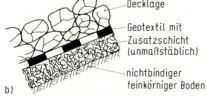

b)

Bild E 189-1. Alternative Ausbildung von Filterschichten zur Verhinderung von Bodenumlagerungen unter dem geotextilen Filter an Uferböschungen

Filterzwischenschicht auf dem Geotextil (Bild E 189-1 a) verhindert werden.

Detaillierte Angaben zur Anwendung von Zusatzschichten können [128] oder [129] entnommen werden. Überwiegend werden je nach Bodenart 5 bis 20 mm dicke geotextile Zusatzschichten mit einer wirksamen Öffnungsweite D_w zwischen 0,3 und 2 mm angewendet, jedoch sind auch noch offenporige Zusatzschichten erfolgreich verwendet worden.

12.5.4 Allgemeine Ausführungshinweise

Vor dem Einbau ist in jedem Fall die vertragsgemäße Lieferung nach entsprechenden Lieferbedingungen, beispielsweise nach [130] und [131], zu prüfen. Die angelieferten Geotextilien sind sorgfältig zu lagern und gegen UV-Strahlung, Witterung und sonstige schädigende Einflüsse zu schützen.

Um Funktionsmängel auszuschließen, muß beim Verlegen von mehrschichtigen geotextilen Filtern (Verbundstoffen) mit porenmäßig abgestuften Filterlagen auf die richtige Lage von Ober- und Unterseite geachtet werden. Außerdem dürfen auch keine Falten entstehen, damit spätere Bodenumlagerungen vermieden werden.

Ein Vernageln mit dem Untergrund an der Böschungsoberkante ist nur zulässig, wenn dadurch beim weiteren Baufortschritt das Geotextil keine Zwängungen erleidet.

Bereits eingebaute Geotextilien müssen vor allem beim Naßeinbau durch Aufbringen der Deckschicht oder Filterzwischenschicht unmittelbar nach dem Einbau in der Lage fixiert werden. Ein Ablegen von zusätzlichem Material über dem Filter außer der planmäßigen Deckschicht ist unzulässig. Bei Temperaturen unter $+5\,°C$ sollten Geotextilien nicht eingebaut werden. Besonders wichtig für das Bodenrückhaltevermögen der geotextilen Filter ist die sorgfältige Verbindung der einzelnen Bahnen, die durch Vernähen oder Überlappen hergestellt werden kann. Beim Vernähen muß die Festigkeit der Naht der geforderten Mindestfestigkeit der Geotextilien entsprechen. Beim Einbau im Trockenen mit einer Böschungsneigung von 1 : 3 oder flacher müssen die planmäßigen Überlappungen mindestens 0,5 m, beim Einbau im Nassen und bei allen steileren Böschungen mindestens 1,0 m breit sein. Bei weichem Untergrund ist zu überprüfen, ob fallweise größere Überlappungen angewendet werden sollten. Baustellennähte und Überlappungen sollen grundsätzlich in Böschungsfallrichtung verlaufen. Ist dies ausnahmsweise nicht möglich, muß die in Böschungsfallrichtung tieferliegende Bahn über die obere Bahn greifen. Sind geotextile Filter mit einer Zusatzschicht ausgestattet, darf im Überlappungsbereich bei der überdeckenden Bahn die Zusatzschicht nicht vorhanden sein. Querverkürzungen der Geotextilbahnen dürfen beim Bewurf mit Schüttsteinen nicht zu offenen Stellen führen.

Um beim Unterwassereinbau von geotextilen Filtern auch unter laufendem Verkehr eine faltenfreie, vollflächig und verzerrungsfrei auf dem

Einbauplanum aufliegende geotextile Filterlage mit ausreichender Über-lappung zu erreichen, sind die nachfolgenden Gesichtspunkte zusätzlich zu beachten:

- Die Baustelle ist so zu kennzeichnen, daß sie von allen Schiffen nur in Langsamfahrt passiert werden darf.
- Das Einbauplanum muß sorgfältig vorbereitet und von Steinen frei sein; verbleibende Unregelmäßigkeiten der Planumsoberfläche müssen bei der Bemessung der Überlappungen ausreichend berücksichtigt werden.
- Das Verlegegerät muß so positioniert sein, daß ein plangerechtes Verle-gen der Geotextilbahnen und ein plangerechtes Überlappen erreicht wird. Das Aufschwimmen der Geotextilbahnen unmittelbar über dem Untergrund ist zu verhindern. Gegebenenfalls ist das Geotextil beim Verlegen auf den Untergrund zu pressen.
- Arretierungen der Geotextilbahnen müssen beim Einbau der Schütt-steine gelöst werden. Das Verklappgerüst soll in Verlegerichtung der Bahnen nach und nach dicht über dem Geotextil geöffnet werden, so daß die Einbaubeanspruchungen klein bleiben.

Der Unterwassereinbau soll nur zugelassen werden, wenn der Auftragneh-mer nachgewiesen hat, daß er die gestellten Bedingungen erfüllen kann und wenn dies unter laufender Taucherkontrolle möglich ist.

Im übrigen wird auf die Anwendungsbestimmungen nach [132] hingewie-sen.

13   Dalben

Den unter diesem Abschnitt aufgeführten Empfehlungen zur statischen Berechnung liegt noch das bisherige Sicherheitskonzept (vgl. Abschn. 01) zugrunde.

13.1   Berechnung elastischer Bündel- und Einpfahldalben (E 69)

13.1.1   Berechnungsgrundsätze und -methoden

Elastische Dalben werden so berechnet, daß beim gegebenen Untergrund für das geforderte Arbeitsvermögen eine zulässige größte Stoßkraft und eine betrieblich zweckmäßige Durchbiegung, die erforderliche Rammtiefe und die benötigten Querschnittsabmessungen ermittelt werden. Gleichzeitig muß ein gegebenenfalls in Frage kommender Trossenzug aufgenommen werden können. Die Aufgabe ist damit überbestimmt, und es kommt darauf an, sie so zu lösen, daß optimale Ergebnisse sowohl in technischer als auch in betrieblicher und wirtschaftlicher Hinsicht erzielt werden.

Elastische Dalben können unter Berücksichtigung der rechtwinklig zur Kraftrichtung gemessenen Dalbenbreite b berechnet werden. Für die Ermittlung der Erdwiderstände werden folgende Ansätze empfohlen:

Wichte

Als wirksame Wichte wird sowohl bei Stoß als auch bei Trossenzugbelastung die Wichte γ' der jeweiligen Bodenschicht unter Auftrieb angesetzt.

Wandreibungswinkel

Bei Benutzung ebener Gleitflächen kann bei allen Dalbenbelastungen mit dem jeweiligen Wandreibungswinkel des Erdwiderstands bis zu $\delta_p = -{}^2/_3\varphi'$ gerechnet werden, wenn die Bedingung $\Sigma V = 0$ erfüllt ist (Bild E 69-1). Andernfalls ist der Erdwiderstand flacher anzusetzen.

Als von oben nach unten wirkende V-Belastung kann unter Berücksichtigung des Auftriebs neben dem Gewicht des Dalbens und des durch den Dalbenumriß begrenzten Bodenkörpers auch die lotrechte Grenzlast-Mantelreibung in den Seitenflächen $a \cdot t$ und die lotrechte Komponente der Ersatzkraft C gemäß der Berechnung der Rammtiefe angesetzt werden.

Zulässige Spannungen

Folgende Spannungen sind zulässig:

Belastung durch:
Schiffsstoß: Streckgrenze β_s,

Trossenzug, Windlast,   Zulässige Spannungen nach E 18,
Strömungsdruck: Abschn. 5.4.2 für Lastfall 2, d. h.
                                                            mit 1,5facher Sicherheit zur Streck-
                                                            grenze β_s.

13.1.2 Dalben in einheitlich nichtbindigem Boden

Sie können zum Beispiel nach BLUM [101] berechnet werden.

Die Ersatzkraft C kann nach Bild E 69-1 unter der bei Dalbenberechnungen üblichen Vernachlässigung der Erddruckeinflüsse aus der Bedingung $\Sigma H = 0$ nach der Gleichung:

$$C = \gamma' \cdot K_p \cdot \cos \delta_p \cdot t_0^2 \cdot (3\,b + t_0)\,/\,6 - P$$

errechnet oder aus dem Krafteck zur Momentenfläche entnommen werden.

Sie kann im Rahmen der Bedingung $\Sigma V = 0$ bis zu $\delta_p' = +{}^2/_3\,\varphi'$ gegen die Normale zur Dalbenachse geneigt angesetzt werden.

Der für die Aufnahme der Ersatzkraft C erforderliche Rammtiefenzuschlag Δt (Bild E 69-1) kann unter sinngemäßer Anwendung von E 56, Abschn. 8.2.9 und der dort benutzten Zeichen mit folgender Gleichung errechnet werden:

$$\Delta t = \frac{C}{\gamma' \cdot K_p' \cdot \cos \delta_p' \cdot t_0 \cdot (2\,b + t_0)}\,.$$

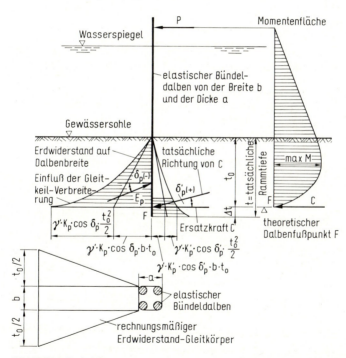

Bild E 69-1. Erdwiderstandsansätze zur Berechnung elastischer Bündeldalben in nichtbindigem Boden

Bei geneigter Gewässersohle ist im Erdwiderstandsbeiwert K_p bzw. K_p' der Geländeneigungswinkel ($+$ oder $-$ β) zu berücksichtigen (Bild E 69-2). Dieser sollte zwischen $\beta = +1/3\,\varphi$ und $-2/3\,\varphi$ liegen, wobei der Wandreibungswinkel $\delta_p = -1/3\,\varphi$ betragen sollte.

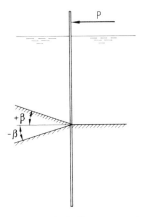

Bild E 69-2. Dalben an geneigter Gewässersohle

13.1.3 **Dalben in geschichteten nichtbindigen und bindigen Böden**
Es empfiehlt sich hierfür die Berechnung der Erdwiderstandsverteilung nach DIN 4085, Abschn. 5.13.2, wobei die Berechnung des Erdwiderstands über die Ermittlung der Erdwiderstandsordinaten vorgenommen werden kann.
Die Erdwiderstandsordinaten für E_{pi} und C

$$\text{spa } e_{ph} = \gamma \cdot z \cdot \mu_{pgh} \cdot K_{pgh} + p \cdot \mu_{pgh} \cdot K_{pgh} + c \cdot \mu_{pch} \cdot K_{pch} \quad [\text{kN/m}^2]$$

sind mit den Formbeiwerten μ für das jeweilige Tiefenverhältnis z/b unter Gewässersohle an der Ober- und Unterfläche jeder Schicht zu bestimmen. Dabei ist zu beachten, daß ober- und unterhalb des Werts $z/b = 3,33$ unterschiedliche μ-Werte gelten. Die Erdwiderstandslasten ΔE_{pi} für die einzelnen Schichten i ergeben sich aus dem Mittelwert der beiden Erddruckordinaten multipliziert mit der gedrückten Dalbenteilfläche $b \cdot \Delta z$ (Bild E 69-3). Bei bindigen Bodenschichten ist wegen der „schnellen" Belastung durch P nur mit dem Scherparameter c_u (bei $\varphi_u = 0$) (nichtdränierter Versuch) zu rechnen. Die Ersatzkraft C und die Rammtiefe t werden analog zu Abschn. 13.1.2 berechnet.

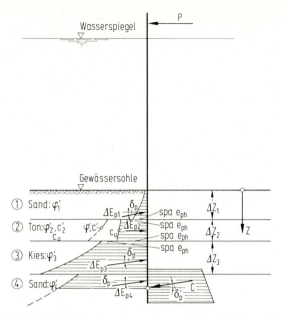

Bild E 69-3. Dalbenberechnung in geschichtetem Boden. Räumliche Erdwiderstände nach DIN 4085.

13.2 Federkonstante für die Berechnung und Bemessung von schweren Fenderungen und schweren Anlegedalben (E 111)

13.2.1 Allgemeines

Die Federkonstante c [kN/m] ist das Verhältnis der angreifenden Last zu der in ihrer Wirkungslinie auftretenden elastischen Verformung:

$$c = P/f.$$

Sie ist für die Berechnung und Bemessung schwerer Fenderungen und elastischer Anlegedalben an Großschiffsliegeplätzen von besonderer Bedeutung. Sie bestimmt die maximale Stoßkraft und Durchbiegung für das zur Energieaufnahme des anfahrenden Schiffs erforderliche Arbeitsvermögen nach den Belangen der Praxis. Dabei darf die für die betreffenden Schiffstypen größte zulässige Stoßkraft nicht überschritten werden.
Für die von der Schiffsaußenhaut bzw. den Verbänden noch aufzunehmende zulässige Stoßkraft sind im Einzelfall Angaben von den in Frage kommenden Reedereien bzw. vom Germanischen Lloyd einzuholen. Im allgemeinen sind Punktlasten zu vermeiden. Bei größeren Kräften sind daher druckverteilende Bauelemente (Fenderschürzen) anzuordnen.

Für die Wahl der Federkonstanten c sind neben den statischen und dynamischen Grundwerten vor allem auch nautische und konstruktive Gesichtspunkte von Bedeutung. Selbst unter eindeutig bestimmten Verhältnissen ist für die Federkonstante meist nur eine generelle Begrenzung nach unten und oben möglich, wobei für die endgültige Wahl der erforderliche Spielraum bleiben muß. Ausnahmsweise auftretende Überschreitungen des zulässigen Anlegedrucks werden bei hochwertigen Fendertypen bzw. Stoßdämpfern gelegentlich durch Einschalten von Bruchgliedern, Abscherbolzen und dergleichen unschädlich gemacht, ohne daß schon eine Beschädigung am Schiff oder Bauwerk auftritt. Bezüglich der zulässigen Stahlspannungen bei den verschiedenen Lastfällen und Beanspruchungen sowie der jeweils zu wählenden Stahlsorte und Stahlgüte wird auf E 112, Abschn. 13.4 verwiesen.

Da die Federkonstante der Steifigkeit der Fenderung oder des Dalbens entspricht, bewirkt eine groß gewählte Federkonstante ein hartes, eine klein gewählte ein weiches und damit weniger riskantes Anlegen der Schiffe.

13.2.2   Bestimmende Faktoren für die Wahl der Federkonstanten

13.2.2.1 Da die Größe des benötigten Arbeitsvermögens A [kNm] von den vorkommenden Schiffsgrößen und deren Anlegegeschwindigkeiten (siehe E 128, Abschn. 13.3 in Verbindung mit E 40, Abschn. 5.3) bestimmt wird, muß für die jeweils erreichbare geringste Größe min c die Bedingung

$$\min c = \frac{2\,A}{\max f^2}$$

beachtet werden, sofern man die waagerechte Durchbiegung f bei Erreichen der Streckgrenze aus nautischen, hafenbetrieblichen oder konstruktiven Gründen mit max f festlegen oder begrenzen muß.

13.2.2.2 Ein weiteres Kriterium für die Mindeststeifigkeit eines Anlegedalbens mit oder ohne gleichzeitigen Vertäuaufgaben ergibt sich aus der statischen Belastbarkeit des Bauwerks stat P bei Spannungen nach Lastfall 2. Rechnet man wegen der nur ungenauen Erfassungsmöglichkeit der maximal angreifenden statischen Belastung mit einem Sicherheitsfaktor 1,5, ist:

$$\min c = \frac{1{,}5 \cdot \text{stat}\,P}{\max f}.$$

13.2.2.3 Der obere Grenzwert der Federkonstanten max c wird durch die maximal zulässige Stoßkraft $P_{\text{Stoß}}$ zwischen Schiffskörper und Fender bzw. Dalben beim Anlegevorgang bestimmt, sofern nicht max f bereits für die maximal zulässige Stoßkraft $P_{\text{Stoß}}$ festgelegt wurde:

$$\max c = \frac{P_{\text{Stoß}}^2}{2\,A}.$$

Unter Umständen sind aber auch ständige dynamische Einwirkungen – vor allem aus starken Wellen – für die Wahl der Federkonstanten von Bedeutung.

13.2.3 Besondere Bedingungen

Die Gleichungen nach Abschn. 13.2.2 legen zunächst nur die Grenzen fest, innerhalb derer die Federkonstante einzuordnen ist. Die endgültige Festlegung muß folgende Gesichtspunkte mit berücksichtigen:

13.2.3.1 Sofern nicht besondere Umstände – zum Beispiel ein erwünschtes größeres Arbeitsvermögen bei Großschiffsliegeplätzen oder die in Abschn. 13.2.3.2 gegebenen Hinweise – dagegen sprechen, sollte max f im allgemeinen etwa 1,5 m nicht überschreiten, da sonst beim Anlegemanöver der Berührungsstoß zwischen Schiff und Dalben so weich wird, daß der Schiffsführer die Bewegung bzw. Lage des Schiffs in bezug auf den Dalben nicht mehr ausreichend genau beurteilen kann.

13.2.3.2 Beim Ansatz der statischen Belastung stat P des Dalbens muß auch die gegenseitige Abhängigkeit im System Fender–Schiff–Trossen beachtet werden. Dies gilt vor allem bei Liegeplätzen, die starken Winden und/ oder langen Dünungswellen ausgesetzt sind. In solchen Fällen, wie auch bei Liegeplätzen in offener See, sollten stets Modellversuche durchgeführt werden.

Nach bisherigen Erfahrungen ist generell folgendes zu beachten:

(1) Steife Trossen, d.h. kurze Leinen oder Stahltrossen erfordern steife Fender.

(2) Weiche Trossen, d.h. lange Leinen oder Manila-, Nylon-, Polypropylen- und Polyamidseile usw. erfordern weiche Fender.

Dabei ergeben sich im Fall (2) immer kleinere Belastungen sowohl für die Trossen als auch für die Dalben.

13.2.3.3 Die maximal zulässige Stoßkraft $P_{\text{Stoß}}$ zwischen Schiff und Anlegedalben wird einerseits vom anlegenden Schiffstyp und zum anderen von der konstruktiven Gestaltung des Dalbens, insbesondere von seiner Ausrüstung mit Fenderschürzen und dergleichen bestimmt. Auch bei Großschiffsliegeplätzen wird gefordert, daß die Anlegepressung zwischen Schiff und Dalben 200 kN/m² – fallweise sogar 100 kN/m² – nicht überschreitet. Eine höhere Anlegepressung kann zugelassen werden, wenn nachgewiesen wird, daß Außenhaut und Aussteifungen der anlegenden Schiffe diese aufnehmen können. Hinsichtlich Beanspruchung des Schiffskörpers wird auf Abschn. 13.2.1, dritter Absatz verwiesen.

13.2.3.4 Wird ein Schiff gleichzeitig an starren Bauwerken und an elastischen Anlegedalben vertäut, muß für die Federkonstante der Dalben der größtmögliche Wert angestrebt werden. Wird dabei das Fenderbauwerk für die maximal zulässige Stoßkraft beim Anlegen des Schiffes zu steif, ist eine völlige Trennung zwischen Fender- und Vertäubauwerk vorzunehmen. In jedem Fall sind gründliche Untersuchungen erforderlich. Ähnliches gilt für die Weichheitsgrade von exponierten Anlege- bzw. Schutzdalben vor Pieranlagen, an Molen, Leitwerken und Schleuseneinfahrten.

13.2.3.5 Wird ein Liegeplatz mit Anlegedalben unterschiedlichen Arbeitsvermögens ausgerüstet, ist für alle Dalben beim Erreichen ihrer Material-Streckgrenze die gleiche waagerechte Durchbiegung anzustreben. Hierdurch wird bei zentrisch auf das Schiff einwirkenden Kräften, vor allem durch Wind und Wellen, eine gleichmäßige Beanspruchung aller Dalben gewährleistet. Außerdem kann dann für den gesamten Liegeplatz in der Regel ein einheitlicher Pfahltyp für die Dalben verwendet werden.
Treten durch Tide, Windstau usw. unterschiedliche Wasserstände auf, sind die Dalben mit einer Fenderschürze auszurüsten, die eine möglichst gleichbleibende Höhenlage der aufzunehmenden Schiffsanlegedrücke gewährleistet. Einheitliche Fenderschürzen bei verschieden schweren Dalben eines Liegeplatzes sollten aber nur angewendet werden, wenn keine nennenswerten dynamischen Beanspruchungen durch Wind- oder Dünungswellen auftreten, durch die sonst die leichteren Dalben gefährdet werden könnten.

13.2.3.6 Ausgehend von der Bemessung der schweren Dalben mit dem Arbeitsvermögen A_s und der Federkonstanten c_s gilt dann für die leichteren mit dem Arbeitsvermögen A_l und der Federkonstanten c_l:

$$c_l = c_s \cdot \frac{A_l}{A_s} .$$

Wird die Steifigkeit der leichten Dalben hierbei zu klein, sind diese den gegebenen Erfordernissen entsprechend zuerst zu bemessen. Dann gilt für die schweren Dalben:

$$c_s = c_l \cdot \frac{A_s}{A_l}$$

13.2.3.7 In Bild E 111-1 ist für Anlegedalben die Größe der Federkonstanten c sowie die der Durchbiegung f abhängig vom Arbeitsvermögen A und von der Stoßkraft $P_{Stoß}$ aufgetragen. Im Normalfall ist die Federkonstante c so zu wählen, daß sie zwischen den Kurven für $c = 500$ und 2000 kN/m möglichst nahe an der Kurve für $c = 1000$ kN/m liegt.

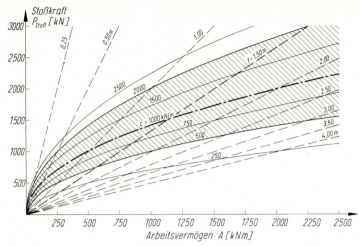

Bild E 111-1. Größe der Federkonstanten c und der Durchbiegung f bei Anlegedalben, abhängig vom Arbeitsvermögen A und der Stoßkraft $P_{Stoß}$

13.3 Auftretende Stoßkräfte und erforderliches Arbeitsvermögen von Fenderungen und Dalben in Seehäfen (E 128)

13.3.1 Bestimmung der Stoßkräfte

Entsprechend E 111, Abschn. 13.2.1 ist die maximal zulässige Stoßkraft $P_{Stoß} = c \cdot f$ [kN] gleich dem Produkt aus der Federkonstanten und der maximal zulässigen Durchbiegung der Anlegedalben bzw. Fender, Stoßdämpfer oder dergleichen am Schiffsberührungspunkt. Die Durchbiegung f wird bei Großschiffsliegeplätzen aus nautischen Gründen im allgemeinen auf max 1,50 m begrenzt (siehe auch E 111, Abschn. 13.2.3.1).

13.3.2 Bestimmung des erforderlichen Arbeitsvermögens

13.3.2.1 Allgemeines

Beim Anlegen besteht die Bewegung eines Schiffs im allgemeinen aus einer Verschiebung in Quer- und/oder Längsrichtung und einer Drehung um seinen Massenschwerpunkt, wodurch im allgemeinen zunächst nur ein Dalben bzw. Fender getroffen wird (Bild E 128-1). Maßgebend für die Anfahrenergie ist dabei die Auftreffgeschwindigkeit des Schiffs am Fender v_r, deren Größe und Richtung sich aus der vektoriellen Addition der Geschwindigkeitskomponenten v und $\omega \cdot r$ ergibt. Bei einem vollen Reibungsschluß zwischen Schiff und Fender wird im Verlauf des Stoßes die Auftreffgeschwindigkeit des Schiffs, die dann identisch mit der Verformungsgeschwindigkeit des Fenders ist, bis auf $v_r = 0$ abgebaut. Der Massenschwerpunkt des Schiffs wird im allgemeinen aber weiter in Be-

557

wegung bleiben, wenn auch teilweise in veränderter Größe und Drehrichtung.

Das Schiff behält also auch zum Zeitpunkt der maximalen Fenderverformung einen Teil seiner ursprünglichen Bewegungsenergie bei. Dies kann unter bestimmten Voraussetzungen dazu führen, daß das Schiff nach der Berührung mit dem ersten Fender auf den zweiten zudreht, was dort zu einem noch größeren Anlegestoß führen kann.

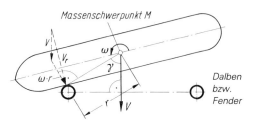

Bild E 128-1. Darstellung eines Anlegemanövers

13.3.2.2 Zahlenmäßige Ermittlung des erforderlichen Arbeitsvermögens [102]

Der von einem Fender im Verlauf des Anlegestoßes nur vorübergehend zu speichernde Anteil der Bewegungsenergie des Schiffs (bei vollkommen elastischem Stoß bzw. Fender) oder der voll aufzuzehrende (bei vollkommen unelastischem Stoß bzw. plastischem Fender) stellt das Arbeitsvermögen dar, das der Fender besitzen muß, um Schäden am Schiff und/oder Fender zu vermeiden. Dieses Arbeitsvermögen ergibt sich für den in Bild E 128-1 dargestellten allgemeinen Fall zu:

$$A = \frac{G \cdot C_\mathrm{M} \cdot C_\mathrm{S}}{2 \cdot g \cdot (k^2 + r^2)} \cdot [v^2 \cdot (k^2 + r^2 \cdot \cos^2\gamma) + 2 \cdot v \cdot \omega \cdot r \cdot k^2 \cdot \sin\gamma + \omega^2 \cdot k^2 \cdot r^2]$$

Für den Fall $\gamma = 90°$ vereinfacht sich dieser Ansatz zu:

$$A = \frac{1}{2} \cdot \frac{G}{g} \cdot C_\mathrm{M} \cdot C_\mathrm{S} \cdot \frac{k^2}{k^2 + r^2} \cdot (v + \omega \cdot r)^2 =$$

$$A = \frac{1}{2} \cdot \frac{G}{g} \cdot C_\mathrm{M} \cdot C_\mathrm{S} \cdot \frac{k^2}{k^2 + r^2} \cdot v_\mathrm{r}^2.$$

In den vorstehenden Formeln bedeuten:

A = Arbeitsvermögen [kNm],

G = Wasserverdrängung des anlegenden Schiffs nach E 39, Abschn. 5.1 [kN],

g = Erdbeschleunigung = 9,81 m/s²,

k = Massenträgheitsradius des Schiffs [m],
Er kann bei großen Schiffen im allgemeinen = $0,2 \cdot l$ angesetzt werden,

l = Länge des Schiffs zwischen den Loten [m],

r = Abstand des Massenschwerpunkts des Schiffs vom Auftreffpunkt am Fender [m],

v = Translative Bewegungsgeschwindigkeit des Massenschwerpunkts des Schiffs zum Zeitpunkt der ersten Berührung mit dem Fender [m/s],

ω = Drehgeschwindigkeit des Schiffs zum Zeitpunkt der ersten Berührung mit dem Fender [Winkel im Bogenmaß je Sekunde = 1/s],

γ = Winkel zwischen dem Geschwindigkeitsvektor v und der Strecke r [Grad],

v_r = resultierende Auftreffgeschwindigkeit des Schiffs am Fender [m/s],

C_M = Massenfaktor [1], entsprechend der folgenden Erläuterung,

C_S = Steifigkeitsfaktor [1], entsprechend der folgenden Erläuterung.

Der Massenfaktor C_M erfaßt den Einfluß aus Stauwirkung, Sog und Wasserreibung, den das mitbewegte Wasser (Hydrodynamische Masse) mit einsetzendem Stoppen auf das Schiff ausübt.
Nach Costa [102] kann ausreichend genau gesetzt werden:

$$C_M = 1 + 2 \cdot \frac{t}{b}.$$

Darin sind:
t = Tiefgang des Schiffs [m],
b = Schiffsbreite [m].

Der Steifigkeitsfaktor C_S berücksichtigt eine Abminderung der Stoßenergie durch Verformungen am Schiffskörper je nach Beschaffenheit von Schiff und Fenderung in gegenseitiger Wechselwirkung. Er kann in der Größe C_S = 0,90 bis 0,95 angenommen werden. Der obere Grenzwert gilt für weiche Fender und kleinere Schiffe mit steifer Bordwand, der untere für harte Fender und größere Schiffe mit relativ weicher Bordwand. Hierzu wird auch auf E 111, Abschn. 13.2 verwiesen.

13.3.2.3 Hinweise

Wird ein Schiff mit Schlepperhilfe an den Liegeplatz bugsiert, kann vorausgesetzt werden, daß es in Richtung seiner Längsachse kaum noch Fahrt macht und daß die Bordwand während des Anlegens nahezu parallel zur Flucht der Fender liegt. Bei der Bemessung der inneren Fenderpunkte einer Fenderreihe, bei denen sich zwischen Schiffsschwerpunkt und berührtem Fender zwangsläufig ein größerer Abstand einstellt, kann daher der Geschwindigkeitsvektor v senkrecht zur Strecke r ($\gamma = 90°$) angenommen und die vereinfachte Formel für die Ermittlung von A benutzt werden. Auf Tabelle E 40-1 Abschn. 5.3 wird besonders hingewiesen. Bei der Berechnung der äußeren Fenderpunkte einer Fenderreihe kann dagegen von dem vereinfachten Rechenansatz kein Gebrauch gemacht werden, weil hier der Schiffsschwerpunkt in Richtung der Fenderflucht auch nahe an den Fenderpunkt heranrücken kann. Im übrigen muß in allen Fällen beachtet werden, daß die Schiffe nicht immer mittig an den Liegeplatz gebracht werden können. Den Berechnungen sollte daher stets ein Abstand zwischen dem Schiffsschwerpunkt und der Mitte des Schiffsliegeplatzes von $e = 0{,}1 \cdot l \leq 15$ m (parallel zur Fenderflucht) zugrunde gelegt werden.

13.3.3 Nutzanwendung

Hat man das theoretisch erforderliche Arbeitsvermögen A hiernach ermittelt, bedarf es einer Abstimmung zwischen der Größe A, der zulässigen Stoßkraft $P_{\text{Stoß}}$ und der sich daraus ergebenden erwünschten kleinsten Federkonstanten min c. Diese kann mit den Angaben nach E 111, Abschn. 13.2.2.2 und 13.2.2.3 sowie nach praktischen Gesichtspunkten ausgemittelt werden. Unter Berücksichtigung von E 111, Abschn. 13.2.3.3 ist die maximal zulässige Stoßkraft $P_{\text{Stoß}}$ in ihrer Anlegekraft je m² Schiffshaut für Großschiffe bereits eingegrenzt. Auf die dort in Bild E 111-1 dargestellte gegenseitige Abhängigkeit der drei Größen A, $P_{\text{Stoß}}$ und f sei besonders hingewiesen.

Wichtig für die günstigste Ausnutzung des errechneten Arbeitsvermögens bleibt nach wie vor die in E 111, Abschn. 13.2.3.5, zweiter Absatz geforderte gleichbleibende Höhenlage der auf den Dalben bzw. die Fenderung zu übertragenden Schiffsanlegekraft. Im Bedarfsfall kann bei elastisch nachgebenden Dalben durch eine geeignete Fenderschürze mit punktförmig festgelegter Kraftübertragung das unerwünschte Abwandern des Schwerpunkts der Anlegekraft nach unten verhindert werden.

13.4 Verwendung schweißgeeigneter Feinkornbaustähle bei elastischen Anlege- und Vertäudalben im Seebau (E 112)

13.4.1 Allgemeines

Ist bei Dalben ein hohes Arbeitsvermögen erforderlich, werden sie zweckmäßig aus höherfesten, schweißgeeigneten Feinkornbaustählen hergestellt.

13.4.2 Schweißgeeignete Feinkornbaustähle

Höherfeste, schweißgeeignete Feinkornbaustähle sind Stähle, die feinkörnig und sprödbruchunempfindlich sind und deren garantierte Mindeststreckgrenze β_S im Bereich von 350 bis 690 MN/m² liegt.
Der Kohlenstoffgehalt dieser Stähle darf im allgemeinen in der Schmelzenanalyse nicht über 0,21% liegen.
Weitere Angaben enthalten die Werkstoffblätter der Hersteller.

Es werden unterschieden:

(1) Schweißgeeignete Stähle im normalgeglühten oder einem durch geregelte Temperaturführung bei und nach dem Walzen gleichwertigen Zustand, mit $\beta_S = 350$ bis 500 MN/m², vgl. auch DIN 17102.

(2) Hochfeste, schweißgeeignete Stähle mit $\beta_S = 460$ oder 690 MN/m², vgl. auch DASt-Richtlinie 011 und bauaufsichtliche Zulassung IfBt [103].

In der Regel sollten die zugelassenen Feinkornbaustähle StE 460 bzw. StE 690 angewendet werden[1]), andernfalls ist die Gleichwertigkeit nachzuweisen. Auf das Einhalten der DASt-Ri 011 und der Richtlinie DVS 1702[1]) wird besonders hingewiesen.

Für Rohre aus Stählen, die nicht in der Zulassung[2]) aufgeführt sind, ist vor der Anwendung eine Genehmigung zu erwirken.

13.4.3   Belastungsansätze

Bei Entwurf und Berechnung der Dalben ist zu unterscheiden, ob sie:

(1) vorwiegend ruhend (Schiffsstoß, Trossenzug) oder

(2) nicht vorwiegend ruhend (Wellengang, Dünung)

beansprucht werden.

Für die Beurteilung kann folgendes Kriterium angesetzt werden:
Dalben sind vorwiegend ruhend beansprucht, wenn der Anteil der Wechselbeanspruchung aus Wellengang bzw. Dünung gering ist im Verhältnis zu den Beanspruchungen aus Schiffsstoß und Trossenzug, und wenn bei der Überprüfung der Wechselbeanspruchungen folgende Spannungen unter Anwendung der Bemessungswellenhöhe H_{Bem} = der kennzeichnenden Wellenhöhe $H_{1/3}$ bei einem Bemessungszeitraum von 25 Jahren nicht überschritten werden:

- 30% der jeweiligen Mindeststreckgrenze β_S des Grundwerkstoffs, sofern keine Stumpfnähte quer zur Hauptbeanspruchungsrichtung verlaufen,
- 100 MN/m² für den Grundwerkstoff, wenn Stumpfnähte quer und durchlaufende Flankenkehlnähte längs zur Hauptbeanspruchungsrichtung verlaufen,
- 50 MN/m² für den Grundwerkstoff, wo Flankenkehlnähte enden oder Kehlnähte quer zur Hauptbeanspruchungsrichtung verlaufen.

Dalben in Gebieten mit starker Dünung sind nicht vorwiegend ruhend beansprucht, wenn nicht durch besondere Zusatzmaßnahmen – wie beispielsweise durch Vorspannen gegen ein Bauwerk – die Dalben gegen die Dünungseinflüsse gesichert werden.

Liegt nicht vorwiegend ruhende Beanspruchung vor, ist im allgemeinen dieser Belastungsfall für die Bemessung maßgebend.

---

[1]) Richtlinie DVS 1702 (Mai 1981) – Verfahrensprüfung im Stahlbau für Schweißverbindungen an hochfesten, schweißgeeigneten Feinkornbaustählen STE 460 und StE 690.
[2]) Zulassungsbescheid Nr. Z 30-89.1 des Instituts für Bautechnik vom 25. Oktober 1984 für hochfeste, schweißgeeignete Feinkornbaustähle StE 460 und StE 690.

Auf den Einfluß der Spannungs- und Stabilitätsprobleme bei Pfählen größerer Querschnittsform und geringerer Wanddicke wird ganz allgemein und besonders bei Lastfällen mit Ausnutzung bis zur Streckgrenze hingewiesen. Bei Großrohren ist hierfür ein statischer Nachweis zu liefern (vgl. DASt-Ri 013).

13.4.4 Zulässige Spannungen

Bei vorwiegend ruhender Beanspruchung sind folgende Spannungen zulässig:

Beanspruchung durch:

Schiffsstoß: $\qquad$ Streckgrenze β_S,

Trossenzug, Windlast,
Strömungsdruck: $\qquad$ Zulässige Spannungen nach E 18, Abschn. 5.4.2 für Lastfall 2, d. h. mit 1,5facher Sicherheit zur Streckgrenze β_S.

Bei nicht vorwiegend ruhender Beanspruchung ist auf den Abfall der Dauerfestigkeit gegenüber der statischen Festigkeit zu achten.

Für die zulässigen Beanspruchungen im Grundwerkstoff bzw. in den Rundnähten oder Stumpfnähten gelten die Angaben von E 20, Abschn. 8.2.6.1 (2).

Bei höherer Spannungsausnutzung aus nicht vorwiegend ruhender Beanspruchung als nach DS 804 für St 52-3 sind die zulässigen Nennspannungsamplituden der Dauerschwingfestigkeit im Grundwerkstoff bzw. an den Schweißverbindungen nachzuweisen.

Die Dauerfestigkeit ist stark abhängig von der Beschaffenheit der Stahloberfläche. Bei Korrosionsangriff kann die Dauerfestigkeit bis zu 50% abfallen, was vor allem bei Anlagen in tropischen Seegebieten zu beachten ist.

Da die Dauerfestigkeit von Schweißverbindungen nahezu unabhängig von der Stahlsorte ist, sollen möglichst keine vergüteten Feinkornbaustähle in nicht vorwiegend ruhend beanspruchten, durch Schweißnähte quer zur Hauptbeanspruchungsrichtung gestoßenen Bereichen verwendet werden.

13.4.5 Bauliche Gestaltung

13.4.5.1 Je nach Art der Beanspruchung ergeben sich grundsätzliche Anforderungen für:

(1) die Wahl der Stahlsorte, der zulässigen Spannungen und gegebenenfalls der Querschnittsform der Einzelpfähle,

(2) die Verarbeitung und die Materialdicken sowie für

(3) die bauliche Durchbildung und schweißtechnische Verarbeitung.

13.4.5.2 Das oberste Teilstück – z. B. der oberste Rohrschuß – eines Dalbens wird zweckmäßig aus schweißgeeignetem Feinkornbaustahl geringerer Festigkeit hergestellt. Dadurch wird das Anschweißen von Verbänden und sonstigen Konstruktionsteilen vereinfacht.

Die Wanddicke ist so zu wählen, daß alle notwendigen Schweißarbeiten auf der Einbaustelle möglichst ohne Vorwärmen ausgeführt werden können. Dies ist besonders in Tidehäfen und bei starkem Wellengang zu beachten.

13.4.5.3 Schweißnähte zwischen den einzelnen Teilstücken – z. B. den Rohrschüssen – sollen nach Möglichkeit in Bereiche geringerer Beanspruchung gelegt und als Werkstattnähte ausgeführt werden.

13.4.5.4 Bei nicht vorwiegend ruhender Beanspruchung kommt den geschweißten Stoßstellen quer zur Biege-Zug-Beanspruchung besondere Bedeutung zu. Daher ist bei Rundnähten bzw. Stumpfstößen quer zur Kraftrichtung folgendes zu beachten:

(1) Bei unterschiedlichen Wanddicken am Schweißstoß ist der Übergang des dickeren Blechs zum dünneren im Verhältnis 4:1, wenn irgend möglich aber flacher, spanend zu bearbeiten. Bei Großrohren ist für die Kraftüberleitung mindestens ein überschläglicher statischer Nachweis zu liefern.

(2) Decklagen sind kerbfrei auszubilden. Die Nahtüberhöhung soll möglichst 5% der Materialdicke nicht überschreiten.

(3) Bei nicht begehbaren Pfählen ist die Wurzel einwandfrei durchzuschweißen. Der Übergang zwischen Naht und Blech ist flach zu halten, ohne schädigende Einbrandkerben. Wird mit Einlegeringen gearbeitet, dürfen nur solche aus Keramik verwendet werden.

(4) Bei begehbaren Pfählen sind die Stöße von beiden Seiten zu schweißen. Wurzellagen sind auszukreuzen.

(5) Bei Dalbenpfählen aus hochfesten, schweißgeeigneten Feinkornbaustählen ist ein vom Lieferwerk empfohlener Zusatzwerkstoff zu verwenden, dessen Gütewerte denen des Grundwerkstoffs entsprechen sollen.

(6) Die Schweißdaten sind so zu wählen, daß die vom Lieferwerk angegebenen Werte für das Wärmeeinbringen eingehalten werden.

(7) Die Richtlinien des Stahl-Eisen-Werkstoffblatts 088 [103] sind zu beachten.

(8) Nach dem Schweißen ist ein örtlich begrenztes Spannungsarmglühen mit entsprechender Temperaturkontrolle möglich. Ansonsten ist Abschn. 13.4.5.3 zu beachten.

13.4.5.5 Für alle Schweißarbeiten gilt E 99, Abschn. 8.1.24 sinngemäß. Sämtliche Rundnähte und Stumpfstöße müssen zerstörungsfrei geprüft – möglichst geröntgt – werden.

13.4.5.6 Dalbenpfähle aus Feinkornbaustählen haben im allgemeinen lange Lieferfristen und sollten daher rechtzeitig bestellt werden. Es empfiehlt sich, für etwaige Havarien eine gewisse Vorratshaltung an Dalbenpfählen einzuplanen.

14 Erfahrungen mit Ufereinfassungen

14.1 Mittleres Verkehrsalter von Ufereinfassungen (E 46)

Ufereinfassungen müssen häufig mit Rücksicht auf den Hafenbetrieb oder Hafenverkehr vertieft, verstärkt oder ersetzt werden, lange bevor sie baufällig oder veraltet sind. Ihr Verkehrsalter liegt demnach oft weit unter ihrer baulichen Lebensdauer, vor allem bei Hafenanlagen für Massengutumschlag und für Industriebetriebe. Bei solchen Anlagen wird man nur mit 25 Jahren rechnen können, während bei üblichen Handelshäfen das mittlere Verkehrsalter der Ufereinfassungen mit 50 Jahren angesetzt werden kann.

Eine möglichst gut zutreffende Einschätzung des jeweiligen mittleren Verkehrsalters leistet beispielsweise bei der Aufstellung von Nutzen-/Kosten-Analysen, beim Entwurf sowie bei innerbetrieblicher Kalkulation und steuerlicher Bewertung gute Dienste. Die Angaben sind aber nicht als Grundlage für die Wertermittlung bei Schadenfällen bestimmt, da es dort nicht auf einen statistisch errechneten, sondern auf den effektiv zutreffenden Wert zum Zeitpunkt des Schadenfalls ankommt.

Die Lebensdauer der Ufereinfassungen sollte dem jeweils zu erwartenden mittleren Verkehrsalter angepaßt werden. In jedem Fall sind Bauweisen zu bevorzugen, bei denen das Bauwerk später mit vertretbaren Kosten und den geringsten betrieblichen Störungen verstärkt und dabei auch einer vertieften Hafensohle angepaßt werden kann. Deshalb sollen die Uferspundwände vor allem hinsichtlich des Spundwandprofils, der Rammtiefe und der Verankerung reichlich bemessen werden.

Ufereinfassungen, bei denen ein besonders niedriges Verkehrsalter zu erwarten ist, sollen so gebaut werden, daß sie leicht wieder abgebrochen und erneuert werden können.

Die obigen Ausführungen über das mittlere Verkehrsalter gelten nicht für Beschädigung oder Ausfall durch Havarie und generell auch nicht für Dalben aller Art, da je nach Binnen- oder Seehäfen, nach der Funktion der Dalben sowie dem Zulassen der Streckgrenze des Stahls beim Schiffsstoß eine besondere Bewertung des Verkehrsalters vorzunehmen ist.

14.2 Betriebsbedingte Schäden an Stahlspundwänden (E 155)

14.2.1 Ursachen der Schäden

Stahlspundwände im Uferbereich von Häfen unterliegen neben den vorwiegend statischen Belastungen, die den Rechnungsansätzen zugrunde gelegt werden, meist auch starken dynamischen Beanspruchungen aus dem Schiffahrts- und dem Umschlagbetrieb. Diese Gefahr erhöht sich mit zunehmender Öffnungsweite der Spundwandtäler.

Die kastenförmige Bauart moderner Schubleichter, Motorgüter- und Motortankschiffe führt bei Anlegemanövern leicht zu Beschädigungen der

Spundwand durch Berührung mit den Ecken und Kanten der Schiffskörper. Eine weitere Schadensursache kann das Festhaken spitzer Gegenstände, beispielsweise von Schiffsankern in den Spundwandtälern oder von Kranhaken unter dem Holm sein.

Besonders starke Beeinträchtigungen des Uferbauwerks treten auf, wenn in Havariefällen der Schiffsstoß frontal stattfindet, wie es der Fall sein kann, wenn ein Schiff aus dem Ruder läuft oder die Koppeldrähte eines Schubverbands reißen.

Beim Umschlag aggressiver Stoffe (beispielsweise Salze) können diese mit der Spundwand in Berührung kommen und sie angreifen, ebenso wie aggressives säurehaltiges Grundwasser, das auch durch Lagerung entsprechender Materialien entstehen kann.

14.2.2 Umfang der Schäden

Beim Berühren mit dem Schiffskörper können Beulen mit Quetsch- und Stauchzonen entstehen. Insbesondere bei älteren Spundwänden, die noch nicht die heutigen Stahlgüten besitzen, sind auch Risse, Brüche, Löcher und Schloßbrüche – hier insbesondere bei Z-Bohlen – festzustellen. Außerdem können Holmbleche abgerissen werden. Überbelastungen des Uferbauwerks oder Korrosionseinflüsse können zu einem Abreißen der Ankeranschlußkonstruktionen und anschließendem Ausweichen der Spundwand führen. Schließlich können Spundwände auch durch erhöhte Ankerzugkräfte im Bereich der Ankeranschlüsse einreißen.

Der Einfluß aggressiver Stoffe führt zu einer Verminderung der Blechdikken, insbesondere bei langem Einwirken im Bereich der Wasserwechselzone.

14.2.3 Schadenbeseitigung

Wird ein Schaden an einer Spundwand festgestellt, ist zunächst sein Umfang genau zu ermitteln und die Frage zu prüfen, ob dadurch einzelne Bauglieder oder die Standsicherheit des gesamten Uferbauwerks gefährdet sind.

Die Behebung des Schadens kann durch Aufschweißen von Blechen und Winkeln oder durch das Vorsetzen von Stahltafeln, die ein Spundwandtal oder gegebenenfalls auch mehrere überbrücken, vorgenommen werden, sofern der Spundwandstahl schweißbar ist. Bei der Schwächung des Spundwandprofils bietet sich der Einbau von Verstärkungsprofilen, die nicht über die Flucht hinausragen, in den Spundwandtälern und deren Verbindung mit der bestehenden Spundwand an. Bei größeren Beschädigungen kann es erforderlich sein, einzelne Bohlen oder ganze Abschnitte der Spundwand zu ziehen und durch neue Bohlen zu ersetzen. Bei leichteren Schäden genügt es oft, Bohlen herauszutrennen und die betreffenden Bohlen mit neuem Material wieder aufzustocken. Besondere Vorsicht ist geboten, wenn es sich um eine verankerte Bohle handelt und der Anker gelöst werden muß. Dann ist die Frage zu prüfen, ob eine Hilfsverankerung einzubauen ist. Bei besonders schweren Schäden, insbesondere beim Ausweichen der Spundwand um ein größeres Maß, kann es erforderlich werden, einen Uferabschnitt durch den Einbau einer neuen Spundwand vor der alten zu sichern.

In jedem Fall ist festzustellen, ob der Spundwandschaden das Austreten von Bodenmaterial zur Folge hatte und eine Hohlraumbildung hinter der Spundwand stattfinden konnte.

14.2.4   Vorbeugende Maßnahmen zur Verhinderung bzw. Verminderung von Schäden

Bei der Bemessung eines Spundwandbauwerks ist zu untersuchen, in welchem Umfang über die statisch-konstruktiven Erfordernisse hinaus Zuschläge aus Gründen des Hafenbetriebs zu machen sind. Diese können beispielsweise darin bestehen, daß das nächststärkere Profil für alle oder nur für die wasserseitigen Bohlen gewählt wird oder Verstärkungsbleche auf die Bohlenrücken geschweißt werden. Eine geeignete Ausführung ist die gepanzerte Spundwand, die in E 176, Abschn. 8.4.18 behandelt ist.

Ein frühzeitiges Erkennen von Unregelmäßigkeiten am Spundwandbauwerk kann größere Schäden verhindern oder vermindern. Deshalb sind Kontrollmessungen und Unterwasseruntersuchungen durch Taucher – eventuell mit einer Unterwasserfernsehkamera – zu empfehlen (E 193, Abschn. 15.1).

14.3   Uferbauwerke aus Stahlspundwänden bei Brandbelastung (E 181)

14.3.1   Allgemeines

Brandbelastungen können durch auf dem Wasser schwimmende brennende Stoffe ausgelöst werden, beispielsweise bei einem austretenden brennbaren Produkt infolge einer Havarie oder durch einen Brand an Land. Auch ein am Ufer liegendes brennendes Schiff kann die Ursache für Temperatureinwirkungen auf die Ufereinfassung sein.

Die Temperaturentwicklung läßt sich aus der Einheits-Temperaturzeitkurve nach DIN 4102 ableiten, die für einen geschlossenen Brandraum gilt. Danach wird die max. Temperatur von ca. 1100 °C nach 180 Minuten erreicht. Bei Uferbauwerken liegen jedoch wesentlich günstigere örtliche Gegebenheiten vor. Hier handelt es sich um einen Brand im Freien, bei dem die entstehende Wärme ungehindert abziehen kann. Bei einem Brand auf der Wasseroberfläche wird die Wärme zusätzlich noch vom Wasser gebunden.

Bei Bränden im Freien werden in der Flammzone Temperaturen von 800 °C nicht überschritten [119]. Allgemein kann angenommen werden, daß bei im Freien stehenden Ufereinfassungen der abgeminderte max. Wert von 800 °C sicher nicht erreicht wird, wenn der Brand vor dem Ablauf von drei Stunden gelöscht wird.

Die Brandbekämpfung soll daher die Brandtemperatur möglichst schnell absenken und die Zufuhr von weiteren brennbaren Stoffen verhindern. Darüber hinaus sollte, wenn möglich, die Stahlspundwand entlastet werden, beispielsweise durch Entfernen von Verkehrslasten und Lagergut. Brandschutzmaßnahmen haben im übrigen den öffentlich rechtlichen Vorschriften zu entsprechen. Dabei sind die Brandschutzanforderungen anhand der örtlichen Gegebenheiten zu ermitteln und festzulegen. Deshalb wird besonders auf die „Richtlinien für Anforderungen an Anlagen zum Umschlag gefährdender flüssiger Stoffe im Bereich von Wasserstraßen" hingewiesen [120].

14.3.2 **Einflüsse der Brandbelastung auf ein Uferbauwerk aus Stahlspundwänden**

14.3.2.1 Bei Belastung des Stahls durch hohe Temperaturen ändern sich seine mechanischen Eigenschaften. So verringert sich die Streckgrenze und erhöht sich die Bruchdehnung, wenn die Temperaturen im Stahl 100°C übersteigen. Von besonderer Bedeutung ist hierbei die kritische Stahltemperatur (crit T). Das ist jene Temperatur, bei der die Streckgrenze des Stahls auf die in der Spundwand vorhandene Stahlspannung absinkt. Bei den Spundwandstählen nach E67, Abschn. 8.1.8 und den Stählen nach DIN 17100 beträgt crit T bei voller Ausnutzung der zulässigen Spannungen für Spundwandbauwerke 500°C.
Wird im brandbeanspruchten Bereich die zulässige Spannung nicht ausgenutzt, erhöht sich crit T, und zwar bis auf 650°C, wenn die vorhandene Spannung nur 1/3 der zulässigen beträgt.
Bleiben die Temperaturen unter 500°C, besteht bei Spundwandstählen in keinem Fall eine Gefahr für die Standsicherheit des Bauwerks. Nach dem Abkühlen können die in der statischen Berechnung angesetzten Ausgangswerte für die mechanischen Eigenschaften wieder zugrunde gelegt werden.

14.3.2.2 Bei Brandbelastung wird nur die luftseitige Fläche der Spundwand angegriffen, soweit sie oberhalb des Wasserspiegels liegt. Alle übrigen Flächen werden nicht belastet.
Die der Brandeinwirkung abgekehrte Spundwandfläche trägt zur Abkühlung der belasteten Fläche bei, wenn sie von Luft und/oder Wasser umgeben ist. Dies trifft aber auch für Bodenmaterial zu, insbesondere bei Grundwasser in durchlässigem Boden.

14.3.2.3 Da im allgemeinen die Zone der größten Wärmeentwicklung nicht in den Bereichen liegt, in denen die Stahlspundwand voll ausgelastet ist, erhöht sich die kritische Temperatur. Bei einfach verankerten Spundwänden mit geringem Überankerteil befindet sich im allgemeinen der Bereich der größten Beanspruchung unterhalb des Wasserspiegels und ist somit der Brandbelastung nicht ausgesetzt.
Ähnlich günstig sind die Verhältnisse bei einer im Wasser stehenden unverankerten, im Boden eingespannten Spundwand. Umgekehrt ist bei einer

am Kopf eingespannten Spundwand zu beachten, daß das Einspannmoment im Bereich der Brandbelastung oberhalb des Wasserspiegels liegen kann.

Bei der verankerten, im Boden oder am Kopf eingespannten Spundwand können sich in dem durch Brand belasteten Bereich Fließgelenke bilden, die zwar die Durchbiegung erhöhen, andererseits aber auch die Sicherheit gegenüber dem Bruchzustand vergrößern. Eine statisch unbestimmt gelagerte Spundwand dieser Art ist deshalb günstiger zu beurteilen als eine statisch bestimmte, im Boden frei aufgelagerte, einfach verankerte Spundwand.

14.3.2.4 Je größer die Wanddicke bei gleicher Oberfläche ist, um so langsamer erwärmt sich der Bauteil und um so größer wird die Feuerwiderstandsdauer, was sich aber bei den verhältnismäßig dünnen Spundbohlen nur wenig auswirkt. Eine gepanzerte Spundwand (E 176, Abschn. 8.4.18) ist wegen der glatten und damit kleineren Oerfläche bei vergrößerter Stahlmenge und wegen der dämmenden Wirkung des Zwischenraums zur tragenden Spundwand beständiger gegen Hitzeeinwirkungen als eine nichtgepanzerte, sofern die Panzerung nicht zum Tragen mit herangezogen wird. Die Anschlußkonstruktion einer verankerten Spundwand zeichnet sich durch eine verhältnismäßig kleine Oberfläche bei großer Wanddicke aus, so daß sich die Konstruktion langsamer erwärmt. Das hinter der Spundwand im Boden liegende Verankerungselement ist der Brandbelastung nicht ausgesetzt und kann einen begrenzten Teil der Wärme ableiten. Bei besonders gefährdeten Uferstrecken empfiehlt sich aber stets eine besondere Abdeckung der Ankeranschlüsse.

14.3.3 Untersuchungsergebnisse über Brandbelastungen an einem ausgeführten Spundwandbauwerk

Eine auf dem Wasserspiegel schwimmende, brennende Ölschicht beflammte bis zu einer Stunde eine 2,70 m hohe freie Spundwandfläche, die durch einen Stahlbetonholm mit Kantenschutz und anschließend mit einer gepflasterten Böschung entsprechend Bild E 129-1, Abschn. 8.4.5 versehen war. Nach dem Brand wurde folgendes festgestellt:

14.3.3.1 Die Stahlspundwand zeigte im Brandbereich deutliche Farbveränderungen. Die mechanischen und technologischen Eigenschaften an untersuchten Stahlproben aus dem am stärksten belasteten Abschnitt der Spundwand entsprachen aber noch immer den Technischen Lieferbedingungen. Durch die Brandbelastung hat der Stahl demnach keine Qualitätseinbußen erlitten. Messungen bis 7 m unter OK Spundwand ließen erkennen, daß sich bei der Brandbelastung keine außergewöhnlichen Verformungen ergeben haben. Nach der statischen Berechnung war die Spundwand in Höhe des Wasserspiegels mit $^1/_3$ der Streckgrenze beansprucht.

14.3.3.2 Sichtbare Schäden zeigten sich an der Oberfläche des Stahlbetonholms in Form von örtlichen 1 bis 2 cm dicken Abplatzungen. Der stählerne Kantenschutz hatte sich fast durchgehend vom Betonholm gelöst und ist an den geschweißten Stoßstellen gerissen. Im Bereich der Leiternische ist der Stahlbetonholm so stark belastet worden, daß stellenweise die Bewehrung freigelegt wurde und Risse zu beobachten waren. Die Steigeleitern waren teilweise verbogen, offensichtlich durch Umflammung der gesamten Oberfläche.

Schäden sind auch in der gepflasterten Böschung sowie in den Deckwerken aufgetreten. Das Sandsteinpflaster mit vermörtelten Fugen hat sich stellenweise aufgewölbt, wobei die Mörtelfugen gerissen sind. Sanierungsarbeiten mußten durchgeführt werden.

14.3.3.3 An einem frei im Wasser stehenden als geschlossener Stahlpfahl ausgebildeten Dalben hatte die allseitige Brandbelastung zu einer Ausbeulung geführt, die etwa 4 m oberhalb des Wasserspiegels bzw. 6 m unter OK Dalben lag. Die mechanischen und technologischen Eigenschaften der Stahlsorte entsprachen nach der Brandbelastung dem Spundwand-Sonderstahl St Sp S. Die entnommenen einzelnen Proben zeigten gleiche Ergebnisse, obwohl sie unterschiedlichen Höhen mit auch unterschiedlichen Brandbelastungen entnommen waren.

14.3.3.4 Die unter Abschn. 14.3.3.2 und 14.3.3.3 geschilderten Schäden lassen vermuten, daß Dauer und Intensität der Brandbelastung nicht gering gewesen sind. Trotzdem hat die Stahlspundwand einen hohen Feuerwiderstand gezeigt, da offensichtlich die Randbedingungen den Einfluß der Brandbelastung stark abgeschwächt haben.

14.3.4 Folgerungen

Ein Einstufen von mit Boden hinterfüllten Stahlspundwandbauwerken nach DIN 4102, Teil 2, ist nicht erforderlich [126].

15 Messungen an ausgeführten Bauwerken, Modellversuche

15.1 Überwachung und Prüfung von Ufereinfassungen in Seehäfen (E 193)

15.1.1 Allgemeines

Periodische Überwachungen und Prüfungen von Ufereinfassungen sind erforderlich, um sicherzustellen, daß die Konstruktion noch allen Entwurfsbedingungen entspricht und eine sichere Ausführung aller auf, vor und hinter dieser Ufereinfassung stattfindenden Aktivitäten gewährleistet ist. Auf entsprechende Regelungen in anderen Bereichen, wie DIN 1076 Ingenieurbauwerke im Zuge von Straßen und Wegen, Überwachung und Prüfung und VV-WSV 2101 Bauwerksinspektion, wird hingewiesen [139].

Überwachungen und Prüfungen erstrecken sich auf die Standsicherheit, die Funktionsfähigkeit und den baulichen Zustand des Bauwerks, soweit diese für die Sicherheit der Anlagen und deren Verkehrssicherheit erforderlich sind.

Die Bauwerksüberwachungen bestehen in der Besichtigung des Bauwerks ohne größere Hilfsmittel, wie Rüstungen und dergleichen, aber unter Benutzung von vorhandenen Besichtigungs- und Begehungseinrichtungen und von begehbaren Hohlräumen des Bauwerks.

Die Bauwerksprüfung ist die Untersuchung des Bauwerks unter Benutzung aller erforderlichen Hilfsgeräte durch einen sachkundigen Ingenieur, der auch die statischen, konstruktiven und hydromechanischen Verhältnisse des Bauwerks beurteilen kann.

Grundlage der Überwachungen und Prüfungen sind der Entwurf, die dem Istzustand entsprechenden Ausführungszeichnungen und das Bauwerksbuch. Ein solches Buch enthält eine Übersicht über die wichtigsten Daten des Bauwerks und dient zur Eintragung der vorgenommenen Besichtigungen und Prüfungen (vgl. DIN 1076, Anhang B). Es enthält unter anderem die Darstellung des Objekts, Querschnitte, alle Entwurfsbelastungen, die zugrunde gelegten Schiffsabmessungen, Wasserstände, rechnerische Bodenkennwerte sowie unter Umständen auch die Berechnungen und Zeichnungen der Ausrüstungen, soweit sie für die Prüfungen von Bedeutung sein können und nicht in einer besonderen Bauwerksakte zur Verfügung stehen. Besondere Bedeutung kommt der vollständigen Erfassung der Überwachungs- und Prüfergebnisse zu, die die Grundlage für notwendige Unterhaltungs- oder Instandsetzungsmaßnahmen bilden (vgl. auch E 194, Abschn. 10.14).

Auch Änderungen und Umbauten müssen im Bauwerksbuch festgelegt werden.

Die Ergebnisse periodischer Überwachungen und Prüfungen sollen auf standardisierte Weise festgelegt werden einschließlich aller daraus hervorgehenden Maßnahmen und Kosten.

Für eine optimale Überwachung und Prüfung von Ufereinfassungen sollen geeignete erfahrene Ingenieure zur Verfügung stehen, die eine stetige und gründliche Kontrolle gewährleisten.

Wenn keine auf Erfahrung beruhenden Vorschriften zur Verfügung stehen, wird folgendes empfohlen:

15.1.2 Durchführung der Überwachungen und der Prüfungen

15.1.2.1 Besichtigung

Je nach Alter und baulichem Zustand der Ufereinfassung sowie Beanspruchungen und betrieblichen Anforderungen ist die Häufigkeit von Besichtigungen festzulegen und ständig anzupassen. Für einzelne Bauwerksteile, beispielsweise für Fenderungen, sind erforderlichenfalls unterschiedliche Fristen festzulegen.

Für Normalfälle wird empfohlen, jedes Jahr eine Besichtigung durchzuführen. Es ist notwendig, daß Schäden, die zwischen zwei Besichtigungen entstehen, gleich gemeldet werden, so daß erforderliche Reparaturen – wenn möglich – unmittelbar ausgeführt werden können.

Unabhängig von der Besichtigung soll regelmäßig geprüft werden, ob die zugelassenen Nutzlasten nicht überschritten werden.

15.1.2.2 Messungen

Die nachfolgenden periodischen Messungen werden empfohlen:
- Messungen möglicher Horizontalbewegungen der Ufereinfassung,
- Messungen möglicher Setzungen der Ufereinfassung,
- in Sonderfällen bei Ufereinfassungen mit hohem Geländesprung und schmalem Betonüberbau Messungen zur Bestimmung möglicher Drehungen der Ufereinfassung (Rotationsmessungen) (Bild E 193-1).

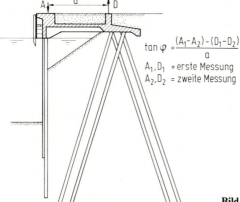

$$\tan \varphi = \frac{(A_1 - A_2) - (D_1 - D_2)}{a}$$

A_1, D_1 = erste Messung
A_2, D_2 = zweite Messung

Bild E 193-1. Rotation

Dazu soll zunächst die Anfangssituation gleich nach der Fertigstellung der Ufereinfassung durch Einmessungen festgelegt werden, wobei auch auf E 80, Abschn. 7.1 hingewiesen wird (Nullmessung).

Je nach den Baugrundverhältnissen, Art, Alter und baulichem Zustand eines Bauwerks sowie seiner Beanspruchungen und betrieblichen Anforderungen sind angemessene Fristen für Messungen festzulegen und ständig anzupassen. Im ersten Jahr sollte mehrmals gemessen werden, dann noch jedes Jahr einmal.

Wenn dabei ein einwandfreier Zustand des Bauwerks festgestellt wird, kann der Zeitraum zwischen den Messungen vergrößert werden.

Die Genauigkeit der Höhenmessungen soll mindestens 1 mm betragen. Die Genauigkeit der Horizontalmessungen kann geringer sein und hängt von der örtlichen Situation ab (unter anderem vom Abstand der Festpunkte). Sie soll jedoch mindestens 5 mm betragen.

15.1.2.3 Überprüfung der Entwässerung

Die Entwässerungskonstruktionen sollen periodisch auf ihre Wirkung hin überprüft werden. Hierzu wird auf E 32, E 51 und E 75 (Abschn. 4.5, 4.4 und 4.6) hingewiesen. Nur wenn in Tidegebieten die Ergebnisse der Messungen nach Abschn. 15.1.2.2 dazu veranlassen, soll der Wasserüberdruck durch gleichzeitige Aufnahmen der Niedrigwasser- und der Grundwasserspiegel unmittelbar an der Ufereinfassung geprüft werden, um festzustellen, ob der tatsächlich auftretende Überdruck den beim Entwurf zugrunde gelegten nicht überschreitet.

15.1.2.4 Lotungen

Die Tiefen der Hafensohle vor Uferwänden sollte periodisch (einmal im Jahr) überprüft werden. Die Häufigkeit der Lotungen soll bei Gefahr von Kolkbildungen oder Schlickablagerungen größer sein. Hierzu wird auf E 37, E 80 und E 139 (Abschn. 6.9, 7.1 und 7.3) hingewiesen.

Beim Handloten sind alle 10 bis maximal 25 m senkrecht auf die Ufereinfassung Meßlinien anzuwenden. In diesen Linien wird etwa alle 5 m gelotet. Je nach den Ergebnissen der Handlotung kann über eine weitere Detaillotung entschieden werden. In kritischen Bereichen sollte der Meßlinienabstand auf rd. 5,0 m begrenzt werden.

Wird mit Echolot gemessen, soll unmittelbar vor der Ufereinfassung zusätzlich eine Handlotung ausgeführt werden, weil Kolkbildungen meistens direkt neben der Uferwand stattfinden.

15.1.2.5 Kontrolle auf Korrosion

Periodisch soll der Spundwandstahl auf Korrosion überprüft werden, und zwar sowohl unter als auch über Wasser.

Die Stahldicken können unter anderem mittels Ultraschallmessungen festgestellt werden, wobei eine Genauigkeit von $\pm$ 0,2 mm erforderlich ist. Auch hier sollten unmittelbar nach der Fertigstellung der Ufereinfassung an bestimmten, festgelegten Stellen Messungen ausgeführt werden, vordringlich an den Stellen der maximalen Beanspruchungen. Nach den ersten Messungen ist festzulegen, wann und an welchen Stellen die nächsten Kontrollen stattfinden sollen.

15.1.3 Hinweise zu den Unterhaltungs- und Prüfkosten

Diese Kosten sollten erfaßt und festgehalten werden, um daraus Erfahrungen für spätere Fälle zu gewinnen.

B   Weiteres Arbeitsprogramm

Das weitere Arbeitsprogramm des Arbeitsausschusses „Ufereinfassungen" wird sich vordringlich mit der Fortführung der in der EAU 1990 begonnenen Anpassung der Empfehlungen an das sogenannte „Neue Sicherheitskonzept" befassen, welches in den Eurocodes niedergelegt und in Abschnitt 0.1 generell dargestellt ist. Die Abschnitte 8 bis 11 sowie 13, denen noch das bisherige Sicherheitskonzept zugrunde liegt, werden schrittweise angepaßt werden.

Im übrigen werden sich die Arbeiten des Ausschusses auf die Aufgaben im Rahmen der europäischen Harmonisierung, insbesondere der Einfügung der EAU in das Europäische Normungskonzept im Bereich „Verkehr" konzentrieren.

Der Ausschuß wird Möglichkeiten der Zusammenfassung oder Kürzung von Empfehlungen in dem Maße untersuchen, wie die Regelungsgegenstände inzwischen durch nationale oder internationale Normen erfaßt sind.

Die Erarbeitung neuer Empfehlungen zu den Abschnitten 1 bis 15 bleibt vorbehalten, soweit und sobald hierzu ein Bedürfnis besteht.

Der Ausschuß nimmt Anregungen oder Beiträge gern entgegen[1]).

---

[1]) Zuschriften werden an den Arbeitsausschuß „Ufereinfassungen" c/o Prof. Dr. Lackner & Partner Beratende Ingenieure, Lindenstraße 1 A, D-2820 Bremen 70, erbeten.

C   Schrifttum

1   Jahresberichte

Grundlage der Sammelveröffentlichung sind die in den Zeitschriften „DIE BAUTECHNIK" (ab 1984 „BAUTECHNIK") und „HANSA" veröffentlichten Technischen Jahresberichte des Arbeitsausschusses „Ufereinfassungen", und zwar in

Hansa   87 (1950), Nr. 46/47, S. 1524

DIE BAUTECHNIK   28 (1951), Heft 11, Seite 279 – 29 (1952), Heft 12, Seite 345
                    30 (1953), Heft 12, Seite 369 – 31 (1954), Heft 12, Seite 406
                    32 (1955), Heft 12, Seite 416 – 33 (1956), Heft 12, Seite 429
                    34 (1957), Heft 12, Seite 471 – 35 (1958), Heft 12, Seite 482
                    36 (1959), Heft 12, Seite 468 – 37 (1960), Heft 12, Seite 472
                    38 (1961), Heft 12, Seite 416 – 39 (1962), Heft 12, Seite 426
                    40 (1963), Heft 12, Seite 431 – 41 (1964), Heft 12, Seite 426
                    42 (1965), Heft 12, Seite 431 – 43 (1966), Heft 12, Seite 425
                    44 (1967), Heft 12, Seite 429 – 45 (1968), Heft 12, Seite 416
                    46 (1969), Heft 12, Seite 418 – 47 (1970), Heft 12, Seite 403
                    48 (1971), Heft 12, Seite 409 – 49 (1972), Heft 12, Seite 405
                    50 (1973), Heft 12, Seite 397 – 51 (1974), Heft 12, Seite 420
                    52 (1975), Heft 12, Seite 410 – 53 (1976), Heft 12, Seite 397
                    54 (1977), Heft 12, Seite 397 – 55 (1978), Heft 12, Seite 406
                    56 (1979), Heft 12, Seite 397 – 57 (1980), Heft 12, Seite 397
                    58 (1981), Heft 12, Seite 397 – 59 (1982), Heft 12, Seite 397
                    60 (1983), Heft 12, Seite 405 – 61 (1984), Heft 12, Seite 402
                    62 (1985), Heft 12, Seite 397 – 63 (1986), Heft 12, Seite 397
                    64 (1987), Heft 12, Seite 397 – 65 (1988), Heft 12, Seite 397
                    66 (1989), Heft 12, Seite 401 – 67 (1990), Heft 12, Seite 397

2   Abhandlungen und Bücher

[1] Report of the Sub-Committee on the Penetration Test for Use in Europe, 1977. (Exemplare dieses Berichts sind erhältlich bei: The Secretary General, IssMFE, Department of Civil Engineering, King's College London Strand, WC 2 R 2 LS, U.K.)

[2] SANGLERAT: The penetrometer and soil exploration. Amsterdam, London, New York – Elsevier Publishing Company 1972.

[3] LANGEJAN, A.: Some aspects of the safety factor in soil mechanics, considered as a problem of probability. Proc. 6. Int. Conf. Soil Mech. Found. Eng. Montreal 1965, Bd. 2, S. 500.

[4] ZLATAREW, K.: Determination of the necessary minimum number of soil samples. Proc. 6. Int. Conf. Soil Mech. Found. Eng. Montreal 1965, Bd. 1, S. 130.

[5] ROLLBERG, D.: Bestimmung des Verhaltens von Pfählen aus Sondier- und Rammergebnissen, Forschungsberichte aus Bodenmechanik und Grundbau FBG 4, Techn. Hochschule Aachen, 1976.

[6] ROLLBERG, D.: Bestimmung der Tragfähigkeit und des Rammwiderstands von Pfählen und Sondierungen, Veröffentlichungen des Instituts für Grundbau, Bodenmechanik, Felsmechanik und Verkehrswasserbau der Techn. Hochschule Aachen, 1977, H. 3, S. 43–224.

[7] GRUNDBAU-TASCHENBUCH 3. Aufl. Teil 1, Berlin/München, Verlag von Wilhelm Ernst & Sohn, 1980.

[8] KAST, K.: Ermittlung von Erddrucklasten geschichteter Böden mit ebener Gleitfläche nach CULMANN. Bautechnik 62 (1985), H. 9, S. 292.

[9] MINNICH, H. und STÖHR, G.: Erddruck auf eine Stützwand mit Böschung und unterschiedlichen Bodenschichten. Die Bautechnik 60 (1983), H. 9, S. 314.

[10] KREY, H.: Erddruck, Erdwiderstand und Tragfähigkeit des Baugrundes. 5. Aufl., Berlin: Ernst & Sohn 1936 (vergriffen); s. in [7].
JUMIKIS: Active and passive earth pressure coefficient tables. Rutgers, The State University. New Brunswick/New Jersey: Engineering Research Publication (1962) No. 43. CAQUOT, A., KÉRISEL, J. und ABSI, E.: Tables de butée et de poussée. Paris: Gauthier-Villars 1973.

[11] BRINCH HANSEN, J. und LUNDGREN, H.: Hauptprobleme der Bodenmechanik. Berlin: Springer 1960.

[12] BRINCH HANSEN, J. und HESSNER, J.: Geotekniske Beregninger. Kopenhagen: Teknisk Forlag, 1959, S. 56.

[13] HORN, A.: Sohlreibung und räumlicher Erdwiderstand bei massiven Gründungen in nichtbindigen Böden. Straßenbau u. Straßenverkehrstechnik 1970, H. 110, Bundesminister für Verkehr, Bonn.

[14] HORN, A.: Resistance and movement of laterally loaded abutments. Proc. 5. Europ. Conf. Soil Mech. Found. Eng. Madrid, Bd. 1 (1972), S. 143.

[15] WEISSENBACH, A.: Der Erdwiderstand vor schmalen Druckflächen. Mitt. Franzius-Institut TH Hannover 1961, H. 19, S. 220.

[16] VORLÄUFIGE RICHTLINIEN für das Bauen in Erdbebengebieten des Landes Baden-Württemberg (Nov. 1972). Bekanntmachung des Innenministeriums Nr. V 7115/107 vom 30. 11. 1972.

[17] TERZAGHI, K. von und PECK, R. B.: Die Bodenmechanik in der Baupraxis. Berlin/ Göttingen/Heidelberg: Springer 1961.

[18] DAVIDENKOFF, R.: Zur Berechnung des hydraulischen Grundbruches. Die Wasserwirtschaft 46 (1956), Heft 9, S. 230.

[19] KASTNER, H.: Über die Standsicherheit von Spundwänden im strömenden Grundwasser. Die Bautechnik 21 (1943), Heft 8 und 9, S. 66.

[20] SAINFLOU, M.: Essai sur les digues maritimes verticales. Annales des Ponts et Chaussées, tome 98 II (1928), übersetzt: Treatise on vertical breakwaters, US Corps of Engineers (1928).

[21] CERC (US Army Coastal Engineering Research Center). Shore Protection Manual, Washington 1984.

[22] MINIKIN, R.: Wind, Waves and Maritime Structures. London: Charles Griffin & Co. Ltd. 1963.

[23] WALDEN, H. und SCHÄFER, P. J.: Die winderzeugten Meereswellen, Teil II, Flachwasserwellen, H. 1 und 2. Einzelveröffentlichungen des Deutschen Wetterdienstes, Seewetteramt Hamburg, 1969.

[24] SCHÜTTRUMPF, R.: Über die Bestimmung von Bemessungswellen für den Seebau am Beispiel der südlichen Nordsee. Mitteilungen des Franzius-Instituts für Wasserbau und Küsteningenieurwesen der Technischen Universität Hannover, 1973, H. 39.

[25] PARTENSCKY, H.-W.: Auswirkungen der Naturvorgänge im Meer auf die Küsten – Seebauprobleme und Seebautechniken –. Interocean 1970, Band 1.

[26] LONGUET-HIGGINS, M. S.: On the Statistical Distribution of the Heights of Sea Waves. Journal of Marine Research, Vol. XI, No. 3 (1952).

[27] MEHAUTE, B.: An Introduction to Hydrodynamics and Water Waves, Vol. II: Water Waves. US Department of Commerce. ESSA Techn. Report ERL 118 – Pol. 3-2.

[28] WIEGEL, R. L.: Oceanographical Engineering. Prentice Hall Series in Fluid Mechanics, 1964.

[29] Silvester, R.: Coastal Engineering. Amsterdam/London/New York. Elsevier Scientific Publishing Company, 1974.

[30] Hager, M.: Untersuchungen über Mach-Reflexion an senkrechter Wand. Mitteilungen des Franzius-Instituts für Wasserbau und Küsteningenieurwesen der Technischen Universität Hannover, (1975), H. 42.

[31] Berger, U.: Mach-Reflexion als Diffraktionsproblem. Mitteilungen des Franzius-Instituts für Wasserbau und Küsteningenieurwesen der Technischen Universität Hannover, (1976), H. 44.

[32] Büsching, F.: Über Orbitalgeschwindigkeiten irregulärer Brandungswellen. Mitteilungen des Leichtweiß-Instituts für Wasserbau der Technischen Universität Braunschweig, (1974), H. 41.

[33] Siefert, W.: Über den Seegang in Flachwassergebieten. Mitteilungen des Leichtweiß-Instituts für Wasserbau der Technischen Universität Braunschweig, (1974), H. 40.

[34] Battjes, J. A.: Surf Similarity. Proc. of the 14th International Conference on Coastal Engineering. Copenhagen 1974, Vol. I, 1975.

[35] Galvin, C. H. Ir.: Wave Breaking in Shallow Water, in Waves on Beaches, New York: Ed. R. E. Meyer, Academic Press. 1972.

[36] Führböter, A.: Einige Ergebnisse aus Naturuntersuchungen in Brandungszonen. Mitteilungen des Leichtweiß-Instituts für Wasserbau der Technischen Universität Braunschweig, (1974), H. 40.

[37] Führböter, A.: Äußere Belastungen von Seedeichen und Deckwerken. Hamburg: Vereinigung der Naßbaggerunternehmungen e. V., 1976.

[38] Morison, J. R., O'Brien, M. P., Johnson, J. W. und Schaaf, S. A.: The Force Exerted by Surface Waves on Piles. Petroleum Transaction, Amer. Inst. Mining Eng. 189 (1950).

[39] Mac Camy, R. C. und Fuchs, R. A.: Wave Forces on Piles: A Diffraction Theory. Techn. Memorandum 69, U. S. Army, Corps of Engineers, Beach Erosion Board, Washington, D. C. Dec. 1954.

[40] Reports of the International Waves Commission, PIANC-Bulletin No 15 (1973) und No 25 (1976), Brüssel.

[41] Hafner, E.: Bemessungsdiagramme zur Bestimmung von Wellenkräften auf vertikale Kreiszylinder. Wasserwirtschaft 68 (1978), H. 7/8, S. 227.

[42] Hafner, E.: Kraftwirkung der Wellen auf Pfähle. Wasserwirtschaft 67 (1977), H. 12, S. 385.

[43] Streeter, V. L.: Handbook of Fluid Dynamics. New York, 1961.

[44] Kokkinowrachos, K., in: „Handbuch der Werften", Bd. 15, Hamburg 1980.

[45] Bundesverband öffentlicher Binnenhäfen, Empfehlungen des Technischen Ausschusses Binnenhäfen, Neuss.

[46] Empfehlungen für die Ausführung von Küstenschutzwerken des Ausschusses „Küstenschutzwerke" der Deutschen Gesellschaft für Erd- und Grundbau e.V. sowie der Hafenbautechnischen Gesellschaft e.V. (EAK 1981) erschienen in: „Die Küste", Heft 36, Heide in Holstein, Druck- und Kommissionsverlag: Westholsteinische Verlagsanstalt Boyens u. Co., 1981.

[47] Burkhardt, O.: Über den Wellendruck auf senkrechte Kreiszylinder. Mitt. Franzius-Institut Hannover, H. 29, 1967.

[48] Det Norske Veritas: Rules for Design, Construction and Inspection of Fixed Offshore Structures, 1977.

[49] Dietze, W.: Seegangskräfte nichtbrechender Wellen auf senkrechte Pfähle. Bauingenieur 39 (1964), H. 9, S. 354.

[50] Dantzig, D. von: Economic Decision Problems for Flood Prevention. „Econometrica" Vol. 24, Nr. 3, S. 276, New Haven 1956.

[51] REPORT of the DELTA COMMITTEE. Vol. 3 Contribution II. 2, S. 57. The Economic Decision Problems Concerning the Security of the Netherlands against Storm Surges (Dutch Language, Summary in English). Den Haag 1960, Staatsdrukkerij en uitgeversbedrijf.

[52] RICHTLINIEN für die Ausrüstung der Schleusen der Binnenschiffahrtsstraßen. Erlaß des Bundesministers für Verkehr, W 6/52.08.03/129 VA 76 vom 20. Juli 1976, veröffentlicht im Verkehrsblatt des BVM und der 1. Änderung gemäß Erlaß BW 21/52.08.03–1/134 VA 84 vom 24. Oktober 1984.

[53] Beziehung zwischen Kranbahn und Kransystem, Ausschuß für Hafenumschlagtechnik der Hafenbautechnischen Gesellschaft e. V., Hansa 122 (1985), H. 21 S. 2215 und 22 S. 2319.

[54] KRANZ, E.: Die Verwendung von Kunststoffmörtel bei der Lagerung von Kranschienen auf Beton. Bauingenieur 46 (1971), H. 7, S. 251.

[55] DE KONING, J.: Boundary Conditions for the Use of Dredging Equipment. Paper of the Course: Dredging Operation in Coastal Waters and Estuaries, Delft/the Hague, (1968), May.

[56] KOPPEJAN, A. W.: A Formular combining the TERZAGHI Load-compression relationship and the BUISMAN secular time effect. Proceedings 2nd Int. Conf. on Soil Mech. and Found. Eng. 1948.

[57] HELLWEG, V.: Ein Vorschlag zur Abschätzung des Setzungs- und Sackungsverhaltens nichtbindiger Böden bei Durchnässung. Mitt. Institut für Grundbau und Bodenmechanik, Universität Hannover 1981, H. 17.

[58] KWALITEITSEISEN vor Hout (K.V.H. 1980)

[59] WIRSBITZKI, B.: Kathodischer Korrosionsschutz im Wasserbau. Hafenbautechnische Gesellschaft e.V., Hamburg 1981.

[60] WOLLIN, G.: Korrosion im Grund- u. Wasserbau. Die Bautechnik 40 (1963), H. 2, S. 37.

[61] BLUM, H.: Einspannungsverhältnisse bei Bohlwerken. Berlin, Ernst & Sohn, 1931.

[62] ROWE, P. W.: Anchored Sheet-Pile Walls. Proc. Inst. Civ. Eng. London 1952, Paper 5788.

[63] ROWE, P. W.: Sheet-Pile Walls at Failure. Proc. Inst. Civ. Eng. London 1956, Paper 6107 und Diskussion hierzu 1957.

[64] ZWECK, H. und DIETRICH, Th.: Die Berechnung verankerter Spundwände in nichtbindigen Böden nach ROWE [62], Mitteilungsblatt der Bundesanstalt für Wasserbau, Karlsruhe 1959, Heft 13.

[65] BRISKE, R.: Anwendung von Erddruckumlagerungen bei Spundwandbauwerken. Die Bautechnik 34 (1957), Heft 7, S. 264, und Heft 10, S. 376.

[66] BRINCH HANSEN, J.: Spundwandberechnungen nach dem Traglastverfahren. Internationaler Baugrundkursus 1961. Mitteilungen aus dem Institut für Verkehrswasserbau, Grundbau und Bodenmechanik der Technischen Hochschule Aachen, Aachen (1962), H. 25, S. 171.

[67] LAUMANS, Q.: Verhalten einer ebenen, in Sand eingespannten Wand bei nichtlinearen Stoffeigenschaften des Bodens. Baugrundinstitut Stuttgart, Mitteilung 7 (1977).

[68] Os, P. J. van: Damwandberekening: computermodel of BLUM. Polytechnisch Tijdschrift, Editie B, 31 (1976), Nr. 6, S. 367–378.

[69] FAGES, R. und BOUYAT, C.: Calcul de rideaux de parois moulées et de palplanches (Modèle mathématique intégrant le comportement irréversible du sol en état élastoplastique. Exemple d'application, Etude de l'influence des paramètres). Travaux (1971), Nr. 439, S. 49–51 und (1971), Nr. 441, S. 38–46.

[70] FAGES, R. und GALLET, M.: Calculations for Sheet Piled or Cast in Situ Diaphragm Walls (Determination of Equilibrium Assuming the Ground to be in an Irreversible Elasto-Plastic State). Civil Engineering and Public Works Review (1973), Dec.

[71] SHERIF, G.: Elastisch eingespannte Bauwerke, Tafeln zur Berechnung nach dem Bettungsmodulverfahren mit variablen Bettungsmoduli. Berlin/München/Düsseldorf: Ernst & Sohn, 1974.

[72] RANKE, A. und OSTERMAYER, H.: Beitrag zur Stabilitätsuntersuchung mehrfach verankerter Baugrubenumschließungen. Die Bautechnik 45 (1968), H. 10, S. 341–350.

[73] LACKNER, E.: Berechnung mehrfach gestützter Spundwände, 3. Aufl. Berlin: Ernst & Sohn, 1950. Siehe auch in [7].

[74] KRANZ, E.: Über die Verankerung von Spundwänden. Berlin: Ernst & Sohn, 1953, 2. Aufl.

[75] WIEGMANN, D.: Messungen an fertigen Spundwandbauwerken. Vortr. Baugrundtag. Dt. Ges. für Erd- und Grundbau, Mai 1953, Hamburg 1953, S. 39–52.

[76] BRISKE, R.: Erddruckverlagerung bei Spundwandbauwerken. 2. Aufl., Berlin, Ernst & Sohn, 1957.

[77] BEGEMANN, H. K. S. Ph.: The Dutch Static Penetration Test with the Adhesion Jacket Cone (Tension Piles, Positive and Negative Friction, the Electrical Adhesion Jacket Cone), LGM-Mededelingen (1969), H. 13, No. 1, 4 und 13.

[78] SCHENCK, W.: Verfahren beim Rammen besonders langer, flachgeneigter Schrägpfähle. Bauingenieur 43 (1968), Heft 5.

[79] LEONHARDT, F.: Vorlesungen über Massivbau, 4. Teil, 2. Aufl. Berlin/Heidelberg/New York: Springer, 1978.

[80] ZTV-K 88 Zusätzliche Technische Vertragsbedingungen für Kunstbauten, Ausgabe 1988. Der Bundesminister für Verkehr (Abt. Straßenbau, Abt. Binnenschiffahrt und Wasserstraßen. Deutsche Bundesbahn). Verkehrsblatt Verlag Dortmund.

[81] PRIEBE, H.: Bemessungstafeln für Großbohrpfähle. Die Bautechnik 59 (1982), H. 8, S. 276.

[82] WEISS, F.: Die Standfestigkeit flüssigkeitsgestützter Erdwände. Bauingenieur-Praxis, Berlin/München/Düsseldorf: Ernst & Sohn, 1967, H. 70.

[83] MÜLLER-KIRCHENBAUER, H., WALZ, B. und KILCHERT, M.: Vergleichende Untersuchung der Berechnungsverfahren zum Nachweis der Sicherheit gegen Gleitflächenbildung bei suspensionsgestützten Erdwänden. Veröffentlichungen des Grundbauinstituts der TU Berlin, Heft 5, 1979.

[84] FEILE, W.: Konstruktion und Bau der Schleuse Regensburg mit Hilfe von Schlitzwänden. Bauingenieur 50 (1975), H. 5, S. 168.

[85] LOERS, G. und PAUSE, H.: Die Schlitzwandbauweise – große und tiefe Baugruben in Städten. Bauingenieur 51 (1976), H. 2, S. 41.

[86] VEDER, Ch.: Beispiele neuzeitlicher Tiefgründungen. Bauingenieur 51 (1976), H. 3, S. 89.

[87] VEDER, Ch.: Die Schlitzwandbauweise – Entwicklung, Gegenwart und Zukunft, Österreichischer Ing. Z. 18 (1975), H. 8, S. 247.

[88] VEDER, Ch.: Einige Ursachen von Mißerfolgen bei der Herstellung von Schlitzwänden und Vorschläge zu ihrer Vermeidung. Bauingenieur 56 (1981), H. 8, S. 299.

[89] CARL, L. und STROBL, Th.: Dichtungswände aus einer Zement-Bentonit-Suspension. Wasserwirtschaft 66 (1976), H. 9, S. 246.

[90] LORENZ, W.: Plastische Dichtungswände bei Staudämmen. Vorträge Baugrundtagung 1976 in Nürnberg, Deutsche Gesellschaft für Erd- und Grundbau e.V., S. 389.

[91] KIRSCH, K. und RÜGER, M.: Die Rüttelschmalwand – Ein Verfahren zur Untergrundabdichtung. Vorträge Baugrundtagung 1976 in Nürnberg, Deutsche Gesellschaft für Erd- und Grundbau e.V., S. 439.

[92] KAESBOHRER, H.-P.: Fortschritte an der Donau im Dichtungsverfahren für Stauräume. Die Bautechnik 49 (1972), H. 10, S. 329.

[93] BRENNECKE/LOHMEYER: Der Grundbau, 4. Auflage, II. Bd., Berlin: Wilhelm Ernst & Sohn 1930.

[94] NÖKKENTVED, C.: Berechnung von Pfahlrosten. Berlin: Ernst & Sohn, 1928.

[95] SCHIEL, F.: Statik der Pfahlgründungen. Berlin: Springer, 1960.

[96] AGATZ, A. und LACKNER, E.: Erfahrungen mit Grundbauwerken. Berlin: Springer 1977.

[97] TECHNISCHE LIEFERBEDINGUNGEN für Wasserbausteine – Ausgabe 1984 (TLW) – des Bundesministers für Verkehr, Verkehrsblatt (1984), H. 19, S. 47 ff.

[98] UFERSCHUTZWERKE aus Beton, Schriftenreihe der Zementindustrie, Verein deutscher Zementwerke e. V., Düsseldorf (1971), H. 38.

[99] FINKE, G.: Geböschte Ufer in Binnenhäfen, Zeitschrift für Binnenschiffahrt und Wasserstraßen (1978), Nr. 1, S. 3.

[100] PROCEEDINGS of the Int. Conf. on Flexible Armoured Revetments, März 1984, London.

[101] BLUM, H.: Wirtschaftliche Dalbenformen und deren Berechnung. Die Bautechnik 9 (1932), Heft 5, S. 50.

[102] COSTA, F. V.: The Berthing Ship. The Dock and Harbour Authority. Vol. XLV, (1964), Nos 523 to 525.

[103] STAHL-EISEN-WERKSTOFFBLATT 088. Schweißbare Feinkornbaustähle, Richtlinien für die Verarbeitung, Düsseldorf: Verlag Stahleisen.

[104] ZULASSUNGSBESCHEID für hochfeste, schweißgeeignete Feinkornbaustähle StE 460 und StE 690, neueste Ausgabe, Institut für Bautechnik, Reichpietschufer 1, D-1000 Berlin 30.

[105] TECHNISCHE LIEFERBEDINGUNGEN für geotextile Filter (TLG) – Ausgabe 1987 – des Bundesministers für Verkehr, Verkehrsblatt 1987, Heft 9, S. 372 ff.

[106] TECHNISCHE LIEFERBDINGUNGEN für Stahlspundbohlen (TLS) – Ausgabe 1985 – des Bundesministers für Verkehr, Verkehrsblatt 1985, Heft 24.

[107] Siehe [46].

[108] SCHWARZ, J., HIRAYAMA, K., WU, H. C.: Effect of Ice Thickness on Ice Forces, Proceedings Sixth Annual Offshore Technology Conference, Houston, Texas, USA 1974.

[109] KORZHAVIN, K. N.: Action of ice on engineering structures, English translation, U.S. Cold Region Research and Engineering Laboratory, Trans. T. L. 260.

[110] GERMANISCHER LLOYD: Vorschriften für Konstruktion und Prüfung von Meerestechnischen Einrichtungen, Band 1 – Meerestechnische Einheiten – (Seebauwerke). Hamburg: Eigenverlag des Germanischen Lloyd, Juli 1976.

[111] Ice Engineering Guide for Design and Construction of Small Craft Harbors. University of Wisconsin, Advisory Report SG-78-417.

[112] HORN, A.: Bodenmechanische und grundbauliche Einflüsse bei der Planung, Konstruktion und Bauausführung von Kaianlagen. Mitt. d. Inst. f. Bodenmechanik und Grundbau, HSBw München, H. 4, und Mitt. des Franzius-Instituts für Wasserbau, (1981), H. 54, S. 110.

[113] HORN, A.: Determination of properties for weak soils by test embankments. International Symposium „Soil and Rock Investigations by in-situ Testing"; Paris, (1983), Vol. 2, S. 61.

[114] HORN, A.: Vorbelastung als Mittel zur schnelleren Konsolidierung weicher Böden. Geotechnik (1984), H. 3, S. 152.

[115] SCHMIEDEL, U.: Seitendruck auf Pfähle. Bauingenieur 59 (1984), S. 61.

[116] FRANKE, E. und SCHUPPENER, B.: Horizontalbelastung von Pfählen infolge seitlicher Erdauflasten. Geotechnik (1982), S. 189.

[117] DBV-MERKBLATT. Begrenzung der Rißbildung im Stahlbeton- und Spannbetonbau. Deutscher Beton-Verein e. V.

[118] ZUSÄTZLICHE TECHNISCHE VERTRAGSBEDINGUNGEN – WASSERBAU (ZTV-W) für Wasserbauwerke aus Beton und Stahlbeton (Leistungsbereich 215), Ausgabe 1990

[119] RÜPING, F.: Beitrag und neue Erkenntnisse über die Errichtung und Sicherung von großen Mineralöl-Lagertanks für brennbare Flüssigkeiten der Gefahrenkasse A I. Dissertation. Hannover 1965.

[120] RICHTLINIEN FÜR ANFORDERUNGEN AN ANLAGEN ZUM UMSCHLAG GEFÄHRDENDER FLÜSSIGER STOFFE IM BEREICH DER WASSERSTRASSEN. Erlaß des Bundesministers für Verkehr vom 24. 7. 1975, Verkehrsblatt 1975, Seite 485.

[121] MAYER, B. K., KREUTZ, B., SCHULZ, H.: Setting sheet piles with driving aids, Proc. 11th Int. Conf. Soil Mech. Found. Eng. San Francisco, 1985.

[122] ARBED, S. A., Luxembourg: Europäisches Patent 09.04.86, Patenterteilung am 9.4.86, Patentblatt 86/15.

[123] PARTENSCKY, H.-W.: Binnenverkehrswasserbau, Schleusenanlagen. Berlin, Heidelberg, New York, Tokio: Springer-Verlag, 1986.

[124] HAGER, M.: Vorlesungen Verkehrswasserbau I der RWTH Aachen

[125] KANAL- UND SCHIFFAHRTSVERSUCHE 1967. Schiff und Hafen, 20 (1968), H. 4–9. Siehe auch 27. Mitteilungsblatt der Bundesanstalt für Wasserbau, Karlsruhe, Sept. 1968.

[126] TUNNEL-SONDERAUSGABE APRIL 1987. Internationale Fachzeitschrift für unterirdisches Bauen. Gütersloh: Bertelsmann.

[127] DEUTSCH, V., und VOGT, M.: Die zerstörungsfreie Prüfung von Schweißverbindungen – Verfahren und Anwendungsmöglichkeiten. Schweißen und Schneiden 39 (1987), H. 3.

[128] MERKBLATT „ANWENDUNG VON GEOTEXTILEN FILTERN AN WASSERSTRASSEN (MAG)" des Bundesministers für Verkehr – veröffentlicht im Verkehrsblatt 1987, H. 18, herausgegeben durch die Bundesanstalt für Wasserbau, Karlsruhe.

[129] „ANWENDUNG UND PRÜFUNG VON KUNSTSTOFFEN IM ERDBAU UND WASSERBAU", DVWK-Schriften, H. 76, 1986, Verlag Paul Parey.

[130] RICHTLINIEN FÜR DIE PRÜFUNG VON GEOTEXTILEN FILTERN IM VERKEHRSWASSERBAU (RPG). Karlsruhe: Bundesanstalt für Wasserbau, 1984.

[131] TECHNISCHE LIEFERBEDINGUNGEN FÜR GEOTEXTILE FILTER (TLG) – Ausgabe 1987 – des Bundesministers für Verkehr. Verkehrsblatt 1987, H. 9, S. 372 ff.

[132] ZUSÄTZLICHE TECHNISCHE VERTRAGSBEDINGUNGEN – Wasserbau (ZTV-W) für Böschungs- und Sohlensicherungen (Leistungsbereich 210), Ausgabe 1985 mit den Abschnitten 2.2.1, 3.2.1, 4.4.1.

[133] CONCRETE INTERNATIONAL. Detroit 1982, S. 45–51.

[134] INSTANDSETZEN VON BETONBAUTEN. Merkblatt des Deutschen Beton-Vereins (Fassung März 1982).

[135] RICHTLINIEN FÜR DIE AUSBESSERUNG UND VERSTÄRKUNG VON BETONBAUTEILEN MIT SPRITZBETON. DAfStB (Deutscher Ausschuß für Stahlbeton), Oktober 1983.

[136] ZUSÄTZLICHE TECHNISCHE VERTRAGSBEDINGUNGEN UND RICHTLINIEN FÜR SCHUTZ UND INSTANDSETZUNG VON BETONBAUTEILEN (ZTV-SIB 87), Bundesverkehrsministerium, Abt. Straßenbau, Bonn.

[137] FGSV-820, Merkblatt für die Fugenfüllung in Verkehrsflächen aus Beton. Forschungsgesellschaft für Straßen- und Verkehrswesen e. V., Fassung 1982.

[138] FÜLLEN VON RISSEN. Merkblatt des Deutschen Beton-Vereins 1981.

[139] VV-WSV 2101 BAUWERKSINSPEKTION, herausgegeben vom Bundesminister für Verkehr, Bonn, 1984, erhältlich bei der Drucksachenstelle der Wasser- und Schiffahrtsdirektion Mitte, Hannover.

[140] REPORT OF PIANC-WORKING GROUP „DEVELOPMENT OF MODERN MARINE TERMINALS", Permanent Technical Committee II, Supplement to the PIANC-Bulletin No. 56 (1987).

[141] BJERRUM, L.: General Report, 8, ICSMFE, (1973) Moskau, Band 3, S. 124.

[142] WROTH, C. P.: „The interpretation of in situ soil tests", 1984, Géotechnique 34 No. 4, S. 449–489.

[143] SELIG, E. T. und McKEE, K. E.: „Static and dynamic behavior of small footings", Am. Soc. Civ. Eng., Journ. Soil Mech. Found. Div., Vol. 87 (1961), No. SM 6, Part I, S. 29–47). (Vgl. Horn, A. – Bauing. (1963) 38, H. 10, S. 404).

[144] HORN, A.: „Insitu-Prüfung der Wasserdurchlässigkeit von Dichtwänden" (1986), Geotechnik 1, S. 37.

[145] RANKILOR, P. R.: „Membranes in ground engineering" (1981), Wiley & Son.

[146] VELDHUYZEN VAN ZANTEN, R.: „Geotextiles and Geomembranes in Civil Engineering" (1986), Balkema, Rotterdam/Boston.

[147] KOERNER, R. M.: „Design with Geosynthetics", Prentice-Hall (1986), Englewood Cliffs, N. Y.

[148] HAGER, M.: Eisdruck, Kap. 1.14 Grundbautaschenbuch, 4. Aufl. Verl. Ernst u. Sohn, 1990.

[149] MERKBLATT ANWENDUNG VON KORNFILTERN AN WASSERSTRASSEN (MAK), Bundesanstalt für Wasserbau (BAW), Ausgabe 1989

[150] KUNSTSTOFFMODIFIZIERTER SPRITZBETON. Merkblatt des Deutschen Betonvereins e. V., Wiesbaden (zur Zeit in Bearbeitung).

[151] MITTEILUNGSBLATT DER BUNDESANSTALT FÜR WASSERBAU (BAW) Nr. 67, Karlsruhe 1990.

[152] HEIN, W.: Korrosion von Stahlspundwänden im Wasser, Hansa, 126. Jg. 1989, Nr. 3/4, Schiffahrtsverlag „Hansa", C. Schroedter & Co., Hamburg.

[153] RICHTLINIE FÜR DIE PRÜFUNG VON BESCHICHTUNGSSTOFFEN FÜR DEN KORROSIONSSCHUTZ IM STAHLWASSERBAU (RPB), Ausgabe 1981, Bundesverkehrsministerium, Abt. Binnenschiffahrt und Wasserstraßen, Bonn.

[154] FEDERATION EUROPÉENNE DE LA MANUTENTION, Section I, Rules for the design of hoisting appliances, Booklet 2: Classification and loading on structures and mechanisms F. E. M. 1.001. 3rd Edition, 1987.
Deutsches National-Komitee Frankfurt/Main

[155] DEUTSCHER VERBAND FÜR WASSERWIRTSCHAFT UND KULTURBAU e.V. (DVWK), Bonn: Dichtungselemente im Wasserbau, Entwurf Juni 1989.

[156] HENNE, J.: Versuchsgerät zur Ermittlung der Biegezugfestigkeit von bindigen Böden, Geotechnik 1989, H. 2, S. 96 ff.

[157] SCHULZ, H.: Mineralische Dichtungen für Wasserstraßen, Fachseminar „Dichtungswände und Dichtsohlen", Juni 1987 in Braunschweig, Mitteilungen des Instituts für Grundbau und Bodenmechanik, Techn. Universität Braunschweig, H. 23, 1987.

[158] SCHULZ, H.: Conditions for clay sealings at joints, Proc. of the IX. Europ. Conf. on Soil Mech. and Found. Eng., Dublin, 1987.

[159] ZUSÄTZLICHE TECHNISCHE VERTRAGSBEDINGUNGEN UND RICHTLINIEN FÜR DAS FÜLLEN VON RISSEN IN BETONBAUTEILEN (ZTV-RISS 88), Bundesverkehrsministerium, Abt. Straßenbau, Bonn.

3 Technische Bestimmungen

Maßgebend sind die DIN-Normblätter, die DS der DB, die DASt-Richtlinien und die SEW in der jeweils gültigen Fassung.

(T = Teil; Bbl = Beiblatt)

3.1 DIN-Normblätter

DIN

488	T 1	Betonstahl; Sorten, Eigenschaften, Kennzeichen
	T 3	–; Betonstabstahl; Prüfungen
1045		Beton und Stahlbeton; Bemessung und Ausführung
1048	T 1	Prüfverfahren für Beton; Frischbeton, Festbeton gesondert hergestellter Probekörper
1052	T 1	Holzbauwerke; Berechnung und Ausführung
1054		Baugrund; Zulässige Belastung des Baugrunds
	Bbl	–; –, Erläuterungen

15 019	T 1	Krane; Standsicherheit für alle Krane außer gleislosen Fahrzeugkranen und außer Schwimmkranen
	T 2	–; –, Standsicherheit für gleislose Fahrzeugkrane, Prüfbelastung und Berechnung
16 776	T 1	Kunststoff-Formmassen; Polyethylen (PE)-Formmassen; Einteilung und Bezeichnung
	T 2	–; –; Herstellung von Probekörpern und Bestimmung von Eigenschaften
16 925		Extrudierte Tafel aus Polyethylen, Hohe Dichte (PE-HD); Technische Lieferbedingungen
17 100		Allgemeine Baustähle; Gütenorm
17 102		Schweißgeeignete Feinkornbaustähle; normal geglüht, Technische Lieferbedingungen für Blech, Band-, Breitflach-, Form- und Stabstähle
17 120		Geschweißte kreisförmige Rohre aus allgemeinen Baustählen für den Stahlbau; Technische Lieferbedingungen
18 121	T 1	Baugrund; Untersuchung von Bodenproben, Wassergehalt, Bestimmung durch Ofentrocknung
	T 2	–; –, Versuche und Versuchsgeräte, Wassergehalt, Bestimmung durch Schnellverfahren
18 122	T 1	Baugrund; Untersuchung von Bodenproben, Zustandsgrenzen (Konsistenzgrenzen), Bestimmung der Fließ- und Ausrollgrenze
	T 2	–; –; Versuche und Versuchsgeräte; Zustandsgrenzen (Konsistenzgrenzen); Bestimmung der Schrumpfgrenze
18 123		Baugrund; Untersuchung von Bodenproben, Bestimmung der Korngrößenverteilung
18 124		Baugrund; Versuche und Versuchsgeräte, Bestimmung der Korndichte, Kapillarpyknometer, Weithalspyknometer
18 125	T 1	Baugrund; Versuche und Versuchsgeräte, Bestimmung der Dichte des Bodens, Laborversuche
	T 2	–; –, –, Feldversuche
18 126		Baugrund; Versuche und Versuchsgeräte, Bestimmung der Dichte nichtbindiger Böden bei lockerster und dichtester Lagerung
18 127		Baugrund; Versuche und Versuchsgeräte; Proctorversuch
18 128		Entwurf 5/88 Baugrund; Versuche und Versuchsgeräte, Bestimmung des Glühverlusts
18 130	T 1	Baugrund; Versuche und Versuchsgeräte; Bestimmung des Wasserdurchlässigkeitsbeiwerts; Laborversuche
18 134		Baugrund; Versuche und Versuchsgeräte, Plattendruckversuch
18 136		Baugrund; Versuche und Versuchsgeräte; Bestimmung der einaxialen Druckfestigkeit; Einaxialversuch
18 137	T 1	Baugrund; Untersuchung von Bodenproben, Bestimmung der Scherfestigkeit, Begriffe und grundsätzliche Versuchsbedingungen
	T 2	–; –, –, Triaxialversuch
18 195	T 1–10	Bauwerksabdichtungen
18 196		Erd- und Grundbau; Bodenklassifikation für bautechnische Zwecke
18 300		VOB Verdingungsordnung für Bauleistungen, Teil C: Allgemeine Technische Vertragsbedingungen für Bauleistungen, Erdarbeiten
18 311		VOB Verdingungsordnung für Bauleistungen, Teil C: Allgemeine Technische Vertragsbedingungen für Bauleistungen, Naßbaggerarbeiten
18 540		Abdichten von Außenwandfugen im Hochbau mit Fugendichtstoffen

18 800	T 1	Stahlbauten; Bemessung und Konstruktion
	T 7	–; Herstellen, Eignungsnachweise zum Schweißen
18 801		Stahlhochbau; Bemessung, Konstruktion, Herstellung
19 702		Entwurf 12/88: Standsicherheit von Massivbauwerken im Wasserbau
19 703		Binnenschiffsschleusen; Richtlinien für die Ausrüstung
24 096		Baumaschinen; Ermittlung der Standsicherheit von Rammen Sicherheitstechnische Anforderungen
31 051		Instandhaltung; Begriffe und Maßnahmen
50 049		Bescheinigungen über Materialprüfungen
	Bbl	–; –, Beispiele für die Gestaltung von Bescheinigungen
50 114		Prüfung metallischer Werkstoffe; Zugversuch ohne Feindehnungsmessung an Blechen, Bändern oder Streifen mit einer Dicke unter 3 mm
50 145		Prüfung metallischer Werkstoffe; Zugversuch
51 043		Traß; Anforderungen, Prüfung
52 103		Prüfung von Natursteinen und Gesteinskörnungen, Bestimmung von Wasseraufnahme und Sättigungswert
52 108		Prüfung anorganischer nichtmetallischer Werkstoffe; Verschleißprüfung mit der Schleifscheibe nach Böhme, Schleifscheiben-Verfahren
52 170	T 1–4	Bestimmung der Zusammensetzung von erhärtetem Beton
52 617		Bestimmung des Wasseraufnahmekoeffizienten von Baustoffen
53 375		Prüfung von Kunststoff-Folien; Bestimmung des Reibungsverhaltens
53 435		Prüfung von Kunststoffen; Biegeversuch und Schlagbiegeversuch an Dynstat-Probekörpern
53 452		Prüfung von Kunststoffen; Biegeversuch
53 453		Prüfung von Kunststoffen; Schlagbiegeversuch
53 455		Prüfung von Kunststoffen; Zugversuch
53 456 (ISO 2039)	T 1	Kunststoffe, Bestimmung der Härte, Kugeleindrückversuch
53 479		Prüfung von Kunststoffen und Elastomeren; Bestimmung der Dichte
53 504		Prüfung von Kautschuk und Elastomeren; Bestimmung von Reißfestigkeit, Zugfestigkeit, Reißdehnung und Spannungswerten im Zugversuch
53 505		Prüfung von Kautschuk, Elastomeren und Kunststoffen; Härteprüfung nach Shore A und Shore D
53 507		Prüfung von Kautschuk und Elastomeren; Bestimmung des Weiterreißwiderstandes von Elastomeren, Streifenprobe
53 508		Prüfung von Elastomeren; Künstliche Alterung
53 509	T 1	Prüfung von Kautschuk und Elastomeren; Bestimmung der Beständigkeit gegen Rißbildung unter Ozoneinwirkung, statische Beanspruchung
	T 2	–; –, Beschleunigte Alterung von Elastomeren unter Einwirkung von Ozon, Bestimmung der Ozonkonzentration
53 516		Prüfung von Kautschuk und Elastomeren; Bestimmung des Abriebs
53 857	T 1	Prüfung von Textilien; Einfacher Streifen-Zugversuch an textilen Flächengebilden, Gewebe und Webbänder
	T 2	–; –, Vliesstoffe und andere nicht gewebte textile Flächengebilde
53 894	T 1	Prüfung von Textilien; Bestimmung der Maßänderung von textilen Flächengebilden, Bügeln mit feuchtem Bügeltuch auf Bügelpressen
	T 2	–; Bestimmung der Maßänderung von textilen Flächengebilden, Dämpfen auf Bügelmaschinen
55 302	T 1	Statistische Auswertungsverfahren; Häufigkeitsverteilung, Mittelwert und Streuung, Grundbegriffe und allgemeine Rechenverfahren

55928	T 2	–; –, –, Rechenverfahren in Sonderfällen
	T 4	Korrosionsschutz von Stahlbauten durch Beschichtungen und Überzüge; Vorbereitung und Prüfung der Oberflächen
	T 5	–; Beschichtungsstoffe und Schutzsysteme
86076		Elastomer-Dichtungsplatten, meerwasserbeständig, ölbeständig; Maße, Anforderungen, Prüfung

3.2 DS der DB (Druckschriften der Deutschen Bundesbahn)

DS

| 804 | Vorschrift für Eisenbahnbrücken und sonstige Ingenieurbauwerke (VEI) |
| 836 | Vorschrift für Erdbauwerke (VE) |

3.3 DASt-Ri (Richtlinien des Deutschen Ausschusses für Stahlbau)

DASt-Ri 007	Lieferung, Verarbeitung und Anwendung wetterfester Baustähle
DASt-Ri 008	Richtlinien zur Anwendung des Traglastverfahrens im Stahlbau
DASt-Ri 009	Empfehlungen zur Wahl der Stahlgütegruppen für geschweißte Stahlbauten
DASt-Ri 011	Hochfeste, schweißgeeignete Feinkornbaustähle StE 460 und StE 690, Anwendung für Stahlbauten
DASt-Ri 012	Beulsicherheitsnachweise für Platten
DASt-Ri 013	Beulsicherheitsnachweise für Schalen
DASt-Ri 014	Empfehlungen zum Vermeiden von Terrassenbrüchen in geschweißten Konstruktionen aus Baustahl.
DASt-Ri 015	Träger mit schlanken Stegen

3.4 SEW (Stahl-Eisen-Werkstoffblatt des Vereins Deutscher Eisenhüttenleute)

| SEW 088 | Schweißgeeignete Feinkornbaustähle; Richtlinien für die Verarbeitung besonders für das Schmelzschweißen |
| | Beiblatt: Ermittlung der Abkühlzeit $t_{8/5}$ zur Kennzeichnung der Schweißtemperaturzyklen |

D   Zeichenerklärung

Im folgenden sind die meisten im Text sowie in den Formeln und Bildern verwendeten Formelzeichen und Abkürzungen aufgeführt. Sie entsprechen soweit wie möglich DIN 1080. Die Einheiten sind nach DIN 1301 angegeben. Die Bezeichnungen der Wasserstände entsprechen DIN 4049 und DIN 4054.

Zeichen	Begriffsbestimmung	Einheit
A	Ankerkraft	MN/m bzw. MN usw.
A	Arbeitsvermögen	kNm
A	Querschnittsfläche	m²
BRT	Bruttoregistertonne	2,83 m³
BRZ	Bruttoraumzahl	1
C	Chemisches Zeichen für Kohlenstoff	
C	Ersatzkraft	kN/m
C	Wellengeschwindigkeit	m/s
C'	Kohäsionskraft in der tiefen Gleitfuge	kN/m
	im dränierten Boden (konsolidierter Zustand)	(MN/m)
C_D	Widerstandsbeiwert des Strömungsdrucks	1
C_M	Massenfaktor	1
C_M	Widerstandsbeiwert der Strömungsbeschleunigung	1
C_s	Steifigkeitsfaktor	1
C_u	Kohäsionskraft in der tiefen Gleitfuge	
	im undränierten Boden	kN/m
	(nicht konsolidierter) Zustand	(MN/m)
D	Lagerungsdichte von Stoffen	1
D	Pfahldurchmesser	m
D_{pr}	Verdichtungsgrad nach Proctor	1
E	Elastizitätsmodul	MN/m²
E_a	aktive Erddrucklast	MN/m
E_p	passive Erddrucklast (Erdwiderstand)	MN/m
E_l	Erddrucklast auf die Ankerwand bzw. Ersatzankerwand	MN/m
F	Querschnittsfläche	m²
G	Eigenlast eines Bodenkörpers	MN/m
G	Wasserverdrängung eines Schiffs als Gewichtskraft	kN
G	wirksame Eigenlast des gesamten Bodenkörpers	
	über der tiefen Gleitfuge	MN/m
G_a	wirksame Eigenlast des Erdkörpers	
	über der Erddruck-Gleitfuge	MN/m
GS	Stahlguß nach DIN 1681	
H	größte Freibordhöhe eines Schiffes	m
H	Polabstand im Krafteck	MN/m
H	Wellenhöhe	m
H_b	Wellenhöhe der brechenden Welle	m
I	Trägheitsmoment	m⁴
I_p	Plastizitätszahl von Stoffen	%

Zeichen	Begriffsbestimmung	Einheit
K_a	Beiwert des aktiven Erddrucks	1
K_{ah}	waagerechter Anteil von K_a	1
K_o	Beiwert des Erdruhedrucks	1
K_p	Beiwert des passiven Erddrucks	1
K_{ph}	waagerechter Anteil von K_p	1
L	Wellenlänge	m
L_o	Wellenlänge im Tiefwasserbereich	m
$L_ü$	Schiffslänge über alles	m
M	Moment	MNm
M_E	Einspannmoment	MNm
M_{Feld}	Feldmoment	MNm
Mn	Chemisches Zeichen für Mangan	
N	Normalkraft	MN
N	Newton: Einheit der Kraft	N
kN	Kilonewton $= 10^3 \cdot$ N	kN
MN	Meganewton $= 10^6 \cdot$ N	MN
NN	Normal-Null	m
P	Auflast, Wellenlast, Eislast, Kraft	MN/m bzw. MN
P	Chemisches Zeichen für Phosphor	
$P_{1..n}$	Pfahlkrafteinflüsse	MN/m
$P_{Stoß}$	Stoßkraft	MN
Q	Querkraft	MN/m
$Q_{1,2}$	Bodenreaktionskräfte in der tiefen Gleitfuge für die Bodenkörper 1 und 2	MN/m
Q_a	Bodenreaktionskraft in der Erddruckgleitfuge	MN/m
Q_p	Bodenreaktionskraft in der Erdwiderstandsgleitfuge	MN/m
Q'	Grenzzuglast	MN/m
R	Desoxydationsart: beruhigt	
R_d	Bemessungswert der Widerstände	kN/m²
Re	REYNOLDSsche Zahl	1
R_k	Charakteristische Werte der Widerstände aus dem Boden sowie aus konstruktiven Elementen	kN/m²
RR	Desoxydationsart: besonders beruhigt	
S	Chemisches Zeichen für Schwefel	
S	Flächenmoment 1. Grades	m³
S_d	Bemessungswert der Einwirkungen	kN/m²
Si	Chemisches Zeichen für Silizium	
S_k	Charakteristische Werte der Einwirkungen	kN/m²
T	resultierende Kraft	MN/m
T	Wellenperiode	s
U	Desoxydationsart: unberuhigt	
V	Vertikallast	MN/m
W	Wahrscheinlichkeit	%
W	Wasserauflast	MN/m
$W_{1..n}$	Erdwiderstands-Ersatzlasten	MN/m
Wi	Windlastkomponente	kN

Zeichen	Begriffsbestimmung	Einheit
a	Beschleunigung	m/s^2
a	halber mittlerer Tidehub	m
a	Schweißnahtdicke	mm
b	Breite	m
c	Federkonstante	kN/m
c	Wellengeschwindigkeit	m/s
c'	Kohäsion des dränierten (entwässerten) Bodens	kN/m^2
c'_f	… im Bruchzustand	kN/m^2
c'_r	… im Gleitzustand	kN/m^2
c_K	scheinbare Kohäsion infolge Kapillarspannungen	kN/m^2
c'_k	Charakteristischer Wert der wirksamen Kohäsion	kN/m^2
$k_{s,bh}$	Bettungsmodul für die waagerechte Richtung	MN/m^3
$k_{s,bv}$	Bettungsmodul für die senkrechte Richtung	MN/m^3
c_f	Formbeiwert	[1]
c_u	Kohäsion des undränierten (nicht entwässerten) Bodens	kN/m^2
d	Dicke	m
d	Pfahldicke	cm
d	Wassertiefe	m
d_B	Dezibel	d_B
d_f	Wassertiefe am Bauwerk	m
d_s	Bezugstiefe unter GW oder HaW	m
d_w	Wassertiefe eine Wellenlänge vor dem Bauwerk	m
dwt	Tragfähigkeit in engl. Tonnen (1 ton = 1016 kg)	ton
e_A	Anfangsporenzahl	1
e_{ah}	Ordinate der aktiven horizontalen Erddruckspannung	MN/m^2
e_{ph}	Ordinate der passiven horizontalen Erdwiderstandsspannung	MN/m^2
e_u	Ordinate des unabgeschirmten Erddrucks	MN/m^2
f	Durchbiegung	m
g	Erdbeschleunigung = 9,81	m/s^2
h	Höhe, Wasserspiegelanhebung	m
h'	Durchströmte Bodenhöhe auf der Landseite bis zur Gewässersohle	m
$h_{wü}$	hydrostatische Überdruckhöhe	m
i	hydraulisches Gefälle	1
k	Durchlässigkeitsbeiwert	m/s
k	Massenträgheitsradius eines Schiffs	m
k	Wellenzahl $2\pi/L$	1/m
k_e	Exzentrizitätskoeffizient	1
k_h	Erschütterungszahl	1
k_1	Lastkoeffizient für die Windlastkomponente W_L	$\dfrac{\text{kN} \cdot \text{s}^2}{\text{m}^4}$
k_t	Lastkoeffizient für W_t	$\dfrac{\text{kN} \cdot \text{s}^2}{\text{m}^4}$
l	Länge	m
l_a	Länge des Ankerpfahls	m

Zeichen	Begriffsbestimmung	Einheit
l_k	obere, statisch nicht wirksame Ankerpfahllänge	m
l_r	Mindestverankerungslänge	m
l_s	Länge des Ankerpfahlfußes	m
n	Porenanteil, Porenzahl	1
n_{pr}	Porenzahl bei optimalem Wassergehalt im Proctorversuch	1
p_{Bruch}	mittlerer Sohldruck beim Bruch des Bodens	MN/m²
p_d	dynamische Wellendruckordinate	kN/m²
p_D	Strömungsdruckkraft	kN/m
pH-Wert	negativer dekadischer Logarithmus der Wasserstoffionenkonzentration in Grammionen/l	
p_M	Trägheitskraft	kN/m
q	Belastung je lfd. Meter Gurt	MN/m
q	Durchfluß	m³/s · m
q_u	einachsiale Druckfestigkeit des undränierten Bodens	MN/m²
r	Radius	m
s	Setzung	cm
s	Weglänge	m
t	Rammtiefe	m
t	Tiefgang eines Schiffs	m
t	Zeit	s, d, a
Δt	Längenzuschlag für die Aufnahme der Ersatzkraft	m
t_o	rechnerische Rammtiefe bis zur Wirkungslinie der Ersatzkraft C	m
u	Horizontale Komponente der Geschwindigkeit von Wasserteilchen	m/s
u	Porenwasserdruckspannung	kN/m²
u	Tiefe des Additionsnullpunkts N der Belastungsfläche unter der Gewässersohle	m
v	Geschwindigkeit	m/s
v_r	resultierende Geschwindigkeit	m/s
w	Ordinate der Wasserdruckspannung	kN/m²
w	Wassergehalt	1
w_e	Wegbeiwert	1
$w_{\ddot{u}}$	Wasserüberdruckspannung	kN/m²
x	Tiefe des theoretischen Spundwandflußpunkts F unter N	m
Δx	Längenzuschlag für die Aufnahme der Ersatzkraft C	m
a	Neigungswinkel der Sohle	Grad
a	Reduktionswert für das Feldmoment	1
a	Wandneigung	Grad
a	Winkel der Windrichtung	Grad
a_t	Wärmedehnzahl	°C⁻¹
β	Böschungswinkel	Grad
β, β_s	Streckgrenze	MN/m²
β_{wN}	Beton-Nennfestigkeit	N/mm²
γ	Teilsicherheitsbeiwert	1
γ	Wichte des Erdbodens	kN/m³
γ'	Wichte des Bodens unter Auftrieb	kN/m³

Zeichen	Begriffsbestimmung	Einheit
γ_R	Teilsicherheitsbeiwert für widerstehende Größen	1
γ_S	Teilsicherheitsbeiwert für einwirkende Größen	1
γ_w	Wichte des Wassers	kN/m³
δ_a	Wandreibungswinkel des aktiven Erddrucks	Grad
δ_p	Wandreibungswinkel des passiven Erddrucks	Grad
η	Sicherheitsbeiwert	1
ϑ	Phasenwinkel	Grad
ϑ_a	Gleitflächenwinkel des aktiven Erddrucks zur Horizontalen	Grad
ϑ_p	Winkel der Erdwiderstandsgleitfläche	Grad
ϑ_p	Gleitflächenwinkel des passiven Erddrucks zur Horizontalen	Grad
ϱ_d	Trockendichte	t/m³
ϱ_{pr}	Trockendichte bei optimalem Wassergehalt nach Proctorversuch	t/m³
ν	Kinematische Zähigkeit	m²/s
ξ	Brecherbeiwert	1
ϱ_w	Dichte des Wassers	t/m³
σ	Normalspannung	kN/m²
σ'	wirksame Normalspannung	kN/m²
σ_v	Vergleichsspannung	kN/m²
τ	Scherspannung	kN/m²
τ'_f	Scherfestigkeit im Bruchzustand	kN/m²
τ'_r	Scherfestigkeit im Gleitzustand (Restscherfestigkeit)	kN/m²
φ	Reibungswinkel des Bodens	Grad
φ'	wirksamer Reibungswinkel	Grad
φ'_f	wirksamer Reibungswinkel für den Bruchzustand	Grad
φ'_k	Charakteristischer Wert des inneren Reibungswinkels	Grad
φ'_r	wirksamer Reibungswinkel für den Gleitzustand	Grad
φ_u	Reibungswinkel des undränierten Bodens	Grad
ω	Winkelgeschwindigkeit	1/s
ω	Wellenkreisfrequenz	1/s

Nebenzeichen

Zeichen	Begriffsbestimmung
abs	absolut
cal	rechnerisch (calculative)
crit	kritisch
ef	wirksam (effective)
erf	erforderlich
max	maximal
min	minimal
pl	plastisch
red	reduziert
stat	statisch
vorh	vorhanden
zul	zulässig

Wasserstandszeichen

Zeichen	Begriffsbestimmung
	Wasserstände ohne Tide
GrW, Gw	Grundwasserstand
HaW	Normaler Hafenwasserstand
NHaW	Niedrigster Hafenwasserstand
HHW	Höchster Hochwasserstand
HW	Hochwasserstand
MHW	Mittlerer Hochwasserstand
MW	Mittelwasserstand
MNW	Mittlerer Niedrigwasserstand
NW	Niedrigwasserstand
NNW	Niedrigster Niedrigwasserstand
HSW	Höchster Schiffahrtswasserstand
	Wasserstände mit Tide
HHThw	Allerhöchster Tidehochwasserstand
MSpThw	Mittlerer Springtidehochwasserstand
MThw	Mittlerer Tidehochwasserstand
Tmw	Tidemittelwasserstand
MTnw	Mittlerer Tideniedrigwasserstand
MSpTnw	Mittlerer Springtideniedrigwasserstand
NNTnw	Allerniedrigster Tideniedrigwasserstand
SKN	Seekartennull (entspricht etwa MSpTnw)
KN	Kartennull (entspricht etwa MSpTnw)

E   Stichwortverzeichnis

597

K

L